생명과학을 위한

미 분 적 분 학

김 경 화 저

선 진 문 화 사

머 리 말

흔히 미분적분학의 창시자는 뉴턴과 라이프니츠라고 말한다. 그러나 미분적분학의 개념은 그리스시대에 같은 단위로 잴 수 없는 두 크기, 곡선 아래의 면적과 입체의 부피를 구하기 위한 실진법의 등장에서 그 기원을 찾을 수 있다. 그러나 극한개념을 갖고 있지 못하여 중세, 르네상스시기를 거치며 기하학, 천문학, 역학 등과 관련된 특정 문제들을 위한 개념과 방법론이 나왔고, 17세기에 이르러서야 뉴턴과 라이프니츠가 미분과 적분의 역관계를 이해하여 미분적분학의 기본정리를 확립함으로써 그동안 알려졌던 결과들을 통합하여 일반적으로 적용될 수 있는 방법론을 체계적으로 보여 주었다. 이런 의미에서 그들을 미분적분학의 창시자라 부른다. 그러나 그들 또한 엄밀한 정의와 증명은 제공하지 못하였고, 19세기에 들어 리만, 코시, 바이어슈트라스, 데데킨트, 칸토르, 그 외의 여러 사람들에 의해 극한과 함수의 연속성, 적분, 실수, 무한집합 등의 개념이 엄밀히 정의되고 그 성질들이 엄밀히 증명되며, 현재 우리가 보는 미분적분학으로 체계가 잡혔다.

미분적분학은 자연과학, 공학의 모든 분야뿐만 아니라 사회과학의 여러 분야에서도 필수적으로 쓰이고 있다. 이 책은 특히 생물학, 약학, 의학 등 생명과학 관련 전공생들로 하여금 미분적분학이 실제로 그들의 전공과목을 공부하는데 쓰임새가 있음을 보게끔 예제와 문제들을 넣었다. 그러나 충분한 시간을 갖고 문제들을 찾지 못하여 더 많은 예를 싣지 못한 것이 아쉽다.

이 책은 근본적으로 참고문헌 〔1〕의 체제와 내용을 따랐다. 다년간 〔1〕을 교재로 미분적분학을 가르치면서 그 체제와 내용에서 큰 흠을 발견할 수 없었고, 또한 미분적분학을 배우면서 수학에 흥미가 생겨 수학으로 전공을 바꾸거나 부전공 또는 복수전공을 하고자 하는 학생들이 고급수학을 배우는데 지장이 없도록 하기 위함이다. 또한 미분적분학을 공부하는 모든 학생들의 참고서 역할을 할 수 있게 하기 위함이다.

이 책은 각 단원이 시작할 때 관련된 역사적 사실을 간략히 소개하여 흥미를 돋우게 하였다. 이 책을 교재 또는 참고서로 사용하는 모든 학생들이 미분적분학의 개념과 방법을 잘 익혀 각자의 전공에서 유익한 도구로 활용할 수 있기를 바란다.

끝으로 이 책이 나오게끔 해준 선진문화사의 양희돌 사장님과 심봉석 부장님께 깊은 감사를 표한다.

2007년 2월

김 경 화

차　　례

제 1 장 함수와 극한

제 2 장 도 함 수

제 3 장 도함수의 응용

제 4 장 초월함수

제 5 장 적분의 정의와 응용

제 6 장 여러 가지 적분법

제 7 장 무한급수

제 8 장 함수의 전개

제 9 장 해석기하

제 10 장 행렬과 벡터

제 11 장 곡선과 벡터함수

제 12 장 다변수함수의 미분학

제 13 장 중 적 분

제 14 장 미분방정식

부 록

제 1 장 함수와 극한

OUTLINE

고대 그리스인도 극한에 대한 어떤 감을 갖고 있었다. 예를 들어 아르키메데스는 반지름이 1인 원에 내접하는 정다각형의 변의 수를 점점 더 많게 하여 정다각형의 둘레의 "극한"으로 2π의 근사값을 찾았다.

중세를 거쳐 르네상스기까지 넓이를 구하기 위해 여러 형태의 극한을 사용하였으며, 뉴턴과 라이프니츠는 극한에 대하여 직관적으로 이해를 잘하여 매우 복잡한 극한도 계산하였으나, 그 때까지 아무도 극한 개념을 정의하지 않았었다. 극한에 대한 직관적 개념 밖에 없어서 뉴턴과 라이프니츠 이후 100여 년간 미분적분학이 매우 느리게 발전하였다.

프랑스 수학자 코시(Augustin-Louis Cauchy, 1789-1857)가 미분적분학을 현재의 형태와 많이 비슷하게 만들었으나, 1821년에 나온 <해석학 강의(Cours d'Analyse)>에 수록된 극한의 정의에는 여전히 직관적 개념인 "변수가 고정된 값에 무한히(indefinitely) 접근한다"는 것을 포함하였다.

현재와 같은 모양으로, $\varepsilon-\delta$를 사용하여 극한을 엄밀하게 정의한 것은 독일 수학자 바이에르슈트라스(Karl Weierstrass, 1815-1897)이다.

이 장에서는 미분적분학을 배우는데 가장 기본적으로 필요한 개념인 실수와 평면좌표계, 함수 개념, 극한 개념, 그리고 함수의 연속성을 다룬다.

1-1. 실수와 평면 좌표계

실수를 수직선(real number line)에 나타내면 편리한 점이 많다. $a<b$이면 a는 b의 왼쪽에 놓인다(그림 1-1). 수직선 위의 모든 점은 실수와 대응하고, 실수는 수직선에서 고유한 위치를 갖는다.

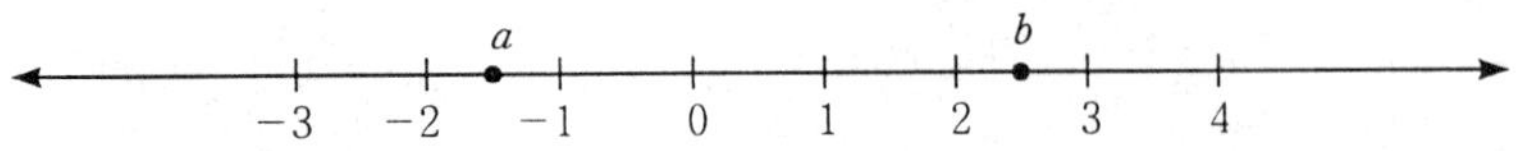

그림 1-1.

실수들의 집합은 보통 영어 알파벳의 대문자 $A, B, C, \cdots$을 사용하고, 집합의 원소는 소문자 $a, b, c, \cdots$을 쓰는 것이 관례이다. 집합 A는 그 원소를 나열할 수 있을 때는 $A=\{a, b, c, \cdots\}$과 같이 나타낼 수도 있으나, 보통 다음과 같이 나타낸다 :

$$A=\{x : x\text{가 만족시키는 조건}\}.$$

가장 흔히 쓰이고 중요한 실수들의 집합은 구간(interval)이라고 불리는 집합이다. a, b가 실수이고 $a<b$일 때, a와 b를 양 끝점으로 하는 구간(유계구간(bounded interval) 또는 유한구간(finite interval)이라 함)에는 아래와 같은 것들이 있다.

열린구간 $(a, b)=\{x : a<x<b\}$

닫힌구간 $[a, b]=\{x : a\le x\le b\}$

반 열린구간 $[a, b)=\{x : a\le x<b\}$, $(a, b]=\{x : a<x\le b\}$

위 구간들의 길이는 $b-a$로 정의된다. 끝점이 모두 실수가 아닌 구간(유계가 아닌 구간(unbounded interval)또는 무한구간(infinite interval)이라 함)에는 다음과 같은 것들이 있다.

$$[a, \infty)=\{x : x\ge a\}$$
$$(-\infty, a]=\{x : x\le a\}$$
$$(a, \infty)=\{x : x> a\}$$
$$(-\infty, a)=\{x : x< a\}$$

실수들의 집합 $\mathbf{R}$은 다음과 같이 무한구간의 형태로 나타낼 수 있다.

$$\mathbf{R}=(\infty, \infty)=\{x : -\infty<x<\infty\}$$

수직선 상에서 0의 위치를 원점(origin)이라고 부른다. 0과 1 사이의 거리를 단위거리 1이라 하고 실수와 원점사이의 거리를 측정할 수 있다. 예를 들어 10과 −10은 모두 원점과의 거리가 10인 점이다. 실수 a와 원점 사이의 거리는 다음과 같이 **a의 절대값**(absolute value of a)으로 나타내면 편리하다.

$$|a|=\begin{cases} a, & a\geq 0\text{일 때} \\ -a, & a<0\text{일 때} \end{cases}$$

예를 들어, $|5|=5=|-5|$이다. 두 실수 a_1과 a_2사이의 거리는 $|a_1-a_2|$가 됨을 알 수 있다.

예제 1-1 수직선에서 2로부터의 거리가 3인 점을 구하여라.

풀이 이것은 $|x-2|=3$을 만족시키는 실수 x를 구하는 것이다.
$x-2\geq 0$, 즉 $x\geq 2$일 때는 $|x-2|=x-2$이므로 $x-2=3$이면 $x=5$가 된다.
또한 $x-2<0$이면 $|x-2|=-(x-2)=-x+2$이므로 $-x+2=3$이면 $x=-1$이다.
그러므로 $|x-2|=3$을 만족시키는 x는 5와 −1이다. ∎

평면 위의 점은 한 점에서 만나는 두 직선을 이용하여 나타낼 수 있다. 직각으로 만나는 수평선과 수직선을 사용하는 것이 편리하며, 이 두 직선을 **좌표축**(coordinate axes)이라 하고, 수평인 직선은 **수평축**(horizontal axis) 수직인 직선은 **수직축**(vertical axis)이라 한다. 두 직선이 만나는 점은 **원점**(origin)이라고 부른다. 원점은 보통 O로 나타내고, 수평축은 **x축**, 수직축은 **y축**으로 나타낸다.

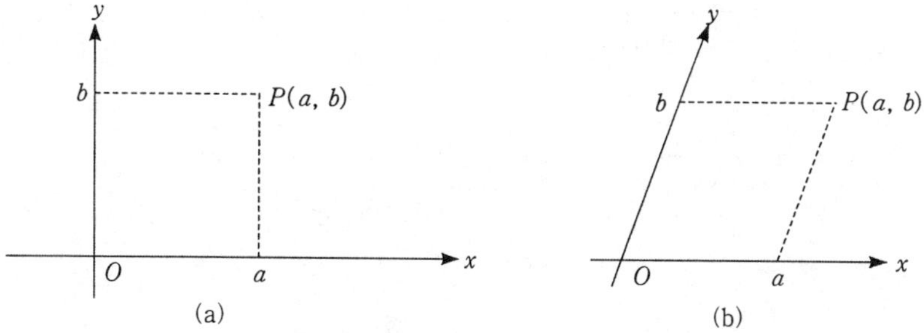

그림 1-2.

두 좌표축 모두 원점에 0이 놓이는 수직선일 때 평면 위의 한 점 P는 그림 1-2(a)에서와 같이 P에서 x축에 내린 수선이 x축과 만나는 점에 대응되는 실수 a와 y축에 내린 수선이 y축과 만나는 점에 대응되는 실수 b에 의해 결정된다. 이때 a를 점 P의 **x-좌**

표(abscissa), b를 $\boldsymbol{y}$-좌표(ordinate)라 하고, $P(a, b)$로 점 $\boldsymbol{P}$의 좌표(cartesian coordinate of P)를 나타낸다. 이 좌표계를 직교좌표계(rectangular coordinate system) 또는 카티지안 좌표계(cartesian coordinate system)라고 한다. 이와 같이 좌표계를 갖고 있는 평면을 좌표평면이라고 한다.

〔**참고**〕 직각으로 만나는 두 직선 대신에 그림 1-2(b)에서와 같이 일반적으로 한 점에서 만나는 두 직선을 사용하는 경우는 평행좌표계(parallel coordinate system)라고 한다.

평면 위의 한 점 P의 좌표가 $P(a, b)$로 나타내지면, 원점 O에서 점 P까지의 거리 d는

$$d=\sqrt{a^2+b^2}$$

이다(그림 1-3). 또 두 점 $P(x_1, y_1)$, $Q(x_2, y_2)$ 사이의 거리 $|PQ|$는

$$|PQ|=\sqrt{(x_2-x_1)^2+(y_2-y_1)^2}$$

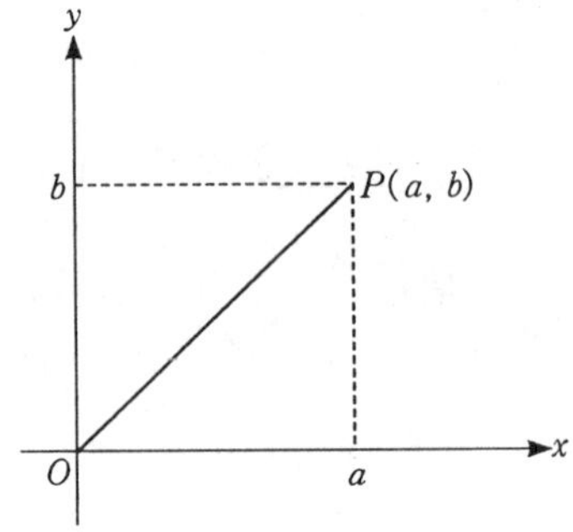

그림 1-3.

이다.

한편, 두 점 $P(x_1, y_1)$, $Q(x_2, y_2)$를 지나는 직선의 방정식을 구하기 위하여 그림 1-4와 같이 그 직선 위의 임의의 점을 $R(x, y)$라고 하면,

$$\frac{y-y_1}{x-x_1}=\frac{y_2-y_1}{x_2-x_1}$$

이 성립하므로, 구하는 직선의 방정식은

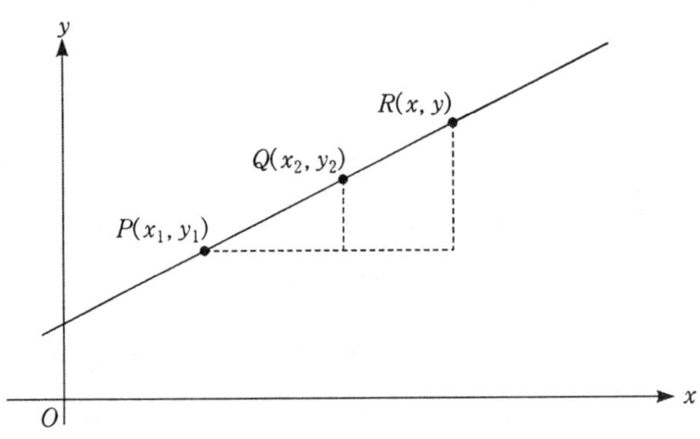

그림 1-4.

$$y-y_1=\frac{y_2-y_1}{x_2-x_1}(x-x_1)$$

이다.

예 1 두 점 $P(2,3)$과 $Q(4,7)$을 지나는 직선의 방정식은

$$y-3=\frac{7-3}{4-2}(x-2)=2(x-2)$$

즉 $y=2x-1$이다. ∎

원점 O를 지나며 기울기가 m인 직선의 방정식은 $y=mx$이고, 점 $P(a,b)$를 지나며 기울기가 m인 직선의 방정식은 $y=m(x-a)+b$이다. 직선 $y-b=m(x-a)$는 직선 $y=mx$를 x축의 방향으로 a만큼, y축의 방향으로 b만큼 평행이동한 것과 같다. x축과 $a(\neq 0)$에서 만나고, y축과 $b(\neq 0)$에서 만나는 직선의 방정식은 $\frac{x}{a}+\frac{y}{b}=1$이다.

상수 A,B가 적어도 하나는 영이 아닐 때 일차방정식

$$Ax+By+C=0 \tag{1}$$

은 평면좌표계에서 한 직선을 나타낸다. 즉 준식 (1)은 $B\neq 0$일 때

$$y=-\frac{A}{B}x-\frac{C}{B}$$

와 같이 고쳐쓸 수 있으므로 y축과 $-\frac{C}{B}$에서 만나고 기울기가 $-\frac{A}{B}$인 직선이다. 또 $B=0$이면 $A\neq 0$이고 $x=-\frac{C}{A}$가 되어 x축과 $-\frac{C}{A}$에서 만나고 y축에 평행인 직선이다.

예제 1-2 직교좌표계에서 x축과 -2에서 만나고, y축과 $\frac{3}{5}$에서 만나는 직선의 방정식을 구하여라.

풀이 $\frac{x}{-2}+\frac{y}{\frac{3}{5}}=1$에서 $-3x+10y=6$, 즉 $y=\frac{3}{10}x+\frac{3}{5}$. ∎

1-1. 연습문제

1. 다음을 만족시키는 x를 구하여라.

(a) $|4-x|=3$

(b) $\left|\frac{5}{3}x-2\right|=\left|\frac{1}{3}x+4\right|$

(c) $|2x-3|<5$

(d) $|4x-3|\geq 1$

2. 평면에 직선 $x=10$이 주어져 있다. 이 직선 위의 점으로서 점 $(7, -1)$과의 거리가 5인 점을 모두 구하여라.

3. 점 $(6, -3)$을 지나며 직선 $x-3y+12=0$에 수직인 직선의 방정식을 구하여라.

4. 직선 $\frac{2}{3}x-\frac{1}{4}y=1$이 x축, y축과 만나는 점의 좌표를 각각 구하여라.

5. 영양에 관한 실험에서, 동물학자가 실험 동물을 위한 특별한 다이어트를 마련하고자 한다. 두 종류의 사료 A와 B가 있는데 A는 20%의 단백질을 함유하고 있고, B는 10%의 단백질을 함유하고 있다. 정확히 20 g의 단백질을 제공하려면 A와 B를 각각 얼마큼씩 섞어야 하는가? A의 양을 x, B의 양을 y라 놓고 x와 y에 관한 일차방정식을 구하여라. 또 $x\geq 0$, $y\geq 0$에 대해 이 방정식의 그래프를 그려라.

6. 바다 밑으로 들어갈수록 압력이 커진다. 표면의 압력은 대략 $1\,\mathrm{kg/cm^2}$이고 바다속 10m 지점의 압력이 대략 $2\,\mathrm{kg/cm^2}$이다. 압력을 p로 나타내고, 표면으로부터의 깊이를 d로 나타내면 p와 d의 관계는 일차 방정식으로 나타내진다.

(a) p를 d의 식으로 나타내어라.

(b) 바다 밑 3,800m 지점의 압력을 구하여라.

(c) $d\geq 0$에 대해 p와 d의 관계를 보여주는 그래프를 그려라.

1-2. 함수와 그래프

중세까지 함수 개념은 아주 막연하게만 인식되었고, 17세기 후반부에 미분적분학이 개발됨에 따라 함수 개념을 명확히 할 필요를 점진적으로 느꼈다.

"함수(function)"란 단어는 라이프니츠(Gottfried Wilhelm Leibniz, 1646-1716)가 1692년의 논문에서 처음 사용하였다. 그러나 그의 함수에 대한 개념도 현대의 것에 비해 매우 막연한 것이었다. 스위스 수학자 오일러(Leonhard Euler, 1707-1783)가 함수값에 대한 기호로 $f(x)$를 처음 사용하였다.

현대와 같은 개념으로 함수를 정의한 것은 19세기 중반 디리클레(P. G. Lejeune-Dirichlet, 1805-1859)에 의해서였다. 그는 함수는 정의역과 규칙으로 이루어졌으며, 정의역은 실수들의 집합이고 규칙은 정의역 안의 각 수에 단 한 개의 수를 할당한다고 하였다.

오늘날은 보다 더 일반적으로 한 집합 X의 각 원소에 집합 Y의 원소 단 한 개가 대응되면, 이 대응 관계를 함수라고 한다. 예를 들면, 각 생물 종은 고유한 염색체 수를 갖고 있다(병적인 경우는 제외). 따라서 각 생물 종에 그들의 염색체 수를 대응시키는 것은 함수가 된다. 여기서 X는 생물 종들의 집합이 되고, Y는 자연수들의 집합이다.

〔정의〕 두 집합 X와 Y에 대해, X의 각 원소 x에 Y의 한 원소 y가 대응되면, 이 대응 관계를 **X에서 Y로의 함수**(a function from X into Y)라고 한다.

위의 정의에서 함수를 f로 나타낼 때, X에서 Y로의 함수 f를

$$f: X \to Y$$

로 나타낸다. 이 때 X를 함수 f의 정의역(domain), Y를 함수 f의 공역(codomain)이라 한다. $x \in X$에 대응하는 Y의 원소 y를 $f(x)$로 나타낸다. 이것을 $f: x \mapsto y$ 또는 $f: x \mapsto f(x)$ 또는 $y = f(x)$로도 나타내며, y는 x의 함수라고도 한다(기호 "$\mapsto$" 대신 "$\to$"을 사용하기도 한다). 이때 x는 독립변수(independent variable), y는 종속변수(dependent variable)라고 한다. y가 x에 관한 n차 다항식으로 표시될 때, 즉

$$y = a_n x^n + a_{n-1} x^{n-1} + \cdots + a_1 x + a_0 \qquad (a_n \neq 0)$$

로 표시되면 y는 x에 관한 **n차 다항함수** 또는 간단히 **n차 함수**라고 한다.

$$f(X) = \{f(x) : x \in X\}$$

를 함수 f의 치역(range)이라 부른다.

예 2 1, 2, …, 20까지 숫자가 매겨진 20마리의 실험용 쥐에 스트리크닌(strychnine) 일정량을 주사하여, 쥐가 반응하는지 실험하고 있다. 양성 반응을 일으킨 쥐에 1을 부여하고, 그렇지 않으면 0을 부여할 때, 이것은 1부터 20까지의 각 숫자에 0 또는 1을 대응시키므로, 정의역을 {1, 2, …, 20}으로 하고 치역을 {0, 1}로 하는 함수를 정의한다. ∎

함수 $f: X \to Y$가 주어졌을 때, $x \in X$에 대응하는 Y의 원소 $y(=f(x))$를 x에서의 f

의 상(image of f at x), 또는 x에서의 f의 함수값(value of f at x) 또는 f에 의한 x의 상이라고 하며, 이때 x를 f에 의한 y의 원상(preimage of y under f)이라고 한다. y의 f에 의한 원상들의 집합을 $f^{-1}(y)$로 표시한다. 즉

$$f^{-1}(y)=\{x: x\in X,\ y=f(x)\}$$

이다.

예제 1-3 함수 $f: [-1,1]\to\mathbf{R}$이 $f(x)=x^2$으로 정의될 때 $f^{-1}(\frac{1}{4})$을 구하여라.

풀이 $f^{-1}(\frac{1}{4})=\left\{x: x\in[-1,1],\ x^2=\frac{1}{4}\right\}$이고, $x^2=\frac{1}{4}$을 만족시키는 실수는 $\pm\frac{1}{2}$이므로, $f^{-1}(\frac{1}{4})=\left\{-\frac{1}{2},\ \frac{1}{2}\right\}$이다. ∎

X, Y가 실수들의 집합일 때 함수 $f: X\to Y$의 그래프는 모든 $x\in X$에 대해 $(x, f(x))$를 좌표로 갖는 평면상의 점들의 집합이다. 예를 들어 위 예제 1-3의 함수의 그래프는 그림 1-5와 같다.

아래의 예에서 보는 것처럼 함수의 그래프가 항상 곡선이 되는 것은 아니다.

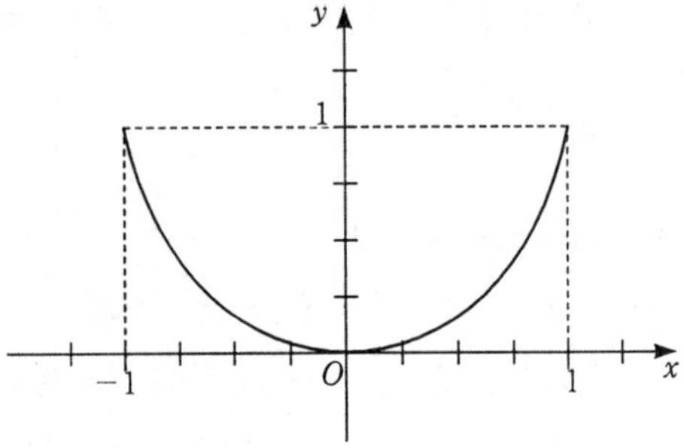

그림 1-5.

예 3 정의역을 모든 자연수들의 집합 N이라 하고, 모든 $x\in$ N에 x의 최대 소수 약수를 대응시키는 함수를 f라 하면, $f(1)=1$, $f(2)=2$, $f(3)=3$, $f(4)=2$, $f(5)=5$, $f(6)=3$, $\cdots$이다. 따라서 그래프는 그림 1-6과 같이 나타내진다.

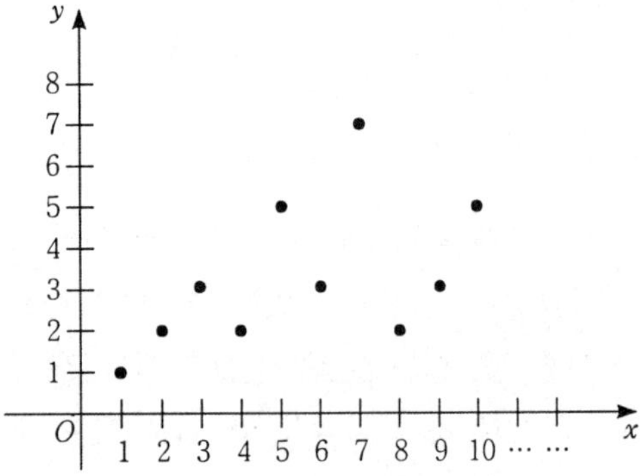

그림 1-6. ∎

예제 1-4 함수 $f: x \mapsto f(x)$가

$$f(x)=\begin{cases} x, & x\in(-\infty,0] \\ x^2, & x\in(0,\infty) \end{cases}$$

와 같이 정의될 때, f의 그래프를 그려라.

풀이

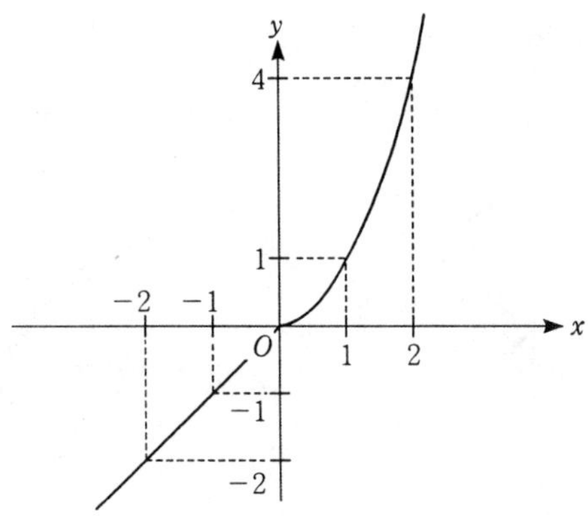

그림 1-7. ∎

$f: X\to Y$에 대하여 공역과 치역이 일치할 때, 즉 $f(X)=Y$일 때 f는 전사함수(onto 또는 surjective function)라고 한다. 또, 임의의 원소 $y\in f(X)$에 대하여 $f^{-1}(y)$가 X의 한 원소만으로 되는 단집합(singleton set)일 때, 즉 임의의 두 원소 $x_1, x_2\in X$에 대해서

$$x_1\neq x_2 \Rightarrow f(x_1)\neq f(x_2)$$

를 만족할 때, f를 단사함수(injective function) 또는 일대일함수(one-to-one function)라고 한다.

함수 $f: X\to Y$가 전사이고 동시에 단사이면 f를 전단사함수(one-to-one and onto 또는 bijective function) 또는 일대일대응(one-to-one correspondence)이라고 한다. 이때 X와 Y는 일대일 대응된다고 한다.

예제 1-5 다음 함수들이 괄호안의 관계로 정의될 때 전사, 단사, 또는 전단사함수인가를 구별하여라.

(1) $f: [-1,1]\to[0,1]$, $(f(x)=x^2)$

(2) $f: [-1,1]\to[0,3]$, $(f(x)=x^2)$

(3) $f: [-1,1]\to[-1,3]$, $(f(x)=2x+1)$

풀이 (1)은 전사이나 단사함수는 아니다.
(2)는 전사도 단사도 아닌 함수이다.
(3)은 전단사함수이다. ▮

함수 $f: X \to Y$, $(y=f(x))$가 전단사함수일 때, Y의 각 원소 y를 $y=f(x)$를 만족시키는 유일한 X의 원소 x에 결부시키는 대응 g는 Y에서 X로의 함수이다. 이 함수 g를 f의 **역함수**(inverse function)라 하고, 보통 f^{-1}로 표시한다. 즉 $g: Y \to X$, $(x=g(y))$ 또는 $f^{-1}: Y \to X$, $(x=f^{-1}(y))$. 여기서 $x=f^{-1}(y)$이면 $y=f(x)$이고 역도 성립한다.

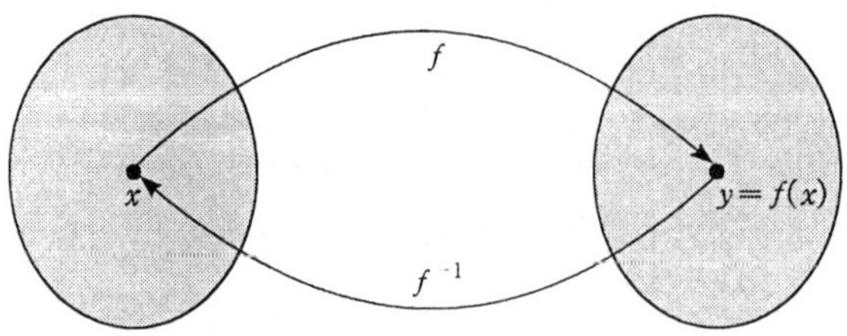

그림 1-8.

함수 $f: X \to X$가 주어졌을 때, 정의역 X의 각 원소 x에 대하여

$$f(x)=c \ (c\text{는 상수})$$

일 때, 이 함수 f를 **상수함수**(constant function)라고 한다. 또, 함수 $f: X \to X$에서 X의 각 원소 x에 대하여

$$f(x)=x$$

가 성립하면, 이 함수 f를 **항등함수**(identity function)라 하고, 보통 i_X로 표시한다.

함수 $f: X \to X$에서

$$f(-x)=f(x), \quad (x \in X)$$

인 관계가 성립할 때, 함수 f를 **우함수**(even function)라 하고,

$$f(-x)=-f(x), \quad (x \in X)$$

인 관계가 성립할 때, 함수 f를 **기함수**(odd function)라고 한다.

예 4 함수 $f(x)=|x|$는 $f(-x)=f(x)$이므로 우함수이고, 함수 $f(x)=x^3$은 $f(-x)=$

$-f(x)$이므로 기함수이다. ▮

함수 $f: X\to Y$에 대하여, X와 Y가 모두 실수들의 집합이고, $x\in X$에 대하여 $f(x)$가 x에 관한 식으로 나타내질 수 있을 때는, 흔히 $f: X\to Y$를 생략하고

$$y=f(x) \text{ 또는 } f(x)=x\text{에 관한 식}$$

으로 나타낸다. 이때 이 함수의 정의역은 $f(x)$가 정의될 수 있는 모든 실수들의 집합으로 한다. 이것을 최대 정의역의 법칙(rule of maximum domain)이라고 한다. 예를 들어, 함수 $y=\sqrt{25-x^2}$ 또는 함수 $f(x)=\sqrt{25-x^2}$의 정의역은 $[-5, 5]$이다.

두 함수 $f: X\to Y$, $g: Y\to Z$에 대하여

$$h: X\to Z,\ h(x)=g(f(x))$$

로 정의된 함수 h를 f와 g의 **합성함수**(composite function)라 하고, $g\circ f$로 나타낸다.

예제 1-6 $f(x)=\sin x$, $g(x)=-\frac{x}{2}$에서 $(g\circ f)(x)$를 구하여라.

풀이 $(g\circ f)(x)=g(f(x))=-\dfrac{f(x)}{2}=-\dfrac{\sin x}{2}$. ▮

기호 $[x]$는 x보다 작거나 같은 최대정수를 나타낸다. 예를 들어,

$$[1.7]=1,\ [3]=3,\ [4.2]=4,\ [0.5]=0,\ [-2.7]=-3$$

등이다.

x보다 작거나 같은 최대정수를 y값으로 갖는 함수 $y=[x]$와 같이 정의역이 구간으로 나뉘어지고 각 구간에서 함수값이 일정한 함수를 **계단함수**(step function)라고 한다. 함수 $y=[x]$의 그래프는 그림 1-9와 같다.

$A\subset X$이고, 함수 $f: X\to \mathbf{R}$이 다음과 같이 정의되었다고 하자.

$$f(x)=\begin{cases}1, & x\in A\\ 0, & x\notin A.\end{cases}$$

이와 같은 함수 f를 A의 **특성함수**(characteristic function of A)라고 하고, 보통 χ_A로 나타낸다.

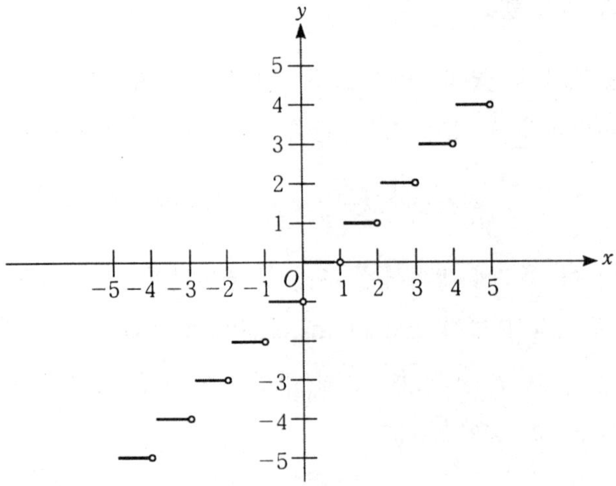

그림 1-9.

간단한 화학반응에서 함수의 예를 보도록 한다.

예 5 두 분자 A와 B가 만나서 분자 AB를 만들어내는 화학반응

$$A+B\to AB$$

에서 반응속도를 생각해 보자. 반응이 일어나는 속도는 얼마나 자주 A와 B분자가 충돌하느냐에 달려있다. 질량작용의 법칙(law of mass action)에 따르면 이 반응속도는 각 분자의 농도의 곱에 비례한다. 농도란 일정한 부피에 대한 분자수를 의미한다. 반응속도를 R, A와 B의 농도를 각각 $[A]$, $[B]$로 나타내면, 질량작용의 법칙에 의해

$$R=k[A][B]$$

로 나타내진다. 여기서 k는 양의 상수이다.

A와 B 각각 일정한 양을 용기에 넣고 용기를 막은 후 반응이 일어나도록 한다. a와 b를 각각 A와 B의 초기 농도라고 하고 $[AB]$가 생성물 AB의 농도를 나타낼 때, $x=[AB]$라고 하면,

$$[A]=a-x,\quad 0\le x\le a$$
$$[B]=b-x,\quad 0\le x\le b$$

가 된다. AB의 농도는 A와 B의 농도를 넘을 수 없으므로, $0\le x\le \min(a,b)$이다. 여기서 $\min(a,b)$는 a와 b 중에서 작은 값을 나타낸다. 반응속도 R은 x의 함수 $R(x)$이고 따라서 $R(x)=k(a-x)(b-x)$, $0\le x\le \min(a,b)$가 된다. 여기서 R은 2차 다항함수(또는

2차 함수)이고, 정의역은 $[0, \min(a, b)]$임을 볼 수 있다. ■

1-2. 연습문제

1. 해양 생태계에서 식물성 플랑크톤은 동물성 플랑크톤 또는 잡식동물에 먹히거나 부패한다. 동물성 플랑크톤은 잡식동물 또는 육식동물에 먹히거나 부패한다. 잡식동물이나 육식동물은 서로 먹히거나 부패한다. $X=\{$식물성 플랑크톤, 동물성 플랑크톤, 잡식동물, 육식동물$\}$ 이라 하고, $x \in X$에 x를 먹는 X의 원소를 대응시킬 때 이 대응관계는 X에서 X로의 함수가 되는가? 이유를 밝히며 답하여라.

2. 다음에서 y가 x의 함수라고 할 수 있는 것은 어느 것인가?

(a) x는 맥박수, y는 특정 환자의 체온(x와 y는 여러번 잰다.)

(b) x는 삼각형, y는 삼각형의 넓이

3. 초파리의 성 관련 돌연변이 수는 X-레이 투사량이 $6kR$(Kilo-Roentgen)을 넘지 않으면, X-레이 투사량에 거의 비례하여 증가한다. x가 kR로 측정된 X-레이 투사량, y가 돌연변이율(%)을 나타낸다고 하자. 투사량이 0일 때는 돌연변이가 일어나지 않고, $3kR$을 투사하면 돌연변이율이 8.4%이다. 그래프를 그리고 y를 x의 함수로 나타내어라. 또 이 함수의 정의역과 치역은 무엇인가?

4. 어떤 특정 뱀 암놈의 전체길이 y는 매우 정확하게 꼬리길이 x에 대한 일차 함수라고 보고되었다. 정의역은 [30mm, 200mm]이고, 다음 두 점이 주어졌다.

$$x_0 = 60\,\text{mm} \qquad x_1 = 140\,\text{mm}$$

$$y_0 = 455\,\text{mm} \qquad y_1 = 1050\,\text{mm}$$

y를 x의 함수로 나타내어라.

5. 어떤 종류의 사과나무 한 그루에서 1년에 200 kg에서 1,000평에 심은 사과나무 1그루당 1 kg씩 뺀 것만큼의 사과를 수확할 수 있다고 한다. 이때 1,000평의 땅에 이 종류의 사과나무 x그루가 있을 때 연간 사과 수확량을 나타내는 함수 y를 구하여라.

6. 자연수의 집합은 $\boldsymbol{N}$, 정수의 집합은 $\boldsymbol{Z}$로 나타내고 다음과 같이 정의된 함수를 식으로 나타내어라.

(a) 임의의 자연수에 그 수 다음에 오는 자연수를 대응시킨다.

(b) 임의의 0이 아닌 정수에 그 수의 역수에 자신을 더한 수를 대응시킨다.

7. 함수 $f(x)=|x|$에 대하여 다음 문장이 옳으면 ○표, 틀리면 ×표를 하여라.

(a) f는 단사함수이다. (b) f는 전사함수이다. (c) f의 역함수는 $f^{-1}(x)=x$이다.

8. 다음 X에서 Y로의 함수에 대해 $X=$정의역, $Y=$치역으로 했을 때 역함수를 갖는 것을 말하여라. 역함수를 갖는 경우 역함수를 구하고, 역함수의 정의역을 밝혀라.

(a) $y=\sqrt{x}$ (b) $y=\cos x$

(c) $y=x^5$ (d) $y=x+\dfrac{1}{x}$

9. 함수 $f(x)=\sqrt{x^3+1}$은 우함수인가, 기함수인가 또는 둘다 아닌가를 결정하여라.

10. 다음 각 함수의 정의역과 치역을 구하여라

(a) $y=\sqrt{x+4}$ (b) $y=\sqrt{x^2}$

(c) $y=\dfrac{1}{x-2}$ (d) $y=\dfrac{1}{\sqrt{4-x^2}}$

11. 다음 함수가 정의되는 최대 정의역을 구하여라.

(a) $f(t)=3\sqrt{\dfrac{|t+1|}{t+1}}$ (b) $g(x)=\dfrac{x}{x+|x|}$

12. $f(x)=x^2-3x+2$, $g(x)=\dfrac{1}{x}$일 때 합성함수 $f\circ g$와 $g\circ f$를 각각 구하여라.

13. 함수 f, g, h가

$$f(x)=x+1,\ \ g(x)=x^2,\ \ h(x)=3x$$

일 때· $(f\circ g)\circ h=f\circ(g\circ h)$임을 보여라.

14. 여우와 토끼가 어떤 생태적 지위(地位, ecological niche)에서 공존한다. 토끼의 수 r은 당근의 수 c에 의해 결정되는데, 함수 $r(c)=10+0.2c+0.01c^2$을 따른다고 한다. 토끼를 잡아먹는 여우의 수는 함수 $f(r)=\sqrt{r+5}$로 주어진다. 여우의 수를 나타내는 함수 f를 당근 수의 함수로 나타내어라.

15. 대기 공학자가 어떤 특정 도시의 공기 오염도는, n이 그 도시 중심부의 평균 자동차 수를 나타낼 때, $c(n)=\sqrt{1+0.2n}$ ppm(parts per million)으로 나타내진다고 예측하였다. 또한 교통 공학자는 t년 후에 그 도시 중심부의 평균 자동차 수가 $n(t)=10,000+50t^{\frac{2}{3}}$일 것이라고 예견하였다. t년 후에 공기 오염도를 나타내는 함수 $c\circ n$을 구하여라.

1-3. 함수의 극한

근세수학은 가장 훌륭한 수학적 도구인 극한개념이 발견됨으로써 찬란한 업적을 이루게 되었고, 극한개념의 진보는 코시(Cauchy, 1789~1857)에 의해서 이루어졌다. 코시는 "어떤 변수의 값들이 임의의 주어진 수보다도 작아질 때 그 변수를 "무한소 상태"라고 정의하여 엄밀한 극한개념으로의 길은 열었으나 확장된 극한개념은 아니었다. 아래에서와 같이 $\varepsilon-\delta$를 써서 극한을 엄밀하게 정의한 것은 바이에르슈트라스(Weierstrass, 1815~1897)이다.

이제 극한의 개념을 함수의 극한을 통하여 알아보자.

변수 x가 a에 충분히 가까워질 때 $f(x)$의 값이 일정한 수 L에 가까워지면, $x\to a$일 때 $f(x)$의 극한값은 L이라고 한다. 즉 $|x-a|$가 충분히 작을 때 $|f(x)-L|$을 아주 작게 만들 수 있다는 뜻이다. 이것을 $\lim_{x\to a} f(x)=L$로 나타낸다.

이것을 $\varepsilon-\delta$를 써서 정확하게 정의하면 다음과 같다.

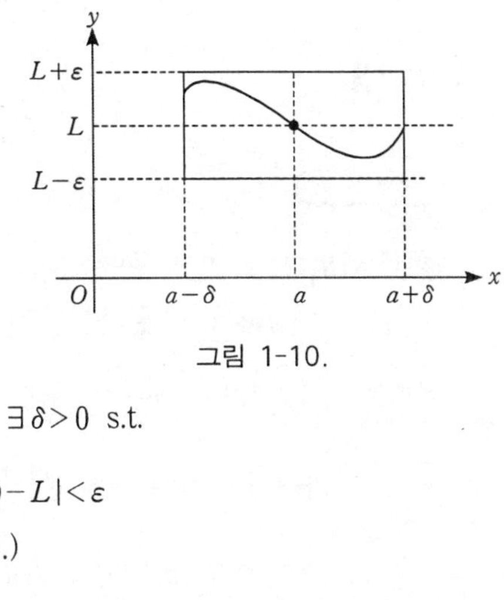

그림 1-10.

〔**정의**〕 $\lim_{x\to a} f(x)=L$이기 위한 필요충분조건은 임의로 주어진 양수 ε에 대하여 양수 δ가 존재해서 $0<|x-a|<\delta$일 때 $|f(x)-L|<\varepsilon$이 성립하는 것이다. 이것을 기호로 나타내면 다음과 같다.

$$\lim_{x\to a} f(x)=L \Leftrightarrow \forall\varepsilon>0,\ \exists\delta>0 \text{ s.t.}$$

$$0<|x-a|<\delta \Rightarrow |f(x)-L|<\varepsilon$$

(참고 : 위에서 s.t.은 such that을 줄여 쓴 것임.)

예제 1-7 $\lim_{x\to a} f(x)=L$이면 $\lim_{x\to a} |f(x)|=|L|$임을 증명하여라.

풀이 임의의 $\varepsilon>0$가 주어졌다고 하자. $\lim_{x\to a} f(x)=L$이므로 양수 δ가 존재해서 $0<|x-a|<\delta$이면 $|f(x)-L|<\varepsilon$이다. 그런데 부등식 $||a|-|b||\le|a-b|$에 의해 $||f(x)|-|L||\le|f(x)-L|$이므로,

$$0<|x-a|<\delta\text{이면 } ||f(x)|-|L||<\varepsilon$$

이다. 따라서 $\lim_{x\to a} |f(x)|=|L|$. ∎

예제 1-8 실수 $m \neq 0$에 대하여

$$\lim_{x \to a}(mx+b) = ma+b$$

임을 증명하여라.

풀이 임의의 주어진 $\varepsilon > 0$에 대해서

$$0 < |x-a| < \delta \text{일 때 } |(mx+b)-(ma+b)| < \varepsilon$$

을 만족하는 양수 δ를 찾으면 된다. 그런데 $0 < |x-a| < \delta$일 때,

$$|(mx+b)-(ma+b)| = |m||x-a| < |m|\delta$$

이므로 $\delta = \dfrac{\varepsilon}{|m|}$이 되게 δ를 잡으면, 임의로 주어진 $\varepsilon > 0$에 대해서

$$0 < |x-a| < \delta \text{일 때 } |(mx+b)-(ma+b)| < \varepsilon$$

이다. ∎

예제 1-9 $\lim_{x \to 9}\sqrt{x} = 3$임을 증명하여라.

풀이 임의의 $\varepsilon > 0$가 주어졌다고 하자. ($\varepsilon < 1$이라고 가정해도 됨.)
$0 < |x-9| < \delta$이면 $|\sqrt{x}-3| < \varepsilon$이 되는 $\delta > 0$를 찾으면 된다. $x-9 = (\sqrt{x}-3)(\sqrt{x}+3)$ 이므로 $|\sqrt{x}-3| = \dfrac{|x-9|}{|\sqrt{x}+3|}$이다. 여기서 x는 9에 가까운 것만 생각하면 되므로 $x > 0$로 가정해도 된다. 그러면 $\sqrt{x}+3 > 3$이므로 $|\sqrt{x}-3| < \dfrac{|x-9|}{3}$이다.
따라서 $\delta = 3\varepsilon$으로 놓으면, $0 < |x-9| < \delta$일 때 $|\sqrt{x}-3| < \dfrac{\delta}{3} = \dfrac{3\varepsilon}{3} = \varepsilon$이다. ∎

임의의 자연수 n에 대하여

$$x-a = (x^{\frac{1}{n}} - a^{\frac{1}{n}})(x^{\frac{n-1}{n}} + x^{\frac{n-2}{n}}a^{\frac{1}{n}} + x^{\frac{n-3}{n}}a^{\frac{2}{n}} + \cdots + x^{\frac{1}{n}}a^{\frac{n-2}{n}} + a^{\frac{n-1}{n}})$$

이므로, 위와 같은 방법으로

$\lim_{x \to a} x^{\frac{1}{n}} = a^{\frac{1}{n}}$ (n은 자연수, a는 실수. 단, n이 짝수이면 $a > 0$)

임을 보일 수 있다.

정의를 이용하여 극한을 증명하는 것은 위의 예와 같이 함수가 간단한 형태가 아니면, 대부분 매우 복잡하고 어렵다. 우리는 정의를 이용하여 증명하는 것보다는 극한값을 찾는 것이 목적이다. 극한의 정의는 극한값을 찾는 데에는 별로 유용하지 않고, 극한값을 찾는 데 사용될 수 있는 정리를 증명하는 데에 유용하다. 다음의 정리들이 극한값을 찾는 데에 매우 유용하게 쓰인다. 증명은 대부분의 일반 미분적분학 또는 해석학 교재에서 볼 수 있다.

〔정리 1-1〕 $\lim_{x\to a} x = a$, $\lim_{x\to a} c = c$ (c는 상수)

〔정리 1-2〕 $\lim_{x\to a} f(x) = A$, $\lim_{x\to a} g(x) = B$ 일 때

(1) $\lim_{x\to a} [f(x) \pm g(x)] = A \pm B$

(2) $\lim_{x\to a} f(x)g(x) = AB$

(3) k가 상수일 때 $\lim_{x\to a} kf(x) = kA$

(4) $B \neq 0$일 때, $\lim_{x\to a} \dfrac{f(x)}{g(x)} = \dfrac{A}{B}$.

예제 1-10 $\lim_{x\to 2}(x^3-5x-1)$을 구하여라.

풀이 정리 1-1에 의하여 $\lim_{x\to 2} x = 2$이고, $\lim_{x\to 2} 1 = 1$이므로 정리 1-2(2)에 의하여 $\lim_{x\to 2} x^3 = (\lim_{x\to 2} x)^3 = 2^3$이고, (3)에 의하여 $\lim_{x\to 2} 5x = 5\cdot 2$이다. 그러므로 정리 1-2(1)에 의하여 $\lim_{x\to 2}(x^3-5x-1) = 2^3-5\cdot 2-1 = -3$이다. ▮

예제 1-11 $\lim_{x\to 3} \dfrac{x^3+1}{x^2+2x}$을 구하여라.

풀이 정리 1-2(1)(2)(3)에 의하여 $\lim_{x\to 3}(x^2+2x) = 3^2+2\cdot 3 = 15$, $\lim_{x\to 3}(x^3+1) = 3^3+1 = 10$이고, 분모의 극한이 0이 아니므로, 정리 1-2(4)에 의하여 $\lim_{x\to 3} \dfrac{x^3+1}{x^2+2x} = \dfrac{10}{15} = \dfrac{2}{3}$이다. ▮

예제 1-12 $\lim_{x\to 3} \dfrac{(x-3)(2x+1)}{x-3}$을 구하여라.

풀이 $\lim_{x\to 3}(x-3) = 0$이므로 정리 1-4(4)를 사용할 수 없다. 그러나 극한의 정의로부터

우리는 3에 가깝지만 3은 아닌 x의 값들에 대하여만 관심이 있으므로 $\lim_{x\to 3}\frac{(x-3)(2x+1)}{x-3}=\lim_{x\to 3}(2x+1)=7$과 같이 구할 수 있다. ■

다음은 합성 함수의 극한에 대한 정리이다(증명은 생략한다).

〔정리 1-3〕 $\lim_{x\to a}f(x)=b$, $\lim_{y\to b}g(y)=g(b)$이면, $\lim_{x\to a}g(f(x))=g(b)$이다.

예제 1-13 $\lim_{x\to a}\sqrt{x^2+1}=\sqrt{a^2+1}$임을 보여라.

풀이 $f(x)=x^2+1$, $g(y)=\sqrt{y}$로 놓으면 $\sqrt{x^2+1}=g(f(x))$이다. 정리 1-2에 의해 $\lim_{x\to a}x^2+1=a^2+1$이고 예제 1-9에서와 같이 $\lim_{y\to a^2+1}\sqrt{y}=\sqrt{a^2+1}$임을 알 수 있다. 그러므로 정리 1-3에 의해 $\lim_{x\to a}\sqrt{x^2+1}-\sqrt{a^2+1}$이다. ■

〔정리 1-4〕 임의의 실수 a에 대하여 $\lim_{x\to a}\sin x=\sin a$.

〔증명〕 $|\sin x-\sin a|=2\left|\sin\frac{x-a}{2}\right|\cdot\left|\cos\frac{x+a}{2}\right|$인데, 모든 x에 대해 $|\sin x|\le|x|$, $|\cos x|\le 1$이므로(뒤의 그림 1-11 참고)

$$|\sin x-\sin a|\le 2\cdot\frac{|x-a|}{2}\cdot 1=|x-a|$$

이다. 따라서 임의의 $\varepsilon>0$에 대해 $\delta=\varepsilon$되게 δ를 잡으면

$$0<|x-a|<\delta\text{일 때 }|\sin x-\sin a|<\varepsilon$$

이므로 $\lim_{x\to a}\sin x=\sin a$이다. ■

예 6 $\cos x=\sin(x+\frac{\pi}{2})$이므로 정리 1-2, 정리 1-3, 정리 1-4에 의하여

$$\lim_{x\to a}\cos x=\sin(a+\frac{\pi}{2})=\cos a. \blacksquare$$

함수의 극한에 대해 다음의 정리들이 흔히 쓰인다.

〔정리 1-5〕 $\lim_{x\to a}f(x)=A$, $\lim_{x\to a}g(x)=B$일 때, 적당한 $b>0$에 대하여 $0<|x-a|<b$인 모든 x에 대하여 $f(x)\le g(x)$이면, $A\le B$이다.

〔정리 1-6〕 (짜내기 정리(squeeze theorem) 또는 샌드위치 정리) 적당한 $b>0$에 대하여 $0<|x-a|<b$인 모든 x에 대하여 $h(x)\le f(x)\le g(x)$라고 하자. 이때 $\lim_{x\to a}h(x)=\lim_{x\to a}g(x)=L$이면, $\lim_{x\to a}f(x)$가 존재하고 $\lim_{x\to a}f(x)=L$이다.

예제 1-14 $\lim_{x\to 0}x\sin\frac{1}{x}$을 구하여라.

풀이 모든 실수 x에 대하여 $-1\le\sin x\le 1$이므로 $-|x|\le x\sin\frac{1}{x}\le|x|$이다. $\lim_{x\to 0}|x|=0$이므로 정리 1-6(샌드위치 정리)에 의해 $\lim_{x\to 0}x\sin\frac{1}{x}=0$이다. ■

예제 1-15 $\lim_{x\to 0}\frac{\sin x}{x}=1$임을 증명하여라.

풀이 그림 1-11에서

$\triangle OAB$의 넓이 $=\frac{1}{2}\sin x$, 부채꼴 OAB의 넓이 $=\frac{1}{2}x$, $\triangle OAT$의 넓이 $=\frac{1}{2}\tan x$

이므로 이들의 넓이를 비교하면, $0<x<\frac{\pi}{2}$일 때 다음 부등식이 성립한다.

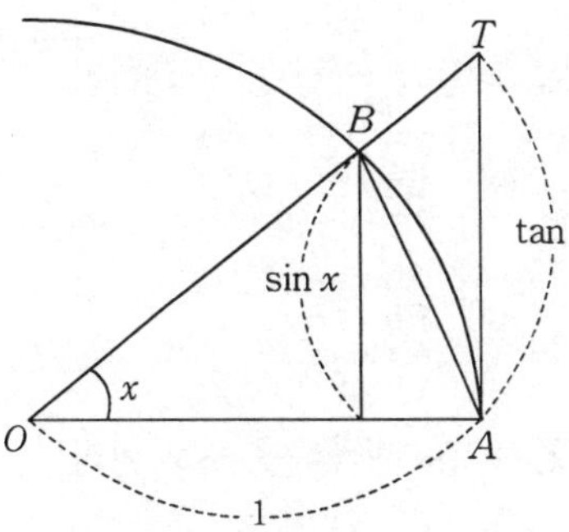

그림 1-11.

$$0<\sin x<x<\tan x.$$

따라서

$$\cos x<\frac{\sin x}{x}<1.$$

또, $0>x>-\frac{\pi}{2}$일 때는 $0<|x|<\frac{\pi}{2}$, $x=-|x|$이므로

$$\cos x=\cos|x|<\frac{\sin|x|}{|x|}=\frac{\sin x}{x}<1.$$

따라서

$$0<|x|<\frac{\pi}{2}\text{ 이면, }\cos x<\frac{\sin x}{x}<1.$$

한편 $\lim_{x\to 0}\cos x=1$이므로 짜내기정리(또는 샌드위치정리)에 의하여 $\lim_{x\to 0}\frac{\sin x}{x}=1$이다. ■

1-3. 연습문제

1. 함수의 극한에 관한 정리를 써서 다음을 구하여라

(a) $\lim_{x\to 1}(x^2-5x+2)$

(b) $\lim_{x\to 2}\frac{x^3-7}{x+1}$

(c) $\lim_{x\to 1}(2x-1)(x+1)$

(d) $\lim_{x\to 2}\frac{x^2+1}{x+1}$

(e) $\lim_{x\to 1}\frac{x^3+2x^2-x-2}{x-1}$

(f) $\lim_{x\to 1}\frac{x-1}{x^3+2x^2-x-2}$

2. 다음의 극한을 구하여라.

(a) $\lim_{x\to a}(x^n-a^n)$

(b) $\lim_{x\to 1}\frac{(x-2)(\sqrt{x}-1)}{x^2+x-2}$

(c) $\lim_{x\to 1}\frac{1-\sqrt{x}}{1-x}$

(d) $\lim_{x\to -1}\frac{x^3+1}{x+1}$

3. 다음의 극한을 구하여라.

(a) $\lim_{x\to 0}\frac{\sqrt{x+1}-1}{x}$

(b) $\lim_{x\to 0}\frac{\sin x}{1-\cos x}$

(c) $\lim_{x\to \frac{\pi}{2}}\frac{\cos x}{\left(\frac{\pi}{2}-x\right)\sin x}$

4. 환자의 오른쪽 팔 혈관에 약을 주사할 때 왼쪽 팔 혈관의 약의 농도는 주사한지 t시간 후에

$$C(t)=\frac{0.14t}{t^2+1}$$

로 나타내진다. 다음을 구하여라

(a) $C(0.5)$

(b) $C(1)$

(c) $\lim_{t\to 1}C(t)$

5. 여러 부하(負荷)에 대하여 개구리의 근육 수축 속력을 조사했을 때, 부하가 증가할수록 근육 수축 속력이 감소한다는 것을 알아냈다. 좀 더 정확히 하면, 근육 수축 속력 S(단위는 cm/sec)와 부하 ω(단위는 g)의 관계는 대략

$$S(\omega)=\frac{26+0.06\omega}{\omega},\quad \omega>5$$

와 같이 주어진다. 다음을 구하여라.

(a) $S(10)$

(b) $S(50)$

(c) $\lim_{\omega\to 50}S(\omega)$

1-4. 한쪽 극한과 무한대에서의 극한

x가 x_0의 오른쪽에서 x_0에 접근할 때, $x \to x_0^+$로 표시하고, x가 x_0의 왼쪽에서 접근할 때 $x \to x_0^-$로 표시한다. $x \to x_0^+$일 때 $f(x)$가 일정한 수 L에 가까워지면 $f(x)$는 x_0에서 우극한 L을 갖는다고 하고, $\lim_{x \to x_0^+} f(x) = L$로 나타낸다. 좌극한도 마찬가지로 정의한다.

우극한과 좌극한을 $\varepsilon-\delta$로 정확히 정의하면 다음과 같다.

$$\lim_{x \to x_0^+} f(x) = \alpha \Leftrightarrow \forall \varepsilon > 0,\ \exists \delta > 0 \text{ s.t.}$$

$$x_0 < x < x_0 + \delta \Rightarrow |f(x) - \alpha| < \varepsilon.$$

$$\lim_{x \to x_0^-} f(x) = \beta \Leftrightarrow \forall \varepsilon > 0,\ \exists \delta > 0 \text{ s.t.}$$

$$x_0 - \delta < x < x_0 \Rightarrow |f(x) - \beta| < \varepsilon.$$

정의로부터 다음을 쉽게 알 수 있다.

〔정리 1-7〕 $\lim_{x \to a} f(x)$이 존재하기 위한 필요충분조건은 $\lim_{x \to a^+} f(x) = \lim_{x \to a^-} f(x)$이다. 이때 $\lim_{x \to a} f(x) = \lim_{x \to a^+} f(x) = \lim_{x \to a^-} f(x)$.

예 7 $\lim_{x \to 0^+} |x| = \lim_{x \to 0^+} x = 0$이고 $\lim_{x \to 0^-} |x| = \lim_{x \to 0^-} (-x) = 0$이므로, $\lim_{x \to 0} |x| = 0$이다. ■

예제 1-16 $f(x) = \begin{cases} x^2, & x \leq 2 \\ x+1, & x > 2 \end{cases}$일 때 $\lim_{x \to 2^-} f(x)$, $\lim_{x \to 2^+} f(x)$, $\lim_{x \to 2} f(x)$를 구하여라.

풀이 $x < 2$일 때 $f(x) = x^2$이므로 $\lim_{x \to 2^-} f(x) = \lim_{x \to 2^-} x^2 = 2^2$이고 $x > 2$일 때 $f(x) = x+1$이므로 $\lim_{x \to 2^+} f(x) = \lim_{x \to 2^+} (x+1) = 2+1 = 3$이다. $x=2$에서 좌극한과 우극한이 같지 않으므로 $\lim_{x \to 2} f(x)$는 존재하지 않는다. ■

변수 x가 충분히 커질 때, $f(x)$의 값이 일정한 수 L에 가까워지면, $x \to +\infty$일 때 $f(x)$의 극한값은 L이라고 한다. 즉 x가 충분히 클 때, $|f(x) - L|$을 아주 작게 만들 수 있다는 뜻이다. 이것을 $\lim_{x \to \infty} f(x) = L$로 나타내며, 정확히 정의하면 다음과 같다.

$$\lim_{x\to\infty} f(x)=L \Leftrightarrow \forall\varepsilon>0,\ \exists M>0 \text{ s.t}$$
$$x>M \Rightarrow |f(x)-L|<\varepsilon.$$

한쪽 극한과 무한대에서의 극한에 대해서도 정리 1-2, 1-5, 1-6(샌드위치 정리)와 같은 성질이 성립한다.

예제 1-17 $\lim_{x\to\infty}\frac{1}{x}=0$을 증명하여라.

풀이 임의의 $\varepsilon>0$에 대하여 $x>\frac{1}{\varepsilon}$이면 $\left|\frac{1}{x}-0\right|=\frac{1}{x}<\varepsilon$이므로 정의에 의해 $\lim_{x\to\infty}\frac{1}{x}=0$이다. ■

예제 1-18 $\lim_{x\to\infty}\frac{3x+5}{x}$를 구하여라.

풀이 $\lim_{x\to\infty}\frac{3x+5}{x}=\lim_{x\to\infty}(3+\frac{5}{x})=\lim_{x\to\infty}3+5\cdot\lim_{x\to\infty}\frac{1}{x}=3+5(0)=3.$ ■

예제 1-19 $\lim_{x\to\infty}(2+\frac{\sin x}{x})$를 구하여라.

풀이 $x=\frac{1}{h}$이라 두면, $x\to\infty$일 때, $h\to0^+$이다. 그러므로

$$\lim_{x\to\infty}\frac{\sin x}{x}=\lim_{h\to0^+}\frac{\sin\frac{1}{h}}{\frac{1}{h}}=\lim_{h\to0^+}h\sin\frac{1}{h}=0 \text{ (예제 1-14 참고)}.$$

따라서

$$\lim_{x\to\infty}(2+\frac{\sin x}{x})=\lim_{x\to\infty}2+\lim_{x\to\infty}\frac{\sin x}{x}=2+0=2.$$ ■

변수 x가 a에 한없이 가까이 갈 때 $f(x)$가 한없이 커지면 $\lim_{x\to a}f(x)=\infty$라고 쓴다. 이것을 정확히 정의하면 다음과 같다.

$$\lim_{x\to a}f(x)=\infty \Leftrightarrow \text{ 임의의 큰 수 } K\text{에 대해 어떤 } \delta>0\text{가 존재하여}$$
$$0<|x-a|<\delta\text{이면 } f(x)>K\text{이다.}$$

$\lim_{x\to a^+}f(x)=\infty$, $\lim_{x\to a^-}f(x)=\infty$, $\lim_{x\to\infty}f(x)=\infty$도 비슷하게 정의된다.

$\lim_{x\to a} f(x) = -\infty$는 다음과 같이 정의된다.

$$\lim_{x\to a} f(x) = -\infty \Leftrightarrow \text{임의의 큰 수 } K\text{에 대해 어떤 } \delta>0\text{가 존재하여}$$

$$0<|x-a|<\delta\text{이면 } f(x)<-K\text{이다.}$$

즉 $\lim_{x\to a} f(x) = -\infty \Leftrightarrow \lim_{x\to a}(-f(x)) = \infty$이다.

$\lim_{x\to a^+} f(x) = -\infty$, $\lim_{x\to a^-} f(x) = -\infty$, $\lim_{x\to\infty} f(x) = -\infty$도 비슷하게 정의되고, $\lim_{x\to -\infty} f(x)$도 생각할 수 있다.

예제 1-20 $\lim_{x\to\infty} \dfrac{5x^2+7}{3x-2}$을 구하여라.

풀이 $\lim_{x\to\infty} \dfrac{5x^2+7}{3x-2} = \lim_{x\to\infty} \dfrac{5x+\dfrac{7}{x}}{3-\dfrac{2}{x}}$이고, $\lim_{x\to\infty} 5x=\infty$, $\lim_{x\to\infty} \dfrac{7}{x}=0$, $\lim_{x\to\infty}(3-\dfrac{2}{x})=3$이므로, $x\to\infty$일 때, $\dfrac{5x^2+7}{3x-2}$은 한없이 커진다. 따라서 $\lim_{x\to\infty} \dfrac{5x^2+7}{3x-2}=\infty$이다. ∎

생명과학과 관련하여 무한대에서의 극한이 나오는 예를 보도록 한다.

예 8 (로지스틱 성장) 로지스틱 곡선(logistic curve)은 시간에 따른 개체군의 밀도를 나타낸다. 성장(또는 증식)률은 개체군의 크기에 따라 결정되며, 개체당 성장률은 개체군의 크기가 증가함에 따라 감소한다. $N(t)$가 시간 t에서 개체군의 크기를 나타낸다고 하면, 로지스틱 곡선은

$$N(t) = \frac{K}{1+(\frac{K}{N(0)}-1)e^{-rt}}, \quad t\geq 0$$

와 같이 주어진다. 상수 K와 r은 양수로서 개체군의 역학을 나타낸다.

개체군의 장기간 행태를 보려면 $t\to\infty$일 때 $N(t)$를 조사할 필요가 있다. $r>0$일 때 $\lim_{r\to\infty} e^{-rt}=0$이므로(e에 대해서는 4장에서 볼 것임.)

$$\lim_{t\to\infty} \frac{K}{1+(\frac{K}{N(0)}-1)e^{-rt}} = K$$

이다. 즉 $t\to\infty$일 때 개체군의 크기는 K에 접근한다. 이 값을 개체군의 환경수용력

(carrying capacity)이라고 부른다. ■

1-4. 연습문제

1. $A(u)=\begin{cases} u+1, & u\le 3 \\ u^2-1, & u>3 \end{cases}$일 때 $\lim_{u\to 3^+} A(u)$, $\lim_{u\to 3^-} A(u)$를 구하고, $\lim_{u\to 3} A(u)$가 존재하는지를 밝히고, 존재하면 그 값을 구하여라.

2. $\lim_{x\to 1^-} \frac{(2x+1)^{100}}{x^2+x-2}$의 값을 구하여라.

3. 다음 극한값을 구하여라

(a) $\lim_{y\to 1^-} \frac{\pi}{y-1}$

(b) $\lim_{x\to 0^+} \sqrt{x\cos 2x}$

(c) $\lim_{h\to 0^+} \left(\frac{1}{h}-\frac{1}{\sqrt{h}}\right)$

(d) $\lim_{y\to 1^-} \frac{\sqrt{1-y^2}}{y-1}$

(e) $\lim_{x\to\infty} (\sqrt{x^2+x+1}-\sqrt{x^2+5})$

(f) $\lim_{x\to\infty} \frac{3x^2-2x+5}{x^3-2x+1}$

(g) $\lim_{x\to\infty} \frac{3x^4-2x^3+1}{x^4+2x^2}$

(h) $\lim_{x\to\infty} \frac{x^2-5}{3x+1}$

(i) $\lim_{x\to -\infty} \frac{x^2+3x-1}{5-x}$

(j) $\lim_{x\to -\infty} \frac{2x-5}{1-4x}$

4. 유기체의 성장률이 어떤 영양소의 농도에 의존하고 농도가 충분히 크면 포화상태가 될 때, 유기체의 개체당 성장률을 나타내는데 아래의 함수가 자주 쓰인다. 영양소의 농도를 N으로 나타내면, 개체당 성장률은 모노드 성장함수(Monod growth function)라고 불리는

$$r(N)=\frac{aN}{k+N},\quad N\ge 0$$

으로 주어진다. 여기서 a와 k는 양의 상수이다. $\lim_{N\to\infty} r(N)$을 구하여라.

5. 시간 t에서 개체군 크기 $N(t)$가

$$N(t)=\frac{500t}{3+t},\quad t\ge 0$$

로 주어졌다.

(a) $N(t)$의 그래프를 그려라(그래픽 계산기 또는 매트랩같은 컴퓨터 프로그램을 이용

하여).

(b) $\lim_{t\to\infty} N(t)$를 구하여라(이 극한값을 한계 개체군 크기(limiting population size)라고 부른다).

(c) $t=3$일 때 개체군 크기가 한계크기의 $\frac{1}{2}$이 됨을 보여라.

6. (로지스틱 성장) 시간 t에서 개체군 크기 $N(t)$가

$$N(t)=\frac{100}{1+9e^{-t}},\quad t\geq 0$$

로 주어졌다.

(a) $N(t)$의 그래프를 그려라(그래픽 계산기 또는 컴퓨터 프로그램을 이용하여).

(b) $t\to\infty$일 때 개체군 크기를 구하여라.

1-5. 수열의 극한

정의역이 모든 자연수들의 집합 N인 함수 $f: \mathrm{N}\to\mathbf{R}$은 수열이라고 부르고 n에서의 함수값을 $f(n)$ 대신 $x_n, a_n, \cdots$으로 표시한다. $f(n)=x_n$으로 쓰면, 이 수열을

$$x_1, x_2, x_3, \cdots, x_n, \cdots$$

과 같이 나열할 수 있고, 간단히 $\langle x_n\rangle$ (또는 $\{x_n\}$)으로 나타낸다. 예를 들어 $x_n=2n$인 수열 $\langle x_n\rangle$은 $\langle 2n\rangle$으로 표시된다(경우에 따라서 수열은 $n=0$일 때의 항 x_0로부터 시작할 수도 있다).

수열 $\langle x_n\rangle$에 대해서, n이 한없이 커질 때, x_n이 일정한 수 a에 한없이 가까워지면, $n\to\infty$일 때 $x_n\to a$ 또는 $\lim_{n\to\infty} x_n=a$로 표시하고, 수열 $\langle x_n\rangle$은 a에 수렴(converge)한다고 하며, a를 수열$\langle x_n\rangle$의 극한(limit)이라고 한다. 수렴하지 않는 수열은 발산(diverge)한다고 한다.

수열의 극한을 정확히 정의하면 다음과 같다.

〔정의〕 $\lim_{n\to\infty} x_n=a \Leftrightarrow$ 임의의 $\varepsilon>0$에 대하여 자연수 M이 존재하여

$$n>M \text{이면 } |x_n-a|<\varepsilon.$$

발산하는 수열 $\langle x_n\rangle$에 대하여, n이 한없이 커질 때, x_n이 한없이 커지면 $\langle x_n\rangle$은 ∞로 발산한다고 하며, $\lim_{n\to\infty} x_n=\infty$로 나타낸다. 이것을 정확히 정의하면 다음과 같다.

〔정의〕 $\lim_{n\to\infty} x_n = \infty \Leftrightarrow$ 임의의 큰 수 $K>0$에 대하여 자연수 M이 존재하여

$$n>M\text{이면 } x_n>K.$$

$\langle -x_n \rangle$이 ∞로 발산할 때, $\langle x_n \rangle$은 $-\infty$로 발산한다고 하고 $\lim_{n\to\infty} x_n = -\infty$로 나타낸다.

예제 1-21 $\lim_{n\to\infty} \frac{1}{n} = 0$임을 증명하여라.

풀이 임의로 주어진 $\varepsilon>0$에 대해서 $n>M$인 모든 자연수 n에 대하여 $\left|\frac{1}{n}-0\right|<\varepsilon$ 이 되는 충분히 큰 자연수 M을 찾으면 된다. $\frac{1}{n}<\varepsilon$이 성립하려면 $n>\frac{1}{\varepsilon}$이어야 하는데, $\frac{1}{\varepsilon}$은 자연수인 경우와 아닌 경우가 있으므로 $M=\left[\frac{1}{\varepsilon}+1\right]$, 즉 M을 $\frac{1}{\varepsilon}+1$ 보다 작거나 같은 최대정수라고 하면 $M>\frac{1}{\varepsilon}$이다. 그러므로 $n>M$인 모든 자연수 n에 대해서

$$\left|\frac{1}{n}-0\right|=\frac{1}{n}<\frac{1}{M}<\varepsilon$$

이 성립한다. ■

예 9 $x_n = a_0 r^n$인 수열 $\langle x_n \rangle$에 대하여,

$$\lim_{n\to\infty} x_n = \begin{cases} 0, & |r|<1\text{일 때} \\ a_0, & r=1\text{일 때} \\ \infty, & r>1\text{일 때} \end{cases}$$

임을 증명할 수 있다. 그 외의 r값에 대해서는 $\lim_{n\to\infty} x_n$은 존재하지 않는다. 따라서 수열 $\langle a_0 r^n \rangle$은 $|r|<1$일 때와 $r=1$일 때만 수렴하고, 그 외의 경우는 발산한다. ■

〔정의〕 $\langle x_n \rangle$이 수열일 때, 모든 n에 대하여 $|x_n| \le K$를 만족시키는 양수 K가 존재하면 수열 $\langle x_n \rangle$은 유계(bounded)라고 한다.

정의로부터 다음이 증명된다(증명생략).

〔정리 1-8〕 수렴하는 수열은 유계이다.

예 10 수열 $\langle n \rangle$ 또는 $\langle \sqrt{n} \rangle$은 유계가 아니므로 발산한다. ■

수열의 극한을 구할 때 다름 정리가 유용하게 쓰인다.

〔정리 1-9〕 수열 $\langle x_n \rangle$, $\langle y_n \rangle$이 수렴할 때

(1) $\lim_{n\to\infty}(x_n \pm y_n) = \lim_{n\to\infty} x_n \pm \lim_{n\to\infty} y_n$

(2) $\lim_{n\to\infty} kx_n = k\lim_{n\to\infty} x_n$ (k는 상수)

(3) $\lim_{n\to\infty} x_n y_n = \lim_{n\to\infty} x_n \cdot \lim_{n\to\infty} y_n$

(4) $y_n \neq 0$, $\lim_{n\to\infty} y_n \neq 0$일 때 $\lim_{n\to\infty} \dfrac{x_n}{y_n} = \dfrac{\lim_{n\to\infty} x_n}{\lim_{n\to\infty} y_n}$.

〔증명〕 생략(일반 미분적분학 또는 해석학 교재 참고). ■

예 11 $\lim_{n\to\infty} \dfrac{n+1}{n} = \lim_{n\to\infty}(1+\dfrac{1}{n}) = \lim_{n\to\infty} 1 + \lim_{n\to\infty}\dfrac{1}{n} = 1+0=1$

$\lim_{n\to\infty}\dfrac{3n^2-5}{n^2} = \lim_{n\to\infty}(3-5\cdot\dfrac{1}{n}\cdot\dfrac{1}{n}) = \lim_{n\to\infty} 3 - 5(\lim_{n\to\infty}\dfrac{1}{n})^2 = 3.$ ■

수열의 극한에 대하여도 정리 1-5, 1-6과 같은 정리가 성립한다. 정리 1-6을 이용하여 다음을 증명할 수 있다.

〔정리 1-10〕 $a>0$일 때 $\lim_{n\to\infty} \sqrt[n]{a} = 1$.

〔증명〕 $a>1$인 경우를 생각하자. $a>1$이면 $\sqrt[n]{a}>1$이다. 따라서 $\sqrt[n]{a}=1+x_n$이라 두면, $x_n>0$이다.

$$a=(1+x_n)^n = 1+nx_n + \frac{n(n-1)}{2}x_n^2 + \cdots + x_n^n \geq 1+nx_n$$

으로부터 $0<x_n\leq\dfrac{a-1}{n}$을 얻는다. $\lim_{n\to\infty}\dfrac{a-1}{n} = (a-1)\lim_{n\to\infty}\dfrac{1}{n} = 0$이므로, 샌드위치 정리에 의하여

$$\lim_{n\to\infty} x_n = 0.$$

따라서

$$\lim_{n\to\infty} \sqrt[n]{a_n} = \lim_{n\to\infty}(1+x_n) = 1 + \lim_{n\to\infty} x_n = 1+0=1.$$

$a=1$인 경우와 $0<a<1$인 경우는 각자에게 맡긴다. ■

〔**정의**〕 수열 $\langle x_n \rangle$에 대하여 $x_1 \le x_2 \le x_3 \le \cdots$ $(x_1 \ge x_2 \ge x_3 \ge \cdots)$이면 $\langle x_n \rangle$은 단조증가(감소)(monotone increasing(decreasing))수열이라고 한다.

단조증가(감소)수열의 수렴·발산 여부는 다음 정리에 의하여 비교적 쉽게 판정할 수 있다.

〔**정리 1-11**〕 수열 $\langle x_n \rangle$이 단조증가(감소)수열이면, $\langle x_n \rangle$이 수렴하기 위한 필요충분조건은 $\langle x_n \rangle$이 유계인 것이다.

예 12 수열 $\langle \frac{1}{n} \rangle$은 모든 n에 대하여 $\frac{1}{n+1} < \frac{1}{n}$이고 $\left|\frac{1}{n}\right| = \frac{1}{n} \le 1$이므로 단조감소이고 유계다. 따라서 수렴한다. 반면에 수열 $\langle 3n+1 \rangle$은 단조증가이지만 유계가 아니므로 발산한다. ∎

수열 $\langle x_n \rangle$에 대해 x_n이 n에 관한 식으로 주어지면 위에서 본 것처럼 수열의 수렴, 발산 여부와 수렴하는 경우 극한을 구할 수 있다. 그러나 $n=1,2,3,\cdots$에 대해

$$a_n = \frac{1}{4} a_{n-1} + \frac{3}{4}, \quad a_0 = 2$$

와 같이 점화식으로 수열 $\langle a_n \rangle$이 주어진 경우를 생각해보자. $n=1,2,3,\cdots$을 대입하면

$$a_1 = \frac{5}{4}, \quad a_2 = \frac{17}{16}, \quad a_3 = \frac{65}{64}, \quad a_4 = \frac{257}{256}, \cdots$$

을 얻는다. 이로부터

$$a_n = \frac{4^n + 1}{4^n} = 1 + \frac{1}{4^n}$$

이라고 추측할 수 있다. 이것이 맞는 것을 다음과 같이 확인할 수 있다.

$$a_n = 1 + \frac{1}{4^n} = \frac{1}{4} \cdot \frac{1}{4^{n-1}} + 1$$

$$a_{n-1} = 1 + \frac{1}{4^{n-1}} \text{ 로부터 } \frac{1}{4^{n-1}} = a_{n-1} - 1$$

$$a_n = \frac{1}{4}(a_{n-1} - 1) + 1 = \frac{1}{4} a_{n-1} + \frac{3}{4}.$$

그러므로 $a_n = 1 + \frac{1}{4^n}$이므로, $\lim_{n \to \infty} a_n = 1$이다.

위의 경우에는 a_n을 n에 관한 식으로 나타내기가 비교적 간단한 경우였다. 그렇지 않은 경우는 아래의 예제에서와 같이 극한을 구한다.

예제 1-22 $a_{n+1}=\dfrac{3}{a_n}$, $n=1,2,3,\cdots, a_1=a$일 때 $\lim\limits_{n\to\infty} a_n$이 존재하면 구하여라.

풀이 $\lim\limits_{n\to\infty} a_n$이 존재한다고 가정하면 $\lim\limits_{n\to\infty} a_{n+1}=\lim\limits_{n\to\infty} a_n$이므로 $\lim\limits_{n\to\infty} a_n=L$이라 놓으면 $L=\dfrac{3}{L}$을 얻는다. 따라서 $L=\pm\sqrt{3}$이다. 그런데 수열의 처음 몇 항을 구해보면,

$$a_2=\frac{3}{a_1}=\frac{3}{a},\quad a_3=\frac{3}{a_2}=a$$

$$a_4=\frac{3}{a_3}=\frac{3}{a},\quad a_5=\frac{3}{a_4}=a$$

그러므로 수열은 a와 $\dfrac{3}{a}$이 반복하므로 $a\neq\dfrac{3}{a}$, 즉 $a\neq\pm\sqrt{3}$인 한 $\lim\limits_{n\to\infty} a_n$은 존재하지 않고, $a=\pm\sqrt{3}$일 때, $\lim\limits_{n\to\infty} a_n=a=\pm\sqrt{3}$이다. ■

예제 1-23 $a_{n+1}=\sqrt{5a_n}$, $n=1,2,3,\cdots$ $a_1=3$일 때, $\lim\limits_{n\to\infty} a_n$이 존재한다고 가정하고, $\lim\limits_{n\to\infty} a_n$을 구하여라.

풀이 $\lim\limits_{n\to\infty} a_n=L$이라 놓으면,

$$\lim_{n\to\infty} a_{n+1}=\lim_{n\to\infty}\sqrt{5a_n}$$

으로부터 $L=\sqrt{5L}$을 얻는다. 이 방정식의 근은 $L=0, 5$이다. 그런데 모든 n에 대해 $a_n>3$이므로 $\lim\limits_{n\to\infty} a_n=5$이다. ■

위의 예제에서 계산기를 사용하여 a_n의 값들을 구해보면(소수 셋째 자리에서 반올림한 값)

$$a_1=3,\ a_2=3.87,\ a_3=4.40,\ a_4=4.69,\ a_5=4.84,$$

$$a_6=4.92,\ a_7=4.96,\ a_8=4.98,\ a_9=4.99,\ \cdots$$

을 얻어, 실제로 $\lim\limits_{n\to\infty} a_n=5$임을 확인할 수 있다.

예 13 (지수성장)어떤 박테리아가 20분 마다 이분되는 것을 관찰한다고 하자. 관찰을 시작할 때의 시간을 $t=0$이라 놓고, $t=0$일 때 1개의 박테리아가 있다고 하면 20분 후에, 즉 $t=20$일 때 박테리아의 수는 2가 되고 40분 후, 즉 $t=40$일 때 박테리아 수는 4, …이 된다.

그러나 이때 20분을 1시간단위로 잡으면 개체군의 성장을 간단하게 나타낼 수 있다. 이 경우에 박테리아 수는 $t=0$일 때는 1, $t=1$일 때는 2, $t=2$일 때는 4, …이 된다. 따라서 시간 t일 때 개체군 크기를 $N(t)$로 나타내면

$$N(0)=1,\ \ N(1)=2,\ \ N(2)=4,\ \ N(3)=8,\ \cdots$$

이 되고 일반적으로 $t=0, 1, 2, 3, \cdots$에 대해

$$N(t)=2^t$$

이 된다. 이와 같이 지수형태의 $N(t)$를 갖는 경우 개체군의 성장형태를 **지수성상** (exponential growth)이라고 부른다.

관찰을 시작할 때 크기가 $N(0)=N_o$라고 하고 $N(t)$ 대신 N_t를 사용하면 개체군의 크기는

$$N_t=N_o 2^t,\ \ t=0,\ 1,\ 2,\ \cdots$$

와 같이 수열의 형태로 나타내진다.

단위시간에 1개의 개체가 R개로 증식된다면 개체군의 크기는

$$N_t=N_o R^t,\ \ t=0.\ 1,\ 2,\ \cdots$$

로 나타내진다. 여기서 R은 **성장상수**(growth constant)라고 불린다. ■

세대가 겹치지 않고 한 세대의 개체군 크기가 전 세대의 개체군 크기에만 의존하는 개체군의 크기에 수열이 응용된다.

예 13에서 본 지수성장모델이 한 예이다. 시간 t에서, 즉 t세대의 개체군의 크기를 N_t, $t=0, 1, 2, \cdots$로 나타내도록 한다. 그러면 $t+1$에서의 개체군 크기는

$$N_{t+1}=f(N_t)$$

로 나타내진다.

앞에서 본 것처럼 $N_t=N_o R^t$, $t=0, 1, 2, \cdots$일 때 이것은

$$N_{t+1} = RN_t \qquad (1)$$

로 나타내질 수 있다.

개체군 모델에 대해 조사할 때 흔히 오랜 시간이 지난 후에 개체군의 양상에 관심을 갖는다. 즉 개체군의 크기가 상수에 도달할 것인가, 진동하는 것을 예견할 수 있는가, 아니면 예견할 수 없이 크게 변화하는가?

(1)에서 $N_o > 0$이고 $R > 1$이면 어미세대 대 자식세대 비 $\frac{N_t}{N_{t+1}} = \frac{1}{R}$은 상수이고 이것은 개체군의 밀도와 상관없이 일정하고 개체군의 크기는 무한히 커질 것이다. 이러한 성장을 **밀도독립성장**(density-independent growth)이라고 부른다. 그러나 이것은 생물학적으로 비현실적이다. 개체군의 크기가 커짐에 따라 성장환경이 악화되어 개체군의 성장을 감소시킬 수 있다. 개체군의 밀도에 의존하는 개체군성장을 **밀도의존성장**(density-dependent growth)이라고 부른다.

개체군 크기가 커지면 성장이 감소하는 모델을 보기 위해 우선 지수성장모델에서 $N_o > 0$라고 가정하자. 그러면 모든 $N_t > 0$이고

$$\frac{N_t}{N_{t+1}} = \frac{1}{R}$$

이다. $\frac{N_t}{N_{t+1}}$를 N_t의 함수로 보면 이것은 N_t에 대한 상수함수이다. 개체군 크기는 $\frac{1}{R} < 1$이면 증가하고 $\frac{1}{R} = 1$이면 변화하지 않고 $\frac{1}{R} > 1$이면 감소한다.

이제 개체군 크기가 커지면 성장이 감소하는 모델을 위해 $\frac{N_t}{N_{t+1}}$가 상수함수가 아니고 N_t에 대한 증가함수라고 가정하자. 가장 간단한 증가함수는 일차함수(선형함수)이다. 밀도의존성장모델을 지수성장모델과 비교하기 위하여 두 모델이 개체군 크기가 작을 때 어미세대 대 자식세대의 비가 서로 같다고 가정한다. 이를 위해 밀도의존성장모델에 대한 $\frac{N_t}{N_{t+1}}$ 그래프가 그림 1-12와 같이 $(O, \frac{1}{R})$을 지나고, 증가율이 낮도록 $R > 1$이라고 가정한다. 어미 대 자식의 비가 1일 때 개체군크기가 한 세대에서 다음 세대로 갈 때 변화가 없기 때문에 이때의 개체군 밀도가 특히 중요하다. 이때의 개체군 크기를 수용능력 또는 **환경수용력**(carrying capacity)이라고 부르고 양의 상수 K로 나타낸다. 그러므로 밀도의존성장모델에 대한 $\frac{N_t}{N_{t+1}}$의 그래프(그림 1-12)는 $(O, \frac{1}{R})$과 $(K, 1)$를 지나는 직선이다.

직선의 방정식은

$$\frac{N_t}{N_{t+1}} = \frac{1}{R} + \frac{1-\frac{1}{R}}{K} N_t$$

이다. N_{t+1}에 대해 이것을 풀면,

$$N_{t+1} = \frac{RN_t}{1+\frac{R-1}{K}N_t}$$

를 얻는다. 이것은 베버튼-홀트 가입(加入)곡선 (Beverton-Holt recruitment curve)으로 알려졌다.

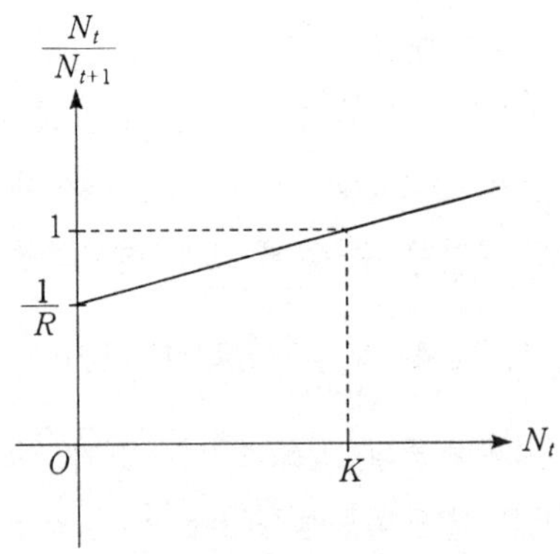

그림 1-12.

1-5. 연습문제

1. 수열 $\langle n^2 \rangle$ 과 $\langle -n^3 \rangle$은 유계인 수열인가?

2. 다음 수열 중에서 수렴하는 수열은 어느 것인가?

(a) $\langle \frac{n+1}{n+2} \rangle$ (b) $\langle \frac{(-1)^n}{n} \rangle$

(c) $\langle 2+(-1)^n \rangle$ (d) $\langle 3^{-n} \rangle$

(e) $\langle \sin n\pi \rangle$ (f) $\langle \sqrt[3]{n} \rangle$

3. 다음에서 $\lim_{n\to\infty} a_n$이 존재한다고 가정하고, 그 값을 구하여라.

(a) $a_{n+1} = \frac{1}{2}(a_n+5)$, $a_1=1$ (b) $a_{n+1} = \sqrt{2a_n}$, $a_1=1$

(c) $a_{n+1} = \sqrt{2a_n}$, $a_1=0$ (d) $a_{n+1} = 2a_n(1-a_n)$, $a_1=0.1$

(e) $a_{n+1} = \frac{1}{2}(a_n + \frac{4}{a_n})$, $a_1=1$ (f) $a_{n+1} = \frac{1}{2}(a_n + \frac{9}{a_n})$, $a_1=-1$

1-6. 함수의 연속성

함수 $f(x)$가 $x=a$ 근방에서 정의되어 있고,

$$\lim_{x \to a} f(x) = f(a)$$

일 때, $f(x)$는 $\boldsymbol{x=a}$에서 연속(continuous at $x=a$)이라고 한다. 이것을 단계적으로 나타내면,

1. 함수 $f(x)$가 $x=a$에서 정의되고
2. $\lim_{x \to a} f(x)$가 존재하고,
3. $\lim_{x \to a} f(x) = f(a)$

일 때, $f(x)$는 $x=a$에서 연속이다.

$x=a$에서 함수 $f(x)$가 연속이 아니면, 즉 위 1, 2, 3을 모두 만족시키지 않으면 함수 $f(x)$는 $\boldsymbol{x=a}$에서 불연속(discontinuous at $x=a$)이라 하고, $x=a$를 함수 $f(x)$의 불연속점이라고 한다. 또 함수 $f(x)$가 어떤 집합 S의 모든 점에서 연속일 때, $f(x)$는 집합 $\boldsymbol{S}$에서 연속이라 하고, 정의역에서 연속이면 간단히 연속함수라고 한다.

예 14 임의의 실수 a에 대해 $\lim_{x \to a} \sin x = \sin a$이므로(정리 1-4) $f(x) = \sin x$는 실수의 집합 $\mathbf{R}$에서 연속이다.

예제 1-24 함수 $f(x)$가

$$\begin{cases} f(x) = x^2 + \dfrac{x^2}{1+x^2} + \dfrac{x^2}{(1+x^2)^2} + \cdots\cdots + \dfrac{x^2}{(1+x^2)^n} + \cdots, & x \neq 0 \\ f(0) = 0 \end{cases}$$

일 때 $f(x)$는 $x=0$에서 불연속임을 증명하여라.

풀이 $x \neq 0$라 하면 $f(x)$는 수렴하는 무한등비급수가 되므로

$$f(x) = \frac{x^2}{1 - \dfrac{1}{1+x^2}} = 1 + x^2$$

이다. 따라서

$$\lim_{x \to 0} f(x) = \lim_{x \to 0} (1 + x^2) = 1.$$

그런데 $f(0) = 0$이므로

$$\lim_{x \to 0} f(x) \neq f(0).$$

그러므로 $x=0$에서 불연속이다. ■

예 15 함수 $f(x)$가 $f(x)=\begin{cases}1, & x\text{는 유리수}\\ 0, & x\text{는 무리수}\end{cases}$일 때 $f(x)$는 모든 a에서 $\lim_{x\to a}f(x)$가 존재하지 않으므로 불연속이다. ■

극한에 대한 정리 1-2로부터 다음을 알 수 있다.

〔정리 1-12〕 두 함수 $f(x)$와 $g(x)$가 $x=a$에서 연속이면, 두 함수의 합 $f(x)+g(x)$, 차 $f(x)-g(x)$, 곱 $f(x)\cdot g(x)$, 몫 $f(x)/g(x)$(단, $g(a)\neq 0$일 때)도 $x=a$에서 연속이다.

예 16 상수함수 $f(x)=c$와 항등함수 $f(x)=x$는 $\mathbf{R}$에서 연속이다. 따라서 정리 1-12에 의해서, 다항함수

$$f(x)=a_0x^n+a_1x^{n-1}+\cdots\cdots+a_{n-1}x+a_n,\quad a_0\neq 0$$

도 $\mathbf{R}$에서 연속이다. 또 두 다항함수의 몫으로 표시되는 유리함수는 분모를 0으로 하는 점에서 불연속이고, 그 이외의 모든 점에서 연속이다. ■

〔정리 1-13〕 함수 f는 $x=a$에서 연속이고 g는 $b=f(a)$에서 연속이라고 가정하면 합성함수 $g\circ f$는 $x=a$에서 연속이다.

〔증명〕 정리 1-3에 의해 분명하다. ■

다음 정리는 연속함수의 중요한 성질 중 하나로서, 방정식의 근이 특정 구간에 존재함을 알 수 있도록 한다(증명은 고급해석학에서 다룬다).

〔정리 1-14〕 (중간값 정리(intermediate value theorem)) $f(x)$가 두 점 $a, b(a<b)$를 포함하는 구간에서 연속이고,

$$f(a)<r<f(b)\ \text{또는}\ f(a)>r>f(b)$$

이면,

$$f(c)=r,\quad a<c<b$$

인 c가 적어도 하나 존재한다.

〔따름정리〕 a, b를 포함하는 구간에서 $f(x)$가 연속이고 $f(a)$와 $f(b)$가 서로 다른 부

호를 가지면 방정식 $f(x)=0$은 a, b 사이에 적어도 하나의 근을 갖는다.

예제 1-25 $(x^2-1)\cos x+\sqrt{2}\sin x=0$은 구간 $(0, \frac{\pi}{2})$에서 적어도 하나의 근을 갖는 것을 보여라.

풀이 $f(x)=(x^2-1)\cos x+\sqrt{2}\sin x$라고 하면, $f(x)$는 구간 $\left[0, \frac{\pi}{2}\right]$에서 연속이고

$$f(0)=-1<0,\ f\left(\frac{\pi}{2}\right)=\sqrt{2}>0$$

이므로 중간값 정리에 의해서 $f(c)=0$이 되는 c가 0과 $\frac{\pi}{2}$사이에 적어도 하나 존재한다. ∎

예제 1-26 방정식 $x^3-7x+3=0$의 근을 구하여라.

풀이 $f(x)=x^3--7x+3$이라 놓자. 그러면 f는 다항식이므로 모든 실수에서 연속이다. $f(-3)<0$, $f(-1)>0$, $f(2)<0$, $f(3)>0$이므로 중간값 정리에 의해 주어진 방정식의 근이 구간 $(-3, -1)$, $(-1, 2)$, $(2, 3)$에 있음을 알 수 있다. 이제 이분법(bisection method)에 의해 구간 $(2, 3)$에 있는 근을 찾도록 하자. $(2, 3)$의 중간값은 $\frac{5}{2}$이고, $f(\frac{5}{2})=\frac{9}{8}>0$.

$$f(2)<0,\ f(\frac{5}{2})>0$$

이므로 근은 구간 $(2, \frac{5}{2})$에 놓인다. $(2, \frac{5}{2})$의 중간값 $\frac{9}{4}$에서 $f(\frac{9}{4})<0$이다. 따라서

$$f(\frac{9}{4})<0,\ f(\frac{5}{2})>0$$

이므로 근은 $\frac{9}{4}=2.25$와 $\frac{5}{2}=2.5$사이에 놓인다. 이제 구간 $(\frac{9}{4}, \frac{5}{2})$의 중간값 $\frac{19}{8}$에서 $f(\frac{19}{8})<0$이다. $f(\frac{19}{8})<0$, $f(\frac{5}{2})>0$이므로 근은 $\frac{19}{8}=2.375$와 $\frac{5}{2}=2.5$사이에 놓인다. 이것을 반복하면, 원하는 만큼의 정확도를 갖는 근의 근사값을 구할 수 있다. 예를 들어 소수점 아래 첫째자리까지 정확한 근사값을 구하고 싶다면, 각 단계마다 근이 놓이는 구간의 길이가 $\frac{1}{2}$로 줄어들기 때문에 $1\cdot(\frac{1}{2})^n<0.05$를 만족시키는 가장 작은 자연수 n을 구하면 $n=5$이므로, 위 단계를 다섯 번 반복하면 소수점 아래

첫째 자리까지 정확한 근사값을 얻는다. 표로 정리하면 다음과 같다.

a	$\frac{a+b}{2}$	b	$f(a)$	$f(\frac{a+b}{2})$	$f(b)$
2	2.5	3	−	+	+
2	2.25	2.5	−	−	+
2.25	2.375	2.5	−	−	+
2.375	2.4375	2.5	−	+	+
2.375	2.40625	2.4375	−	+	+

다섯 번째 단계에서 근은 구간 (2.375, 2.40625)에 놓이고 , 이 구간의 길이는 0.03125 이므로 소수점아래 첫째 자리까지 정확한 근의 근사값은 2.4임을 알 수 있다. 다른 근들도 마찬가지로 구할 수 있다. ▮

〔**참고**〕 이 방법보다 좀 더 빠르게 원하는 근사값을 얻는 방법을 3-6절에서 볼 것이다.

함수 $f(x)$가 $[a, b]$에서 유계(bounded)라는 것은 모든 $x \in [a, b]$에 대하여 $|f(x)| \le K$를 만족시키는 양수 K가 존재함을 뜻한다.

다음 정리는 연속함수의 기본 성질 중 하나이다(증명은 고급해석학에서 다루는 수준이다.).

〔**정리 1-15**〕 (바이에르슈트라스(Weierstrass)의 정리) 함수 $f(x)$가 닫힌 구간 $[a, b]$에서 연속이면, $f(x)$는

(1) $[a, b]$에서 유계이고,

(2) $[a, b]$에서 최대값과 최소값을 갖는다.

생물학에서 나오는 많은 함수는 사실 불연속이다. 예를 들어, 시간에 따른 개체군의 크기를 측정할 때 그 값은 자연수이고 따라서 불연속적으로 변한다. 그러나 개체군 크기가 충분히 크면 1만큼 증가 또는 감소하는 것은 개체군 크기의 변화가 거의 없는 것과 같아 개체군 크기를 연속함수로 어림잡을 수 있다. 예를 들어, 페트리 접시(petri dish)에 있는 박테리아의 수를 백만 단위로 측정하면 2.1은 2,100,000에 해당하고 1마리 증가해서 그 수가 2,100,001이 되면 이것은 백만 단위로 측정할 때 10^{-6}만큼 증가하는 것이 된다.

1-6. 연습문제

1. 다음 함수가 연속 함수가 되도록 불연속인 점에서의 함수값을 정의하여라.

(a) $f(x)=\dfrac{x^2-1}{x-1}$ (b) $f(x)=\dfrac{x^2-4}{x^3-8}$

(c) $f(x)=\dfrac{1-\sqrt{x}}{1-x}$

2. 다음 함수의 불연속점을 구하고, 또 불연속인 점에서 함수값을 적당히 정의함으로써 연속함수로 만들어라(가능한 경우).

(a) $f(x)=\dfrac{x^3-8}{x-2}$ (b) $f(x)=\sin\dfrac{1}{x}$

(c) $f(x)=x\sin\dfrac{1}{x}$ (d) $f(x)=\tan x$

3. 함수 $f(x)=\begin{cases} x^2-9, & x<3 \\ 2ax, & x\geq 3 \end{cases}$이 $x=3$에서 연속이기 위한 a의 값은 얼마인가?

4. 방정식 $x-\cos x=0$은 0과 $\dfrac{\pi}{4}$사이에서 적어도 하나의 근을 가짐을 증명하여라.

5. 함수 $f(x)=\begin{cases} x+2 & (-3<x<-2) \\ -x-2 & (-2\leq x<0) \\ x+2 & (0\leq x<1) \end{cases}$ 의 연속성을 조사하여라.

6. 유리수의 집합을 $\mathbf{Q}$, 무리수의 집합을 $\mathbf{Q}'$라고 하자. 다음 함수는 어느 점에서 불연속인가?

(a) $f(x)=\begin{cases} 0, & x\in\mathbf{Q} \\ x, & x\in\mathbf{Q}' \end{cases}$ (b) $g(x)=\begin{cases} x, & x\in\mathbf{Q} \\ 0, & x\in\mathbf{Q}' \end{cases}$

7. 유기체(organism)는 자극이 어떤 역(閾 ; threshold)을 초과할 때만 자극에 반응한다. 자극이 시간 t에 관한 함수로서

$$s(t)=\sin\pi t,\ t\geq 0$$

로 주어지고 $s(t)\geq\dfrac{1}{2}$일 때 유기체는 자극에 어떤 반응을 보인다고 하자. 함수 $g(t)$를 시간 t에서 유기체가 아무반응을 보이지 않으면 $g(t)=0$, 유기체가 반응을 보이면 $g(t)=1$로 정의한다.

(a) $s(t)$와 $g(t)$의 그래프를 같은 좌표평면에 그려라.

(b) $s(t)$와 $g(t)$는 연속함수인가?

제 2 장 도 함 수

OUTLINE

미분학은 곡선의 접선을 구하는 문제와 곡선의 최대점, 최소점(또는 극대, 극소점)을 찾는 문제를 해결해 준다. 이러한 문제 해결 방법을 통하여 미분학은 과학의 여러 분야에 큰 영향을 끼쳤으며, 특히 생명과학 분야에서는, 단순 성장모델, 유기체 사이의 상호작용, 유기체의 침입, 효소의 작용, 질병의 확산 모델, 임의 교배하에서 유전자 빈도의 변화, 진화적 전략 등등에 응용되고 있다.

이 장에서는 도함수의 정의와 여러 함수의 도함수를 살펴보고, 그의 응용을 보도록 한다.

2-1. 순간변화율과 미분가능성

x가 정해진 값 x_1에서 다른 값 x_2로 변하였을 때 x_2-x_1을 x의 증분(increment)이라 하고, 기호 Δx로 표시하며 이것을 델타 x라고 읽는다.

함수 $y=f(x)$에서 x가 Δx만큼 변할 때 y의 증분 $f(x+\Delta x)-f(x)$를 Δy(또는$\Delta f(x)$)로 표시한다. 이때, $\dfrac{\Delta y}{\Delta x}$는 x와 $x+\Delta x$사이에서 x에 대한 y(또는 $f(x)$)의 평균변화율(average rate of change)을 나타낸다.

예제 2-1 페인트 칠이 된 구의 반경이 정확히 12 cm이다. 낡은 페인트를 다 벗기고 새로 칠할 때 반경이 0.4 cm만큼 줄어들게 된다. 이때, 부피는 얼마만큼 변하는가? 또 이때, 반경 1 cm에 대한 부피의 평균변화율은 얼마인가?

풀이 구의 부피는 V, 반경을 r이라 하면 $V=\dfrac{4}{3}\pi r^3$이다. 여기서 $r=12$이고 $\Delta r=-0.4$이다(반경이 줄어들므로 Δr의 부호는 "$-$"이다). 그러므로

$$\begin{aligned}\Delta V &= V(r+\Delta r)-V(r)\\ &= V(12-0.4)-V(12)\\ &= \frac{4}{3}\pi(11.6)^3-\frac{4}{3}\pi(12)^3\\ &= -\frac{4}{3}\pi(12^3-11.6^3)\\ &\approx -699.6\end{aligned}$$

따라서 부피는 약 699.6 cm^3만큼 줄어든다. 그리고 평균변화율은

$$\frac{\Delta V}{\Delta r}\approx\frac{-699.6}{-0.4}\approx 1749.$$

따라서 부피는 반경 1 cm의 변화당 약 1,749 cm^3의 비율로 변한다고 할 수 있다. ∎

예제 2-2 $f(x)=x^3$에서 x가 a에서 h만큼 변할 때 $f(x)$의 평균변화율을 구하여라.

풀이
$$\begin{aligned}\frac{\Delta f(x)}{\Delta x}=\frac{f(a+h)-f(a)}{h}&=\frac{(a+h)^3-a^3}{h}\\ &=\frac{3a^2h+3ah^2+h^3}{h}\\ &=3a^2+h(3a+h).\end{aligned}$$

따라서 평균변화율은 $3a^2+h(3a+h)$이다. ▮

예제 2-2에서 x의 증분 h가 점점 작아져 $h\to0$일 때 $\dfrac{f(a+h)-f(a)}{h}\to3a^2$이 된다. 이때, $f(x)=x^3$의 $x=a$에서의 순간변화율이 $3a^2$이라고 할 수 있다.

〔정의〕 주어진 함수 f에 대하여 극한값

$$\lim_{x\to c}\frac{f(x)-f(c)}{x-c}$$

가 존재하면 $f(x)$는 $x=c$에서 **미분가능**하다고 하고 이 극한값을 $x=c$에서 함수 $f(x)$의 **순간변화율**(instantaneous rate of change) 또는 **미분계수**(differential coefficient)라고 한다.

$x=c$에서 f의 미분계수를 $f'(c)$로 표시한다. 즉

$$f'(c)=\lim_{x\to c}\frac{f(x)-f(c)}{x-c}$$

이다. 이 극한값은 $y=f(x)$일 때 x와 y의 증분 Δx, Δy를 이용하여

$$f'(c)=\lim_{\Delta x\to0}\frac{\Delta y}{\Delta x}=\lim_{\Delta x\to0}\frac{f(c+\Delta x)-f(c)}{\Delta x}$$

로 나타낼 수 있다. 또 $f'(c)$대신 $\left.\dfrac{dy}{dx}\right|_{x=c}$를 사용하기도 한다.

$f(x)$가 집합 S의 모든 점에서 미분가능할 때 $f(x)$는 S에서 미분가능하다고 하고 정의역 안의 모든 점에서 미분가능할 때 $f(x)$를 미분가능한 함수라고 한다.

예 1 $f(x)=x^3$일 때 임의의 a에 대하여 $f'(a)=3a^2$임을 예제 2-2로부터 알 수 있고 따라서 $f(x)=x^3$은 미분가능한 함수이다. ▮

함수 f가 $x=c$에서 미분가능하다는 것의 수학적 의미는 x가 c에 가까이 갈수록 변화율 $\dfrac{f(x)-f(c)}{(x-c)}$가 일정한 값 $f'(c)$에 다가간다는 것을 뜻한다. $f'(c)$의 물리학 또는 다른 과학에서의 의미는 다루는 양의 변화율의 해석에 달려있다. 우리는 예제를 통하여 $f'(c)$의 의미를 다루게 될 것이다.

여기서 $f'(c)$의 기하학적 의미를 생각해 보자. 그림 2-1에서 곡선 $y=f(x)$ 위의 점 P, Q가 각각 $(c, f(c))$, $(c+\Delta x, f(c+\Delta x))$를 나타낸다고 하자. 그러면

$$\frac{\Delta y}{\Delta x}=\frac{f(c+\Delta x)-f(c)}{\Delta x}$$

는 직선 PQ의 기울기를 나타낸다. f가 c에서 미분가능하면, 즉

$$f'(c)=\lim_{\Delta x\to 0}\frac{\Delta y}{\Delta x}=\lim_{\Delta x\to 0}\frac{f(c+\Delta x)-f(c)}{\Delta x}$$

가 존재하면 $\Delta x\to 0$일 때 $Q\to P$이고 직선 PQ는 기울기가 $f'(c)$인 직선 PT로 접근한다. 이때 직선 PT를 점 P에서 곡선 $y=f(x)$의 접선이라고 한다. 따라서 우리는 접선을 다음과 같이 해석적으로 정의할 수 있다.

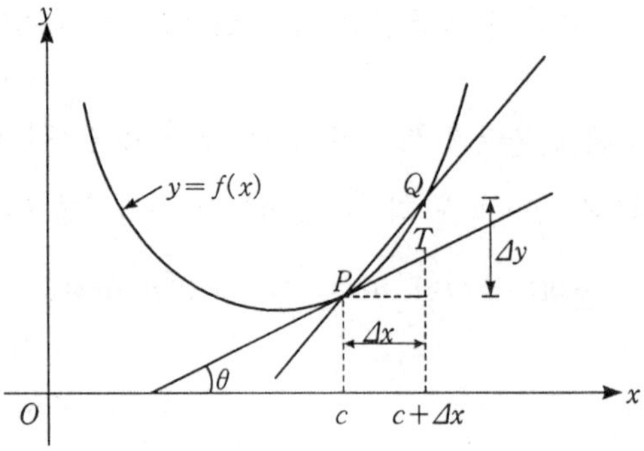

그림 2-1.

[정의] c에서 미분가능한 함수 $y=f(x)$의 그래프 위의 점 $(c, f(c))$에서의 **접선**이란 점 $(c, f(c))$를 지나고 기울기가 $f'(c)$인 직선을 말한다.

또 이 그래프의 점 $(c, f(c))$에서의 **법선**이란 $(c, f(c))$를 지나고 접선에 수직인 직선을 말한다.

위의 정의에 의하면 점 $(c, f(c))$에서 $y=f(x)$의 그래프의 접선의 방정식은

$$y-f(c)=f'(c)(x-c)$$

이고 $f'(c)\neq 0$ 일 때 법선의 방정식은

$$y-f(c)=-\frac{1}{f'(c)}(x-c)$$

임을 알 수 있다.

곡선상의 한 점에서의 접선의 기울기를 그 점에서의 곡선의 기울기라 한다. 따라서 $(c, f(c))$에서 곡선 $y=f(x)$의 기울기는 $f'(c)$이다.

예 2 $f(x)=3x-2x^2$일 때 점 $(2, -2)$에서 이 함수의 그래프의 기울기는

$$f'(2)=\lim_{x\to 2}\frac{f(x)-f(2)}{x-2}=\lim_{x\to 2}\frac{(3x-2x^2)-(6-8)}{x-2}$$

이다. 이것을 간단히 하면 $f'(2)=5$이고 접선의 방정식은

$$y+2=5(x-2),\ \text{즉}\ 5x-y-12=0$$

이다. ■

움직이는 물체의 속도와 가속도에 관하여 생각해보자. 한 질점이 수직선 위에서 운동을 할 때 이 물체의 위치는 t에 관한 함수 $s(t)$로 나타낼 수 있다.

예 3 물체가 일정한 속도 v_0로 직선을 따라 움직이고 시간 $t=0$에서 이 물체의 위치가 s_0일 때, 시간 t에서 이 물체의 위치는 식 $s(t)=s_0+v_0t$로 주어진다(그림 2-2). ■

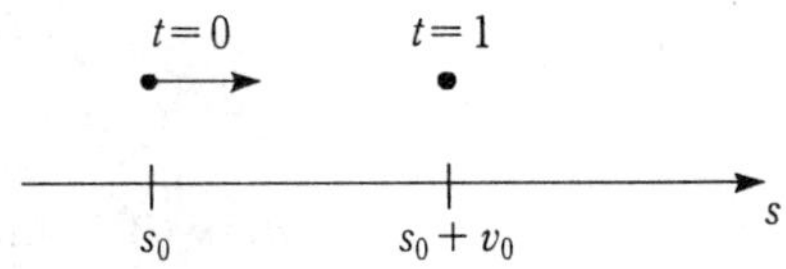

그림 2-2.

예 4 땅에서 어떤 물체가 위로 던져졌다고 하자. 처음 속도가 v_0라면 t초 후 이 물체의 위치는 $s(t)=-16t^2+v_0t$ 피트(ft)로 알려져 있다. ■

한 질점이 수직선 위에서 운동할 때, 시간 t와 $t+\Delta t$일 때의 물체의 위치를 각각 P, Q라 하자(그림 2-3). 한 정점 O에서 P, Q에 이르는 거리를 각각 $s, s+\Delta s$라 하고, 질점이 $s=s(t)$인 관계에 따라 운동한다면 시간 t와 $t+\Delta t$ 사이의 평균속도는

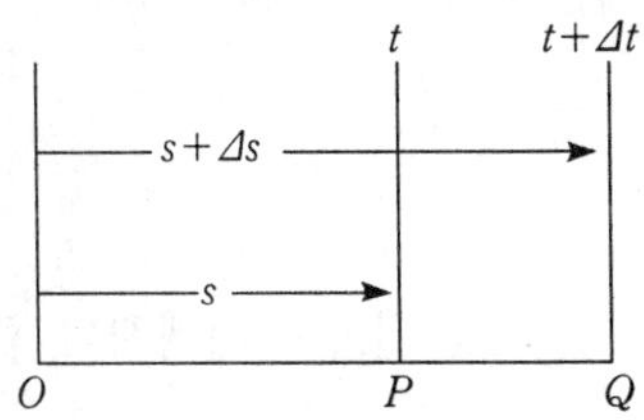

그림 2-3.

$$\frac{s(t+\Delta t)-s(t)}{\Delta t}=\frac{\Delta s}{\Delta t}$$

이다. 함수 $s(t)$가 미분가능하면 시간 t에서의 속도 v는

$$v=s'(t)=\lim_{\Delta t\to 0}\frac{\Delta s}{\Delta t}$$

이다. 시간 t에서의 속력은 $|s'(t)|$이다. 질점이 P에서 Q까지 가는 동안 속도의 변화를 Δv라 할 때

$$a=v'(t)=\lim_{\Delta t\to 0}\frac{\Delta v}{\Delta t}$$

는 시간 t에서의 가속도(acceleration)이다.

예제 2-3 어떤 물체가 $s=t^2-2t+3$이라는 법칙에 따라 운동할 때 이 물체의 $t=3$에서의 속도와 가속도를 구하여라.

풀이 임의의 점 t에서의 속도 v는

$$v=v(t)=s'(t)=\lim_{\Delta t\to 0}\frac{s(t+\Delta t)-s(t)}{\Delta t}=\lim_{\Delta t\to 0}\frac{(\Delta t)^2+(2t-2)\Delta t}{\Delta t}$$

$$= \lim_{\Delta t \to 0}(\Delta t + (2t-2)) = 2t-2$$

이다. 따라서 $t=3$에서의 속도는 $v(3)=s'(3)=[2t-2]_{t=3}=4$이다. 또 $t=3$에서의 가속도 a는

$$a=v'(3)=\lim_{t\to 3}\frac{v(t)-v(3)}{t-3}=\lim_{t\to 3}\frac{(2t-2)-4}{t-3}=2$$

이다. ■

예 5 (개체군 성장) 어떤 개체군에서 개체군 성장을 살펴보자. $N(t)$가 시간 t에서 개체군의 크기를 나타낼 때, 시간 t와 $t+h$사이의 평균변화율

$$\frac{\Delta N}{\Delta t}=\frac{N(t+h)-N(t)}{h}$$

는 시구간 $[t, t+h]$에서의 평균성장률이고,

$$N'(t)=\lim_{\Delta t\to 0}\frac{\Delta N}{\Delta t}=\lim_{h\to 0}\frac{N(t+h)-N(t)}{h}$$

이 존재할 때 $N'(t)$는 시간 t에서의 순간성장률이 된다. 개체당 순간성장률(instantaneous per capita growth rate)에 관심을 가질 때가 많은데, 이것은 순간성장률을 개체군의 크기로 나눈 것으로 정의된다. 즉

$$\text{시간 } t\text{에서 개체당 순간성장률}=\frac{1}{N(t)}\frac{dN}{dt}.$$

여기서 $\frac{dN}{dt}$는 $N'(t)$를 나타내는 또 다른 표기법이다. $\frac{1}{N(t)}\frac{dN}{dt}$를 흔히 t를 생략하여 $\frac{1}{N}\frac{dN}{dt}$로 간단히 나타낸다. ■

예 6 (화학 반응 속도) 비가역 화학 반응

$$A+B\to AB$$

에서 반응 속도는 A와 B의 농도에 비례한다. AB의 농도를 x로 나타내고, A와 B의 초기 농도를 각각 a와 b로 나타내면, 반응 속도는

$$k(a-x)(b-x)$$

가 된다. 반응 속도는 반응이 진행됨에 따라 얼마나 빨리 x의 농도가 변하는지를 말해준다. 따라서 x의 농도는 시간 t의 함수이다. 즉 $x=x(t)$. 반응 속도는 순간변화율이고, 따라서

$$\lim_{\Delta t \to 0} \frac{x(t+\Delta t)-x(t)}{\Delta t}$$

이다. 그러므로 $x'(t)$를 $\frac{dx}{dt}$로 나타내면

$$\frac{dx}{dt}=k(a-x)(b-x)$$

가 된다($x'(t)=\frac{dx}{dt}$는 x의 도함수라 불리고 위와 같이 도함수를 포함하는 방정식을 미분방정식(differntial equation)이라고 한다).

예 7 (틸만의 자원 모델) 미네소타대학의 틸만(David Tilman) 박사는 제한 자원에 대한 경쟁결과를 묘사하는 모델을 개발하였다. 그것은 질소가 제한 자원인 어느 지역의 목초지에 적용된다. 이 경우에 토양에 질소를 더해 주면 생물량이 증가한다. 여기서 어느 한 종(種)이 하나의 제한 자원과 경쟁하는 경우를 살펴본다. 생물량의 변화율이 두 개의 성분, 즉 성장률과 손실률을 갖는다고 가정한다. 즉

$$\text{생물량의 변화율} = \text{성장률} - \text{손실률}.$$

시간 t에서 어느 식물군의 생물량을 $B(t)$로 나타내고, 성장률은 농도가 R로 표시되는 하나의 자원에 의존한다고 가정한다. 생물량의 비(比)변화율(specific rate of change)은 단위 당 생물량의 변화율로 정의된다. 즉 $\frac{1}{B}\frac{dB}{dt}$이다. 단위 당 생물량의 손실률은 상수라고 가정하고 이 상수를 m으로 나타낸다. 그러면 생물량의 변화에 대한 간단한 모델은 $f(R)$이 자원의 농도에 대한 함수로서 비성장률을 나타낼 때,

$$\frac{1}{B}\frac{dB}{dt}=f(R)-m$$

으로 나타내진다. $f(R)$에 대해서 흔히 모노드 성장함수(또는 Michaelis-Menten 방정식)

$$f(R)=a\frac{R}{k+R}$$

를 사용한다. 여기서 a와 k는 양의 상수이다. $f(R)$과 m의 그래프를 같이 그리면 아래

의 그림 2-4와 같다.

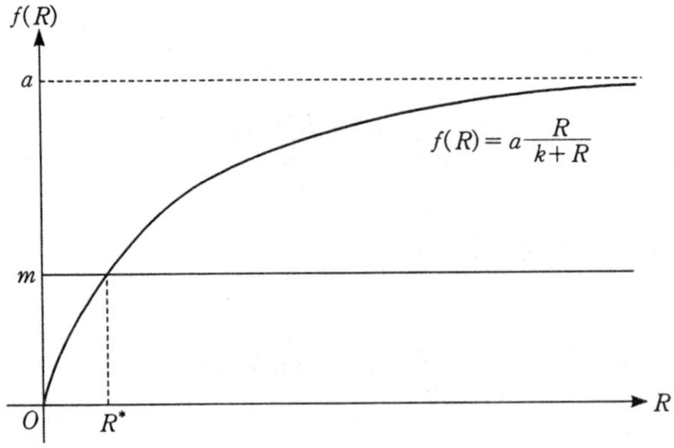

그림 2-4.

$0<m<a$일 때, $y=f(R)$과 $y=m$의 그래프는 한 점 $R=R^*$에서 만난다. 이 점에서 $f(R)=m$이므로 비변화율 $\frac{1}{B}\frac{dB}{dt}$는 0이다. 즉 성장과 손실이 균형을 이루고 이 종의 생물량은 더 이상 변화하지 않는다. 이때 우리는 생물량이 평형상태(equillibrium)에 있다고 한다. $R<R^*$이면 $f(R)-m<0$이므로 생물량은 감소하고, $R>R^*$이면 $f(R)-m>0$이므로 생물량은 증가할 것이다. $f(R)=a\frac{R}{k+R}$이면 R^*는 $f(R^*)=m$을 만족시키므로

$$R^*=\frac{mk}{a-m}$$

로 주어진다. ▮

f가 c에서 연속이면 f의 그래프 상에서 x가 c에 다가갈수록 $(x, f(x))$는 $(c, f(c))$에 가까이 다가간다. 다음 정리에서는 f가 $x=c$에서 미분가능하면 $x=c$에서 f는 연속임을 증명할 것이다. 그러나 함수가 $x=a$에서 연속이라고 해서 반드시 미분가능한 것은 아니다.

〔정리 2-1〕 함수 $f(x)$가 $x=a$에서 미분가능하면 $x=a$에서 연속이다.

〔증명〕 $x\neq a$인 x에 대하여 $f(x)$를 다음과 같이 나타낼 수 있다.

$$f(x)=\frac{f(x)-f(a)}{x-a}(x-a)+f(a).$$

$f(x)$가 $x=a$에서 미분가능하므로, $\lim_{x\to a}\frac{f(x)-f(a)}{x-a}=f'(a)$이다. 또한 $\lim_{x\to a}(x-a)=0$,

$\lim_{x \to a} f(a) = f(a)$이므로, 극한에 대한 정리 1-2에 의해

$$\begin{aligned}\lim_{x \to a} f(x) &= \left(\lim_{x \to a} \frac{f(x)-f(a)}{x-a}\right)\left(\lim_{x \to a}(x-a)\right) + \lim_{x \to a} f(a) \\ &= f'(a) \cdot 0 + f(a) = f(a)\end{aligned}$$

이다. 그러므로 함수 $f(x)$는 $x=a$에서 연속이다. ▮

따라서 $f'(a)$가 존재하기 위해서는 반드시 $x=a$에서 함수가 연속이어야 한다.

예제 2-4 함수 $f(x) = \begin{cases} x+1, & x<0 \\ 0, & x=0 \\ -x-1, & x>0 \end{cases}$은 $x=0$에서 미분가능한가?

풀이 함수 $f(x)$의 그래프는 그림 2-5와 같다.

$\lim_{x \to 0^-} f(x) = 1 \neq -1 = \lim_{x \to 0^+} f(x)$이므로(그림 2-5 참조), $\lim_{x \to 0} f(x)$가 존재하지 않는다. 따라서 f는 $x=0$에서 연속이 아니다. 그러므로 함수 f는 $x=0$에서 미분가능하지 않다.

또는 직접

$$\lim_{x \to 0} \frac{f(x)-f(0)}{x-0}$$

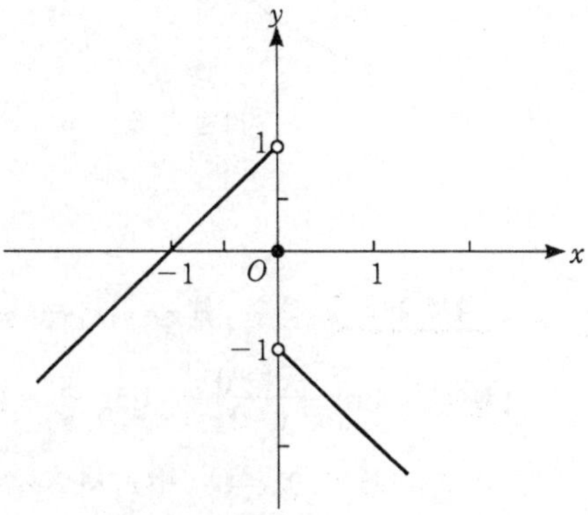

그림 2-5.

가 존재하지 않는 것을 보임으로써 $x=0$에서 미분가능하지 않음을 보일 수 있다. $x>0$에서

$$\frac{f(x)-f(0)}{x-0} = \frac{(-x-1)-0}{x-0} = \frac{-x-1}{x} = -1-\frac{1}{x}$$

이므로 $\lim_{x \to 0^+} \frac{f(x)-f(0)}{x-0}$는 존재하지 않는다. 따라서 $x=0$에서 f는 미분가능하지 않다. ▮

예제 2-5 $f(x) = x^{\frac{1}{3}}$은 $x=0$에서 미분가능한가?

풀이 $f'(0)=\lim_{x\to 0}\frac{f(x)-f(0)}{x-0}=\lim_{x\to 0}\frac{x^{\frac{1}{3}}-0}{x}=\lim_{x\to 0}\frac{1}{x^{\frac{2}{3}}}$.

x가 0에 다가 갈수록 $\frac{1}{x^{\frac{2}{3}}}$는 무한히 커지므로 f는 $x=0$에서 미분가능하지 않다 (그림 2-6 참조). ▮

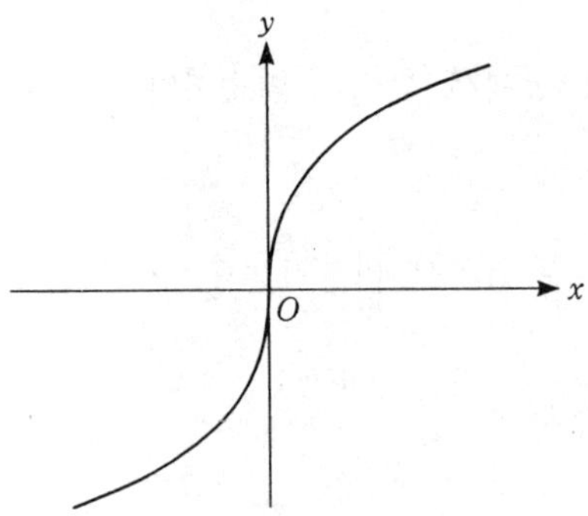

그림 2-6.

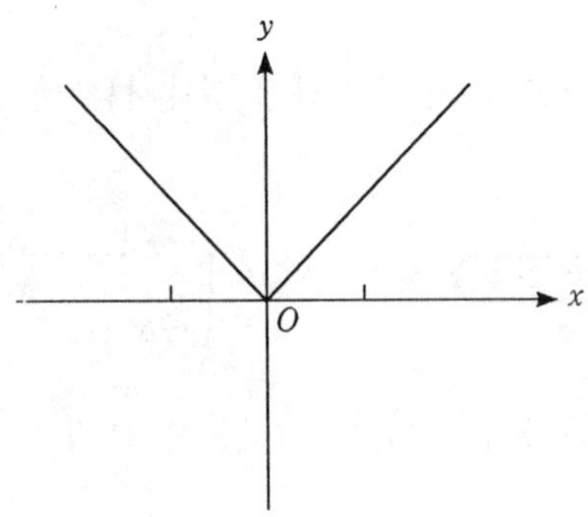

그림 2-7.

예제 2-6 함수 $f(x)=|x|$는 $x=0$에서 미분가능한가?

풀이 $\lim_{x\to 0^+}\frac{|x|-0}{x-0}=\lim_{x\to 0^+}\frac{x}{x}=1$, $\lim_{x\to 0^-}\frac{|x|-0}{x-0}=\lim_{x\to 0^+}\frac{-x}{x}=-1$이므로 $\lim_{x\to 0}\frac{|x|-0}{x-0}$이 존재하지 않는다. 따라서 함수 $f(x)=|x|$는 $x=0$에서 미분가능하지 않다(그림 2-7 참조). ▮

위에서 살펴본 바와 같이 어떤 함수가 c에서 연속이 아니면 c에서 미분가능할 수 없다. 그러나 c에서 연속인 함수가 c에서 미분가능하지 않을 수 있다.

2-1. 연습문제

1. 주어진 구간에서 다음 함수들의 평균변화율을 구하여라.

(a) $y=ax^2+bx+c$, x에서 $x+h$

(b) $y=\frac{4}{x}$, $x=2$에서 $x=2+\Delta x$

(c) $y=2x^3$, a에서 $a+h$

(d) $y=x+\frac{1}{x}$, $x=3$에서 $x=3+\Delta x$

2. $x=2$에서 다음 함수들의 미분계수를 구하고, 점 $(2, f(2))$에서 접선과 법선의 방정식을 구하여라.

(a) $f(x)=2x-3$

(b) $f(x)=3-2x$

(c) $f(x)=ax^2+bx+c$

(d) $f(x)=x^2-4$

(e) $f(x)=x^3$

(f) $f(x)=x^3-12x$

(g) $f(x)=\frac{2}{x}$

3. $x=a$에서 $f(x)=mx+b$의 미분계수를 구하고, $(a, f(a))$에서 접선의 방정식을 구하여라.

4. $f(x)=|x+1|$에서 미분가능한 점들을 구하고, 그 점들에서의 미분계수를 구하여라.

5. 반지름이 3 ft가 되는 순간의 반지름에 대한 원의 면적의 변화율을 구하여라.

6. 틸만의 자원 모델에서와 같이, 시간 t에서 생물량을 $B(t)$로 나타내고

$$\frac{1}{B}\frac{dB}{dt}=f(R)-m$$

이라고 하자. 여기서 R은 자원의 농도를 나타내고

$$f(R)=200\frac{R}{5+R},\ m=40$$

이다. $\frac{1}{B}\frac{dB}{dt}=0$이되는 R의 값 R^*를 구하여라.

7. $N(t)$가 시간 t에서 개체군의 크기를 나타내고, 미분방정식

$$\frac{dN}{dt}=rN$$

을 만족시킨다고 하자. 여기서 r은 상수이다.

(a) 개체당 성장률을 구하여라.

(b) $r>0$이고, $N(0)=20$일 때, $t=1$에서 개체군 크기가 20보다 큰지 작은지를 밝혀라.

8. $N(t)$가 시간 t에서 개체군의 크기를 나타내고 미분방정식

$$\frac{dN}{dt}=3N(1-\frac{N}{20})$$

을 만족시킨다고 하자. $N\geq 0$에 대해 $f(N)=3N(1-\frac{N}{20})$이라 할 때, $f(N)$의 그래프를 그리고 모든 평형상태에 있는 점, 즉 $\frac{dN}{dt}=0$인 점을 구하여라.

9. 화학반응

$$A+B\to AB$$

를 생각하자. $x(t)$가 시간 t에서 AB의 농도를 나타내면,

$$\frac{dx}{dt}=k(a-x)(b-x)$$

이다. 여기서 k는 양의 상수이고, a와 b는 각각 $t=0$일 때 A와 B의 농도를 나타낸다. $k=3$, $a=7$, $b=4$라고 가정하면, x의 어떤 값에 대해 $\frac{dx}{dt}=0$이 되는가? 이것을 어떻게 설명할 수 있는가?

10. (생물의 다양성) 생물의 멸종률은 다양성과 무관하지만 종분화(speciation)율은 경쟁에 의해 조절된다고 가정하는 생물의 다양성에 대한 모델이 있다. 시간 t에서 종의 수를 $N(t)$로 나타내고, 종분화율은 b, 멸종률을 a로 나타내면,

$$\frac{dN}{dt}=N[b(1-\frac{N}{K})-a]$$

를 얻는다. 여기서 K는 틈새(niche) 또는 생태계에서 종들의 잠재적 장소의 수를 나타낸다.

(a) $a<b$ 일 때 가능한 평형상태를 구하여라.

(b) (a)의 답을 이용하여 다음을 설명하여라.

"이 경우에 멸종률이 0보다 큰 이상 모든 잠재적 틈새는 종들이 차지하며 생태계는 절대 "꽉 차지" 않는다.

(c) $a\geq b$이면 어떤 일이 일어나는가?

2-2. 도함수와 대수함수의 미분법, 연쇄법칙

f가 어떤 집합 S에서 미분가능하다고 하자. $c\in S$에 대하여 $f'(c)$는 S상에서 함수 f'을 정의하고 이 함수 f'를 f의 도함수라고 부른다. f와 f'에 대하여 같은 변수 x를 쓰는 것이 편리하므로 f가 x의 함수 $f(x)$이면 f'도 x의 함수 $f'(x)$로 나타낸다. 따라서,

$$f'(x)=\lim_{h\to 0}\frac{f(x+h)-f(x)}{h}$$

이고, f'의 정의역은 위의 극한이 존재하는 모든 x들의 집합이다. f'를 기호로

$$\frac{df}{dx} \text{ 또는 } Df$$

로 나타내기도 한다. $y=f(x)$이면 $f'(x)$를 y', $\frac{dy}{dx}$, Dy로도 나타낸다. 도함수를 구하는 일을 미분한다(differetiate)고 한다.

$y=f(x)$의 도함수 $f'(x)$가 존재하고, $f'(x)$의 도함수가 존재하면 이것을 처음 함수 $f(x)$의 **이계 도함수**라 부르고

$$f''(x),\ \ y'',\ \ \frac{d^2y}{dx^2},\ \ \frac{d^2}{dx^2}f(x),\ \ D^2f(x),\ \ D^2y$$

등으로 표시한다. 같은 방법으로 $f''(x)$의 도함수로 $y=f(x)$의 **삼계 도함수**를 정의하고, 일반적으로 $y=f(x)$의 $\boldsymbol{n}$**계 도함수**를 $n-1$계 도함수의 도함수로 정의하고, 기호

$$f^{(n)}(x),\ \ y^{(n)},\ \ \frac{d^ny}{dx^n},\ \ \frac{d^n}{dx^n}f(x),\ \ D^nf(x),\ \ D^ny$$

등으로 표시한다.

임의의 함수의 도함수는 정의에 의하여 구할 수 있으나. 매번 정의에 의하여 도함수를 구하는 것은 무척 번거로운 일이므로 이 절에서는 몇 개의 기본 공식을 만들기로 한다.

한 변수에 더하기, 빼기, 곱하기, 나누기, 거듭제곱근 구하기를 유한 번 적용하여 얻어지는 함수를 **대수함수**(algebraic function)라 하는데, 여기에서는 특히 이러한 함수의 미분법을 생각한다. 예를 들어

$$f(x)=x^2+2x+1,\ \ g(x)=\sqrt{x^2+x-1},\ \ h(x)=\frac{2x+1}{x^3-x^2+1}$$

등은 대수함수이나,

$$f(x)=10^x,\ \ g(x)=\ln x,\ \ h(x)=\sin x$$

등은 대수함수가 아니다. 이들 함수는 제4장 초월함수에서 다루기로 한다.

다음의 정리들은 도함수의 정의와 극한에 관한 정리에 의하여 쉽게 증명될 수 있으므로 증명은 생략한다.

여기서 다루고 있는 함수들은 모두 미분가능하다고 가정한다.

〔정리 2-2〕 상수함수의 도함수는 0이다.

$D_1.\ \ \frac{dc}{dx}=0$

〔**정리 2-3**〕 상수와 함수 f의 곱의 도함수는 그 상수와 그 함수의 도함수의 곱과 같다.

$$D_2. \quad \frac{d}{dx}(cf)=c\frac{df}{dx}$$

〔**정리 2-4**〕 두 함수의 합의 도함수는 각 함수의 도함수의 합과 같다.

$$D_3. \quad \frac{d}{dx}(f+g)=\frac{df}{dx}+\frac{dg}{dx}$$

〔**정리 2-5**〕 두 함수의 곱의 도함수는 각 함수를 서로 다른 편의 도함수에 곱한 것의 합과 같다.

$$D_4. \quad \frac{d}{dx}(fg)=f\frac{dg}{dx}+g\frac{df}{dx}$$

n이 양의 정수일 때 함수 x^n의 도함수는 D_4로부터 귀납적으로 구할 수 있다.

$$D_5. \quad \frac{d}{dx}(x^n)=nx^{n-1}$$

예 8 $y=(x^2+1)(x^2+2x-1)$의 도함수는 다음과 같이 구할 수 있다.

$$\begin{aligned} y' &= (x^2+1)\frac{d}{dx}(x^2+2x-1)+(x^2+2x-1)\frac{d}{dx}(x^2+1) && (D_4) \\ &= (x^2+1)\left(\frac{d}{dx}(x^2)+\frac{d}{dx}(2x)-\frac{d}{dx}(1)\right)+ \\ &\qquad (x^2+2x-1)\cdot\left(\frac{d}{dx}(x^2)+\frac{d}{dx}(1)\right) && (D_3) \\ &= (x^2+1)(2x+2-0)+(x^2+2x+1)(2x+0). && (D_1, D_2, D_5) \end{aligned}$$ ∎

예제 2-7 개체군의 성장률이 현재의 개체군 크기에만 의존할 때, $N(t)$가 시간 t에서 개체군의 크기를 나타내면, 개체군의 성장률은 N에만 의존하므로 N에 관한 함수 $f(N)$으로 나타내지고

$$\frac{dN}{dt}=f(N)$$

이다. 개체당 성장률 $\frac{1}{N}\frac{dN}{dt}$ 또한 N에 관한 함수가 되므로

$$\frac{1}{N}\frac{dN}{dt}=g(N)$$

으로 나타내진다. 여기서 $f(N)=Ng(N)$이다. $g(N)$이 미분가능하고 $\lim_{N\to 0^+} g(N)$과 $\lim_{N\to 0^+} g'(N)$이 존재한다고 가정하면,

$$g(0)=\lim_{N\to 0^+}\frac{d}{dN}f(N)$$

임을 보여라.

[풀이] $f(N)=Ng(N)$이므로 도함수에 대한 곱의 법칙 D_4에 의해

$$\frac{d}{dN}f(N)=\frac{d}{dN}(Ng(N))=g(N)+Ng'(N)$$

을 얻는다. $g(N)$이 미분가능이면 연속이므로

$$\lim_{N\to 0^+} g(N)=g(0)$$

이고, $\lim_{N\to 0^+} g'(N)$이 존재하므로

$$\lim_{N\to 0^+} Ng'(N)=(\lim_{N\to 0^+} N)(\lim_{N\to 0^+} g'(N))=0$$

이다. 그러므로

$$\begin{aligned}\lim_{N\to 0^+}\frac{d}{dN}f(N)&=\lim_{N\to 0^+}[g(N)+Ng'(N)]\\&=\lim_{N\to 0^+} g(N)+\lim_{N\to 0^+} Ng'(N)=g(0)+0=g(0).\ \blacksquare\end{aligned}$$

D_5를 유리 지수의 멱함수로 확장하여 보자.

m과 n이 양의 정수이고 $\frac{m}{n}$이 자연수가 아닐 때 $x^{\frac{m}{n}}$의 도함수를 구하여 보자.

$$f'(c)=\lim_{x\to c}\frac{x^{\frac{m}{n}}-c^{\frac{m}{n}}}{x-c}.$$

우선 $c\neq 0$라고 하자. $u=x^{\frac{1}{n}}$이고, $d=c^{\frac{1}{n}}$라 하면, $u^n=x$, $d^n=c$, $x^{\frac{m}{n}}=u^m$, $c^{\frac{m}{n}}=d^m$. 그러므로

$$\begin{aligned}\frac{x^{\frac{m}{n}}-c^{\frac{m}{n}}}{x-c}=\frac{u^m-d^m}{u^n-d^n}&=\frac{u^m-d^m}{u-d}\cdot\frac{u-d}{u^n-d^n}\\&=\frac{u^m-d^m}{u-d}\cdot\frac{1}{\dfrac{u^n-d^n}{u-d}}\end{aligned}$$

$x \to c$이면 $u \to d$이므로 (n이 짝수인 경우는 $c>0$), D_5로부터

$$f'(c)=md^{m-1}\cdot\frac{1}{n\cdot d^{n-1}}=\frac{m}{n}d^{m-n}=\frac{m}{n}(c^{\frac{1}{n}})^{m-n}=\frac{m}{n}c^{\frac{m}{n}-1}.$$

$c=0$이고 $\frac{m}{n}>1$이면, $f'(0)=\lim_{x\to 0}\frac{x^{\frac{m}{n}}}{x}=\lim_{x\to 0}x^{\frac{m}{n}-1}=0$이다. 따라서 $\frac{m}{n}>1$이면 모든 c에 대하여 $f'(c)=\frac{m}{n}c^{\frac{m}{n}-1}$이다. 그러나 $\frac{m}{n}<1$이면, $\lim_{x\to 0}x^{\frac{m}{n}-1}$이 존재하지 않으므로 $f'(0)$는 존재하지 않는다.

또 r이 양의 유리수 일 때 $f(x)=x^{-r}$의 도함수는 $f'(x)=-rx^{-r-1}$이다. 왜냐하면

$$\begin{aligned}
f'(c)&=\lim_{x\to c}\frac{f(x)-f(c)}{x-c}=\lim_{x\to c}\frac{x^{-r}-c^{-r}}{x-c}\\
&=\lim_{x\to c}\frac{\frac{1}{x^r}-\frac{1}{c^r}}{x-c}=\lim_{x\to c}\frac{\frac{c^r-x^r}{x^rc^r}}{x-c}\\
&=\lim_{x\to c}\frac{c^r-x^r}{(x-c)x^rc^r}\\
&=\lim_{x\to c}\left(-\frac{x^r-c^r}{x-c}\cdot\frac{1}{x^rc^r}\right)\\
&=-rc^{r-1}\cdot\frac{1}{c^rc^r}=-rc^{-r-1}\quad (c\neq 0\text{일 때}).
\end{aligned}$$

그러므로, r이 임의의 유리수 일 때,

$$D_5'.\ \frac{d}{dx}(x^r)=rx^{r-1}.$$

단 $r<1$이면 함수 x^r은 $x=0$에서 미분가능하지 않다.

예 9 $\frac{d}{dx}(x^{-\frac{1}{2}})=-\frac{1}{2}x^{-\frac{3}{2}}.$

$\frac{d}{dx}(x^{\frac{5}{3}})=\frac{5}{3}x^{\frac{2}{3}}.$ ∎

두 함수의 몫의 도함수는 다음과 같다.

[정리 2-6] 두 함수의 몫의 도함수는 분자의 도함수에 분모를 곱한 것에서 분모의 도함수에 분자를 곱한 것을 빼고 이 전체를 분모의 제곱으로 나눈 것과 같다.

$$D_6.\ \frac{d}{dx}\left(\frac{f}{g}\right)=\frac{f'g-fg'}{g^2}$$

예제 2-8 모노드 성장함수

$$f(R)=\frac{aR}{k+R},\ R\geq 0$$

의 도함수를 구하여라(a와 k는 양의 상수).

풀이 D_6에 의하여,

$$\frac{d}{dR}f(R)=\frac{(aR)'(k+R)-(aR)(k+R)'}{(k+R)^2}$$
$$=\frac{a(k+R)-aR}{(k+R)^2}=\frac{ak}{(k+R)^2}.\ \blacksquare$$

y는 u의 함수 $y=f(u)$이고, 또 u는 x의 함수 $u=\varphi(x)$이면 합성함수 $y=f(\varphi(x))$는 x의 함수이며, 합성함수 y의 x에 관한 도함수는 미분법의 연쇄법칙(chain rule)이라 불리는 다음 공식에 의하여 얻어진다.

〔**정리 2-7**〕 φ가 a에서 미분가능하고, f가 $\varphi(a)$에서 미분가능하면, 합성함수 $(f\circ\varphi)(x)=f(\varphi(x))$는 a에서 미분가능하고

$$(f\circ\varphi)'(a)=f'(\varphi(a))\cdot\varphi'(a).$$

〔**증명**〕 정의로부터

$$(f\circ\varphi)'(a)=\lim_{x\to a}\frac{(f\circ\varphi)(x)-(f\circ\varphi)(a)}{x-a}=\lim_{x\to a}\frac{f(\varphi(x))-f(\varphi(a))}{x-a}$$

이다. 이제 오른쪽 극한값이 $f'(\varphi(a))\cdot\varphi'(a)$임을 보이고자 한다.
a근방의 모든 x, $x\neq a$에 대하여 $\varphi(x)-\varphi(a)\neq 0$ 이면(φ가 단사함수이면 가능)

$$\frac{f(\varphi(x))-f(\varphi(a))}{x-a}=\frac{f(\varphi(x))-f(\varphi(a))}{\varphi(x)-\varphi(a)}\cdot\frac{\varphi(x)-\varphi(a)}{x-a}\qquad(1)$$

와 같이 쓸 수 있다. φ가 a에서 미분가능하면 연속이므로, $x\to a$일 때 $\varphi(x)\to\varphi(a)$이다. 따라서 (1)의 우변은 $x\to a$일 때, 극한값이 $f'(\varphi(a))\cdot\varphi'(a)$가 되므로

$(f\cdot\varphi)'(a)=f'(\varphi(a))\cdot\varphi'(a)$이다.

그러나 $x\neq a$이어도 $\varphi(x)-\varphi(a)=0$이 될 수 있으므로 다음과 같은 함수를 도입한다.

$$\varepsilon(u)=\begin{cases}\dfrac{f(u)-f(\varphi(a))}{u-\varphi(a)}-f'(\varphi(a)), & u\neq\varphi(a)\\ 0, & u=\varphi(a)\end{cases}$$

그러면, f가 $\varphi(a)$에서 미분가능하므로

$$\lim_{u\to\varphi(a)}\varepsilon(u)=f'(\varphi(a))-f'(\varphi(a))=0=\varepsilon(\varphi(a)).$$

따라서 ε은 $\varphi(a)$에서 연속이다. 또한 φ가 a에서 연속이므로 $\varepsilon\circ\varphi$도 a에서 연속이고, 따라서

$$\lim_{x\to a}\varepsilon(\varphi(x))=\varepsilon(\varphi(a))=0. \tag{2}$$

그리고 모든 경우에

$$f(\varphi(x))-f(\varphi(a))=\{f'(\varphi(a))+\varepsilon(\varphi(x))\}\{(\varphi(x)-\varphi(a)\} \tag{3}$$

이 성립한다. 그러므로 $x\neq a$이면, (2)와 (3)식으로부터

$$\begin{aligned}\lim_{x\to a}\frac{f(\varphi(x))-f(\varphi(x))}{x-a}&=\lim_{x\to a}\{(f'(\varphi(a)+\varepsilon(\varphi(x))\}\cdot\frac{\varphi(x)-\varphi(a)}{x-a}\\&=\{f'(\varphi(a))+0\}\cdot\varphi'(a)\\&=f'(\varphi(a))\cdot\varphi'(a).\ \blacksquare\end{aligned}$$

연쇄법칙은 또한 다음과 같이 나타낼 수 있다.

미분가능한 함수 $y=f(u)$와 $u=\varphi(x)$에 대하여, 합성함수 $y=f(\varphi(x))$는 x에 관하여 미분가능하고 다음 연쇄법칙이 성립한다.

$D_7.\qquad \dfrac{dy}{dx}=\dfrac{dy}{du}\cdot\dfrac{du}{dx}$, 즉 $\dfrac{dy}{dx}=f'(u)u'=f'(\varphi(x))\varphi'(x)$

〔참고〕 r이 임의의 유리수일 때, 앞에서 살펴본 $y=x^r$의 미분을 정리 2-7을 써서 다음과 같이 간단히 구할 수 있다.

$r=\dfrac{m}{n}$ (n은 양의 정수, m은 정수)으로 쓰면 $y^n=x^m$이다. 연쇄법칙을 이용하여 양변을 x에 관해 미분하면,

$$ny^{n-1}y' = mx^{m-1}.$$

따라서

$$D_5'.\quad \frac{d}{dx}(x^r) = rx^{r-1}.$$

예 10 $y = \dfrac{\dfrac{x}{x+1}}{\dfrac{x}{x+1}+1}$ 의 도함수를 구하기 위해 $u = \dfrac{x}{x+1}$ 이라 놓자. 그러면 $y = \dfrac{u}{u+1}$ 이므로

$$\frac{dy}{du} = \frac{1}{(u+1)^2},\quad \frac{du}{dx} = \frac{1}{(x+1)^2}.$$

따라서 D_7에 의하여

$$\frac{dy}{dx} = \frac{dy}{du}\cdot\frac{du}{dx} = \frac{1}{(u+1)^2}\cdot\frac{1}{(x+1)^2}$$

$$= \frac{1}{\left(\dfrac{x}{x+1}+1\right)^2}\cdot\frac{1}{(x+1)^2}. \blacksquare$$

예 11 $f(x) = (x^2+2x+1)^{10}$의 도함수를 구하여 보자.

$$f'(x) = 10(x^2+2x+1)^9\frac{d}{dx}(x^2+2x+1) \qquad (\text{연쇄법칙})$$

$$= 10(x^2+2x+1)^9(2x+1). \qquad (D_3, D_5) \blacksquare$$

예제 2-9 $f(x) = x - 3x^{\frac{1}{3}}$일 때 $f'(x) = 0$이 되는 x를 모두 구하고 $f'(x)$가 존재하지 않는 x의 값을 구하여라.

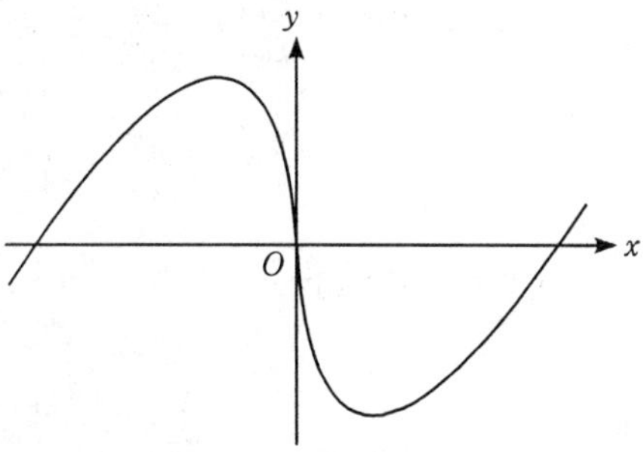

그림 2-8.

풀이 $f'(x) = 1 - x^{-\frac{2}{3}} = \dfrac{x^{\frac{2}{3}}-1}{x^{\frac{2}{3}}}$ 이므로 $f'(x) = 0$이 되는 x는 $x^{\frac{2}{3}}-1=0$을 만족시키는 것이다. 따라서 $x=1$ 또는 -1. 그러므로 $x=1$ 또는 -1일 때 $f'(x)=0$이다. $x=0$일 때 $f'(x)$는 존재하지 않는다(그림 2-8 참조). $\blacksquare$

예제 2-10 함수 $f(x) = \sqrt[3]{x^2+1}$에 대하여 $f'(x)$와 $f''(x)$를 구하여라.

풀이 $f(x) = (x^2+1)^{\frac{1}{3}}$ 이므로

$$f'(x)=\frac{1}{3}(x^2+1)^{-\frac{2}{3}}(2x)=\frac{2}{3}x(x^2+1)^{-\frac{2}{3}}$$

$$f''(x)=\frac{2}{3}(x^2+1)^{-\frac{2}{3}}+\frac{2}{3}x(-\frac{2}{3})(x^2+1)^{-\frac{5}{3}}(2x)$$

$$=\frac{2}{3}(x^2+1)^{-\frac{2}{3}}-\frac{8}{9}x^2(x^2+1)^{-\frac{5}{3}}.$$ ∎

예제 2-11 어룡(Ichthyosaurs)은 물고기 모양을 하고 돌고래만한 크기를 가졌던 해양 파충류군으로서 백악기(Cretaceous period)에 멸종되었다. 20개 화석의 골격을 연구하여, 두개골 길이(단위는 cm)와 등뼈 길이(cm)는 상대 성장방정식(allometric equation)

$$\text{두개골 길이} = 1.162[\text{등뼈길이}]^{0.933}$$

에 의한 관계를 갖는다는 것을 알아냈다. 등뼈의 성장률은 두개골의 성장률과 어떤 관계를 갖는가?

풀이 x는 어룡의 나이를 나타내고

$S=S(x)=$나이 x일 때 두개골 길이
$B=B(x)=$나이 x일 때 등뼈 길이

를 나타낸다고 하면,

$$S(x)=(1.162)[B(x)]^{0.933}$$

이다. 우리는 $\frac{dS}{dx}$와 $\frac{dB}{dx}$의 관계를 구하고자 한다.

$$\frac{dS}{dx}=(1.162)(0.933)[B(x)]^{0.933-1}\frac{dB}{dx}$$

이므로, 정리하면

$$\frac{dS}{dx}=(1.162)[B(x)]^{0.933}(0.933)\frac{1}{B(x)}\frac{dB}{dx}$$

$$=S(x)(0.933)\frac{1}{B(x)}\frac{dB}{dx}$$

을 얻는다. 그러므로 $\frac{dS}{dx}$와 $\frac{dB}{dx}$의 관계는

$$\frac{1}{S(x)}\frac{dS}{dx}=0.933\frac{1}{B(x)}\frac{dB}{dx}$$

이 된다. 이것은 상대 성장률(relative growth rate) $\frac{1}{S}\frac{dS}{dx}$ 와 $\frac{1}{B}\frac{dB}{dx}$ 의 관계를 보여주며, $0.933<1$이므로 두개골이 등뼈 보다 천천히 성장한다는 것을 말해준다. ∎

2-2. 연습문제

1. 다음 함수의 도함수를 구하여라.

(a) x^2 (b) x^2+2

(c) $5x-2+\frac{3}{x}$ (d) $3x^2-4x+5+6\sqrt{x}$

(e) $(x+2)^2$ (f) $(\sqrt{x}+3)^2$

(g) $\left(\sqrt{x}+\frac{1}{\sqrt{x}}\right)^2$ (h) $\left(\frac{x}{x+1}\right)^{-1}$

2. 다음 두 식을 비교하여라.

(a) $\frac{d}{dx}x^2,\ \left(\frac{dx}{dx}\right)^2$ (b) $\frac{d}{dx}\left(\frac{1}{x}\right),\ \frac{1}{\frac{dx}{dx}}$

(c) $\frac{d}{dx}\sqrt{x},\ \sqrt{\frac{dx}{dx}}$ (d) $\frac{d}{dx}(mx+b),\ m\frac{dx}{dx}+b$

3. $f'(2)$를 구하여라.

(a) $f(x)=\sqrt{2x}+\frac{1}{\sqrt{2x}}$ (b) $f(x)=\sqrt[3]{3x+2}$

(c) $f(x)=(x-2)^5\cdot(x-5)^2$ (d) $f(x)=\frac{\sqrt{2x}}{x-1}$

4. 어떤 점에서 다음 곡선의 접선이 직선 $4y+x-8=0$에 수직인가?

(a) $y=x^2-4x+1$ (b) $y=\frac{x^2-3}{x}$

(c) $y=3+2\sqrt{x}$ (d) $y=\frac{2+x}{2-x}$

5. y'을 구하여라.

(a) $y=|x|x$ (b) $y=x+|x|$

(c) $y=(x-1)^4(x+2)^5(x-3)^6$ (d) $y=\frac{(x-1)^4(x-3)^6}{(x+2)^5}$

6. 다음의 차이는 무엇인가?

(a) $\frac{d}{dx}f(3x+4)$와 $f'(3x+4)$ (b) $\frac{d}{dx}f(x+4)$와 $f'(x+4)$

7. y'을 구하라.

(a) $y=\left(\frac{|x|+x}{2}\right)^6$ (b) $y=\sqrt{\sqrt{\sqrt{x}}}$

(c) $y=(x^{\frac{1}{10}})^5$ (d) $y=v^3 \cdot v^2$

8. 다음 각 곡선에 대해서 주어진 점에서의 접선과 법선을 구하여라.

(a) $y=\sqrt{25-x^2}$, $(3,4)$ (b) $y=\frac{1}{\sqrt{x+3}}$, $\left(1,\frac{1}{2}\right)$

9. 다음에 주어진 두 곡선의 주어진 점에서의 교각을 구하여라(두 곡선의 교각은 교점에서 두 곡선의 접선이 이루는 각이다).

(a) $y=\frac{x}{1-x^2}$, $y=\frac{x^2}{1-x}$, $(0,0)$ (b) $y=\sqrt{x+2}$, $y=\frac{1}{\sqrt{x+2}}$, $(-1,1)$

10. 다음과 같이 주어진 함수에서 $\frac{dy}{dx}$와 $\frac{dx}{dy}$를 비교하여라.

(a) $x+y=0$ (b) $3x+4y+5=0$

(c) $xy=1$ (d) $y=x^2$

11. 정오를 t분 지난 후 녹고 있는 눈덩이의 반지름이 $60-3t$ 인치라 했을 때, 12시 10분에는 얼마나 빠른 속도로 부피가 변하고 있는가?

12. 두 질점의 시간 t에서의 위치가 각각 $s_1=t^3-t$, $s_2=6t^2-t^3$이다. 이 두 질점의 가속도가 같을 때 그들의 속도를 구하여라.

13. $B(t)$가 시간 t에서 비성장률 $g(B)$를 가진 생물량을 나타낸다고 하자. $B=0$에서 비성장률은 성장률 곡선의 $B=0$에서의 접선의 기울기 임을 보여라.

14. $N(t)$가 시간 t에서 개체군의 크기를 나타낼 때, 다음 함수를 N에 대해 미분하여라.

(a) $f(N)=rN\left(1-\frac{N}{K}\right)$, (r과 K는 양의 상수)

(b) $f(N)=r(aN-N^2)\left(1-\frac{N}{K}\right)$, (r, K, a는 양의 상수)

15. 화학반응

$$A+B\to AB$$

에서 x가 시간 t에서 AB의 농도를 나타낼 때, 반응 속도 $R(x)$는

$$R(x)=k(a-x)(b-x)$$

로 주어진다(k, a, b는 양의 상수). $R(x)$를 미분하여라.

16. 상대 성장방정식(allometric equation)은 머리 길이 대 몸길이와 같은 두 측정치 사이의 상대적 관계를 나타낸다. 척추동물에서 상대 성장 방정식은

$$[\text{머리길이}] = k[\text{몸길이}]\, a$$

임을 안다. 여기서 k와 a는 양의 상수이고 $a\in(0,1)$. 머리 길이의 성장률을 몸길이의 성장률로 나타내어라.

17. 환자의 오른쪽 팔 혈관에 약을 주사할 때, 왼쪽 팔 혈류의 약의 농도는 주사한지 t시간 후에

$$C(t)=\frac{0.14t}{t^2+1}$$

로 나타내진다.

(a) 시간에 대한 약의 농도의 변화율 $C'(t)$를 구하여라.

(b) $C'(0.5)$와 $C'(3)$을 구하고, 이것에 대한 설명을 하여라.

18. 특정한 약 $x$mg을 환자에게 투여한지 1시간 후에 체온의 변화량 $T(x)$(℃)는 대략

$$T(x)=\frac{9}{5}x^2\left(1-\frac{x}{9}\right)+32,\quad 0\le x\le 7$$

로 주어진다고 하자. $T'(x)$는 약에 대한 신체의 감수성(sensitivity of the body)이라고 불린다.

(a) $T'(x)$를 구하여라.

(b) $T'(1)$, $T'(3)$, $T'(6)$를 구하여라.

19. 어떤 박테리아 콜로니(colony)에서 x일 후에 박테리아 수 y는 대략

$$y=(3\times10^6)\left(1-\frac{1}{\sqrt[3]{(x^2-1)^2}}\right)$$

로 주어진다. $\dfrac{dy}{dx}$를 구하여라.

20. 휴양지의 호수가 오물 정화조의 과도한 누수로 해로운 박테리아에 오염되고 있다. 호수에 살균제를 뿌린 후에, 환경부는 박테리아의 농도(1cm^3당 개체수)가 t일 후에

$$C(t)=500(8-t)^2,\quad 0\le t\le 7$$

이 된다고 추정하였다.

(a) $C'(t)$를 구하여라.

(b) $C'(1)$과 $C'(6)$을 구하고 그 의미를 설명하여라.

21. 하수처리 공장에서 호수까지 뻗친 관을 통해 폐수를 호수로 내보내고 있다. 관의 끝에서 xm 떨어진 곳의 폐수 농도 $C(x)$(단위는 ppm)는 대략

$$C(x)=500(x+1)^{-2}$$

으로 주어진다. 다음 장소에서 농도의 순간 변화율을 구하여라.

(a) $x=9$인 곳 (b) $x=99$인 곳

2-3. 음함수의 미분법

방정식 $g(x,y)=0$이 주어졌을 때 x의 변역 X와 y의 변역 Y가 존재하여 $g(x,y)=0$을 대응규칙으로 하는 함수

$$f: X \to Y$$

가 정의되면, 방정식 $g(x,y)=0$은 함수 f를 음적으로 정의한다고 한다. 이때 y를 x의 음함수(implicit function)라고 한다. 음함수의 도함수를 구할 때에는 다음 두 가지 방법 중 하나를 이용한다.

1. 방정식 $g(x,y)=0$을 y에 대하여 푼 다음, y를 x에 관하여 미분한다.
2. y를 x의 함수로 생각하고, 주어진 방정식 $g(x,y)=0$의 양변을 x에 관하여 미분한 다음 y'에 대하여 푼다.

이 같은 미분법을 음함수의 미분법(implicit differentiation)이라 한다.

예 12 $x^3+y^3-3xy=0$에 위의 법칙을 적용하고, $\frac{dy}{dx}$에 관하여 풀면 다음과 같이 된다.

$$\frac{d}{dx}(x^3)+\frac{d}{dx}(y^3)-3\frac{d}{dx}(xy)=0.$$

$$3x^2+3y^2\cdot\frac{dy}{dx}-3\left(y+x\frac{dy}{dx}\right)=0.$$

$$\therefore \frac{dy}{dx}=\frac{y-x^2}{y^2-x}, \qquad (y^2-x\neq 0). \blacksquare$$

2-3. 연습문제

1. 다음 각 식에서 $\frac{dy}{dx}$를 구하여라.

(a) $x=\frac{1}{3}y^3+y$ (b) $x=\frac{y-1}{\sqrt{y}}$

2. 다음 각 식에서 음함수의 미분법을 이용하여 $\frac{dy}{dx}$, $\frac{d^2y}{dx^2}$을 구하여라.

(a) $x^2-4y^2=4$ (b) $x^{\frac{1}{2}}+y^{\frac{1}{2}}=a^{\frac{1}{2}}$

(c) $y^3+y=x^4$ (d) $xy=(x-y)^2$

(e) $x^2+y^2=2xy$ (f) $(x+y)^2+2xy=0$

3. 다음 주어진 점에서 곡선의 접선과 법선을 구하여라.

(a) $x^3+y^3=9$, $(1,2)$ (b) $y+\sqrt{x+y}=x$, $(3,1)$

※ 각 변수의 값이 시간 t에 의하여 결정된다고 할 때, 시간에 관한 변화율을 이용하여 다음 문제를 풀어라(4~5).

4. 한 점이 포물선 $y=x^2$을 따라 움직이되 그 점의 횡좌표는 3 ft/sec의 율로 증가한다. $x=2$일 때 종좌표는 어떠한 율로 증가하겠는가?

5. 건물에서 32 ft 떨어진 지점에 한 등이 있다. 키가 6 ft인 사람이 등에서부터 건물을 향하여 6 ft/sec의 속도로 걸어가고 있다. 그 사람이 건물에서부터 16 ft되는 곳에 이르렀을 때 건물에 비친 그 사람의 그림자의 감소율을 구하여라(단, 등의 높이는 무시).

2-4. 삼각함수의 도함수

먼저 삼각함수에 대한 복습을 간단히 하기로 한다.

그림 2-9와 같이 좌표축과 각이 주어졌다고 하자. 주어진 각 θ를 나타내는 직선상의 한 점 $(x,y)\neq(0,0)$를 택하여 $r=\sqrt{x^2+y^2}$이라 놓고

$$\sin\theta=\frac{y}{r}=\frac{y}{\sqrt{x^2+y^2}}$$

$$\cos\theta = \frac{x}{r} = \frac{x}{\sqrt{x^2+y^2}}$$

라 정의한다. 여기서 $\sin\theta$나 $\cos\theta$는 직선상의 한 점 (x, y)의 선택에 무관함을 알 수 있다.

각은 도(degree)와 라디안(radian)으로 측정할 수 있는데, 그 관계는 $180° = \pi$ 라디안이다. 그러나 함수를 생각할 때는 각을 라디안으로 나타내는 것이 편리하므로, 앞으로 특별한 언급이 없는 한 각은 라디안으로 나타낸다.

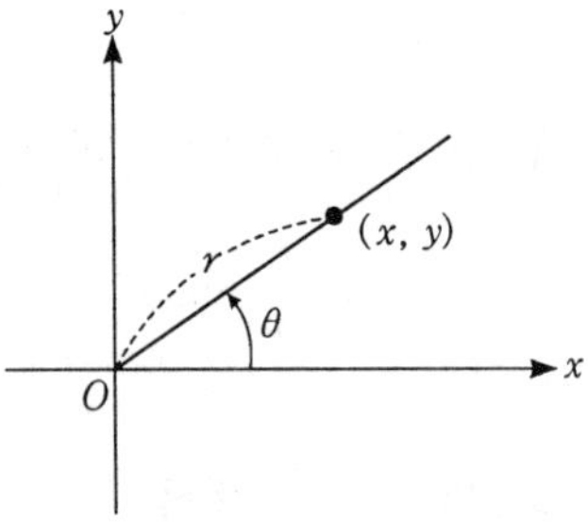

그림 2-9.

sine과 cosine의 중요한 관계는 다음과 같다.

$$\cos\theta = \sin\left(\theta + \frac{\pi}{2}\right), \quad \sin\theta = \cos\left(\theta - \frac{\pi}{2}\right)$$

tangent, cotangent, secant, cosecant 함수는 각각 다음과 같이 정의된다.

$$\tan x = \frac{\sin x}{\cos x}\ (\cos x \neq 0), \quad \cot x = \frac{\cos x}{\sin x}\ (\sin x \neq 0)$$

$$\sec x = \frac{1}{\cos x}\ (\cos x \neq 0), \quad \csc x = \frac{1}{\sin x}\ (\sin x \neq 0)$$

함수 $y = \sin x$가 연속임을 앞에서 보았다. 다른 삼각함수의 연속성에 대해서는 sine함수의 연속성과 연속함수의 성질로부터 알 수 있다.

이제 삼각함수의 도함수를 구하여 보자. 도함수를 구할 때 다음의 극한값이 쓰이게 된다.

〔정리 2-8〕 $\lim_{\theta\to 0}\frac{\sin\theta}{\theta} = 1.$

〔증명〕 예제 1-15 참조. ■

〔정리 2-9〕 $\lim_{\theta\to 0}\frac{\cos\theta - 1}{\theta} = 0.$

〔증명〕 $$\frac{\cos\theta-1}{\theta} = \frac{(\cos\theta-1)(\cos\theta+1)}{\theta(\cos\theta+1)} = \frac{\cos^2\theta-1}{\theta(\cos\theta+1)}$$

$$= \frac{-\sin^2\theta}{\theta(\cos\theta+1)} = \frac{-\sin\theta}{\theta}(\sin\theta)\frac{1}{\cos\theta+1}.$$

$\lim_{\theta\to 0}\frac{\sin\theta}{\theta}$, $\lim_{\theta\to 0}\sin\theta$, $\lim_{\theta\to 0}\frac{1}{\cos\theta+1}$이 각각 존재하므로 극한의 곱을 이용하여

$$\lim_{\theta\to 0}\frac{\cos\theta-1}{\theta} = \left(-\lim_{\theta\to 0}\frac{\sin\theta}{\theta}\right)\left(\lim_{\theta\to 0}\sin\theta\right)\left(\lim_{\theta\to 0}\frac{1}{\cos\theta+1}\right)$$

$$=(-1)\cdot(0)\cdot\left(\frac{1}{2}\right)=0$$

을 얻는다. ■

〔정리 2-10〕 함수 $\sin x$와 $\cos x$의 도함수는 존재하고

$$D_8. \quad \frac{d(\sin x)}{dx}=\cos x.$$

$$D_9. \quad \frac{d(\cos x)}{dx}=-\sin x.$$

〔증명〕 먼저 $\sin x$의 도함수를 구하자. $\sin x$의 x에서 $x+h$까지의 평균 변화율

$$\frac{\sin(x+h)-\sin x}{h}$$

은 삼각함수의 합의 공식에 의하여

$$\frac{\sin x\cos h+\cos x\sin h-\sin x}{h}$$

으로 표시되고, 이는 다시 $\sin x$를 포함하는 항을 함께 묶어 다음 식으로 표시된다.

$$\frac{\cos x\sin h+\sin x(\cos h-1)}{h}=\cos x\frac{\sin h}{h}+\sin x\frac{(\cos h-1)}{h}.$$

$\lim_{h\to0}\frac{\sin h}{h}=1$이고, $\lim_{h\to0}\frac{\cos h-1}{h}=0$이므로

$$\lim_{h\to0}\frac{\sin(x+h)-\sin x}{h}=\cos x$$

가 된다. 따라서 $\frac{d(\sin x)}{dx}=\cos x$이다.

$\cos x$의 도함수도 정의에 의하여 구할 수 있지만, D_7과 D_8을 이용하여 간단히 구할 수 있다. 즉

$$\frac{d(\cos x)}{dx}=\frac{d}{dx}\sin\left(x+\frac{\pi}{2}\right)=\cos\left(x+\frac{\pi}{2}\right)=-\sin x. \ ■$$

〔참고〕 각을 x°와 같이 도(°)로 재었다면, $x^\circ=\frac{\pi}{180}x$라디안이므로 $\frac{d(\sin x)}{dx}=\frac{\pi}{180}\cos x^\circ$이다. 즉 인수 $\frac{\pi}{180}$가 있어 복잡해지므로 미분적분학에서는 삼각함수를 취급

할 때 라디안법을 사용한다.

나머지 삼각함수들은 sine과 cosine으로 표시되므로 다음 공식을 쉽게 얻을 수 있다.

D_{10}. $\dfrac{d}{dx}\tan x = \sec^2 x$

D_{11}. $\dfrac{d}{dx}\cot x = -\csc^2 x$

D_{12}. $\dfrac{d}{dx}\sec x = \sec x \tan x$

D_{13}. $\dfrac{d}{dx}\csc x = -\csc x \cot x$

예제 2-12 $x=\pi/16$인 점에서 곡선 $y=\sin 4x$의 접선의 방정식을 구하여라.

풀이 $\dfrac{dy}{dx}=4\cos 4x$이므로 $x=\dfrac{\pi}{16}$인 점에서 접선의 기울기는

$$4\cos 4\left(\frac{\pi}{16}\right)=\frac{4}{\sqrt{2}}$$

로 주어진다. 이 접선은 점 $\left(\dfrac{\pi}{16}, \dfrac{1}{\sqrt{2}}\right)$을 지나므로 구하고자 하는 접선의 방정식은

$$y=\frac{4}{\sqrt{2}}x+\left(\frac{1}{\sqrt{2}}-\frac{\pi}{4\sqrt{2}}\right)$$

이다. ∎

예제 2-13 $y=\sin 5x \sin^5 x$일 때 $\dfrac{dy}{dx}$를 구하여라.

풀이
$$\begin{aligned}\frac{dy}{dx}&=5\cos 5x\sin^5 x+5\sin 5x\cdot\sin^4 x\cdot\cos x\\&=5\sin^4 x(\cos 5x\sin x+\sin 5x\cdot\cos x)\\&=5\sin^4 x\cdot\sin 6x.\end{aligned}$$ ∎

예제 2-14 $f(x)=x\sin x\cos x$의 도함수를 구하여라.

풀이
$$\begin{aligned}f'(x)&=\sin x\cos x+x\cos x\cos x+x\sin x(-\sin x)\\&=\sin x\cos x+x\cos^2 x-x\sin^2 x.\end{aligned}$$ ∎

예제 2-15 x에 관한 함수가 $\cos(x+y)=x$에 의해 음적으로 정의되었을 때 $\dfrac{dy}{dx}$를 구하여라.

풀이 음함수의 미분법과 연쇄법칙에 의하여

$$\cos(x+y)=x$$

로부터

$$-\sin(x+y)\cdot\left(1+\frac{dy}{dx}\right)=1.$$

$\dfrac{dy}{dx}$에 대하여 풀면

$$\frac{dy}{dx}=\frac{1+\sin(x+y)}{-\sin(x+y)}. \blacksquare$$

2-4. 연습문제

1. 다음의 극한값을 구하여라.

(a) $\lim_{h\to0}\dfrac{\sin 2h}{h}$

(b) $\lim_{h\to0}\dfrac{\tan h}{\sin h}$

(c) $\lim_{h\to0}\dfrac{\cos 2h}{1+\sin h}$

(d) $\lim_{h\to0}\dfrac{(\sin h)(\sin 2h)}{(\sin 3h)h}$

(e) $\lim_{h\to0}\dfrac{\tan^2 h}{h\sin h}$

(f) $\lim_{h\to0}\dfrac{\tan^3 h}{h^2\sin h\cos h}$

2. 다음 각 식에서 $\dfrac{dy}{dx}$를 구하라.

(a) $y=\cos(x^2+1)$

(b) $y=4\cot(3-2x)$

(c) $y=\dfrac{\sin x}{2+\cos x}$

(d) $y=x\sin x+\left(1-\dfrac{x^2}{2}\right)\cos x$

(e) $y=\tan(\sin x)$

(f) $y=\sin(\tan x)$

(g) $y=\cos(\tan x)$

(h) $y=\sqrt{\dfrac{1-\cos 4x}{1+\cos 4x}}$

3. 다음의 주어진 점에서 각 곡선의 접선의 방정식을 구하라.

(a) $y=\sin \pi x$; $x=\frac{1}{2}$ (b) $y=\frac{1}{\tan x}$; $x=\frac{\pi}{4}$

4. 그림 2-10의 직각삼각형의 각 θ는 1초에 $\frac{1}{30}$라디안의 속도로 줄어든다고 할 때 다음을 구하라.

(a) $x=12$로 고정되어 있고 $\theta=\frac{\pi}{3}$일 때 $\frac{dy}{dt}$

(b) $y=10\sqrt{2}$로 고정되어 있고 $\theta=\frac{\pi}{4}$일 때 $\frac{dz}{dt}$

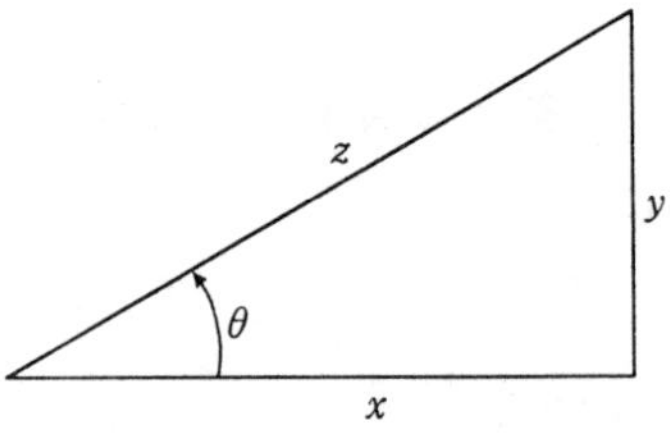

그림 2-10.

5. 직선을 따라 움직이고 있는 어떤 물체의 시간 t에서 위치가 식 $s(t)=t-2\sin t$, $0\leq t\leq 2\pi$로 주어졌다고 하자. 물체가 양의 방향으로 움직이고 있는 시간대를 구하여라.

6. 관찰자로부터 200m 떨어진 곳에서 로켓이 수직으로 올라가고 있다. 로켓의 높이와 관찰자가 이루는 각 θ는 식 $h=200\tan\theta$를 만족한다. 600m의 높이에서 높이에 대한 각의 변화율을 구하여라.

2-5. 미분과 근사값

$y=f(x)$가 미분가능한 함수라 하면 도함수의 정의와 극한의 개념에서

$$\Delta y=f'(x)\Delta x+\varepsilon$$

을 얻는다. 이때 ε은 Δx를 충분히 작게 택함으로써 얼마든지 작게 만들 수 있는 수이다. 따라서 $f'(x)\Delta x$는 증분 Δy의 근사값으로 생각할 수 있다. 이때, $f'(x)\Delta x$를 $\boldsymbol{y}$의 미분(differential) 또는 $f(x)$의 미분이라 부르고, 기호 dy 또는 $df(x)$로 나타낸다. 즉

$$dy=df(x)=f'(x)\Delta x.$$

특히 $f(x)=x$이면 $df(x)=dx=\Delta x$이므로

$$dy=f'(x)dx$$

가 된다.

함수의 증분과 미분의 관계를 기하학적으로 그림 2-10과 같이 설명할 수 있다. $P(x, y)$

와 $Q(x+\Delta x, y+\Delta y)$를 곡선 $y=f(x)$ 위의 두 점이라 한다. 점 P에서의 도함수의 값은 접선 PT의 기울기와 같으므로, 식

$$dy=f'(x)dx=\frac{RT}{PR}\cdot PR=RT.$$

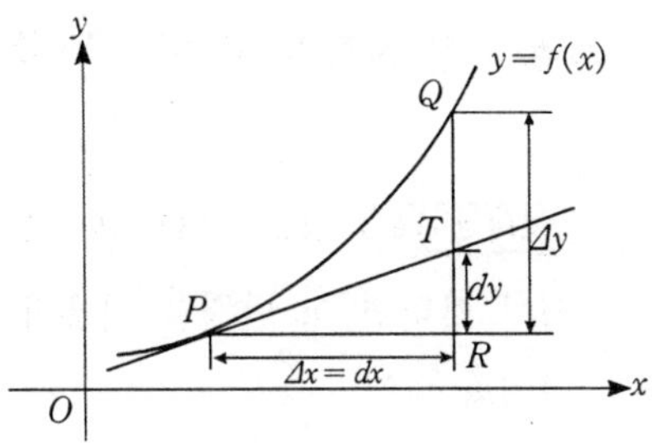

그림 2-11.

Δx가 작을 때에는 Δy와 dy의 차는 매우 작으므로 함수의 증분 Δy의 근사값으로 미분 dy를 써도 좋다. 즉

$$f(x+\Delta x)\approx f(x)+f'(x)\,dx.$$

이 식은 점 x에서의 함수의 값과 그 점에서의 변화율을 알면 그 점 바로 근처에 있는 점에서의 함수값을 근사적으로 계산할 수 있음을 뜻한다.

예제 2-16 미분을 써서 $\sqrt{98}$의 근사값을 구하여라.

풀이 $y=\sqrt{x}$, $y'=\dfrac{1}{2\sqrt{x}}$, $x=100$, $dx=-2$이므로

$$dy=\frac{1}{2\sqrt{100}}(-2)=-0.1.$$

$$\therefore \sqrt{98}\approx\sqrt{100}-0.1=9.9. \ \blacksquare$$

예제 2-17 $N(t)$가 시간 t에서 박테리아군의 크기(백만을 단위로 하여)를 나타낸다고 하자. 개체당 성장률이 2%라고 할 때,

$$\frac{1}{N}\frac{dN}{dt}=0.02$$

를 얻는다. $t=10$일 때 박테리아 수가 250,000,000, 즉 $N(10)=250$이면, $t=10.2$일 때 박테리아 수는 대략 얼마일까?

풀이 $N(10.2)\approx N(10)+N'(10)(10.2-10)$이다. 주어진 방정식으로부터 $N'(t)=0.02N(t)$이므로 $N'(10)=N(10)\times0.02=250\times0.02=5$이다. 따라서

$$N(10.2)\approx 250+5\times0.2=251$$

그러므로 $t=10.2$일 때 박테리아 수는 대략 251,000,000이다. $\blacksquare$

dy를 y의 오차라 할 때 $\frac{dy}{y}$를 상대오차, $\left(\frac{dy}{y}\right)\times 100$을 백분율오차라 한다.

예제 2-18 어떤 공의 반경을 재었더니 5cm이었다. 이때 0.02cm의 오차가 있을 가능성이 있다면 이 반경을 이용하여 부피를 계산할 때 생기는 상대오차와 백분율오차를 구하여라.

풀이 $V=\frac{4}{3}\pi r^3$에서 $dV=4\pi r^2 dr$.

$r=5$, $dr=\pm 0.02$이므로

$$dV=4\pi 5^2(\pm 0.02)=\pm 2\pi.$$

$r=5$일 때

$$V=\frac{4}{3}\pi 5^3=\frac{500}{3}\pi.$$

따라서 상대오차는 $\frac{dV}{V}=\frac{\pm 2\pi}{\frac{500}{3}\pi}=\pm 0.012$이고, 백분율오차는 $\pm 1.2\%$이다. ∎

2-5. 연습문제

1. 미분을 써서 다음 수의 근사값을 구하여라.

(a) $\sqrt{27}$ (b) $\sqrt[3]{61}$ (c) $\sqrt[4]{83.7}$ (d) $\sqrt[3]{1001}$

2. 반경이 각각 4 ft와 4.05 ft인 두 공의 표면적의 차의 근사값을 구하여라.

3. 한 질점이 법칙 $s=t^{\frac{3}{2}}$에 따라 직선 위에서 움직이고 있다. s는 ft, t는 sec를 단위로 한다. t가 4에서 0.04로 변할 때 속력의 변화의 근사값을 구하여라.

4. 1,000cc들이 정육면체 모양의 용기를 만들고자 한다. 용적을 3cc 이내의 오차로 정확하게 재기 위해서는 내부의 한 모서리를 어느 정도 정확하게 재어야 하는가?

5. 윗변, 아랫변이 각각 6cm, 12cm로 일정한 등변사다리꼴이 있다. 등변이 5cm에서 5.2cm로 변할 때 그 면적의 변화의 근사값을 구하여라.

6. 한 점이 포물선 $y^2=3x$를 따라 운동하고 있다. 그 점의 x좌표가 1에서 1.1로 변할

때 원점에서 그 점까지의 거리의 변화의 근사값을 구하여라.

7. 한 개체군의 개체당 성장률이 3%라고 가정하자. 즉 $N(t)$가 시간 t에서 개체군의 크기를 나타내면

$$\frac{1}{N}\frac{dN}{dt}=0.03$$

이라고 가정하자. $t=4$일 때, 개체군의 크기가 100이면, $t=4.1$일 때의 크기는 대략 얼마인가?

8. 한 식물의 비 성장률이 1%라고 가정하자. 즉 $B(t)$가 시간 t에서 생체량을 나타낼 때,

$$\frac{1}{B}\frac{dB}{dt}=0.01$$

이라고 가정하자. $t=1$일 때 생체량이 5g이면 $t=1.1$일 때 생체량은 대략 얼마인가?

9. 반경 R인 혈관의 중앙축을 따라 흐르는 혈액의 속력 v는 Poiseuille의 법칙

$$v(R)=cR^2$$

에 의해 주어진다. 여기서 c는 상수이다. 혈관의 반경을 5%의 정확도 내에서 측정할 수 있다면, 혈액의 속력은 얼마나 정확히 측정할 수 있는가?

10. (틸만의 자원 모델)어떤 서식지에서 식물의 성장률은 한 개의 자원, 예를 들어 질소에 의존한다고 가정하자. R이 자원을 나타낼 때, 성장률 $f(R)$은

$$f(R)=a\frac{R}{k+R}$$

을 만족시킨다고 가정하자. 여기서 a와 k는 상수이다. 성장률의 백분율 오차 $100\frac{df}{f}$를 자원량의 백분율 오차 $100\frac{dR}{R}$의 함수로 나타내어라.

제 3 장 도함수의 응용

OUTLINE

일찍이 케플러(1571~1630)는 포도주 통을 위하여 최적의 비율을 결정하는 문제를 통하여 최대, 최소값에 대한 여러 문제를 생각하게 되었다. 「Doliometria(통에 대한 입체기하학)」에서 그는 구에 내접하고 정사각형의 밑면을 갖는 모든 직육면체 중에서 정육면체가 가장 크고 같은 대각선을 갖는 모든 직원기둥 중에서 직경과 높이의 비가 $\sqrt{2}$ 대 1인 것이 가장 크다는 것을 보였다.

이 결과들은 주어진 치수에 대한 부피를 나열한 표로부터 얻어냈는데, 이러한 표로부터 케플러는 최대 부피에 가까이 감에 따라 주어진 치수의 변화에 대한 부피의 변화가 작아진다는 사실을 관찰하였다. 이것은 미분가능한 함수에 대해 극점에서 $f'(x)=0$이 되는 것과 관련된다.

페르마(1601~1665) 또한 1638년의 논문에서 최대 최소값에 대한 독창적이고 효과적인 방법을 보였다. 문제는 일정한 길이 a의 선분을 길이 x인 선분과 $a-x$인 선분으로 나누어 그 두 선분을 두 변으로 하는 직사각형의 넓이를 최대로 하는 x의 값을 구하는 것이다. 페르마는 최대값 주변에서 함수값의 차이가 무시할 정도로 작다는 데에 착안하였다. 선분 x와 $a-x$를 두 변으로 하는 직사각형의 넓이는

$$A=x(a-x)$$

이고, 길이 x 대신에 $x+E$를 쓰면 넓이는

$$A=(x+E)(a-x-E)$$

이다. 면적이 최대일 때 두 값은 같을 것이며 x와 $x+E$는 일치할 것이므로

$$x(a-x)=(x+E)(a-x-E)$$

라 놓으면

$$aE-2xE-E^2=0$$

을 얻는다. 여기서 양변을 E로 나눈 후 E를 0이라 하면, $x=\frac{a}{2}$이다.

이 방법은 함수개념이나 극한개념을 포함하고 있지 않지만 여러 경우에 잘 적용되어서, 미분적분학이 엄밀하게 체계화될 때까지 거의 두 세기동안 기본적인 것으로 작동하였다. 이것은 $f'(x)=0$이 되는 점을 찾는 과정과 같음을 알 수 있다.

이 장에서는 도함수를 이용하여 함수의 최대, 최소값을 구하는 방법, 곡선의 모양을 결정하는 방법, 방정식의 근의 근사값을 구하는 방법, 함수 $\frac{f(x)}{g(x)}$가 $x=a$ 또는 $\pm\infty$에서 $\frac{0}{0}$, $\frac{\infty}{\infty}$와 같은 부정형을 갖는 경우 그 극한값을 구하는 방법 등을 다룬다.

3-1. 최대, 최소

f를 미분가능한 함수라 하자. 이때 $f'(c)=0$인 점 c를 f의 임계점(critical point)이라 한다. 미분계수가 0이라는 것은 그 점에서 접선이 수평이 됨을 의미한다. 아래 그림에서 그 예를 볼 수 있다.

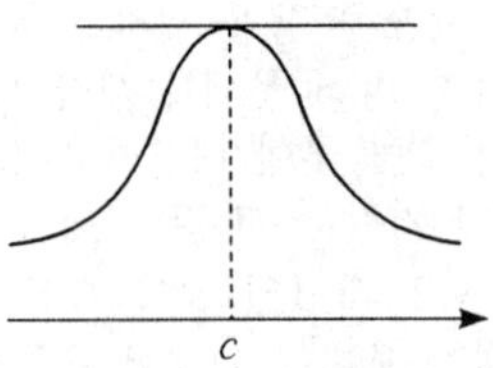

그림 3-1.

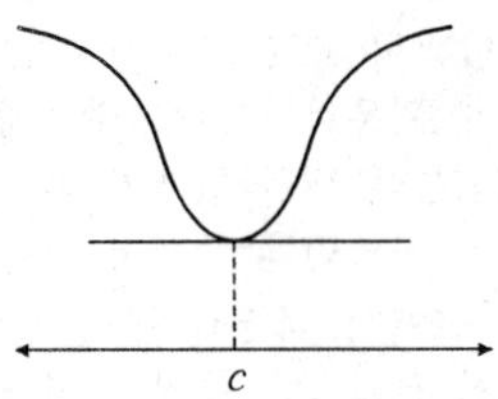

그림 3-2.

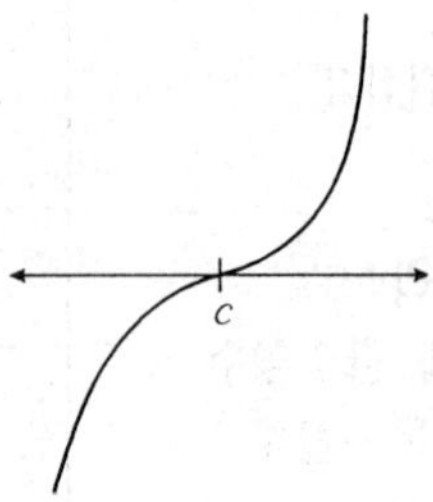

그림 3-3.

앞의 두 그림은 점 c의 부근에서만 볼 때 각각 최대, 최소를 나타낸다. 이러한 개념을 체계화해 보자.

c가 함수 f의 정의역에 속하고 정의역에 속한 모든 x에 대하여

$$f(c) \geq f(x)$$

일 때 c를 최대점, $f(c)$를 최대값(global (또는 absolute)maximum)이라 하고,

$$f(c) \leq f(x)$$

일 때 c를 최소점, $f(c)$를 최소값(global (또는 absolute)minimum)이라 한다. 이때 f는 c에서 최대값 또는 최소값 $f(c)$를 갖는다고 한다.

예 1 $f(x)=\cos x$는 $x=0$에서 최대값 1을 갖는다. 물론 $x=2\pi$도 최대점이 된다. $x=\pi$는 최소점이고, 이때 최소값은 -1이다. ■

예 2 함수 $f(x)=x+1$이 닫힌구간 $[0, 1]$에서 정의되어 있다고 하면, $x=1$이 최대점, $x=0$이 최소점이 된다. ■

예 3 함수 $f(x)=\dfrac{1}{x}$은 $x=0$에서 정의되지 않는다. 또한 x가 양의 방향에서 0에 접근할 때 이 함수의 값은 한없이 커지므로 최대점이 존재하지 않는다. x가 음의 방향에서 0에 접근할 때 $f(x)$의 값은 한없이 작아지므로 최소점도 존재하지 않는다. ■

위의 3개의 예를 그림으로 표시하면 다음과 같다.

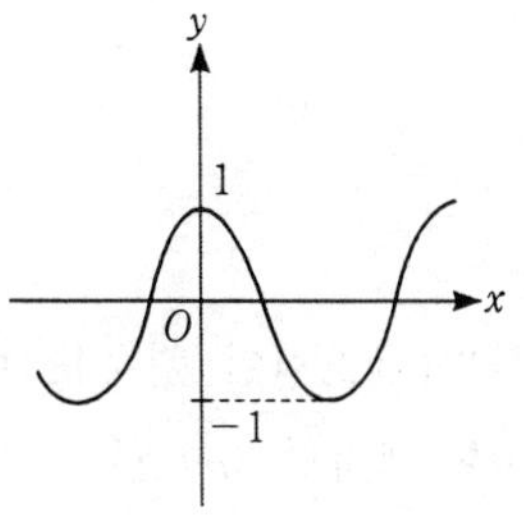

그림 3-4.

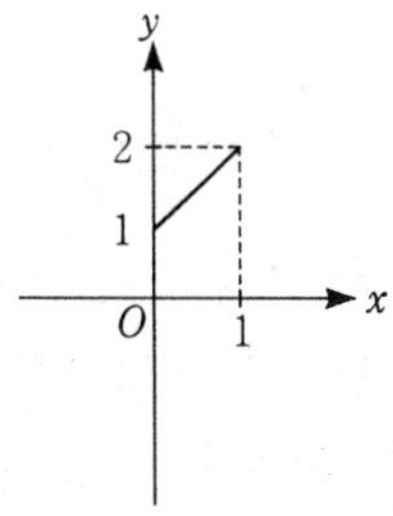

그림 3-5.

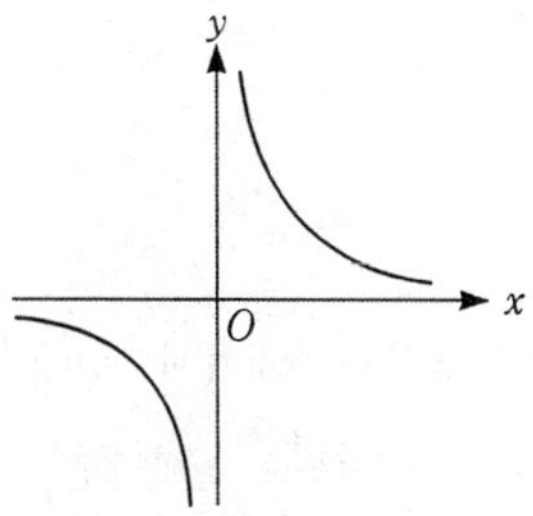

그림 3-6.

보다 일반적인 최대, 최소점의 유형을 다음 그래프에서 살펴보자.

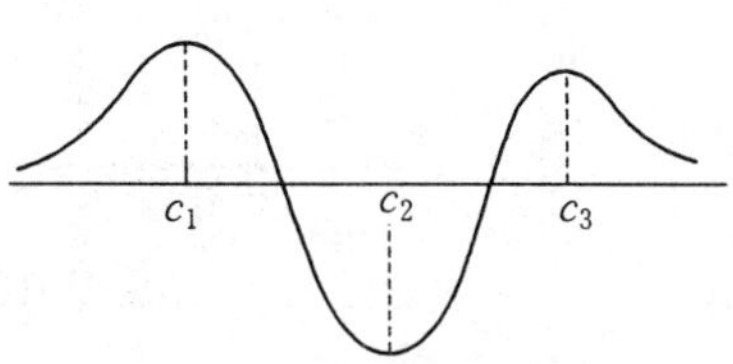

그림 3-7.

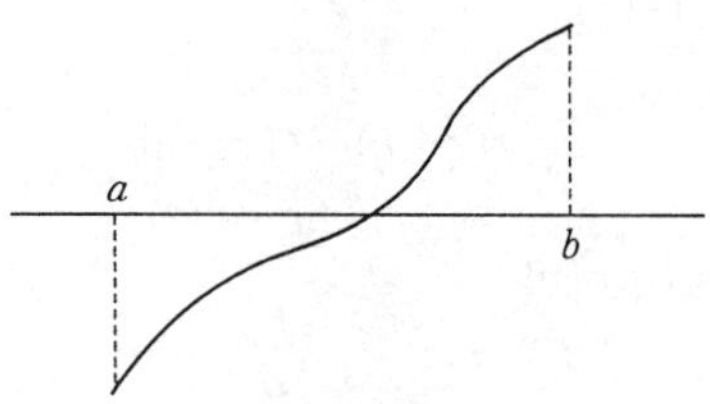

그림 3-8.

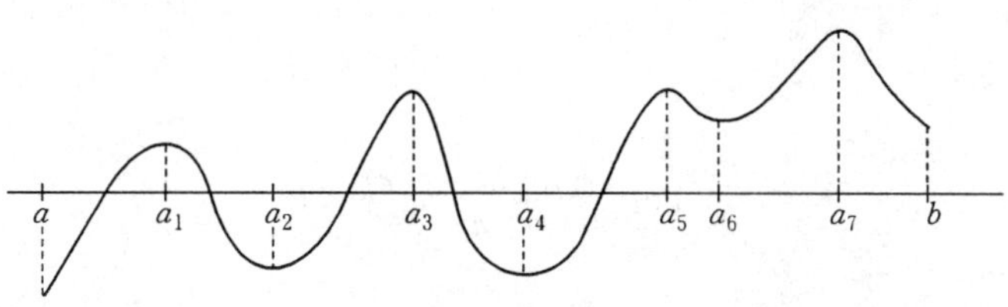

그림 3-9.

위 그림 3-7의 함수에서 c_2가 최소점이고, c_1이 최대점이다. 이때 c_1, c_2에서의 미분계수는 각각 0이다. 그림 3-8에서 함수의 최소점과 최대점은 각각 끝점 a, b이다. 그림 3-9에서 a_1, a_3, a_5, a_7은 각각 그 점 근방에서 최대점 같이 보인다. 이처럼 c를 포함하는 어떤 열린 구간에서 c가 함수 f의 최대점이 되면 이를 f의 극대점이라 하고 $f(c)$를 f의 극대값(local maximum)이라고 한다. 마찬가지로 극소점과 극소값(local minimum)이 정의된다. 극대값과 극소값을 함께 말할 때는 극값(local extremum)이라고 한다. 그림 3-9에서 a_2, a_4, a_6는 각각 극소점이다(참고 : 그림 3-9에서 양끝점 a와 b도 넓은 의미에서 극소점이 된다).

그림 3-1, 3-2, 3-4, 3-7, 3-9에서 함수의 극대, 극소점에서의 미분계수는 0이다. 이를 보다 일반적으로 다음과 같은 정리로 나타낼 수 있다.

〔정리 3-1〕 f가 열린구간 (a, b)의 점 c에서 극대 또는 극소값을 갖고 $f'(c)$가 존재하면,

$$f'(c)=0$$

이다.

〔증명〕 우리는 여기서 극대점인 경우만 증명하기로 한다(극소점인 경우도 마찬가지로 증명할 수 있다). 충분히 작은값 h(양수 또는 음수)를 택하면 $c+h$는 주어진 구간 내에 있고

$$f(c) \geq f(c+h)$$

이다. 따라서

$$f(c+h)-f(c) \leq 0.$$

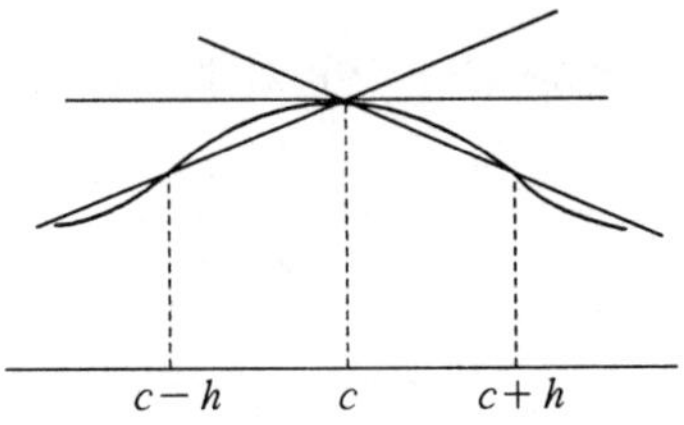

그림 3-10.

이때 $h>0$이면

$$\frac{f(c+h)-f(c)}{h} \leq 0$$

이므로

$$\lim_{h \to 0^+} \frac{f(c+h)-f(c)}{h} \leq 0.$$

$h<0$ 이면

$$\frac{f(c+h)-f(c)}{h} \geq 0$$

이므로

$$\lim_{h \to 0^-} \frac{f(c+h)-f(c)}{h} \geq 0.$$

미분계수 $f'(c)$의 정의에 의하여 위의 두 극한이 일치하여야 하므로 $f'(c)=0$이 되어야 한다. ■

〔참고〕 그림 3-3에서 볼 수 있듯이 위 정리의 역은 일반적으로 성립되지 않는다. 즉 극대 또는 극소점은 임계점이지만 임계점이라고 해서 반드시 극대 또는 극소점이 되는 것은 아니다.

예제 3-1 함수 $f(x)=x^3-1$의 극대 또는 극소점이 존재하는가?

풀이 먼저 극대 또는 극소점이 되기 위하여 임계점이 있어야 하므로 임계점을 찾아보자.

$f'(x)=3x^2$이므로 $x=0$이 단 하나의 임계점이 된다. 이 함수에서 중요한 몇 개의 점을 잡고, 그 값의 변화를 조사하여 개형을 그려보면 그림 3-11과 같다. 그러므로 극대점도 극소점도 존재하지 않는다. ▮

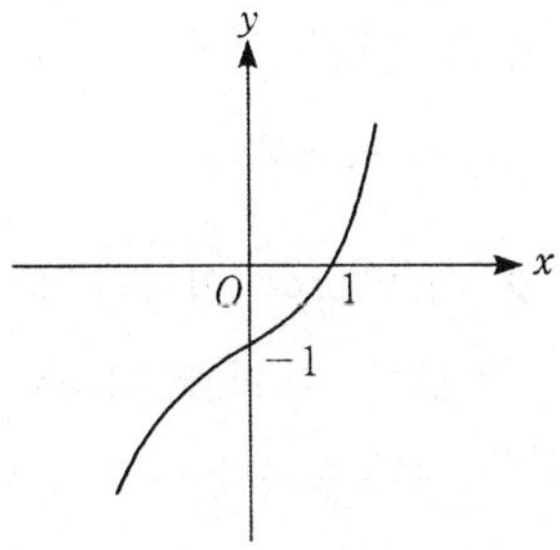

그림 3-11.

예제 3-2 함수 $f(x)=x^3-12x-1$의 극대와 극소점을 구하여라.

풀이 $f'(x)=3x^2-12$이므로 임계점은 $x=2$와 $x=-2$이다. 이 함수의 몇 개의 점을 잡고 그 값을 구하여 개형을 그려보면 그림 3-12와 같다. 그러므로 $x=-2$는 극대점이고, $x=2$는 극소점이다. ▮

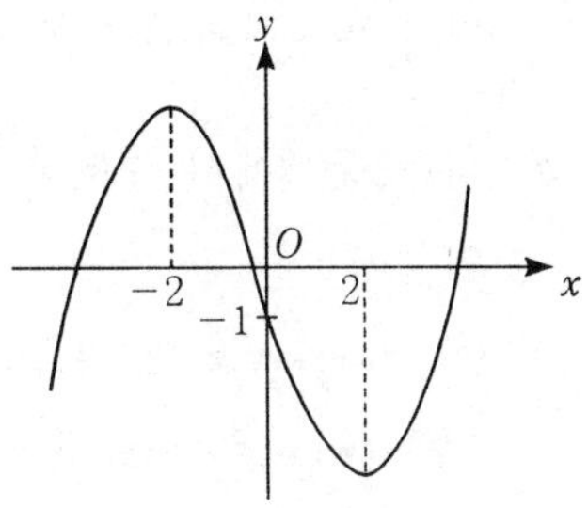

그림 3-12.

일반적으로 함수 f의 임계점이라 하면 f의 정의역 안에서 $f'(x)$가 존재하지 않거나 $f'(x)=0$이 되는 점을 말한다. 그림 3-13은 함수 $f(x)=x^{\frac{2}{3}}$의 그래프이다. 이 그래프에서 $f'(0)$가 존재하지 않고, 또 0에서 $f(x)$가 최소값을 갖는 것을 알 수 있다. 이와 같이 $f'(x)$가 존재하지 않는 점이 있을 때 그 점에서 최대, 최소 또는 극값을 가질 수 있다.

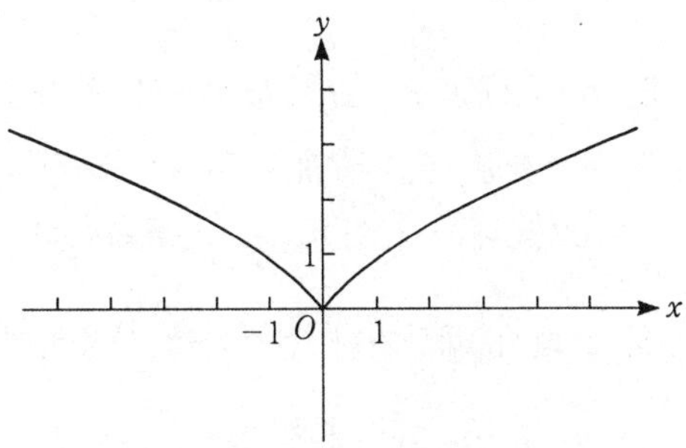

그림 3-13.

연속함수 f가 닫힌구간 $[a, b]$에서 정의되었다면 최대, 최소값이 반드시 존재한다(정리 1-15). 이때 함수가 열린구간 (a, b)에서 미분가능하면 최대, 최소값은 양끝점과 임계점에서의 함수값을 비교하여 구할 수 있다(문제 3-1의 4번 참조).

3-1. 연습문제

1. 다음 각 함수의 임계점을 구하여라.

(a) x^2-2x+5 (b) $2x^3-3x-1$

(c) $|x|$ (d) $-x^2-2x+2$

(e) x^3+2 (f) x^2-3x

2. 표면적이 일정한 값 A를 갖는 밑면이 정사각형이고 뚜껑이 없는 상자를 만들려고 한다. 부피를 최대로 하려면 각 변의 길이를 얼마로 하여야 하는가? 또 뚜껑이 있는 상자를 만든다면 변의 길이가 어떻게 달라지는가?

3. 원통 모양의 뚜껑이 없는 용기가 일정한 표면적을 가질 때 그 부피를 최대로 하는 밑면의 반지름과 높이를 구하여라. 또 뚜껑이 있다고 하면 어떻게 되겠는가?

4. 다음 문제에서 주어진 구간에서 함수의 그래프를 그리고 최소값 또는 최대값을 구하여라.

(a) $f(x)=\sqrt{x-2}$ $[2, 5]$ (b) $f(x)=x^3-3x+1$ $[1, 3]$

(c) $f(x)=x^4-81x$ $[-2, 2]$ (d) $f(x)=-x^2+2$ $[-1, 4]$

(e) $f(x)=x^3-x^2$ $[0, 5]$ (f) $f(x)=\sqrt[3]{x+1}$ $[-9, 7]$

(g) $f(x)=\sqrt{|x|}$ $[-3, 5]$

5. (a) $s(t)=t^3+at^2+bt+c$ 라 하자. $s(t)$가 임계점을 갖지 않을 때, 하나의 임계점을 가질 때, 두 개의 임계점을 가질 때 a, b, c에 대한 조건을 구하라.

(b) (a)에서의 임계점을 분류하여라.

6. 그래픽 계산기나 컴퓨터를 사용하여 다음 함수를 그려라.

(a) $h(x)=3x^4+4x^3-24x^2-48x+7$ (b) $f(x)=\dfrac{x^2-1}{x^2+2}$

(c) $g(t)=\dfrac{t^3-3t}{1+t^2}$ (d) $h(\theta)=\sec\theta$

3-2. 평균값 정리

이 절에서는 직관적으로 분명한 다음 두 정리를 증명하고자 한다.

먼저 함수 $f(x)$를 닫힌구간 $[a, b]$에서 그림 3-14와 같은 그래프로 그릴 수 있을 때 롤(Rolle)의 정리라 불리우는 다음 정리를 얻는다.

〔정리 3-2〕 함수 f가 닫힌구간 $[a, b]$에서 연속이고, 열린구간 (a, b)에서 미분가능이라 하자. $f(a)=f(b)=0$이면

$$f'(c)=0, \quad a<c<b$$

인 점 c가 존재한다.

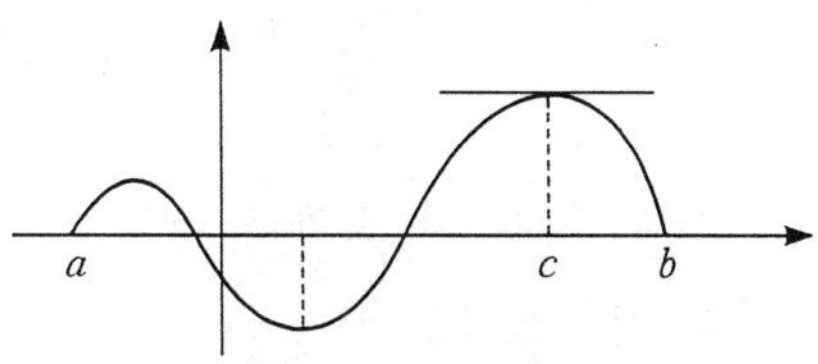

그림 3-14.

〔증명〕 함수가 이 구간에서 상수함수이면 그 도함수는 항상 0이므로 이 정리는 분명히 성립한다.

다음으로 f가 상수함수가 아닌 경우를 생각하자. $f(a)=f(b)=0$이므로 $f(x)\neq 0$인 점 x가 구간 (a, b)안에 존재한다. 먼저 $f(x)>0$이라 하자. 그러면 정리 1-15에 의하여 주어진 구간에서 최대점 c가 있고, $f(c)>0$이어야 한다. 그러면 c는 a나 b가 될 수 없고, 정리 3-1에 의하여 $f'(c)=0$이어야 한다. 같은 방법으로 $a<x<b$인 어떤 점 x에 대하여 $f(x)<0$인 경우에도 정리를 증명할 수 있다(이때는 최대점 대신 최소점이 존재함을 이용한다). ■

이제 함수 f가 닫힌구간 $[a, b]$에서 연속이고, 열린구간 (a, b)에서 미분가능일 때 롤의 정리에서와 같은 $f(a)=f(b)=0$이라는 가정을 주지 않으면 그림 3-15에서 보는 바와 같이 곡선

$$y=f(x), \quad a\leq x\leq b$$

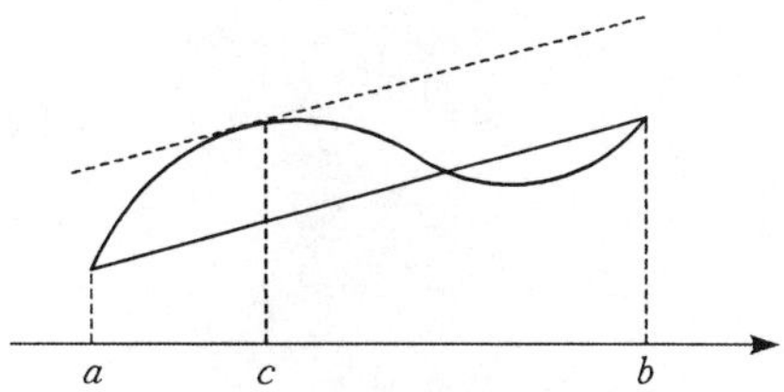

그림 3-15.

에서 $a<c<b$인 수 c가 존재하여 점 $(c, f(c))$에서의 접선이 그래프의 양 끝점을 지나는 직선과 평행임을 증명하려고 한다.

이를 평균값 정리(mean value theorem)라고 한다.

〔정리 3-3〕 함수 f가 닫힌구간 $[a, b]$에서 연속이고, 열린구간 (a, b)에서 미분가능하면 $a<c<b$인 어떤 점 c에 대하여

$$f'(c)=\frac{f(b)-f(a)}{b-a}$$

이다.

〔증명〕 양 끝점을 지나는 직선의 방정식은

$$y=\frac{f(b)-f(a)}{b-a}(x-a)+f(a)$$

이다. 이제 이 직선과 곡선 $y=f(x)$의 차를 생각하자. 즉 다음 식으로 주어지는 함수를 생각한다.

$$g(x)=f(x)-\frac{f(b)-f(a)}{b-a}(x-a)-f(a).$$

그러면 g는 $[a, b]$에서 연속이고 (a, b)에서 미분가능하며

$$g(a)=f(a)-f(a)=0$$
$$g(b)=f(b)-f(b)=0$$

이므로 롤의 정리(정리 3-2)에 의하여 $a<c<b$인 어떤 점 c에 대하여

$$g'(c)=0$$

임을 알 수 있다.
한편,

$$g'(x)=f'(x)-\frac{f(b)-f(a)}{b-a}$$

이므로,

$$0=g'(c)=f'(c)-\frac{f(b)-f(a)}{b-a}$$

이고, 따라서

$$f'(c)=\frac{f(b)-f(a)}{b-a}$$

가 된다. ■

정리 3-3의 증명은 위에서 생각한 직선과 함수 $f(x)$와의 차이가 양 끝점에서 0이 된다는 기하학적인 사실을 이용한 것이다.
이제 평균값 정리를 이용하여 부등식을 증명해 본다.

예제 3-3 $|\sin b-\sin a|\leq|b-a|$임을 증명하여라.

풀이 $a=b$이면 $|\sin a-\sin a|\leq|a-a|$인 것은 분명하다. $a<b$라고 가정한다. ($a>b$

인 경우는 마찬가지로 증명된다). $f(x)=\sin x$라고 놓으면, $f(x)$는 $[a, b]$에서 연속이고, (a, b)에서 미분가능이다. 그러므로 평균값 정리에 의해, 어떤 $x\in(a, b)$에 대해

$$|\sin b-\sin a|=|f(b)-f(a)|=|f'(x)||b-a|$$

이다. 그런데 $f'(x)=\cos x$이므로 모든 $x\in(a, b)$에 대해

$$-1\leq f'(x)\leq 1$$

이다. 따라서 모든 $x\in(a, b)$에 대해 $|f'(x)|\leq 1$.
그러므로

$$|\sin b-\sin a|\leq|b-a|. ■$$

위 예제에서 $a=0$, $b=x$라 놓으면, 임의의 실수 x에 대하여

$$|\sin x|\leq|x|$$

를 얻는다.

3-2. 연습문제

1. $a\leq x\leq b$일 때 $|f'(x)|\leq M$을 만족시키는 상수 M이 존재하면

$$|f(b)-f(a)|\leq M(b-a)$$

임을 증명하여라.

2. 방정식 $\tan x=1-x$가 (0, 1)에서 근을 갖는 것을 롤의 정리를 이용해서 증명하여라.
[Hint : $f(x)=(x-1)\sin x$라고 하고 $f(0)$, $f(1)$, $f'(x)$를 구해 보아라]

3. $p(t)$를 임의의 다항식이라 하고 $f(x)=p(x^2)$라 하자. 임의의 $a>0$에 대하여 $f'(c)=\dfrac{f(a)-f(-a)}{2a}$가 되는 $c\in[-a, a]$를 구하여라.

4. $x\geq 0$이고 $h(x)=\sqrt{x}$라 하자. $a>0$일 때 0과 a사이에서 곡선 $y=h(x)$의 접선의 기울기가 곡선 $y=h(x)$의 두점 $(0,0)$, $(a,\sqrt{a})$를 잇는 선분의 기울기와 같아지는 점을 찾아라.

5. 시간 t에서 생물량을 $B(t)$로 표시했을 때, $B(0)=3$이고 모든 $t\in[0,3]$에 대해 $|\frac{dB}{dt}|\leq 1$라고 하면, $B(3)$에 대해 무엇을 말할 수 있는가?

3-3. 증가함수와 감소함수

f를 어떤 구간에서 정의된 함수라 하자. x_1, x_2가 이 구간의 임의의 점들로서 $x_1<x_2$일 때

$$f(x_1)\leq f(x_2)$$

이면 함수 f는 이 구간에서 **증가함수**(increasing function)라고 하고

$$f(x_1)\geq f(x_2)$$

이면 함수 f는 이 구간에서 **감소함수**(decreasing function)라고 한다.

상수함수는 증가함수인 동시에 감소함수이다. 증가 및 감소함수에서 등호를 제거하면 순증가 또는 순감소라는 용어를 쓴다. 즉 $x_1<x_2$일 때, $f(x_1)<f(x_2)$이면 **순증가**(strictly increasing)라 하고, $x_1<x_2$일 때 $f(x_1)>f(x_2)$이면 **순감소**(strictly decreasing)라고 한다. 증가 또는 감소함수를 **단조함수**(monotone function)라고 하고, 순증가 또는 순감소함수를 **순단조함수**(strictly monotone function)라고 한다.

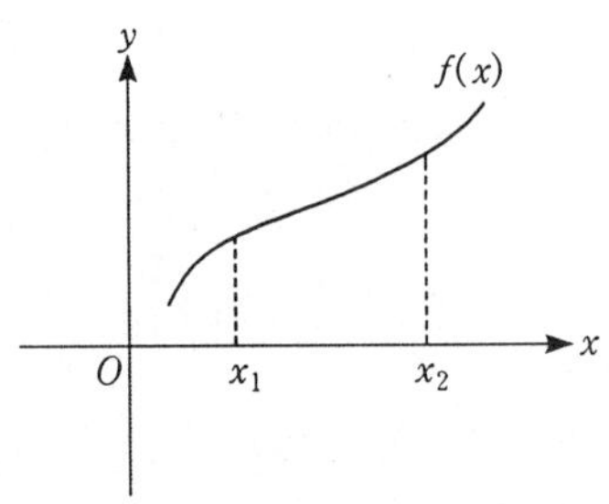

그림 3-16.

그림 3-16에서 함수 $f(x)$의 미분계수는 구간 (x_1, x_2)에서 양수이다. 그러면 이 구간에서 이 함수의 변화율이 양이므로 함수가 증가하고 있다고 해석할 수 있다. 일반적으로 다음과 같이 함수의 증가나 감소에 대한 판정법을 얻는다.

〔정리 3-4〕 함수 f는 어떤 구간 I에서 연속이고, I의 끝점을 제외한 구간 I^0에서 미분가능하다고 하자. I^0의 모든 점 x에서

$f'(x)=0$이면 f는 I에서 상수함수이고
$f'(x)\geq 0(f'(x)>0)$이면 f는 I에서 증가(순증가)함수이며
$f'(x)\leq 0(f'(x)<0)$이면 f는 I에서 감소(순감소)함수이다.

[증명] x_1, x_2를 구간 I에 속하는 임의의 두 점으로 $x_1<x_2$라 하면, f는 $[x_1, x_2]$에서 연속이고 (x_1, x_2)에서 미분가능이다. 그러므로 평균값 정리에 의하여 $x_1<c<x_2$인 어떤 점 c에 대하여

$$f'(c)=\frac{f(x_2)-f(x_1)}{x_2-x_1}$$

이다. 여기서 $x_2-x_1>0$이고

$$f(x_2)-f(x_1)=(x_2-x_1)f'(c)$$

이다. 만약 I^0의 모든 점에서 $f'(x)=0$이면 $f'(c)=0$이고, 따라서 $f(x_1)=f(x_2)$이다. 즉 함수는 상수함수이다.

또 I^0의 모든 점에서 $f'(x)\geq 0$이라면 $f'(c)\geq 0$이고, 따라서 $f(x_1)\geq f(x_2)$이다. 즉 이 함수 f가 구간 I에서 증가함수임을 나타낸다.

I^0의 모든 점에서 $f'(x)>0$이면 $f'(c)>0$이므로 $f(x_2)>f(x_1)$이고, 따라서 f는 I에서 순증가함수이다.

마지막 부분의 증명도 비슷하므로 이는 생략한다. ■

우리는 상수함수의 도함수는 0임을 본바 있는데, 위 정리에서는 그 역이 성립하는 것을 보았다. 이로부터 다음의 정리를 얻는다.

[정리 3-5] 두 함수 $f(x)$와 $g(x)$가 어떤 구간에서 미분가능이고, 또 그 구간의 모든 점 x에서 $f'(x)=g'(x)$이면 어떤 상수 C가 존재하여 그 구간에서 항상

$$f(x)=g(x)+C$$

이다.

[증명] $\varphi(x)=f(x)-g(x)$라 두면

$$\varphi'(x)=f'(x)-g'(x)=0.$$

$$\therefore \varphi(x)=C, \text{ 즉 } f(x)=g(x)+C. \blacksquare$$

예제 3-4 함수 $f(x)=x^3-2x+1$의 증가 및 감소 범위를 정하여라.

풀이 $f'(x)=3x^2-2$이므로 $f'(x)\geq 0$인 범위는 $x\geq\sqrt{\frac{2}{3}}$ 또는 $x\leq -\sqrt{\frac{2}{3}}$이다. 또 $f'(x)\leq 0$인 범위는 $-\sqrt{\frac{2}{3}}\leq x\leq\sqrt{\frac{2}{3}}$이다. 따라서 함수가 증가하고 있는 곳은

$\left[\sqrt{\frac{2}{3}}, \infty\right)$ 또는 $\left(-\infty, -\sqrt{\frac{2}{3}}\right]$이고, 감소하고 있는 곳은 $\left[-\sqrt{\frac{2}{3}}, \sqrt{\frac{2}{3}}\right]$이다. ▮

우리는 앞 절에서 극점은 임계점이 되나, 그 역은 성립하지 않음을 보았다. 정리 3-4에 의하여 임계점이 극소 또는 극대점이 되는 경우를 결정할 수 있다. 즉 f가 연속함수이고 c가 f의 임계점일 때, $x<c$에서 $f'(x)<0$이고, $x>c$에서 (x는 c의 부근) $f'(x)>0$이면 c는 극소점이고, $x<c$에서 $f'(x)>0$이고, $x>c$에서 $f'(x)<0$이면 c는 극대점이다.

예제 3-5 함수 $f(x)=x^3+5x^2-1$의 증가 및 감소범위를 정하고, 극대 또는 극소점이 있으면 구하여라.

풀이 $f'(x)=3x^2+10x=x(3x+10)$이므로 $f'(x)=0$인 점은 $x=0$과 $x=-\frac{10}{3}$이다. 따라서 도함수의 부호는 구간

$$x<-\frac{10}{3},\quad -\frac{10}{3}<x<0,\ 0<x$$

에 따라 일정하게 정해진다. $x<-\frac{10}{3}$에서 $f'(x)>0$이므로 f는 $(-\infty, -\frac{10}{3}]$에서 순증가하고, 구간 $-\frac{10}{3}<x<0$에서 $f'(x)<0$이므로 f는 $[-\frac{10}{3}, 0]$에서 순감소하며, 구간 $x>0$에서 $f'(x)>0$이므로 f는 $[0, \infty)$에서 다시 순증가한다. 따라서 $x=-\frac{10}{3}$은 극대점이고, $x=0$는 극소점이다. ▮

3-3. 연습문제

1. 다음 함수들의 증가 및 감소구간을 결정하여라.

(a) $f(x)=x^3+1$ (b) $f(x)=(x-1)(x-2)(x-3)$

(c) $f(x)=x^2-x+6$ (d) $f(x)=x^4-3x^2+1$

(e) $f(x)=x^3+x-2$ (f) $f(x)=-x^3+2x+1$

(g) $f(x)=2x^3+5$ (h) $f(x)=5x^2+1$

2. 함수 $f(x)$는 모든 x에 대하여 $f'(x)=f(x)$이고, $f(x)\neq 0$이라 하자. 그러면 $g'(x)=$

$g(x)$인 임의의 함수에 대하여 상수 c가 존재하여

$$g(x)=cf(x)$$

임을 증명하여라(함수 g/f를 미분하여 보아라).

3. 다음 각 함수의 최대 및 최소점을 모든 x에서, 또 주어진 구간에서 각각 구하여라. 또 함수의 증가 및 감소범위를 찾아라.

(a) $x^2-2x-8,\ [0,4]$

(b) $x^2-2x+1,\ [-1,4]$

(c) $4-4x-x^2,\ [-1,4]$

(d) $\sin x+\cos x,\ [0,\pi]$

(e) $3x-x^3,\ [-2,\sqrt{3}]$

(f) $(x-1)^{\frac{1}{3}}+\frac{1}{2}(x+1)^{\frac{2}{3}},\ [-2,7]$

(g) $x^{\frac{1}{2}}+1,\ [0,1]$

(h) $\sqrt{x^2+1},\ [0,8]$

4. $0\le x<\frac{\pi}{2}$에서 $\tan x\ge x$임을 보여라.

5. 시간 t에서 개체군의 크기가 $N(t)$이고, 그것의 성장률이 로지스틱 성장함수

$$\frac{dN}{dt}=rN\left(1-\frac{N}{K}\right),\ t\ge 0$$

로 주어진다고 하자. 여기서 r과 K는 양의 상수이다.

(a) $r=2$이고 $K=8$일 때 N의 함수로써 $\frac{dN}{dt}$의 그래프를 그려라.

(b) $f(N)=rN\left(1-\frac{N}{K}\right)$일 때 $f'(N)$을 구하고 $f(N)$의 증가 · 감소 범위를 구하여라.

6. 어떤 나무의 잎을 갉아먹는 해충이 있다. 이 해충은 새의 먹이가 되며, 이 해충이 새에 먹히게 되는 개체당 포식률은

$$f(N)=\frac{aN}{k^2+N^2},\ N\ge 0$$

으로 주어진다고 하자. 여기서 N은 해충의 밀도를 나타내고 a와 k는 양의 상수이다.

(a) $f'(N)$을 구하고 개체당 포식률이 증가 · 감소하는 범위를 구하여라.

(b) 해충의 밀도가 얼마일 때 개체당 포식률이 최대가 되는가?

7. 포식 기생충은 다른 (숙주)벌레의 몸 안, 또는 위, 또는 가까이에 알을 낳는 벌레이다. 포식 기생충의 유충은 숙주 벌레를 먹어서 죽게 만든다. 기생충 감염을 피할 확률은 포식 기생충의 밀도에 달려있으며, 한 모델에 대한 확률은

$$f(P)=\left(1+\frac{aP}{k}\right)^{-k}$$

으로 나타내진다. 여기서 P는 포식 기생충의 밀도이고, a와 k는 양의 상수이다. 기생충의 밀도가 증가할 때 기생충 감염을 피할 확률이 증가하는지, 감소하는지 밝혀라.

8. 환자의 오른쪽 팔에 어떤 약을 주사했을 때, 왼쪽 팔 혈관의 약의 농도는 주사한지 t 시간 후에 대략

$$C(t)=\frac{0.14t}{t^2+1},\quad 0<t<24$$

로 나타내진다. 약의 농도가 증가하는 구간, 감소하는 구간을 구하고 $C(t)$의 극값을 구하여라.

3-4. 곡선의 오목 · 볼록

이 절에서는 곡선의 굽은 방향에 대하여 생각해 보고자 한다. 함수 f를 $[a, b]$에서 정의된 연속함수라 하자. 또, (a, b)에서 f'와 f''이 존재한다고 하자. 그러면 $f''(x)$는 곡선 $y=f(x)$의 기울기의 변화율로 생각할 수 있다. 만약 2계도함수 f''가 구간 (a, b)에서 양이면 이 곡선의 기울기는 증가하는데, 우리는 이를 곡선이 위로 휘어져 있다고 해석한다(그림 3-17). 또 2계도함수가 음이면 곡선이 아래로 휘어져 있다고 해석한다(그림 3-18).

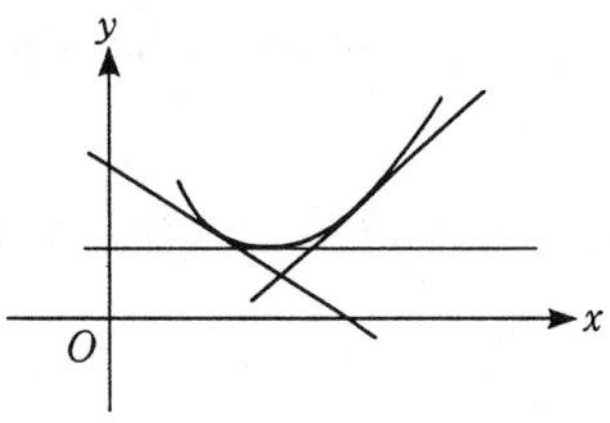

그림 3-17.

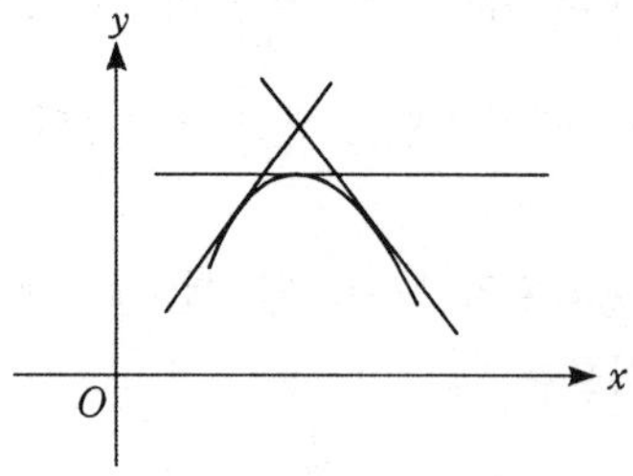

그림 3-18.

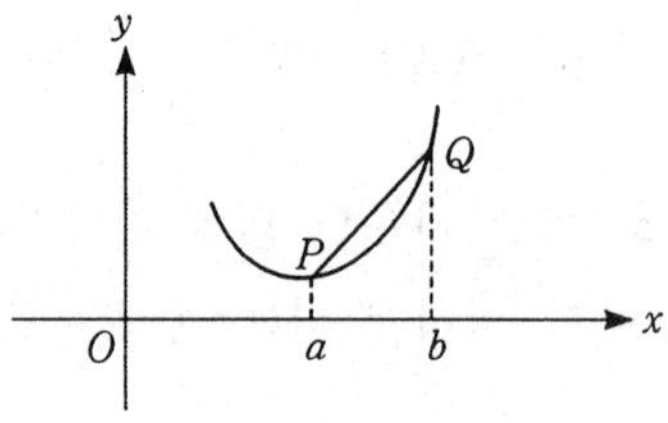

그림 3-19.

곡선이 위로 휘어져 있다는 것은 곡선상의 임의의 두 점 P, Q에 대하여 선분 PQ가 두 점 P와 Q사이에서 곡선보다 위에 있는 것이라고 말할 수 있다. 이때 우리는 위로 오목(concave upward) 또는 아래로 볼록(convex downward)하다고 말한다. 이 상태를 그림으로 나타내면 그림 3-19와 같다. 이 관계를 다음과 같이 부등식으로 나타내 보자. 먼저 두 점 P, Q를 지나는 직선의 방정식은

$$y=f(a)+\frac{f(b)-f(a)}{b-a}(x-a)$$

이므로 선분 PQ가 이 두 점 사이에서 곡선보다 위에 있다는 것은 다음 부등식으로 표시된다. 즉 $a<x<b$에 대하여

$$f(a)+\frac{f(b)-f(a)}{b-a}(x-a)\geq f(x). \tag{1}$$

그러므로 주어진 구간에서 임의의 $a<b$에 대하여 위 부등식이 성립할 때 곡선 $y=f(x)$는 그 구간에서 위로 오목 또는 아래로 볼록이라고 한다. 만약 위 부등식에서 부등호 $\geq$를 $>$로 바꾸어 놓아도 성립할 때 위로 순오목(strictly concave upward) 또는 아래로 순볼록(strictly convex downward)이라고 말한다. 부등식

$$f(a)+\frac{f(b)-f(a)}{b-a}(x-a)\leq f(x)$$

가 성립하면 곡선 $y=f(x)$는 아래로 오목(concave downward) 또는 위로 볼록(convex upward)이라고 말한다. 마찬가지로 아래로 순오목 또는 위로 순볼록도 정의한다.

다음 정리는 이계도함수를 이용하여 곡선의 오목 · 볼록 상태를 판정할 수 있는 것을 보여준다.

〔정리 3-6〕 함수 f가 구간 $[a,b]$에서 연속이고 (a,b)에서 f'와 f''이 존재한다고 하자. 이 구간의 모든 x값에 대하여

(a) $f''(x)>0$라 하면 곡선 $y=f(x)$는 $[a,b]$에서 위로 순오목이고,

(b) $f''(x)<0$라 하면 곡선 $y=f(x)$는 $[a,b]$에서 아래로 순오목이다.

〔증명〕 (b)는 (a)와 비슷하게 증명되므로 각자에게 맡기고 (a)만 증명하기로 한다. $a\leq c<d\leq b$인 임의의 수 c,d에 대하여도 정리의 가정이 그대로 만족되므로 두 점 $(a,f(a))$와 $(b,f(b))$를 맺는 선분이 곡선 $f(x)$보다 윗쪽에 있음을 보이면 된다. 이제

$$\varphi(x)=f(a)+\frac{f(b)-f(a)}{b-a}(x-a)-f(x)$$

라 정의하면

$$\varphi'(x)=\frac{f(b)-f(a)}{b-a}-f'(x)$$

이고, 함수 $f(x)$에 대하여 평균값 정리를 쓰면 $a<c<b$인 어떤 점 c가 존재하여, $a<x<b$인 모든 x에 대하여

$$\varphi'(x)=f'(c)-f'(x)$$

라 쓸 수 있다. 여기서 두 수 x와 c사이에서 함수 f'에 관하여 평균값 정리를 다음 두 가지 경우로 나누어서 적용할 수 있다.

$a<x\le c$인 경우는 x와 c사이에 어떤 수 d가 존재하여

$$f'(c)-f'(x)=f''(d)(c-x)$$

가 된다. $f''(d)>0$이므로 $a<x<c$인 모든 x에 대하여 $\varphi'(x)>0$이 되고 함수 φ는 구간 $[a, c]$에서 순증가함수이다. 또한 $\varphi(a)=0$이므로 $a<x\le c$에서 $\varphi(x)>0$임을 알 수 있다. 이로써 $a<x\le c$인 경우는 부등식 (1)이 성립한다.

$c<x<b$인 경우도 x와 c사이에 어떤 수 e가 존재하여

$$f'(x)-f'(c)=f''(e)(x-c)$$

가 된다. 지금 이 경우에는

$$\varphi'(x)=f'(c)-f'(x)<0$$

이 되어 φ는 구간 $c<x\le b$에서 순감소함수이다. 또한 $\varphi(b)=0$이므로 여기서도 $\varphi(x)>0$임을 알 수 있다. 이로써 $c<x<b$일 때도 부등식 (1)이 성립하므로 정의에 의하여 곡선은 위로 순오목이다. ■

한 곡선이 위로 오목에서 아래로 오목으로 또는 그 반대의 상태로 바꾸는 곡선상의 점을 변곡점(inflection point)이라 한다. 만약 함수 f의 2계도함수가 존재하고 연속이라면, 그 그래프는 변곡점에서 $f''(x)=0$이다. 그림 3-20은 이를 나타내고 있다. 그러나 $f''(x)=0$인 점이 반드시 변곡점이 되는 것은 아니며, $f''(x)$가 존재하지 않는 점이 변곡점이 될 수도 있다.

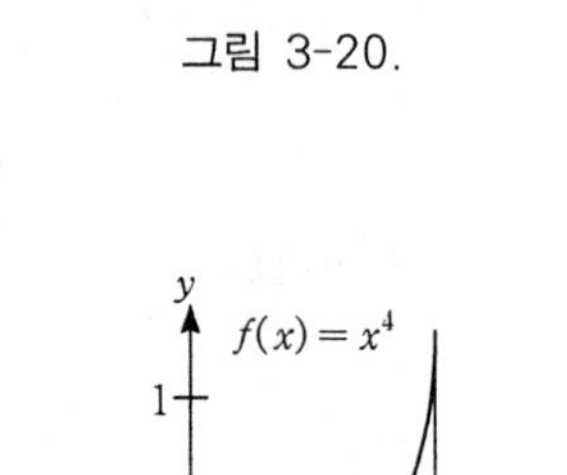

그림 3-20.

예제 3-6 $f(x)=x^4$의 변곡점을 조사하여라.

풀이 $f''(x)=12x^2$이므로 모든 x에 대하여 $f''(x)\ge 0$이다. 따라서 $f''(0)=0$이나 f''의 부호가 0 전후에서 바뀌지 않으므로 $f(x)=x^4$의 변곡점은 존재하지 않는다(그림 3-21). ■

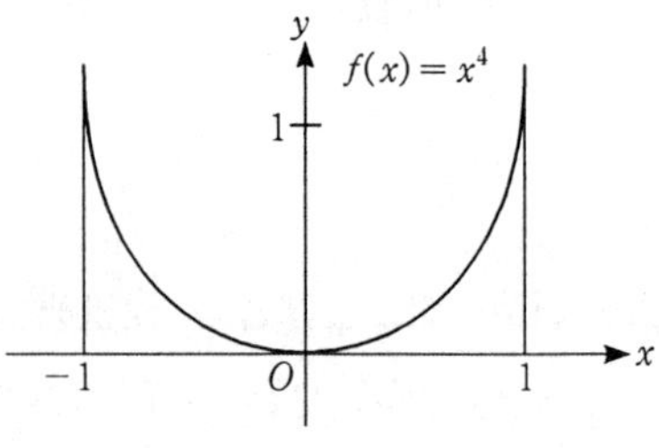

그림 3-21.

예 4 $f(x)=x^{\frac{1}{3}}$ 이라 하면

$$f''(x)=-\frac{2}{9}x^{-\frac{5}{3}}$$

이므로

$$x<0\text{에서 } f''(x)>0,$$
$$x>0\text{에서 } f''(x)<0$$

이므로 $x=0$은 변곡점이다. 그러나 $f'(0)$도 $f''(0)$도 존재하지 않는다(그림 3-22). ∎

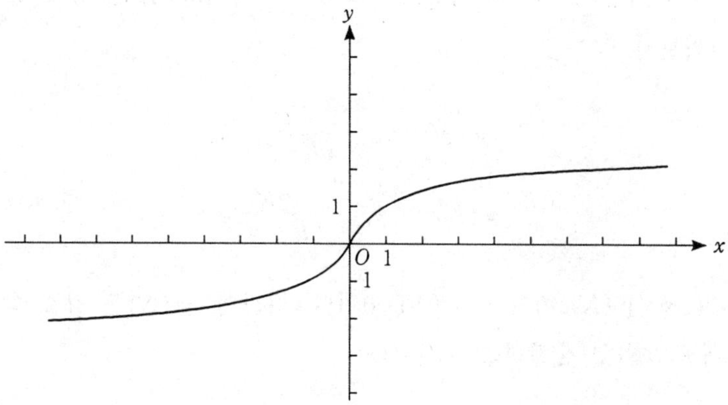

그림 3-22.

곡선의 오목 · 볼록의 범위, 변곡점 등은 그래프를 결정하는 데 큰 도움이 된다. 예를 들어 곡선이 어떤 구간에서 감소하고, 위로 볼록(또는 아래로 오목)하다면 그림 3-23 (a)와 같이 표시되며, (b), (c)의 경우는 제외된다.

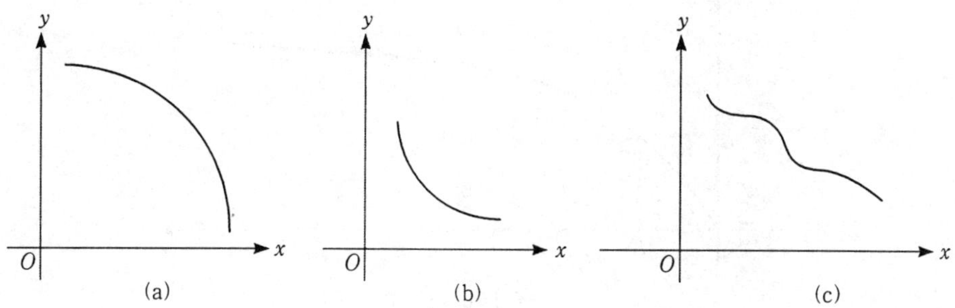

그림 3-23.

예제 3-7 곡선 $y=-x^3+3x-5$의 위로 오목, 볼록구간을 정하고, 변곡점을 구하여라.

풀이 $y'=-3x^2+3$, $y''=-6x$이므로 $x<0$에서 $f''(x)>0$이고, $x>0$에서 $f''(x)<0$이다. 따라서 정리 3-6에 의하여 이 곡선은 $x\le 0$일 때 위로 오목하고, $x\ge 0$일 때 아래로 오목하다. 그러므로 변곡점은 $x=0$인 점, 즉 (0, -5)이다. ▮

예 5 토양의 질소 함량 N에 대한 수확량 y는

$$y(N)=y_{\max}\frac{N}{K+N},\quad N\ge 0$$

형태의 함수로 나타내진다. 여기서 $y_{\max}$는 최대 수확량이고 K는 양의 상수이다. $y(N)$의 그래프를 그려보자.

$$y'(N)=y_{\max}\frac{K}{(K+N)^2}$$

$$y''(N)=-y_{\max}\frac{2K}{(K+N)^3}$$

이므로, $N\ge 0$일 때 $y'(N)>0$이고 $y''(N)<0$이다. 따라서 $y'(N)$은 감소 함수이고 곡선은 $N\ge 0$에서 아래로 오목인 증가하는 곡선이다.

$$y(0)=0,\quad \lim_{N\to\infty}y(N)=y_{\max}$$

이므로 곡선은 아래와 같다.

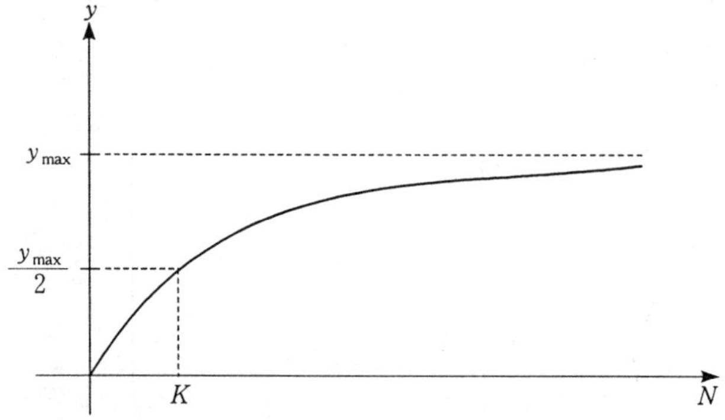

그림 3-24.

이것은 비료 양을 증가시키면 수확량은 증가하지만 그 증가율은 감소함을 말한다. ▮

3-4. 연습문제

※ 다음 함수의 위로 오목, 볼록 구간을 정하고, 또 변곡점을 구하여라(1~8).

1. $f(x)=-3x^2$

2. $f(x)=x^2-2x+4$

3. $f(x)=x^3-8$

4. $f(x)=x^4-6x^2+8$

5. $f(x)=\dfrac{1}{\sqrt{x-3}}$

6. $f(x)=\dfrac{1}{x^2-4}$

7. $f(x)=\dfrac{1}{\sqrt{x+1}}$

8. $f(x)=\dfrac{1}{x^4}$

9. $k\geq 3$이라 하고 $f(x)=x^k$이라 하자. $f(x)$가 $x=0$에서 변곡점을 가지려면 k의 값은 무엇이어야 하는가?

10. p, q를 양의 정수라 하자. $p<q$이고 q는 홀수이고 $f(x)=x^{\frac{p}{q}}$라 하자. $f(x)$가 변곡점을 가지기 위한 p와 q의 조건은 무엇인가?

11. 한 개체군의 성장률이

$$f(N)=N\left(1-\left(\frac{N}{K}\right)^{\theta}\right),\quad N\geq 0$$

로 주어진다고 하자. 여기서 N은 개체군의 크기이고 K는 환경수용력(crarrying capacity)을 나타내는 양의 상수이고, θ는 1보다 큰 상수이다. 성장률이 최대가 되는 개체군 크기는 무엇인가?

12. 박테리아의 번식을 촉진시키는 약을 박테리아 콜로니에 사용한지 t분 후에, 박테리아의 수는 대략

$$N(t)=1,000+30t^2-t^3,\quad 0\leq t\leq 20$$

으로 주어진다.

(a) 성장률 $N'(t)$가 증가하는 구간과 감소하는 구간을 구하여라.

(b) N의 그래프에서 변곡점을 구하여라.

(c) N과 N'의 그래프를 같은 좌표평면에 그려라.

(d) 최대 성장률은 무엇인가?

13. 특정약 $x$mg을 사람에게 투여한지 1시간 후에 체온의 변화 $T(x)$°F가

$$T(x)=x^2\left(1-\frac{x}{9}\right),\quad 0\leq x\leq 6$$

으로 주어진다. 복용량 x에 대한 $T(x)$의 변화율 $T'(x)$를 그 약에 대한 신체의 감도(sensitivity)라고 부른다.

(a) $T'(x)$가 증가 · 감소하는 구간을 구하여라.

(b) T의 그래프의 변곡점을 구하여라.

(c) T와 T'의 그래프를 같은 좌표평면 위에 그려라.

(d) $T'(x)$의 최대값을 구하여라.

14. 실험에 의하여 어느 식물의 키가 t개월 후에 대략

$$H(t)=120t^{\frac{1}{2}}-60t,\quad 0\le t\le 2$$

cm가 된다고 한다. 이 식물이 최대 키에 이르는 시기와 최대 키를 구하여라.

15. 두 공장 지역이 20 km 떨어져 있다. 두 지역 사이에 있는 지점의 분진 농도(단위는 ppm)는 분진의 근원으로부터의 거리의 제곱에 역비례하여 감소한다. (가)지역이 (나)지역보다 8배의 분진을 배출하면, 두 지역 사이의 특정 지점의 분진 농도는

$$C(x)=\frac{8k}{x^2}+\frac{k}{(20-x)^2},\quad 1\le x\le 19,\quad k>0$$

로 주어진다. 분진 농도가 최소가 되는 지점은 (가)로부터 얼마나 떨어진 곳인가?

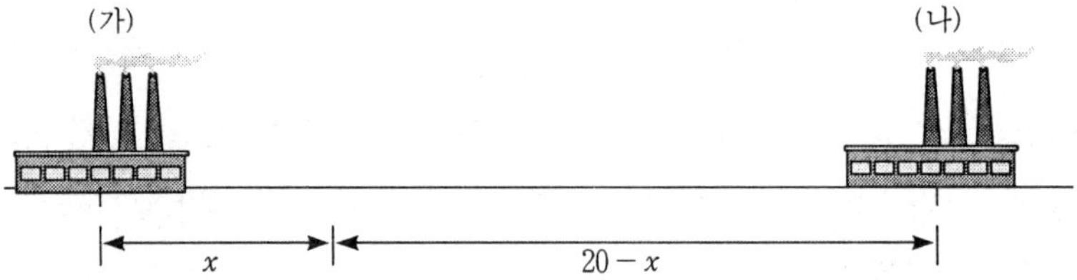

그림 3-25.

3-5. 곡선의 개형

지금까지 어떤 함수의 그래프를 능률적으로 그릴 수 있는 방법을 보아 왔는데, 이를 구체적으로 정리해 보면 다음과 같다.

1. 좌표축과의 교점
2. 임계점
3. 증가범위 및 감소범위
4. 극대점과 극소점
5. x가 양 또는 음으로 매우 커질 때의 상황

6. y를 양 또는 음으로 매우 커지게 하는 x의 값
7. 곡선이 위로 혹은 아래로 오목인 범위(곡선의 굽은 방향)와 변곡점

즉 위와 같은 상태에 유의하면 비교적 정확한 곡선의 개형을 그릴 수 있는데 몇 예를 들어 보이기로 한다.

예제 3-8 함수 $f(x)=\frac{x^2}{8}-\frac{1}{x}$의 그래프를 그려라.

풀이 1. 이 함수는 $x=0$에서 정의되지 않으므로 y축과의 교점은 없고 x축과의 교점은 $x=2$이다.

2. $f'(x)=\frac{x}{4}+\frac{1}{x^2}$이므로 임계점은 $x=-\sqrt[3]{4}$이다.

3. $x<-\sqrt[3]{4}$이면 $f'(x)<0$이므로 이 구간에서 감소함수이고, $x>-\sqrt[3]{4}$일 때 $f'(x)>0$이므로 이 구간에서 증가함수이다.

4. $x=-\sqrt[3]{4}$는 극소점이다.

5. $\lim_{x\to\infty} f(x)=\lim_{x\to\infty}\left(\frac{x^2}{8}-\frac{1}{x}\right)=\infty$, $\lim_{x\to-\infty} f(x)=\lim_{x\to-\infty}\left(\frac{x^2}{8}-\frac{1}{x}\right)=\infty$.

6. $\lim_{x\to0^+}\left(\frac{x^2}{8}-\frac{1}{x}\right)=-\infty$, $\lim_{x\to0^-}\left(\frac{x^2}{8}-\frac{1}{x}\right)=\infty$.

7. $f''(x)=\frac{1}{4}-\frac{2}{x^3}$이므로 $x>2$ 또는 $x<0$일 때 $f''(x)>0$이고, $0<x<2$에서 $f''(x)<0$이다. 즉, $x>2$ 또는 $x<0$에서는 f는 위로 오목하고, $0<x<2$에서는 아래로 오목하다. 따라서 (2, 0)이 변곡점이고, 이를 그래프로 나타내면 그림 3-26과 같다. ▮

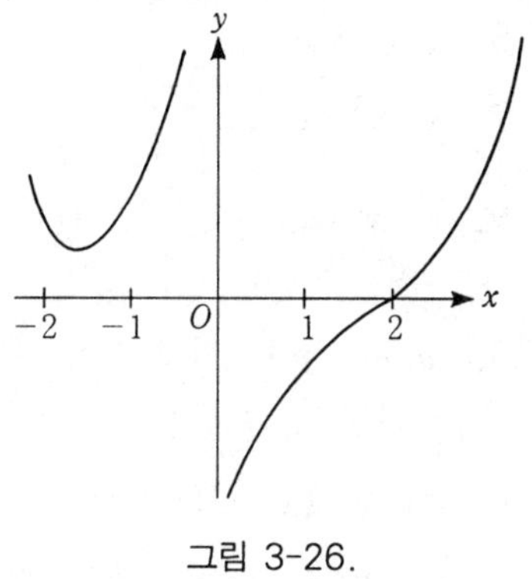

그림 3-26.

예제 3-9 함수 $f(x)=-x^3+3x-5$의 그래프를 그려라.

풀이 1. $x=0$일 때 $y=-5$.

2. $f'(x)=-3x^2+3$이므로 임계점은 $x=\pm1$.

3. $f'(x)>0$을 풀면 증가범위는 $-1<x<1$.
$f'(x)<0$을 풀면 감소범위는 $x>1$ 또는 $x<-1$.

4. $x<-1$에서 감소, $x>-1$에서 증가이므로 $x=-1$은 극소점이고, 마찬가지 이유로 $x=1$은 극대점이다. $f(-1)=-7$, $f(1)=-3$.

5. $\lim_{x\to\infty} f(x) = \lim_{x\to\infty}(-x^3)\left(1-\frac{3}{x^2}+\frac{5}{x^3}\right) = -\infty$이고, $x\to-\infty$이면 $f(x)\to\infty$.

6. $f''(x) = -6x$이므로 $x=0$인 점이 변곡점이고, $x<0$에서는 위로 오목하고, $x>0$에서 아래로 오목하다.

이상을 종합하여 그래프로 나타내면 그림 3-27과 같다. ▮

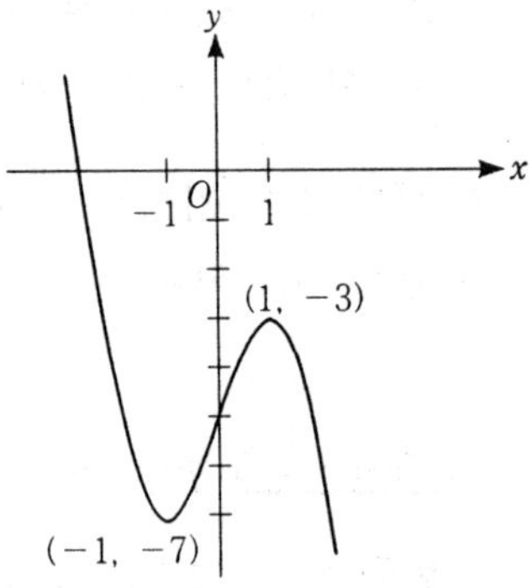

그림 3-27.

3-5. 연습문제

※ 위에서 지적한 7가지 사항을 조사하고 다음 각 함수의 그래프를 그려라.

1. $y=x+\frac{1}{x}$ **2.** $y=\frac{x^2+2}{x-3}$

3. $y=\frac{x+1}{x^2+1}$ **4.** $y=\frac{x^2-1}{x}$

5. $y=x^5+x$ **6.** $y=x^4+4x$

7. $y=x^3+x-1$ **8.** $y=x^3+2x+5$

9. $y=x^5+x+2$ **10.** $y=\frac{x^2+2}{x+1}$

11. a, b, c, d를 서로 다른 4개의 수라 하자 $(a<b<c<d)$. 이때 다음 각 곡선은 어떤 모양이 되겠는가?

(a) $y=(x-a)(x-b)$ (b) $y=(x-a)(x-b)(x-c)$

(c) $y=(x-a)(x-b)(x-c)(x-d)$

12. 다음 각 함수의 그래프를 그리고, 증가 및 감소범위, 극대 및 극소점을 찾아라.

(a) $4x-\frac{1}{3}x^3$ (b) $(x-1)^{2/3}+3$

(c) x^2+4x+2 (d) $\frac{4x}{x^2-9}$

(e) $x+\frac{3}{x}$ (f) $\frac{x^2-4}{x^3}$

(g) $\frac{1}{3}x^3+x-2$ (h) x^3-3x^2+6x-3

(i) $\dfrac{x^2-4}{(x-2)^2}$ (j) $\dfrac{3x-2}{2x+3}$

(k) $\dfrac{x}{3x-5}$ (l) $\dfrac{2x}{x+4}$

(m) $\dfrac{x^2}{\sqrt{x+1}}$ (n) $\dfrac{x+1}{x^2+5}$

(o) $\dfrac{x+1}{x^2-5}$ (p) $x^{2/3}\sqrt{9-x^2}$ $(3 \le x \le 3)$

(q) $(x-1)^{\frac{1}{3}}+\dfrac{1}{2}(x+1)^{\frac{2}{3}}$ $(-2 \le x \le 7)$ (r) $x-\sin x$

(s) $\sin 2x+\sqrt{3}\cos 2x$

3-6. 뉴턴의 방법

방정식을 풀고 이를 응용하는 것이 수학에서는 중요한 일인데, 1차 방정식이나 2차 방정식같이 쉽게 공식에 의하여 풀 수 있는 것이 있는가 하면

$$\sin x-\frac{1}{x}=0$$

와 같이 쉽사리 공식에 의하여 풀 수 없는 경우가 많다. 여기서는 뉴턴의 방법(Newton's Method)으로 알려진 근의 근사값을 구하는 방법을 소개한다.

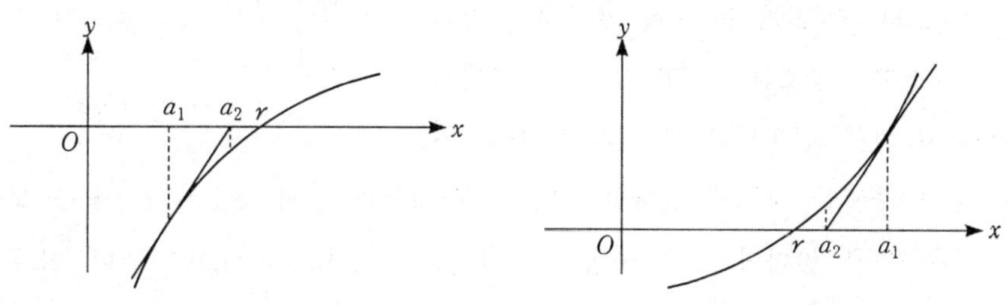

그림 3-28.

뉴턴의 방법은 다음과 같이 기하학적으로 가장 잘 설명될 수 있다. 그림 3-28의 곡선 $y=f(x)$를 생각하자.

$x=a_1$을 방정식 $f(x)=0$의 근 r에 대한 첫째 근사값이라 놓고, 점 $(a_1, f(a_1))$에서 곡선에 대한 접선의 방정식을 구한다. 접선의 방정식은

$$y-f(a_1)=f'(a_1)(x-a_1). \tag{1}$$

a_1을 r에 가까운 값으로 택하면 이 접선의 x축과의 교점 $x=a_2$는 a_1보다 r에 더 가까운 근사값이 된다. 따라서 식 (1)에 $x=a_2$, $y=0$를 대입하면 뉴턴의 공식

$$a_2=a_1-\frac{f(a_1)}{f'(a_1)} \tag{2}$$

을 얻는다. 이제 a_2를 근사값으로 생각하고, 위의 과정을 반복하면,

$$a_3=a_2-\frac{f(a_2)}{f'(a_2)}$$

을 얻는다. 이와 같은 과정을 반복하면 n번째 단계에서 근사값

$$a_{n+1}=a_n-\frac{f(a_n)}{f'(a_n)}, \quad n=1,2,3,\cdots$$

을 얻고, $\lim_{n\to\infty} a_n=r$이 된다. 따라서 근의 근사값을 소수점 이하 몇째 자리까지든지 구할 수 있다.

〔**참고**〕 그림 3-29의 경우와 같이 첫째 근사값 a_1을 r에 충분히 가깝게 택하지 못하면 뉴턴의 공식은 불합리한 결과를 초래할 수도 있다.

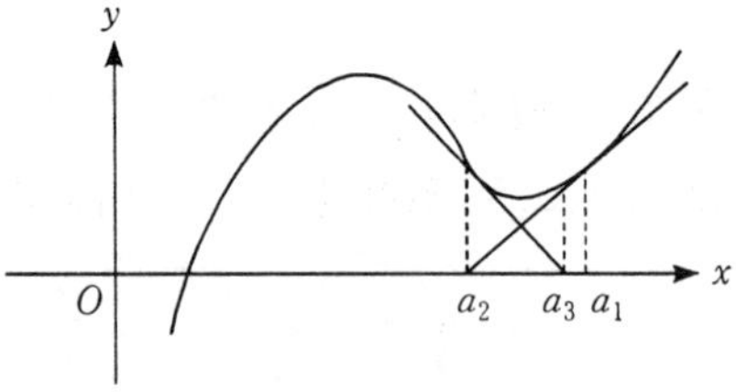

그림 3-29.

〔**참고**〕 $f'(x)$와 $f''(x)$가 근 r을 포함하는 열린 구간에서 일정한 부호를 갖고, 그 구간에서 $|f'(x)|\geq m>0$, $|f''(x)|\leq M$일 때, a_1을 $f(a_1)$이 $f''(a_1)$과 같은 부호를 갖도록 정하면, 그림 3-28에서와 같이 $a_1, a_2, a_3, \cdots$은 모두 근 r에 대해 같은 쪽에 놓이며 r에 수렴하고, $|a_{n+1}-r|\leq|a_{n+1}-a_n|$이 된다. 또한 a_{n+1}이 a_n보다 r에 더 가깝게 된다.

예제 3-10 뉴턴의 방법으로 다음 방정식의 근의 근사값을 π근방에서 구하여라.

$$\sin x-\frac{1}{x}=0$$

풀이 $f(x)=\sin x-\dfrac{1}{x}$이면 $f(\pi)=-\dfrac{1}{\pi}<0$, $f(\dfrac{2\pi}{3})=\dfrac{\sqrt{3}}{2}-\dfrac{3}{2\pi}>0$이므로 $f(x)=0$

은 $\frac{2\pi}{3}$와 π사이에 근을 갖는다. 또한 $\sin x$와 $\frac{1}{x}$의 그래프를 비교해 보면 $\frac{2\pi}{3}$와 π사이에 단 한 개의 근을 갖고 이것이 π에 가장 가까운 근이 됨을 알 수 있다.

$f'(x)=\cos x+\frac{1}{x^2}$, $f''(x)=-\sin x+\frac{2}{x^3}$이므로 $\frac{2\pi}{3}$와 π사이에서 $f'<0$이고 $f''<0$이며, $|f''|\geq\left|f'(\frac{2\pi}{3})\right|>0$이고 $|f''|\leq\left|f''(\frac{2\pi}{3})\right|$이다. 따라서 $a_1=\pi$로 잡고 뉴턴의 방법을 사용하면,

$$a_{n+1}=a_n-\frac{\sin a_n-\frac{1}{a_n}}{\cos a_n+\left(\frac{1}{a_n}\right)^2}$$

이므로, 컴퓨터 또는 공학계산기를 사용하여, a_n의 값을 구하면,

$$a_2=2.787395047$$
$$a_3=2.772664761$$
$$a_4=2.772604709$$
$$a_5=2.772604708$$

을 얻는다. ∎

3-6. 연습문제

1. 뉴턴의 방법을 두 번 써서 다음 방정식의 근의 근사값을 주어진 점 근방에서 구하여라.

(a) $x^3+x-1=0$, $(a_1=0)$

(b) $x^3-12x^2+45x-35=0$, $(a_1=1)$

(c) $x-\cos x=0$, $\left(a_1=\frac{1}{4}\pi\right)$

(d) $1-x-\sin x=0$, $(a_1=1)$

2. 뉴턴의 방법과 미분을 이용한 근사값 방법으로 $\sqrt[3]{10}$을 구한 결과를 비교하여라.

3. 뉴턴의 방법을 써서 방정식 $2\sin 2x-x=1$의 최소 양수근을 소수점 이하 셋째자리까지 구하여라.

4. 0과 π사이에 있는 x에 대하여 함수 $x^2\sin x$의 극대값을 소수점 이하 셋째자리까지

구하여라.

5. 뉴턴의 방법을 사용하여 $f(x)=x^4-2x^3+x^2-x+1$의 최소값에 대한 근사값을 구하라.

3-7. 로피탈의 법칙과 극한

극한값을 구할 때 때때로 다음과 같은 문제를 접하게 된다.

$$\lim_{x\to a}\frac{f(x)}{g(x)},\ \text{여기서}\ f(a)=g(a)=0. \tag{1}$$

$x=a$를 $\dfrac{f(x)}{g(x)}$에 대입하면 부정형 $\dfrac{0}{0}$을 얻는다.

$$f'(a)=\lim_{x\to a}\frac{f(x)-f(a)}{x-a}$$

에서와 같이, 미분계수를 구하는 문제에서 항상 부정형 $\dfrac{0}{0}$과 접하게 되므로, 부정형의 극한값을 구하는 것과 미분을 연관지어 생각하게 된다.

〔정리 3-7〕 (코시의 정리) 함수 $f(x)$와 $g(x)$가 닫힌구간 $[a, b]$에서 연속이고, 열린구간 (a, b)에서 미분 가능하다고 하자. 모든 $x\in(a, b)$에 대하여 $g'(x)\neq 0$이면

$$\frac{f(b)-f(a)}{g(b)-g(a)}=\frac{f'(x_1)}{g'(x_1)},\quad a<x_1<b$$

을 만족하는 $x=x_1$이 적어도 하나 존재한다.

〔증명〕 평균값 정리를 이용하여 우선 $g(b)\neq g(a)$임을 보인다. 만일 $g(b)=g(a)$라면 평균값 정리에 의하여

$$g'(c)=\frac{g(b)-g(a)}{b-a}=0$$

을 만족시키는 c가 a와 b사이에 존재하게 되므로 모순이다. 그러므로 $g(b)\neq g(a)$. 평균값 정리의 증명에서와 같이

$$F(x)=f(x)-f(a)-\frac{f(b)-f(a)}{g(b)-g(a)}[g(x)-g(a)]$$

라고 놓자. 그러면 함수 F는 $[a, b]$에서 연속이고, (a, b)에서 미분가능이고, $F(a)=F(b)=0$이 된다. 그러므로 롤의 정리에 의하여 $a<c<b$인 어떤 c가 존재하여

$$F'(c)=f'(c)-\frac{f(b)-f(a)}{g(b)-g(a)}[g'(c)]=0$$

이 된다. 따라서 $\dfrac{f'(c)}{g'(c)}=\dfrac{f(b)-f(a)}{g(b)-g(a)}$가 된다. ■

〔정리 3-8〕 (로피탈(L'Hospital)의 법칙) 함수 $f(x)$, $g(x)$가 $x=a$를 포함하는 구간에서 연속이고, 그 구간($x=a$는 제외할 수 있다)에서 도함수가 존재하고, 또 $g'(x)\neq 0$이면, $f(a)=g(a)=0$일 때 우변의 극한값이 존재하기만 하면

$$\lim_{x\to a}\frac{f(x)}{g(x)}=\lim_{x\to a}\frac{f'(x)}{g'(x)}.$$

〔증명〕 x가 a에 충분히 가까우면 $[x, a]$($a>x$일 때) 또는 $[a, x]$($x>a$일 때)에서 f와 g는 코시의 정리의 가정을 만족시키므로

$$\frac{f(a)-f(x)}{g(a)-g(x)}=\frac{f'(x_1)}{g'(x_1)} \quad \text{또는} \quad \frac{f(x)-f(a)}{g(x)-g(a)}=\frac{f'(x_2)}{g'(x_2)}$$

와 같이 되는 x_1과 x_2가 존재한다. 여기서 $x<x_1<a$, $a<x_2<x$이다. $f(a)=g(a)=0$이므로,

$$\frac{f(x)}{g(x)}=\frac{f'(x_1)}{g'(x_1)} \quad \text{또는} \quad \frac{f(x)}{g(x)}=\frac{f'(x_2)}{g'(x_2)}$$

가 된다. x_1과 x_2는 x가 a에 접근할 때 각각 a에 접근하므로

$$\lim_{x\to a}\frac{f(x)}{g(x)}=\lim_{x_1\to a}\frac{f'(x_1)}{g'(x_1)}=\lim_{x\to a}\frac{f'(x)}{g'(x)} \quad \text{또는}$$

$$\lim_{x\to a}\frac{f(x)}{g(x)}=\lim_{x_2\to a}\frac{f'(x_2)}{g'(x_2)}=\lim_{x\to a}\frac{f'(x)}{g'(x)}$$

가 된다. ■

$f(a)=g(a)=0$이면 $\dfrac{f(x)}{g(x)}$는 $x=a$에서 정의되지 않으며, 이를 부정형 $\dfrac{0}{0}$을 가진다고

한다. 이때 극한이 존재하면, 그 극한값을 구하는 것을 부정형 $\frac{0}{0}$의 값을 구한다고 한다.

예 6 $\lim_{x\to1}\frac{x^2-1}{x-1}$을 생각해 보자. 이 식은 부정형 $\frac{0}{0}$을 가지지만 로피탈의 법칙을 이용하면 그 극한값은

$$\lim_{x\to1}\frac{x^2-1}{x-1}=\lim_{x\to1}\frac{2x}{1}=2. \blacksquare$$

함수 $f(x)$와 $g(x)$가 모든 양의 x에 대하여 미분가능하고 $x\to\infty$일 때 $\frac{f(x)}{g(x)}$가 $\frac{0}{0}$형을 취하면 이 때에도 로피탈의 법칙이 적용된다. 즉

$$\lim_{x\to\infty}\frac{f(x)}{g(x)}=\lim_{x\to\infty}\frac{f'(x)}{g'(x)}.$$

이의 증명은 고급해석학 또는 해석학개론에서 다룬다.

또한 로피탈의 법칙을 적용한 결과가 다시 부정형의 분수식이면 그 과정을 반복할 수 있다. 예를 들면

$$\lim_{x\to0}\frac{x^3-5x^2}{x^3+2x^2}=\lim_{x\to0}\frac{3x^2-10x}{3x^2+4x}=\lim_{x\to0}\frac{6x-10}{6x+4}=-\frac{5}{2}.$$

$f(x)$, $g(x)$가 $x\to a$(또는 $x\to\pm\infty$)일 때 모두 한없이 증가하면 분수식 $\frac{f(x)}{g(x)}$는 $x=a$ (또는 $\pm\infty$)에서 부정형 $\frac{\infty}{\infty}$을 가진다고 한다. 이 때에도 로피탈의 법칙을 사용할 수 있다.

예 7 $\lim_{x\to\infty}\frac{1-4x}{6x+5}=\lim_{x\to\infty}\frac{-4}{6}=-\frac{2}{3}. \blacksquare$

$x\to a$(또는 $x\to\pm\infty$)일 때 $f(x)\to0$, $g(x)\to\infty$이면 $f(x)g(x)$는 $x=a$(또는 $\pm\infty$)에서 부정형 $0\cdot\infty$를 가진다고 한다. 이 경우 $f(x)\cdot g(x)$를 $f(x)/(1/g(x))$로 고쳐 쓰고 로피탈의 법칙을 적용시켜 극한값을 구할 수 있다.

예 8 (a) $\lim_{x\to\infty}x\sin\frac{1}{x}=\lim_{t\to0}\frac{\sin t}{t}=1$

(b) $\lim_{x\to0}\sin 3x\cot 2x=\lim_{x\to0}\frac{\sin 3x}{\tan 2x}=\lim_{x\to0}\frac{3\cos 3x}{2\sec^2 2x}=\frac{3}{2}. \blacksquare$

$f(x)$, $g(x)$가 $x\to a$(또는 $x\to\pm\infty$)일 때 모두 한없이 증가하면 $f(x)-g(x)$는 $x=a$ (또는 $\pm\infty$)에서 부정형 $\infty-\infty$를 갖는다고 한다. 이 경우 $f(x)-g(x)$를 대수적인 방법

으로 분수식으로 고쳐 쓰고 로피탈의 법칙을 적용시켜 극한값을 구할 수 있다.

예 9 $\lim_{x\to 0}\left(\frac{1}{\sin x}-\frac{1}{x}\right)=\lim_{x\to 0}\frac{x-\sin x}{x\sin x}$

$$=\lim_{x\to 0}\frac{1-\cos x}{\sin x+x\cos x}$$

$$=\lim_{x\to 0}\frac{\sin x}{2\cos x-x\sin x}=0.$$ ∎

〔**참고**〕 한쪽 극한에 대해서도 위의 사실들이 성립한다.

3-7. 연습문제

※ 다음 극한을 구하여라(1～22).

1. $\lim_{x\to 2}\frac{x-2}{x^2-4}$

2. $\lim_{t\to\infty}\frac{6t+5}{3t-8}$

3. $\lim_{x\to\infty}\frac{5x^2-3x}{7x^2+1}$

4. $\lim_{x\to 1}\frac{x^3-1}{4x^3-x-3}$

5. $\lim_{t\to 0}\frac{\sin t^2}{t}$

6. $\lim_{x\to\pi/2}\frac{2x-\pi}{\cos x}$

7. $\lim_{x\to 0}\frac{\sin 5x}{x}$

8. $\lim_{t\to 0}\frac{\cos t-1}{t^2}$

9. $\lim_{\theta\to\pi}\frac{\sin\theta}{\pi-\theta}$

10. $\lim_{x\to\pi/2}\frac{1-\sin x}{1+\cos 2x}$

11. $\lim_{x\to\pi/4}\frac{\sin x-\cos x}{x-\pi/4}$

12. $\lim_{x\to\pi/2^-}\left(x-\frac{\pi}{2}\right)\tan x$

13. $\lim_{x\to 0}\frac{2x}{x+7\sqrt{x}}$

14. $\lim_{x\to 1}\frac{2x^2-(3x+1)\sqrt{x}+2}{x-1}$

15. $\lim_{x\to 2}\frac{\sqrt{x^2+5}-3}{x^2-4}$

16. $\lim_{x\to 0}\frac{\sqrt{a(a+x)}-a}{x}$, $a>0$

17. $\lim_{t\to 0}\frac{10(\sin t-t)}{t^3}$

18. $\lim_{x\to 0}\frac{x(\cos x-1)}{\sin x-x}$

19. $\lim_{h\to 0}\frac{\sin(a+h)-\sin a}{h}$

20. $\lim_{r\to 1}\frac{a(r^n-1)}{r-1}$, n은 자연수

21. $\lim_{x\to 0^+}\left(\frac{1}{x}-\frac{1}{\sqrt{x}}\right)$

22. $\lim_{x\to\infty}(x-\sqrt{x^2+x})$

23. $f(x)$가 미분가능하고 $f'(x)$가 연속이면,

$$\lim_{h\to 0}\frac{f(x+h)-f(x-h)}{2h}=f'(x)$$

임을 증명하여라.

24. $f(x)$의 1계, 2계 도함수가 모든 x에서 존재하고 연속일 때

$$\lim_{h\to 0}\frac{f(x+h)-f(x-h)-2f(x)}{h^2}$$

를 계산하여라.

제 4 장 초월함수

OUTLINE

4-1. 역함수와 그 도함수
4-2. 역삼각함수와 그 도함수
4-3. 로그함수와 그 도함수
4-4. 지수함수와 그 도함수
4-5. 쌍곡선함수와 역쌍곡선 함수

이 장에서는 역삼각함수와 로그함수, 지수함수, 또 로그함수와 지수함수로 표시되는 쌍곡선함수와 역쌍곡선 함수를 다룬다.

로그는 스코틀란드 수학자 네이피어(John Napier, 1550~1617)가 1617년의 저서에서 그 성질을 기술하여 처음 알려졌다. 그는 지수와는 독립적으로 급수로부터 로그를 생각하였다. 지수에서 로그를 발견한 사람은 스위스의 뷔르기(Jobst Bürgi, 1552~1632)이다. 상용로그는 영국의 브리그스(Henry Briggs, 1561~1630)가 생각해냈다. 로그의 발견에 의해 큰 수의 계산을 쉽게 할 수 있어서 로그는 전 유럽에 바로 전파되어 천문학 등에 크게 이용되었다.

쌍곡선과 x축 사이의 넓이가 로그함수에 의해 나타내진다는 것은 1647년에 출판된 성 빈센트 그레고리(Gregory of St. Vincent, 1584~1667)의 책에 실려있다. 숫자 e는 호이겐스(Christiaan Huygens, 1629~1695)가 처음 명시적으로 언급했으며, 지수의 역으로 로그를 설명한 사람은 스위스 태생의 오일러(Leonhard Euler, 1707~1783)이다.

오일러는 <무한해석입문(1748)>에서 대수함수, 지수함수, 삼각함수 같은 기본적인 초월함수와 그들의 역에 대한 성질들을 체계적으로 보여주었다. 그러나 그것은 적분을 사용하지 않고 주로 급수를 사용하여 증명되었다.

4-1. 역함수와 그 도함수

함수 $y=f(x)$가 어떤 구간 I에서 정의되었다고 하자. 함수 f가 단사이면 f의 치역 $f(I)$에 있는 임의의 y에 대하여 $y=f(x)$가 되는 x가 이 구간 I에 오직 하나만 존재하게 되므로 정의역을 $f(I)$, 치역을 I로 갖는 **역함수**(inverse funtion) $x=f^{-1}(y)$가 정의된다. 이때

$$x=f^{-1}(y) \Leftrightarrow y=f(x).$$

그러므로

$$f(f^{-1}(y))=y, \quad f^{-1}(f(x))=x$$

임을 알 수 있다.

예를 들어, 함수 $y=x^2$을 생각해 보자. 이 함수가 $x\geq 0$에 대해서만 성립된다고 하면 그 역함수는 $x=\sqrt{y}$로 주어진다(이 함수의 정의역은 $y\geq 0$이고 치역은 $x\geq 0$ 이다).

다음 정리는 역함수의 존재성을 판정하는 중요한 기준이 된다.

〔정리 4-1〕 함수 f가 순증가(또는 순감소) 함수이면 역함수 f^{-1}이 존재한다.

〔증명〕 함수 f가 순증가라고 가정하자. f가 단사라는 것만 보이면 된다. $x_1\neq x_2$이면 $x_1<x_2$ 또는 $x_2<x_1$이다. f가 순증가이므로 $x_1<x_2$이면 $f(x_1)<f(x_2)$이고, $x_2<x_1$이면 $f(x_2)<f(x_1)$이다. 따라서, $f(x_1)\neq f(x_2)$.

함수 f가 순감소일 때도 마찬가지 방법으로 증명된다. ■

〔정리 4-2〕 함수 f가 닫힌 구간 $[a, b]$에서 연속이고 순증가 함수라고 하자. 그러면 역함수 f^{-1}은 닫힌구간 $[f(a), f(b)]$를 정의역으로 하는 연속함수이다.

〔증명〕 정리 4-1에 의해 f의 역함수 f^{-1}가 존재한다. 중간값 정리에 의해 $f(a)\leq r\leq f(b)$인 임의의 r에 대하여 $f(c)=r$인 $c\in[a, b]$가 존재한다. 즉 $f^{-1}(r)=c$가 되어 $[f(a), f(b)]$가 f^{-1}의 정의역이 된다. f^{-1}가 연속인 것의 증명은 생략하기로 한다. ■

다음 정리로부터 역함수의 도함수를 얻을 수 있다.

〔정리 4-3〕 함수 f가 열린 구간 (a, b)에서 미분가능하고, 임의의 $x\in(a, b)$에 대하

여 $f'(x)>0$(또는 $f'(x)<0$)이면 f의 역함수 $x=f^{-1}(y)$가 존재하고 미분가능하며

$$(f^{-1})'(y)=\frac{1}{f'(x)}=\frac{1}{f'(f^{-1}(y))}.$$

〔**증명**〕 f는 순증가(또는 순감소)함수이므로 정리 4-1에 의하여 역함수가 존재한다. 또한 정리 4-2에 의하여 f^{-1}는 연속함수이다.

미분가능성을 보기 위하여 임의의 작은 수 k에 대하여

$$\frac{f^{-1}(y+k)-f^{-1}(y)}{k}$$

를 조사해 보자. $x=f^{-1}(y)$, $h=f^{-1}(y+k)-f^{-1}(y)$라 놓으면

$$x=f^{-1}(y),\quad f^{-1}(y+k)=x+h$$

가 된다. $y=f(x)$, $y+k=f(y+k)$이므로

$$k=f(x+h)-f(x).$$

그러므로

$$\frac{f^{-1}(y+k)-f^{-1}(y)}{k}=\frac{h}{f(x+h)-f(x)}=\frac{1}{\dfrac{f(x+h)-f(x)}{h}}.$$

$k\to 0$이면, f^{-1}가 연속이므로 $h\to 0$이다. 그리고

$$\lim_{h\to 0}\frac{f(x+h)-f(x)}{h}=f'(x)>0$$

이므로

$$\lim_{k\to 0}\frac{f^{-1}(y+k)-f^{-1}(y)}{k}=(f^{-1})'(y)$$

가 존재하고

$$(f^{-1})'(y)=\frac{1}{f'(x)}$$

임을 알 수 있다. ■

위의 정리는 다음 공식으로 표시될 수 있다.

$$D_{14}.\quad \frac{dx}{dy}=\frac{1}{\dfrac{dy}{dx}},\quad \left(\frac{dy}{dx}\neq 0\right)$$

예제 4-1 함수 $f(x)=x^3-2x+1$이 구간 $x>\sqrt{\frac{2}{3}}$에서 정의되었다고 하고, f^{-1}을 그 역함수라 할 때 $(f^{-1})'(0)$과 $(f^{-1})'(5)$를 구하여라.

풀이 $f'(x)=3x^2-2$이므로 $x>\sqrt{\frac{2}{3}}$에서 $f'(x)>0$이다. 따라서 정리 4-3에 의하여

$$(f^{-1})'(y)=\frac{1}{f'(x)}=\frac{1}{f'(f^{-1}(y))}.$$

$f(x)=0$을 만족시키는 x는 $x>\sqrt{\frac{2}{3}}$에서 1이므로, $f^{-1}(0)=1$, $f'(f^{-1}(0))=f'(1)=1$

이므로 $(f^{-1})'(0)=\dfrac{1}{f'(1)}=1.$

마찬가지 방법으로 $f^{-1}(5)=2$, $f'(2)=10$이므로

$$(f^{-1})'(5)=\frac{1}{f'(2)}=\frac{1}{10}. \ ■$$

〔**참고**〕 함수 f의 역함수 f^{-1}가 미분가능하면 연쇄법칙을 이용하여 f^{-1}의 도함수를 구할 수 있다. 즉

$$f(f^{-1}(y))=y$$

를 y에 관하여 미분함으로써

$$f'(f^{-1}(y))(f^{-1})'(y)=1 \ \text{또는}\ (f^{-1})'(y)=\frac{1}{(f'(f^{-1}(y))}=\frac{1}{f'(x)}$$

을 구할 수 있다.

$y=f^{-1}(x)$의 그래프를 생각해 보자.

$$b=f^{-1}(a)\Leftrightarrow a=f(b)$$

이므로, 점 (a, b)가 $y=f^{-1}(x)$의 그래프 위의 점이면, (b, a)는 $y=f(x)$의 그래프 위의 점이다. 역으로 (a, b)가 $y=f(x)$의 그래프 위의 점이면 (b, a)는 $y=f^{-1}(x)$의 그래프 위

의 점이다. 두 점 (a, b)와 (b, a)는 직선 $y=x$에 대해 대칭이므로, $y=f^{-1}(x)$의 그래프는 $y=f(x)$의 그래프와 직선 $y=x$에 대해 대칭이다.

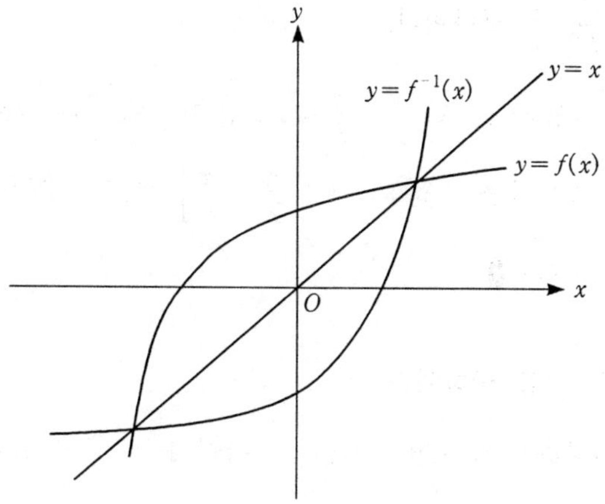

그림 4-1.

4-1. 연습문제

※ 다음에서 $(f^{-1})'(c)$를 구하여라(1~6).

1. $f(x)=x^3+7$; $c=6$

2. $f(x)=5x^5+4x^3$; $c=9$

3. $f(x)=x+\sin x$; $c=0$

4. $f(x)=x+\sqrt{x}$; $c=2$

5. $f(x)=3x-\dfrac{1}{x^3}$; $c=-2$

6. $f(x)=\tan x,\ -\dfrac{\pi}{2}<x<\dfrac{\pi}{2}$; $c=\sqrt{3}$

4-2. 역삼각함수와 그 도함수

함수 $y=\sin x$는 단사가 아니다. 그러나 정의역을 $\left[-\frac{\pi}{2}, \frac{\pi}{2}\right]$로 제한하면 $\sin x$는 구간 $\left[-\frac{\pi}{2}, \frac{\pi}{2}\right]$에서 순증가하게 된다. 따라서, 정리 4-1에 의하여 역함수를 갖게 되는데 이 역함수를 역사인(arcsine)함수라고 부르고

$$y=\mathrm{Sin}^{-1}x \text{ 또는 } y=\mathrm{Arc}\sin x$$

로 나타낸다. 여기서 $\sin\left(-\frac{\pi}{2}\right)=-1$, $\sin\left(\frac{\pi}{2}\right)=1$이므로 정리 4-2에 의하여 역사인함수

는 닫힌 구간 $[-1, 1]$을 정의역으로 하고, 치역을 $[-\frac{\pi}{2}, \frac{\pi}{2}]$로 하는 함수이다.

예제 4-2 $\text{Sin}^{-1}\frac{1}{\sqrt{2}}$을 구하여라.

풀이 $y=\text{Sin}^{-1}x \Leftrightarrow \sin y = x$, 단 $-\frac{\pi}{2} \le y \le \frac{\pi}{2}$ 이므로, $y=\text{Sin}^{-1}\frac{1}{\sqrt{2}}$ 이라고 놓으면 $\sin y = \frac{1}{\sqrt{2}}$을 만족시키는 y를 $\left[-\frac{\pi}{2}, \frac{\pi}{2}\right]$안에서 찾으면 된다. 그러므로 $y=\text{Sin}^{-1}\frac{1}{\sqrt{2}} = \frac{\pi}{4}$ 이다. ▮

예제 4-3 $\text{Sin}^{-1}(-1)$을 구하여라.

풀이 $y=\text{Sin}^{-1}(-1)$이라 놓으면 $\sin y = -1$이다. $-\frac{\pi}{2} \le y \le \frac{\pi}{2}$ 이어야 하므로 $y = -\frac{\pi}{2}$ 이다. ▮

같은 방법으로 다른 삼각함수도 정의역을 단사함수가 되게 제한해 주면 다음과 같이 이 함수들의 역삼각함수를 정의할 수 있다.

$y=\text{Cos}^{-1}x = \text{Arccos}\, x \Leftrightarrow x = \cos y$, 단 $-1 \le x \le 1$, $0 \le y \le \pi$,

$y=\text{Tan}^{-1}x = \text{Arctan}\, x \Leftrightarrow x = \tan y$, 단 $-\infty < x < \infty$, $-\frac{\pi}{2} < y < \frac{\pi}{2}$,

$y=\text{Cot}^{-1}x \Leftrightarrow x = \cot y$, 단 $-\infty < x < \infty$, $0 < y < \pi$,

$y=\text{Sec}^{-1}x \Leftrightarrow x = \sec y$, 단 $x \le -1$ 혹은 $x \ge 1$, $0 \le y \le \pi$, $y \ne \frac{\pi}{2}$.

$y=\text{Csc}^{-1}x \Leftrightarrow x = \csc y$, 단 $x \le -1$ 혹은 $x \ge 1$, $-\frac{\pi}{2} \le y \le \frac{\pi}{2}$, $y \ne 0$

예제 4-4 $\text{Cot}^{-1}(1)$, $\text{Cot}^{-1}(-1)$, $\text{Csc}^{-1}(\sqrt{2})$, $\text{Csc}^{-1}(-\sqrt{2})$, $\text{Sec}^{-1}(2)$, $\text{Sec}^{-1}(-2)$를 구하여라.

풀이 $\text{Cot}^{-1}(1) = \frac{\pi}{4}$, $\text{Cot}^{-1}(-1) = \frac{3\pi}{4}$, $\text{Csc}^{-1}(\sqrt{2}) = \frac{\pi}{4}$, $\text{Csc}^{-1}(-\sqrt{2}) = -\frac{\pi}{4}$, $\text{Sec}^{-1}(2) = \frac{\pi}{3}$, $\text{Sec}^{-1}(-2) = \frac{2\pi}{3}$. ▮

예제 4-5 $\sin\left[\text{Cos}^{-1}\left(\frac{\sqrt{3}}{2}\right)\right]$을 구하여라.

풀이 $\text{Cos}^{-1}\left(\frac{\sqrt{3}}{2}\right) = \frac{\pi}{6}$ 이므로 $\sin\left[\text{Cos}^{-1}\left(\frac{\sqrt{3}}{2}\right)\right] = \sin\frac{\pi}{6} = \frac{1}{2}$. ▮

다음에는 이들 역삼각함수의 그래프와 도함수를 보도록 하자. $y=\mathrm{Sin}^{-1}x$, $-1\le x\le 1$의 그래프는 $y=\sin x$, $-\frac{\pi}{2}\le x\le\frac{\pi}{2}$의 그래프와 직선 $y=x$에 대해 대칭이므로 그림 4-2와 같다.

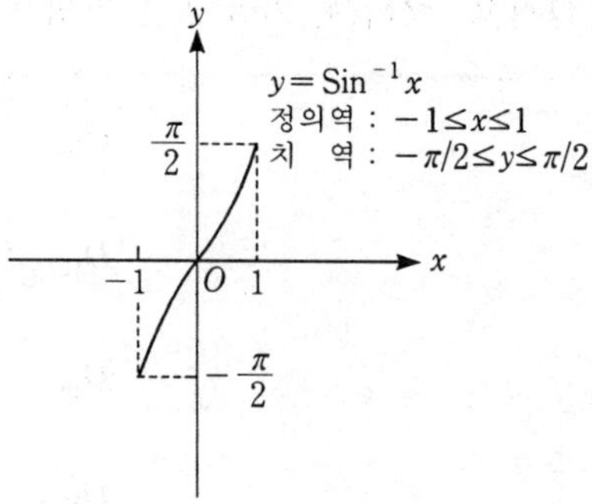

그림 4-2.

정리 4-3에 의하여 $y=\mathrm{Sin}^{-1}x$의 도함수는

$$\frac{dy}{dx}=\frac{1}{\frac{dx}{dy}}=\frac{1}{\frac{d}{dy}\sin y}=\frac{1}{\cos y}$$

이다. 여기에서 $\cos y=\pm\sqrt{1-\sin y}=\pm\sqrt{1-x^2}$이고, $\cos y$는 $-\frac{\pi}{2}\le y\le\frac{\pi}{2}$일 때 음수가 아니므로 $+$를 취하여

$$D_{15}.\quad \frac{d}{dx}\mathrm{Sin}^{-1}x=\frac{1}{\sqrt{1-x^2}}$$

을 얻는다.

예제 4-6 $y=\mathrm{Sin}^{-1}(2x^3)$의 도함수를 구하여라.

풀이 연쇄법칙에 의하여

$$\frac{dy}{dx}=\frac{(2x^3)'}{\sqrt{1-4x^6}}=\frac{6x^2}{\sqrt{1-4x^6}}.\ \blacksquare$$

같은 방법으로 역코사인(arccosine)함수와 역탄젠트(arctangent)함수의 그래프를 그리면 다음과 같다.

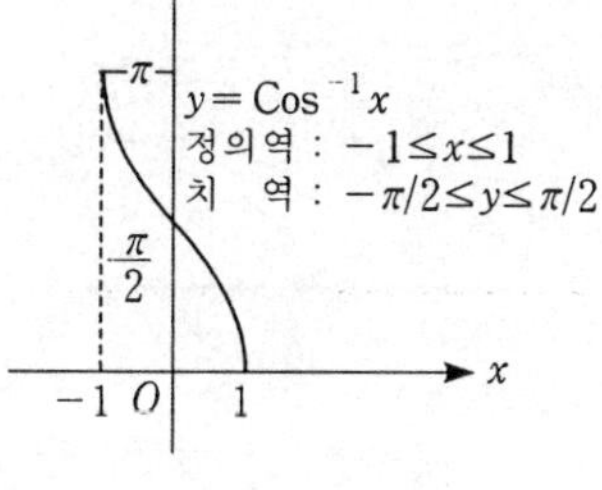

그림 4-3.

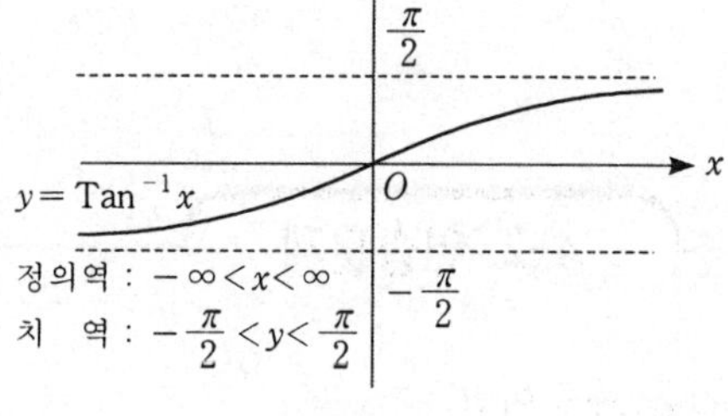

그림 4-4.

그리고 D_{15}를 유도했던 방법으로 다음 공식들을 얻을 수 있다.

$$D_{16}.\quad \frac{d}{dx}\mathrm{Cos}^{-1}x = \frac{-1}{\sqrt{1-x^2}}$$

$$D_{17}.\quad \frac{d}{dx}\mathrm{Tan}^{-1}x = \frac{1}{1+x^2}$$

$$D_{18}.\quad \frac{d}{dx}\mathrm{Cot}^{-1}x = -\frac{1}{1+x^2}$$

$$D_{19}.\quad \frac{d}{dx}\mathrm{Sec}^{-1}x = \frac{1}{|x|\sqrt{x^2-1}}$$

$$D_{20}.\quad \frac{d}{dx}\mathrm{Csc}^{-1}x = -\frac{1}{|x|\sqrt{x^2-1}}$$

예제 4-7 $x=\frac{1}{2\sqrt{3}}$에서 곡선 $y=\mathrm{Tan}^{-1}2x$의 접선의 방정식을 구하여라.

풀이 $\frac{dy}{dx}=\frac{1}{1+(2x)^2}\cdot 2=\frac{2}{1+4x^2}$에 $x=\frac{1}{2\sqrt{3}}$을 대입하면 접선의 기울기는 $\frac{3}{2}$이다. $x=\frac{1}{2\sqrt{3}}$일 때 $y=\frac{\pi}{6}$이므로 구하고자 하는 접선은 기울기가 $\frac{3}{2}$이고, 점 $\left(\frac{1}{2\sqrt{3}}, \frac{\pi}{6}\right)$를 지나는 직선이다. 따라서 구하는 방정식은

$$y-\frac{\pi}{6}=\frac{3}{2}\left(x-\frac{1}{2\sqrt{3}}\right)$$

이 된다. ▮

〔**참고**〕 경우에 따라서는 $y=\mathrm{Sec}^{-1}x$에서

$$x\geq 1 \text{ 이면 } 0\leq \mathrm{Sec}^{-1}x<\frac{\pi}{2}$$

$$x\leq -1 \text{ 이면 } -\pi\leq \mathrm{Sec}^{-1}x<-\frac{\pi}{2}$$

가 되게 잡기도 한다.

4-2. 연습문제

1. 다음 값을 구하여라.

(a) $\mathrm{Sin}^{-1}(0)$, $\mathrm{Tan}^{-1}(\sqrt{3})$

(b) $\mathrm{Sin}^{-1}(\frac{3}{4})$, $\mathrm{Tan}^{-1}(-5)$

(c) $\mathrm{Cos}^{-1}\frac{3}{5}+\mathrm{Cos}^{-1}\frac{4}{5}$, $\mathrm{Tan}^{-1}2-\mathrm{Tan}^{-1}(-3)$

(d) $\mathrm{Tan}^{-1}\left(\frac{1}{\sqrt{3}}\right)$, $\mathrm{Tan}^{-1}(-1)$, $\mathrm{Tan}^{-1}(\sqrt{3})$

2. $D_{16}\sim D_{20}$을 증명하여라.

3. 다음 함수의 도함수를 구하여라.

(a) $\mathrm{Sin}^{-1}(x^2-1)$

(b) $\mathrm{Cos}^{-1}(2x+5)$

(c) $\frac{1}{\mathrm{Sin}^{-1}x}$

(d) $\frac{2}{\mathrm{Cos}^{-1}2x}$

(e) $\mathrm{Sin}^{-1}x+\mathrm{Cos}^{-1}x$

(f) $x\,\mathrm{Sin}^{-1}x$

(g) $\mathrm{Tan}^{-1}(\sin 2x)$

(h) $x^2\,\mathrm{Tan}^{-1}2x$

(i) $\frac{\sin x}{\mathrm{Sin}^{-1}x}$

(j) $\mathrm{Sin}^{-1}(\cos x-x^2)$

(k) $\mathrm{Tan}^{-1}\frac{1}{x}$

(l) $(\mathrm{Tan}^{-1}x^2+\mathrm{Sin}^{-1}2x^{\frac{3}{2}}$

4. 주어진 점에서 다음 곡선들의 접선을 구하여라.

(a) $y=\mathrm{Sin}^{-1}x,\ x=\frac{1}{\sqrt{2}}$

(b) $y=\mathrm{Tan}^{-1}2x,\ x=\frac{\sqrt{3}}{2}$

5. 밑변의 길이가 8 ft인 이등변삼각형의 높이가 3 in/min의 율로 증가한다. 높이가 6 ft 일 때 밑각의 변화율을 구하여라.

6. 기구가 관측자로부터 500 ft 떨어진 땅 위의 지점을 떠나 200 ft/분의 속도로 상승한다. 기구가 1,000 ft의 높이에 있을 때 관측자의 기구에 대한 시각은 어떤 비율로 증가하는가?

7. 경찰차가 80 ft/sec의 속력으로 네거리에 가까이 오고 있다. 이 차가 네거리로부터 2,000 ft 떨어진 곳에 왔을 때 어떤 차가 60 ft/sec의 속력으로 네거리를 횡단하여 경찰차와는 직각으로 달려나갔다. 만일 경찰차가 이 차에 계속 빛을 비춘다면, 2초 후에 이 빛의 회전속도는 얼마인가? 단, 양쪽의 차는 최초의 속도를 그대로 유지한다.

8. 어떤 물체가 6 ft 높이에 있는 로프에 끌려 편편한 마루 위를 움직인다. 만일 이때, 로프의 고리가 1 ft/sec로 끌린다면 마루와 로프가 이루는 각은 어떤 속도로 변하는지 θ의 함수로 나타내어라.

4-3. 로그함수와 그 도함수

함수 $\ln x$를 다음과 같이 정의한다. 즉 $x\geq 1$일 때는 1과 x사이의 구간에서 곡선 $y=\frac{1}{x}$과 x축 사이의 면적으로, $0<x<1$일 때는 x부터 1까지의 구간의 면적에 -1을 곱한 것으로 정의한다. 그림 4-5의 빗금친 부분의 면적이 $x\geq 1$일 때의 $\ln x$값이다. $0<x<1$일 때는 그림 4-6의 면적에 -1을 곱한 것이 $\ln x$의 값이다. 그러므로 함수 $\ln x$는 $x>0$에 대해서만 정의되고, 특히 $\ln 1=0$이다.

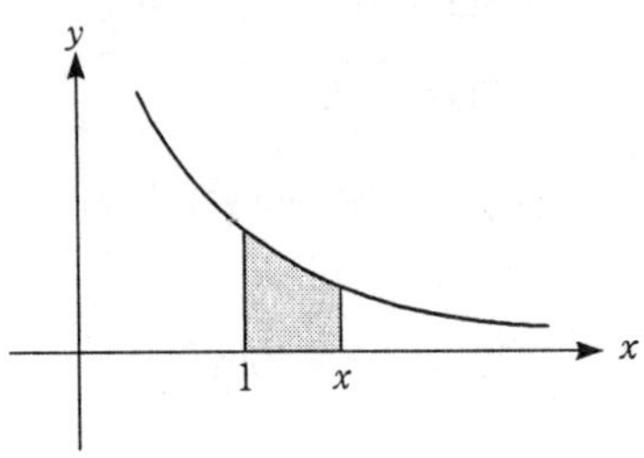

그림 4-5.

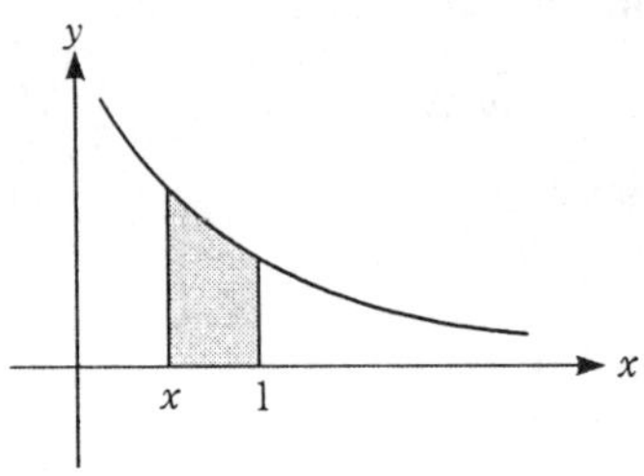

그림 4-6.

다음은 로그함수의 기본성질이다.

〔**정리 4-4**〕 함수 $\ln x$는 미분 가능하고 다음과 같이 된다.

$$D_{21}.\quad \frac{d(\ln x)}{dx}=\frac{1}{x}$$

〔**증명**〕 정의에 의하여 $\ln x$의 도함수를 구하여 보자. 즉 평균 변화율

$$\frac{\ln(x+h)-\ln x}{h}$$

가 h가 0에 가까워짐에 따라 $\frac{1}{x}$에 접근함을 보이면 된다.

$x>1$인 경우를 보이도록 한다. 나머지 경우도 마찬가지로 보일 수 있다.

먼저 $h>0$이라 하면 $\ln(x+h)-\ln x$는 그림 4-7의 빗금친 부분의 면적이므로 다음과 같은 부등식이 만족된다.

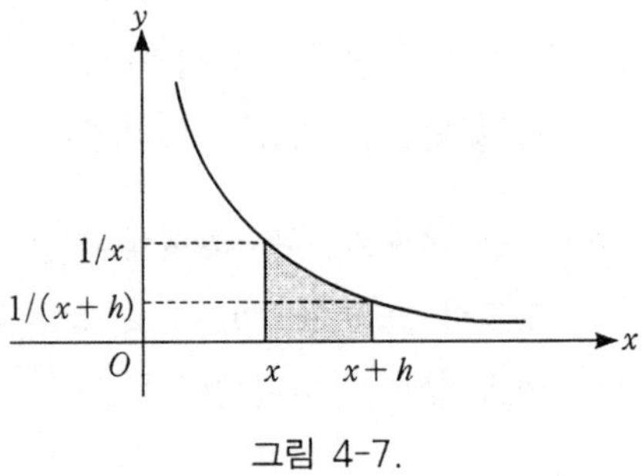

그림 4-7.

$$h \cdot \frac{1}{x+h} < \ln(x+h) - \ln x < h \cdot \frac{1}{x}$$

위 부등식의 양변을 양수 h로 나누면

$$\frac{1}{x+h} < \frac{\ln(x+h) - \ln x}{h} < \frac{1}{x}$$

이다. h가 0에 가까워짐에 따라 $\frac{1}{x+h}$은 $\frac{1}{x}$에 가까워지고 따라서

$$\lim_{h \to 0^+} \frac{\ln(x+h) - \ln x}{h} = \frac{1}{x}$$

이다.

마찬가지 방법으로 $h<0$인 경우도

$$\lim_{h \to 0^-} \frac{\ln(x+h) - \ln x}{h} = \frac{1}{x}$$

을 얻을 수 있다. 그러므로

$$\frac{d(\ln x)}{dx} = \frac{1}{x}. \blacksquare$$

정리 4-4로부터 다음과 같은 로그함수의 곱의 공식을 유도할 수 있다.

〔정리 4-5〕 모든 $a, b>0$에 대하여

$$\ln(ab) = \ln a + \ln b.$$

〔증명〕 모든 $x>0$에 대하여 정의된 함수 $f(x) = \ln(ax)$의 도함수는

$$f'(x) = \frac{1}{ax} \cdot a = \frac{1}{x} = (\ln x)'$$

이다. 따라서, 모든 $x>0$에 대하여

$$\ln(ax) = f(x) = \ln x + c \quad (c\text{는 상수})$$

이다. 특히 $x=1$을 대입하면

$$\ln a = c$$

이제 $x=b$를 대입하면

$$\ln(ab)=\ln b+\ln a$$

가 되어 정리가 증명된다. ■

〔따름정리〕 임의의 유리수 r에 대하여 $a>0$일 때

$$\ln a^r=r\ln a$$

가 성립한다.

〔증명〕 r이 자연수이면 귀납법을 사용하여 정리 4-5로부터 증명된다. r이 음의 정수일 때는 $r=-n$이라 놓으면(n은 자연수),

$$\ln(a^r\cdot a^n)=\ln(a^{-n}\cdot a^n)=\ln 1=0$$

이므로,

$$\ln a^r+\ln a^n=0.$$

따라서

$$\ln a^r=-\ln a^n=-n\ln a=r\ln a.$$

그러므로 모든 정수 r에 대하여

$$\ln a^r=r\ln a$$

이다.

이제 n이 자연수이고 $r=\dfrac{1}{n}$이면

$$\ln a=\ln(a^r)^n=n\ln a^r$$

이므로,

$$\ln a^r=\frac{1}{n}\ln a=r\ln a$$

이다.

마지막으로 r이 임의의 유리수이면, 어떤 자연수 n, 정수 m에 대해 $r=\dfrac{m}{n}$이므로

$$\ln a^r = \ln a^{\frac{m}{n}} = \ln(a^{\frac{1}{n}})^m = m \ln a^{\frac{1}{n}} = m \cdot \frac{1}{n} \ln a = r \ln a.$$

그러므로 임의의 유리수 r에 대해

$$\ln a^r = r \ln a$$

이다. ■

〔**정리 4-6**〕 함수 $\ln x$는 순증가 함수이고, 치역은 실수 전체이다.

〔**증명**〕 모든 $x>0$에서 $(\ln x)' = \frac{1}{x} > 0$이므로 $\ln x$는 $x>0$에서 순증가 함수이다. $\ln 1 = 0$이므로 $\ln 2 > 0$이고, $\ln \frac{1}{2} < 0$이다. 위의 정리에 의하여 n이 자연수일 때 $\ln 2^n = n \ln 2$이고, $\ln \frac{1}{2^n} = n \ln \frac{1}{2}$이므로 n이 무한히 커짐에 따라 $n \ln 2$는 무한히 커지고, 반면에 $n \ln \frac{1}{2}$은 무한히 작아진다. 중간값 정리에 의하여 $\ln x$는 0과 $n \ln 2$ 사이의 모든 값과 0과 $n \ln \frac{1}{2}$ 사이의 모든 값을 취한다. 따라서 $\ln x$의 치역이 모든 실수들의 집합임을 알 수 있다. ■

$y = \ln x$의 그래프를 생각해 보자. $y' = \frac{1}{x}$이고 $y'' = -\frac{1}{x^2}$이므로 $x>0$에서 $y'>0$이고 $y''<0$이다. 따라서 $y = \ln x$의 그래프는 $x>0$에서 순증가하고 아래로 오목이다. 그러므로 $y = \ln x$의 그래프는 그림 4-8과 같다.

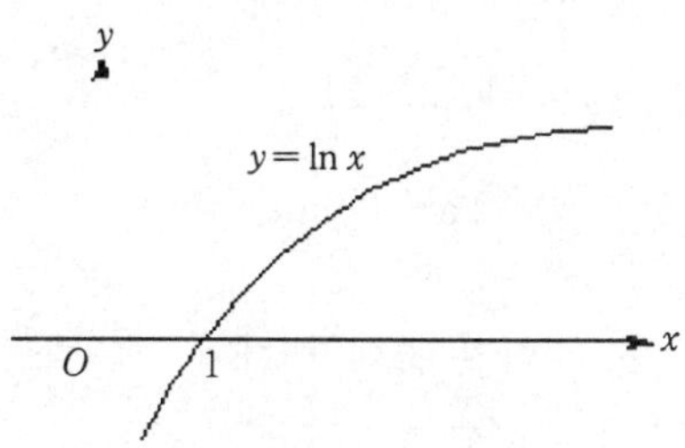

그림 4-8.

〔**참고**〕 함수 $\ln x$는 $x>0$일 때만 정의되므로 합성함수 $\ln(f(x))$는 $f(x)>0$일 때만 정의된다. 따라서 $\ln(f(x))$로 표시된 함수에서는 $f(x)>0$인 것으로 이해한다. 예를 들어 $\ln(x-2)$라 나타낸 함수는 $x>2$에 대해서만 정의된 것으로 이해한다.

예제 4-8 $y = \ln\left(x^3 \sqrt{\frac{x-1}{x+1}}\right)$일 때 $\frac{dy}{dx}$를 구하여라.

풀이 로그함수의 성질(정리 4-5와 따름정리)에 의하여 주어진 식을 다음과 같이 나타낼 수 있다.

$$y = 3 \ln x + \frac{1}{2} \ln(x-1) - \frac{1}{2} \ln(x+1)$$

따라서 D_{21}을 사용하여 미분하면

$$\frac{dy}{dx}=\frac{3}{x}+\frac{1}{2(x-1)}-\frac{1}{2(x+1)}. \blacksquare$$

$a>0$, $\neq 1$을 밑으로 하는 로그함수를 $\log_a x=\dfrac{\ln x}{\ln a}$라 정의하면 다음 공식이 유도된다.

$$D_{22}.\quad \frac{d}{dx}(\log_a x)=\frac{1}{x\ln a}$$

특히 $\log_{10}x$는 흔히 $\log x$로도 쓴다.

4-3. 연습문제

1. 다음 각 함수를 미분하여라.

(a) $\ln(\sin x)$

(b) $\sin(\ln(2x+3))$

(c) $\ln(x^2+5)$

(d) $\dfrac{\ln 2x}{\sin x}$

(e) $\mathrm{Tan}^{-1}(\ln x)$

(f) $\ln(\cos(3x+5))$

2. 주어진 값에 대하여 $\dfrac{dy}{dx}$를 구하여라.

(a) $y=\ln(x^2-8)$; $x=4$

(b) $y=\ln(3x-2)$; $x=2$

(c) $y=\sin(\ln x)$; $x=1$

3. 다음 함수의 2계 도함수를 구하여라.

(a) $x\ln x$

(b) $\ln\left(\dfrac{3}{x}\right)$

4. 귀납법을 이용하여 $x^n\ln x$의 $(n+1)$계 도함수는 $\dfrac{n!}{x}$임을 증명하여라.

5. 다음 함수의 극대값과 극소값을 구하여라.

(a) $x-\ln x$

(b) $x^2+|\ln x|$

6. 주어진 값에 대하여 다음 곡선의 접선의 방정식을 구하여라.

(a) $y=\ln(x+1)$; $x=3$

(b) $y=\ln(2x-5)$; $x=4$

7. 모든 $x>1$에 대하여 $\ln x<x$임을 증명하여라.

8. 모든 $x>0$에 대하여 $\ln(1+x)<x$임을 증명하여라.

9. 모든 자연수 n에 대하여 부등식

$$\frac{1}{n+1}<\ln\left(1+\frac{1}{n}\right)<\frac{1}{n}$$

이 성립함을 보여라.

10. 다음 함수의 도함수를 구하여라.

(a) $y=\log_2(x^2+2x+1)$ (b) $y=\log(\sin x)$

11. 함수 $\ln\frac{1+x}{1-x}$의 그래프를 $-1<x<1$인 구간에서 그려라.

4-4. 지수함수와 그 도함수

정리 4-6에 의하여 함수 $y=\ln x$는 순증가 함수이고 실수 전체가 치역이므로, 정리 4-1에 의하여 역함수가 존재하고, 이 역함수의 정의역은 $(-\infty, \infty)$이고, 치역은 $(0, \infty)$가 된다. 이 함수를 exp로 표시하고 이것을 지수함수(exponential function)라 한다. 즉

$$y=\exp(x) \Leftrightarrow \ln y=x, \quad -\infty<x<\infty, \ y>0$$

$y=\ln x$의 성질로부터 다음이 성립함을 쉽게 알 수 있다.

$$1=\exp(0)$$
$$\exp(a+b)=\exp(a)\cdot\exp(b)$$

e를 실수 $\exp(1)$을 나타내는 실수라고 하자. 즉 e는 $\ln(e)=1$을 만족시키는 실수이다. 이제부터 함수 $\exp(x)$를 e^x로 표시한다.

〔정리 4-7〕 함수 e^x는 미분가능하고

$$D_{23}. \quad \frac{d(e^x)}{dx}=e^x$$

이다.

〔**증명**〕 역함수의 미분공식인 정리 4-3에 의하여 함수 e^x는 미분 가능하다. $y=e^x$, 즉 $x=\ln y$라 하면 $\dfrac{dx}{dy}=\dfrac{1}{y}=\dfrac{1}{e^x}$이므로

$$\frac{dy}{dx}=\frac{1}{\dfrac{dx}{dy}}=e^x$$

이다. ■

예제 4-9 $f(x)=e^{\cos 2x}$의 도함수를 구하여라.

풀이 D_{23}과 D_7(연쇄법칙)을 이용하면

$$\frac{df}{dx}=e^{\cos 2x}\cdot(\cos 2x)'=-2e^{\cos 2x}\sin 2x.$$ ■

함수 $f(x)=e^x$의 그래프는 $y=\ln x$의 그래프와 직선 $y=x$에 대해 대칭이므로, 그림 4-9와 같다. 또한 $f'(x)=f''(x)=e^x>0$이므로 $f(x)$는 순증가함수이고, 그 그래프는 아래로 볼록(위로 오목)하다.

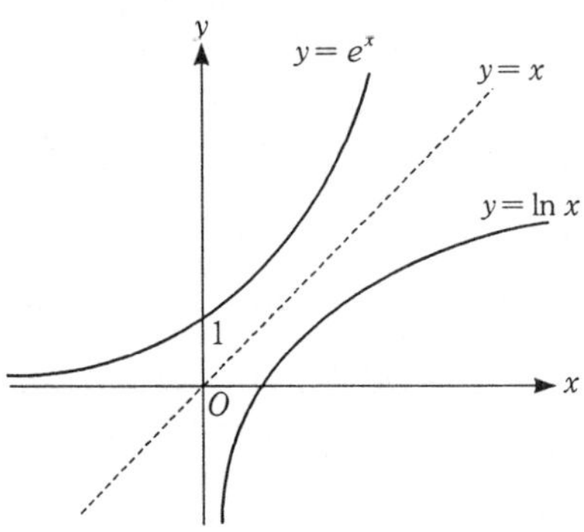

그림 4-9.

양수 a에 대하여 다음과 같이 지수함수를 정의한다.

$$a^x=\exp(x\ln a)=e^{x\ln a}$$

귀납법에 의하여 x가 자연수이면

$$a^x=\underbrace{a\cdot a\cdots\cdots a}_{x\text{번}}$$

임을 보일 수 있다. 이와 같이 $e^{x\ln a}$로 정의된 a^x는 x가 정수 n일 때는 우리가 이미 알고 있는 a^n과 같다. 또한 임의의 실수 x, y에 대해

$$a^x\cdot a^y=a^{x+y},\quad (a^x)^y=a^{xy},\quad a^{-x}=\frac{1}{a^x}$$

등과 같은 공식이 성립함을 정의로부터 알 수 있다. 그리고 지수함수와 로그함수의 역함수 관계로부터, 임의의 실수 x에 대해

$$\ln a^x=x\ln a$$

이 성립한다(4-3절 따름정리와 비교).

〔정리 4-8〕 $a>0$일 때 함수 a^x는 미분가능하고 그 도함수는 다음과 같다.

$$D_{24}.\quad \frac{d(a^x)}{dx}=a^x\cdot\ln a$$

〔증명〕 $u=x\ln a$라 놓으면,

$$a^x=e^u,\quad \frac{du}{dx}=\ln a$$

이다. 따라서, 연쇄법칙에 의하여 a^x는 미분가능하고, $\frac{d(a^x)}{dx}=\frac{d(e^u)}{du}\cdot\frac{du}{dx}=e^u\cdot\ln a=a^x(\ln a)$이다. ■

예제 4-10 $f(x)=a^{\sin x}$의 도함수를 구하여라.

풀이 공식 D_{24}와 연쇄법칙에 의하여,

$$\frac{df}{dx}=(a^{\sin x}\cdot\ln a)(\sin x)'=(\ln a)(\cos x)a^{\sin x}.\ ■$$

〔정리 4-9〕 c는 임의의 상수이고 $x>0$일 때

$$f(x)=x^c$$

로 정의된 함수는 미분가능하고 그 도함수는 다음과 같다.

$$D_{25}.\quad \frac{d(x^c)}{dx}=cx^{c\;\;1}$$

〔증명〕 정의에 의하여,

$$f(x)=e^{c\ln x}$$

이다. $u=c\ln x$라 놓으면 연쇄법칙에 의하여 f는 미분가능하고

$$f'(x)=e^u\cdot\frac{du}{dx}=e^{c\ln x}\cdot\frac{c}{x}=x^c\cdot\frac{c}{x}=c\cdot x^{c-1}$$

이다. ■

이제 지수함수와 로그함수를 이용하여 $f(x)^{g(x)}$같은 형태의 함수의 극한을 구하는 문제

를 생각해 보자.

$x \to a$(또는 $x \to \pm\infty$)일 때 $f(x) \to 0$, $g(x) \to 0$ 또는 $f(x) \to \infty$, $g(x) \to 0$ 또는 $f(x) \to 1$, $g(x) \to \infty$라면 $f(x)^{g(x)}$는 $x \to a$(또는 $x \to \pm\infty$)일 때, 각각 부정형 0°, ∞°, 1^∞를 가진다고 한다. 이때 $y=f(x)^{g(x)}$라 놓고 양변에 로그를 취하여 극한값을 구할 수 있다.

$$\lim_{x \to a} \ln\ y = \lim_{x \to a} g(x) \ln f(x) = k$$

가 된다면, 지수함수는 연속이므로

$$e^k = e^{\lim_{x \to a} \ln y} = \lim_{x \to a} e^{\ln y} = \lim_{x \to a} y.$$

한쪽 극한에 대해서도 마찬가지이다.

예제 4-11 $\lim_{x \to 0^+} x^x$을 구하여라.

풀이 $y=x^x$라 놓으면 $\ln y = x \ln x$이므로

$$\lim_{x \to 0^+} \ln y = \lim_{x \to 0^+} x \ln x = \lim_{x \to 0^+} \frac{\ln x}{\frac{1}{x}} = \lim_{x \to 0^+} \frac{1/x}{-\frac{1}{x^2}} = \lim_{x \to 0^+}(-x) = 0$$

$$\therefore \lim_{x \to 0^+} y = e^0 = 1. \blacksquare$$

예제 4-12 $\lim_{x \to \infty} x^{\frac{1}{x}}$을 구하여라.

풀이 $y = x^{\frac{1}{x}}$이라 놓으면 $\ln y = \frac{1}{x} \ln x$.

$$\lim_{x \to \infty} \ln y = \lim_{x \to \infty} \frac{\ln x}{x} = \lim_{x \to \infty} \frac{1/x}{1} = \lim_{x \to \infty} \frac{1}{x} = 0.$$

$$\therefore \lim_{x \to \infty} y = \lim_{x \to \infty} x^{\frac{1}{x}} = e^0 = 1. \blacksquare$$

4-4. 연습문제

1. x좌표가 각각 아래와 같을 때 그 점에서 곡선 $y=e^{2x}$의 접선의 방정식을 구하라.

(a) 1 (b) -2 (c) 0

2. x좌표가 2인 점에서 곡선 $y=xe^x$의 접선의 방정식을 구하라.

3. 다음 각 함수의 도함수를 구하여라.

(a) $\ln(e^x+\sin x)$ (b) $\sin(e^{x+2})$ (c) $\cos(e^{4x-5})$

(d) $e^{\sin 2x}$ (e) $e^{\text{Cos}^{-1}x}$ (f) $\ln e^x$

(g) $\dfrac{x}{e}$ (h) $e^{\text{Sin}^{-1}x}$ (i) $\tan(e^t)$

(j) $x^{\sqrt{x}}$ (k) $\text{Sin}^{-1}(e^x+x)$ (l) $e^{\tan x}$

(m) 10^x (n) 7^x (o) 3^x

(p) π^x (q) x^x

4. 귀납법을 이용하여 다음을 각각 증명하라.

(a) xe^{-x}의 n계 도함수는 $(-1)^n(x-n)e^{-x}$

(b) xe^x의 n계 도함수는 $(x+n)e^x$

5. (a) 곡선 $y=e^{-\frac{1}{x}}$을 그려라. (b) 곡선 $y=e^{-\frac{1}{x^2}}$을 그려라.

(c) 곡선 $y=3^x$와 $y=3^{-x}$를 같은 좌표평면에 그려라.

6. 주어진 점에서 다음 각 곡선의 접선의 방정식을 구하라.

(a) $y=\ln x$; $x=e$ (b) $y=x\ln x$; $x=e$ (c) $y=\ln(x^3)$; $x=e$

(d) $y=\dfrac{1}{\ln x}$; $x=e$ (e) $y=e^{2x}$; $x=1$ (f) $y=xe^x$; $x=2$

(g) $y=x^2e^{-x}$; $x=1$ (h) $y=x^x$; $x=1$ (i) $y=10^x$; $x=0$

(j) $y=3^x$; $x=2$

7. $x+\ln x=0$를 만족하는 x는 단 하나임을 증명하여라.

8. 함수 $f(x)=e^{\frac{x}{2}}+e^{-\frac{x}{2}}$의 그래프를 그려라.

9. 함수 f가 열린구간 $-1<x<1$에서 미분가능하고 그 구간에서

$$f'(x)=\frac{1}{1-x^2}$$

이라 할 때 f가 이 구간에서 증가하는지 감소하는지를 판단하여라. $f(0)=0$이라 하고, 이 그래프를 그려라.

10. 함수 f가 열린구간 $-1<x<1$에서 미분가능하고

$$f(0)=0, \quad f'(x)=\frac{1}{(1-x^2)^2}$$

이라 한다. f가 이 구간에서 증가하는지 감소하는지를 판단하여라. 또 x가 1이나 -1에 가까워지면 $f(x)$는 어떻게 되는가?

11. 함수 $f(x)=\dfrac{1-\ln x}{x}$의 극대값과 극소값을 구하여라.

12. $a>0$일 때 함수 $f(x)=\dfrac{x^2}{a^x}$의 극대와 극소점을 구하여라.

13. 다음 극한 값을 구하여라.

(a) $\lim_{x\to\infty} x^{\frac{1}{2}}$ (b) $\lim_{x\to 0^+}(\sin x^{\frac{1}{x}})$ (c) $\lim_{x\to\infty}\left(\dfrac{x}{x-2}\right)^x$

(d) $\lim_{x\to 0^+}(1+\tan x)^{\frac{1}{x}}$ (e) $\lim_{x\to\infty}(1-x^{-\frac{1}{3}})^x$ (f) $\lim_{x\to\infty}(e^x+x)^{\frac{1}{x}}$

(g) $\lim_{x\to 0^+}(1+x)^{\ln x}$ (h) $\lim_{x\to 0^+}(1+ax)^{\frac{b}{x}}$

14. (a) 로지스틱 성장곡선

$$N(t)=\frac{K}{1+\left(\dfrac{K}{N(0)}-1\right)e^{-rt}}$$

의 도함수를 구하여라. 여기서 r과 K는 양의 상수이고, $N(0)$는 $t=0$일 때 개체군의 크기이다.

(b) (a)의 $N(t)$가 미분방정식

$$\frac{dN}{dt}=rN\left(1-\frac{N}{K}\right)$$

을 만족시킴을 보여라.

15. 물고기의 성장을 나타내는 성장함수가

$$L(x)=L_\infty-(L_\infty-L_0)e^{-kx}$$

라고 하자. 여기서 x는 물고기의 나이를 나타내고, k, L_∞, L_0는 양의 상수이다.

(a) $L_0=1$, $L_\infty=10$이라 놓고, $k=1$일 때와 $k=0.1$일 때 $L(x)$의 그래프를 그려라.

(b) L_∞와 L_0가 무엇을 뜻하는지 설명하여라.

(c) $k=0.1$일 때와 $k=1$일 때 $L(x)$의 그래프를 비교하면, 어느 경우에 물고기가 $L=5$에 더 빨리 도달하는가?

(d) $\dfrac{d}{dx}L(x)=k(L_\infty-L(x))$임을 모여라. 이것으로부터 나이 듦에 따라 성장률이 어

떻게 변하는지를 설명하여라.

(e) k의 값에 따라 물고기가 얼마나 빨리 자라는지에 대해 설명하여라.

4-5. 쌍곡선함수와 역쌍곡선함수

이 절에서는 지수함수 e^x와 e^{-x}을 결합하여 정의되는 쌍곡선함수(hyperbolic function)와 그 도함수에 관하여 살펴보고자 한다. 또한 역쌍곡선함수도 살펴본다.

쌍곡선함수는 쌍곡사인(hyperbolic sine), 쌍곡코사인(hyperbolic cosine) 등으로 불리우며, 다음과 같이 정의된다.

$$\sinh x = \frac{e^x - e^{-x}}{2}, \quad \cosh x = \frac{e^x + e^{-x}}{2}$$

$$\tanh x = \frac{\sinh x}{\cosh x} = \frac{e^x - e^{-x}}{e^x + e^{-x}}, \quad \operatorname{sech} x = \frac{1}{\cosh x} = \frac{2}{e^x + e^{-x}}$$

$$\coth x = \frac{1}{\tanh x}, \quad \operatorname{csch} x = \frac{1}{\sinh x}$$

위에 정의된 쌍곡선함수들의 그래프의 개형은 다음과 같다.

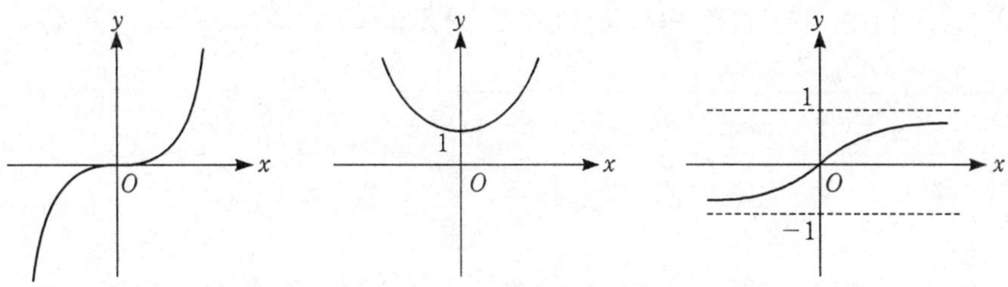

$y = \sinh x$ $y = \cosh x$ $y = \tanh x$

그림 4-10.

삼각함수에서와 마찬가지로 쌍곡선함수를 포함하는 다음 항등식들이 정의로부터 유도된다.

$$\cosh^2 x - \sinh^2 x = 1$$

$$1 - \tanh^2 x = \operatorname{sech}^2 x$$

$$\coth^2 x - 1 = \operatorname{csch}^2 x$$

$$\sinh(x+y) = \sinh x \cosh y + \cosh x \sinh y$$

$$\cosh(x+y) = \cosh x \cosh y + \sinh x \sinh y$$

쌍곡선함수의 정의에서 다음과 같이 도함수를 구할 수 있다.

D_{26}. $\dfrac{d}{dx}\sinh x=\cosh x$	D_{29}. $\dfrac{d}{dx}\coth x=-\operatorname{csch}^2 x$
D_{27}. $\dfrac{d}{dx}\cosh x=\sinh x$	D_{30}. $\dfrac{d}{dx}\operatorname{sech} x=-\operatorname{sech} x\tanh x$
D_{28}. $\dfrac{d}{dx}\tanh x=\operatorname{sech}^2 x$	D_{31}. $\dfrac{d}{dx}\operatorname{csch} x=-\operatorname{csch} x\coth x$

이제 역쌍곡선함수에 대해 살펴보자.

쌍곡사인함수 $y=\sinh x$는 모든 실수 x에서 $\dfrac{dy}{dx}=\cosh x>0$이므로 순증가함수이고, 따라서 역함수가 존재한다. 이를 **역쌍곡사인함수**라고 하고 $\sinh^{-1}x$로 표시한다. 즉,

$$y=\sinh^{-1}x \Longleftrightarrow x=\sinh y.$$

임의의 실수 x에 대해 $x=\sinh y$를 만족시키는 y는 $\ln(x+\sqrt{x^2+1})$로 유일하게 결정된다. 따라서

$$\sinh^{-1}x=\ln(x+\sqrt{x^2+1}) \quad (\text{모든 } x)$$

로 정의된다. 마찬가지로 다른 역쌍곡선함수도 다음과 같이 로그함수로 정의된다.

$$\cosh^{-1}x=\ln(x\pm\sqrt{x^2-1}) \qquad (x\geq 1),$$
$$\tanh^{-1}x=\frac{1}{2}\ln\frac{1+x}{1-x} \qquad (-1<x<1),$$
$$\coth^{-1}x=\frac{1}{2}\ln\frac{x+1}{x-1} \qquad (|x|>1),$$
$$\operatorname{sech}^{-1}x=\ln\left(\frac{1}{x}\pm\sqrt{\frac{1}{x^2}-1}\right) \qquad (0<x\leq 1),$$
$$\operatorname{csch}^{-1}x=\ln\left(\frac{1}{x}+\sqrt{\frac{1}{x^2}+1}\right) \qquad (x\neq 0).$$

〔**참고**〕 함수 $\cosh^{-1}x$와 $\operatorname{sech}^{-1}x$는 2가 이다. 앞으로 그 양의 값 $\ln(x+\sqrt{x^2-1})$를 $\operatorname{Cosh}^{-1}x$로, $\ln\left(\frac{1}{x}+\sqrt{\frac{1}{x^2}-1}\right)$을 $\operatorname{Sech}^{-1}x$ 로 각각 나타낸다.

역함수의 정리를 이용하여 역쌍곡선함수의 도함수를 다음과 같이 구할 수 있다.

$$D_{32}.\quad \frac{d}{dx}\sinh^{-1}x=\frac{1}{\sqrt{x^2+1}}$$

$$D_{33}.\quad \frac{d}{dx}\cosh^{-1}x=\frac{1}{\sqrt{x^2-1}}\qquad (x>1)$$

$$D_{34}.\quad \frac{d}{dx}\tanh^{-1}x=\frac{1}{1-x^2}\qquad (|x|<1)$$

$$D_{35}.\quad \frac{d}{dx}\coth^{-1}x=\frac{1}{1-x^2}\qquad (|x|>1)$$

$$D_{36}.\quad \frac{d}{dx}\operatorname{sech}^{-1}x=\frac{-1}{x\sqrt{1-x^2}}\qquad (0<x<1)$$

$$D_{37}.\quad \frac{d}{dx}\operatorname{csch}^{-1}x=\frac{-1}{|x|\sqrt{1-x^2}}\qquad (x\neq 0)$$

4-5. 연습문제

1. 다음 각 함수의 도함수를 구하여라.

(a) $y=\cosh e^x-e^{\cosh x}$ (b) $y=\sinh^2 x-\sinh x^2$

(c) $y=\ln(\operatorname{csch} x)-\ln(\operatorname{sech} x)$ (d) $y=\operatorname{csch}(\ln x)-\operatorname{sech}(\ln x)$

(e) $y=\sin(\cosh x)-\cos(\sinh x)$ (f) $y=\operatorname{sech} x\operatorname{csch} x$

2. 공식 D_{26}, D_{27}, D_{28}을 증명하여라.

3. 모든 수 x에 대하여 $\cosh x+\sinh x=e^x$임을 보여라. 이를 이용하여 항등식

$$(\cosh x+\sinh x)^n=\cosh nx+\sinh nx$$

를 증명하여라.

4. $\frac{d}{dx}(2\operatorname{Tan}^{-1}e^x)=\frac{d}{dx}\operatorname{Tan}^{-1}(\sinh x)$임을 증명하여라.

5. $\sinh^{-1}x$, $\tanh^{-1}x$를 $\ln x$로 표시한 식들을 유도하여라.

6. 다음 함수의 그래프를 그려라.

(a) $y=\sinh^{-1}x$ (b) $y=\cosh^{-1}x$

(c) $y=\tanh^{-1}x$ (d) $y=\coth^{-1}x$

7. 다음 함수의 도함수를 구하여라.

(a) $y = \sinh^{-1} x^2$

(b) $y = (\sinh^{-1} x)^2$

(c) $y = \tanh^{-1}(\cos x)$

(d) $y = \operatorname{csch}^{-1}(\tan x)$

(e) $y = \coth^{-1}(\cosh x)$

(f) $y = \sinh^{-1}(\tan x)$

(g) $y = \sinh^{-1}(\cos x)$

(h) $y = \cosh^{-1}(\sec x)$

8. 다음 극한값을 구하여라.

(a) $\lim_{h \to 0} \frac{\sinh^{-1} h}{h}$

(b) $\lim_{z \to 3} \frac{\cosh^{-1} z - \cosh^{-1} 3}{z - 3}$

제 5 장 적분의 정의와 응용

OUTLINE

고대 그리스시대 이래로 수학자들은 평면도형의 면적을 계산해 왔다. 고대 그리스인들은 유클리드 기하학을 평행사변형, 삼각형의 면적을 구하는데 사용하고 일반적인 다각형을 삼각형으로 나누어서 그 면적을 구하였다. 유클리드 기하학은 직선으로 둘러싸인 도형의 면적을 다룰 때는 효과적이었으나 곡선으로 둘러싸인 도형의 면적을 구하는 데는 다른 접근이 필요하였다. 포물선을 직선으로 잘랐을 때 생기는 도형의 면적은 아르키메데스(약 287-212 B.C.)가 에우독서스의 아이디어에 기초한 "실진법(method of exhaustion)"을 써서 계산하였다. 여기에서 극한의 개념이 나오게 되지만, 아르키메데스는 이것을 인식하지 못하였다.

17세기에 다시 곡선에 둘러싸인 평면도형의 넓이를 구하는 데 관심을 갖게 되어서, 1636년에 로베르발에게 보낸 편지에서 페르마는 곡선 $y=x^n$아래 부분의 면적을 구하였다고 하였다. 그의 방법은 아르키메데스가 곡선에 둘러싸인 부분의 면적을 구하기 위하여 그 도형에 내접하는 삼각형들로 그 도형을 "exhaust"한 것과 달리 직사각형을 사용하는 것이었다. 그는 밑변이 b이고 높이가 b^n인 직사각형에 내접하는 곡선 $y=x^n$아래 부분의 면적이 이 직사각형 면적의 $\frac{1}{n+1}$이라는 것을 밝혔다. 이 문제는 1640년경에 카발리에리, 파스칼, 로베르발, 토리첼리 등에 의해서도 독립적으로 밝혀졌다.

코시(Augustin-Louis Cauchy, 1789-1857)가 처음으로 직사각형들의 넓이의 합의 극한으로 적분을 정의하였으나, 이것은 연속함수에만 사용될 수 있었고, 보다 더 일반적인 정의는 리만(Georg Bernhard Riemann, 1826-1866)에 의해 만들어졌다.

이 장에서는 리만적분의 정의, 적분과 도함수의 관계를 보여주는 미분적분학의 기본정리, 적분의 응용을 살펴볼 것이다.

5-1. 역도함수와 적분공식

한 구간에서 정의 된 함수 f에 대하여 $F(x)$가 같은 구간에서 정의된 함수이고

$$F'(x)=f(x)$$

이면 함수 F를 f의 역도함수(antiderivative)라고 함다. 함수 F가 f의 역도함수이면 임의의 상수 C에 대하여 $F(x)+C$도 f의 역도함수이다. 또 $G(x)$가 F와 다른 f의 역도함수이면 $G'(x)=f(x)$이고 $F-G$의 도함수는 0이 된다. 따라서 한 상수 C가 존재하여

$$F(x)=G(x)+C$$

가 성립한다. 이와 같이 주어진 함수 f의 역도함수는 임의의 상수만큼의 차이를 가지고 무한히 많이 존재한다. 함수 $f(x)$의 모든 역도함수들의 집합을 $\int f(x)dx$로 나타내며, 이것을 f의 부정적분(indefinite integral)이라고 부른다. F가 f의 한 역도함수이면, 다른 역도함수는 F와 상수만큼의 차이가 있으므로,

$$\int f(x)dx=F(x)+C$$

로 나타낼 수 있다. 여기서 C는 임의의 상수로서, 적분상수(integral constant)라고 하고, f를 피적분함수(integrand), x를 적분변수(integral variable)라고 한다. f의 부정적분을 구하는 일을 적분한다고 한다.

예 1 임의의 상수 C에 대하여 $\sin x+C$는 $\cos x$의 부정적분이다. ∎

예 2 $x>0$일 때 $\frac{1}{x}$의 부정적분은 $\ln x+C$로 주어지고, $x<0$일 때 $\frac{1}{x}$의 부정적분은 $\ln(-x)+C'$로 주어진다. 여기서 C와 C'는 상수이다. 이것을 간단히

$$\int \frac{1}{x}dx=\ln|x|+C$$

와 같이 나타낸다. ∎

도함수에 대한 지식을 이용하여 다음과 같은 적분공식이 성립함을 쉽게 알 수 있다.

I_1 $\int du=u+C$ (단, $\int du=\int 1du$) I_2 $\int af(u)du=a\int f(u)du$ (a는 상수)

I_3 $\int\{f(u)+g(u)\}du=\int f(u)du+\int g(u)du$

I_4 $\int u^n du=\frac{u^{n+1}}{n+1}+C,\ n\neq -1$

I_5 $\int \frac{du}{u}=\ln|u|+C$

I_6 $\int a^u du=\frac{a^u}{\ln a}+C\,(a>0,\ a\neq 1)$

I_7 $\int e^u du=e^u+C$

I_8 $\int \sin u\ du=-\cos u+C$

I_9 $\int \cos u\ du=\sin u+C$

I_{10} $\int \sec^2 u\ du=\tan u+C$

I_{11} $\int \csc^2 u\ du=-\cot u+C$

I_{12} $\int \sec u\ \tan u\ du=\sec u+C$

I_{13} $\int \csc u\ \cot u\ du=-\csc u+C$

I_{14} $\int \tan u\ du=\ln|\sec u|+C$

I_{15} $\int \cot u\ du=\ln|\sin u|+C$

I_{16} $\int \sec u\ du=\ln|\sec u+\tan u|+C$

I_{17} $\int \csc u\ du=\ln|\csc u-\cot u|+C$

I_{18} $\int \frac{du}{\sqrt{a^2-u^2}}=\mathrm{Sin}^{-1}\frac{u}{a}+C$

I_{19} $\int \frac{du}{a^2+u^2}=\frac{1}{a}\mathrm{Tan}^{-1}\frac{u}{a}+C$

I_{20} $\int \sinh u\ du=\cosh u+C$

I_{21} $\int \cosh u\ du=\sinh u+C$

I_{22} $\int \mathrm{sech}^2 u\ du=\tanh u+C$

I_{23} $\int \mathrm{csch}^2 u\ du=-\coth u+C$

I_{24} $\int \mathrm{sech}\, u\ \tanh u\ du=-\mathrm{sech}\, u+c$

I_{25} $\int \mathrm{csch}\, u\ \cot u\ du=-\mathrm{csch}\, u+C$

I_{26} $\int \tanh u\ du=\ln\cosh u+C$

I_{27} $\int \coth u\ du=\ln|\sinh u|+C$

5-1. 연습문제

1. 위의 공식들을 증명하여라.

2. 적분 공식들을 이용하여 다음 함수들을 적분하여라.

(a) $2\cot x-3e^x$

(b) $3\sec^2 x+\cos x$

(c) $\frac{1}{4+x^2}-\frac{2}{\sqrt{4-x^2}}$

(d) $(2-\tan x)\sec x$

(e) $5^x+\frac{4}{x}$

(f) $(\cos x+\csc x-1)\csc x$

(g) $(3\tanh x-\mathrm{sech}\, x+2)\,\mathrm{sech}\, x$

(h) $(\mathrm{csch}\, x-3)\coth x$

3. 평균적인 사람의 키 h(m)에 대한 몸무게 W(kg)의 변화들이 대략

$$\frac{dW}{dh} = 39h^2$$

으로 주어진다. $W(1.5)$=43.875(kg)일 때 $W(h)$를 구하고, 키가 160cm인 사람의 평균 몸무게를 구하여라.

4. 아물어가고 있는 상처부위의 t일 후의 면적의 변화율이

$$\frac{dA}{dt} = -4t^{-3},\ \ 1 \le t \le 10$$

으로 주어지고, $A(1) = 2\text{cm}^2$일 때, 10일 후에 상처부위의 면적은 얼마가 될 것인가?

5-2. 정 적 분(리만적분)

함수 f가 구간 $[a, b]$에서 정의되었다고 하자(앞으로 $[a, b]$는 항상 닫힌 유한구간을 나타낸다). 구간 $[a, b]$를

$$a = x_0 < x_1 < x_2 < \cdots\cdots < x_{n-1} < x_n = b$$

와 같이 되는 점 $x_0, x_1, \cdots\cdots, x_n$에 의하여 n개의 구간으로 분할할 때, 이 분할을 기호

$$P = \{x_0, x_1, x_2, \cdots\cdots, x_{n-1}, x_n\}$$

으로 나타내고 분할 P라 부른다.

분할 P에 대하여 제 i번째 소구간의 길이를 $\Delta x_i = x_i - x_{i-1}(i = 1, 2, \cdots\cdots, n)$라 할 때, $\Delta x_1, \Delta x_2, \cdots\cdots, \Delta x_n$중에서 가장 큰 것을 분할 P의 노름(norm)이라하고, 기호 $|P|$로 나타낸다. 즉

$$|P| = \max\{\Delta x_i : i = 1, \cdots\cdots, n\}.$$

소구간 $[x_{i-1}, x_i]$에 속하는 한 점 $\xi_i(i = 1, 2, \cdots\cdots, n)$에 대하여 만든 합

$$S(P, f) = \sum_{i=1}^{n} f(\xi_i)\Delta x_i$$

를 함수 f의 분할 P에 대한 리만합(Rimann sum)이라고 한다.

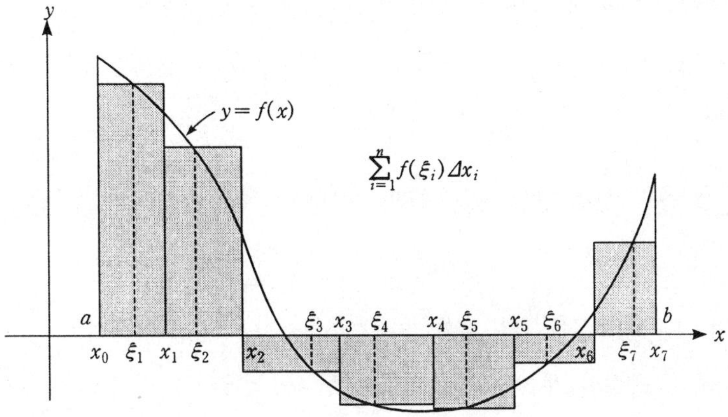

그림 5-1.

일반적으로 함수 f가 구간 $[a, b]$에서 정의되고 $[a, b]$의 분할 P와 각 소구간 $[x_{i-1}, x_i]$ 내의 점 ξ_i를 택하는 방법에 관계없이 $|P|\to 0$일 때 리만합 $\sum_{i=1}^{n} f(\xi_i)\Delta x_i$가 일정한 값으로 수렴하면, 즉

$$\lim_{|P|\to 0} \sum_{i=1}^{n} f(\xi_i)\Delta x_i = (\text{일정한 값})$$

이 존재하면, 함수 f는 $[a, b]$에서 리만적분가능하다 또는 적분가능하다(integrable)고 하고, 이 극한값을 기호

$$\int_a^b f(x)dx$$

로 나타내어, 이를 구간 $[a, b]$에서의 리만적분 또는 정적분(definite integral)이라고 부른다. 또 $f(x)$를 피적분함수, x를 적분변수, a를 적분의 아래 한계, b를 윗 한계, a와 b를 함께 가리켜 적분한계(integral limit)라고 부른다.

〔**주의**〕 리만적분의 정의에서 알 수 있는 바와 같이, 정적분 $\int_a^b f(x)dx$의 값은 오로지 함수 f와 적분한계 a, b에만 좌우되고, 적분변수를 가리키는 문자와는 무관하다. 즉

$$\int_a^b f(x)dx = \int_a^b f(t)dt = \int_a^b f(s)ds = \int_a^b f(u)du \quad \text{등.}$$

$\int_a^b f(x)dx$를 간단히 $\int_a^b f$로도 나타낸다.

함수 f가 구간 $[a, b]$에서 적분가능할 때 다음과 같이 정의한다.

$$\int_b^a f(x)dx = -\int_a^b f(x)dx, \quad \int_a^a f(x)dx = 0.$$

예제 5-1 다음 함수 f는 $[a, b]$에서 리만적분가능하지 않음을 밝혀라.

$$f(x) = \begin{cases} 1, & x\text{가 유리수일 때} \\ 0, & x\text{가 무리수일 때} \end{cases}$$

풀이 구간 $[a, b]$의 임의의 분할 $P=\{x_0, x_1, \cdots\cdots, x_n\}$에 대하여 소구간 $[x_{i-1}, x_i]$에는 반드시 유리수와 무리수가 존재하므로, 점 $\xi_i \in [x_{i-1}, x_i]$로서 유리수를 댁하면

$$\sum_{i=1}^n f(\xi_i)\Delta x_i = \sum_{i=1}^n 1 \cdot \Delta x_i = b-a$$

이므로

$$\lim_{|P|\to 0} \sum_{i=1}^n f(\xi_i)\Delta x_i = b-a.$$

또 $\xi_i \in [x_{i-1}, x_i]$로서 무리수를 택하면

$$\sum_{i=1}^n f(\xi_i)\Delta x_i = \sum_{i=1}^n 0 \cdot \Delta x_i = 0$$

이므로

$$\lim_{|P|\to 0} \sum_{i=1}^n f(\xi_i)\Delta x_i = 0$$

즉 ξ_i를 택하는 방법에 따라서 $\lim_{|P|\to 0} \sum_{i=1}^n f(\xi_i)\Delta x_i$의 값이 다르다(즉 일정하지 않다). 그러므로 주어진 함수 f는 리만적분가능하지 않다. ▮

예제 5-2 구간 $[a, b]$에서 함수 $f(x)=k$(k는 상수)는 적분가능하고

$$\int_a^b f(x)dx = \int_a^b k\,dx = k(b-a)$$

임을 보여라.

풀이 $[a, b]$의 분할 $P=\{x_0, x_1, \cdots\cdots, x_n\}$과 소구간 $[x_{i-1}, x_i]$ 내의 점 ξ_i를 택하는 방법에 관계없이

$$\sum_{i=1}^{n} f(\xi_i)\Delta x_i = \sum_{i=1}^{n} k\Delta x_i = k\sum_{i=1}^{n} \Delta x_i = k(b-a).$$

그러므로

$$\lim_{|P|\to 0} \sum_{i=1}^{n} f(\xi_i)\Delta x_i = k(b-a) = \text{일정}.$$

따라서 f는 $[a, b]$에서 적분가능하고

$$\int_a^b f(x)dx = \int_a^b kdx = k(b-a). \blacksquare$$

유계함수의 적분에 대해 살펴보기 전에 다음과 같은 실수의 성질을 알아보도록 한다.

〔정의〕 E를 공집합이 아닌 실수들의 집합이라고 하자.

(1) 실수 u가 모든 $x \in E$에 대하여 $u \geq x$를 만족시킬 때 u를 집합 E의 상계(upper bound)라고 하고, E의 상계가 존재하면 E를 위로 유계(bounded above)인 집합이라고 한다.

(2) 실수 v가 모든 $x \in E$에 대하여 $v \leq x$를 만족시킬 때, v를 집합 E의 하계(lower bound)라고 하고, E의 하계가 존재하면 E를 아래로 유계(bounded below)인 집합이라고 한다.

(3) 집합 E가 동시에 위로 유계이고, 또 아래로 유계이면 E를 유계(bounded)인 집합이라고 한다.

(4) E가 위로 유계인 집합일 때, E의 한 상계 u가 E의 임의의 상계 u'에 대하여 $u \leq u'$을 만족시키면, u를 E의 최소상계(least upper bound) 또는 상한(supremum)이라고 부르고, $u = \text{lub}\, E$ 또는 $u = \sup E$로 표시한다.

(5) E가 아래로 유계인 집합일 때, E의 한 하계 v가 E의 임의의 하계 v'에 대하여 $v \geq v'$을 만족시키면, v를 E의 최대하계(greatest lower bound) 또는 하한(infimum)이라고 부르고, $v = \text{glb}\, E$ 또는 $v = \inf E$로 표시한다.

완비성(completeness)이라고 부르는 다음의 실수들의 집합에 대한 성질이 성립한다.

〔실수의 완비성〕 위로 유계인 공집합이 아닌 실수들의 집합은 항상 최소상계를 갖는다.

정의와 실수의 완비성에 의해, 아래로 유계인 공집합이 아닌 실수들의 집합이 항상 최대하계를 갖는 것을 알 수 있다.

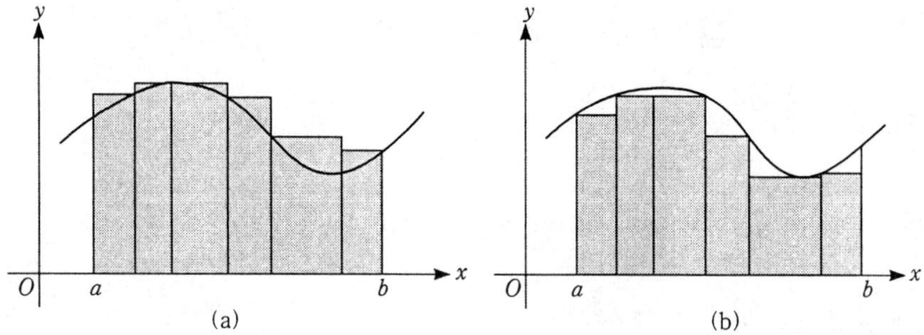

그림 5-2.

이제 함수 $y=f(x)$를 $[a, b]$에서 유계인 함수라고 하자(f가 유계라는 것은 집합 $\{f(x) : x\in[a, b]\}$이 유계라는 것과 같다). 구간 $[a, b]$의 한 분할 $P=\{x_0, x_1, \cdots, x_{n-1}, x_n\}$에 대하여, P에 의해 생기는 i번째 소구간, $[x_{i-1}, x_i]$의 길이를 Δx_i라 하고, 각 $i=1, 2, \cdots, n$에 대하여

$$M_i = \text{lub}\{f(x)\ ;\ x\in[x_{i-1}, x_i]\}$$
$$m_i = \text{glb}\{f(x)\ ;\ x\in[x_{i-1}, x_i]\}$$

라고 하자(f가 $[a, b]$에서 연속이면, 각 $[x_{i-1}, x_i]$에서도 연속이므로, $[x_{i-1}, x_i]$에서 f의 최대값과 최소값이 존재한다. 따라서 M_i는 $[x_{i-1}, x_i]$에서 f의 최대값, m_i는 $[x_{i-1}, x_i]$에서 f의 최소값이 된다).

이때

$$U_a^b(P, f) = \sum_{i=1}^{n} M_i \Delta x_i = \sum_{i=1}^{n} M_i(x_i - x_{i-1})$$

을 분할 P에 대한 함수 f의 위쪽합(upper sum) (그림 5-2(a))이라 하고

$$L_a^b(P, f) = \sum_{i=1}^{n} m_i \Delta x_i = \sum_{i=1}^{n} m_i(x_i - x_{i-1})$$

은 분할 P에 대한 함수 f의 아래쪽합(lower sum) (그림 5-2(b))이라고 한다.

물론 $L_a^b(P, f)$와 $U_a^b(P, f)$의 값은 분할 P가 달라짐에 따라 값이 변하게 되고 M_i, m_i의 정의에 의하여

$$L_a^b(P, f) \le \sum_{i=1}^{n} f(\xi_i)\Delta x_i \le U_a^b(P, f),\quad \xi_i\in[x_{i-1}, x_i]$$

이다. 또한 임의의 두 분할 P, Q에 대해

$$L_a^b(P, f) \le U_a^b(Q, f)$$

이 성립함을 보일 수 있다.

모든 분할 P에 대한 아래쪽합 $L_a^b(P, f)$의 모임의 최소상계를 기호

$$L_a^b(f)$$

로 나타내고, 이것을 구간 $[a, b]$에서 f의 하적분(lower integral)이라고 한다. 또 위쪽합 $U_a^b(P, f)$의 모임에 대한 최대하계를 기호

$$U_a^b(f)$$

로 나타내고, 이것을 구간 $[a, b]$에서 f의 상적분(upper integral)이라고 한다. 앞에서 살펴본 실수의 성질에 의하여 $L_a^b(f)$와 $U_a^b(f)$가 항상 존재하고

$$L_a^b(f) \le U_a^b(f)$$

임을 알 수 있다.

증명 없이 소개할 다음 정리는 특정 성질을 만족시키는 함수가 적분가능한가를 알아보는 데 유용하다.

〔정리 5-1〕 함수 f가 구간 $[a, b]$에서 적분가능할 필요충분조건은

$$L_a^b(f) = U_a^b(f)$$

이다.

정리 5-1을 이용하여 다음 두 정리가 증명된다.

〔정리 5-2〕 함수 f가 $[a, b]$에서 단조함수(monotone function)이면 f는 $[a, b]$에서 적분가능하다.

〔증명〕 f가 $[a, b]$에서 감소하지 않는 함수라고 가정하자(증가하지 않는 경우도 비슷하게 증명한다). 임의의 분할 $P=\{x_0, \cdots\cdots, x_n\}$에 대해서

$$\begin{aligned} 0 &\le U_a^b(f) - L_a^b(f) \\ &\le U_a^b(P, f) - L_a^b(P, f) = \sum_{i=1}^{n}(M_i - m_i)\Delta x_i \\ &\le |P| \sum_{i=1}^{n}(M_i - m_i). \end{aligned}$$

f가 감소하지 않으므로 소구간 $[x_{1-1}, x_i]$에서

$$M_i = f(x_i),\ m_i = f(x_{i-1})\ (i=1, \cdots, n) \text{이고}$$

$$\sum_{i=1}^{n}(M_i - m_i) = \sum_{i=1}^{n}(f(x_i) - f(x_{i-1})) = f(b) - f(a)$$

이다. 만일 $f(a)=f(b)$이면 f는 상수함수이므로 분명히 적분가능하다. 만일 $f(b) \neq f(a)$이면 주어진 $\varepsilon>0$에 대하여 δ를

$$\delta = \frac{\varepsilon}{f(b) - f(a)}$$

되게 취하면 $|P| < \delta$일 때

$$0 \leq U_a^b(f) - L_a^b(f) \leq U_a^b(P, f) - L_a^b(P, f) < \varepsilon$$

이다. ε는 임의의 양수이므로

$$L_a^b(f) = U_a^b(f)$$

이고, 따라서 f는 적분가능하다. ■

〔정리 5-3〕 함수 f가 구간 $[a, b]$에서 연속이면 f는 $[a, b]$에서 적분가능하다.

이 정리의 증명은 이 책의 정도를 벗어나므로 생략한다.

〔참고〕 f가 구간 $[a, b]$에서 유계이고, 유한 개의 점을 제외한 모든 점에서 연속일 때도 f는 $[a, b]$에서 적분가능하다.

〔참고〕 f가 적분가능임을 알면 노름이 0으로 가는 한 특정한 분할들의 열을 잡아, 그 분할들에 관한 리만합의 극한값을 구하면 그 값이 f의 리만적분이 된다.

예제 5-3 리만적분의 정의에 의하여 다음을 증명하여라.

$$\int_a^b e^x dx = e^b - e^a$$

풀이 $f(x) = e^x$라 놓으면 f는 $[a, b]$에서 연속이므로, 정리 5-3에 의해 적분가능하다. 따라서 노름이 0으로 가는 분할들의 열을 잡아 그 분할들에 대한 리만합의 극한값을 구하면 된다.

이제 $[a, b]$를 n등분하는 분할 $P_n=\{x_0, x_1, \cdots, x_n\}$을 생각하자. $h=\dfrac{b-a}{n}$라 놓으면

$$x_0=a,\ \ x_1=a+h,\ \ x_2=a+2h,\ \ \cdots,\ \ x_n=a+nh=b$$

이고, P_n의 노름은 $|P_n|=h$이다. P_n에 대한 리만합 $S(P_n, f)=\sum_{i=1}^{n} f(\xi_i)\Delta x_i$의 ξ_i로서 i번째 소구간 $[x_{i-1}, x_i]$의 한 끝점 x_{i-1}을 택하면, $x_{i-1}=a+(i-1)h$, $\Delta x_i=\dfrac{b-a}{n}=h$이므로

$$\begin{aligned} S(P_n, f) &= \sum_{i=1}^{n} f(x_{i-1})\Delta x_i = \sum_{i=1}^{n} f(a+(i-1)h)h \\ &= \sum_{i=1}^{n} e^{a+(i-1)h}\cdot h \\ &= \frac{e^a[e^{nh}-1]}{e^h-1}\cdot h \quad (\text{등비급수의 합}) \\ &= \frac{e^{a+nh}-e^a}{e^h-1}\cdot h = \frac{e^b-e^a}{e^h-1}\cdot h \quad (a+nh=b\text{이므로}). \end{aligned}$$

$n\to\infty$일 때, $|P_n|=h\to 0$이므로

$$\begin{aligned} \int_a^b f(x)dx &= \lim_{n\to\infty} S(P_n, f) = \lim_{h\to 0}\frac{h}{e^h-1}(e^b-e^a) \\ &= (e^b-e^a)\lim_{h\to 0}\frac{h}{e^h-1} \\ &= (e^b-e^a)\lim_{h\to 0}\frac{h'}{(e^h-1)'} \quad (\text{로피탈 정리}) \\ &= (e^b-e^a)\lim_{h\to 0}\frac{1}{e^h} = e^b-e^a. \ \blacksquare \end{aligned}$$

함수 f가 구간 $[a, b]$에서 연속이고 $f(x)\geq 0$이면 f의 그래프와 x축과 두 직선 $x=a$, $x=b$로 둘러싸인 도형의 면적을 $A(f, a, b)$라 하자. 구간 $[a, b]$의 분할을 $P=\{x_0, x_1, x_2, \cdots\cdots, x_n\}$라 하면, f는 연속이므로 소구간 $[x_{i-1}, x_i]$에서 최대값 $f(\xi_i')=M_i$, $\xi_i'\in[x_{i-1}, x_i]$; 최소값 $f(\xi_i'')=m_i$, $\xi_i''\in[x_{i-1}, x_i]$을 갖는다. 그림 5-3에서 보는 바와 같이

$$\sum_{i=1}^{n} f(\xi_i'')\Delta x_i = \sum_{i=1}^{n} m_i\Delta x_i \leq A(f, a, b) \leq \sum_{i=1}^{n} M_i\Delta x_i = \sum_{i=1}^{n} f(\xi_1')\Delta x_i.$$

그런데 f는 $[a, b]$에서 적분가능하므로

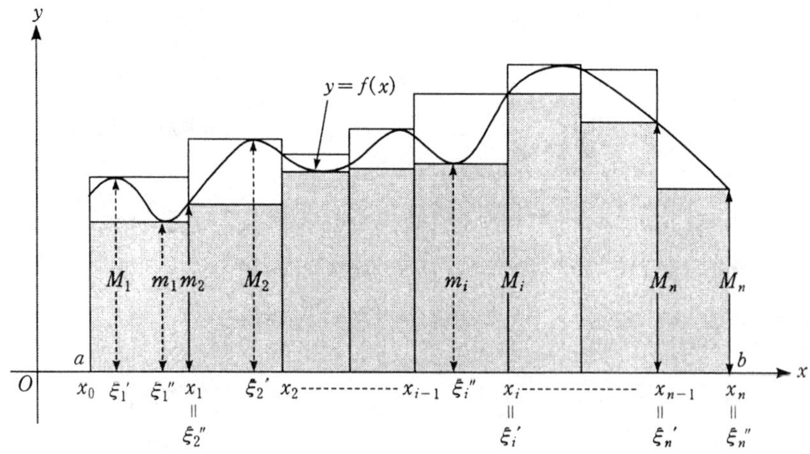

그림 5-3.

$$\lim_{|P|\to 0}\sum_{i=1}^{n} f(\xi_i'')\Delta x_i = \lim_{|P|\to 0}\sum_{i=1}^{n} f(\xi_i')\Delta x_i = \int_a^b f(x)dx.$$

따라서, f가 $[a, b]$에서 연속이고, $f(x)\geq 0$이면, f의 그래프와 x축과 두 직선 $x=a$, $x=b$로 둘러싸인 부분의 면적은

$$A(f, a, b) = \int_a^b f(x)dx$$

로 정의한다.

예 3 함수 $f(x)=e^x$와 x축과 두 직선 $x=0$, $x=1$로 둘러싸인 도형의 면적은 예제 5-3에 의하여 $\int_0^1 e^x dx = e-1$이다. ▮

〔정리 5-4〕 (정적분의 성질) (1) f, g가 $[a, b]$에서 적분가능하면, $f\pm g$와 cf(c는 임의의 실수)도 $[a, b]$에서 적분가능하고

$$\int_a^b \{f(x) \pm g(x)\}dx = \int_a^b f(x)dx \pm \int_a^b g(x)dx$$

$$\int_a^b cf(x)dx = c\int_a^b f(x)dx.$$

(2) $a\leq b\leq c$라 하고, 함수 f가 $[a, c]$에서 적분가능하면 f는 $[a, b]$, $[b, c]$에서도 적분가능하고

$$\int_a^b f(x)dx + \int_b^c f(x)dx = \int_a^c f(x)dx.$$

(3) 함수 f, g가 구간 $[a, b]$에서 적분가능하고,

(i) $f(x)\geq 0$이면 $\int_a^b f(x)dx \geq 0$,

(ii) $f(x)\geq g(x)$이면 $\int_a^b f(x)dx \geq \int_a^b g(x)dx$.

〔증명〕 생략한다. ■

예제 5-4 정적분 $\int_{-1}^{2} 4|x|dx$를 계산하여라.

풀이 $\int_{-1}^{2} 4|x|dx = \int_{-1}^{0}(-4)xdx + \int_0^2 4xdx = -4\int_{-1}^{0} xdx + 4\int_0^2 xdx = (-4)(-\frac{1}{2}) + 4\cdot 2 = 10.$ ■

10월말 어느날 오전 8시부터 오후 6시까지 서울의 기온 T(단위는 ℃)가 대략 아래의 그림 5-4와 같이 주어졌다고 하자.

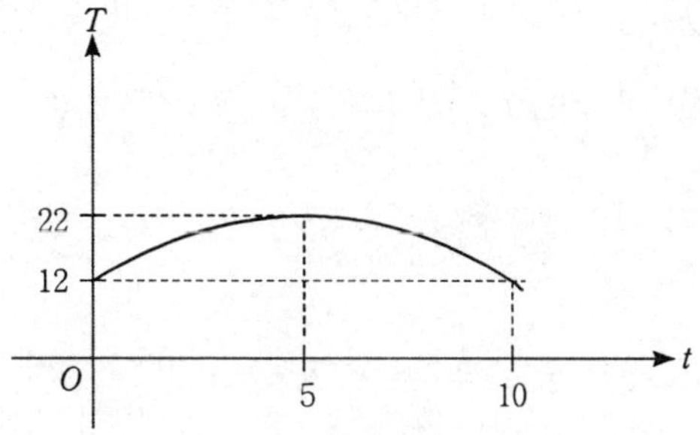

그림 5-4.

t는 오전 8시를 0으로 하여 8시 이후 몇 시간 지났나를 나타내고, 그래프의 식은

$$T(t) = -\frac{2}{5}t^2 + 4t + 12, \quad 0\leq t\leq 10$$

이다.

이제 8시부터 오후 6시까지 기온의 평균을 구해보자. n개의 값 $a_1, a_2, \cdots\cdots, a_n$의 평균은 물론

$$\frac{a_1 + a_2 + \cdots + a_n}{n}$$

이다. 위와 같은 연속함수 $T(t)$에 대하여 구간 [0, 10]을 n등분하여 각 소구간의 한 점에서의 값을 택해 그 n개의 값의 평균을 구하면, 그것은 구간 [0, 10]에서 $T(t)$의 평균값의 근사값이 된다. n의 값이 증가할수록 더 나은 근사값을 얻을 것이라는 것을 짐작할 수 있

다. 따라서 우리는 $n \to \infty$일 때 이 근사값들의 극한이 존재하면, 그 값을 구간 [0, 10]에서 $T(t)$의 평균으로 정의할 수 있다.

[0, 10]을 n등분하여 각 소구간의 한 점을 $\xi_1, \xi_2, \cdots\cdots, \xi_n$이라 하면 이 점에서의 T값의 평균은

$$\frac{1}{n}[T(\xi_1)+T(\xi_2)+\cdots\cdots+T(\xi_n)] \tag{1}$$

이고, 구간 [0, 10]에서 $T(t)$의 평균은

$$\lim_{n\to\infty}\frac{1}{n}[T(\xi_1)+T(\xi_2)+\cdots\cdots+T(\xi_n)] \tag{2}$$

이 된다. 식 (1)을 다음과 같이 변형할 수 있다.

$$\begin{aligned}
&\frac{b-a}{b-a}\cdot\frac{1}{n}[T(\xi_1)+T(\xi_2)+\cdots\cdots+T(\xi_n)]\\
&=\frac{1}{b-a}\left[T(\xi_1)\frac{b-a}{n}+T(\xi_2)\frac{b-a}{n}+\cdots\cdots+T(\xi_n)\frac{b-a}{n}\right]\\
&=\frac{1}{b-a}\sum_{i=1}^{n}T(\xi_i)\frac{b-a}{n}.
\end{aligned}$$

$\sum_{i=1}^{n}T(\xi_i)\frac{b-a}{n}$는 $t_0=0$, $t_1=\frac{b-a}{n}$, $t_2=2\cdot\frac{b-a}{n}$, $\cdots\cdots$, $t_i=(i-1)\cdot\frac{b-a}{n}$, $\cdots\cdots$, $t_n=10$일 때 [0, 10]의 분할 $P=\{t_0, t_1, \cdots\cdots, t_n\}$에 대해 $\Delta t_i=\frac{b-a}{n}$이므로, P에 대한 T의 리만합이다. $n\to\infty$이면 $|P|\to 0$이고, T가 [0, 10]에서 연속이므로 식 (2)는

$$\begin{aligned}
&\lim_{n\to\infty}\frac{1}{b-a}\sum_{i=1}^{n}T(\xi_i)\frac{b-a}{n}\\
&=\frac{1}{b-a}\lim_{n\to\infty}\sum_{i=1}^{n}T(\xi_i)\Delta t_i\\
&=\frac{1}{b-a}\int_0^{10}T(t)dt
\end{aligned}$$

이다. 따라서 [0, 10]에서 T의 평균은

$$\frac{1}{b-a}\int_0^{10}T(t)dt$$

이다.

일반적으로 연속함수 f의 구간 $[a, b]$에서의 평균은

$$\frac{1}{b-a}\int_a^b f$$

로 정의한다.

예 4 구간 $[a, b]$에서 함수 $f(x)=e^x$의 평균은

$$\frac{1}{b-a}\int_a^b e^x dx=\frac{e^b-e^a}{b-a}$$

이다. ■

〔정리 5-5〕 (적분에 관한 평균값정리) f가 $[a, b]$에서 연속이면

$$\int_a^b f(x)dx=(b-a)f(\xi),\ a\le\xi\le b$$

인 점 ξ가 존재한다.

〔증명〕 함수 f가 $[a, b]$에서 연속이므로 최대값 $M=f(x_M)$, $x_M\in[a, b]$, 최소값 $m=f(x_m)$, $x_m\in[a, b]$를 갖는다. 즉

$$m\le f(x)\le M.$$

정리 5-4의 (3)에 의하여

$$\int_a^b mdx\le\int_a^b f(x)dx\le\int_a^b Mdx.$$

또 예제 5-2에 의하여

$$m(b-a)\le\int_a^b f(x)dx\le M(b-a).$$

각 변을 $b-a$로 나누면

$$m=f(x_m)\le\frac{1}{b-a}\int_a^b f(x)dx\le f(x_M)=M.$$

중간값 정리에 의하여

$$f(\xi)=\frac{1}{b-a}\int_a^b f(x)dx \tag{3}$$

와 같이 되는 ξ가 x_m과 x_M사이에 존재하며, $x_m\in[a, b]$, $x_M\in[a, b]$이므로 $a\le\xi\le b$

이다.

따라서 (3)에 의하여

$$\int_a^b f(x)dx=(b-a)f(\xi),\quad a\le\xi\le b$$

인 ξ가 존재한다. ■

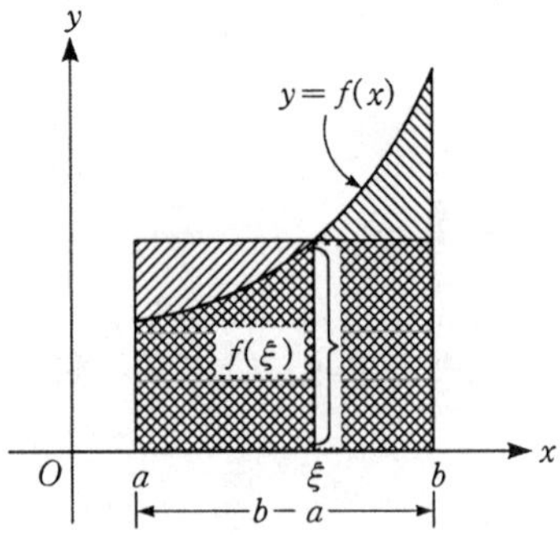

그림 5-5.

f가 $[a, b]$에서 연속이고 $f(x)\ge 0$일 때, 적분에 관한 평균값정리의 기하학적 뜻은 그림 5-5에서 직사각형의 면적 $(b-a)f(\xi)$가 f의 그래프, x축, 직선 $x=a$, 직선 $x=b$로 둘러싸인 도형의 면적과 같아지게 하는 점 ξ가 a와 b사이에 존재함을 나타낸다. 여기서 $f(\xi)$가 $[a, b]$에서 f의 평균값이다.

5-2. 연습문제

1. 구간 [0, 1]을 n등분하는 분할에 의하여 다음 정적분의 값을 구하여라

(a) $\int_0^1 x^2dx$ (b) $\int_1^3 (x^2-1)dx$

2. 다음 극한을 정적분 모양으로 나타내어라.

(a) $\lim_{n\to\infty}\left(\frac{1}{n+1}+\frac{1}{n+2}+\cdots\cdots+\frac{1}{2n}\right)$ (b) $\lim_{n\to\infty}\frac{1}{n\sqrt{n}}(\sqrt{1}+\sqrt{2}+\cdots\cdots+\sqrt{n})$

(c) $\lim_{n\to\infty}\left\{\frac{1}{\sqrt{n^2+n}}+\frac{1}{\sqrt{n^2+2n}}+\cdots\cdots+\frac{1}{\sqrt{n^2+n^2}}\right\}$

(d) $\lim_{n\to\infty}\left\{\frac{1}{n}+\frac{1}{\sqrt{n^2+1}}+\frac{1}{\sqrt{n^2+2^2}}+\cdots\cdots+\frac{1}{\sqrt{n^2+(n-1)^2}}\right\}$

3. 함수 f가 $[a, b]$에서 연속일 때 다음을 증명하여라.

$$\left|\int_a^b f(x)dx\right|\le\int_a^b\left|f(x)\right|dx$$

[힌트] $\left|\sum_{i=1}^n a_i\right|\le\sum_{i=1}^n|a_i|$을 이용한다.

4. 위 1번의 (b)의 결과를 이용하여 구간 [1, 3]에서 함수 $f(x)=x^2-1$의 평균을 구하여라. 그 평균은 어느 점에서의 f의 값인가?

5-3. 미분적분학의 기본정리

〔정리 5-6〕 (미분적분학의 제 1 기본정리) 함수 f가 $[a, b]$에서 연속이면 $[a, b]$의 임의의 점 x에 대하여

$$F(x)=\int_a^x f(t)dt$$

인 함수 $F(x)$는 (a, b)에서 미분가능하고

$$F'(x)=\frac{d}{dx}\int_a^x f(t)dt=f(x)$$

가 된다. 즉 F는 f의 한 역도함수이다.

〔증명〕 정리 5-4에 의하여

$$\frac{F(x+\varDelta x)-F(x)}{\varDelta x}=\frac{1}{\varDelta x}\left\{\int_a^{x+\varDelta x} f(t)dt-\int_a^x f(t)dt\right\}=\frac{1}{\varDelta x}\int_x^{x+\varDelta x} f(t)dt.$$

또, 적분에 관한 평균값정리에 의하여, 다음과 같이 되는 ξ가 x와 $x+\varDelta x$사이에 존재한다.

$$\frac{1}{\varDelta x}\int_x^{x+\varDelta x} f(t)dt=f(\xi)$$

$$\therefore \frac{F(x+\varDelta x)-F(x)}{\varDelta x}=f(\xi).$$

그런데 $\varDelta x\to 0$일 때 $\xi\to x$이고, f는 연속이므로

$$\frac{d}{dx}F(x)=\lim_{\varDelta x\to 0}\frac{F(x+\varDelta x)-F(x)}{\varDelta x}=\lim_{\xi\to x}f(\xi)=f(x). \ ■$$

예 5 (1) $\frac{d}{dx}\int_2^{x^2}\sin t\ dt=\sin x^2\cdot\frac{d}{dx}(x^2)=2x\sin x^2$

(2) $\frac{d}{dx}\int_{x^3}^1 e^t dt=\frac{d}{dx}\left\{-\int_1^{x^3} e^t dt\right\}=-e^{x^3}\cdot 3x^2=-3x^2e^{x^3}$ ■

〔정리 5-7〕 (미분적분학의 제 2 기본정리) 함수 f가 $[a, b]$에서 연속일 때 f의 역도함수 중의 하나를 F라 하면

$$\int_a^b f(x)dx = F(b) - F(a).$$

〔**증명**〕 가정에 의하여 F는 f의 역도함수 중의 하나이고, 정리 5-6에 의하여 $\int_a^x f(t)dt$도 f의 역도함수 중의 하나이므로, 둘 사이에는 어떤 상수 C만큼의 차이가 있다. 즉

$$F(x) = \int_a^x f(t)dt + C. \tag{1}$$

또, 정의에 의하여 $\int_a^a f(t)dt = 0$이므로 $F(a) = C$. 따라서 (1)에서

$$\int_a^x f(t)dt = F(x) - F(a).$$

여기서 $x = b$로 놓으면

$$\int_a^b f(t)dt = F(b) - F(a). \quad ■$$

〔**주의**〕 $F(b) - F(a)$를 기호 $[F(x)]_a^b$로 나타낸다. 즉

$$\int_a^b f(x)dx = \Big[F(x)\Big]_a^b = F(b) - F(a).$$

미분적분학의 기본정리에 의하여 연속함수에 대해서는 역도함수를 이용함으로써 정적분의 계산이 용이하게 된다. 이를테면

예 6 예제 5-2의 정적분은 $\int_a^b k dx = \Big[kx\Big]_a^b = k(b-a)$. ■

예 7 예제 5-3의 정적분은 $\int_a^b e^x dx = \Big[e^x\Big]_a^b = e^b - e^a$. ■

예제 5-5 5-2절에서처럼, 10월말 어느 날 오전 8시부터 오후 6시까지 서울의 기온 T(℃)가 대략

$$T(t) = -\frac{2}{5}t^2 + 4t + 12, \quad 0 \le t \le 10$$

으로 나타내진다고 할 때, 오전 8시부터 오후 6시까지 기온의 평균을 구하여라. 단 t는 오전 8시를 0으로 하여 8시 이후 몇 시간 지났나를 나타낸다.

풀이 $\frac{1}{10}\int_0^{10}(-\frac{2}{5}t^2+4t+12)\,dt$

$$=\frac{1}{10}\left[-\frac{2}{15}t^3+2t^2+12t\right]_0^{10}=\frac{56}{3}.$$

그러므로, 평균기온은 $\frac{56}{3}$ ℃이다. ∎

다음의 예는 정적분이 누적변화량(cumulative change)으로 해석될 수 있는 것을 보여준다.

예 8 시간 t에서 크기가 $N(t)$이고, 크기의 변화가

$$\frac{dN}{dt}=f(t),\quad N(0)=N_0$$

로 주어지는 개체군을 생각해 보자. 여기서 $f(t)$는 $t\geq 0$에서 연속인 함수이다. 우리는 위 조건을 만족시키는 $N(t)$를 찾고 싶다. $N(t)$는 $f(t)$의 한 역도함수로써 $N(0)=N_0$를 만족시키므로

$$N(t)=\int_0^t f(u)du+N_0$$

로 표시된다. 이것을

$$N(t)-N(0)=\int_0^t \frac{dN}{du}du$$

로 고쳐 쓸 수 있다. 우변은 시구간 $[0, t]$에서 축적된 순간변화의 "합"이기 때문에 윗 식으로부터 $\int_0^t \frac{dN}{du}du$는 시간이 0에서 t까지 흐를 때 개체군 크기의 순변화량(net change) 또는 누적변화량(cumulative change)으로 해석할 수 있다. 즉

$$\begin{pmatrix}\text{구간 } [0,\, t]\text{에서}\\ \text{누적변화량}\end{pmatrix}=\int_0^t\begin{pmatrix}\text{시간 } u\text{에서}\\ \text{순간변화율}\end{pmatrix}du. \blacksquare$$

5-3. 연습문제

1. 다음을 계산하여라.

(a) $\frac{d}{dt}\int_0^t 6e^{x^2}dx$ (b) $\frac{d}{dx}\int_0^{x^2} 6e^{t^2}dt$

(c) $\frac{d}{dt}\int_t^b s^2 ds$ (d) $\frac{d}{d\theta}\int_0^\theta \sin x^5 dx$

(e) $\lim_{x_2 \to x_1} \frac{1}{x_2 - x_1}\left\{\int_0^{x_2} e^{t^2} dt - \int_0^{x_1} e^{t^2} dt\right\}$

2. 다음 정적분이 틀리는 이유를 말하여라.

$$\int_{-1}^{1} \frac{1}{x^2} dx = \left[-\frac{1}{x}\right]_{-1}^{1} = -\frac{1}{1} - \left(-\frac{1}{-1}\right) = -2$$

3. 다음 정적분을 계산하여라.

(a) $\int_0^1 \frac{1}{1+x^2} dx$ (b) $\int_{-\frac{\pi}{4}}^{\frac{\pi}{4}} \sec^2 t\, dt$

(c) $\int_0^{\frac{\pi}{4}} \tan\theta\, d\theta$ (d) $\int_{-3}^{4} |5x+2|\, dx$

4. 미적분학의 기본정리를 이용하여 다음 함수의 도함수를 구하여라.

(a) $f(x) = \int_{-1}^{x} (t^2+1)^{15} dt$ (b) $f(t) = \int_0^t (y^2+25)^{\frac{1}{2}} dy$

(c) $h(z) = \int_2^z (v-1)^{\frac{1}{3}} dv$ (d) $k(u) = \int_u^8 \left(t + \frac{1}{t}\right) dt$

(e) $A(t) = \int_2^t \frac{1}{x} dx$ (f) $g(x) = \int_0^{x^2} \sqrt{2+u^2}\, du$

5. 어떤 인공서식지의 온도 $C(t)$(℃)가 2시간 동안에

$$C(t) = t^3 - 2t + 10,\ \ 0 \le t \le 2$$

를 따라 변하게 장치를 하였다. 이 기간동안의 평균온도는 무엇인가?

6. 환자의 오른쪽 팔 혈관에 약을 주사할 때 왼쪽 팔 혈류의 약의 농도는 주사한지 t시간 후에

$$C(t) = \frac{0.14t}{t^2+1}$$

로 나타내진다. 주사를 맞고 처음 1시간동안 왼쪽 팔 혈류의 약의 농도의 평균은 무엇인가? 주사맞고 처음 2시간동안의 평균은 무엇인가?

7. 한 환경보호기구가 쓰레기 집하장에서 유해화학물질이

$$R(t) = \frac{500}{(1+t)^2}$$

의 비율로 스며나오고 있다고 추정하였다. 여기서 t는 유해화학물질이 스며나오고 있

는 것이 발견된 후의 년수를 나타내고, R의 단위는 ℓ/년이다. 유해화학물질 침출수가 발견된 후 4년 동안 쓰레기장에서 스며나오는 유해화학물질의 전체 양을 구하여라.

8. $B(t)$가 시간 t에서 생물량을 나타낼 때, 시구간 [0, 12]에서 생물량의 변화는 방정식

$$\frac{d}{dt}B(t)=\cos\frac{\pi}{6}t,\quad 0\le t\le 12$$

를 따른다고 하자.

(a) $\dfrac{dB}{dt}$의 그래프를 그려라.

(b) $B(0)=B_0$라 놓고 시구간 $[0, t]$에서 생물량의 누적변화를 적분으로 나타내어라. 또 구간 [0, 12]의 끝에서의 생물량의 값과 B_0는 구간 [0, 12]에서의 누적변화량과 어떤 관계를 갖는가?

9. $\dfrac{d\ell}{dt}$가 시간 t에서 유기체의 성장률을 나타낼 때(월별로 측정한 것), $\displaystyle\int_3^8 \frac{d\ell}{dt}\,dt$가 무엇을 나타내는지 설명하여라.

10. 1970년 ($t=0$) 이후 미국에서 목재 수요의 순간변화율이

$$Q'(t)=12+0.006t^2,\quad 0\le t\le 50$$

으로 계산되었다. 여기서 $Q(t)$는 1970년 이후에 소모된 총목재량을 10억 ft^3 단위로 나타낸 것이다. 1970년부터 2000년 사이에 얼마나 많은 목재를 소모하였겠는가? 또 2000년부터 2010년까지는 얼마나 소모하겠는가?

11. 처음 무게가 2 g인 배양효모가 일정한 온도에서 시간당 $W(t)=0.2e^{0.1t}$g의 비율로 자라고 있다. 처음 8시간동안 무게가 얼마나 증가할 것인가? 또 다음 8시간, 즉 8시간 후부터 16시간 후까지 무게의 증가는 얼마가 된 것인가?

5-4. 정적분의 응용

면 적

5-2절에서 본 것과 같이, f가 $[a, b]$에서 연속이고 $f(x)\ge 0$이면 f의 그래프와 x축, 두 직선 $x=a$, $x=b$로 둘러싸인 부분의 면적은

$$A(f, a, b)=\int_a^b f(x)dx$$

이다. 여기에서 $f(x)dx$를 그림 5-6에서 보는 바와 같이 높이가 $f(x)$, 나비가 dx인 직사각형의 면적 dA와 같이 생각하고 구하는 면적 $\int_a^b dA$는 이와 같이 생각한 면적의 합의 $dx \to 0$인 극한으로 생각하면 편리하다. 이때 면적의 미분

$$dA = f(x)dx$$

를 면적소(element of area)라고 한다. 다음 예제는 면적소를 생각하는 것이 편리함을 보이는 예이다.

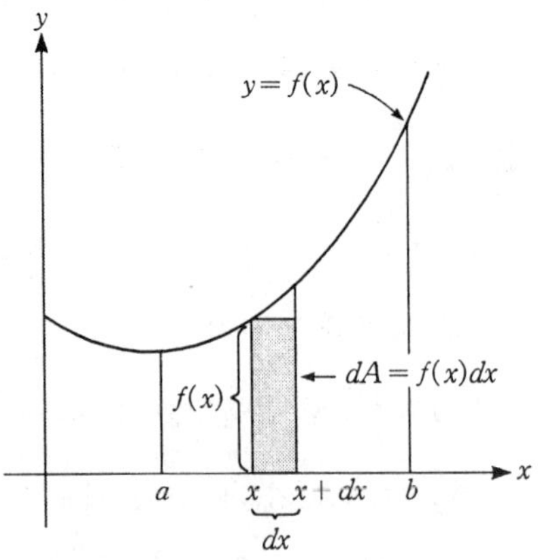

그림 5-6.

예제 5-6 포물선 $y^2 = 4x$와 직선 $2x - y = 12$로 둘러싸인 도형의 면적을 구하여라.

풀이 두 방정식을 풀어서 교점 $P(4,\ -4)$, $Q(9,\ 6)$을 구하고, 그래프의 개형을 그린다(그림 5-7). 그래프의 개형을 보면 수직면적소보다 수평면적소를 생각하는 쪽이 적분한계를 단순하게 정할 수 있음을 알 수 있다.

수평면적소 : $dA = (x_l - x_p)dy$.

$2x - y = 12$에서 $x_l = \dfrac{y+12}{2}$.

$y^2 = 4x$에서 $x_p = \dfrac{y^2}{4}$.

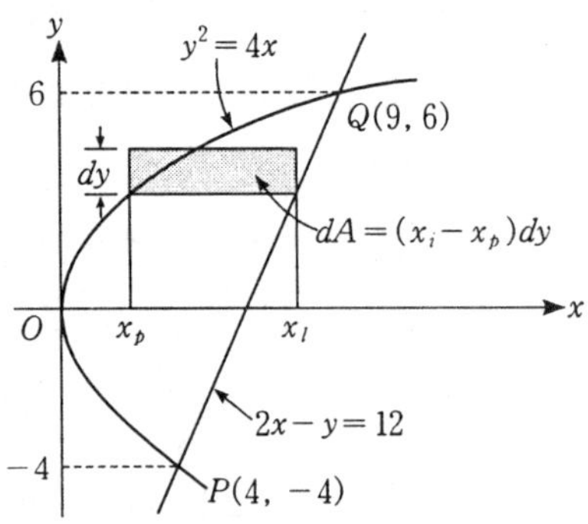

그림 5-7.

$$\therefore\ dA = \left(\frac{y+12}{2} - \frac{y^2}{4}\right)dy = \frac{-y^2 + 2y + 24}{4}\,dy.$$

따라서 구하는 면적 A는

$$A = \int_{-4}^{6} \frac{-y^2 + 2y + 24}{4}\,dy = 41\frac{2}{3}. \blacksquare$$

곡선의 길이

함수 f와 그의 도함수 f'가 $[a, b]$에서 연속일 때 $x = a$에서 $x = b$까지 사이의 곡선 $y = f(x)$의 길이를 구하여 보자.

구간 $[a, b]$의 분할 $P = \{x_0, x_1, \cdots\cdots, x_n\}$에서 $x_0(=a)$, x_1, x_2, $\cdots\cdots$, x_{n-1}, $x_n(=b)$에

대응하는 곡선상의 점을 각각 $P_0, P_1, P_2, \cdots\cdots,$ P_{n-1}, P_n이라고 하면 구하는 길이는 그림 5-8에서

$$\lim_{|P|\to 0}\sum_{i=1}^{n}|P_{i-1}P_i| = \lim_{|P|\to 0}\sum_{i=1}^{n}\sqrt{(\Delta x_i)^2+(\Delta y_i)^2}$$

$$= \lim_{|P|\to 0}\sum_{i=1}^{n}\sqrt{1+(\Delta y_i/\Delta x_i)^2}\,\Delta x_i$$

와 같이 된다(극한이 존재하는 경우). 또 f는 $[x_{i-1}, x_i]$에서 연속이고 미분가능하므로, 평균값 정리에 의하여

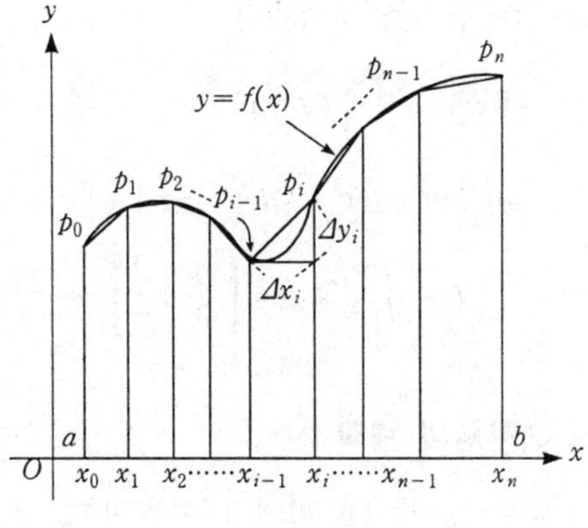

그림 5-8.

$$\frac{\Delta y_i}{\Delta x_i}=\frac{f(x_i)-f(x_{i-1})}{x_i-x_{i-1}}=f'(\xi_i),\ x_{i-1}<\xi_i<x_i$$

인 ξ_i가 존재한다. f'이 연속이므로 $\int_a^b\sqrt{1+\{f'(x)\}^2}\,dx$가 존재하고 리만적분의 정의에 의하여

$$\lim_{|P|\to 0}\sum_{i=1}^{n}\sqrt{1+\{f'(\xi_i)\}^2}\,\Delta x_i=\int_a^b\sqrt{1+\{f'(x)\}^2}\,dx$$

이다. 그러므로 f와 f'가 $[a, b]$에서 연속이면 $x=a$에서 $x=b$까지 사이의 곡선 $\boldsymbol{y=f(x)}$의 길이 L은

$$L=\int_a^b\sqrt{1+(f'(x))^2}\,dx$$

로 정의한다.

〔**참고**〕 이 경우도 그림 5-9에서처럼 길이의 미분 dL을 생각하여

$$dL=\sqrt{dx^2+dy^2}=\sqrt{1+\left(\frac{dy}{dx}\right)^2}\,dx$$

$$L=\int_a^b dL$$

와 같이 생각하면 편리하다.

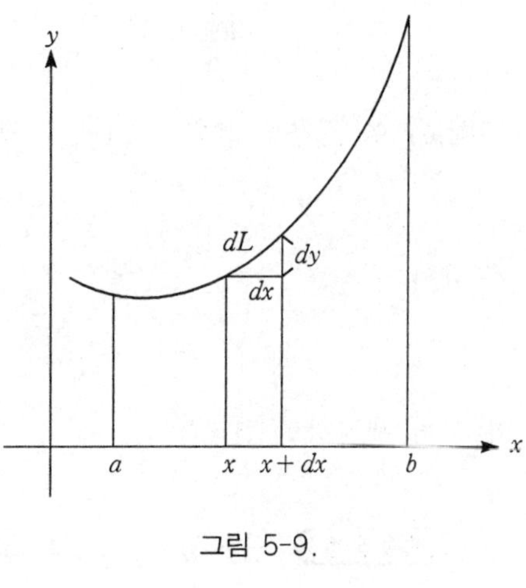

그림 5-9.

예제 5-7 $x=1$에서 $x=4$까지의 곡선

$$y=\frac{2}{3}(x-1)^{\frac{3}{2}}$$

의 길이를 구하여라.

풀이 $y=\frac{2}{3}(x-1)^{\frac{3}{2}}$, $y'=\frac{2}{3}\cdot\frac{3}{2}(x-1)^{\frac{1}{2}}=(x-1)^{\frac{1}{2}}$는 모두 [1, 4]에서 연속이다.

$dL=\sqrt{(dx)^2+(dy)^2}=\sqrt{1+(dy/dx)^2}=\sqrt{1+(x-1)}\,dx=\sqrt{x}\,dx.$

$\therefore\ L=\int_1^4\sqrt{x}\,dx=\left[\frac{2}{3}x^{\frac{3}{2}}\right]_1^4=\frac{14}{3}.$ ∎

회전체의 체적

함수 f가 $[a, b]$에서 연속이고, $f(x)\geq 0$(또는 $f(x)\leq 0$)일 때, 곡선 $y=f(x)$, $x=a$, $x=b$ 및 x축으로 둘러싸인 영역이 x축을 회전축으로 하여 회전할 때 생기는 회전체의 체적 V는 다음과 같이 정의한다.

$$V=\pi\int_a^b\{f(x)\}^2\,dx$$

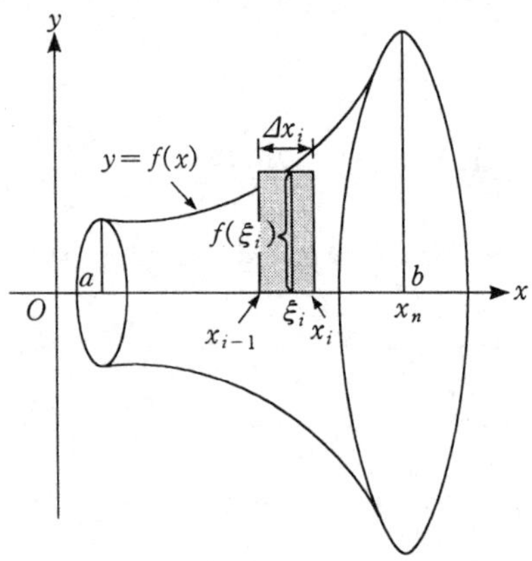

그림 5-10.

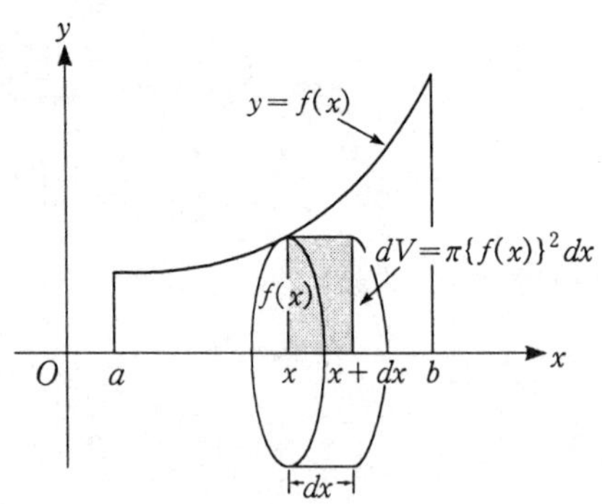

그림 5-11.

〔**참고**〕 이 경우도 그림 5-11에서 체적 V의 미분 dV(이를 체적소라고 한다)를

$$dV=\pi\{f(x)\}^2\,dx$$

와 같이 구하고

$$V=\int_a^b dV$$

와 같이 생각하면 편리하다.

예제 5-8 곡선 $y=x^3$, y축 및 직선 $y=3$으로 둘러싸인 영역을 y축을 회전축으로

하여 회전시킬 때 생기는 회전체의 체적을 구하여라.

풀이 그림 5-12처럼 수평체적소 $dV=\pi x^2 dy$를 생각하는 것이 편리하다.

$$y=x^3 \text{에서} \quad x=y^{\frac{1}{3}}$$

이므로

$$dV=\pi x^2 dy=\pi(y^{\frac{1}{3}})^2 dy$$
$$=\pi y^{\frac{2}{3}} dy.$$

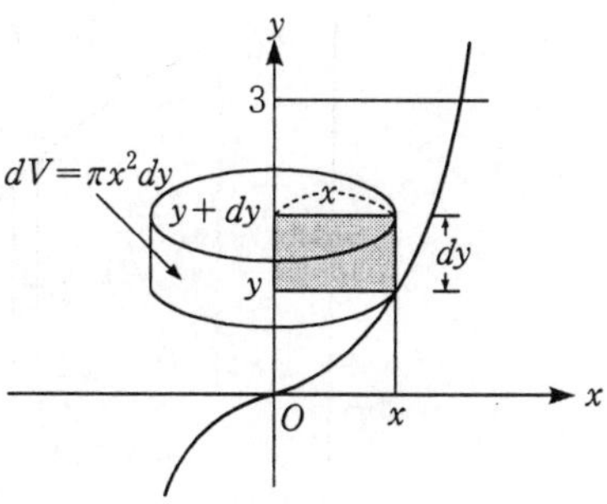

그림 5-12.

$$\therefore\ V=\int_0^3 \pi y^{\frac{2}{3}} dy=\pi\left[\frac{3}{5}y^{\frac{5}{3}}\right]_0^3=\frac{9\sqrt[3]{9}}{5}\pi. \blacksquare$$

예제 5-9 원 $x^2+y^2=2$와 곡선 $y^3=x^2$으로 둘러싸인 부분 중 작은 쪽이 x축을 회전축으로 회전할 때 생기는 입체의 체적을 구하여라.

풀이 먼저 두 곡선의 교점을 구하면 (1, 1)과 (−1, 1)을 얻는다. 그림 5-13에서 수직체적소 dV를 구하면

$$dV=\pi y_2^2 dx-\pi y_1^2 dx$$
$$=\pi(y_2^2-y_1^2)dx$$

$y^3=x^2$에서 $y_1=x^{\frac{2}{3}}$, $x^2+y^2=2$에서 $y_2^2=2-x^2$

$$\therefore\ dV=\pi\left\{(2-x^2)-(x^{\frac{2}{3}})^2\right\}dx$$
$$\therefore\ V=\pi\int_{-1}^{1}\left\{(2-x^2)-x^{\frac{4}{3}}\right\}dx$$
$$=\pi\left[2x-\frac{1}{3}x^3-\frac{3}{7}x^{\frac{7}{3}}\right]_{-1}^{1}=\frac{52}{21}\pi. \blacksquare$$

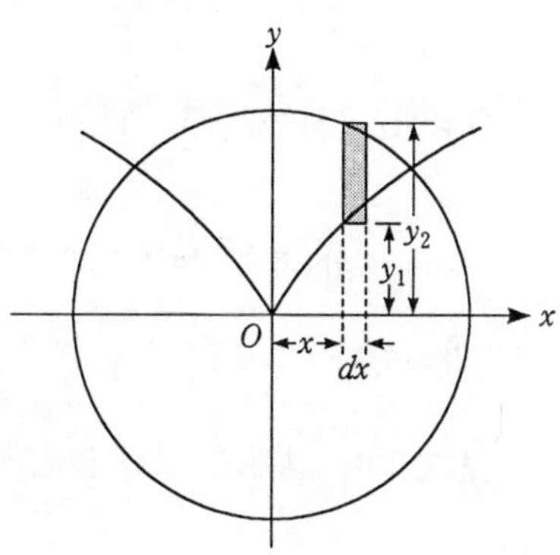

그림 5-13.

연속함수 $y=f(x)$와 두 직선 $x=a$, $x=b$와 x축으로 둘러싸인 영역을 y축을 회전축으로 하여 회전시킬 때 생기는 원주대의 체적을 V라 하자.

구간 $[a, b]$의 분할 $P=\{x_0, x_1, \cdots\cdots, x_n\}$에 의한 i번째 소구간 $[x_{i-1}, x_i]$를 밑변으로 하고, 또 $[x_{i-1}, x_i]$의 중점 $\overline{x}_i\left(=\dfrac{x_{i-1}+x_i}{2}\right)$에서의 함수값 $f(\overline{x}_i)$를 높이로 하는 가는 직사각형이 y축을 회전축으로 하여 회전할 때 생기는 원주대의 체적 ΔV_i는

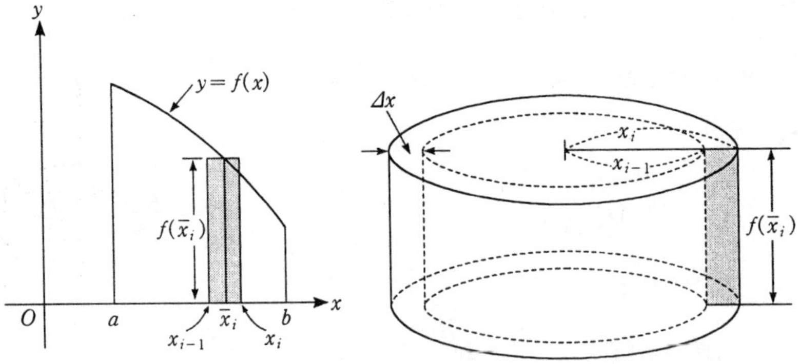

그림 5-14.

$$\varDelta V_i=\pi x_i^2 f(\overline{x}_i)-\pi x_{i-1}^2 f(\overline{x}_i)=\pi(x_i^2-x_{i-1}^2)f(\overline{x}_i)$$
$$=\pi(x_i+x_{i-1})(x_i-x_{i-1})f(\overline{x}_i)$$

와 같이 되고, $x_i-x_{i-1}=\varDelta x_i$, $\overline{x}_i=\dfrac{x_i+x_{i-1}}{2}$ 이므로

$$\varDelta V_i=\pi(2\overline{x}_i)\varDelta x_i f(\overline{x}_i)=2\pi\overline{x}_i f(\overline{x}_i)\varDelta x_i.$$

따라서 구하는 체적 V는

$$\lim_{|P|\to 0} 2\pi\sum_{i=1}^{n}\overline{x}_i f(\overline{x}_i)\varDelta x_i=2\pi\int_a^b xf(x)dx$$

로 정의한다.

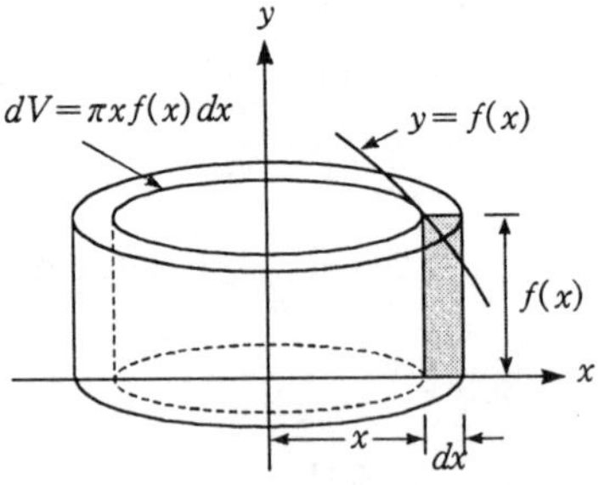

그림 5-15.

〔**참고**〕 이 경우도 그림 5-15에서 원주대의 체적소가

$$dV=2\pi xf(x)dx$$

와 같이 됨을 이용하면 편리하다.

예제 5-10 곡선 $x^2-y=2$와 직선 $y=x$로 둘러싸인 부분을 직선 $x=-1$을 회전축으로 하여 회전시킬 때 생기는 회전체의 체적 V를 구하여라.

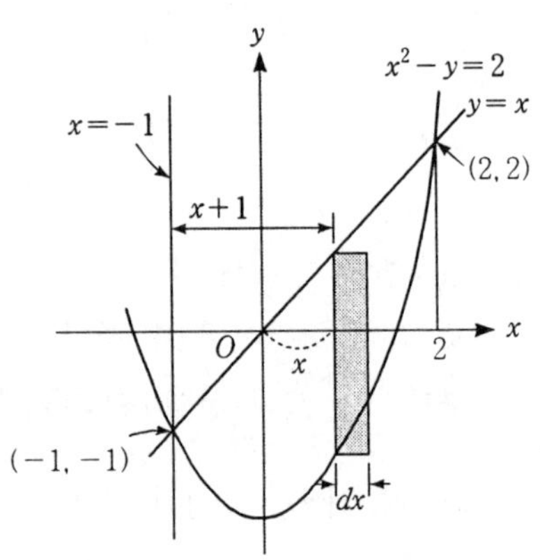

그림 5-16.

풀이 그림 5-16과 같은 직사각형을 생각하면 직선과 포물선의 교점은 $(-1, -1)$과 $(2, 2)$이고, 회전체의 체적소 dV는

$$dV = 2\pi(\text{회전축까지의 거리})$$
$$(\text{직사각형의 높이})\,dx$$
$$= 2\pi(x+1)\{x-(x^2-2)\}dx$$
$$= 2\pi(2+3x-x^3)dx.$$
$$\therefore\ V = 2\pi\int_{-1}^{2}(2+3x-x^3)dx = \frac{27}{2}\pi\ \blacksquare$$

5-4. 연습문제

1. 구간 $[a, b]$에서 곡선 $y=f(x)$(단 $f(x)$는 이 구간에서 연속함수)와 x축 사이의 도형의 면적 S는 다음과 같음을 설명하여라.

$$S = \int_a^b |f(x)|\,dx$$

2. 다음곡선으로 둘러싸인 도형의 면적을 구하여라.

(a) 곡선 $y=x^3-x^2-4x+4$와 x축

(b) 곡선 $y^2=x^3$, y축, 직선 $y=1$, $y=2$

(c) 구간 $[0, \pi]$에서 곡선 $y=\sin x$와 곡선 $y=\cos x$와 x축

(d) 곡선 $y^2=4x$와 직선 $4x-3y-4=0$

3. 다음 회전체의 체적을 구하여라.

(a) 타원 $\frac{x^2}{a^2}+\frac{y^2}{b^2}=1$을 x축을 회전축으로 하여 회전시켰을 때 생기는 회전체의 체적을 구하여라.

(b) 타원 $\frac{x^2}{a^2}+\frac{y^2}{b^2}=1$을 y축을 회전축으로 하여 회전시켰을 때 생기는 회전체의 체적을 구하여라.

(c) 두 곡선 $y=x^2$, $y=\sqrt{8}x$로 둘러싸인 영역을 x축을 회전축으로 하여 회전시킬 때 생기는 회전체의 체적을 구하여라.

(d) 두 곡선 $y=x^2$, $y=\sqrt{8}x$로 둘러싸인 영역을 y축을 회전축으로 하여 회전시킬 때 생기는 회전체의 체적을 구하여라.

(e) 제1사분면에서 두 포물선 $y=x^2$, $y=2-x^2$으로 둘러싸인 영역을 y축을 회전축으로 하여 회전시킬 때 생기는 회전체의 체적을 구하여라.

4. 배양효모가 $W'(t)=0.3e^{0.1t}$ g/hr의 비율로 자라고 있다. 구간 [0, 10] 위에서 W'의 그래프와 t축 사이의 면적을 구하고 그것이 무엇을 나타내는지 설명하여라.

5. 1970년 ($t=0$) 이후 미국에서 목재 수요의 순간변화율이

$$Q'(t)=12+0.006t^2,\ \ 0\le t\le 50$$

으로 계산되었다. 여기서 $Q(t)$는 1970년 이후에 소모된 총목재량을 10억ft^3 단위로 나타낸 것이다. 구간 [20, 30] 위에서 Q'의 그래프와 t축사이의 면적을 구하고 그것이 무엇을 나타내는지 설명하여라.

제6장 여러 가지 적분법

OUTLINE

6-1. 치환적분법
6-2. 부분적분법
6-3. 삼각함수들의 적분
6-4. 삼각치환
6-5. 부분분수에 의한 적분법
6-6. 그 밖의 치환
6-7. 특이적분

적분할 때 가장 흔히 쓰이는 방법은 치환적분법이다. 치환에 의해 정적분을 계산하는 것은 뉴턴의 스승인 캠브리지대학의 루카스 교수 배로(Isaac Barrow, 1630～1677)의 책에 처음 나타났다. 또한 1742년에 출판된 요한 베르누이(Johann Bernoulli, 1667～1748)의 강의록에도, 예를 들어 $(ax+x^2)\sqrt{a+x}$의 적분을 구할 때 $\sqrt{a+x}=y$로 치환하여 계산하는 것이 나온다. 이 강의록은 베르누이가 로피탈(Marquis de L'Hôpital, 1661～1704)에게 강의한 것으로 1691년에 쓰여졌다.

이 장에서는 치환적분법부터 시작하여 여러 특수한 형태의 함수들을 적분하는 방법을 익히도록 한다.

6-1. 치환적분법

연속함수 f의 부정적분을 구하는 가장 기본적인 방법은 f의 한 역도함수를 구한 후 모든 역도함수를 다 나타내기 위하여 적분상수를 더하는 것이다. 즉 연속함수 f에 대하여

$$F'(x)=f(x)$$

인 $F(x)$를 알면

$$\int f(x)dx=F(x)+C$$

가 된다.

이제까지 살펴본 함수들의 도함수를 복습해 보면, 5-1절에서 본 것과 같은 기본적인 적분공식 $I_1 \sim I_{27}$을 얻을 수 있다.

이 장에서는 적분공식을 곧장 사용할 수 없는 경우의 적분법을 알아보고자 한다.

가장 흔히 쓰이는 적분법은 적당한 치환에 의하여 주어진 적분을 기본 공식에 맞는 형태로 바꾸어 적분을 구하는 것이다. 이러한 적분법을 **치환적분법**(Integration by substitution)이라고 한다.

〔정리 6-1〕 $u=g(x)$, $F'(u)=f(u)$이고 $f(u)$와 $g'(x)$가 연속이면

$$\int f(g(x))\cdot g'(x)dx=\int f(u)du=F(g(x))+C.$$

〔증명〕 $\dfrac{d}{dx}F(g(x))=\dfrac{d}{dx}F(u)=f(u)\cdot\dfrac{du}{dx}=f(g(x))\cdot g'(x).$

따라서 $F(g(x))$는 $f(u)\cdot\dfrac{du}{dx}$, 즉 $f(g(x))\cdot g'(x)$의 한 역도함수이다.

$$\therefore \int f(u)\cdot\frac{du}{dx}dx=\int f(g(x))\cdot g'(x)dx=F(g(x))+C.$$

한편 $F(g(x))+C=F(u)+C=\int f(u)\,du$이므로,

$$\int f(u)\cdot\frac{du}{dx}dx=\int f(g(x))g'(x)dx=\int f(u)du=F(g(x))+C. \blacksquare$$

위에서 보듯이, 치환적분법을 사용할 때 du를 미분처럼

$$du=\frac{du}{dx}dx=g'(x)dx$$

로 생각하면 편리하다.

예제 6-1 다음을 계산하여라.

(1) $\int x^2(2x^3-1)^2 dx$　　(2) $\int \frac{e^{2x}-e^{-2x}}{e^{2x}+e^{-2x}} dx$

(3) $\int \frac{\sin\sqrt{x}}{\sqrt{x}} dx$　　(4) $\int \frac{\sec^2(\sin x)}{\sec x} dx$

(5) $\int \frac{\mathrm{Tan}^{-1} x}{1+x^2} dx$　　(6) $\int \frac{a^{\tan\theta}}{\cos^2\theta} d\theta$

풀이 (1) $u=2x^3-1$로 놓으면 $du=6x^2dx$,

$$\int x^2(2x^3-1)^2 dx=\frac{1}{6}\int(2x^3-1)^2 6x^2dx=\frac{1}{6}\int u^2du=\frac{1}{6}\cdot\frac{(2x^3-1)^3}{3}+C$$

$$=\frac{1}{18}(2x^3-1)^3+C.$$

(2) $u=e^{2x}+e^{-2x}$로 놓으면 $du=2(e^{2x}-e^{-2x})dx$,

$$\int\frac{e^{2x}-e^{-2x}}{e^{2x}+e^{-2x}}dx=\frac{1}{2}\int\frac{2(e^{2x}-e^{-2x})}{e^{2x}+e^{-2x}}dx=\frac{1}{2}\int\frac{du}{u}=\frac{1}{2}\ln(e^{2x}+e^{-2x})+C.$$

(3) $u=\sqrt{x}$로 놓으면 $du=\frac{dx}{2\sqrt{x}}$,

$$\int\frac{\sin\sqrt{x}}{\sqrt{x}}dx=2\int\sin\sqrt{x}\cdot\frac{dx}{2\sqrt{x}}=2\int\sin u\,du=-2\cos\sqrt{x}+C.$$

(4) $u=\sin x$로 놓으면 $du=\cos x\,dx=\frac{1}{\sec x}dx$,

$$\int\frac{\sec^2(\sin x)}{\sec x}dx=\int\sec^2 u\,du=\tan(\sin x)+C.$$

(5) $u=\mathrm{Tan}^{-1}x$로 놓으면 $du=\frac{1}{1+x^2}dx$,

$$\int\frac{\mathrm{Tan}^{-1}x}{1+x^2}dx=\int u\,du=\frac{1}{2}(\mathrm{Tan}^{-1}x)^2+C.$$

(6) $u=\tan\theta$로 놓으면 $du=\sec^2\theta\,d\theta=\frac{1}{\cos^2\theta}d\theta$,

$$\int\frac{a^{\tan\theta}}{\cos^2\theta}d\theta=\int a^u du=\frac{1}{\ln a}a^{\tan\theta}+C.$$ ∎

예제 6-2 다음 계산을 하여라.

(1) $\displaystyle\int \frac{x^2}{\sqrt{2-3x}}\,dx$ (2) $\displaystyle\int \frac{dx}{\sqrt{x}+\sqrt[4]{x^3}}$

풀이 (1) 피적분함수가 x와 $\sqrt[n]{a+bx}$의 유리함수일 때에는 $\sqrt[n]{a+bx}=t$로 놓는다.

$$\sqrt{2-3x}=t \text{ 로 놓으면 } x=\frac{2}{3}-\frac{1}{3}t^2,\quad dx=-\frac{2}{3}t\,dt$$

$$\therefore \int \frac{x^2}{\sqrt{2-3x}}\,dx=\int\left(\frac{2}{3}-\frac{t^2}{3}\right)^2\cdot\left(-\frac{2}{3}t\,dt\right)=-\frac{2}{3}\int\left(\frac{4}{9}-\frac{4}{9}t^2+\frac{1}{9}t^4\right)dt$$

$$=-\frac{2}{3}\left(\frac{4}{9}\sqrt{2-3x}-\frac{4}{27}(2-3x)^{\frac{3}{2}}+\frac{1}{45}(2-3x)^{\frac{5}{2}}\right)+C$$

(2) $x^{\frac{1}{m}}, x^{\frac{1}{n}}, \cdots\cdots$를 포함하는 적분은 $m, n, \cdots\cdots$의 최소공배수를 r이라 할 때 $x^{\frac{1}{r}}=t$로 놓는다. $\sqrt{x}=x^{\frac{1}{2}}$, $\sqrt[4]{x^3}=x^{\frac{3}{4}}$에서, 2, 4의 최소공배수는 4이다.

$$x^{\frac{1}{4}}=t \text{ 로 놓으면 } x=t^4,\ \sqrt{x}=t^2,\ \sqrt[4]{x^3}=t^3,\ dx=4t^3dt$$

$$\therefore \int \frac{dx}{\sqrt{x}+\sqrt[4]{x^3}}=\int\frac{4t^3dt}{t^2+t^3}=4\int\frac{tdt}{1+t}=4\int\left(1-\frac{1}{1+t}\right)dt=4\left\{x^{\frac{1}{4}}-\ln(1+x^{\frac{1}{4}})\right\}+C. \blacksquare$$

[정리 6-2] 함수 $x=g(t)$가 구간 $[\alpha, \beta]$에서 순증가(또는 순감소)하고, $g'(t)$가 $[\alpha, \beta]$에서 연속이고, 또

$$a=g(\alpha),\quad b=g(\beta)$$

이며, $f(x)$가 $[a, b]$에서 연속이면

$$\int_\alpha^\beta f(g(t)\cdot g'(t)dt=\int_a^b f(x)dx.$$

[증명] $f(x)$가 $[a, b]$에서 연속이므로 $F'(x)=f(x)$와 같이 되는 $F(x)$가 존재하고, 또 $g'(t)$가 존재하고 연속이므로

$$\int f(g(t))g'(t)dt=F(g(t))+C.$$

$$\therefore \int_\alpha^\beta f(g(t)g'(t)dt=\Big[F(g(t))\Big]_\alpha^\beta=F(g(\beta))-F(g(\alpha))=F(b)-F(a)=\int_a^b f(x)dx. \blacksquare$$

예제 6-3 다음을 계산하여라.

(1) $\displaystyle\int_0^1 e^{3-2x}dx$ (2) $\displaystyle\int_0^{\frac{\pi}{2}} \sin\theta\cos^2\theta\,d\theta$

풀이 (1) $3-2x=t$로 놓으면 $dx=-\frac{1}{2}dt$. 그리고 $x=0$일 때 $t=3$, $x=1$일 때 $t=1$.

$$\therefore \int_0^1 e^{3-2x}dx=\int_3^1 e^t\left(-\frac{1}{2}dt\right)=\frac{1}{2}\int_1^3 e^t dt=\frac{1}{2}[e^t]_1^3=\frac{1}{2}(e^3-e)$$

(2) $\cos\theta=t$로 놓으면 $\sin\theta\, d\theta=-dt$. 그리고 $\theta=0$일 때 $t=1, \theta=\frac{\pi}{2}$일 때 $t=0$.

$$\therefore \int_0^{\frac{\pi}{2}} \sin\theta\cos^2\theta\, d\theta=\int_1^0 t^2(-dt)=-\left[\frac{t^3}{3}\right]_1^0=\frac{1}{3}.$$ ■

6-1. 연습문제

1. 다음을 $a\int t^n dt$(n은 유리수) 모양이 되도록 치환하여 계산하여라.

(a) $\int\sqrt{3x+1}\,dx$ (b) $\int\frac{dx}{5-2x}$

(c) $\int\frac{\sqrt{x}\,dx}{x+x\sqrt{x}}$ (d) $\int\frac{\ln x}{x}dx$

(e) $\int\frac{1+\cos y}{y+\sin y}dy$ (f) $\int_{-3}^{-2}\frac{y+2}{y^2+4y}dy$

(g) $\int_0^1\frac{\mathrm{Sin}^{-1}x}{\sqrt{1-x^2}}dx$ (h) $\int_{-1}^1|2x-1|\,dx$

2. 다음 적분을 계산하여라.

(a) $\int x\sqrt{x+4}\,dx$ (b) $\int\frac{dx}{x-\sqrt[3]{x}}$

(c) $\int\frac{tdt}{\sqrt[4]{1+2t}}$ (d) $\int_1^3 x^3\sqrt{x^2-1}\,dx$

(e) $\int_0^7\frac{dy}{1+\sqrt[3]{y+1}}$

3. 다음 곡선으로 둘러싸인 부분의 면적을 구하여라.

(a) $y=\frac{4}{\sqrt{1-2x}}$, $y=0$, $x=-4$, $x=0$ (b) $y=\frac{x^2+1}{x+1}$, $x+3y=7$

(c) $y=\frac{x}{1+\sqrt{x}}$, $y=0$, $x=4$

4. 다음 정적분의 계산이 틀리는 이유를 말하여라.

$$\int_0^{\pi}\sqrt{1-\sin^2\theta}\,d\theta=\int_0^{\pi}\cos\theta\,d\theta=\Big[\sin\theta\Big]_0^{\pi}=\sin\pi-\sin 0=0$$

5. 다음 주어진 곡선으로 둘러싸인 영역을 x축을 축으로 하여 회전시켰을 때의 회전체의 체적을 구하여라.

(a) $y=\tan x\sec x$, $y=0$, $x=\frac{1}{4}\pi$ (b) $y=x+\sqrt{x+1}$, $y=0$, $x=0$, $x=3$

6. 곡선 $y=\frac{e^x+e^{-x}}{2}$, $0\le x\le 1$의 호의 길이를 구하여라.

7. 처음 무게가 2g인 배양효모가 일정한 온도에서 시간당 $W'(t)=0.02e^{0.1t}$g의 비율로 자라고 있다. t시간 후에 배양효모의 무게 $W(t)$를 구하여라. 또 이때 8시간 후에 배양효모의 무게를 구하여라.

8. 오염된 호수에 살균제를 뿌렸을 때, t일 후에 유해박테리아 수의 변화율이

$$\frac{dN}{dt}=-\frac{200t}{1+t^2},\quad 0\le t\le 10$$

로 주어진다. 여기서 $N(t)$는 1㎖당 박테리아 수이다. 처음에 5,000개/㎖의 박테리아가 세어졌을 때, $N(t)$를 구하고, 또 10일 후에 박테리아 수를 구하여라.

9. 유조선이 좌초하여 오일이 새어나와 원형의 오일 슬릭(slick)을 만들고 있다. 슬릭의 반경 R(cm)이 t분 후에 대략

$$\frac{dR}{dt}=\frac{1800}{t+9},\quad t\ge 0$$

의 비율로 증가할 때, 16분 후에 슬릭의 반경을 구하여라(단 $R(0)=0$이다).

10. 어떤 비닐하우스의 온도 T(℃)가 24시간동안

$$T(t)=\frac{5}{9}\left(32+\sin\frac{\pi}{12}t\right),\quad 0\le t\le 24$$

를 따라 변한다고 하자.

(a) T의 그래프를 그려라.

(b) 이 비닐하우스의 평균온도를 구하여라.

11. 어떤 유기체의 나이가 x일 때 길이 $L(x)$는

$$\frac{dL}{dx}=e^{-0.1x},\quad x\ge 0$$

를 만족시킨다고 한다. $L_\infty=\lim_{x\to\infty}L(x)=25$일 때 $L(x)$를 구하여라. $x=0$일 때 유기체는 얼마나 큰가?

12. 어떤 개체군의 성장률은 계절에 따라 변한다. $N(t)$가 시간 t에서 개체군의 크기를 나타내고, t의 단위는 년일 때

$$\frac{dN}{dt} = 3\sin 2\pi t$$

라고 하자. $N(0)=10$(1단위는 1,000)일 때 $N(t)$를 구하여라. 계절에 따른 성장률의 변동이 개체군의 크기에 어떻게 반영되는가?

13. 어느 도시의 인구는 현재로부터 t년 후에

$$P'(t) = \frac{100e^{20t}}{1+e^{20t}} \text{ (사람수/년)}$$

의 비율로 증가한다고 한다. 현재 인구가 $P(0)=40,000$일 때, t년 후에 이 도시의 인구 $P(t)$를 구하여라.

6-2. 부분적분법

두 함수의 곱에 대한 미분공식은 다음과 같다.

$$(uv)'(x) = u(x)v'(x) + u'(x)v(x)$$

따라서 다음의 적분공식을 얻는다.

$$\int (u(x)v'(x) + u'(x)v(x))dx = u(x)v(x) + C$$

$\int 0\,dx = C$이므로, 이 공식은

$$\int u(x)v'(x)dx + \int u'(x)v(x)dx = u(x)v(x) + \int 0\,dx$$

와 같이 쓸 수 있고, $\int u'(x)v(x)dx$를 양변에서 뺀 후 오른편에 있는 적분들을 합해서 쓰면

$$\int u(x)v'(x)dx = u(x)v(x) - \int u'(x)v(x)dx \tag{1}$$

를 얻는다. 이 공식을 부분적분법(Integration by parts)이라고 한다. 이 공식을 미분을 써서 나타내면 더욱 편리하다. 즉 $du = u'(x)dx$, $dv = v'(x)dx$이므로, 이것을 위의 공식 (1)에 넣으면,

$$\int u\,dv = uv - \int v\,du \tag{2}$$

를 얻는다.

부분적분법은 $\int xe^x\,dx$ 와 같이

$$\int f(x)g(x)\,dx$$

의 형태의 적분에서 f가 미분에 의하여 좀더 간단한 형태의 함수가 되고, g는 쉽게 적분할 수 있는 경우에

$$u = f,\ dv = g(x)\,dx$$

라고 놓고 계산한다. 또한

$$\int e^x \sin x\,dx$$

와 같이 미분이나 적분을 반복함으로써 같은 형태의 피적분함수가 다시 나오는 경우에 부분적분법을 사용하여 계산할 수 있다.

정적분의 경우에는 다음과 같이 계산한다.

$$\int_a^b u\,dv = \Big[uv\Big]_a^b - \int_a^b v\,du$$

예제 6-4 $\int x^2 \cos 2x\,dx$ 를 계산하여라.

풀이 $u = x^2$, $dv = \cos 2x\,dx$ 로 놓으면

$$du = 2x\,dx,\quad v = \frac{1}{2}\sin 2x$$

이므로 공식 (2)에 의하여

$$\int x^2 \cos 2x\,dx = \frac{1}{2}x^2 \sin 2x - \int x \sin 2x\,dx. \tag{3}$$

$\int x \sin 2x\,dx$ 에서 다시 $u = x$, $dv = \sin 2x\,dx$ 로 놓으면

$$du = dx,\quad v = -\frac{1}{2}\cos 2x,$$

$$\int x\sin 2x\,dx = -\frac{1}{2}x\cos 2x + \int \frac{1}{2}\cos 2x\,dx$$
$$= -\frac{1}{2}x\cos 2x + \frac{1}{4}\sin 2x + C'. \qquad (4)$$

(3), (4)에서

$$\int x^2\cos 2x\,dx = \frac{1}{2}x^2\sin 2x + \frac{1}{2}x\cos 2x - \frac{1}{4}\sin 2x + C. \ ∎$$

예제 6-5 $\int_0^\pi e^x\sin x\,dx$를 계산하여라.

풀이 $\int_0^\pi e^x\sin x\,dx = \int_0^\pi \sin x\,de^x = \Big[e^x\sin x\Big]_0^\pi - \int_0^\pi e^x\cos x\,dx = -\int_0^\pi e^x\cos x\,dx \qquad (5)$

또 $\int_0^\pi e^x\cos x\,dx = \int_0^\pi \cos x\,de^x = \Big[e^x\cos x\Big]_0^\pi - \int_0^\pi e^x(-\sin x\,dx)$

$$= -e^\pi - 1 + \int_0^\pi e^x\sin x\,dx. \qquad (6)$$

(5), (6)에서

$$\int_0^\pi e^x\sin x\,dx = e^\pi + 1 - \int_0^\pi e^\pi\sin x\,dx.$$

우변의 적분을 이항하고 양변을 2로 나누면

$$\int_0^\pi e^x\sin x\,dx = \frac{1}{2}(e^\pi + 1). \ ∎$$

[참고] 예제 6-5에서는 첫 번째 부분적분에서 $u = e^x$, $dv = \sin x\,dx$, 두 번째 부분적분에서 $u = e^x$, $dv = \cos x\,dx$와 같이 하여도 된다.

예 1 $\int \underset{u}{\ln x}\,\underset{dv}{dx} = \underset{u}{(\ln x)}\cdot \underset{v}{x} - \int \underset{v}{x}\cdot \underset{du}{\frac{dx}{x}} = x\ln x - x + C. \ ∎$

예제 6-6 $\int \sec^3\theta\,d\theta$를 계산하여라.

풀이 $u = \sec\theta$, $dv = \sec^2\theta\,d\theta$로 놓으면

$$du = \sec\theta \tan\theta \, d\theta, \quad v = \tan\theta.$$

따라서 (2)에 의하여

$$\begin{aligned}\int \sec^3\theta \, d\theta &= \sec\theta\tan\theta - \int \sec\theta \tan^2\theta \, d\theta \\ &= \sec\theta\tan\theta - \int \sec\theta \cdot (\sec^2\theta - 1) \, d\theta \\ &= \sec\theta\tan\theta - \int \sec^3\theta \, d\theta + \int \sec\theta \, d\theta.\end{aligned}$$

$$\therefore \int \sec^3\theta \, d\theta = \sec\theta\tan\theta - \int \sec^3\theta \, d\theta + \ln|\sec\theta + \tan\theta| + C'$$

($\int \sec u \, du$의 계산은 다음 절 예 14에서 볼 수 있다.)

$-\int \sec^3\theta \, d\theta$를 좌변으로 이항하고 양변을 2로 나누면

$$\int \sec^3\theta \, d\theta = \frac{1}{2}\sec\theta\tan\theta + \frac{1}{2}\ln|\sec\theta + \tan\theta| + C. \blacksquare$$

6-2. 연습문제

※ 부분적분법에 의하여 다음 적분을 계산하여라(1~14).

1. $\int \theta \cos\theta \, d\theta$

2. $\int xe^{-x} \, dx$

3. $\int x \sec x \tan x \, dx$

4. $\int (x^3 + 1) \ln x \, dx$

5. $\int x \sec^2 \frac{x}{3} \, dx$

6. $\int \sin(\ln x) dx$

7. $\int x^3 \sin(x^2) dx$

8. $\int e^{ax} \sin bx \, dx$

9. $\int e^{-x} \cos 2x \, dx$

10. $\int (\ln x)^3 dx$

11. $\int \mathrm{Tan}^{-1} x \, dx$

12. $\int x \sin x \cos x \, dx$

13. $\int_{-1}^{1} \mathrm{Cos}^{-1} x \, dx$

14. $\int_0^2 x^2 e^x \, dx$

15. 곡선 $y = xe^{-x}$, x축 및 $x = 1$로 둘러싸인 부분에 대하여 다음을 구하여라.

(a) 면적

(b) x축을 회전축으로 한 회전체의 체적

※ 다음 공식을 증명하여라(16~17).

16. $\int x^n \sin ax\, dx = -\frac{x^n \cos ax}{a} + \frac{n}{a}\int x^{n-1}\cos ax\, dx,\ n \geq 1$

17. $\int x^n e^{ax}\, dx = \frac{x^n e^{ax}}{a} - \frac{n}{a}\int x^{n-1} e^{ax}\, dx,\ n \geq 1$

18. 공장이 하루의 가동을 멈추고 t시간 후에 분진의 농도(단위는 ppm)는

$$C(t) = \frac{20\ln(t+1)}{(t+1)^2}$$

로 주어진다. $t=0$부터 $t=5$까지의 시간에 분진농도의 평균을 구하여라.

19. 환자가 알약을 복용하면, 알약의 약 성분이 혈류에 흡수된다. 알약을 먹고 t분 후에 약의 흡수율은

$$R(t) = te^{0.2t}$$

이다. 알약복용 후 처음 10분 동안 혈류에 흡수된 약의 총량을 구하여라.

6-3. 삼각함수들의 적분

예 2~5는 삼각함수를 적분공식을 사용하여 적분하는 보기이다.

예 2 $\int \sec^2\frac{x}{2}\, dx = 2\int \sec^2\frac{x}{2}\, d\left(\frac{x}{2}\right) = 2\tan\frac{x}{2} + C.$ ■

예 3 $\int e^{3x}\tan e^{3x}\, dx = \frac{1}{3}\int \tan e^{3x}\, d(e^{3x}) = \frac{1}{3}\ln(\sec e^{3x}) + C.$ ■

예 4 $\int \tan^2\theta\, d\theta = \int(\sec^2\theta - 1)\, d\theta = \tan\theta - \theta + C.$ ■

예 5 $\int \csc 3x\, dx = \frac{1}{3}\int \csc 3x\, dx(3x) = \frac{1}{3}\ln|\csc 3x - \cot 3x| + C.$ ■

삼각함수의 적분은 피적분함수를 적당히 변환함으로써 적분하기 쉬운 모양으로 되는 경우가 있는데, 다음은 그 대표적인 경우이다.

[I] $\int \sin au \cos bu\, du,\ \int \sin au \sin bu\, du,\ \int \cos au \cos bu\, du$ 형

다음공식을 이용한다.

$$\sin A\cos B=\frac{1}{2}\{\sin(A-B)+\sin(A+B)\}$$
$$\sin A\sin B=\frac{1}{2}\{\cos(A-B)-\cos(A+B)\}$$
$$\cos A\cos B=\frac{1}{2}\{\cos(A-B)+\cos(A+B)\}$$

예 6 $\int\cos 5x\cos 3x\,dx=\frac{1}{2}\int(\cos 2x+\cos 8x)dx=\frac{1}{4}\sin 2x+\frac{1}{16}\sin 8x+C.$ ∎

II $\int\sin^m u\cos^n u\,du$ **형**

(1) m 또는 n이 양의 홀수인 경우 다음 공식을 이용한다.

$$\sin^2 u=1-\cos^2 u,\quad \cos^2 u=1-\sin^2 u$$
$$\sin u\,du=d(-\cos u),\quad \cos u\,du=d(\sin u)$$

예 7 $\int\sin^3 x\cos^2 x\,dx=\int\sin^2 x\cos^2 x(\sin x\,dx)=\int(1-\cos^2 x)\cos^2 x\,d(-\cos x)$

$$=-\int(\cos^2 x-\cos^4 x)d(\cos x)=-\left\{\frac{\cos^3 x}{3}-\frac{\cos^5 x}{5}\right\}+C.$$ ∎

(2) m과 n이 모두 양의 짝수인 경우 다음 공식을 이용한다.

$$\sin^2 u=\frac{1-\cos 2u}{2},\quad \cos^2 u=\frac{1+\cos 2u}{2}$$

예 8 $\int\sin^4 x\cos^2 x\,dx=\int\left(\frac{1-\cos 2x}{2}\right)^2\left(\frac{1+\cos 2x}{2}\right)dx$

$$=\frac{1}{8}\int(1-\cos 2x-\cos^2 2x+\cos^3 2x)dx$$
$$=\frac{1}{8}\left\{\int dx-\frac{1}{2}\int\cos 2x\,d(2x)-\int\frac{1+\cos 2(2x)}{2}dx+\frac{1}{2}\int(1-\sin^2 2x)d(\sin 2x)\right\}$$
$$=\frac{1}{8}\left\{x-\frac{1}{2}\sin 2x-\left(\frac{x}{2}+\frac{1}{8}\sin 4x\right)+\frac{1}{2}\left(\sin 2x-\frac{\sin^3 2x}{3}\right)\right\}+C$$
$$=\frac{x}{16}-\frac{1}{64}\sin 4x-\frac{1}{48}\sin^3 2x+C.$$ ∎

III $\int\tan^n u\,du,\ \int\cot^n u\,du$ **형**(n은 임의의 양의 정수)

다음 공식을 이용한다.

$$\tan^2 u = \sec^2 u - 1, \quad \cot^2 u = \csc^2 u - 1$$

예 9 $\int \tan^4 x\,dx = \int \tan^2 x \cdot (\sec^2 x - 1)dx = \int \tan^2 x \sec^2 x\,dx - \int (\sec^2 x - 1)dx$

$$= \int \tan^2 x\,d(\tan x) - \int \sec^2 x\,dx + \int dx = \frac{\tan^3 x}{3} - \tan x + x + C$$

$$\int \tan^5 x\,dx = \int \tan^3 x \cdot (\sec^2 x - 1)dx = \int \tan^3 x \sec^2 x\,dx - \int \tan x(\sec^2 x - 1)dx$$

$$= \int \tan^3 x\,d(\tan x) - \int \tan x\,d(\tan x) + \int \frac{\sin x}{\cos x}dx$$

$$= \frac{1}{4}\tan^4 x - \frac{1}{2}\tan^2 x - \ln|\cos x| + C. \blacksquare$$

Ⅳ $\int \sec^n u\,du$, $\int \csc^n u\,du$ **형**(단, n은 $n \geq 4$인 짝수)

다음 공식을 이용한다.

$$\sec^2 u = 1 + \tan^2 u, \quad \csc^2 u = 1 + \cot^2 u$$

예 10 $\int \csc^4 x\,dx = \int (1 + \cot^2 x)\csc^2 x\,dx = \int (1 + \cot^2 x)d(-\cot x)$

$$= -\cot x - \frac{1}{3}\cot^3 x + C. \blacksquare$$

[참고] n이 홀수일 때에는, 예컨대 $\int \csc^3 u\,du = \int \csc^2 u \cdot \csc u\,du = \int \csc u\,d(-\cot u)$ 와 같이 변형하고 6-2절의 부분적분법에 의하여 계산한다.

Ⅴ $\int \tan^m u \sec^n u\,du$ **형**

(1) m이 임의의 수이고, $n = 2k =$(짝수)일 때, 다음 공식을 이용한다.

$$\sec^{2k} u\,du = \sec^{2(k-1)} u \cdot \sec^2 u\,du = (1 + \tan^2 u)^{k-1} d(\tan u)$$

예 11 $\int \tan^{-\frac{3}{2}} x \sec^4 x\,dx = \int \tan^{-\frac{3}{2}} x \cdot (1 + \tan^2 x)d(\tan x)$

$$= \int \tan^{-\frac{3}{2}} x\,d(\tan x) + \int \tan^{\frac{1}{2}} x\,d(\tan x)$$

$$= -2\tan^{-\frac{1}{2}} x + \frac{2}{3}\tan^{\frac{3}{2}} x + C. \blacksquare$$

(2) $m = 2k + 1 =$홀수이고, n이 임의의 수일 때, 다음 공식을 이용한다.

$$\tan^{2k+1}u \sec^n u\, du = \tan^{2k}u \sec^{n-1}u \cdot \sec u \tan u\, du$$
$$= (\sec^2 u - 1)^k \sec^{n-1} u\, d(\sec u)$$

예 12 $\int \tan^3 x \sec^{-\frac{1}{2}} x\, dx = \int \tan^2 x \sec^{-\frac{3}{2}} x \cdot \sec x \tan x\, dx$

$= \int (\sec^2 x - 1)\sec^{-\frac{3}{2}} x\, d(\sec x) = \int \sec^{\frac{1}{2}} x\, d(\sec x) - \int \sec^{-\frac{3}{2}} x\, d(\sec x)$

$= \frac{2}{3} \sec^{\frac{3}{2}} x + 2\sec^{-\frac{1}{2}} x + C.$ ■

(3) m이 짝수이고, n이 홀수인 경우는 6-2절의 부분적분법을 이용한다.

예 13 $\int \tan^2 x \sec x\, dx = \int (\tan x)(\tan x \cdot \sec x) dx$

$= \tan x \sec x - \int (\tan x)' \sec x\, dx$

$= \tan x \sec x - \left\{ \frac{1}{2} \tan x \sec x + \frac{1}{2} \ln|\tan x + \sec x| \right\} + C$ (예제 6-6 참조)

$= \frac{1}{2} \tan x \sec x - \frac{1}{2} \ln|\tan x + \sec x| + C.$ ■

Ⅵ $\int \cot^m u \csc^n u\, du$형

$\int \tan^n u \sec^n u\, du$형과 마찬가지로 한다.

Ⅶ 기타

예 14 $\int \sec u\, du = \int \frac{1}{\cos u} \cdot \frac{\cos u}{\cos u} du = \int \frac{d(\sin u)}{1 - \sin^2 u} = \frac{1}{2} \ln\left| \frac{1 + \sin u}{1 - \sin u} \right| + C$

$= \frac{1}{2} \ln \frac{(1 + \sin u)^2}{1 - \sin^2 u} + C = \ln\left| \frac{1 + \sin u}{\cos u} \right| + C = \ln|\sec u + \tan u| + C.$ ■

예 15 $\int_{\frac{\pi}{6}}^{\frac{\pi}{3}} \frac{dx}{1 + \cos x} = \int_{\frac{\pi}{6}}^{\frac{\pi}{3}} \frac{1 - \cos x}{1 - \cos^2 x} dx = \int_{\frac{\pi}{6}}^{\frac{\pi}{3}} \frac{1 - \cos x}{\sin^2 x} dx = \int_{\frac{\pi}{6}}^{\frac{\pi}{3}} (\csc^2 x - \csc x \cot x) dx$

$= \Big[-\cot x + \csc x \Big]_{\frac{\pi}{6}}^{\frac{\pi}{3}} = -\frac{1}{\sqrt{3}} + \frac{2}{\sqrt{3}} + \sqrt{3} - 2 = \frac{4}{\sqrt{3}} - 2.$ ■

부분적분법에 의하여 삼각함수에 대한 다음과 같은 점화공식(reduction formula) (1), (2)를 유도할 수 있다. 여기서 점화공식이라 함은 피적분함수의 차수를 보다 낮은 것으로 고쳐서 적분하는 공식이다.

$$\int \sin^n x\,dx = -\frac{1}{n}\sin^{n-1}x\cos x + \frac{n-1}{n}\int \sin^{n-2}x\,dx \quad (\text{단, } n\geq 2) \tag{1}$$

$$\int \cos^n x\,dx = \frac{1}{n}\cos^{n-1}x\sin x + \frac{n-1}{n}\int \cos^{n-2}x\,dx \quad (\text{단, } n\geq 2) \tag{2}$$

[(1)의 증명] $u=\sin^{n-1}x$, $dv=\sin x\,dx$로 놓으면

$$\begin{aligned}\int \sin^n x\,dx &= (\sin^{n-1}x)(-\cos x) - \int(-\cos x)(n-1)\sin^{n-2}x\cdot\cos x\,dx\\ &= -\sin^{n-1}x\cdot\cos x + (n-1)\int \sin^{n-2}x\cdot\cos^2 x\,dx\\ &= -\sin^{n-1}x\cdot\cos x + (n-1)\int \sin^{n-2}x\cdot(1-\sin^2 x)dx.\end{aligned}$$

$$\therefore \int \sin^n x\,dx = -\sin^{n-1}x\cdot\cos x + (n-1)\int \sin^{n-2}x\,dx - (n-1)\int \sin^n x\,dx.$$

우변의 끝항을 이항하고 n으로 나누면 (1)로 된다.
(2)도 마찬가지로 증명할 수 있다.

6-3. 연습문제

※ 다음 적분을 구하여라(1～21).

1. $\int \cos\frac{2}{3}x\,dx$

2. $\int \frac{1}{x^2}\sin\frac{\pi}{x}\,dx$

3. $\int \sin 3x\cos 5x\,dx$

4. $\int \sin 3x\sin 2x\,dx$

5. $\int \cos^4 2x\,dx$

6. $\int \sin^3 3x\,dx$

7. $\int \sin^5 2t\cos^2 2t\,dt$

8. $\int \sin^4\frac{\theta}{2}\cos^2\frac{\theta}{2}\,d\theta$

9. $\int \tan^2\frac{2}{3}x\,dx$

10. $\int \cot t\,dt$

11. $\int \sec^4 3x\,dx$

12. $\int \csc^4\frac{3}{2}\theta\,d\theta$

13. $\int \tan 5\theta\sec^4 5\theta\,d\theta$

14. $\int \tan^3 3t\sec^3 3t\,dt$

15. $\int \cot x\csc^3 x\,dx$

16. $\int \cot^2 2y\csc^4 2y\,dy$

17. $\int \frac{\sin x}{1+\sin x}\,dx$

18. $\int_0^{\frac{\pi}{3}} \sin^3\theta\,d\theta$

19. $\int_{-\frac{\pi}{4}}^{\frac{\pi}{4}} \sec^6 t\, dt$

20. $\int_{\frac{\pi}{3}}^{\frac{\pi}{6}} \sin^2 2\theta \cos^3 2\theta\, d\theta$

21. $\int_{\frac{\pi}{6}}^{\frac{\pi}{4}} \cot^3 \theta\, d\theta$

22. 구간 $[0, \pi]$에서 곡선 $y=\sin x$와 x축으로 둘러싸인 영역을 x축을 회전축으로 하여 회전시켰을 때 생기는 회전체의 체적을 구하여라.

※ 다음 공식을 증명하여라(23~24).

23. $\int \tan^n x\, dx = \dfrac{\tan^{n-1} x}{n-1} - \int \tan^{n-2} x\, dx,\ \ n \geq 2$

24. $\int \sec^n x\, dx = \dfrac{\sec^{n-2} x \tan x}{n-1} + \dfrac{n-2}{n-1} \int \sec^{n-2} x\, dx,\ \ n \geq 2$

6-4. 삼각치환

피분적함수가 u와 $\sqrt{a^2-u^2}$, $\sqrt{a^2+u^2}$, $\sqrt{u^2-a^2}$ 중의 하나를 포함하는 유리함수로 되어 있을 때에는 아래와 같이 치환한다. 이 치환에 의하여 피적분함수는 삼각함수를 포함하는 것으로 치환되므로, 이 치환을 삼각치환(trigonometric substitution)이라고 한다.

Ⅰ $\int f(u, \sqrt{a^2-u^2})\, du$ **형**

그림 6-1과 같은 직각삼각형을 생각하여

$$\frac{u}{a} = \sin\theta, \text{ 즉 } u = a\sin\theta$$

로 치환한다.

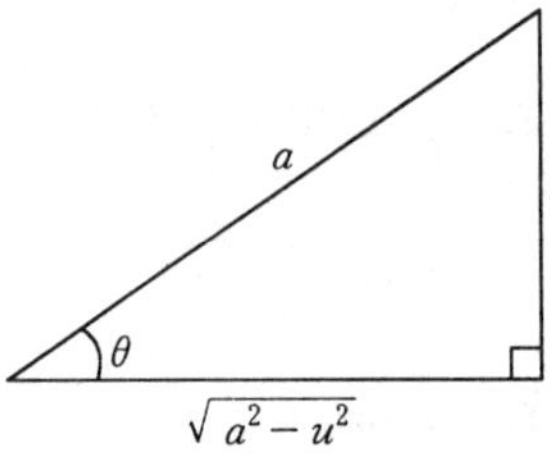

그림 6-1.

Ⅱ $\int f(u, \sqrt{u^2+a^2})\, du$ **형**

그림 6-2와 같은 직각삼각형을 생각하여

$$\frac{u}{a} = \tan\theta, \text{ 즉 } u = a\tan\theta$$

로 치환한다.

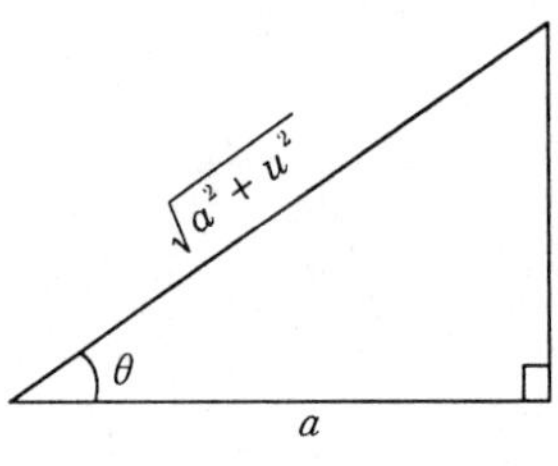

그림 6-2.

Ⅲ $\int f(u, \sqrt{u^2-a^2})\, du$ **형**

그림 6-3과 같은 직각삼각형을 생각하여

$$\frac{u}{a}=\sec\theta,\ \text{즉}\quad u=a\sec\theta$$

로 치환된다.

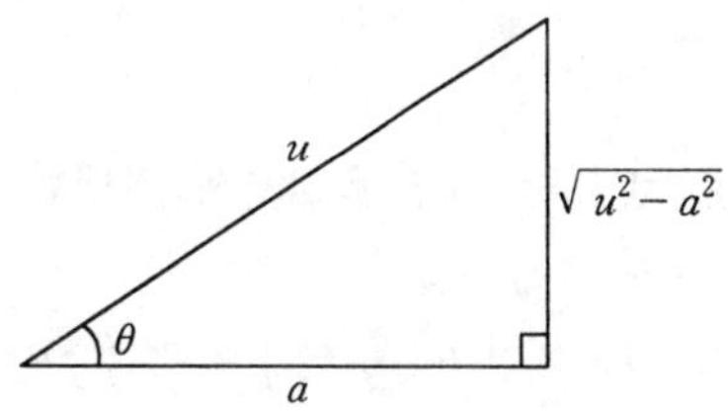

그림 6-3.

예제 6-7 $\int\frac{dx}{(9-x^2)^{\frac{3}{2}}}$를 계산하여라.

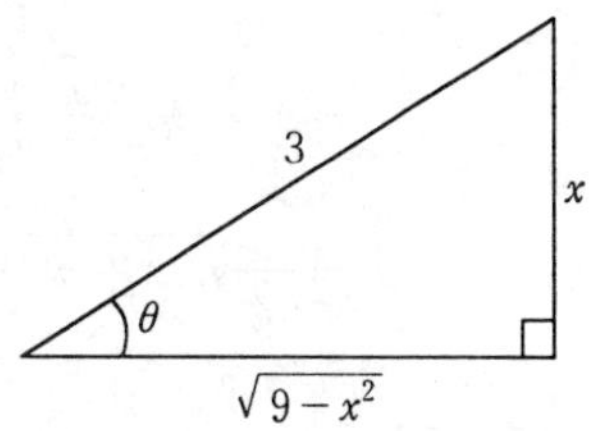

그림 6-4.

풀이 그림 6-4와 같은 직각삼각형을 생각하여

$$\sin\theta=\frac{x}{3},\ \text{즉}\quad x=3\sin\theta$$

로 놓으면, 그림 6-4에서 $\sqrt{9-x^2}=3\cos\theta$, 또 $dx=3\cos\theta\,d\theta$이므로

$$\int\frac{dx}{(9-x^2)^{\frac{3}{2}}}=\int\frac{3\cos\theta\,d\theta}{(3\cos\theta)^3}=\frac{1}{9}\int\sec^2\theta\,d\theta$$

$$=\frac{1}{9}\tan\theta+C.$$

그림 6-4에서 $\tan\theta=\frac{x}{\sqrt{9-x^2}}$ 이므로

$$\int\frac{dx}{(9-x^2)^{\frac{3}{2}}}=\frac{1}{9}\cdot\frac{x}{\sqrt{9-x^2}}+C.\ ■$$

삼각치환에 의하여 다음 적분공식을 유도할 수 있다.

$$\int\frac{du}{u\sqrt{u^2-a^2}}=\frac{1}{a}\,\mathrm{Sec}^{-1}\frac{u}{a}+C \qquad (1)$$

$$\int\frac{du}{\sqrt{u^2\pm a^2}}=\ln|u+\sqrt{u^2\pm a^2}|+C\ \text{(복호동순)} \qquad (2)$$

$$\int\sqrt{a^2-u^2}\,du=\frac{u}{2}\sqrt{a^2-u^2}+\frac{a^2}{2}\,\mathrm{Sin}^{-1}\frac{u}{a}+C \qquad (3)$$

$$\int\sqrt{u^2\pm a^2}\,du=\frac{u}{2}\sqrt{u^2\pm a^2}\pm\frac{a^2}{2}\ln|u+\sqrt{u^2\pm a^2}|+C\ \text{(복호동순)} \qquad (4)$$

예컨대, 공식 (4)에서 $\int\sqrt{u^2+a^2}\,du$에 대하여서는 그림 6-2와 같은 직각삼각형을 생각하여

$$u = a\tan\theta, \quad du = a\sec^2\theta\, d\theta$$

로 놓으면 그림 6-2에서 명백한 바와 같이 $\sqrt{u^2+a^2} = a\sec\theta$이므로,

$$\begin{aligned}
\int\sqrt{u^2+a^2}\,du &= \int a\sec\theta\cdot a\sec^2\theta\,d\theta = a^2\int\sec^3\theta\,d\theta \\
&= a^2\left\{\frac{1}{2}\sec\theta\tan\theta + \frac{1}{2}\ln|\sec\theta+\tan\theta|\right\} + C' \quad (\text{예제 6-6}) \\
&= a^2\cdot\frac{1}{2}\frac{\sqrt{u^2+a^2}}{a}\cdot\frac{u}{a} + a^2\cdot\frac{1}{2}\ln\left|\frac{\sqrt{u^2+a^2}}{a}+\frac{u}{a}\right| + C' \quad (\text{그림 6-2에서}) \\
&= \frac{u}{2}\sqrt{u^2+a^2} + \frac{a^2}{2}\ln|u+\sqrt{u^2+a^2}| + C.
\end{aligned}$$

또 $\int\sqrt{u^2-a^2}\,du$에 대하여서는 그림 6-3과 같은 직각삼각형을 생각하여

$$u = a\sec\theta, \quad du = a\sec\theta\tan\theta\,d\theta$$

로 놓으면 그림 6-3에서 명백한 바와 같이 $\sqrt{u^2-a^2} = a\tan\theta$이므로,

$$\begin{aligned}
\int\sqrt{u^2-a^2}\,du &= \int a\tan\theta\cdot a\sec\theta\tan\theta\,d\theta = a^2\int\sec\theta\tan^2\theta\,d\theta \\
&= a^2\int\sec\theta\cdot(\sec^2\theta-1)d\theta = a^2\int(\sec^3\theta-\sec\theta)d\theta \\
&= a^2\left\{\frac{1}{2}\sec\theta\cdot\tan\theta + \frac{1}{2}\ln|\sec\theta+\tan\theta| - \ln|\sec\theta+\tan\theta|\right\} + C' \\
&= a^2\left\{\frac{1}{2}\frac{u}{a}\cdot\frac{\sqrt{u^2+a^2}}{a} - \frac{1}{2}\ln\left|\frac{u}{a}+\frac{\sqrt{u^2-a^2}}{a}\right|\right\} + C' \\
&= \frac{u}{2}\sqrt{u^2+a^2} - \frac{a^2}{2}\ln|u+\sqrt{u^2-a^2}| + C.
\end{aligned}$$

6-4. 연습문제

1. 적분공식 $\int\frac{1}{\sqrt{a^2-u^2}}du = \mathrm{Sin}^{-1}\frac{u}{a}+C$와 $\int\frac{1}{a^2+u^2}du = \frac{1}{a}\mathrm{Tan}^{-1}\frac{u}{a}+C$를 삼각치환에 의하여 유도하여라.

2. 적분공식 (1), (2), (3)을 삼각치환에 의하여 유도하여라.

※ 다음 적분을 계산하여라(3~16).

3. $\displaystyle\int \frac{3x-2}{\sqrt{4-x^2}}\,dx$

4. $\displaystyle\int \frac{e^x dx}{(a^2-e^{2x})^{\frac{3}{2}}}$

5. $\displaystyle\int \frac{x dx}{\sqrt{8+2x-x^2}}$

6. $\displaystyle\int \frac{dx}{x\sqrt{2ax-x^2}}$

7. $\displaystyle\int \frac{dx}{(x^2+4)^{\frac{3}{2}}}$

8. $\displaystyle\int \frac{dx}{x\sqrt{x^2-9}}$

9. $\displaystyle\int \frac{dx}{\sqrt{x^2+2x+2}}$

10. $\displaystyle\int \frac{t^2 dt}{(t^2+16)^{\frac{3}{2}}}$

11. $\displaystyle\int \frac{dz}{z^2\sqrt{z^2-4}}$

12. $\displaystyle\int \frac{dx}{\sqrt{(4x^2-9)^3}}$

13. $\displaystyle\int \frac{\sqrt{x^2-4}}{x^2}\,dx$

14. $\displaystyle\int_5^9 \frac{ds}{s\sqrt{s^2+144}}$

15. $\displaystyle\int_0^2 x^2\sqrt{4-x^2}\,dx$

16. $\displaystyle\int_3^6 \frac{dr}{r^3\sqrt{r^2-9}}$

17. 타원 $\dfrac{x^2}{a^2}+\dfrac{y^2}{b^2}=1$로 둘러싸인 영역의 면적을 구하여라.

18. 곡선 $y=\dfrac{\sqrt{x^2-9}}{x^2}$, $y=0$, $x=5$로 둘러싸인 영역의 면적을 구하여라.

19. $x=1$에서 $x=5$까지의 곡선 $y=\ln x$의 길이를 구하여라.

6-5. 부분분수에 의한 적분법(유리함수의 적분)

이 절에서는 $f(x)$와 $g(x)$가 실계수 다항식일 때 유리함수 $\dfrac{f(x)}{g(x)}$의 적분

$$\int \frac{f(x)}{g(x)}\,dx$$

를 다룬다. 예를 들어

$$f(x)=2x^6+x^5+10x^4-10x^3+10x^2-6x+2$$
$$g(x)=2x^5-x^4+2x^3-x^2$$

인 경우를 생각해보자. $f(x)$의 차수가 $g(x)$의 차수보다 높으므로 $f(x)$를 $g(x)$로 나누면

$$\frac{f(x)}{g(x)} = x+1+\frac{9x^4-11x^3+11x^2-6x+2}{2x^5-x^4+2x^3-x^2}$$

를 얻는다. $r(x)=9x^4-11x^3+11x^2-6x+2$로 놓으면 $\frac{r(x)}{g(x)}$는 분자의 차수가 분모의 차수보다 낮은 유리함수이다. 이와 같은 유리함수를 **진유리함수**(proper rational function)라고 한다.

$$\frac{r(x)}{g(x)} = \frac{2}{x}-\frac{2}{x^2}+\frac{3}{2x-1}+\frac{x-2}{x^2+1} \tag{1}$$

임을 확인해 볼 수 있다. 그러면

$$\frac{f(x)}{g(x)} = x+1+\frac{2}{x}-\frac{2}{x^2}+\frac{3}{2x-1}+\frac{x-2}{x^2+1} \tag{2}$$

이므로 $\frac{f(x)}{g(x)}$를 적분하기 위하여는 (2)의 우변의 항들을 적분하여 합하면 된다. 진유리함수 $\frac{r(x)}{g(x)}$를 (1)과 같이 부분분수들의 합으로 나타내는 것을 $\frac{r(x)}{g(x)}$를 부분분수로 분해한다고 한다.

위와 같이, 유리함수 $\frac{f(x)}{g(x)}$를 적분하기 위하여 우선 분자의 차수가 분모의 차수보다 높으면 $f(x)$를 $g(x)$로 나눈 몫 $q(x)$와 나머지 $r(x)$를 구하여

$$\frac{f(x)}{g(x)} = q(x)+\frac{r(x)}{g(x)}$$

와 같이 고쳐 쓴 다음, $\frac{r(x)}{g(x)}$를 부분분수로 분해하면 $\frac{f(x)}{g(x)}$의 적분을 쉽게 구할 수 있다.

이제 진유리함수 $\frac{r(x)}{g(x)}$를 부분분수로 어떻게 분해할 수 있나를 살펴보자. 대수학의 정리에 의해 실계수 다항식은 일차식 $ax+b$와 실계수로 더 이상 인수분해되지 않는 이차식 ax^2+bx+c 형태의 인수들로 나누어진다. 따라서 분모 $g(x)$를 일차식과 이차식의 곱으로 인수분해하면, 대수학의 다음 정리에 의해 진유리함수를 부분분수로 분해할 수 있다.

〔**정리 6-3**〕 임의의 진유리함수 $\frac{r(x)}{g(x)}$는 아래와 같이 부분분수로 분해된다.

(1) 분모의 인수 중에 $(ax+b)^n$ [단, n은 $g(x)$가 포함하는 $ax+b$의 최고멱지수]이 있으면, $\frac{r(x)}{g(x)}$를 부분분수로 분해했을 때 그 분해는

$$\frac{A_1}{ax+b}+\frac{A_2}{(ax+b)^2}+\cdots\cdots+\frac{A_n}{(ax+b)^n}$$

을 포함한다. 여기서 $A_1, A_2\cdots\cdots, A_n$은 적당한 상수이다.

(2) 분모의 인수 중에 $(ax^2+bx+c)^n$ 〔단, n은 $g(x)$가 포함하는 ax^2+bx+c의 최고멱지수〕이 있으면, $\frac{r(x)}{g(x)}$를 부분분수로 분해했을 때, 그 분해는

$$\frac{A_1x+B_1}{ax^2+bx+c}+\frac{A_2x+B_2}{(ax^2+bx+c)^2}+\cdots\cdots+\frac{A_nx+B_n}{(ax^2+bx+c)^n}$$

을 포함한다. 여기서 $A_1, A_2, \cdots\cdots, A_n$과 $B_1, B_2, \cdots\cdots, B_n$은 적당한 상수이고, ax^2+bx+c는 더 이상 실계수로 인수분해되지 않는다.

앞의 예를 다시 살펴보면,

$$g(x)=x^2(2x-1)(x^2+1)$$

과 같이 분모가 인수분해되므로

$$\frac{r(x)}{g(x)}=\frac{A}{x}+\frac{B}{x^2}+\frac{C}{2x-1}+\frac{Dx+E}{x^2+1} \tag{3}$$

와 같이 부분분수로 분해된다. (3)이 항등식이 되도록 상수 A, B, C, D, E를 결정하면 앞에서 본 식 (2)와 같이 된다.

예제 6-8 $\int \frac{x^3+2}{x-1}dx$를 계산하여라.

풀이 유리함수 $\frac{x^3+2}{x-1}$의 분자의 차수가 분모의 차수보다 높으므로 x^3+2를 $x-1$로 나누면

$$\frac{x^3+2}{x-1}=x^2+x+1+\frac{3}{x-1}.$$

$$\therefore \int\frac{x^3+2}{x-1}dx=\int(x^2+x+1)dx+\int\frac{3}{x-1}dx=\frac{x^3}{3}+\frac{x^2}{2}+x+3\ln|x-1|+C. \blacksquare$$

예제 6-9 $\int \frac{x^2+2x-2}{x^3-4x}dx$를 계산하여라.

풀이 정리 6-3에 의하여

$$\frac{x^2+2x-2}{x^3-4x}=\frac{x^2+2x-2}{x(x+2)(x-2)}=\frac{A}{x}+\frac{B}{x+2}+\frac{C}{x-2}. \tag{4}$$

(4)의 분모를 없애면

$$x^2+2x-2=A(x+2)(x-2)+Bx(x-2)+Cx(x+2). \tag{5}$$

A, B, C를 구하는 방법은 아래와 같이 두 가지가 있다.

〔방법 1〕 (대입법) 식 (5)는 모든 값에 대하여 성립하므로, (5)에 $x=0,\ -2,\ 2$를 대입하면 다음 결과를 얻는다.

$x=0$일 때, $\quad -2=-4A,\quad A=\frac{1}{2}$

$x=-2$일 때, $\quad -2=8B,\quad B=-\frac{1}{4}$

$x=2$일 때, $\quad 6=8C,\quad C=\frac{3}{4}$

〔방법 2〕 (미계정수법) 식 (5)를 다음과 같이 고쳐 쓴다.

$$x^2+2x-2=(A+B+C)x^2-2(B-C)x-4A \tag{6}$$

(6)은 항등식이므로 좌, 우변의 x^2, x, 상수항의 계수를 비교하면

$$A+B+C=1,\quad -2B+2C=2,\quad -4A=-2.$$

이 연립방정식을 풀면 $A=\frac{1}{2},\ B=-\frac{1}{4},\ C=\frac{3}{4}$.

이제 이 값들을 (4)에 대입하고 적분하면

$$\begin{aligned}\int\frac{x^2+2x-2}{x^3-4x}\,dx&=\frac{1}{2}\int\frac{dx}{x}-\frac{1}{4}\int\frac{dx}{x+2}+\frac{3}{4}\int\frac{dx}{x-2}\\&=\frac{1}{2}\ln|x|-\frac{1}{4}\ln|x+2|+\frac{3}{4}\ln|x-2|+C\\&=\frac{1}{4}\ln\left|\frac{x^2(x-2)^3}{x+2}\right|+C.\ \blacksquare\end{aligned}$$

예제 6-10 $\displaystyle\int\frac{x}{(x+1)^2(x^2+x+1)}\,dx$를 계산하여라.

풀이
$$\frac{x}{(x+1)^2(x^2+x+1)}=\frac{A}{x+1}+\frac{B}{(x+1)^2}+\frac{Cx+D}{x^2+x+1} \tag{7}$$

$$x = A(x+1)(x^2+x+1) + B(x^2+x+1) + (Cx+D)(x+1)^2. \tag{8}$$

양변에 $x=-1$을 대입하면

$$-1 = B(1-1+1) \therefore B=-1. \tag{9}$$

(9)를 (8)에 대입하고 간단히 하면

$$x^2+2x+1 = A(x+1)(x^2+x+1) + (Cx+D)(x+1)^2.$$

양변이 $(x+1)$로 나누어 떨어지므로

$$(x+1) = A(x^2+x+1) + (Cx+D)(x+1).$$

따라서 $(x+1) = (A+C)x^2 + (A+C+D)x + (A+D)$. 좌우변의 x^2, x, 상수항의 계수를 비교하면

$$A+C=0,\ A+C+D=1,\ A+D=1.$$

이것을 A, C, D에 대하여 풀면

$$A=0,\ C=0,\ D=1. \tag{10}$$

(9), (10)을 (7)에 대입하고 적분하면

$$\int \frac{x}{(x+1)^2(x^2+x+1)}\,dx = -\int \frac{dx}{(x+1)^2} + \int \frac{dx}{x^2+x+1}. \tag{11}$$

여기서

$$\int \frac{dx}{(x+1)^2} = -\frac{1}{x+1} + C_1 \tag{12}$$

이고 또 $\displaystyle\int \frac{dx}{x^2+x+1} = \int \frac{dx}{\left(x+\frac{1}{2}\right)^2 + \frac{3}{4}}$ 에서

$$\frac{x+\frac{1}{2}}{\frac{\sqrt{3}}{2}} = \tan\theta,\quad x = \frac{\sqrt{3}}{2}\tan\theta - \frac{1}{2}$$

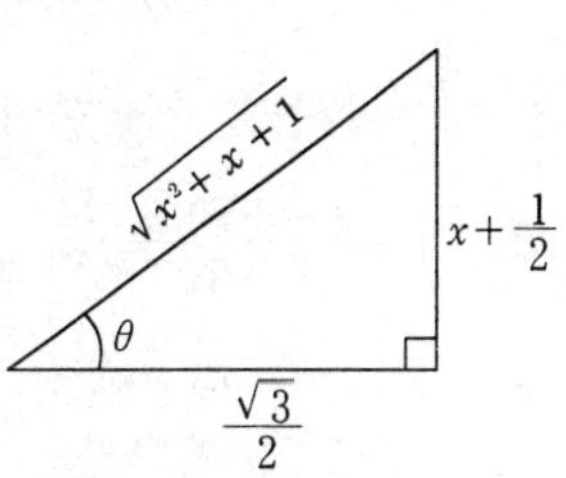

그림 6-5.

로 놓으면 그림 6-5에서

$$\sqrt{x^2+x+1}=\frac{\sqrt{3}}{2}\sec\theta,\ \text{또}\quad dx=\frac{\sqrt{3}}{2}\sec^2\theta\,d\theta$$

이므로

$$\int\frac{dx}{x^2+x+1}=\int\frac{(\frac{\sqrt{3}}{2})\sec^2\theta}{(\frac{3}{4})\sec^2\theta}d\theta=\frac{2\sqrt{3}}{3}\int d\theta=\frac{2\sqrt{3}}{3}\theta+C_2$$

$$=\frac{2\sqrt{3}}{3}\mathrm{Tan}^{-1}\frac{x+\frac{1}{2}}{\frac{\sqrt{3}}{2}}+C_2=\frac{2\sqrt{3}}{3}\mathrm{Tan}^{-1}\left(\frac{2x+1}{\sqrt{3}}\right)+C_2. \qquad (13)$$

(12), (13)을 (11)에 대입하고 $-C_1+C_2=C$로 놓으면

$$\int\frac{dx}{x^2+x+1}=\frac{1}{x+1}+\frac{2\sqrt{3}}{3}\mathrm{Tan}^{-1}\frac{2x+1}{\sqrt{3}}+C. \ ∎$$

부분분수로 분해하는 방법에 의하여 다음 적분공식을 유도할 수 있다.

$$\int\frac{du}{a^2-u^2}=\frac{1}{2a}\ln\left|\frac{a+u}{a-u}\right|+C \qquad (14)$$

$$\int\frac{du}{u^2-a^2}=\frac{1}{2a}\ln\left|\frac{u-a}{u+a}\right|+C \qquad (15)$$

6-5. 연습문제

1. 다음 함수를 부분분수로 분해한 모양으로 고쳐 써라. 단, 그 계수는 구하지 말아라.

$$f(x)=\frac{x^5+10x}{(x+1)^4(x-2)^3(x^2+x+9)^3}$$

2. 적분공식 (14), (15)를 유도하여라.

※ 다음 적분을 계산하여라(3~20).

3. $\int\frac{(4x^2+6)dx}{x^3+3x}$

4. $\int\frac{(x^2+x)dx}{(x-1)(x^2+1)}$

5. $\int\frac{2t^2-8t-8}{(t-2)(t^2+4)}dt$

6. $\int\frac{2y^3+y^2+2y+2}{y^4+3y^2+2}dy$

7. $\int\frac{x^3+x+2}{x(x^2+1)^2}dx$

8. $\int\frac{2xdx}{(x^2+1)(x+1)^2}$

9. $\int \frac{(x^3+3x)dx}{(x^2+1)^2}$

10. $\int \frac{x^5+9x^3-9x^2-9x+9}{x^3+9x} dx$

11. $\int \frac{x^2+2x-10}{x^2(x^2+4x+5)} dx$

12. $\int \frac{(4x^2+2x+8)}{x(x^3+2)^2} dx$

13. $\int \frac{t^5 dt}{(t^2+4)^2}$

14. $\int \frac{4dx}{x^4-1}$

15. $\int \frac{(2z^2+3z+2)dz}{(z+2)(z^2+2z+2)}$

16. $\int \left(\frac{t+3}{t^2+4t+5}\right)^2 dt$

17. $\int_0^1 \frac{(2x^2+x+3)dx}{(x+1)(x^2+1)}$

18. $\int_0^1 \frac{(4x^2+2x)dx}{(x^2+1)(x+1)^2}$

19. $\int_3^4 \frac{(5t^3-4t)dt}{t^4-16}$

20. $\int_0^2 \frac{z^3+2z^2+6z+8}{(z^2+4)^2} dx$

21. 곡선 $(x+2)^2y=4-x$로 둘러싸인 제 1사분면의 면적을 구하여라.

22. 21번의 영역을 x축을 중심으로 회전시켰을 때 얻어지는 회전체의 체적을 구하여라.

6-6. 그 밖의 치환

피적분함수가 $\sin x$와 $\cos x$의 유리함수로 되어 있을 때

$$\tan\frac{x}{2} = u$$

로 놓으면

$$dx = \frac{2du}{1+u^2} \tag{1}$$

$$\sin x = \frac{2u}{1+u^2}, \quad \cos x = \frac{1-u^2}{1+u^2} \tag{2}$$

와 같이 되므로, 주어진 피적분함수를 u의 유리함수로 고칠 수 있다. x와 u와의 사이에는 오른편 직각삼각형으로 나타낸 것과 같은 관계가 있음이 명백하다.

그림 6-6.

(1)의 증명 : $x = 2\,\mathrm{Tan}^{-1}u$이므로 $dx = \frac{2du}{1+u^2}$

(2)의 증명 : $\sin x = 2\sin\frac{x}{2}\cos\frac{x}{2} = \frac{2\sin\frac{x}{2}\cos\frac{x}{2}}{\cos^2\frac{x}{2}+\sin^2\frac{x}{2}}$

$$=\frac{2\tan\frac{x}{2}}{1+\tan^2\frac{x}{2}}=\frac{2u}{1+u^2}$$

$$\cos x=\cos^2\frac{x}{2}-\sin^2\frac{x}{2}=\frac{\cos^2\frac{x}{2}-\sin^2\frac{x}{2}}{\cos^2\frac{x}{2}+\sin^2\frac{x}{2}}=\frac{1-u^2}{1+u^2}$$

예제 6-11 $\int\frac{dx}{4\sin x+3\cos x}$를 계산하여라.

풀이 $\tan\frac{x}{2}=u$로 놓으면

$$dx=\frac{2du}{1+u^2},\quad \sin x=\frac{2u}{1+u^2},\quad \cos x=\frac{1-u^2}{1+u^2}\text{ 이므로}$$

$$\int\frac{dx}{4\sin x+3\cos x}=\int\frac{\frac{2du}{1+u^2}}{4\cdot\frac{2u}{1+u^2}+3\cdot\frac{1-u^2}{1+u^2}}=-2\int\frac{du}{3u^2-8u-3}$$

$$=-2\int\frac{du}{(3u+1)(u-3)}=-2\int\left(-\frac{3}{10}\cdot\frac{1}{3u+1}+\frac{1}{10}\cdot\frac{1}{u-3}\right)du$$

$$=\frac{3}{5}\int\frac{du}{3u+1}-\frac{1}{5}\int\frac{du}{u-3}=\frac{1}{5}\ln|3u+1|-\frac{1}{5}\ln|u-3|+C$$

$$=\frac{1}{5}\ln\left|\frac{3u+1}{u-3}\right|+C=\frac{1}{5}\ln\left|\frac{3\tan\frac{x}{2}+1}{\tan\frac{x}{2}-3}\right|+C.\ ■$$

적분하는데 도움이 되는 또 다른 치환은

$$x=\frac{1}{u},\quad dx=-\frac{1}{u^2}du$$

이다. 이 치환을 역치환(reciprocal substitution)이라고 한다.

예제 6-12 $\int\frac{dx}{x\sqrt{2x-x^2}}$를 계산하여라.

풀이 $x=\frac{1}{u}$로 놓으면 $dx=-\frac{1}{u^2}du$이므로

$$\int\frac{dx}{x\sqrt{2x-x^2}}=\int\frac{-\frac{1}{u^2}du}{\frac{1}{u}\sqrt{\frac{2}{u}-\frac{1}{u^2}}}=\int\frac{-\frac{1}{u^2}du}{\frac{1}{u}\sqrt{\frac{2u-1}{u^2}}}$$

$$\left(\begin{array}{c}\text{실수의 범위에서 생각하면 } 2u-1>0,\ \text{즉 } u>\frac{1}{2}>0\text{이어야 하므로} \\ \sqrt{u^2}=|u|=u\end{array}\right)$$

$$=\int \frac{-\frac{1}{u^2}du}{\frac{1}{u^2}\sqrt{2u-1}}=\int \frac{-du}{\sqrt{2u-1}}=-\sqrt{2u-1}+C$$

$$=-\sqrt{\frac{2-x}{x}}+C.\ ■$$

〔**참고**〕 치환을 써서 정적분을 계산할 때, 치환식이 적분구간의 모든 값에 대하여 함수로써 정의되어야 한다. 예컨대 역치환 $x=\frac{1}{u}$에 의하여

$$\int_{-1}^{1}\frac{dx}{(1+x^2)^{\frac{3}{2}}}=-\int_{-1}^{1}\frac{udu}{(u^2+1)^{\frac{3}{2}}}=\left[\frac{1}{\sqrt{u^2+1}}\right]_{-1}^{1}=0$$

과 같이 계산하면 원적분의 피적분함수가 항상 양이므로 이것은 명백히 틀린다. 이와 같이 틀린 결과가 나타나는 것은 치환식 $x=\frac{1}{u}$이 구간 $[-1, 1]$의 한 점 $u=0$에서 정의되지 않는데 기인한다.

6-6. 연습문제

※ 다음 적분을 계산하여라.

1. $\int \frac{dx}{3\sin x+4\cos x}$

2. $\int \frac{dx}{2+\cos x}$

3. $\int \frac{dx}{1+\sin x+\cos x}$

4. $\int \frac{\cot x\, dx}{1+\cos x}$

5. $\int_0^{\frac{\pi}{4}} \frac{2d\theta}{1+\tan\theta}$

6. $\int_0^{\frac{\pi}{4}} \frac{dx}{3-5\sin 2x}$

※ 치환법을 사용하여 다음 적분을 계산하여라.

7. $\int \frac{dx}{x\sqrt{x^2+2x-1}}$

8. $\int \frac{dx}{x^2\sqrt{2x-x^2}}$

9. $\int_{\frac{1}{2}}^{2} \frac{dx}{x\sqrt{5x^2+4x-1}}$

10. $\int_2^5 \frac{dx}{x\sqrt{x^2-2x+5}}$

6-7. 특이적분

정적분 $\int_a^b f(x)\,dx$에서 우리는 지금까지 적분한계 a, b가 유한이고, 함수 f가 $[a, b]$에서 정의되는 유계함수인 경우만 생각하여 왔는데, 여기서는 a, b 중 적어도 하나가 무한대이거나, $[a, b]$ 내의 적어도 한 점에서 f가 무한대로 되는 경우를 생각한다. 이러한 경우의 정적분을 특이적분(improper integral)이라고 한다.

적분한계가 무한대인 경우

적분한계 중 적어도 하나가 무한대인 특이적분은 다음과 같이 정의한다.

$$\int_a^{\infty} f(x)dx = \lim_{b\to\infty}\int_a^b f(x)\,dx$$

$$\int_{-\infty}^{b} f(x)dx = \lim_{a\to-\infty}\int_a^b f(x)\,dx$$

$$\int_{-\infty}^{\infty} f(x)dx = \lim_{\substack{b\to\infty \\ a\to-\infty}}\int_a^b f(x)\,dx$$

위에서 우변의 극한값이 존재하면 그 특이적분은 수렴한다(converge)고 하고, 극한값이 존재하지 않으면 발산한다(diverge)고 한다. 따라서 우변의 극한값이 존재할 때에만 위의 특이적분이 정의된다.

예 16 $\int_0^{\infty}\frac{3}{x^2+1}\,dx = \lim_{b\to\infty}\int_0^b \frac{3}{x^2+1}\,dx = \lim_{b\to\infty} 3\Big[\mathrm{Tan}^{-1}x\Big]_0^b$

$$= 3\lim_{b\to\infty}[\,\mathrm{Tan}^{-1}b - \mathrm{Tan}^{-1}0] = \frac{3\pi}{2}. \ ■$$

예 17 $\int_{-\infty}^{0} e^{-x}dx = \lim_{a\to-\infty}\int_a^0 e^{-x}dx = -\lim_{a\to-\infty}(1-e^{-a}) = \infty.$ ■

예 18 $\int_2^{\infty}\frac{dx}{x} = \lim_{b\to\infty}\int_2^b\frac{dx}{x} = \lim_{b\to\infty}(\ln b - \ln 2) = \infty.$ ■

예 19 $\int_0^{\infty}\sin x\,dx = -\lim_{b\to\infty}(\cos b - 1)$. 우변의 극한값이 존재하지 않으므로 $\int_0^{\infty}\sin x\,dx$는 발산한다. ■

피적분함수가 적분구간의 어느 점에서 무한대로 되는 경우

함수 f가 적분한계에서 무한대로 되는 경우의 특이적분은 다음과 같이 정의한다.

$$\lim_{x\to b^-} f(x) = \pm\infty \text{인 경우 ; } \int_a^b f(x)dx = \lim_{t\to b^-}\int_a^t f(x)\,dx$$

$$\lim_{x\to a^+} f(x) = \pm\infty \text{인 경우 ; } \int_a^b f(x)dx = \lim_{t\to a^+}\int_t^b f(x)\,dx$$

함수 f가 구간 (a, b) 내의 한 점 c에서 무한대인 경우의 특이적분은 다음과 같이 정의한다.

$$\int_a^b f(x)dx = \int_a^c f(x)dx + \int_c^b f(x)dx$$

예 20 $\int_0^1 \frac{dx}{x} = \lim_{a\to 0^+}\int_a^1 \frac{dx}{x} = \lim_{a\to 0^+}[\ln 1 - \ln a] = \infty$. ■

예제 6-13 $\int_1^2 \frac{x+1}{x\sqrt{x-1}}\,dx$를 계산하여라.

풀이 $\sqrt{x-1} = t$로 놓으면 $x = t^2+1$, $dx = 2t\,dt$. 그리고 $x=1$일 때 $t=0$, $x=2$일 때 $t=1$이므로

$$\int_1^2 \frac{x+1}{x\sqrt{x-1}}\,dx = \int_0^1 \frac{t^2+2}{(t^2+1)t}\cdot 2t\,dt = 2\int_0^1 \frac{t^2+2}{t^2+1}\,dt$$

$$= 2\int_0^1\left(1+\frac{1}{t^2+1}\right)dt = 2\Big[t + \text{Tan}^{-1}\,t\Big]_0^1 = 2\left(1+\frac{\pi}{4}\right). \ ■$$

예제 6-14 $\int_0^1 \frac{dx}{\sqrt{x^2+2x}}$를 계산하여라.

풀이 $x^2+2x = (x+1)^2-1$이므로 그림 6-7과 같은 직각삼각형을 생각하여

$$\frac{x+1}{1} = \sec\theta,\ \text{즉}\ x = \sec\theta - 1$$

로 놓으면 $\sqrt{x^2+2x} = \tan\theta$, $dx = \sec\theta\tan\theta\,d\theta$이고

$x=0$일 때 $\theta=0$, $x=1$일 때 $\theta=\frac{\pi}{3}$이므로

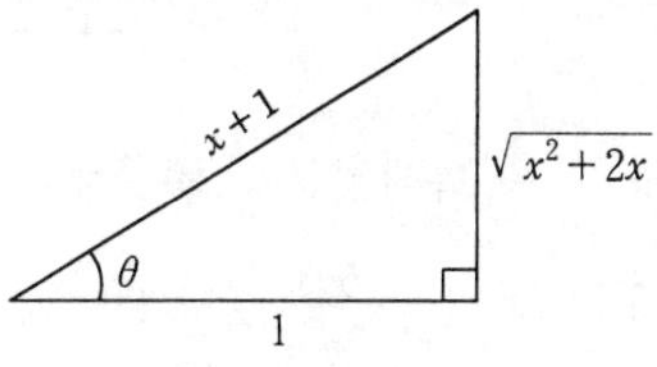

그림 6-7.

$$\int_0^1 \frac{dx}{\sqrt{x^2+2x}} = \int_0^{\frac{\pi}{3}} \frac{\sec\theta\tan\theta\,d\theta}{\tan\theta} = \int_0^{\frac{\pi}{3}} \sec\theta\,d\theta = \Big[\ln|\sec\theta + \tan\theta|\Big]_0^{\frac{\pi}{3}} = \ln(2+\sqrt{3}). \ ■$$

예 21 $\int_{-2}^{0}\frac{dx}{(x+1)^2}=\int_{-2}^{-1}\frac{dx}{(x+1)^2}+\int_{-1}^{0}\frac{dx}{(x+1)^2}$

$$=\lim_{b\to -1^-}\left[-\frac{1}{x+1}\right]_{-2}^{b}+\lim_{a\to -1^+}\left[-\frac{1}{x+1}\right]_{a}^{0}=\infty .$$

〔참고〕 위 적분을 다음과 같이 계산하면 틀린다(함수가 무한대로 되는 점을 무시하였으므로).

$$\int_{-2}^{0}\frac{dx}{(x+1)^2}=\left[-\frac{1}{x+1}\right]_{-2}^{0}=-1-1=-2$$

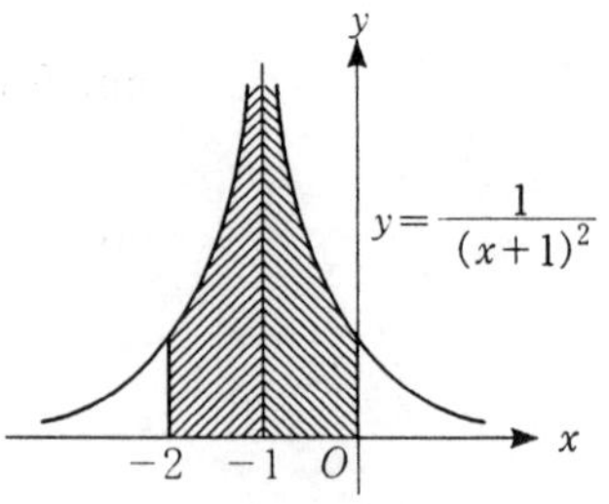

그림 6-8.

예제 6-15 n이 실수일 때, $\int_{1}^{\infty}\frac{dx}{x^n}$는 $n>1$일 때 수렴하고, $n\le 1$일 때 발산함을 보여라.

풀이 $n=1$일 때는 예 18에서와 같이 발산함을 알 수 있다. $n\ne 1$이면

$$\int_{1}^{\infty}\frac{dx}{x^n}=\lim_{b\to\infty}\int_{1}^{b}\frac{dx}{x^n}=\lim_{b\to\infty}\frac{1}{-n+1}(b^{-n+1}-1)$$

이므로 $n>1$일 때만 수렴한다. ▮

예제 6-16 $\int_{2}^{\infty}\frac{dx}{x(\ln x)^n}$는 $n>1$일 때만 수렴함을 보여라.

풀이 $u=\ln x$로 놓으면, $\int_{2}^{\infty}\frac{dx}{x(\ln x)^n}=\int_{\ln 2}^{\infty}\frac{du}{u^n}$이므로 예제 6-15에 의해 $n>1$일 때만 수렴한다. ▮

6-7. 연습문제

※ 다음 특이적분을 계산하여라(1～14).

1. $\int_{-\infty}^{\infty}\frac{dx}{e^x+e^{-x}}$

2. $\int_{-\infty}^{0}\frac{dx}{1+x^2}$

3. $\int_{2}^{\infty}\frac{dx}{(1-x)^{\frac{2}{3}}}$

4. $\int_{-\infty}^{\infty}\frac{x\,dx}{(x^2+4)^2}$

5. $\int_{-\infty}^{0}e^{3x}\,dx$

6. $\int_{-\infty}^{-1}\frac{dx}{x^4}$

7. $\int_{2}^{\infty}e^{-x}\sin x\,dx$

8. $\int_{1}^{\infty}\frac{\ln x}{x}\,dx$

9. $\int_{1}^{4} \frac{dx}{\sqrt{x-1}}$

10. $\int_{\frac{1}{2}}^{2} \frac{dx}{x(\ln x)^{\frac{1}{5}}}$

11. $\int_{-2}^{0} \frac{dx}{2x+3}$

12. $\int_{3}^{5} \frac{dx}{(4-x)^{\frac{2}{3}}}$

13. $\int_{0}^{2} \frac{x\,dx}{(x^2-1)^{\frac{2}{3}}}$

14. $\int_{0}^{2} \frac{dx}{\sqrt{2x-x^2}}$

15. 곡선 $y=\sqrt{x}e^{x^2}$과 x축으로 둘러싸인 부분을 x축을 중심으로 회전시켰을 때 생기는 회전체의 체적을 구하여라.

16. 두 직선 $x=3$과 $x=5$ 사이에 있고, 곡선 $y=(2x-6)^{-\frac{1}{4}}$ 아래에 있는 영역 중에서 제 1사분면에 있는 면적을 구하여라.

17. 쓰레기 집하장에서 유해화학물질의 침출률 $R(t)$ ℓ/년은 지금부터 t년 후에

$$R(t)=\frac{500}{(1+t)^2}$$

으로 추정된다. 이와 같이 유해화학물질이 스며나오는 것이 무한히 계속된다면, 쓰레기장에서 스며나오는 유해화학물질의 총량은 얼마인가?

18. 사람이 약을 복용하면, 약 전체량이 다 몸에 흡수되는 것은 아니다. 흡수된 약의 양을 결정하는 방법 중 하나는 몸에서 약이 배설되는 비율을 측정하는 것이다. 약의 배설률 $R(t)$ mℓ/min은

$$R(t)=te^{-0.2t}$$

로 주어진다. 여기서 t는 약을 복용한지 몇 분 후인가를 나타낸다. 얼마나 많은 양의 약이 몸에서 배설되는가?

19. 사람 몸이 약을 배설하는 비율(mℓ/hr)이

$$R(t)=20t(t+1)^{-3}$$

으로 주어진다. 여기서 t는 약을 복용한지 몇 시간 후인가를 나타낸다. 약을 복용하고 1시간동안 얼마만큼의 약이 배설되는가? 또 몸에서 배설된 전체 약의 양은 얼마인가?

제 7 장 무한급수

OUTLINE

7-1. 무한급수
7-2. 적분판정법
7-3. 비교판정법
7-4. 비 판정법과 근 판정법
7-5. 교대급수와 절대수렴
7-6. 멱 급 수

무한급수는 곡선 아래의 면적을 구하는 구적법에서 필수적으로 등장하였다. 일찍이 아르키메데스(Archimedes, 287?~212 B.C.)는 포물선의 구적에서

$$1+\frac{1}{4}+\frac{1}{4^2}+\cdots+\frac{4}{4^{n-1}}+\cdots=\frac{4}{3}$$

임을 보였다. 라이프니츠(G.W. Leibniz, 1646~1716)는

$$\frac{1}{1}+\frac{1}{3}+\frac{1}{6}+\frac{1}{10}+\frac{1}{15}+\cdots$$

을 $\frac{2}{r(r+1)}=\frac{2}{r}-\frac{2}{r+1}$ 라는 사실에 착안하여

$$\sum_{r=1}^{n}\frac{2}{r(r+1)}=2-\frac{2}{n+1}$$

이고, 따라서 위 급수의 합이 2임을 알아냈다. 오일러(L. Euler, 1707~1783)도 여러 개의 수렴급수와 발산급수를 남겼다.

달랑베르(J.L. d'Alembert, 1717?~1783)가 특정한 급수의 수렴과 관련하여 비교판정법같은 수렴에 대한 판정법을 사용했지만, 일반적인 급수의 수렴, 발산을 판정하는 것은 1821년에 발표된 코시(A.L. Cauchy, 1789~1857)의 <Cour d'analyse>에서 증명되었다. 거기에서 코시는 이 장에서 볼 근판정법, 비판정법, 교대급수 판정법, 절대수렴하는 두 급수의 곱을 증명하였다. 또한 오늘날 코시판정법이라고 불리는 일반적인 급수의 수렴에 대한 필요충분조건을 보여 주었는데, 충분조건의 증명은 실수들의 집합의 구조에 대한 지식을 필요로하기 때문에 코시는 증명을 시도하지 않았다. 그것은 볼자노(B. Bolzano, 1781~1848), 바이어슈트라스(K.T. Weierstrass, 1815~1897) 등을 거쳐 19세기 후반에 데데킨트(J.W.R. Dedekind, 1831~1916) 등에 의해 실수체계가 확립된 후에야 증명될 수 있었다.

이 장에서는 양항급수와 교대급수의 수렴판정법들을 익히고 그것들을 이용하여 멱급수가 수렴하는 구간을 알아본다.

7-1. 무한급수

자연수 집합 {1, 2, 3, ……}에서 실수로 가는 함수를 수열(sequence)이라 하고,

$$u_1,\ u_2,\ u_3,\ \cdots\cdots,\ u_n,\ \cdots\cdots \text{ 또는 } \langle u_n \rangle$$

과 같이 나타낸다.

수열의 합의 꼴을 급수(series)라 한다. 즉 수열 $u_1,\ u_2,\ u_3,\ \cdots\cdots,\ u_n,\ \cdots\cdots$에 대응하는 급수는

$$\sum_{n=1}^{\infty} u_n = u_1 + u_2 + u_3 + \cdots\cdots + u_n + \cdots\cdots$$

이다.

항의 개수가 유한인 급수를 **유한급수**, 항의 개수가 무한인 급수를 **무한급수**라고 한다. 앞으로 급수라 함은 무한급수를 일컫는 것으로 한다.

예 1 수열 $1, \frac{1}{2}, \frac{1}{4}, \frac{1}{8}, \frac{1}{16}, \cdots\cdots$에 대응하는 급수는

$$1 + \frac{1}{2} + \frac{1}{4} + \frac{1}{8} + \frac{1}{16} + \cdots\cdots$$

이다. ■

급수 $u_1 + u_2 + u_3 + \cdots\cdots$에서

$$S_1 = u_1,\ S_2 = u_1 + u_2,\ S_3 = u_1 + u_2 + u_3,\ \cdots\cdots,\ S_n = \sum_{i=1}^{n} u_i,\ \cdots\cdots$$

라고 하면 수열 $S_1,\ S_2,\ S_3,\ \cdots\cdots,\ S_n,\ \cdots\cdots$을 얻는다. S_n을 급수의 n번째 부분합이라 하고 수열 $\langle S_n \rangle$을 급수의 부분합수열이라고 부른다.

$$n \to \infty \text{일 때 } S_n \to S \ (S\text{는 일정한 수})$$

이면 무한급수 $u_1 + u_2 + u_3 + \cdots\cdots$는 S로 수렴(converge)한다고 한다. 수렴급수에 있어서 극한값 S를 급수의 합이라 하고 $\sum_{n=1}^{\infty} u_n = S$ 또는 $u_1 + u_2 + u_3 + \cdots\cdots = S$와 같이 나타낸다. 급수가 수렴하지 않을 때 발산(diverge)한다고 한다.

〔**참고**〕 기호 $\sum_{n=1}^{\infty} u_n$은 때때로 급수 자체를 나타내기도 하고, 또 수렴하는 급수의 합을 나타내기도 한다.

예제 7-1 a, r이 상수이고, $|r|<1$일 때 무한급수

$$a+ar+ar^2+\cdots\cdots+ar^{n-1}+\cdots\cdots \quad (1)$$

의 합은 $\dfrac{a}{1-r}$임을 보여라.

풀이 $S_n=a+ar+ar^2+\cdots\cdots+ar^{n-1}=\dfrac{a(1-r^n)}{1-r}=\dfrac{a}{1-r}-\dfrac{ar^n}{1-r}$

에서 $n\to\infty$일 때 $r^n\to 0$이므로

$$S_n \longrightarrow \frac{a}{1-r}.$$

따라서 $a+ar+ar^2+\cdots+ar^{n-1}=\sum_{n=1}^{\infty} ar^{n-1}=\dfrac{a}{1-r}$이다. ■

예제 7-2 위 예제의 무한급수 (1)에서 $|r|>1$이면 급수는 발산함을 보여라.

풀이 $|r|>1$이면 $n\to\infty$일 때 r^n의 극한값이 존재하지 않으므로 S_n의 극한값이 존재하지 않는다. 따라서 무한급수 (1)은 발산한다. ■

〔**참고**〕 (1)과 같은 무한급수를 **기하급수**(Geometric series)라고 한다.

〔**정리 7-1**〕 수렴급수의 제 n항은 n이 한없이 증가할 때 0에 수렴한다.

〔**증명**〕 수렴급수를 $u_1+u_2+u_3+\cdots\cdots+u_n+\cdots\cdots$라 하고, 그 합을 S라 하면 $u_n=S_n-S_{n-1}$이므로

$$\lim_{n\to\infty} u_n=\lim_{n\to\infty}(S_n-S_{n-1})=S-S=0. \ ■$$

위 정리는 급수가 수렴하기 위한 필요조건을 주지만 충분조건은 아니다. 즉 $n\to\infty$일 때 급수의 제 n항이 0에 수렴한다고 해서 급수가 수렴한다고 말할 수 없다.

예 2 조화급수

$$1+\frac{1}{2}+\frac{1}{3}+\cdots\cdots+\frac{1}{n}+\cdots\cdots \quad (2)$$

에서 다음 사실은 명백하다.

$$1+\frac{1}{2}>\frac{1}{2}=\frac{1}{2}, \qquad \frac{1}{3}+\frac{1}{4}>\frac{2}{4}=\frac{1}{2}$$

$$\frac{1}{5}+\frac{1}{6}+\frac{1}{7}+\frac{1}{8}>\frac{4}{8}=\frac{1}{2}$$

$$\frac{1}{9}+\frac{1}{10}+\cdots\cdots+\frac{1}{15}+\frac{1}{16}>\frac{8}{16}=\frac{1}{2}$$

$$\cdots\cdots\cdots\cdots\cdots\cdots\cdots\cdots\cdots\cdots\cdots\cdots\cdots\cdots$$

$$\frac{1}{2^{b-1}+1}+\frac{1}{2^{k-1}+2}+\cdots+\frac{1}{2k}>\frac{2^{k-1}}{2^2}=\frac{1}{2}$$

위의 k개의 부등식에 대해서 변변 더하면

$$1+\frac{1}{2}+\frac{1}{3}+\cdots\cdots\frac{1}{2^k}>\frac{k}{2}. \tag{3}$$

$k\to\infty$일 때 (3)의 우변은 무한대가 되므로 (1)은 발산한다(정리 1-8 참고). ■

조화급수는 $n\to\infty$일 때 n번째 항 $\frac{1}{n}\to 0$이지만 발산하는 급수이다.

〔따름정리〕 $n\to\infty$일 때 무한급수의 n번째 항이 0에 수렴하지 않으면 그 급수는 발산한다.

〔증명〕 정리 7-1의 대우이므로 성립한다. ■

급수의 수렴과 합에 대한 정의와 수열의 극한에 대한 기본정리로부터 다음이 성립함을 쉽게 알 수 있다.

〔정리 7-2〕 두 수렴하는 급수 $\sum_{n=1}^{\infty} a_n$, $\sum_{n=1}^{\infty} b_n$과 실수 c가 주어져 있을 때 급수 $\sum_{n=1}^{\infty}(a_n+b_n)$과 $\sum_{n=1}^{\infty} ca_n$은 수렴하고, 그 합은 다음과 같다.

$$\sum_{n=1}^{\infty}(a_n+b_n)=\sum_{n=1}^{\infty} a_n+\sum_{n=1}^{\infty} b_n,$$

$$\sum_{n=1}^{\infty} ca_n=c\sum_{n=1}^{\infty} a_n$$

양항의 무한급수 $u_1+u_2+u_3+\cdots\cdots$의 부분합 수열은 증가수열이므로 정리 1-11로부터 다음을 알 수 있다.

〔정리 7-3〕 양항의 무한급수 $u_1+u_2+u_3+\cdots\cdots$이 수렴하기 위한 필요충분조건은 모

든 n에 대하여 $S_n=\sum_{i=1}^{n}u_i$이 일정한 수 K보다 작은 것이며, 이때 이 급수의 합은 K보다 크지 않다.

7-1. 연습문제

※ 다음 무한급수가 수렴하는지 발산하는지 판정하고 수렴하면 그 급수의 합을 구하여라 (1~7).

1. $1+\frac{1}{5}+\frac{1}{25}+\cdots\cdots+\left(\frac{1}{5}\right)^n+\cdots\cdots$

2. $1+\pi^{-1}+\pi^{-2}+\cdots\cdots+\pi^{-n}+\cdots\cdots$

3. $3+\frac{3}{2}+\frac{3}{4}+\cdots\cdots+\frac{3}{2^n}+\cdots\cdots$

4. $\sum_{n=1}^{\infty}\left[\left(\frac{2}{3}\right)^n-\left(\frac{3}{5}\right)^n\right]$

5. $\sum_{n=1}^{\infty}\frac{n}{2n+3}$

6. $\sum_{n=1}^{\infty}\left(\frac{e}{7}\right)^n$

7. $\sum_{n=1}^{\infty}\frac{1+2^n+7^n}{5^n}$

※ 다음 소수에 의해 표현되는 유리수를 구하여라(8~11).

8. 0.232323……

9. 0.3333……

10. 0.5212121……

11. 2.1631216312

7-2. 적분판정법

양항급수의 수렴여부를 판정하는 방법이 몇 가지 있는데, 그 첫 번째 것이 다음의 적분판정법(integral test)이다.

〔정리 7-4〕 (적분판정법) 양항급수

$$u_1+u_2+u_3+\cdots\cdots+u_n+\cdots\cdots \tag{1}$$

의 n번째 항 u_n을 $f(n)$으로 나타내고, $[1, \infty]$에서 $f(x)$가 양의 연속감소함수라고 하면, 급수 (1)의 수렴, 발산 여부는 적분

$$\int_1^{\infty}f(x)\,dx \tag{2}$$

의 수렴, 발산 여부에 따라 결정된다.

〔증명〕 적분 (2)가 존재해서 U와 같다고 하면, 급수 (1)의 수렴을 다음과 같이 증명할 수 있다. $y=f(x)$의 그래프에 그림 7-1과 같이 단위나비의 직사각형을 내접시킨다.

이 직사각형들의 면적은 $u_2, u_3, u_4, \cdots\cdots$라는 것을 알 수 있다. 따라서 처음 $n-1$개의 직사각형의 면적의 합을 A_n이라 하면, $A_n=u_2+u_3+\cdots+u_n$이고

$$A_n \le \int_1^n f(x)dx \le \int_1^\infty f(x)\,dx = U$$

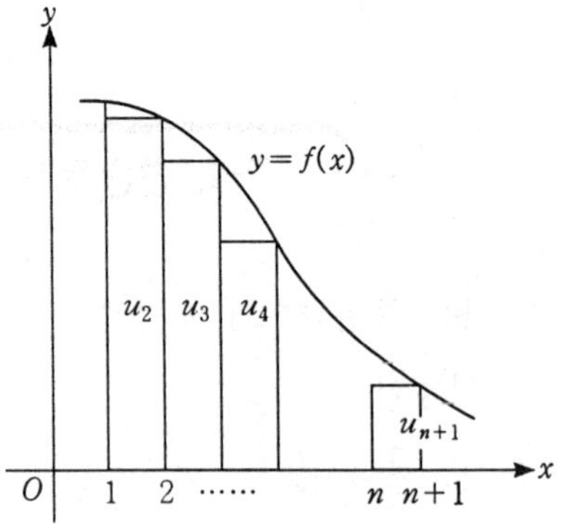

그림 7-1.

따라서 모든 자연수 n에 대해 부분합 $S_n=\sum_{i=1}^{n} u_i$는

$$S_n=u_1+A_n \le u_1+U$$

이므로, 정리 7-3에 의해 급수 (1)은 수렴한다.

정리의 둘째 부분은 단위나비의 외접직사각형을 사용하여 같은 방법으로 증명된다. ■

예 3 급수 $1+\frac{1}{2}+\frac{1}{3}+\frac{1}{4}+\cdots\cdots$에 대해 $f(x)=\frac{1}{x}$이고

$$\int_1^\infty \frac{dx}{x} = \lim_{n\to\infty}\int_1^n \frac{dx}{x} = \lim_{n\to\infty}\Big[\ln x\Big]_1^n = \lim_{n\to\infty}\Big[\ln n\Big] = \infty$$

이므로 적분판정법에 의해서 급수는 발산한다. ■

예제 7-3 $\sum_{k=1}^{\infty}\frac{1}{k\ln(k+5)}$의 수렴 여부를 밝혀라.

풀이 $f(x)=\frac{1}{x\ln(x+5)}$은 $[1,\infty]$에서 양의 연속감소함수이므로 적분판정법을 쓸 수 있다. $\frac{1}{k\ln(k+5)} > \frac{1}{(k+5)\ln(k+5)}$이므로

$$\int_1^n \frac{dx}{x\ln(x+5)} \ge \int_1^n \frac{dx}{(x+5)\ln(x+5)} = \Big[\ln\ln(x+5)\Big]_1^n = \ln\ln(n+5)-\ln\ln 6.$$

$n\to\infty$일 때 우변이 발산하므로 $\int_1^\infty \frac{dx}{x\ln(x+5)}$는 발산하고, 따라서 적분판정법에 의

해 급수 $\sum_{k=1}^{\infty} \frac{1}{k\ln(k+5)}$ 은 발산한다. ■

〔정리 7-5〕 p-급수

$$\sum_{n=1}^{\infty} \frac{1}{n^p} = \frac{1}{1^p} + \frac{1}{2^p} + \cdots\cdots + \frac{1}{n^p} + \cdots\cdots (\text{단, } p\text{는 실수})$$

에서 $p>1$이면 급수는 수렴하고 $p\leq 1$이면 발산한다.

〔증명〕 먼저 $p>0$인 경우를 생각하자. $f(n)=\frac{1}{n^p}$로 놓으면 $f(x)=\frac{1}{x^p}$는 $x\geq 1$에서 연속감소이고

$$\int_1^{\infty} \frac{1}{x^p}\,dx = \lim_{n\to\infty} \int_1^{n} \frac{1}{x^p}\,dx = \frac{1}{1-p}\lim_{n\to\infty} n^{1-p} - \frac{1}{1-p},\ p\neq 1.$$

$p>1$, 즉 $(1-p)<0$이면 $n\to\infty$일 때 $n^{1-p}\to 0$. 따라서 이때 적분이 일정한 값을 가지므로 급수는 수렴한다.

$p<1$, 즉 $(1-p)>0$이면 $n\to\infty$일 때 $n^{1-p}\to\infty$. 따라서 이때 급수는 발산한다.

$p=1$이면 조화 급수이므로 발산한다.

$p\leq 0$이면 $\lim_{n\to\infty} \frac{1}{n^p} \neq 0$이므로 $\sum_{n=1}^{\infty} \frac{1}{n^p}$은 발산한다. ■

예 4 $\sum_{k=1}^{\infty} \frac{1}{k^2} = \frac{1}{1^2} + \frac{1}{2^2} + \frac{1}{3^2} + \cdots\cdots$은 $p=2$인 p-급수이므로 급수는 수렴한다. ■

적분판정법에 의해 양항급수 Σu_n이 수렴한다고 가정할 때, 충분히 많은 항들을 더함으로써 그 합에 접근하는 방법을 생각해 보자. 무한급수의 합 S에서 n항까지의 부분합 S_n을 뺀 것을 나머지(remainder)라 하고, 이것을 R_n으로 나타내면

$$R_n = S - S_n = u_{n+1} + u_{n+2} + \cdots\cdots \tag{3}$$

은 실제 합 S대신 부분합 S_n을 사용할 때 생기는 오차이다.

〔정리 7-6〕 $f(n)=u_n$일 때 무한급수 $\sum_{n=1}^{\infty} u_n$과 특이적분 $\int_1^{\infty} f(x)\,dx$이 적분판정법의 수렴조건을 만족하면, R_n이 (3)에서 주어진 나머지 일 때

$$\int_{n+1}^{\infty} f(x)\,dx \leq R_n \leq \int_n^{\infty} f(x)\,dx \tag{4}$$

〔증명〕 그림 7-2로부터, k가 $n+1$, $n+2$, ……일 때

$$\int_k^{k+1} f(x)dx \le u_k \le \int_{k-1}^k f(x)dx.$$

모든 $k \ge n+1$에 대해 이 부등식을 더하면,

$$\sum_{k=n+1}^{\infty} \int_k^{k+1} f(x)dx = \int_{n+1}^{\infty} f(x)dx.$$

그리고

$$\sum_{k=n+1}^{\infty} \int_{k-1}^{k} f(x)dx = \int_n^{\infty} f(x)dx$$

의 관계로부터 부등식 (4)를 얻는다. ■

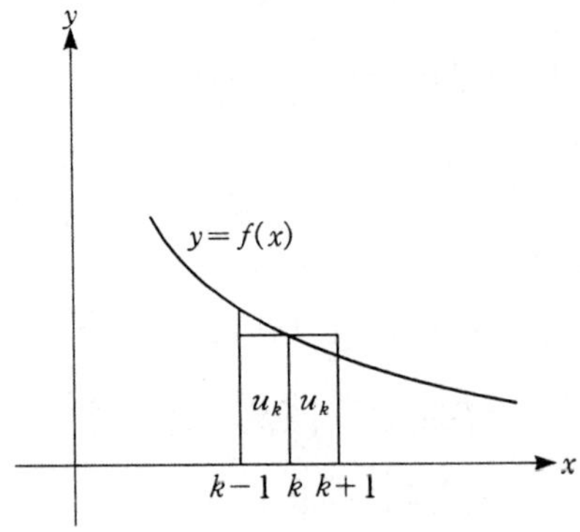

그림 7-2.

(4)의 식으로부터 $R_n = S - S_n$ 을 대입하면

$$S_n + \int_{n+1}^{\infty} f(x)dx \le S \le S_n + \int_n^{\infty} f(x)\,dx. \tag{5}$$

만일 부분합 S_n을 알고, 두 적분의 차이 $\int_n^{n+1} f(x)dx$가 작은 값을 가지면 식 (5)로부터 실제 합 S의 정확한 추정값을 구할 수 있다.

예제 7-4 급수 $\sum_{n=2}^{\infty} \frac{1}{n(\ln n)^2}$가 수렴함을 보이고, 오차가 0.01 이내가 되도록 합을 구하기 위하여 얼마나 많은 항을 더해야 하는가 결정하여라.

풀이 $\ln 1 = 0$이기 때문에 $n=2$부터 시작한다. $f(x) = \frac{1}{x(\ln x)^2}$이라 놓자. 그러면

$$\int_2^{\infty} \frac{1}{x(\ln x)^2}\,dx = \lim_{b\to\infty}\left[-\frac{1}{\ln x}\right]_2^b = \frac{1}{\ln 2} < \infty.$$

그러므로 이 급수는 적분판정법에 의해 수렴한다. 우리는 $R_n < 0.01$을 만족하는 충분히 큰 n을 선택하고자 한다. 식 (4)의 오른쪽 부등식으로부터

$$R_n \le \int_n^{\infty} \frac{1}{x(\ln x)^2}\,dx = \frac{1}{\ln n}.$$

따라서

$$\frac{1}{\ln n} \le 0.01, \quad \ln n \ge 100, \quad n \ge e^{100} \approx 2.7 \times 10^{43}.$$ ■

7-2. 연습문제

※ 적분판정법을 이용하여 다음 급수의 수렴여부를 판정하여라(1～12).

1. $\sum_{n=1}^{\infty} \frac{n}{n^2+1}$

2. $\sum_{n=1}^{\infty} \frac{1}{\sqrt{n+1}}$

3. $\sum_{n=1}^{\infty} \frac{1}{n \ln n}$

4. $\sum_{n=1}^{\infty} \frac{n^2}{e^n}$

5. $\sum_{n=1}^{\infty} \frac{\ln n}{n^2}$

6. $\sum_{n=1}^{\infty} \frac{2n+5}{n^2+5n+7}$

7. $\sum_{n=1}^{\infty} \ln\left(1+\frac{1}{n^2}\right)$

8. $\sum_{n=1}^{\infty} \frac{1}{n\sqrt{\ln n}}$

9. $\sum_{n=1}^{\infty} \frac{1}{4n^2+25}$

10. $\sum_{n=1}^{\infty} \frac{2^{\frac{1}{n}}}{n^2}$

11. $\sum_{n=1}^{\infty} \frac{n}{n^4+2n^2+1}$

12. $\sum_{n=1}^{\infty} \frac{1}{(n+1)^3}$

※ 다음 무한급수에 왜 적분판정법을 적용할 수 없는지 설명하여라(13～15).

13. $\sum_{n=1}^{\infty} \frac{(-1)^n}{n}$

14. $\sum_{n=1}^{\infty} e^{-n} \sin n$

15. $\sum_{n=1}^{\infty} \frac{2+\sin n}{n^2}$

※ 나머지 R_n이 다음 E보다 작게 되기 위한 최소의 양의 정수 n을 구하여라(16～18).

16. $\sum_{n=1}^{\infty} \frac{1}{n^2}$; $E=0.0001$

17. $\sum_{n=1}^{\infty} \frac{1}{n^2}$; $E=0.00005$

18. $\sum_{n=1}^{\infty} \frac{1}{n^6}$; $E=2\times 10^{-10}$

7-3. 비교판정법

급수의 수렴 또는 발산을 판정하는 또 하나의 방법으로, 주어진 급수를 이미 수렴 또는 발산이 알려진 급수와 비교하는 방법이 있다.

두 양항급수

$$(A)\ a_1+a_2+a_3+\cdots\cdots+a_n+\cdots\cdots$$
$$(U)\ u_1+u_2+u_3+\cdots\cdots+u_n+\cdots\cdots$$

을 생각하자.

〔정리 7-7〕 (비교판정법) 모든 n에 대해 $u_n \le a_n$일 때 (A)가 수렴하면 (U)도 수렴한다.

〔증명〕 $A_n=a_1+a_2+\cdots\cdots+a_n$, $U_n=u_1+u_2+\cdots\cdots+u_n$이라 하자. $u_n \le a_n(n=1, 2, 3, \cdots\cdots)$이므로 모든 n에 대해서 $U_n \le A_n$이다. 급수 (A)가 수렴하면, 정리 7-3에 의해 모든 n에 대해 $S_n \le K$인 양수 K가 존재한다. 따라서 모든 n에 대해 $U_n \le A_n \le K$이므로 정리 7-3에 의해 (U)는 수렴한다. ■

〔따름정리〕 모든 n에 대해 $a_n \le u_n$일 때 (A)가 발산하면 (U)도 발산한다.

〔참고〕 수렴 또는 발산이 알려진 급수가 비교급수로 사용되지만 특히 다음 것들이 많이 쓰인다.

<수렴을 위한 비교급수>

$$a+ar+ar^2+\cdots\cdots(a>0,\ 0<r<1)$$
$$1+\frac{1}{2^p}+\frac{1}{3^p}+\cdots\cdots+\frac{1}{n^p}+\cdots\cdots(p>1)$$

<발산을 위한 비교급수>

$$a+ar+ar^2+\cdots\cdots\ (a>0,\ r\ge 1)$$
$$1+\frac{1}{2}+\frac{1}{3}+\frac{1}{4}+\cdots\cdots(\text{조화급수})$$

〔참고〕 유한개의 항을 더하거나 빼더라도 급수의 수렴이나 발산에 영향을 미치지 못하고 다만 극한값에 일정한 양만큼의 변화만을 가져온다.

예제 7-5 $5+\frac{2}{3}+1+\frac{2}{7}+\frac{1}{2}+\frac{1}{3!}+\frac{1}{4!}+\cdots\cdots+\frac{1}{k!}+\cdots\cdots \qquad (1)$

가 수렴급수임을 보여라.

풀이 처음 4개의 항을 제외한 급수

$$\frac{1}{2}+\frac{1}{3!}+\frac{1}{4!}+\cdots\cdots+\frac{1}{k!}+\cdots\cdots \tag{2}$$

을 생각하자.

$$\frac{1}{2} \geq \frac{1}{2}, \quad \frac{1}{2^2} > \frac{1}{3!}, \quad \frac{1}{2^3} > \frac{1}{4!}, \quad \cdots\cdots$$

에서

$$\frac{1}{2}+\frac{1}{2^2}+\frac{1}{2^3}+\cdots\cdots$$

은 수렴하므로 비교판정법에 의해 급수 (2)는 수렴한다. 따라서 급수 (1)은 수렴한다. ▮

예제 7-6 다음 급수의 수렴 여부를 조사하여라.

$$\frac{1}{1\cdot 3}+\frac{1}{2\cdot 4}+\frac{1}{3\cdot 5}+\cdots\cdots+\frac{1}{n(n+2)}+\cdots\cdots \tag{3}$$

풀이 수렴하는 p급수 $(p=2)$

$$1+\frac{1}{2^2}+\frac{1}{3^2}+\cdots\cdots+\frac{1}{n^2}+\cdots\cdots$$

를 생각하자. n번째 항을 각각 비교하면 모든 양의 정수에 대해서

$$\frac{1}{n(n+2)} < \frac{1}{n^2}.$$

따라서 비교판정법에 의해 급수 (3)은 수렴한다. ▮

예제 7-7 다음 급수의 수렴 여부를 조사하여라.

$$\frac{2}{1\cdot 3}+\frac{3}{2\cdot 4}+\frac{4}{3\cdot 5}+\cdots\cdots+\frac{n+1}{n(n+2)}+\cdots\cdots \tag{4}$$

풀이 주어진 급수의 n번째 항을 보면 모든 양의 정수 n에 대하여

$$\frac{n+1}{n(n+2)} = \frac{n+1}{n} \cdot \frac{1}{n+2} > \frac{1}{n+2}.$$

그런데 급수

$$\frac{1}{3}+\frac{1}{4}+\frac{1}{5}+\cdots\cdots+\frac{1}{n+2}+\cdots\cdots$$

은 발산한다. 따라서 비교판정법에 의해 급수 (4)는 발산한다. ▌

〔**정리 7-8**〕 (극한비교 판정법) 두 양항의 급수 Σa_n, Σb_n에 대하여, 극한값 $L=\lim_{n\to\infty}\frac{a_n}{b_n}$이 존재하고, $0<L<\infty$이면, 두 급수는 모두 수렴하거나 또는 모두 발산한다.

〔**증명**〕 $P<L<Q$를 만족하는 두 고정된 양수 P와 Q를 선택한다. 그러면 충분히 큰 n에 대하여 $P<\frac{a_n}{b_n}<Q$이고 $Pb_n<a_n<Qb_n$을 만족한다. 만일 Σb_n이 수렴하면, ΣQb_n도 수렴하므로 비교판정법에 의해 Σa_n도 수렴한다. 만일 Σb_n이 발산하면 ΣPb_n도 발산하므로 비교판정법에 의해 Σa_n도 발산한다. 그러므로 한 급수의 수렴 또는 발산은 다른 급수의 수렴, 발산을 의미한다. ■

예제 7-8 $\sum_{n=1}^{\infty}\frac{3n^2+n}{n^4+\sqrt{n}}$의 수렴여부를 판정하라.

풀이 $a_n=\frac{3n^2+n}{n^4+\sqrt{n}}$이라 하고 $b_n=\frac{1}{n^2}$로 잡는다. 그러면,

$$\lim_{n\to\infty}\frac{a_n}{b_n}=\lim_{n\to\infty}\frac{3n^4+n^3}{n^4+\sqrt{n}}=\lim_{n\to\infty}\frac{3+\frac{1}{n}}{1+n^{-\frac{7}{2}}}=3.$$

$\Sigma\frac{1}{n^2}$은 $p=2$일 때의 p-급수이므로 수렴하고 따라서 극한비교판정법에 의해 Σa_n도 수렴한다. ▌

7-3. 연습문제

※ 다음 무한급수가 수렴하는지 발산하는지를 비교판정법을 이용하여 결정하여라(1~10).

1. $\sum_{n=1}^{\infty}\frac{1}{n+\sqrt{n}}$

2. $\sum_{n=1}^{\infty}\frac{1}{1+3^n}$

3. $\sum_{n=1}^{\infty} \frac{\sqrt{n}}{n^2+n}$

4. $\sum_{n=1}^{\infty} \frac{n+2^n}{n+3^n}$

5. $\sum_{n=2}^{\infty} \frac{\ln n}{e^n}$

6. $\sum_{n=1}^{\infty} \frac{2n^2-1}{n^2 \cdot 3n}$

7. $\sum_{n=1}^{\infty} \frac{2+\sin n}{n^2}$

8. $\sum_{n=1}^{\infty} \frac{n^2}{n^3-1}$

9. $\sum_{n=2}^{\infty} \frac{1}{n^2 \ln n}$

10. $\sum_{n=1}^{\infty} \frac{\sin^2\left(\frac{1}{n}\right)}{n^2}$

11. 급수 $\sum_{n=1}^{\infty} \frac{1}{1+2+3+\cdots\cdots+n}$이 수렴함을 보여라.

12. 양항급수 Σa_n이 수렴하면 $\Sigma \frac{a_n}{n}$이 수렴함을 증명하여라.

7-4. 비 판정법과 근 판정법

양항급수가 a^n, n^n 또는 $n!$과 같은 항들을 포함할 때는 아래의 비 판정법과 근 판정법이 유용하게 쓰인다.

〔정리 7-9〕 (비 판정법) 양항급수

$$\sum_{n=1}^{\infty} u_n \tag{1}$$

에 대해 $\lim_{n\to\infty} \frac{u_{n+1}}{u_n} = R$ ($R=\infty$도 될 수 있다.)

이라고 하면 이 급수는

(1) $R<1$일 때 수렴,

(2) $R>1$일 때 발산,

(3) $R=1$일 때는 이 방법을 쓸 수 없다.

〔증명〕 (1) $R<1$이므로 $R<r<1$인 실수 r이 존재한다. 또 n이 한없이 증가할 때 비 $\frac{u_{n+1}}{u_n}$은 R에 수렴하므로, $n\geq k$인 모든 n에 대해서 $\frac{u_{n+1}}{u_n}$이 r보다 작게 되는 양의 정수 k가 존재한다. 그러므로

$$\frac{u_{k+1}}{u_k} < r \text{ 또는 } u_{k+1} < ru_k$$

$$\frac{u_{k+2}}{u_{k+1}}<r \text{ 또는 } u_{k+2}<ru_{k+1}<r^2u_k$$

$$\frac{u_{k+3}}{u_{k+2}}<r \text{ 또는 } u_{k+3}<ru_{k+2}<r^3u_k$$

$$\cdots\cdots\cdots\cdots$$

따라서 급수

$$u_{k+1}+u_{k+2}+u_{k+3}+\cdots\cdots+u_{k+n}+\cdots\cdots \tag{2}$$

의 각 항은

$$u_kr+u_kr^2+u_kr^3+\cdots\cdots+u_kr^n+\cdots\cdots \tag{3}$$

의 대응하는 항보다 작다.

그런데 (3)은 $r<1$인 기하급수이므로 수렴한다. 그러므로 비교판정법에 의해서 (2)도 수렴한다. 따라서 급수 (2)에 유한개의 항을 더한 급수 (1)도 수렴한다.

(2) $R>1$일 때 극한의 정의에서 $n\geq k$인 모든 n에 대해서는 비 $\dfrac{u_{n+1}}{u_n}$이 1보다 크게 되는 양의 정수 k가 존재한다. 이것은 항이 점점 커짐을 의미한다.
그러므로 $\lim_{n\to\infty}u_n\neq 0$이고, 따라서 급수는 발산한다.

(3) p급수를 예로 들면 $\dfrac{u_{n+1}}{u_n}=\left(\dfrac{n}{n+1}\right)^p=\left(1-\dfrac{1}{n+1}\right)^p$이고, $n\to\infty$일 때의 극한값은 p에 관계없이 항상 $R=1$이다.

그러나 p급수는 $p>1$일 때 수렴하고 $p\leq 1$일 때 발산함을 알고 있다. 즉 $R=1$일 때는 비에 의한 판정법은 급수가 수렴하는가 하는 것을 결정하는데 쓸 수 없으며 다른 방법을 써야 한다. ■

예제 7-9 $\sum_{n=0}^{\infty}(2^n+5)/3^n$의 수렴 여부를 조사하여라.

풀이 $\lim_{n\to\infty}\dfrac{u_{n+1}}{u_n}=\lim_{n\to\infty}\dfrac{(2^{n+1}+5)/3^{n+1}}{(2^n+5)/3^n}=\lim_{n\to\infty}\dfrac{1}{3}\cdot\dfrac{2^{n+1}+5}{2^n+5}=\lim_{n\to\infty}\dfrac{1}{3}\left(\dfrac{2+5\cdot 2^{-n}}{1+5\cdot 2^{-n}}\right)=\dfrac{2}{3}=R$
따라서 $R<1$이므로 비 판정법에 의해 주어진 급수는 수렴한다. ■

예제 7-10 급수 $\dfrac{1!}{10}+\dfrac{2!}{10^3}+\dfrac{3!}{10^5}+\cdots\cdots+\dfrac{n!}{10^{2n-1}}+\cdots\cdots$의 수렴 여부를 조사하여라.

풀이 $u_n=\dfrac{n!}{10^{2n-1}}$, $u_{n+1}=\dfrac{(n+1)!}{10^{2n+1}}$이고

$$\lim_{n\to\infty}\frac{u_{n+1}}{u_n}=\lim_{n\to\infty}\frac{(n+1)}{100}=\infty$$

이므로 비 판정법에 의해 주어진 급수는 발산한다. ▮

〔정리 7-10〕 (근 판정법) 양항급수 $\sum_{n=1}^{\infty}a_n$에 대해

$$\lim_{n\to\infty}\sqrt[n]{a_n}=R\,(R=\infty\text{도 될 수 있다})$$

이라면, 급수 Σa_n은

(1) $R<1$일 때 수렴,

(2) $R>1$일 때 발산,

(3) $R=1$이면 이 방법을 쓸 수 없다.

〔증명〕 만일 $R<1$이면 $R<r<1$이 되는 고정된 r을 선택한다. 그러면 충분히 큰 n에 대하여 $a_n^{1/n}<r$, 즉 $a_n<r^n$을 만족한다. Σr^n이 수렴하므로, 비교판정법에 의해 Σa_n은 수렴한다. 만일 $R>1$이면 충분히 큰 n에 대해 $a_n^{\frac{1}{n}}>1$이고 따라서 $a_n>1$이다. 그러므로 $\lim a_n\neq 0$이기 때문에 Σa_n은 발산한다. $\lim_{n\to\infty}(\sqrt[n]{n})^p=1$(아래의 [참고])이고, $p>1$일 때 p-급수 $\sum_{n=1}^{\infty}\frac{1}{n^p}$은 수렴하고, $p\le 1$일 때 p-급수 $\sum_{n=1}^{\infty}\frac{1}{n^p}$은 발산하므로, $R=1$일 때는 근 판정법에 의해 수렴 여부를 판정할 수 없다. ■

예제 7-11 다음 급수의 수렴 여부를 판정하여라.

$$\sum_{n=0}^{\infty}\frac{1}{2^{n+(-1)^n}}=\frac{1}{2}+\frac{1}{1}+\frac{1}{8}+\frac{1}{4}+\frac{1}{32}+\frac{1}{16}+\cdots\cdots$$

풀이 $a_n=\frac{1}{2^{n+(-1)^n}}$일 때 만일 n이 짝수이면 $\frac{a_{n+1}}{a_n}=2$, n이 홀수이면 $\frac{a_{n+1}}{a_n}=\frac{1}{8}$이므로 비판정법에서 요구하는 극한이 존재하지 않는다. 그러나

$$\lim_{n\to\infty}a_n^{\frac{1}{n}}=\lim_{n\to\infty}\left(\frac{1}{2^{n+(-1)^n}}\right)^{\frac{1}{n}}=\lim_{n\to\infty}\frac{1}{2}\frac{1}{2^{\frac{(-1)^n}{n}}}=\frac{1}{2}.$$

그러므로 근판정법에 의해 급수는 수렴한다. ▮

〔**참고**〕 함수 $f(x)$에 대해 $\lim_{x\to\infty} f(x)=L$이면, $\lim_{n\to\infty} x_n=\infty$인 임의의 수열 $\langle x_n \rangle$에 대해 $\lim_{n\to\infty} f(x_n)=L$이다. 그러므로 수열의 극한 $\lim_{n\to\infty} a_n$을 구할 때에, $a_n=f(n)$인 함수 $f(x)$에 대해 $\lim_{x\to\infty} f(x)=L$이면 $\lim_{n\to\infty} f(n)=\lim_{n\to\infty} a_n=L$이 된다. 따라서 $\lim_{n\to\infty} \sqrt[n]{n}$을 구할 때에 n을 독립변수로 갖는 함수의 극한을 구하는 것처럼, 로피탈의 법칙을 써서

$$\lim_{n\to\infty} \ln(n^{\frac{1}{n}})=\lim_{n\to\infty}\frac{1}{n}\ln n=\lim_{n\to\infty}\frac{(\ln n)'}{(n)'}$$
$$=\lim_{n\to\infty}\frac{1}{n}=0$$

이므로 $\lim_{n\to\infty} n^{\frac{1}{n}}=e^0=1$과 같이 할 수 있다(예제 4-12 참조).

7-4. 연습문제

※ 다음 급수의 수렴여부를 판정하여라(1～18).

1. $\sum_{n=1}^{\infty}\frac{2^n}{n!}$
2. $\sum_{n=1}^{\infty}\frac{e^n}{n+1}$
3. $\sum_{n=2}^{\infty}\frac{1}{(\ln n)^n}$
4. $\sum_{n=1}^{\infty}\left(\frac{n}{2n-1}\right)^{2n}$
5. $\sum_{n=1}^{\infty}\frac{3n}{n^2+1}$
6. $\sum_{n=2}^{\infty}\frac{1}{\sqrt{n}\ln 2}$
7. $\sum_{n=2}^{\infty}\frac{\ln n}{n}$
8. $\sum_{n=1}^{\infty}\frac{e^n}{(n+1)^n}$
9. $\sum_{n=1}^{\infty}\frac{(2)(4)\cdots(2n)}{(2)(5)\cdots(3n-1)}$
10. $\sum_{n=1}^{\infty}\frac{2^n}{(1+\cos\frac{1}{n})^n}$
11. $\sum_{n=1}^{\infty}\frac{n!\,n^n}{(2n)!}$
12. $\sum_{n=1}^{\infty}\frac{\sqrt{2n}}{n+4}$
13. $\sum_{n=1}^{\infty}\frac{\sqrt{n}}{n^2+3}$
14. $\sum_{n=1}^{\infty}(1-\cos\frac{1}{n})^n$
15. $\sum_{n=1}^{\infty}(e^{\frac{1}{n}}-1)$
16. $\sum_{n=1}^{\infty}(1-\frac{1}{n})^n$
17. $\sum_{n=2}^{\infty}\frac{1}{n(\ln n)(\ln\ln n)^3}$
18. $\sum_{n=1}^{\infty}\frac{2}{e^n+e^{-n}}$

7-5. 교대급수와 절대수렴

양의 항과 음의 항이 교대로 나타나는 급수를 교대급수(alternating series)라 한다.

예 5 급수

$$1-\frac{1}{2}+\frac{1}{3}-\frac{1}{4}+\cdots\cdots$$

$$1-\frac{1}{2^2}+\frac{1}{3^2}-\frac{1}{4^2}+\cdots\cdots$$

은 교대급수이지만 급수

$$1+\frac{1}{2}-\frac{1}{3}-\frac{1}{4}+\frac{1}{5}+\frac{1}{6}-\cdots\cdots$$

은 교대급수가 아니다. ▮

〔정리 7-11〕 (교대급수판정법) $u_1, u_2, u_3, \cdots\cdots$가 양수로서

(a) $u_1 \geq u_2 \geq u_3 \geq u_4 \geq \cdots\cdots$ (b) $\lim_{n\to\infty} u_n = 0$

일 때 교대급수

$$u_1 - u_2 + u_3 - u_4 + \cdots\cdots \tag{1}$$

은 수렴한다.

〔증명〕 급수 (1)의 처음 $2k$개의 합은 다음의 두 형태로 표시된다.

$$S_{2k} = (u_1 - u_2) + (u_3 - u_4) + \cdots\cdots + (u_{2k-1} - u_{2k}) \tag{2}$$

$$S_{2k} = u_1 - (u_2 - u_3) - \cdots\cdots - (u_{2k-2} - u_{2k-1}) - u_{2k} \tag{3}$$

모든 n에 대하여 $u_n \geq u_{n+1}$이므로 식 (2)와 (3)의 괄호안의 차는 양수이거나 0이다. 따라서 식 (2)는 S_{2k}가 양수이거나 0의 합임을 보여주고, 또한 식 (3)으로부터 모든 k에 대하여 $S_{2k} \leq u_1$이다. 따라서 정리 7-3에 의해서 $k\to\infty$일 때 S_{2k}는 극한값 S를 갖는다.

또한, 홀수개의 항의 합 S_{2k+1}은

$$S_{2k+1} = S_{2k} + u_{2k+1}$$

이다. (b)에서 $u_{2k+1}\to 0$이므로

$$\lim_{k\to\infty} S_{2k+1} = \lim_{n\to\infty} S_{2k} + \lim_{k\to\infty} u_{2k+1} = S+0=S$$

따라서 n이 짝수이건, 홀수이건 S_n은 $n\to\infty$일 때 극한값 S를 가지므로 급수 (1)은 수렴한다. ■

〔**참고**〕 교대급수 $\Sigma(-1)^n u_n$이 수렴하는 경우, 이 교대급수의 합 S에서 n항까지의 부분합 S_n을 뺀 나머지 R_n은 $|R_n|\le u_{n+1}$을 만족한다.

예 6 급수

$$\sum_{k=1}^{\infty}\frac{(-1)^{k+1}}{k^2} = \frac{1}{1^2}-\frac{1}{2^2}+\frac{1}{3^2}-\frac{1}{4^2}+\cdots\cdots,$$

$$\sum_{k=1}^{\infty}\frac{(-1)^{k+1}}{k} = \frac{1}{1}-\frac{1}{2}+\frac{1}{3}-\frac{1}{4}+\cdots\cdots,$$

은 정리 7-11의 조건을 만족하므로 수렴한다. ■

급수 $\sum_{k=1}^{\infty}|a_k|$가 수렴하면 급수 $\sum_{k=1}^{\infty}a_k$는 절대수렴(absolutely convergent)한다고 하고, 급수 $\sum_{k=1}^{\infty}a_k$는 수렴하지만 $\sum_{k=1}^{\infty}|a_k|$가 발산할 때 $\sum_{k=1}^{\infty}a_k$는 조건부수렴(conditionally convergent)한다고 한다.

급수 $\sum_{k=1}^{\infty}\frac{(-1)^{k+1}}{k^2} = \frac{1}{1^2}-\frac{1}{2^2}+\frac{1}{3^2}-\frac{1}{4^2}+\cdots\cdots$에서 $\sum_{k=1}^{\infty}\frac{1}{k^2}$은 수렴하므로 $\sum_{k=1}^{\infty}\frac{(-1)^{k+1}}{k^2}$는 절대수렴하고, $\sum_{k=1}^{\infty}\frac{(-1)^{k+1}}{k}$에서 $\sum_{k=1}^{\infty}\frac{1}{k}$은 발산하므로 $\sum_{k=1}^{\infty}\frac{(-1)^{k+1}}{k}$는 조건부수렴한다.

〔**정리 7-12**〕 $\sum_{k=1}^{\infty}|a_k|$가 수렴하면 $\sum_{k=1}^{\infty}a_k$는 수렴한다. 즉 절대수렴하면 수렴한다.

〔**증명**〕 $a_k\le|a_k|$이므로

$$0\le a_k+|a_k|\le 2|a_k|$$

이다. $\sum_{k=1}^{\infty}|a_k|$가 수렴하므로 비교판정법에 의해서 $\sum_{k=1}^{\infty}(a_k+|a_k|)$는 수렴한다. 두 수렴급수의 합은 수렴하므로

$$\sum_{k=1}^{\infty} a_k = \sum_{k=1}^{\infty} [(a_k + |a_k|) - |a_k|]$$

은 수렴한다. ■

〔**참고**〕 $1 - \frac{1}{2} + \frac{1}{3} - \frac{1}{4} + \cdots\cdots$은 수렴하지만 $1 + \frac{1}{2} + \frac{1}{3} + \cdots\cdots$은 발산하므로 위 정리의 역은 성립하지 않는다.

무한급수 $\sum_{k=0}^{\infty} a_k$와 $\sum_{k=0}^{\infty} b_k$에 대하여

$$c_k = \sum_{i+j=k} a_i b_j = a_0 b_k + a_1 b_{k-1} + \cdots\cdots + a_k b_0$$

일 때, 무한급수 $\sum_{k=0}^{\infty} c_k$를 두 급수의 코시곱(Cauchy product)이라고 한다.

〔**정리 7-13**〕 $\sum_{k=0}^{\infty} a_k$와 $\sum_{k=0}^{\infty} b_k$가 절대수렴하면, 두 급수의 코시곱 $\sum_{k=0}^{\infty} c_k$도 절대수렴하고,

$$\sum_{k=0}^{\infty} c_k = \left(\sum_{k=0}^{\infty} a_k\right)\left(\sum_{k=0}^{\infty} b_k\right)$$

이다. 여기서 $c_k = \sum_{i+j=k} a_i b_j = a_0 b_k + a_1 b_{k-1} + \cdots\cdots + a_k b_0$. ■

〔**증명**〕 고급해석학 또는 해석학개론에서 다룬다. ■

〔**참고**〕 필요에 따라서 무한급수의 첫 항을 $k=0$부터 또는 1보다 큰 자연수 n에 대해 $k=n$부터 시작할 수 있다.

7-5. 연습문제

※ 다음 급수의 수렴 여부를 판정하고, 수렴급수에 대하여는 절대수렴과 조건부수렴을 구분하여라(1~15).

1. $\sum_{k=1}^{\infty} (-1)^k$

2. $\sum_{k=2}^{\infty} \frac{(-1)^k}{k \ln k}$

3. $\sum_{k=2}^{\infty} \frac{(-1)^k k}{\ln k}$

4. $\sum_{k=1}^{\infty} \frac{(-1)^{k+1}}{5k-4}$

5. $\sum_{k=0}^{\infty} \cos \frac{k\pi}{2}$

6. $\sum_{k=1}^{\infty} \frac{k!}{(-3)^k}$

7. $\sum_{k=1}^{\infty} \frac{k^2}{(-2)^k}$

8. $\sum_{k=2}^{\infty} \frac{(-1)^k k^2}{k^3+1}$

9. $\sum_{k=3}^{\infty} \frac{\sin \frac{\pi k}{7}}{k^3}$

10. $\sum_{k=2}^{\infty} \frac{(-1)^k k(k+1)}{(k+2)^3}$

11. $\sum_{k=1}^{\infty} \frac{(-1)^k 2^k}{k}$

12. $\sum_{k=1}^{\infty} \frac{(-1)^k k^k}{k!}$

13. $\sum_{n=2}^{\infty} \left[\ln\left(\frac{1}{n}\right)\right]^n$

14. $\sum_{n=1}^{\infty} (-1)^n \frac{3^n}{n(2^n+1)}$

15. $\sum_{n=1}^{\infty} (-1)^n \frac{n!}{1\cdot 3\cdot 5\cdots\cdots(2n-1)}$

7-6. 멱 급 수

상수 $a, c_0, c_1, c_2, \cdots\cdots, c_n, \cdots\cdots$과 변수 x로 이루어진

$$\sum_{n=0}^{\infty} c_n(x-a)^n = c_0 + c_1(x-a) + c_2(x-a)^2 + \cdots\cdots + c_n(x-a)^n + \cdots\cdots \tag{1}$$

인 꼴의 무한급수를 $\boldsymbol{x-a}$의 멱급수(power series in $x-a$)라고 한다.

(1)에서 a가 0이면 멱급수는 다음의 형태를 갖는다.

$$\sum_{n=0}^{\infty} c_n x^n = c_0 + c_1 x + c_2 x^2 + \cdots\cdots + c_n x^n + \cdots\cdots \tag{2}$$

식 (2)에서의 멱급수는 $x=0$에서 명백히 수렴하고, 일반적으로 0이 아닌 어떤 x의 값에서 멱급수는 수렴하거나 또는 발산할 것이다. 이 멱급수는 x의 지수를 포함하는 급수이므로 어떤 x에 대해 이 급수가 수렴할지 판정하기 위해 비판정법을 쓰는 것이 효과적이다.

극한 $R = \lim_{n\to\infty}\left|\frac{c_{n+1}}{c_n}\right|$이 존재한다고 가정하자. 이 극한은 상수의 급수 Σc_n에 대해 비판정법을 사용하는데 필요한 것이다. 식 (2)의 급수에 대해 비판정법을 적용하기 위하여, $a_n = c_n x^n$이라 놓고 다음 극한을 계산한다.

$$\lim_{n\to\infty}\left|\frac{a_{n+1}}{a_n}\right| = \lim_{n\to\infty}\left|\frac{c_{n+1}x^{n+1}}{c_n x^n}\right| = R|x|$$

그러면, 비판정법에 의하여 $R|x|<1$인 x에 대하여 $\sum_{n=0}^{\infty}|a_n|$이 수렴하므로 $\sum_{n=0}^{\infty}c_nx^n$은 절대수렴하고, $R|x|>1$인 x에 대하여는 비판정법의 증명에서와 같이 $\lim_{n\to\infty}|a_n|\neq 0$이므로 $\lim_{n\to\infty}a_n\neq 0$이고, 따라서 $\sum_{n=0}^{\infty}c_nx^n$은 발산한다. 그러므로 만일 $R=0$이면, 모든 x에 대해 $\sum_{n=0}^{\infty}c_nx^n$은 절대수렴하고, $R=+\infty$이면 0이 아닌 x에 대해 $\sum_{n=0}^{\infty}c_nx^n$은 발산한다. 그리고 만일 R이 양의 실수라면 $R|x|<1$을 만족하는 모든 x에 대해, 즉 $|x|<\rho=\dfrac{1}{R}=\lim_{n\to\infty}\left|\dfrac{c_n}{c_{n+1}}\right|$일 때 $\sum_{n=0}^{\infty}c_nx^n$은 절대수렴하고 $|x|>\rho$이면 $\sum_{n=0}^{\infty}c_nx^n$은 발산한다. 그리고 $|x|=\rho$이면 우리는 이 판정법을 쓸 수 없다. 따라서 우리는 결론적으로 다음 정리를 얻는다.

〔정리 7-14〕 (멱급수의 수렴성) 멱급수 $\sum_{n=0}^{\infty}c_nx^n$에 대해 다음이 성립한다.

(1) 이 급수는 모든 x에 대해 절대수렴하거나,

(2) $x=0$일 때만 수렴하거나, 또는

(3) $|x|<\rho$이면 $\sum_{n=0}^{\infty}c_nx^n$이 절대수렴하고, $|x|>\rho$일 때 $\sum_{n=0}^{\infty}c_nx^n$이 발산하는 양수 ρ가 존재한다.

이때 ρ를 멱급수 $\sum_{n=0}^{\infty}c_nx^n$의 수렴반경(radius of convergence)이라 하고, 멱급수가 수렴하는 x의 구간을 그 멱급수의 수렴구간(interval of convergence)이라고 한다(모든 x에 대해 수렴하는 경우, 수렴반경은 ∞, 수렴구간은 $(-\infty, \infty)$라고 한다).

$x-a$의 멱급수의 수렴성에 대해서도 단지 x^n을 $(x-a)^n$으로 치환해서 생각하면 다음과 같다.

(1′) 식 (1)의 멱급수는 모든 x에 대해 수렴하거나,

(2′) $x-a=0$, 즉 $x=a$일 때만 급수가 수렴하거나, 또는

(3′) $|x-a|<\rho$이면 $\sum_{n=0}^{\infty}c_n(x-a)^n$이 절대수렴하고, $|x-a|>\rho$일 때 $\sum_{n=0}^{\infty}c_n(x-a)^n$이 발산하는 양수 ρ가 존재한다.

이때 수렴반경 ρ가 $0<\rho<\infty$인 경우에 수렴구간의 양 끝점, $x=a+\rho$와 $x=a-\rho$에서의 수렴성은 별도로 검사해야 한다.

예제 7-12 다음 급수의 수렴구간을 구하여라.

$$\sum_{k=0}^{\infty} \frac{x^k}{k+1} = 1 + \frac{x}{2} + \frac{x^2}{3} + \frac{x^3}{4} + \frac{x^4}{5} + \cdots\cdots$$

풀이 $a_n = \dfrac{x^n}{n+1}$ 이라 놓고 비판정법을 적용하면

$$\lim_{n\to\infty} \left| \frac{a_{n+1}}{a_n} \right| = \lim_{n\to\infty} \left| \frac{x^{n+1}}{n+2} \cdot \frac{n+1}{x^n} \right| = |x| \lim_{n\to\infty} \frac{n+1}{n+2} = |x|$$

이므로 주어진 급수는 $|x|<1$이면 절대수렴하고, $|x|>1$이면 발산한다.

$x=1$ 또는 $x=-1$일 때는 비판정법으로 판정할 수 없다. 이에 대응하는 급수는

$$x=1\text{일 때}\quad 1 + \frac{1}{2} + \frac{1}{3} + \frac{1}{4} + \cdots\cdots \qquad \text{(발산)}$$

$$x=-1\text{일 때}\quad 1 - \frac{1}{2} + \frac{1}{3} - \frac{1}{4} + \cdots\cdots \qquad \text{(수렴)}$$

따라서 수렴구간은 $[-1, 1)$이다. ▮

예제 7-13 다음 급수의 수렴구간을 구하여라.

$$x + \frac{x^2}{2!} + \frac{x^3}{3!} + \cdots\cdots + \frac{x^n}{n!} + \cdots\cdots$$

풀이 $a_n = \dfrac{x^n}{n!}$ 이라 놓고 비판정법을 적용하면,

$$\lim_{n\to\infty} \left| \frac{a_{n+1}}{a_n} \right| = \lim_{n\to\infty} \left| \frac{x^{n+1}}{(n+1)!} \cdot \frac{n!}{x^n} \right| = \lim_{n\to\infty} \left| \frac{x}{n+1} \right| = 0$$

이므로 이 급수는 모든 x값에 대하여 절대수렴한다. 그러므로 수렴구간은 $(-\infty, \infty)$이다. ▮

예제 7-14 $x \neq 0$에 대해서 다음 급수가 발산함을 보여라.

$$\sum_{k=1}^{\infty} k!\, x^k = x^1 + 2!\, x^2 + 3!\, x^3 + \cdots\cdots + n!\, x^n + \cdots\cdots$$

풀이 $a_n = n!\, x^n$이라 놓고 비판정법을 적용하면, $x \neq 0$일 때

$$\lim_{n\to\infty} \left| \frac{a_{n+1}}{a_n} \right| = \lim_{n\to\infty} \left| \frac{(n+1)!\, x^{n+1}}{n!\, x^n} \right| = |x| \lim_{n\to\infty} (n+1) = \infty\,.$$

따라서 $x \neq 0$일 때 주어진 급수는 발산한다. ▮

예제 7-15 다음 급수의 수렴구간을 구하여라.

$$\sum_{n=1}^{\infty}(-1)^n\frac{(x-2)^n}{n\cdot 4^n}=-\frac{(x-2)}{4}+\frac{(x-2)^2}{2\cdot 4^2}-\frac{(x-2)^3}{3\cdot 4^3}+\cdots$$

풀이 $a_n=(-1)^n\dfrac{(x-2)^n}{n\cdot 4^n}$ 이라 놓으면,

$$\begin{aligned}\lim_{n\to\infty}\left|\frac{a_{n+1}}{a_n}\right| &= \lim_{n\to\infty}\frac{|x-2|^{n+1}}{(n+1)4^{n+1}}\cdot\frac{n4^n}{|x-2|^n}\\ &= \lim_{n\to\infty}\frac{|x-2|}{4}\cdot\frac{n}{n+1}\\ &= \frac{|x-2|}{4}.\end{aligned}$$

따라서 이 급수는 $\dfrac{|x-2|}{4}<1$일 때, 즉 $|x-2|<4$일 때 절대수렴하고 $\rho=4$가 수렴반경이 된다. 그러므로 이 급수는 $-2<x<6$일 때 수렴하고, $x<-2$ 또는 $x>6$일 때 발산한다. 특히 $x=-2$일 때 이 급수는 발산하는 조화급수 $\sum_{n=1}^{\infty}\dfrac{1}{n}$이 되고 $x=6$일 때는 수렴하는 교대급수 $\sum_{n=1}^{\infty}\dfrac{(-1)^n}{n}$이 된다. 그러므로 이 급수의 수렴구간은 $(-2, 6]$이다. ■

7-6. 연습문제

※ 다음 각 급수의 수렴구간을 구하여라(1～13).

1. $\sum_{k=0}^{\infty}\dfrac{x^k}{6^k}=1+\dfrac{x}{6}+\dfrac{x^2}{6^2}+\dfrac{x^3}{6^3}+\cdots\cdots$

2. $\sum_{k=0}^{\infty}\dfrac{(x+1)^k}{3^k}=1+\dfrac{x+1}{3}+\dfrac{(x+1)^2}{3^2}+\dfrac{(x+1)^3}{3^3}+\cdots\cdots$

3. $\sum_{k=0}^{\infty}(3x)^k=1+3x+(3x)^2+(3x)^3+\cdots\cdots$

4. $\sum_{k=0}^{\infty}\dfrac{(x-1)^k}{k^3+3}=\dfrac{1}{3}+\dfrac{x-1}{1^3+3}+\dfrac{(x-1)^2}{2^3+3}+\dfrac{(x-1)^3}{3^3+3}+\cdots\cdots$

5. $\sum_{k=0}^{\infty}\dfrac{(x+17)^k}{k!}=1+\dfrac{x+17}{1!}+\dfrac{(x+17)^2}{2!}+\dfrac{(x+17)^3}{3!}+\cdots\cdots$

6. $\sum_{k=0}^{\infty} x^{2k}$

7. $\sum_{k=0}^{\infty} \frac{(-1)^k x^{2k}}{k^k}$

8. $\sum_{k=0}^{\infty} \frac{(-1)^k kx^k}{\sqrt{k+1}}$

9. $\sum_{k=1}^{\infty} \frac{2^k (x-3)^k}{k^2}$

10. $\sum_{k=0}^{\infty} x^{2^k}$

11. $\sum_{k=0}^{\infty} (5x-3)^k$

12. $\sum_{k=0}^{\infty} \left(\frac{x^2+1}{5}\right)^k$

13. $\sum_{k=0}^{\infty} \frac{k^3 (x+1)^k}{3^k}$

제 8 장 함수의 전개

OUTLINE

8-1. 함수의 멱급수 전개
8-2. 테일러 정리
8-3. 이항급수
8-4. 부 정 형

함수의 멱급수전개는 17, 18세기에 광범위하게 쓰였다. 그러나 그것은 급수의 수렴에 대한 정확한 개념의 정립 없이 이루어졌고, 19세기 초 코시(A.L. Caucjy, 1789～1857)에 이르러서야 급수의 수렴 발산을 다루게 되었다.

뉴턴(Isaac Newton, 1642～1272)은 함수를 멱급수 전개함으로써, $\int x^n = \dfrac{x^{n+1}}{n+1}$ 과 같은 간단한 방정식에 대해서만 알려진 규칙들과 알고리즘을 훨씬 넓은 범위의 곡선에 적용시켜서 곡선 아래의 넓이와 식의 근사값을 구해 물리문제에 그의 수학적 방법을 적용시키는데 사용하였다. 뉴턴의 가장 유명한 급수전개는 자연수 n에 대해 잘 알려진 이항전개식

$$(a+x)^n = a^n + \frac{n}{1}a^{n-1}x + \frac{n(n-1)}{1\cdot 2}a^{n-2}x^2 + \cdots + x^n$$

을 n이 유리수 일 때로 확정한 '이항정리'이다.

오일러(L. Euler, 1707～1783)도 1748년에 나온 <무한해석입문>에서 장제법(long division), 이항전개 등의 방법에 의해

$$e^z = 1 + \frac{z}{1} + \frac{z^2}{1\cdot 2} + \frac{z^3}{1\cdot 2\cdot 3} + \cdots$$

과 같은 멱급수전개를 보여 주었다. 그는 또한 코사인과 사인함수의 멱급수전개도 보여 주었다

1915년에 테일러(B. Tayler, 1685～1731)의 논문에 나온 급수를 매클로린(C. MacLaurin, 1698～1746)이 1742년의 논문에서 테일러급수라고 불렀으며, 1772년에 라그랑주(J.L. Lagrange, 1736～1813)는 모든 함수가 "테일러급수"

$$f(x+i) = a_0 + a_1 i + \frac{1}{2!}a_2 i^2 + \cdots$$

로 전개될 수 있고 미분계수는 계수 $a_0, a_1, a_2, \cdots$ 으로 정의된다고 주장하였다.

이 장에서는 수렴여부를 밝히며 함수를 멱급수로 전개해서 나타낼 수 있음을 보인다.

8-1. 함수의 멱급수 전개

예제 7-1로부터 기하급수 $\sum_{n=0}^{\infty} x^n$은 $|x|<1$일 때 수렴하고 그 합이 $\frac{1}{1-x}$인 것을 안다. 따라서 $|x|<1$일 때 함수 $\frac{1}{1-x}$을 다음과 같이 멱급수로 나타낼 수 있다.

$$\frac{1}{1-x} = 1 + x + x^2 + \cdots\cdots, \quad |x|<1 \tag{1}$$

일반적으로 함수 $f(x)$를 a를 포함하는 어떤 열린구간에서

$$f(x) = c_0 + c_1(x-a) + c_2(x-a)^2 + \cdots\cdots + c_n(x-a)^n + \cdots\cdots$$

와 같이 나타낼 수 있을 때, f는 그 구간에서 멱급수 전개 $\sum_{n=0}^{\infty} c_n(x-a)^n$을 갖는다고 한다. 예를 들어 함수 $\frac{1}{1-x}$은 $|x|<1$인 데에서 멱급수 전개 $\sum_{n=0}^{\infty} x^n$을 갖는다.

위 (1)과 같이 이미 알고 있는 함수의 멱급수 전개를 이용하여 다른 함수의 멱급수 전개를 구할 수 있다.

예 1 (1)에 x 대신 $-x$를 대입하면 $\frac{1}{1+x}$의 멱급수 전개를 다음과 같이 얻을 수 있다.

$$\frac{1}{1+x} = 1 - x + x^2 - x^3 + \cdots\cdots = \sum_{n=0}^{\infty} (-1)^n x^n, \quad |-x| = |x| < 1$$

마찬가지로, (1)에 $-x^2$를 대입하면,

$$\frac{1}{1+x^2} = 1 - x^2 + x^4 - x^6 + \cdots\cdots, \quad |x^2|<1, \text{ 즉 } |x|<1. \ \blacksquare$$

수렴하는 무한급수의 성질로부터 함수의 멱급수 전개에 대하여 다음과 같은 성질을 얻는다.

〔정리 8-1〕 함수 $f(x)$와 $g(x)$가

$$f(x) = \sum_{n=0}^{\infty} a_n(x-c)^n, \quad |x-c| < R_1$$

$$g(x) = \sum_{n=0}^{\infty} b_n(x-c)^n, \quad |x-c| < R_2$$

와 같이 멱급수로 나타내졌다고 하고, $R = \min\{R_1, R_2\}$라고 하자. 그러면 $f(x)+g(x)$, $kf(x)$, $f(x)g(x)$는 다음과 같은 멱급수 전개를 갖는다.

$$f(x)+g(x) = \sum_{n=0}^{\infty}(a_n+b_n)(x-c)^n, \quad |x-c| < R$$

$$kf(x) = \sum_{n=0}^{\infty} ka_n(x-c)^n, \quad |x-c| < R_1$$

$$f(x)\,g(x) = \sum_{n=0}^{\infty}\left(\sum_{m=0}^{n} a_{n-m}\,b_m\right)(x-c)^n, \quad |x-c| < R.$$

예 2 $\dfrac{1+x}{2-x} = (1+x)\left(\dfrac{1}{2}\right)\dfrac{1}{1-\dfrac{x}{2}}$

$$= \frac{1}{2}(1+x)\left(1+\frac{x}{2}+\left(\frac{x}{2}\right)^2+\left(\frac{x}{2}\right)^3+\cdots\cdots\right)$$

$$= \frac{1}{2}+\frac{3}{2^2}x+\frac{3x^2}{2^3}+\frac{3x^3}{2^4}+\cdots\cdots+\frac{3x^{n-1}}{2^n}+\cdots\cdots, \quad \left|\frac{x}{2}\right|<1 \text{ 즉, } |x|<2. \blacksquare$$

멱급수 전개를 갖는 함수 $f(x)$의 미분과 적분에 대하여 다음 정리가 성립한다.

〔정리 8-2〕 함수 $f(x)$가

$$f(x) = \sum_{n=0}^{\infty} c_n(x-a)^n, \quad |x-a| < r$$

과 같이 멱급수로 나타내졌다고 하자. 그러면

(1) f는 $|x-a|<r$에서 미분가능하고

$$f'(x) = \sum_{n=1}^{\infty} nc_n(x-a)^{n-1}, \quad |x-a| < r$$

와 같이 멱급수로 나타내진다.

(2) $|x-a|<r$인 임의의 x에 대하여, $\int_a^x f(t)dt$는 다음과 같이 멱급수로 나타내진다.

$$\int_a^x f(t)dt = \sum_{n=0}^{\infty}\frac{c_n}{n+1}(x-a)^{n+1}, \quad |x-a| < r$$

〔**증명**〕 편의상 $a=0$로 잡는다. 비판정법으로 $\sum_{n=0}^{\infty} c_n x^n$, $\sum_{n=1}^{\infty} nc_n x^{n-1}$, $\sum_{n=0}^{\infty} \frac{c_n}{n+1} x^{n+1}$ 이 모두 같은 수렴구간을 갖는 것을 알 수 있다.

(1) $|x|<r$인 임의의 x를 생각하자. 그러면 $|x|+\delta<r$인 $\delta>0$가 존재하므로 우리는 $|h|<\delta$인 h만을 생각하자. $|x+h|\le|x|+|h|<r$이므로

$$f(x+h)-f(x)=\sum_{n=0}^{\infty} c_n(x+h)^n-\sum_{n=0}^{\infty} c_n x^n$$
$$=\sum_{n=1}^{\infty} c_n[(x+h)^n-x^n].$$

평균값 정리에 의하여 x와 $x+h$사이에 x_n이 존재하여

$$(x+h)^n-x^n=nx_n{}^{n-1}h$$

가 된다. 그러므로

$$\frac{f(x+h)-f(x)}{h}=\sum_{n=1}^{\infty} nc_n x_n{}^{n-1}.$$

따라서

$$\frac{f(x+h)-f(x)}{h}-\sum_{n=1}^{\infty} nc_n x^{n-1}=\sum_{n=2}^{\infty} nc_n[x_n{}^{n-1}-x^{n-1}].$$

평균값 정리를 다시 쓰면 x_n과 x사이에 y_n이 존재하여

$$x_n{}^{n-1}-x^{n-1}=(n-1)y_n{}^{n-2}(x_n-x).$$

그러므로

$$\frac{f(x+h)-f(x)}{h}-\sum_{n=1}^{\infty} nc_n x^{n-1}=\sum_{n=2}^{\infty}(n-1)nc_n y_n{}^{n-2}(x_n-x).$$

그런데 $|y_n|\le|x|+\delta<r$이고 $|x_n-x|\le|h|$이므로

$$\left|\frac{f(x+h)-f(x)}{h}-\sum_{n=1}^{\infty} nc_n x^{n-1}\right|\le\sum_{n=2}^{\infty}(n-1)n|c_n||y_n|^{n-2}|x_n-x|$$
$$\le|h|\sum_{n=2}^{\infty}(n-1)n|c_n|(|x|+\delta)^{n-2}.$$

그런데 $\sum_{n=2}^{\infty} n(n-1)|c_n|(|x|+\delta)^{n-2}$은 수렴하는 무한급수이므로 한 상수와 같다. 그러므로 $h\to 0$이면 $\left(\frac{f(x+h)-f(x)}{h}-\sum_{n=1}^{\infty} nc_n x^{n-1}\right)\to 0$이다. 즉 $f(x)$는 x에서 미분가능하고 $f'(x)=\sum_{n=1}^{\infty} nc_n x^{n-1}$이 된다.

(2) $F(x)=\sum_{n=0}^{\infty}\frac{c_n}{n+1}x^{n+1}$이라 놓으면 $|x|<r$에서 함수 $F(x)$가 정의되고 (1)에 의해 $F'(x)=\sum_{n=0}^{\infty} c_n x^n=f(x)$가 된다. 그런데 $F(0)=0$이므로

$$F(x)=\int_0^x f(t)dt$$

가 된다. ■

〔따름정리〕 함수 $f(x)$가 구간 $|x-a|<R$에서 멱급수 $\sum_{n=0}^{\infty} c_n(x-a)^n$로 나타내지면, 이 함수는 이 구간에서 모든 계수의 도함수를 가지며, k계 $(k\geq 1)$ 도함수는

$$f^{(k)}(x)=\sum_{n=k}^{\infty} n(n-1)\cdots\cdots(n-k+1)c_n(x-a)^{n-k},\quad |x-a|<R$$

로 나타내진다.

〔따름정리〕 $f(x)=\sum_{n=0}^{\infty} c_n(x-a)^n$, $|x-a|<R$이면 모든 n에 대하여

$$c_n=\frac{f^{(n)}(a)}{n!}.$$

예제 8-1 $f(x)=\ln(1-x)$를 적당한 구간에서 멱급수로 나타내어라.

풀이 $\ln(1-x)=-\int_0^x \frac{1}{1-t}dt$이므로 정리 8-2에 의하여

$$\ln(1-x)=-\int_0^x (1+t+t^2+\cdots+t^n+\cdots)dt \tag{2}$$

$$=-x-\frac{x^2}{2}-\frac{x^3}{3}-\cdots-\frac{x^{n+1}}{n+1}-\cdots,\quad |x|<1.\ ■$$

예제 8-2 $\dfrac{1}{(1-x)^2}$을 적당한 구간에서 멱급수로 나타내어라.

풀이 $\dfrac{1}{(1-x)^2}=\left(\dfrac{1}{1-x}\right)'=\left(\sum_{n=0}^{\infty}x^n\right)'=\sum_{n=1}^{\infty}nx^{n-1},\ |x|<1.$ ∎

예제 8-3 $\ln\sqrt{\dfrac{1+x}{1-x}}=x+\dfrac{x^3}{3}+\dfrac{x^5}{5}+\dfrac{x^7}{7}+\cdots\cdots,\ |x|<1$임을 보여라.

풀이 $\ln\sqrt{\dfrac{1+x}{1-x}}=\dfrac{1}{2}\{\ln(1+x)-\ln(1-x)\}$이므로 위 예제 8-1과 정리 8-1로부터,

$$\begin{aligned}\ln\sqrt{\frac{1+x}{1-x}}&=\frac{1}{2}\left\{\left(x-\frac{x^2}{2}+\frac{x^3}{3}-\frac{x^4}{4}+\frac{x^5}{5}-\cdots\cdots\right)\right.\\&\qquad\left.-\left(-x-\frac{x^2}{2}-\frac{x^3}{3}-\frac{x^4}{4}-\frac{x^5}{5}-\cdots\cdots\right)\right\}\\&=x+\frac{x^3}{3}+\frac{x^5}{5}+\cdots\cdots,\ |x|<1.\end{aligned}$$ ∎

예 3 $\mathrm{Tan}^{-1}x=\displaystyle\int_0^x\frac{dt}{1+t^2}=\int_0^x\left(\sum_{n=0}^{\infty}(-1)^n t^{2n}\right)dt=\sum_{n=0}^{\infty}\frac{(-1)^n x^{2n+1}}{2n+1},\ |x|<1.$ ∎

[참고] 위 예 3에서 $\displaystyle\sum_{n=0}^{\infty}\frac{(-1)^n x^{2n+1}}{2n+1}$은 $x=1$일 때 $\mathrm{Tan}^{-1}1$로 수렴함을 보일 수 있다. 따라서, $\mathrm{Tan}^{-1}1=\dfrac{\pi}{4}$이므로

$$\pi=4\sum_{n=0}^{\infty}\frac{(-1)^n}{2n+1}$$

를 얻는다.

1961년에 π는 IBM 7090컴퓨터에 의해 소수 100,000자리까지 계산하였고, 1973년에 Jean Guilloud와 Martine Bouyer는 CDC 7600 컴퓨터에 의해 소수 1,000,000자리까지 π를 계산하였다. 또한 1999년에는 206,158,430,000자리까지 계산되었다.

8-1. 연습문제

※ 다음 함수들의 멱급수 전개를 구하여라(1~14).

1. (a) $\dfrac{1}{1-x^2}$ (b) $\dfrac{x}{1-x^2}$ (c) $\dfrac{2x}{(1-x^2)^2}=\dfrac{d}{dx}\left(\dfrac{1}{1-x^2}\right)$

2. (a) $\dfrac{1}{2x-3}$ (b) $\dfrac{x}{2x-3}$ (c) $\dfrac{1}{(2x-3)^2}=-\dfrac{1}{2}\dfrac{d}{dx}\left(\dfrac{1}{2x-3}\right)$

3. (a) $\dfrac{1}{2-x}$ (b) $\dfrac{1}{(2-x)^2}=\dfrac{d}{dx}\left(\dfrac{1}{2-x}\right)$ (c) $\ln(2-x)=\ln 2-\int_0^x\dfrac{1}{2-t}\,dt$

4. (a) $\dfrac{3}{3-x}$ (b) $\dfrac{3}{(3-x)^2}=\dfrac{d}{dx}\left(\dfrac{3}{3-x}\right)$ (c) $3\ln(3-x)=3\ln 3-\int_0^x\dfrac{3}{3-t}\,dt$

5. (a) $\ln(1+x)$ (b) $x\ln(1+x)$ (c) $\dfrac{\ln(1+2x)}{x}$

6. (a) $\mathrm{Tan}^{-1}2x$ (b) $\dfrac{\mathrm{Tan}^{-1}2x}{x}$ (c) $\dfrac{\mathrm{Tan}^{-1}2x-2x}{x^3}$

7. (a) $\dfrac{1}{x-1}+\dfrac{1}{x+1}$ (b) $\dfrac{1}{x+2}-\dfrac{1}{x-2}$

8. (a) $\dfrac{1}{x^2+2x-3}$ (b) $\dfrac{x^2}{x^2+2x-3}$

9. (a) $\dfrac{1}{2x^2-x-3}$ (b) $\dfrac{x}{2x^2-x-3}$

10. (a) $\dfrac{1+x}{1-x}$ (b) $\dfrac{x^2+1}{x-1}$

11. (a) $(x-1)\,\mathrm{Tan}^{-1}x$ (b) $(x^2-1)\,\mathrm{Tan}^{-1}x$

12. $\ln\dfrac{1}{1-x}-\mathrm{Tan}^{-1}x$

13. $\dfrac{\mathrm{Tan}^{-1}x}{1-x}$

14. $\dfrac{1}{1-x}-\dfrac{1}{1-x^2}$

8-2. 테일러 정리

앞절에서 우리는 함수 $f(x)$가 $|x-a|<R$에서 멱급수전개 $\sum_{n=0}^{\infty}c_n(x-a)^n$을 가지면 $c_n=\dfrac{f^{(n)}(a)}{n!}$가 됨을 보았다. 따라서 이때

$$f(x)=\sum_{n=0}^{\infty}\frac{f^{(n)}(a)}{n!}(x-a)^n,\ |x-a|<R$$

과 같이 나타내진다.

주어진 함수 $f(x)$에 대하여, f가 a에서 모든 계수의 도함수를 가질 때, 멱급수

$$\sum_{n=0}^{\infty}\frac{f^{(n)}(a)}{n!}(x-a)^n \tag{1}$$

을 f의 $x=a$에서의 테일러급수(Taylor series of f about a)라고 부른다. 특히 $a=0$일 때, 테일러급수는

$$\sum_{n=0}^{\infty}\frac{f^{(n)}(0)}{n!}x^n \tag{2}$$

으로 나타내지고, 이것을 f의 매크로린급수(Maclaurin series)라고 부른다. 따라서 함수 $f(x)$가 멱급수 전개를 가지면, 그 멱급수는 반드시 f의 테일러급수가 된다(정리 8-2의 따름정리).

예제 8-4 $\sin x$에 관한 매크로린급수와 그 수렴구간을 구하여라.

풀이 $f(x)=\sin x$라 하면 $f'(x)=\cos x$, $f''(x)=-\sin x$, $f'''(x)=-\cos x$, $f^{(4)}(x)=\sin x$, ……가 된다. $x=0$에서 $f(0)=0$, $f'(0)=1$, $f''(0)=0$, $f'''(0)=-1$, $f^{(4)}(0)=0$, ……이므로 이들을 식 (2)에 대입하면, $\sin x$의 매크로린급수는

$$x-\frac{x^3}{3!}+\frac{x^5}{5!}-\frac{x^7}{7!}+\cdots\cdots+(-1)^{n-1}\frac{x^{2n-1}}{(2n-1)!}+\cdots\cdots.$$

$\lim\limits_{n\to\infty}\left|\dfrac{x^{2n+1}}{(2n+1)!}\cdot\dfrac{(2n-1)!}{x^{2n-1}}\right|=x^2\lim\limits_{n\to\infty}\dfrac{1}{(2n+1)2n}=0$이므로 $\sin x$의 매크로린급수는 모든 실수에서 수렴한다. ■

예제 8-5 $f(x)=\ln x$의 $x=2$에서의 테일러급수를 구하여라.

풀이 $f(x)=\ln x$를 계속하여 미분하면 $f'(x)=x^{-1}$, $f''(x)=-x^{-2}$, $f'''(x)=2x^{-3}$, $f^{(4)}(x)=-6x^{-4}$, ……가 된다. $x=2$에서 $f(2)=\ln 2$, $f'(2)=\frac{1}{2}$, $f''(2)=-\frac{1}{4}$, $f'''(2)=\frac{1}{4}$, $f^{(4)}(2)=-\frac{3}{8}\cdots$, 이므로 이들을 식 (1)에 대입하면 $f(x)=\ln x$의 $x=2$

에서의 테일러급수는

$$\ln 2+\frac{1}{2}(x-2)-\frac{1}{4}\frac{(x-2)^2}{2!}+\frac{1}{4}\frac{(x-2)^3}{3!}-\frac{3}{8}\frac{(x-2)^4}{4!}+\cdots\cdots. \blacksquare$$

예제 8-6 $\sin x$의 $x=\frac{\pi}{4}$에서의 테일러급수와 그 수렴구간을 구하여라.

풀이 $f(x)=\sin x$를 계속하여 미분하면 $f'(x)=\cos x$, $f''(x)=-\sin x$, $f'''(x)=-\cos x$, $f^{(4)}(x)=\sin x$, ……가 된다. $x=\frac{\pi}{4}$일 때 $f\left(\frac{\pi}{4}\right)=\sin\frac{\pi}{4}=\frac{1}{\sqrt{2}}$, $f'\left(\frac{\pi}{4}\right)=\frac{1}{\sqrt{2}}$, $f''\left(\frac{\pi}{4}\right)=-\frac{1}{\sqrt{2}}$, $f'''\left(\frac{\pi}{4}\right)=-\frac{1}{\sqrt{2}}$, $f^{(4)}\left(\frac{\pi}{4}\right)=\frac{1}{\sqrt{2}}$, ……이므로 이들을 (1)식에 대입하면, $\sin x$의 $x=\frac{\pi}{4}$에서의 테일러급수는

$$\frac{1}{\sqrt{2}}\left\{1+\left(x-\frac{\pi}{4}\right)-\frac{\left(x-\frac{\pi}{4}\right)^2}{2!}-\frac{\left(x-\frac{\pi}{4}\right)^3}{3!}+\cdots\cdots\right\}.$$

비판정법으로 이 테일러급수는 모든 x의 값에 대하여 수렴함을 알 수 있다. 따라서 수렴구간은 $(-\infty,\ \infty)$. $\blacksquare$

이제 함수 f가 모든 계수의 도함수를 가질 때 f의 테일러급수 $\sum_{n=0}^{\infty}\frac{f^{(n)}(a)}{n!}(x-a)^n$이 $f(x)$로 수렴하는가를 살펴보도록 하자.

다항식

$$P_n(x)=\sum_{k=0}^{n}\frac{f^{(k)}(a)}{k!}(x-a)^k=f(a)+f'(a)(x-a)+\frac{f''(a)}{2!}(x-a)^2+\cdots\cdots+\frac{f^{(n)}(a)}{n!}(x-a)^n$$

을 $\boldsymbol{x=a}$에서 $\boldsymbol{f}$의 $\boldsymbol{n}$**차 테일러 다항식**(n-th order Taylor polynomial of f about $x=0$)이라고 부른다.

앞 절에서 본 함수들의 멱급수 전개는 모두 그 함수들의 테일러급수 전개이며, 테일러급수가 적당한 구간에서 그 함수로 수렴하는 것을 보여준다.

$f(x)=\sum_{n=0}^{\infty}\frac{f^{(n)}(a)}{n!}(x-a)^n$이라는 것은 곧 $n\to\infty$일 때 $f(x)-P_n(x)\to 0$을 뜻한다. $R_n(x)=f(x)-P_n(x)$라고 놓았을 때 다음 정리는 $R_n(x)$에 관한 공식을 주어, $P_n(x)$를 $f(x)$의 근사값으로 정했을 때 생기는 오차의 한계를 알게 한다.

〔**정리 8-3**〕 (테일러의 정리) x와 a를 포함하는 구간에서 f와 그의 $n+1$계까지의 도함수가 연속이면 x와 a사이의 어떤 x_1이 존재하여

$$f(x)=f(a)+f'(a)(x-a)+\frac{f''(a)}{2!}(x-a)^2+\cdots\cdots+\frac{f^{(n)}(a)}{n!}(x-a)^n \qquad (3)$$
$$+\frac{f^{(n+1)}(x_1)}{(n+1)!}(x-a)^{n+1}$$

을 만족한다.

〔**증명**〕 $F(t)=f(x)-f(t)-f'(t)(x-t)-\frac{f''(t)}{2!}(x-t)^2-\cdots\cdots-\frac{f^{(n)}(t)}{n!}(x-t)^n-R_n(x)\frac{(x-t)^{n+1}}{(x-a)^{n+1}}$ 이라 놓자. 여기서 $R_n(x)=f(x)-P_n(x)$이다.

$F(t)$는 x와 a사이에서 미분가능하고 연속이며, $F(x)=F(a)=0$이다. 따라서 롤의 정리에 의하여 $F'(x_1)=0$을 만족시키는 x_1이 x와 a사이에 존재한다.

$$F'(t)=-\frac{f^{(n+1)}(t)}{n!}(x-t)^n+R_n(x)(n+1)\frac{(x-t)^n}{(x-a)^{n+1}}$$

이므로, $F'(x_1)=0$로부터

$$R_n(x)=\frac{f^{(n+1)}(x_1)}{(n+1)!}(x-a)^{n+1}$$

을 얻는다. 따라서 (3)이 성립한다. ■

〔**참고**〕 (3)을 테일러공식(Taylor's formula)이라 하고, $R_n(x)=\frac{f^{(n+1)}(x_1)}{(n+1)!}(x-a)^{n+1}$을 라그랑즈의 나머지 공식(Lagrange remainder formula)이라고 한다.

예제 8-7 함수 e^x의 매크로린급수를 구하고, 이 급수는 모든 x에서 e^x를 나타냄을 보여라.

풀이 $n=0,1,2,\cdots\cdots$에 대해서 $f^{(n)}(x)=e^x$이다. 따라서 e^x의 매크로린급수는 $\sum_{n=0}^{\infty}\frac{x^n}{n!}$이다.

$$R_n(x)=\frac{f^{(n+1)}(x_1)}{(n+1)!}x^{n+1},\ \text{여기서}\ 0<x_1<x\ (\text{혹은}\ x<x_1<0)$$

이므로

$$|R_n(x)| \le \begin{cases} \dfrac{e^x}{(n+1)!}|x|^{n+1}, & x \ge 0 \\ \dfrac{1}{(n+1)!}|x|^{n+1}, & x<0. \end{cases}$$

$\sum_{n=0}^{\infty} \frac{x^n}{n!}$이 비판정법에 의하여 모든 x에 대해 절대수렴하므로 $\lim_{n\to\infty} \frac{|x|^n}{n!}=0$이다. 따라서 모든 x에 대해 $\lim_{n\to\infty} R_n(x)=0$이므로

$$e^x = \sum_{n=0}^{\infty} \frac{x^n}{n!}, \qquad -\infty<x<\infty. \blacksquare$$

예제 8-8 $x=a$에서 $f(x)=\cos x$의 테일러급수를 구하고, 모든 x에서 이 급수는 $\cos x$를 나타냄을 보여라.

풀이 $f(x)=\cos x$이면 $f'(x)=-\sin x$, $f''(x)=-\cos x$, $f'''(x)=\sin x$, ……이므로 $f(a)=\cos a$, $f'(a)=-\sin a$, $f''(a)=-\cos a$, $f'''(a)=\sin a$, ……이다. 그러므로 $\cos x$의 테일러급수는

$$\cos a-(\sin a)(x-a)-(\cos a)\frac{(x-a)^2}{2!}+(\sin a)\frac{(x-a)^3}{3!}+\cdots\cdots.$$

$R_n(x)=\frac{f^{(n+1)}(x_1)}{(n+1)!}(x-a)^{n+1}$, 여기서 x_1은 a와 x 사이의 한 수이고, $f^{(n+1)}(x_1)$은 $\cos x_1$, $\sin x_1$, $-\cos x_1$, $-\sin x_1$중의 하나이므로 $|f^{(n+1)}(x_1)|\le 1$이다. 그러므로

$$|R_n(x)| \le \frac{|x-a|^{n+1}}{(n+1)!}$$

이고, 따라서 모든 x에 대해서 $\lim_{n\to\infty} R_n(x)=0$이다. 그러므로 모든 x에 대해서

$$\cos x=\cos a-(\sin a)(x-a)-(\cos a)\frac{(x-a)^2}{2!}+(\sin a)\frac{(x-a)^2}{3!}+\cdots\cdots. \blacksquare$$

예제 8-9 매크로린의 급수를 6항까지 취하여 $\sqrt{e}$의 값을 구하고 그 정확도를 평가하여라.

풀이 e^x의 매크로린급수 전개식에서 여섯 항을 취하고 $x=\frac{1}{2}$을 대입하면

$$\begin{aligned} e^{1/2} &= 1+\frac{1}{2}+\frac{\left(\frac{1}{2}\right)^2}{2!}+\frac{\left(\frac{1}{2}\right)^3}{3!}+\frac{\left(\frac{1}{2}\right)^4}{4!}+\frac{\left(\frac{1}{2}\right)^5}{5!}+R_5 \\ &= 1.6486979\cdots+R_5. \end{aligned}$$

$R_5 = R_5(\frac{1}{2}) = \frac{f^{(6)}(x_1)}{6!}(\frac{1}{2})^6$, $0 < x_1 < \frac{1}{2}$ 이고 $f^{(6)}(x_1) = e^{x_1} < e^{\frac{1}{2}} < 4^{\frac{1}{2}} = 2$이므로

$$R_5 < \frac{2}{6!}(\frac{1}{2})^6 = 0.000043\cdots.$$

따라서 소수 4자리까지의 정확한 $\sqrt{e}$의 값은 1.6487이다. ▮

예제 8-10 $\int_0^1 e^{-x^2}dx$의 근사값을 오차가 10^{-4}보다 작게 구하여라.

풀이 $e^{-x^2} = \sum_{n=0}^{\infty} \frac{(-1)^n x^{2n}}{n!}$ 이므로 정리 8-2에 의해 $\int_0^x e^{-t^2}dt = \sum_{n=0}^{\infty} \frac{(-1)^n x^{2n+1}}{(2n+1)n!}$ 이다. 따라서

$$\int_0^1 e^{-x^2}dx = \sum_{n=0}^{\infty} \frac{(-1)^n}{(2n+1)n!}$$

이다. 이것은 교대급수이므로

$$|R_n| \leq \frac{1}{(2n+3)(n+1)!}$$

이고, $n=6$을 대입하면

$$\frac{1}{15\cdot 7!} \approx 1.32\times 10^{-5}$$

이므로

$$\int_0^1 e^{-x^2}dx \approx 1 - \frac{1}{3} + \frac{1}{10} - \frac{1}{42} + \frac{1}{216} - \frac{1}{1320} + \frac{1}{9360}$$
$$\approx 0.7468. \ ▮$$

8-2. 연습문제

1. 주어진 점에서 다음 함수들의 테일러급수를 구하고, 그 급수의 수렴반경을 구하여라. 그리고 (a)번부터 (f)번까지는 테일러급수의 합이 주어진 함수인가를 밝혀라.

(a) $\sqrt{x}$; $x=1$ (b) $\frac{1}{x}$; $x=2$

(c) $\frac{1}{x+2}$; $x=0$

(d) $x\sin x^2$; $x=0$

(e) $\ln x$; $x=1$

(f) e^x ; $x=2$

(g) $\sin x$; $x=\frac{\pi}{3}$

(h) $\ln x$; $x=2$

(i) $\sqrt{2+x}$; $x=1$

(j) $\mathrm{Cos}^{-1} x$; $x=0$

2. 다음 함수들의 매크로린급수의 0이 아닌 처음 3항을 구하여라. "*"표시 붙은 문제에 대해서는 급수의 수렴구간을 구하고, 그 안에서 급수의 합이 주어진 함수값인가를 밝혀라.

*(a) $\ln(1-x^2)$

(b) $\tan x$

(c) $\ln(\cos x)$

(d) $(\ln(1-x))^2$

*(e) $(1+x^2)^{-1}$

*(f) $\mathrm{Tan}^{-1} x$

(g) $\ln(\sec x)$

(h) $\int_0^x t^2 \cos t\,dt$

(i) $\int_0^x \frac{\sin t}{t}\,dt$

*(j) $\sinh x$

*(k) $\cosh x$

3. $\ln\frac{3}{4}$의 값을 소수 세 자리까지 구하여라.

4. e^x에 대한 매크로린급수의 5항을 써서 $\sqrt[3]{e}$을 구하고 그 정확도를 평가하여라.

5. $\mathrm{Sin}^{-1} x$에 대한 매크로린급수의 첫항을 써서 $\mathrm{Sin}^{-1}\left(\frac{1}{3}\right)$을 구하고 그 정확도를 평가하여라.

6. 다음 적분의 값을 소수 네 자리까지 구하여라.

(a) $\int_0^1 \sin x^2 dx$

(b) $\int_0^{\frac{1}{4}} e^x \ln(1+x)dx$

7. (a) $|x-\sin x|<0.0001$이 되기 위한 x의 범위를 구하여라.

(b) $|x|\le\pi$일 때 $\sin x$와 $x-\frac{x^3}{6}+\frac{x^5}{120}$의 차이가 얼마나 되나 밝혀라.

8. 다음 근사공식들은 주어진 x의 값에 대하여 얼마나 정확한가?

(a) $\sin x = x-\frac{x^3}{6}$; (i) 30°, (ii) 90°

(b) $e^{-x}=1-x$; (i) 0.1, (ii) 0.5

(c) $\mathrm{Tan}^{-1} x = x-\frac{1}{3}x^3$; (i) 0.5, (ii) 1

8-3. 이항급수

$(1+x)^k$의 매크로린급수를 이항급수(binomial series)라고 한다. $(1+x)^k$의 매크로린급수는

$$1+kx+\frac{k(k-1)}{2!}x^2+\frac{k(k-1)(k-2)}{3!}x^3+\cdots+\frac{k(k-1)(k-2)\cdots(k-n+1)}{n!}x^n+\cdots \quad (1)$$

이다. 비판정법에 의하여, 이 급수는 $|x|<1$일 때 수렴하는 것을 알 수 있다.

$$\binom{k}{0}=1,\ \binom{k}{n}=\frac{k(k-1)(k-2)\cdots\cdots(k-n+1)}{n!},\quad n\geq 1$$

이라 놓으면, $(1+x)^k$의 매크로린급수는

$$\sum_{n=0}^{\infty}\binom{k}{n}x^n$$

으로 나타낼 수 있다.

이제 $|x|<1$일 때 $\sum_{n=0}^{\infty}\binom{k}{n}x^n$이 $(1+x)^k$으로 수렴하는 것을 $|k|<1$일 때 증명하도록 한다. $|k|<1$이고 $n\geq 1$이면

$$\left|\binom{k}{n}\right|\leq\left|\binom{k}{n-1}\right|$$

임을 보일 수 있다. 따라서, $R_N(x)=\sum_{n=N+1}^{\infty}\binom{k}{n}x^n$일 때,

$$\begin{aligned}|R_N(x)| &\leq \sum_{n=N+1}^{\infty}\left|\binom{k}{n}\right||x|^n\leq \sum_{n=N+1}^{\infty}\left|\binom{k}{1}\right||x|^n \quad (2)\\ &=|k|\frac{|x|^{N+1}}{1-|x|}\end{aligned}$$

이므로 $N\to\infty$일 때 $R_N(x)\to 0$이다. 따라서

$$(1+x)^k=\sum_{n=0}^{\infty}\binom{k}{n}x^n,\quad |x|<1 \quad (3)$$

임을 $|k|<1$일 때 증명하였다. 일반적인 k에 대한 증명은 생략하기로 하자.

예 4 $(1+x)^{-2}=1-2x+3x^2-4x^3+\cdots\cdots,\ |x|<1.$

$\sqrt{1-x}=1-\frac{1}{2}x-\frac{1}{8}x^2-\frac{1}{16}x^3\cdots\cdots,\ |x|<1.$

$\sqrt{x}=\sqrt{1+(x-1)}=1+\frac{1}{2}(x-1)-\frac{1}{8}(x-1)^2+\frac{1}{16}(x-1)^3-\cdots\cdots,\ |x-1|<1.$ ■

예 5 (3)식에서 k에 $-\frac{1}{2}$, x에 $-x^2$을 대입하면

$$\frac{1}{\sqrt{1-x^2}}=1+\frac{1}{2}x^2+\frac{3}{8}x^4+\frac{5}{16}x^6+\cdots\cdots,\ |x|<1$$

을 얻는다. ■

예제 8-11 $\mathrm{Sin}^{-1}x=x+\frac{x^3}{6}+\frac{3x^5}{40}+\frac{5x^7}{112}+\cdots\cdots,\ |x|<1$임을 보여라.

풀이 $\mathrm{Sin}^{-1}x=\int_0^x\frac{1}{\sqrt{1-t^2}}dt$이므로

$$\begin{aligned}\mathrm{Sin}^{-1}x&=\int_0^x\left(1+\frac{1}{2}t^2+\frac{3}{8}t^4+\frac{5}{16}t^6+\cdots\cdots\right)dt\\&=x+\frac{1}{6}x^3+\frac{3}{40}x^5+\frac{5}{112}x^7+\cdots\cdots,\ |x|<1.\end{aligned}$$ ■

예제 8-12 $\sqrt[3]{1.1}$ 을 소수 넷째자리까지 구하여라.

풀이 $(1+x)^{\frac{1}{3}}=1+\frac{1}{3}x+\frac{1}{2}\cdot\frac{1}{3}\cdot\left(-\frac{2}{3}\right)x^2+\frac{1}{6}\cdot\frac{1}{3}\cdot\left(-\frac{2}{3}\right)\cdot\left(-\frac{5}{3}\right)x^3+\cdots\cdots$

이고, (2)로부터

$$|R_N(0.1)|\le\frac{1}{3}\cdot\frac{(0.1)^{N+1}}{1-0.1}$$

이므로 $|R_3(0.1)|\le\frac{0.0001}{2.7}\approx0.000037.$

그러므로 $\sqrt[3]{1.1}$ 을 소수 넷째까지 구한 근사값은

$$\sqrt[3]{1.1}\approx1+\frac{1}{3}(0.1)+\left(\frac{1}{2}\right)\cdot\left(\frac{1}{3}\right)\cdot\left(-\frac{2}{3}\right)(0.01)+\frac{1}{6}\left(\frac{1}{3}\right)\cdot\left(-\frac{2}{3}\right)\cdot\left(-\frac{5}{3}\right)(0.001)\approx1.3388.$$ ■

〔참고〕 $1+\frac{1}{3}(0.1)+\left(\frac{1}{2}\right)\left(\frac{1}{3}\right)\left(-\frac{2}{3}\right)(0.01)+\left(\frac{1}{6}\right)\left(\frac{1}{3}\right)\left(-\frac{2}{3}\right)\left(-\frac{5}{3}\right)(0.001)+\cdots$은 수렴하는 교대급수이므로, $|R_3|\le\left|\left(\frac{1}{24}\right)\left(\frac{1}{3}\right)\left(-\frac{2}{3}\right)\left(-\frac{5}{3}\right)\left(-\frac{8}{3}\right)(0.0001)\right|<0.000004$이다.

8-3. 연습문제

※ 다음 함수들의 매크로린급수를 구하여라(1~7).

1. $f(x)=\sqrt{1+x}$

2. $f(x)=\dfrac{1}{(1-x)^{1/3}}$

3. $f(x)=\sqrt{4+x^2}$

4. $f(x)=\dfrac{1}{\sqrt{9+x^2}}$

5. $f(x)=\dfrac{1}{(x+2)^3}$

6. $f(x)=\dfrac{\mathrm{Sin}^{-1}x}{x}$

7. $f(x)=\mathrm{Sin}^{-1}2x$

8. $f(x)=\sqrt{1-x}$에 대한 매크로린급수의 3항을 써서 $\sqrt{0.98}$을 구하고 그 정확도를 평가하여라.

8-4. 부 정 형(Indeterminate forms)

두 함수 $f(x)$와 $g(x)$가 점 a에서 0일 때

$$\lim_{x\to a}\frac{f(x)}{g(x)} \tag{1}$$

의 값을 구하고자 한다. 이때 로피탈의 법칙이 흔히 이용되나 이 법칙을 써서 미분할 때 몇 번이고 부정형이 되면 많은 시간이 소요된다.

이런 경우에 함수들이 $x-a$에 관한 멱급수전개를 가지면 (1)의 극한값을 빨리 계산할 수 있다. 함수 f와 g가 구간 $|x-a|<\delta$에서 멱급수전개를 갖는다고 하자. 즉

$$f(x)=f(a)+f'(a)(x-a)+\frac{f''(a)}{2!}(x-a)^2+\cdots\cdots,\quad |x-a|<\delta$$

$$g(x)=g(a)+g'(a)(x-a)+\frac{g''(a)}{2!}(x-a)^2+\cdots\cdots,\ |x-a|<\delta.$$

이때 다음 예들과 같은 방법으로 (1)을 계산한다.

예 6 $f(x)=\ln x$, $g(x)=x-1$로 놓고 $a=1$인 $f(x)$에 대한 테일러급수는 다음과 같다.

$$f(x)=\ln x,\ f(1)=\ln 1=0$$

$$f'(x)=\frac{1}{x},\ f'(1)=1$$

$$f''(x)=-\frac{1}{x^2},\ f''(1)=-1$$

$$\cdots\cdots\cdots\cdots$$

$$\ln x=(x-1)-\frac{1}{2}(x-1)^2+\cdots\cdots$$

$$\frac{\ln x}{x-1}=1-\frac{1}{2}(x-1)+\cdots\cdots$$

이 되어

$$\lim_{x\to1}\frac{\ln x}{x-1}=\lim_{x\to1}\left[1-\frac{1}{2}(x-1)+\cdots\cdots\right]=1.\ ■$$

예제 8-13 $\lim_{x\to0}\frac{\sin x-\tan x}{x^3}$을 계산하여라.

풀이

$$\sin x=x-\frac{x^3}{3!}+\frac{x^5}{5!}-\cdots\cdots$$

$$\tan x=x+\frac{1}{3}x^3+\frac{2}{15}x^5+\frac{17}{315}x^7+\cdots\cdots$$

에서

$$\sin x-\tan x=-\frac{x^3}{2}-\frac{x^5}{8}-\cdots\cdots=x^3\left(-\frac{1}{2}-\frac{x^2}{8}-\cdots\cdots\right)$$

이므로

$$\lim_{x\to0}\frac{\sin x-\tan x}{x^3}=\lim_{x\to0}\left(-\frac{1}{2}-\frac{x^2}{8}-\cdots\cdots\right)=-\frac{1}{2}.\ ■$$

예제 8-14 $\lim_{x\to0}\left(\frac{1}{\sin x}-\frac{1}{x}\right)$을 구하여라.

풀이 $$\frac{1}{\sin x}-\frac{1}{x}=\frac{x-\sin x}{x\sin x}=\frac{x-\left(x-\frac{x^3}{3!}+\frac{1}{5!}x^5-\cdots\cdots\right)}{x\cdot\left(x-\frac{1}{3!}x^3+\frac{1}{5!}x^5-\cdots\cdots\right)}$$

$$=\frac{x^3\left(\frac{1}{3!}-\frac{1}{5!}x^2+\cdots\cdots\right)}{x^2\left(1-\frac{x^2}{3}+\cdots\cdots\right)}=x\cdot\frac{\frac{1}{3!}-\frac{1}{5!}x^2+\cdots\cdots}{1-\frac{1}{3!}x^2+\cdots\cdots}$$

이므로 $$\lim_{x\to0}\left(\frac{1}{\sin x}-\frac{1}{x}\right)=\lim_{x\to0}x\cdot\frac{\frac{1}{3!}-\frac{1}{5}x^2+\cdots\cdots}{1-\frac{1}{3!}x^2+\cdots\cdots}=0\,.$$ ∎

〔**참고**〕 위 예제에서 $|x|$가 매우 작으면

$$\frac{1}{\sin x}-\frac{1}{x}\approx\frac{x}{3!}=\frac{x}{6}\,.$$

따라서

$$\operatorname{cosec} x\approx\frac{1}{x}+\frac{x}{6}$$

임을 알 수 있다.

8-4. 연습문제

※ 다음 극한값을 구하여라(1～10).

1. $\lim_{h\to0}\frac{\sin h}{h}$

2. $\lim_{x\to0}\frac{e^x-(1+x)}{x^2}$

3. $\lim_{t\to0}\frac{1-\cos t-\frac{1}{2}t^2}{t^4}$

4. $\lim_{x\to\infty}x\sin\frac{1}{x}$

5. $\lim_{x\to0}\frac{x^2}{1-\cosh x}$

6. $\lim_{h\to0}\frac{\frac{\sin h}{h}-\cos h}{h^2}$

7. $\lim_{x\to0}\frac{1-\cos x}{\sin x}$

8. $\lim_{x\to0}\frac{\sin x}{e^x-1}$

9. $\lim_{x\to0}\frac{\sin x-x+\frac{x^3}{6}}{\sin x}$

10. $\lim_{x\to0}\frac{x-\operatorname{Tan}^{-1}x}{x^3}$

제 9 장 해석기하

OUTLINE

이 장에서는 우선 원추곡선에 속하는 원, 포물선, 타원, 쌍곡선을 다룬다. 원추곡선은 평면도형 중에서 가장 잘 알려진 것 중의 하나로서, 그리스의 아폴로니오스는 B.C. 3세기에 원추곡선에 대한 8권의 책을 써서 당시에 "위대한 기하학자"로 알려졌다. 원추곡선은 그림 9-1에서처럼 이중직원추(double circular cone)를 평면으로 잘랐을 때 생긴다. 퇴화된 경우에는 그림 9-1 (b)에서처럼 한 점, 한 직선, 또는 교차하는 두 직선을 얻는다.

다음으로 극좌표를 다루는데, 극좌표는 아르키메데스와 같은 그리스인들이 각과 동경벡터를 사용하며 나선형곡선을 묘사했지만, 성 빈센트 그레고리(Gregory of St. Vincent, 1584~1667)와 카발리에리(Cavalieri, 1598~1647)가 동시에, 그리고 독립적으로 좌표계로서 극좌표를 처음으로 발표하였다. 좀 더 정확히 하면, 성 빈센트는 1625년에 그리엔베르거(Grienberger)에게 보낸 편지에 극좌표에 대해 썼으나 1647년에 출판하였고, 카발리에리는 1635년에 출판물로 발표하였으며 1653년에 수정본을 냈다.

그 외에 삼차원 공간의 좌표와 여러 가지 이차곡면을 살펴본다.

원추의 축과 수직인 평면으로 잘랐을 때 생기는 원　　타 원　　포물선　　쌍곡선

(a)

한점 : 원추의 꼭지점을지나는 평면으로 잘랐을 때　　한 직선 : 원추에 접하는 평면으로 잘랐을 때　　교차하는 두 직선 : 원추의 축을 포함하는 평면으로 잘랐을 때

(b)

그림 9-1. 원추곡선

9-1. 평면해석기하(원, 포물선, 타원, 쌍곡선)

원

평면에서 한 정점으로부터 일정한 거리에 있는 점들의 집합을 **원**이라고 한다. 주어진 정점을 원의 **중심**, 일정한 거리를 원의 **반지름**이라고 한다.

[1] 원의 방정식

$C(h, k)$를 원의 중심, r을 반지름, $P(x, y)$를 원 위의 점이라고 하자(그림 9-2(a)). 그러면

$$\overline{CP} = r \tag{1}$$

이므로

$$\sqrt{(x-h)^2+(y-k)^2}=r,$$

또는

$$(x-h)^2+(y-k)^2=r^2 \tag{2}$$

이 성립한다.

만약 (1)이 만족되면 (2)도 만족되고 이 역도 성립한다. 그러므로 (2)는 원의 방정식이다.

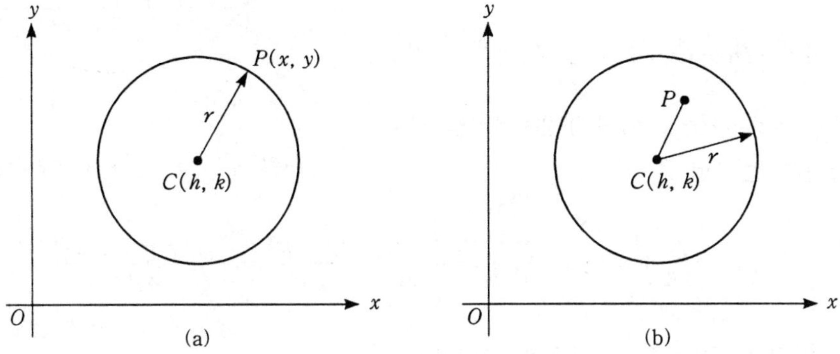

그림 9-2. (a) $(x-h)^2+(y-k)^2=r^2$
(b) 영역 $(x-h)^2+(y-k)^2<r^2$은 중심 $C(h, k)$와 반경 r을 갖는 원의 내부이다.

예제 9-1 $C(2, -1)$을 중심으로 하고 원점을 지나는 원의 방정식을 구하여라.

풀이 (2)에 의해, 원의 방정식은

$$(x-2)^2+(y+1)^2=r^2$$

이다. (0, 0)가 원 위의 점이므로

$$(0-2)^2+(0+1)^2=r^2$$

즉 $r^2=5$이다. 그러므로

$$(x-2)^2+(y+1)^2=5$$

가 구하는 식이다. ▮

예제 9-2 방정식 $x^2+y^2+4x-6y=12$는 어떠한 곡선인가?

풀이 x항과 y항들을 완전제곱형으로 고치면

$$(x^2+4x+4)+(y^2-6y+9)=12+4+9,$$

$$(x+2)^2+(y-3)^2=25.$$

그러므로 중심 $C(-2, 3)$, 반지름 $r=5$인 원이다(그림 9-3). ▌

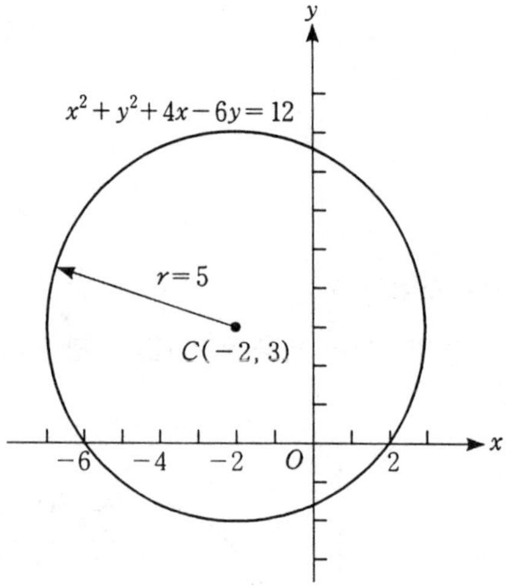

그림 9-3. $x^2+y^2+4x-6y=12$의 그래프

방정식

$$Ax^2+Ay^2+Dx+Ey+F=0, \quad A\neq 0 \tag{3}$$

는 양변을 A로 나누고 예제 9-2에서처럼 완전제곱형으로 고치면

$$\left(x+\frac{D}{2A}\right)^2+\left(y+\frac{E}{2A}\right)^2=-\frac{F}{A}+\frac{D^2+E^2}{4A^2}=\frac{D^2+E^2-4AF}{4A^2} \tag{4}$$

이 되고, 여기서 D^2+E^2-4AF가 양수이면

$$r^2=\frac{D^2+E^2-4AF}{4A^2}$$

일 때, 식 (4)는 (2)의 형이 된다. 따라서 (3)은 $(-D/2A, -E/2A)$가 중심이고 반지름 $r=\sqrt{\dfrac{D^2+E^2-4AF}{4A^2}}$인 원을 나타낸다. $D^2+E^2-4AF=0$이면 (3)은 한 점이고, $D^2+E^2-4AF<0$이면 (3)을 만족하는 점은 없다.

포 물 선

평면에서 주어진 한 점과 그 점을 포함하지 않는 한 직선으로부터 같은 거리에 있는 점들의 집합을 포물선이라고 한다.

고정된 점을 포물선의 초점(focus)이라 하고, 고정된 직선을 준선(directrix)이라 한다.

1 위로 오목한 포물선

초점을 F, 준선을 L이라고 하자. F를 지나고 L에 수직인 직선을 y축으로 하고 F와 L사이의 중간점을 원점으로 택해 포물선의 방정식이 간단하게 나오는 좌표계를 선택

하면 좋다. 만약 F와 L의 거리가 $2p$이면 F의 좌표를 $(0, p)$, L의 방정식을 $y=-p$로 정한다(그림 9-4). 이때 점 $P(x, y)$가 포물선 위에 놓일 필요충분 조건은

$$\overline{PF}=\overline{PQ} \tag{5}$$

인 것이다. 단, $Q(x, -p)$는 P에서 L에 내린 수선의 발이다. 그리고

$$\overline{PF}=\sqrt{x^2+(y-p)^2}, \quad \overline{PQ}=\sqrt{(y+p)^2}.$$

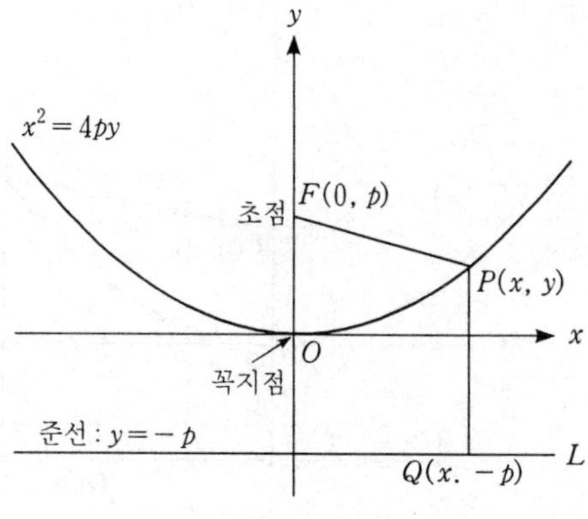

그림 9-4. 포물선 $x^2=4py$

이것을 (5)에 대입하여 간단히 하면

$$x^2=4py \tag{6}$$

를 얻는데 이 식은 포물선 위의 모든 점에서 만족된다. 역으로 식 (6)이 성립되면,

$$\begin{aligned}\overline{PF}&=\sqrt{x^2+(y-p)^2}=\sqrt{4py+(y^2-2py+p^2)}\\&=\sqrt{(y+p)^2}=\overline{PQ}\end{aligned}$$

이고, $P(x, y)$는 포물선 위에 있다. 다시 말해서, 포물선은 $x^2=4py$의 그래프이다.

[2] 축과 꼭지점

포물선은 항상 초점을 지나고 준선에 수직인 직선에 대해 대칭이다. 이 포물선의 대칭축을 포물선의 축(axis)이라 부른다. 초점과 준선의 중간에 있는 이 축 위의 점은 초점과 준선으로부터 같은 거리에 있으므로 포물선 위에 있다. 이것을 포물선의 꼭지점(vertex)이라 부른다. 그림 9-4에서 y축이 포물선의 축이고 원점은 포물선의 꼭지점이다. 꼭지점에서 포물선의 접선은 준선에 평행하다. 식 (6)에서 $p>0$이면, y는 음이 될 수 없으므로 포물선은 x축 위에 놓인다. 그 포물선의 임의의 점에서 접선의 기울기는 $\dfrac{dy}{dx}=\dfrac{x}{2p}$이고 원점에서는 0이다. 그리고 $\dfrac{d^2y}{dx^2}=\dfrac{1}{2p}>0$이므로 포물선은 위로 오목하다.

예제 9-3 포물선

$$x^2=8y \tag{7}$$

의 초점 및 준선을 구하여라.

풀이 식 (7)은 $4p=8$, 즉 $p=2$로 두면 식 (6)과 상응한다. 따라서 초점은 $F(0, 2)$이고, 준선은 $y=-2$이다(그림 9-5). ▮

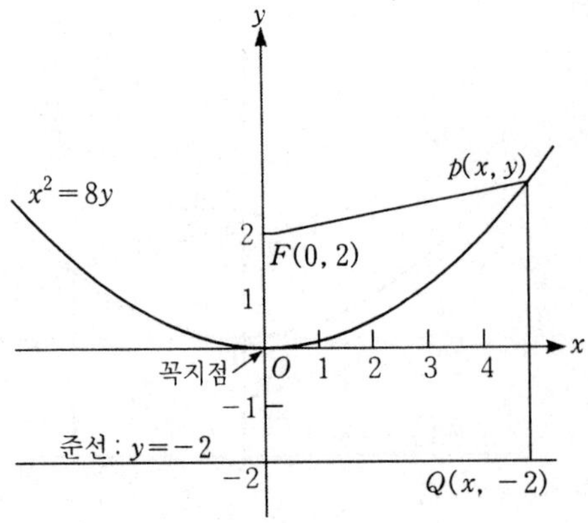

그림 9-5. 포물선 $x^2=8y$

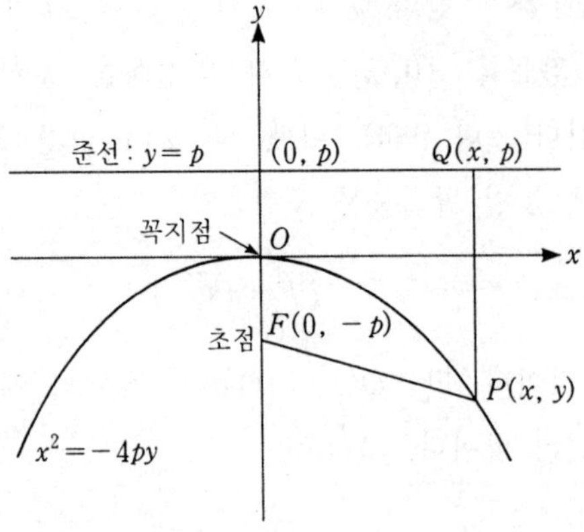

그림 9-6. 포물선 $x^2=-4py$

3 아래로 오목한 포물선

그림 9-6처럼 포물선이 초점 $F(0, -p)$, 준선 $y=p$로써 아래로 열려 있다면 식 (6)에서 p의 부호 변화로

$$x^2=-4py \tag{8}$$

가 된다.

4 좌우로 오목한 포물선

식 (6) 및 (8)에서 x와 y의 역할을 바꾸어도 좋다. 그러면

$$y^2=4px \tag{9a}$$

와

$$y^2=-4px \tag{9b}$$

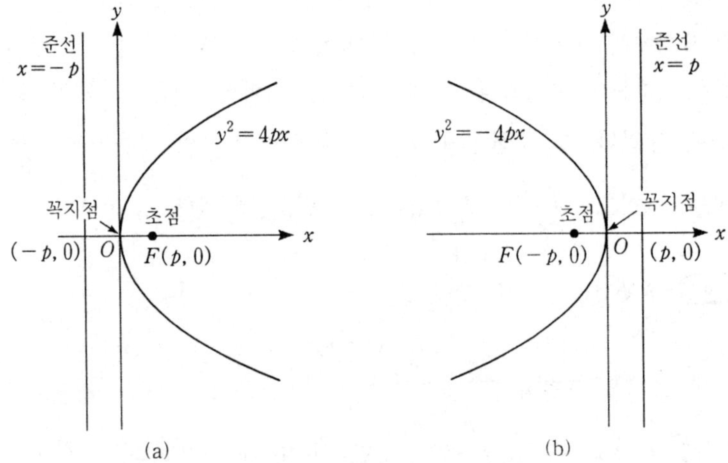

그림 9-7. (a) 포물선 $y^2=4px$, (b) $y^2=-4px$

역시 포물선들을 나타내지만, 이들의 축은 y가 짝수승이므로 x축이다. 꼭지점은 원점이고 준선은 꼭지점에서 p만큼 떨어져 대칭축에 수직이다. 초점은 곡선 내부에 꼭지점으로부터 역시 p만큼 떨어진 대칭축상에 있다. 식 (9)에서 $p>0$라면 (9a)는 $x \geq 0$이므로 오른편으로 열려 있고, 반면에 (9b)는 왼편으로 열려 있다(그림 9-7).

5 축의 변환

꼭지점이 $V(h, k) \neq O$이면 식 (6), (8) 및 (9)는 이 형태에 해당되지 않는다. 그러나 V를 원점 O', 그리고 원래 축들과 평행인 축들을 갖는 새로운 좌표계를 도입함으로써 적당한 방정식이 무엇인가를 결정할 수 있다. 그때 평면 위의 점 P는 두 조의 좌표, 즉 원래 좌표 x 및 y와 새 좌표 x' 및 y'를 가진다(그림 9-8).

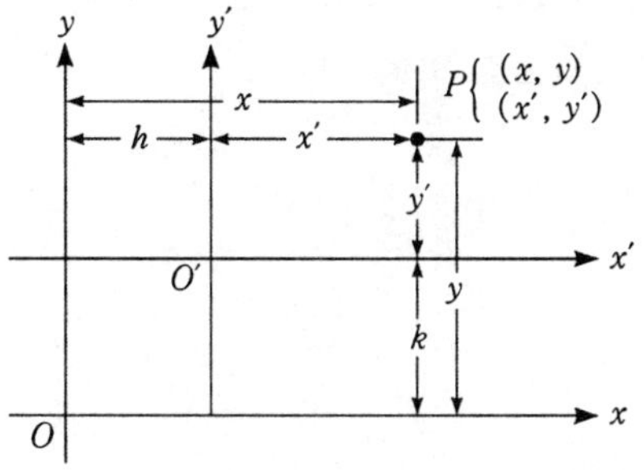

그림 9-8. 축의 변환 $\begin{cases} x' = x - h \\ y' = y - k \end{cases}$

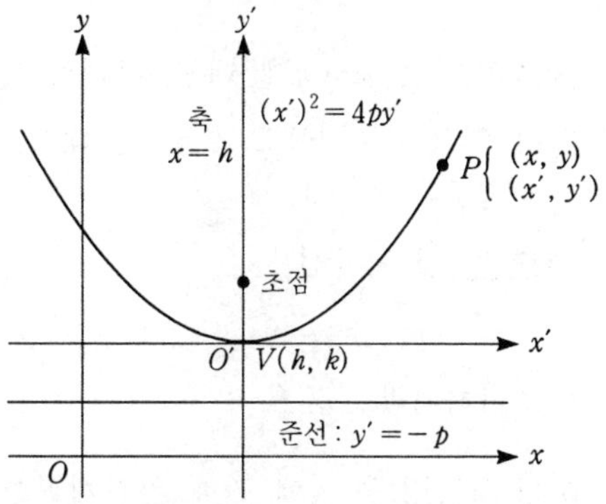

그림 9-9. 꼭지점 $V(h, k)$인 포물선

두 조의 좌표 사이의 관계식은

$$\begin{cases} x = x' + h \\ y = y' + k \end{cases} \tag{10a}$$

즉

$$\begin{cases} x' = x - h \\ y' = y - k \end{cases} \tag{10b}$$

임을 그림 9-8로부터 쉽게 알 수 있다. 식 (10)을 **축변환 방정식**이라 부른다.

이제 그림 9-9처럼 꼭지점이 $V(h, k)$이고 위로 열린 포물선을 생각하기로 하자. $x'y'$-좌표에서 식 (6)은

$$(x')^2 = 4py' \tag{11}$$

형의 포물선 방정식으로 표시된다. 식 (10)들을 사용하여 이것을 다시 xy-좌표에서

$$(x-h)^2=4p(y-k) \tag{12a}$$

로 나타낼 수 있다. 이 포물선의 대칭축은 $x'=0$, 즉 $x=h$이다. 이 직선의 방정식은 (12a)에서 $(x-h)^2=0$로 두어 얻는다. 초점은 꼭지점 위 p단위 떨어져 대칭축에 놓여지므로 초점의 좌표는 $(h,\ k+p)$이다. 준선은 꼭지점 아래 대칭축에 수직으로 p단위 떨어져 있다. 따라서 준선의 방정식은 $y=k-p$이다.

다른 형의 포물선 방정식들은

$$(x-h)^2=-4p(y-k), \tag{12b}$$

$$(y-k)^2=4p(x-h), \tag{12c}$$

$$(y-k)^2=-4p(x-h). \tag{12d}$$

방정식 (12b)는 $x=h$에 대칭, 아래로 열려 있고, (12c)는 $y=k$에 대칭, 오른편 $(x\geq h)$으로 열려 있으며, (12d)도 $y=k$에 대칭, 왼편 $(x\leq h)$으로 열려 있다.

예제 9-4 포물선

$$y=x^2+4x \tag{13}$$

를 조사하여라.

풀이 식 (13)을 x에 관해 완전제곱형으로 고치면

$$y+4=x^2+4x+4=(x+2)^2$$

이것은 다음과 같은 형태를 갖는다.

$$(x-h)^2=4p(y-k)$$

$$h=-2,\ k=-4,\ 4p=1,\ p=\frac{1}{4}$$

포물선의 꼭지점은 $V(h,k)=V(-2,\ -4)$이고, 대칭축의 방정식은 $(x+2)^2=0$에서 직선 $x=-2$이다. 실수 x에 대해 $y\geq-4$ 때문에 포물선은 위로 오목이고, 초점은 $x=-2$ 선상에서 꼭지점 위 $\frac{1}{4}$인 점 $F\left(-2,\ -\frac{15}{4}\right)$이다. 준선은 x축에 평행하고 꼭지점 아래 $\frac{1}{4}$에 위치한 $y=-\frac{17}{4}$이다. ∎

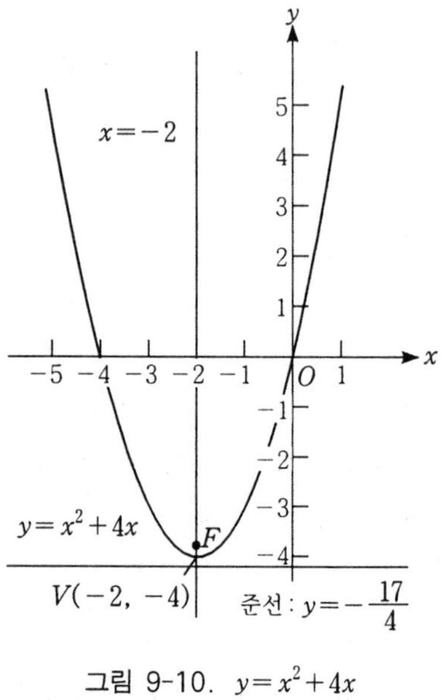

그림 9-10. $y=x^2+4x$

포물선 방정식의 주요 특징은 한 좌표에서는 이차, 나머지에서는 일차라는 것이다. 이때 그것을 이차형으로 나타나는 좌표에서 완전제곱을 하여 표준형들인 (12a, b, c, d)들 중 하나로 바꿀 수 있다. 그러면 일차형인 항들은 $\pm 4p(x-h)$ 혹은 $\pm 4p(y-k)$의 형으로 된다. 이때 꼭지점에서 초점까지 거리, 대칭축 및 곡선의 열려진 방향 등에 관한 사항은 이 표준형으로 나타낸 방정식으로부터 전부 알 수 있다.

예제 9-5 $2x^2+5y-3x+4=0$을 조사하여라.

풀이 이것은 x에 대하여 이차, y에 대하여 일차이다. x항을 완전제곱형으로 고치면

$$x^2-\frac{3}{2}x=-\frac{5}{2}y-2$$

$$\left(x-\frac{3}{4}\right)^2=-\frac{5}{2}y-2+\frac{9}{16}=-\frac{5}{2}y-\frac{23}{16}.$$

y항을 $-4p(y-k)$형으로 고치면,

$$\left(x-\frac{3}{4}\right)^2=-\frac{5}{2}\left(y+\frac{23}{40}\right)=-4\cdot\frac{5}{8}\left(y+\frac{23}{40}\right).$$

이 식은

$$(x-h)^2=-4p(y-k)$$

$$h=\frac{3}{4},\ k=-\frac{23}{40},\ p=\frac{5}{8}\text{이다.}$$

따라서 꼭지점은 $V\left(\frac{3}{4}, -\frac{23}{40}\right)$, 대칭축은 $\left(x-\frac{3}{4}\right)^2=0$, 즉 $x=\frac{3}{4}$이고, 꼭지점에서 초점까지 거리는 $p=\frac{5}{8}$이다. $y-k\le 0$이므로 곡선은 아래로 열려 있고 초점은 꼭지점 아래 p단위인 $F\left(\frac{3}{4}, -\frac{6}{5}\right)$이다(그림 9-11). ∎

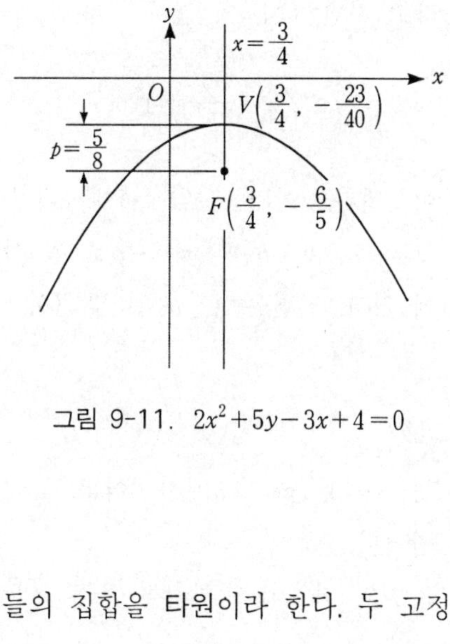

그림 9-11. $2x^2+5y-3x+4=0$

타 원

평면에서 두 고정점으로부터 거리의 합이 일정한 점들의 집합을 타원이라 한다. 두 고정점들을 타원의 초점이라 한다.

1 타원 방정식

초점들을 $F_1(-c, 0)$ 및 $F_2(c, 0)$으로 하고 $\overline{PF_1}+\overline{PF_2}$가 $2a$라면(그림 9-12), 타원 위의 점 $P(x, y)$의 좌표는

$$\sqrt{(x+c)^2+y^2}+\sqrt{(x-c)^2+y^2}=2a$$

를 만족시켜야 한다. 이 식을 간단히 하기 위해 둘째 항을 오른편으로 옮기고 양변을 제곱하여 간단히 하면

$$a-\frac{c}{a}x=\sqrt{(x-c)^2+y^2}$$

이다. 다시 제곱하여 간단히 하면

$$\frac{x^2}{a^2}+\frac{y^2}{a^2-c^2}=1 \tag{14}$$

삼각형 F_1F_2P의 두 변의 합 $\overline{PF_1}+\overline{PF_2}=2a$는 제삼의 변의 길이 $\overline{F_1F_2}=2c$보다 크므로 (14)에서 (a^2-c^2)항은 양수이다.

$$b=\sqrt{a^2-c^2} \tag{15}$$

라고 하면, (14)는

$$\frac{x^2}{a^2}+\frac{y^2}{b^2}=1 \tag{16}$$

이 된다. 이것은 양 축에 대칭이고 $x=a$, $x=-a$, $y=b$ 및 $y=-b$로 된 사각형의 내부에 있다. 절편은 $(\pm a, 0)$ 및 $(0, \pm b)$이고,

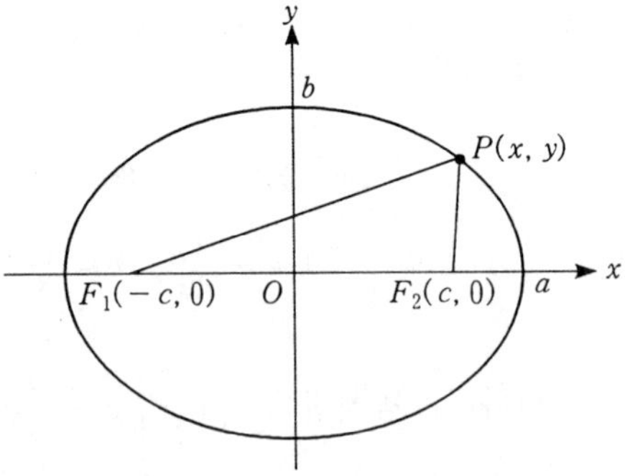

그림 9-12. 타원 $\frac{x^2}{a^2}+\frac{y^2}{b^2}=1$, $a>b$

$$\frac{dy}{dx}=\frac{-b^2x}{a^2y}$$

는 $x=0$, $y=\pm b$에서 0이고, $x=\pm a$, $y=0$에서 ∞이므로, 그 곡선은 각 축과 직각으로 만난다.

P의 좌표가 기하학적 조건 $\overline{PF_1}+\overline{PF_2}=2a$를 만족하면 P의 좌표는 (14)를 만족한다는 것을 알았다. 역으로 x 및 y가 $0<c<a$에서 방정식 (14)를 만족하면

$$y^2 = (a^2 - c^2)\frac{a^2 - x^2}{a^2}$$

이고, 이것을 근호 안에 대입하여

$$\overline{PF_1} = \sqrt{(x+c)^2 + y^2} = \left| a + \frac{c}{a}x \right| \tag{17a}$$

와

$$\overline{PF_2} = \sqrt{(x-c)^2 + y^2} = \left| a - \frac{c}{a}x \right| \tag{17b}$$

를 얻는다. $-a \leq x \leq a$이고, $\frac{c}{a}x$의 값이 $-c$와 c사이에 있으므로 $a + \frac{c}{a}x$와 $a - \frac{c}{a}x$는 모두 양이고, $a-c$와 $a+c$사이에 있다. 따라서

$$\overline{PF_1} = a + \frac{c}{a}x,$$
$$\overline{PF_2} = a - \frac{c}{a}x \tag{18}$$

이고, 이들을 합하면 $\overline{PF_1} + \overline{PF_2}$는 곡선상의 P에 독립인 값 $2a$를 갖는다. 따라서 기하학적 성질과 대수적 성질이 동치임을 알 수 있다.

타원의 두 초점을 잇는 직선과 타원의 교점을 타원의 꼭지점이라 한다. 그리고 두 꼭지점을 잇는 선분을 타원의 **장축**(major axis)이라 한다. 타원은 이 장축에 대해 대칭이며, 또한 장축의 수직이등분선에 대해서도 대칭이다. 이 수직이등분선과 타원의 두 교점을 잇는 선분을 **단축**(minor axis)이라 한다. 그리고 장축과 단축의 교점을 타원을 **중심**이라 한다.

타원의 식 (16)에서 $b<a$이고, 꼭지점은 $(a, 0)$와 $(-a, 0)$이다. 따라서 장축은 $(a, 0)$, $(-a, 0)$를 잇는 길이 $2a$인 선분이고, 단축은 $(0, b)$, $(0, -b)$를 잇는 길이 $2b$인 선분이다. 또한 타원의 중심은 원점 $(0, 0)$이다. a와 b를 각각 타원의 **준장축**(semimajor axis)과 **준단축**(semiminor axis)이라 부른다. 이들 준축들이 $a=4$, $b=3$이라면 식 (16)은

$$\frac{x^2}{16} + \frac{y^2}{9} = 1. \tag{19a}$$

한편 (19a)에서 x와 y를 바꾸면

$$\frac{x^2}{9} + \frac{y^2}{16} = 1 \tag{19b}$$

이고 역시 타원이지만 그 장축은 수평선이 아니고 수직선이다(그림 9-13).

(19a)와 (19b)와 같은 방정식을 분석하는데 혼동될 필요는 전혀 없다. 단지 대칭축상에 절편들을 구하면 장축을 알 수 있고 초점들은 항상 장축상에 있다. 그리고 만약 준장축 a, 준단축 b 및 초점들 사이의 반거리 c를 사용하면 식 (15)는

$$b^2 = a^2 - c^2$$

즉
$$a^2 = b^2 + c^2 \tag{20}$$

을 나타낸다.

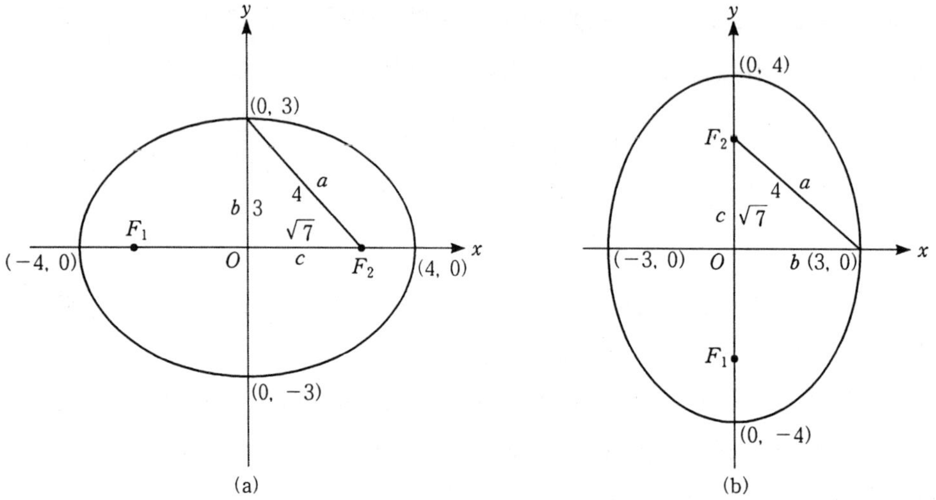

그림 9-13. (a) $\frac{x^2}{16}+\frac{y^2}{9}=1$의 장축은 수평선

(b) $\frac{x^2}{9}+\frac{y^2}{16}=1$의 장축은 수직선

따라서 a는 두 변을 b 및 c로 하는 직각 삼각형의 빗변이다(그림 9-13). (19a)와 (19b)같은 방정식으로부터 a^2과 b^2을 즉시 알 수 있다. 이때 식 (20)은 그들의 차로써 c^2를 결정할 수 있고, 그래서 (19a)와 (19b) 어느 하나에서 $c^2=16-9=7$을 얻으므로 그림 9-13에서와 같이 초점들에서 타원 중심까지의 거리는 $\sqrt{7}$이다.

[2] 원점에 중심이 있지 않는 경우

만약 중심이 $C(h, k) \neq O$이고, 타원의 축들이 x 및 y축에 평행이면 C를 $x'y'$-좌표의 원점 O'로 사용하여 새로운 좌표

$$x' = x - h, \quad y' = y - k \tag{21}$$

를 얻을 수 있다. 이 새 좌표에서 타원의 방정식은

$$\frac{x'^2}{a^2}+\frac{y'^2}{b^2}=1 \tag{22a}$$

또는

$$\frac{x'^2}{b^2}+\frac{y'^2}{a^2}=1 \tag{22b}$$

이다.

예제 9-6 $9x^2+4y^2+36x-8y+4=0$을 분석하여라.

풀이 x와 y에 관해 완전제곱형으로 고치면,

$$9(x^2+4x)+4(y^2-2y)=-4$$
$$9(x^2+4x+4)+4(y^2-2y+1)=-4+36+4$$
$$\frac{(x+2)^2}{4}+\frac{(y-1)^2}{9}=1.$$
$$x'=x+2,\ \ y'=y-1$$

로 놓으면

$$\frac{x'^2}{4}+\frac{y'^2}{9}=1.$$

이 방정식은 $x'y'$-평면에서 y'-절편인 꼭지점 $(0, \pm 3)$, x'-절편 $(\pm 2, 0)$를 갖는 타원이다(그림 9-14). 초점들의 위치를 보면 $c^2+b^2=a^2$인 관계에서

$$c=\sqrt{a^2-b^2}=\sqrt{9-4}=\sqrt{5}$$

그러므로, 초점은 y'축상의 점 $(0, \pm\sqrt{5})$이며 원래 좌표로는 $(-2, 1\pm\sqrt{5})$이다. ▮

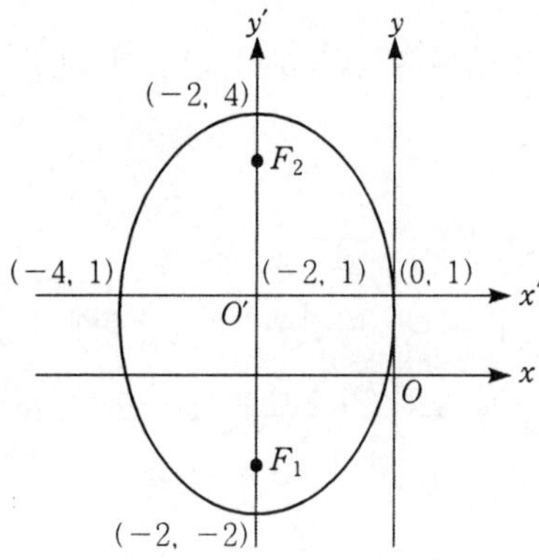

그림 9-14. 타 원 $9x^2+4y^2+36x-8y+4=0$

타원의 기하학적 성질은 타원 위의 임의의 점에서 두 초점들까지의 거리의 합이 상수, 즉

$$\overline{PF}_1+\overline{PF}_2=2a$$

이라는 것이다. 이 방정식의 대수적 성질은 x^2 및 y^2항이 같은 부호를 갖는다는 것이다.

보다 자세히 타원의 성질을 조사하기 위해 그 방정식이

$$\frac{x^2}{a^2}+\frac{y^2}{b^2}=1,\quad a>b>0 \tag{23}$$

인 형으로 되었다고 가정하자. 중심에서 초점까지의 거리 c가 방정식에 나타나지 않는다 할지라도 식 (20)을 고쳐 유도된 방정식

$$c^2=a^2-b^2 \tag{24}$$

으로부터 위 예제들에서처럼 c를 결정할 수 있다.

쌍 곡 선

쌍곡선이란 평면에서 고정된 두 점에서의 거리들의 차가 일정한 점들의 집합을 말한다. 이 고정된 두 점들을 쌍곡선의 **초점**이라고 한다.

[1] 쌍곡선 방정식

두 초점을 $F_1(-c, 0)$, $F_2(c, 0)$라 하고, 거리의 차를 $2a$라고 하면(그림 9-15), 점 $P(x, y)$가 쌍곡선 위에 있을 필요 충분 조건은

$$\sqrt{(x+c)^2+y^2}-\sqrt{(x-c)^2+y^2}=2a$$

또는

$$\sqrt{(x-c)^2+y^2}-\sqrt{(x+c)^2+y^2}=2a \text{ 이다.}$$

양변을 제곱하여 간단히 하면

$$\frac{x^2}{a^2}+\frac{y^2}{a^2-c^2}=1 \tag{25}$$

이 된다. 이것은 타원방정식처럼 보이지만 삼각형 F_1F_2P의 두 변의 차는 제삼의 변의 길이보다 작으므로 $2c>2a$, 즉 $c>a$이다.

$$b=\sqrt{c^2-a^2}$$

즉

$$a^2-c^2=-b^2 \tag{26}$$

로 두면, 식 (25)는 타원의 방정식과 비슷한

$$\frac{x^2}{a^2}-\frac{y^2}{b^2}=1 \tag{27}$$

이 된다. 차이점은 단지 쌍곡선 방정식에서 부호와 (26)에서 주어진 a, b 및 c사이의 새 관계식이다. 타원과 같이 쌍곡선도 양축과 원점에 대칭이지만 y절편이 없으며 실제로 직선 $x=a$와 $x=-a$들 사이에 이 곡선의 어떤 부분도 나타나지 않는다.

점 $P(x, y)$의 좌표가 식 (27)을 만족한다고 하면 PF_1 및 PF_2는

$$\overline{PF_1}=\sqrt{(x+c)^2+y^2}=\left|a+\frac{c}{a}x\right|, \tag{28a}$$

$$\overline{PF_2}=\sqrt{(x-c)^2+y^2}=\left|a-\frac{c}{a}x\right|, \tag{28b}$$

로 주어진다.

식 (28)에서 $x>a$이면

$$\left.\begin{aligned}\overline{PF_1}&=a+\frac{c}{a}x\\ \overline{PF_2}&=\frac{c}{a}x-a\end{aligned}\right\} \tag{29a}$$

이고, $x<-a$이면

$$\left.\begin{aligned}\overline{PF_1}&=-\left(a+\frac{c}{a}x\right)\\ \overline{PF_2}&=a-\frac{c}{a}x\end{aligned}\right\} \tag{29b}$$

따라서 P가 $x=a$의 오른편에 있으면 $\overline{PF_1}-\overline{PF_2}=2a$가 만족되고, 반면에 P가 $x=-a$의 왼편에 있으면 $\overline{PF_2}-\overline{PF_1}=2a$가 성립된다(그림 9-15). 어느 경우에나 기하학적 조건들을 만족하는 임의의 점 P는 식 (27)을 만족해야 하고, 역으로 식 (27)을 만족하는 임의의 점은 역시 기하학적 조건들을 만족한다.

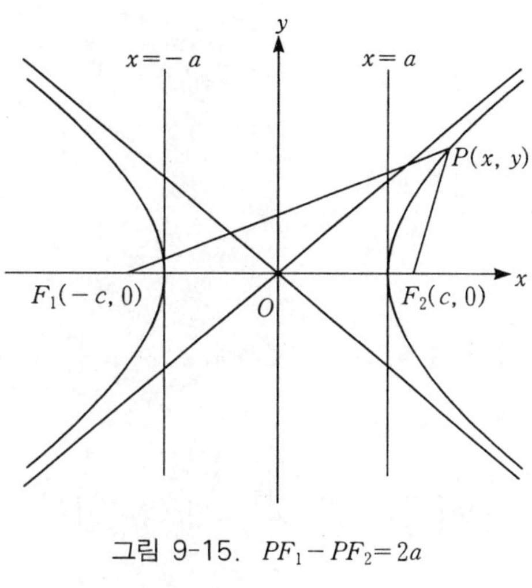

그림 9-15. $PF_1-PF_2=2a$

쌍곡선의 두 초점을 잇는 선분의 중점을 쌍곡선의 **중심**이라 하고, 두 초점을 지나는 직선을 쌍곡선의 **횡단축**(transverse axis), 중심을

지나고 횡단축에 수직인 직선을 쌍곡선의 **켤레축**(conjugate axis)이라고 한다. 쌍곡선은 두 축에 대해 대칭이다. 횡단축과 쌍곡선의 두 교점을 쌍곡선의 **꼭지점**이라고 부른다.

방정식이 (27)인 쌍곡선의 중심은 원점 $(0, 0)$이고, x축이 횡단축, y축이 켤레축이며, 꼭지점은 $(a, 0)$과 $(-a, 0)$이다.

2 점 근 선

(27)의 왼편을 인수분해하면

$$\left(\frac{x}{a}-\frac{y}{b}\right)\left(\frac{x}{a}+\frac{y}{b}\right)=1$$

또는

$$\frac{x}{a}-\frac{y}{b}=\frac{ab}{bx+ay} \tag{30a}$$

로 쓸 수 있다.

$$\lim_{\substack{x\to\infty\\y\to\infty}}\left(\frac{x}{a}-\frac{y}{b}\right)=\lim_{\substack{x\to\infty\\y\to\infty}}\frac{ab}{bx+ay}=0 \tag{30b}$$

이므로, 직선

$$\frac{x}{a}-\frac{y}{b}=0 \tag{31}$$

은 이 곡선의 점근선임을 추측할 수 있다.

이것이 사실임을 보이기 위해 곡선

$$y=\frac{b}{a}\sqrt{x^2-a^2}$$

과 직선

$$y=\frac{b}{a}x$$

와의 수직거리를 조사해 보자(그림 9-16). $x\to\infty$일 때

$$\lim_{x\to\infty}\left(\frac{b}{a}x-\frac{b}{a}\sqrt{x^2-a^2}\right)=b\lim_{x\to\infty}\left(\frac{x}{a}-\frac{\sqrt{x^2-a^2}}{a}\right)$$

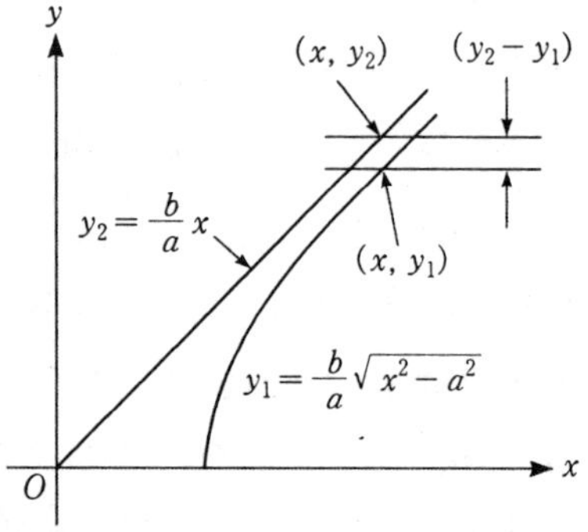

그림 9-16. $x\to\infty$이면 (x, y_1)은 점근선 $y_2=\frac{b}{a}x$를 향해 쌍곡선을 따라 위쪽으로 올라간다.

$$= b \lim_{x\to\infty} \frac{a^2}{a(x+\sqrt{x^2-a^2})}$$

$$= 0 .$$

그러므로 $x\to\infty$일 때, 직선과 쌍곡선간의 수직거리가 영으로 접근한다. $x>0$일 때 $\frac{b}{a}x > \frac{b}{a}\sqrt{x^2-a^2}$이므로 쌍곡선은 직선 $y=\frac{b}{a}x$ 아래에서 점점 그 직선에 다가가므로 직선 $y=\frac{b}{a}x$는 쌍곡선의 한 점근선이다.

대칭에 의해 직선

$$\frac{x}{a}+\frac{y}{b}=0 \tag{32}$$

역시 쌍곡선의 한 점근선이다. 두 점근선들은 (27)의 오른편에 있는 1을 0으로 바꾸고 인수 분해하여 얻을 수 있다.

[3] 쌍곡선 그래프

쌍곡선을 그리는데(그림 9-17), x축을 따라서 원점의 좌우에 거리 a, y축을 따라서 원점의 상하에 거리 b를 찍고, 이 점들을 지나고 각 축에 평행인 사각형을 그리는 것이 편리하다. 이 사각형의 대각선을 연장한 것이 쌍곡선의 점근선이다. 한 대각선 $c=\sqrt{a^2+b^2}$ 역시 쌍곡선의 초점들인 두 점 $F_1(-c, 0)$ 및 $F_2(c, 0)$에서 x축을 끊는 원의 반경으로 사용될 수 있다.

식 (27)에서 x 및 y를 교환하면 새 방정식

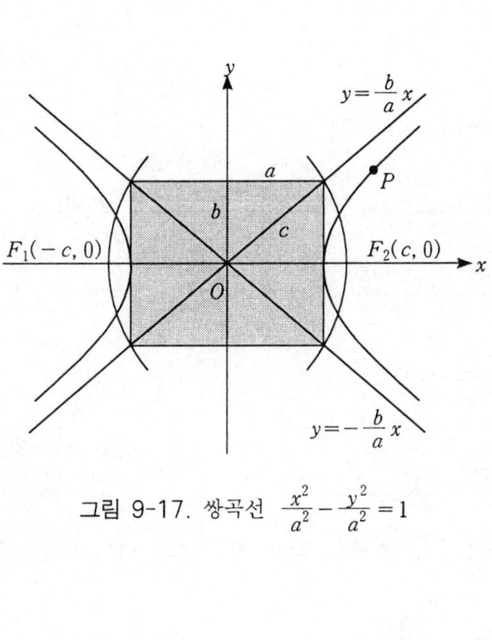

그림 9-17. 쌍곡선 $\frac{x^2}{a^2}-\frac{y^2}{a^2}=1$

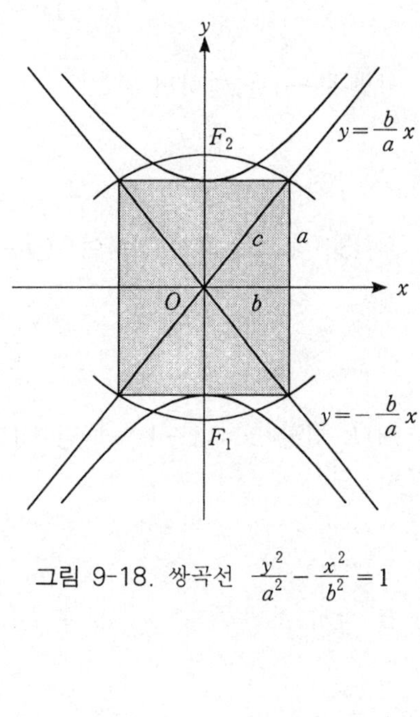

그림 9-18. 쌍곡선 $\frac{y^2}{a^2}-\frac{x^2}{b^2}=1$

$$\frac{y^2}{a^2} - \frac{x^2}{b^2} = 1 \tag{33}$$

을 얻는데 이는 y축 위에 초점을 갖는 쌍곡선을 나타낸다(그림 9-18).

[4] 원점에 중심이 있지 않는 경우

중심이 $C(h, k) \neq O$이면 중심을 원점 O'로 하는

$$x' = x - h, \quad y' = y - k \tag{34}$$

인 새 좌표를 이용할 수 있다.

새 좌표로 나타낸 쌍곡선 방정식은

$$\frac{x'^2}{a^2} - \frac{y'^2}{b^2} = 1 \tag{35}$$

또는

$$\frac{y'^2}{a^2} - \frac{x'^2}{b^2} = 1. \tag{36}$$

이 된다.

예제 9-7 $x^2 - 4y^2 - 2x + 8y - 2 = 0$을 분석하여라.

풀이 x와 y에 관해 완전제곱형으로 고치면

$$(x-1)^2 - 4(y-1)^2 = 2 + 1 - 4 = -1.$$

양변에 -1을 곱하면

$$4(y-1)^2 - (x-1)^2 = 1.$$

식 (36)과 비교하기 위하여 $(y-1)^2$을 0.25로 나누는 것을 첫 항으로 쓰면

$$\frac{(y-1)^2}{0.25} - \frac{(x-1)^2}{1} = 1$$

이다. 변환 $x' = x - 1$, $y' = y - 1$에 의해 이것을

$$\frac{y'^2}{0.25} - \frac{x'^2}{1} = 1$$

로 다시 쓰면 $x' = y' = 0$, 즉 $x = y = 1$에서 중심을 갖는 쌍곡선을 나타낸다. 이 곡선

은 y'축상에 꼭지점 $(0, \pm 0.5)$인 절편을 갖지만 x'축과는 만나지 않는다. 여기에 $a^2=0.25$, $b^2=1$, $c^2=a^2+b^2=1.25$를 가지고 (36)을 응용한다.

직선들(그림 9-19)

$$\frac{y'}{0.5}-x'=0, \qquad \frac{y'}{0.5}+x'=0$$

은 점근선들이고 반면 초점들은 y'축 상의 $(0, \pm\sqrt{1.25})$에 있다.

이것을 원래 xy-평면에서 말하면, 쌍곡선의 중심은 $(1, 1)$, 꼭지점은 $(1, 1\pm 0.5)$, 초점은 $(1, 1\pm\sqrt{1.25})$, 점근선은 $y-1=\pm 0.5(x-1)$이다. ■

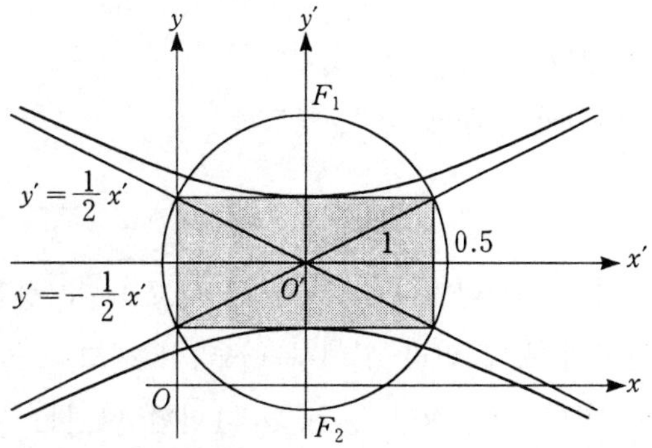

그림 9-19. 쌍곡선 $\frac{y'^2}{0.25}-\frac{x'^2}{1}=1$

이심률과 준선

포물선은 초점과 준선에 의하여 정의된 반면, 타원과 쌍곡선은 두 개의 초점에 의하여 정의되었다. 이제 타원과 쌍곡선도 초점과 준선에 의하여 설명될 수 있음을 보인다.

그림 9-20에서와 같이, 타원과 쌍곡선의 두 초점을 $F_1(-c, 0)$, $F_2(c, 0)$라 하고, 타원은 $\overline{PF_1}+\overline{PF_2}=2a$, 쌍곡선은 $|\overline{PF_1}-\overline{PF_2}|=2a$를 만족시킨다고 하자.

타원과 쌍곡선의 이심률(eccentricity) e는 다음과 같이 정의된다.

$$e=\frac{\text{초점사이의 거리}}{\text{꼭지점 사이의 거리}}$$

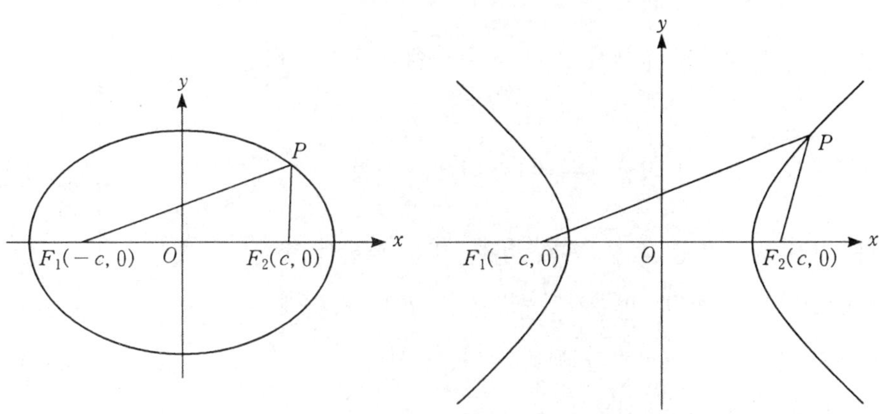

그림 9-20.

타원과 쌍곡선에서 두 꼭지점 사이의 거리는 $2a$이고, 초점 사이의 거리는 $2c$이므로, 타원과 쌍곡선의 이심률 e는

$$e=\frac{c}{a} \tag{37}$$

가 된다.

타원의 경우에 $c<a$이므로

$$0\le e<1$$

이다. $e=0$이면 타원은 원이 되고 e가 점점 커져서 1에 가까이 감에 따라 원에서 더 많이 찌그러져 가는 것을 알 수 있다. 극단적인 경우 $e=1$이면 타원은 두 초점 F_1과 F_2를 잇는 선분으로 된다(그림 9-21).

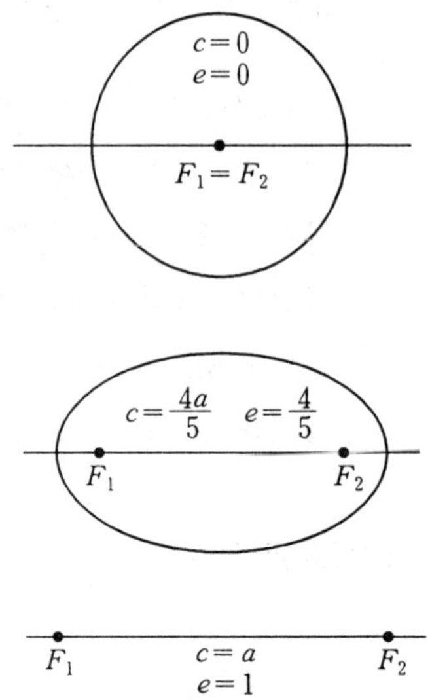

그림 9-21.

이제 타원의 이심률 e가 0이 아닐 때, 타원의 방정식

$$\frac{x^2}{a^2}+\frac{y^2}{b^2}=1$$

을 생각해 보자.

$P(x, y)$가 타원 위의 임의의 한 점이라고 하면

$$\begin{aligned}\overline{PF_2}&=\sqrt{(x-c)^2+y^2}=\sqrt{x^2-2cx+c^2+b^2\left(1-\frac{x^2}{a^2}\right)}\\&=\sqrt{x^2\left(1-\frac{b^2}{a^2}\right)-2cx+a^2}=\sqrt{e^2x^2-2aex+a^2}\\&=|ex-a|=e\left|x-\frac{a}{e}\right|\end{aligned}$$

가 된다. $\left|x-\frac{a}{e}\right|$는 점 P에서 직선 $x=\frac{a}{e}$에 이르는 거리이므로

$$\overline{PF_2}=e\cdot(P\text{에서 직선 } x=\frac{a}{e}\text{에 이르는 거리})$$

가 된다. 직선 $x=\frac{a}{e}$를 초점 $F_2(c, 0)$에 대한 타원의 준선(directrix)이라고 한다. 마찬가지로, 초점 $F_1(-c, 0)$에 대한 타원의 준선은 $x=-\frac{a}{e}$가 됨을 보일 수 있다.

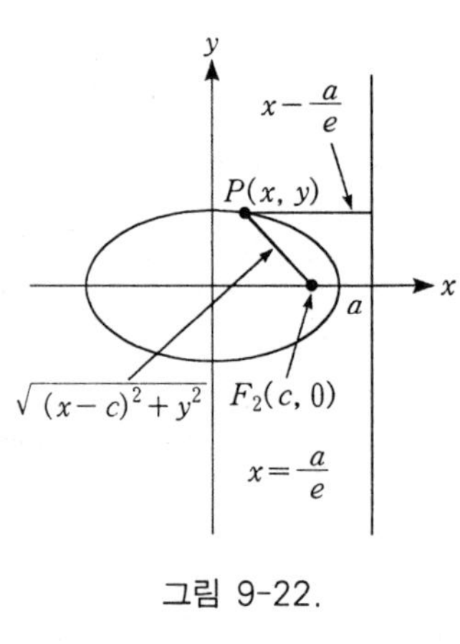

그림 9-22.

쌍곡선의 경우에는 $c>a$이므로

$$e>1$$

이다. 쌍곡선상의 임의의 점을 $P(x, y)$라 했을 때

$$\overline{PF_1} = \sqrt{(x+c)^2+y^2} = e\left|x+\frac{a}{e}\right|$$

$$\overline{PF_2} = \sqrt{(x-c)^2+y^2} = e\left|x-\frac{a}{e}\right|$$

임을 보일 수 있다. 즉

$$\overline{PF_1} = e\cdot(\,P\text{에서 직선 } x=-\frac{a}{e}\text{에 이르는 거리})$$

$$\overline{PF_2} = e\cdot(\,P\text{에서 직선 } x=\frac{a}{e}\text{에 이르는 거리})$$

이다. 직선 $x=-\frac{a}{e}$를 초점 $F_1(-c, 0)$에 대한 쌍곡선의 준선이라고 하고, 직선 $x=\frac{a}{e}$를 초점 $F_2(c, 0)$에 대한 쌍곡선의 준선이라 한다.

지금까지 살펴본 바에 의하면, 타원과 쌍곡선상의 임의의 점을 P, 한 초점을 F라 하면

$$\overline{PF} = e\cdot(\,P\text{에서 준선에 이르는 거리})$$

가 된다. 타원의 경우에는 $0<e<1$, 쌍곡선의 경우에는 $e>1$이다. 또한 포물선에 대하여도 $\overline{PF}=e\cdot(\,P$에서 준선에 이르는 거리), 여기서 $e=1$이 된다. 따라서 다음 정리의 첫 부분을 증명하였다.

〔정리 9-1〕 포물선, 타원, 쌍곡선에 대하여, 한 점 F와 F를 포함하지 않는 직선 l이 존재하여, 곡선상의 임의의 점 P는

$$\overline{PF} = e\cdot(\,P\text{에서 } l\text{에 이르는 거리})$$

를 만족시킨다.

역으로, l이 한 직선이고, F가 그 직선상에 놓이지 않는 점이며, $e>0$이면,

$$\overline{PF} = e\cdot(\,P\text{에서 } l\text{에 이르는 거리})$$

를 만족시키는 점 P의 집합은

i) $0<e<1$이면 타원,

ii) $e=1$이면 포물선

iii) $e>1$이면 쌍곡선

이 된다.

〔증명〕 두 번째 부분만 증명하면 된다. 간단히 하기 위하여 F를 원점, 직선 l을 $x=d$라고 하자. $\overline{PF}=e\cdot$(P에서 l에 이르는 거리)는 곧

$$\sqrt{x^2+y^2}=e|d-x|$$

을 뜻한다. 따라서

$$x^2+y^2=e^2(d-x)^2. \tag{38}$$

$e=1$이면 식 (38)은 포물선의 방정식이 된다. $e\neq1$이면 식 (38)을

$$(1-e^2)\left(x+\frac{de^2}{1-e^2}\right)^2+y^2=\frac{d^2e^2}{1-e^2} \tag{39}$$

와 같이 고쳐 쓸 수 있다. 따라서 식 (39)는

$0<e<1$이면 타원,

$e>1$이면 쌍곡선

의 방정식이 된다. ■

9-1. 연습문제

1. $A(2, -2)$ 및 $B(3,4)$를 지나고 중심이 $x+y=2$상에 있는 원의 방정식을 구하여라.

2. 중심이 $C(-2, -1)$이고 반지름이 $r=\sqrt{6}$인 원 내에 놓인 점들을 나타내는 부등식을 써라.

3. 점 $(0.1, 3.1)$은 원 $x^2+y^2-2x-4y+3=0$의 안, 밖, 위, 어디에 있는가? 왜 그런가?

4. $A(2,3)$, $B(3,2)$ 및 $C(-4,3)$을 지나는 원의 방정식을 구하여라.

5. 중심이 $C(2,2)$이고 점 $A(4,5)$를 지나는 원의 방정식을 구하여라.

6. $y^2=4px$의 축에 수직이고 초점을 지나는 현의 길이를 구하여라(이 현을 포물선의 통경(通徑 Latus Rectum)이라고 부른다).

7. 세 점 $(-1,2)$, $(1, -1)$ 및 $(2,1)$이 주어질 때

(a) 이들 점을 지나고 x축에 평행인 축을 갖는 포물선을 구하여라.

(b) 이들 점을 지나고 y축에 평행인 축을 갖는 포물선을 구하여라.

8. 포물선 $4y=x^2-4$의 그래프가 아래와 같이 그려졌다.

(a) 포물선 위의 점 (4, 3)에서 포물선의 접선의 방정식을 구하여라.

(b) (a)의 접선의 y-절편을 구하여라.

(c) 포물선의 초점을 구하여라.

(d) 초점과 점 (4, 3)의 거리와 초점과 (b)의 y-절편의 거리를 구하여라.

(e) 그림의 각 α와 β의 관계를 말하여라.

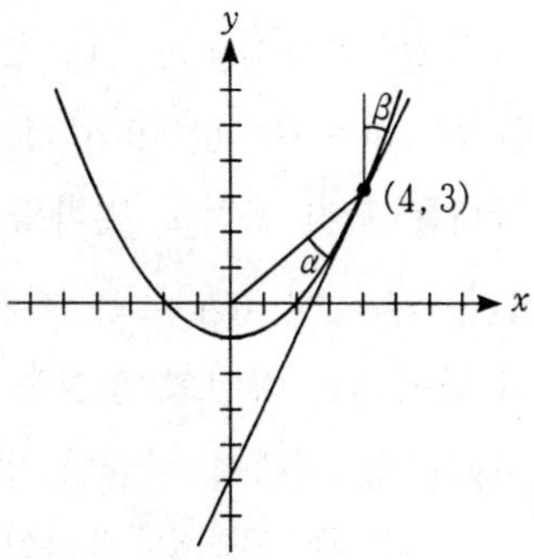

※ 다음 부등식을 만족하는 점들의 집합은 무엇인가(9~10)?

9. $x^2+y^2+2x-4y+5\leq 0$

10. $x^2+y^2+4x+4y+9\geq 0$

11. $P_1(x_1, y_1)$에서 $(x^2/a^2)+(y^2/b^2)=1$에 접하는 직선은 $\dfrac{xx_1}{a^2}+\dfrac{yy_1}{b^2}=1$임을 증명하여라.

12. 쌍곡선의 한 초점이 (1, 3)에 있고 대응하는 준선이 $y=2$이다. 이심률이 $\dfrac{3}{2}$일 때 쌍곡선의 방정식을 구하여라.

13. $\dfrac{x^2}{9-C}+\dfrac{y^2}{5-C}=1$에서 C가 (a) $C<5$인 상수이면 타원,

(b) $5<C<9$인 상수이면 쌍곡선,

(c) $9<C$인 상수이면 실제 궤적이 없음을 밝혀라.

그리고 (a)의 타원 및 (b)의 쌍곡선들이 C의 값에 독립인 두 점 $(\pm 2, 0)$에서 초점들을 가짐을 밝혀라.

9-2. 이차곡선, 원추곡선

상수 A, B 및 C가 모두는 0이 아닌 경우의 이차곡선 방정식의 일반형

$$Ax^2+Bxy+Cy^2+Dx+Ey+F=0 \tag{1}$$

중에서 원, 포물선, 타원 및 쌍곡선들은 특수한 경우이다. 예를 들어 원의 방정식

$$(x-h)^2+(y-k)^2=r^2$$

은 (1)에서 $A=C=1$, $B=0$, $D=-2h$, $E=-2k$, $F=h^2+k^2-r^2$으로 둠으로써 얻어지며, 포물선 $x^2=4py$는 $A=1$, $E=-4p$, $B=C=D=F=0$라 두면 얻어진다. 실제로 직선까지도 $A=B=C=0$인 (1)의 특별한 경우가 되지만 이것은 (1)에서 이차방정식으로써 그 상태를 갖지 못하고 일차방정식으로 된다.

Ax^2, Bxy 및 Cy^2들은 이차항들이고, 이 이차항 중 적어도 하나가 없어지지 않을 때 (1)이 나타내는 곡선의 성질을 조사하고자 한다.

Bxy는 앞 절에서 취급한 방정식에서는 볼 수 없었다. 이것은 좌표축을 선택하는 방법, 즉 x, y-축 중 적어도 하나가 곡선의 대칭축에 평행이 되도록 선택한 방법의 결과이다. 그러나 예를 들어, 초점이 $F_1(-a, -a)$와 $F_2(a, a)$이고 $|PF_1-PF_2|=2a$(그림 9-23)인 쌍곡선의 방정식을 구한다고 가정하자. 그러면

$$\sqrt{(x+a)^2+(y+a)^2}-\sqrt{(x-a)^2+(y-a)^2}=\pm 2a$$

이고, 이것을 간단히 하면

$$2xy=a^2 \tag{2}$$

인데 이것은 xy항이 있는 경우로써 (1)의 특수한 형이다. (2)의 쌍곡선의 점근선은 x 및 y축이고, 쌍곡선의 횡단축, 즉 초점이 놓인 대칭축은 좌표축과 45°를 이룬다.

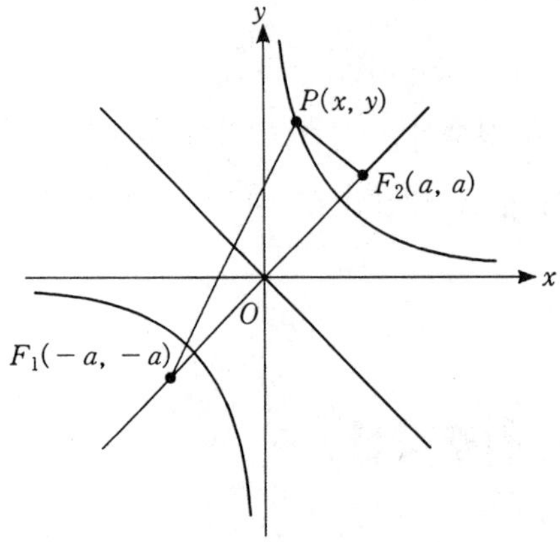

그림 9-23. 쌍곡선 $2xy=a^2$

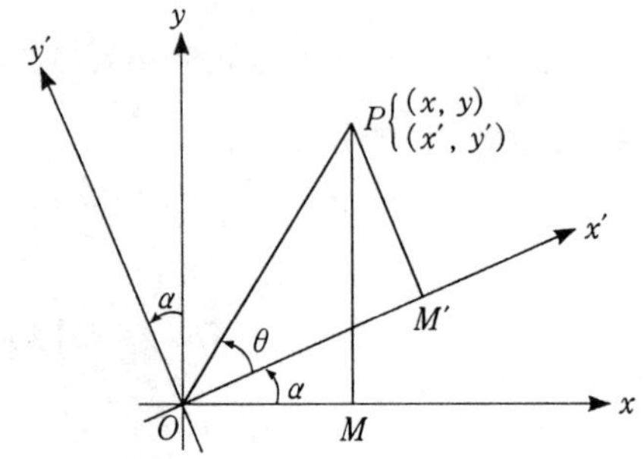

그림 9-24. 시계 반대방향으로 α각만큼 회전

1 축의 회전

곡선의 방정식은 좌표축을 시계반대 방향으로 α도 만큼 회전하여 생기는 새로운 축 x', y'에 관하여 나타낼 수 있다. 그림 9-24의 기호를 써서

$$x = \overline{OM} = \overline{OP}\cos(\theta + \alpha), \qquad (3a)$$
$$y = \overline{MP} = \overline{OP}\sin(\theta + \alpha)$$

인 반면

$$x' = \overline{OM'} = \overline{OP}\cos\theta, \qquad (3b)$$
$$y' = \overline{M'P} = \overline{OP}\sin\theta$$

이다.

식 (3a)에 관계식

$$\cos(\theta + \alpha) = \cos\theta\cos\alpha - \sin\theta\sin\alpha,$$
$$\sin(\theta + \alpha) = \sin\theta\cos\alpha + \cos\theta\sin\alpha$$

들을 이용하고 식 (3b)를 적용하면 다음과 같은 축의 회전에 관한 방정식을 얻을 수 있다.

$$x = x'\cos\alpha - y'\sin\alpha$$
$$y = x'\sin\alpha + y'\cos\alpha \qquad (4)$$

예제 9-8 x 및 y축을 원점에 관해 $\alpha = 45°$ 회전시켰을 때 식 (2)를 새 좌표로 표시하여라.

풀이 $\cos 45° = \sin 45° = \dfrac{1}{\sqrt{2}}$ 이므로 $x = \dfrac{x' - y'}{\sqrt{2}}$, $y = \dfrac{x' + y'}{\sqrt{2}}$ 를 식 (2)에 대입하면

$$(x')^2 - (y')^2 = a^2. \ ■$$

[2] *xy*항의 소거

축의 회전에 관한 방정식 (4)를 이차곡선방정식의 일반형 (1)에 적용시키면, 새 이차곡선방정식

$$A'x'^2 + B'x'y' + C'y'^2 + D'x' + E'y' + F' = 0 \qquad (5)$$

를 얻고 그 계수들은 다음과 같은 관계를 갖는다. 즉

$$\begin{aligned} A' &= A\cos^2\alpha + B\cos\alpha\sin\alpha + C\sin^2\alpha, \\ B' &= B(\cos^2\alpha - \sin^2\alpha) + 2(C - A)\sin\alpha\cos\alpha, \\ C' &= A\sin^2\alpha - B\sin\alpha\cos\alpha + C\cos^2\alpha, \qquad (6) \\ D' &= D\cos\alpha + E\sin\alpha, \\ E' &= -D\sin\alpha + E\cos\alpha, \\ F' &= F \end{aligned}$$

xy항이 있는 곡선방정식 (1)로부터 새 곡선방정식 (5)에서는 $x'y'$항이 나타나지 않도록 하는 회전각 α를 찾을 수 있다. $x'y'$항을 제거할 각 α를 구하기 위해 식 (6)의 둘째 식에서 $B'=0$이라 두고 α에 관하여 푼다.

$$B' = B\cos 2\alpha + (C-A)\sin 2\alpha$$

이므로 만약 α를

$$B\cos 2\alpha + (C-A)\sin 2\alpha = 0$$

이 되도록 하면 $B'=0$이 된다. 실제로 이는

$$\cot 2\alpha = \frac{A-C}{B}\ (B \neq 0\text{일 때})\ \text{또는}\ \tan 2\alpha = \frac{B}{A-C}\ (A \neq C\text{일 때}) \tag{7}$$

를 만족시키는 각 α를 구하는 것이다.

예제 9-9 좌표축들을 각 α만큼 회전시켰을 때, 곡선

$$x^2 + xy + y^2 = 3 \tag{8}$$

의 새 방정식에서 $x'y'$항이 없어지도록 하는 α와 새 방정식을 구하여라.

풀이 식 (8)은 식 (1)에서 $A=B=C=1$인 경우다. 식 (7)에 따라서 $\cot 2\alpha=0$을 만족시키는 α를 구한다. $2\alpha=90°$ 즉 $\alpha=45°$로 택하고

$$\alpha=45°,\ A=B=C=1,\ D=E=0\ \text{그리고}\ F=-3$$

을 식 (6)에 대입하면(또는 $x=\frac{x'-y'}{\sqrt{2}}$, $y=\frac{x'+y'}{\sqrt{2}}$을 식 (8)에 대입하면),

$$A'=\frac{3}{2},\ B'=0,\ C'=\frac{1}{2},\ D'=E'=0,\ F'=-3$$

을 얻는다. 이때, 식 (8)은

$$\frac{3}{2}x'^2+\frac{1}{2}y'^2-3=0,\ \text{즉}\ 3x'^2+y'^2=6$$

이 되고, 이 식은 새 좌표축 y'축 위에 초점이 있는 타원의 방정식이다. ■

[3] 이차곡선의 분류

이제 일반적인 이차곡선의 그래프에 관하여 알아보자. 축을 회전시켜 새 방정식에서 $x'y'$항이 나타나지 않도록 할 수 있으므로, 이차곡선방정식의 일반형을 다음과 같이 가정해도 된다.

$$Ax^2 + Cy^2 + Dx + Ey + F = 0 \tag{9}$$

식 (9)는 다음 사항들을 나타낸다. 즉

(a) $A = C = 0$이고 D와 E 중 적어도 하나가 0이 아니면 직선

(b) $A = C \neq 0$이면 원(특수한 경우에 궤적은 한 점이거나 또는 실제궤적이 없다.)

(c) (9)가 한 변수에 대하여 이차이고 다른 변수에 대하여 일차이면 포물선

(d) A와 C가 모두 양이거나 음이면 타원(특수한 경우에 궤적은 한 점 또는 실제궤적이 없다.)

(e) A와 C가 반대부호이면 쌍곡선(특수한 경우에 궤적은 서로 만나는 한 쌍의 직선으로 된다(예 : $x^2 - y^2 = 0$)).

우리는 이미 (9)를 완전제곱(필요하면)과 새 좌표축으로 평행이동하여 원, 포물선, 타원 또는 쌍곡선의 표준방정식으로 어떻게 만드는가를 보았다. 이제 이러한 과정을 거치지 않고 어떤 곡선인가를 결정하는 방법을 보도록 한다.

[4] 판별식에 의한 이차곡선의 종류 판정

이차곡선방정식의 일반형

$$Ax^2 + Bxy + Cy^2 + Dx + Ey + F = 0 \tag{10}$$

가 어떤 종류의 이차곡선인가를 판정하는 방법을 다루기로 하자. 이 판정은 xy항의 소거를 수반하지 않는다. 만일 $B \neq 0$이면

$$\cot 2\alpha = \frac{A - C}{B} \tag{11}$$

에 의해 결정되는 각 α만큼, 축들을 회전하여 동치형인

$$A'x'^2 + C'y'^2 + D'x' + E'y' + F' = 0 \tag{12}$$

형으로 그 방정식을 변환할 수 있다.

지금 $x'y'$항이 없는 (12)에서의 방정식에 대한 곡선의 성질은 다음으로써 결정된다.

(a) A' 또는 $C'=0$, 즉 $A'C'=0$이면 포물선,

(b) A'과 C'이 동일부호, 즉 $A'C'>0$이면 타원,

그리고,

(c) A'과 C'이 반대부호, 즉 $A'C'<0$이면 쌍곡선이다.

그런데 축들의 회전에 관해서 계수 A, B 및 C와 A', B' 및 C'가 조건

$$B^2-4AC=B'^2-4A'C' \tag{13}$$

을 만족한다는 사실이 식 (6)을 사용하여 쉽게 증명될 수 있다. 즉 B^2-4AC는 축의 회전에 관해 불변량이다. 그러나 특수 회전이 $B'=0$이 되게 수행되면 (13)의 오른편 식은 단지 $-4A'C'$이다. 따라서 B^2-4AC의 값으로 곡선 (10)이 포물선인지, 타원인지, 쌍곡선인지를 판별할 수 있다.

즉 곡선 (10)은

(a) $B^2-4AC=0$이면 포물선,

(b) $B^2-4AC<0$이면 타원,

(c) $B^2-4AC>0$이면 쌍곡선이다.

B^2-4AC를 방정식 (10)의 판별식(discriminant)이라고 한다.

예 1 (a) $3x^2-6xy+3y^2+2x-7=0$은 $B^2-4AC=(-6)^2-4\cdot3\cdot3=36-36=0$이기 때문에 포물선이다.

(b) $x^2+xy+y^2-1=0$은 $B^2-4AC=(1)^2-4\cdot1\cdot1=-3<0$이기 때문에 타원이다.

(c) $xy-y^2-5y+1=0$은 $B^2-4AC=(1)^2-4(0)(-1)=1>0$이기 때문에 쌍곡선이다.

원추곡선

원, 타원, 포물선 및 쌍곡선은 원추를 평면으로 잘라서 얻어질 수 있기 때문에 **원추곡선**(conic sections)이라고 불린다.

일반적으로 자르는 평면이 원추의 축과 $\alpha°$를 이루고 원추의 모선이 원추의 축과 각 β를 이룬다 하자(그림 9-25). 그러면 그 절단선은

① $\alpha=90°$이면 원, ② $\beta<\alpha<90°$이면 타원,

③ $\alpha=\beta$이면 포물선, ④ $0\le\alpha<\beta$이면 쌍곡선

이 된다(그림 9-1 (a) 참고).

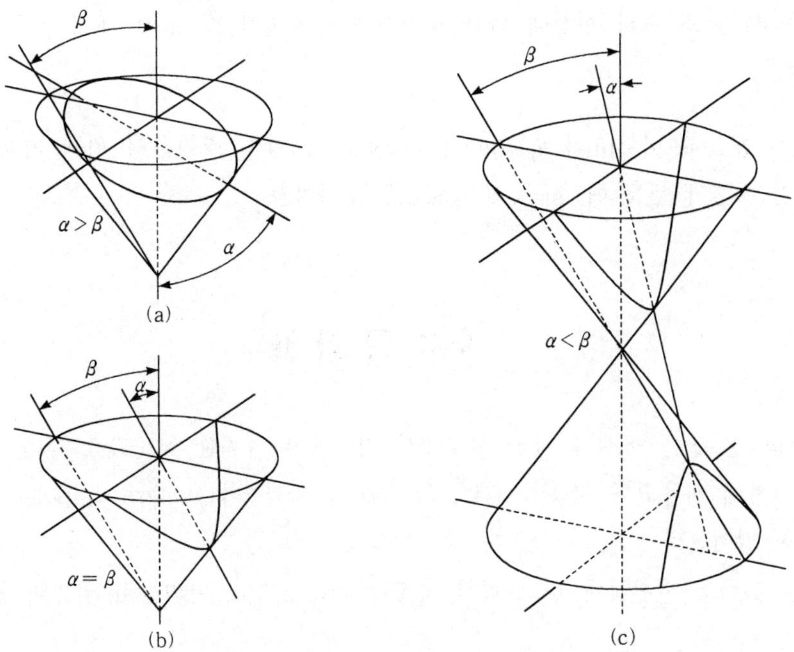

그림 9-25. (a) 타원, (b) 포물선, (c) 쌍곡선에서 원추를 절단하는 평면

9-2. 연습문제

1. 다음 각각을 판별식을 사용하여 원, 타원, 포물선 또는 쌍곡선인지 판별하여라.

(a) $x^2-y^2-1=0$ (b) $3x^2+6xy+3y^2-4x+5y=12$

(c) $y^2-4x-4=0$ (d) $x^2+y^2+xy+x-y=3$

(e) $x^2-3xy+3y^2+6y=7$ (f) $6x^2+3xy+2y^2+17y+2=0$

(g) $3x^2+12xy+12y^2+435x-9y+72=0$ (h) $25x^2+9y^2-225=0$

2. $B^2-4AC<0$이면 $Ax^2+Bxy+Cy^2=1$은 타원을 나타낸다. 준축들이 길이 a 및 b를 갖는다면 타원의 넓이는 πab이다. 위에 주어진 타원의 넓이가 $2\pi\sqrt{4AC-B^2}$임을 보여라.

3. 다음 각 방정식들을 축의 회전으로 xy항을 갖지 않는 방정식으로 바꾸어라.

(a) $2y^2+\sqrt{3}\,xy-x^2=2$ (b) $3x^2+4\sqrt{3}\,xy-y^2=7$

(c) $x^2+xy+y^2=1$ (d) $xy=2$

4. $x^2+y^2=r^2$은 축의 회전에 관한 방정식에서 임의의 각 α에 대해 $x'^2+y'^2=r^2$임을 밝혀라.

5. $14x^2+16xy+2y^2-10x+26370y-17=0$에서 xy항을 소거하기 위해 좌표축이 회전되는 각을 α라 했을 때 $\sin\alpha$와 $\cos\alpha$를 구하여라.

9-3. 극 좌 표

평면상의 점 또는 곡선에 관한 연구에서 지금까지 사용한 직교좌표계와는 다른 좌표계들이 편리하게 사용되는 경우가 많다. 그 중에서 극좌표계(system of polar coordinates)에 대하여 알아본다.

그림 9-26처럼 평면상에 한 반직선 $\overrightarrow{OX}$를 고정시키고, 평면상의 임의의 점 P의 위치를

$$|\overline{OP}|=r, \quad \angle XOP=\theta$$

인 r, θ의 순서쌍 (r, θ)에 의하여 결정할 수 있다. 이때 (r, θ)를 점 P의 극좌표(polar coordinate)이라고 하고, 정점 O를 극(pole), $\overrightarrow{OX}$를 극축(polar axis)이라고 한다. 그리고 r을 동경 또는 동경 벡터(radius vector), θ를 편각(amplitude)이라고 한다. 편각은 극축으로부터 시계바늘의 반대방향으로 잴 때 양, 같은 방향으로 잴 때 음이라고 한다.

r에 음수를 사용하는 것이 때때로 편리할 때가 있다. r이 음수일 때 점 $P(r, \theta)$는 각 θ인 반직선의 정반대인 반직선상의 극에서 거리 $|r|$인 점이다(그림 9-27). 그러므로 (r, θ)와 $(-r, \theta+\pi)$는 같은 점을 나타낸다. 만일에 $r=0$이면 점 P는 θ에 상관없이 극이다.

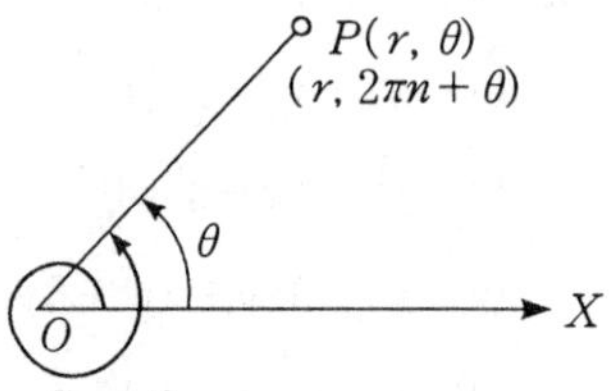

그림 9-26.

〔**참고**〕 극좌표 (r, θ)를 갖는 점은 이 밖에도 $(r, 2\pi n+\theta)$(n은 정수)와 같이 여러 가지 극좌표로 나타낼 수 있다.

직교좌표계에 있어서는 점의 좌표와 점의 위치는 1대 1로 대응하지만, 극좌표계에 있어서는 한 점의 위치를 여러 가지 극좌표로 나타낼 수 있으므로 1대 1로 대응하지 않는다(그림 9-27).

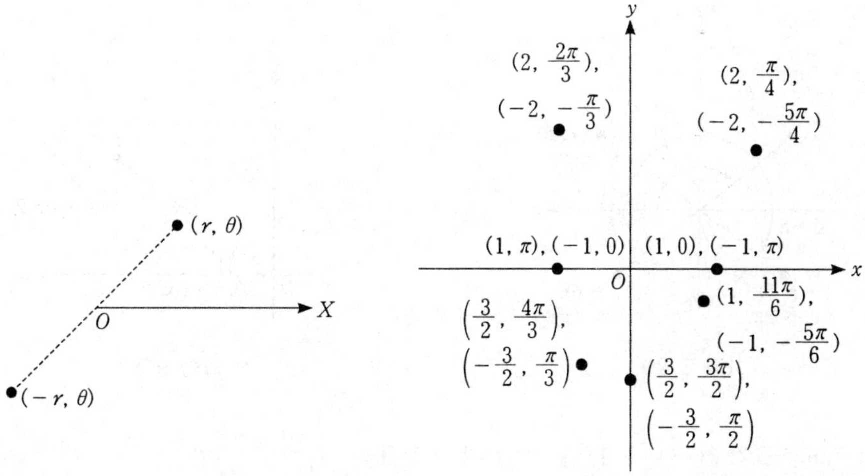

그림 9-27.

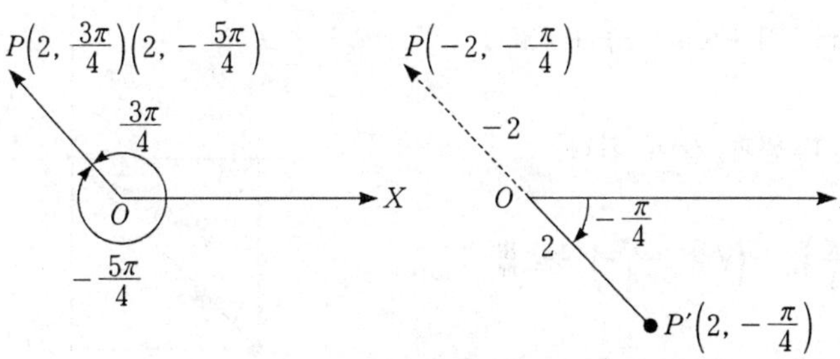

그림 9-28.

그림 9-28은 극좌표 $\left(2, \frac{3\pi}{4}\right)$를 갖는 점 P가 그 밖의 여러 가지 극좌표로 나타내어짐을 보이는 것이다. 점 (r, θ)와 대칭인 점들은 다음과 같다(그림 9-29 참조).

점 (r, θ)의 x축에 대칭인 점은 $(r, -\theta)$ 또는 $(-r, \pi-\theta)$

점 (r, θ)의 y축에 대칭인 점은 $(-r, -\theta)$ 또는 $(r, \pi-\theta)$

점 (r, θ)의 원점에 대칭인 점은 $(-r, \theta)$ 또는 $(r, \theta+\pi)$

직교좌표계의 x축의 양의 부분을 극축으로 하는 극좌표계를 생각하면 임의의 점 P의 직교좌표 (x, y)와 극좌표 (r, θ)사이에는 그림 9-30에서 보는 바와 같이 다음과 같은 관계가 있다.

$$\begin{cases} x = r\cos\theta \\ y = r\sin\theta \end{cases} \qquad \begin{cases} r = \pm\sqrt{x^2+y^2} \\ \theta = \mathrm{Tan}^{-1}\dfrac{y}{x} + n\pi \ (n\text{은 정수}) \end{cases}$$

여기서 부호와 n은 점 (x, y)의 위치에 따라 결정된다.

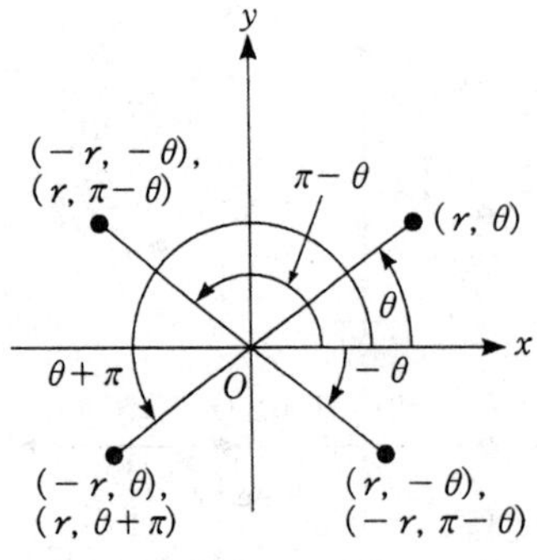

그림 9-29.

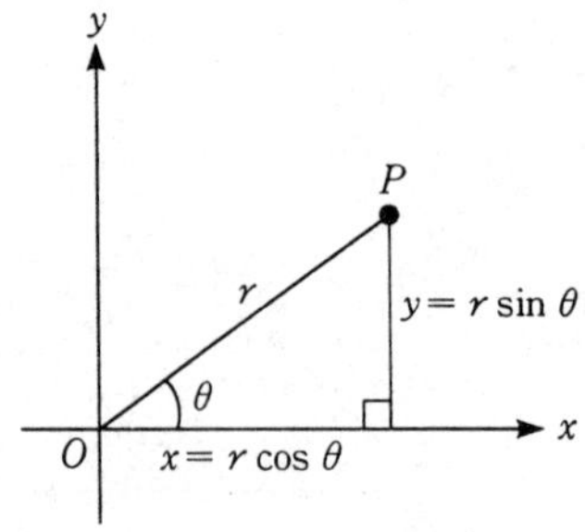

그림 9-30.

예 2 직교좌표가 $(-1, -1)$인 점 P의 극좌표는

$$r=\pm\sqrt{(-1)^2+(-1)^2}=\pm\sqrt{2}$$

$$\theta=\mathrm{Tan}^{-1}1+n\pi=\frac{\pi}{4}+n\pi$$

및 그림 9-30에서 다음과 같이 된다.

$$\left(-\sqrt{2}, \frac{\pi}{4}\right), \quad \left(\sqrt{2}, \frac{5\pi}{4}\right) \text{ 등.}$$ ■

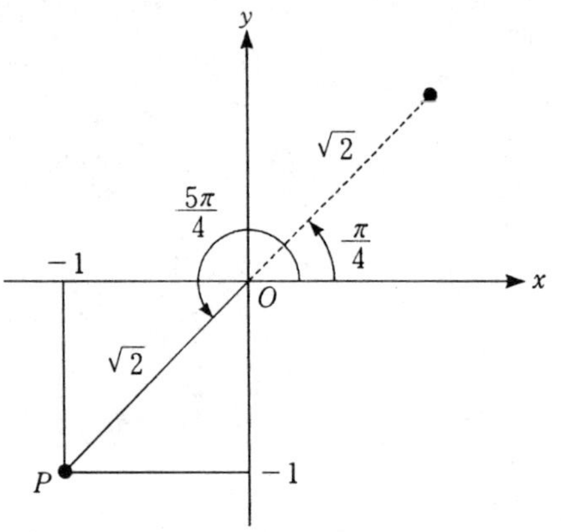

그림 9-31.

예 3 포물선의 직교방정식 $y^2=4ax$는 극좌표계에서는

$$(r\sin\theta)^2=4a(r\cos\theta)$$

즉 $r=4a\cot\theta\cdot\mathrm{cosec}\,\theta$와 같이 되는데, 이를 극방정식(polar equation)이라고 한다. ■

예제 9-10 다음 극방정식을 직교방정식으로 고쳐라.

(1) $r^2=4r\cos\theta$

(2) $r=\dfrac{2}{1-\cos\theta}$

풀이 (1) $r^2=x^2+y^2$이고 $x=r\cos\theta$이므로 $r^2=4r\cos\theta$는 $x^2+y^2=4x$. 따라서 구하는 직교방정식은 $(x-2)^2+y^2=4$이다.

(2) 주어진 방정식은 $r-r\cos\theta=2$

그런데 $r=\pm\sqrt{x^2+y^2}$, $r\cos\theta=x$이므로, 이를 주어진 식에 대입하면

$$\pm\sqrt{x^2+y^2}-x=2.$$
$$\therefore x^2+y^2=x^2+4x+4.$$

그러므로 구하는 직교방정식은 다음과 같이 된다.

$$y^2=4(x+1)$$

이는 x축을 대칭축으로 하는 포물선을 가리킨다. ▮

예제 9-11 원 $x^2+y^2=ax$의 극방정식을 구하여라.

풀이 $x^2+y^2=r^2$, $x=r\cos\theta$이므로 $r^2=ar\cos\theta$.

$$\therefore r=a\cos\theta$$ ▮

아래의 그림 9-32는 여러 형태의 원과 그의 극방정식을 보여준다.

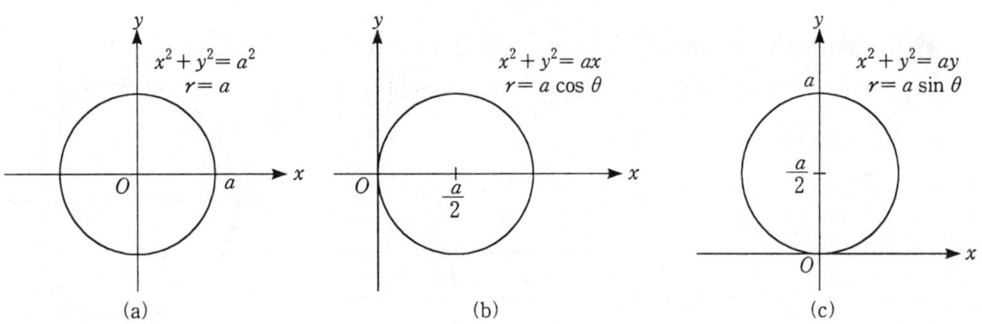

그림 9-32.

예 4 벌 생태학자가 다음과 같이 꿀벌의 언어를 밝혀냈다. 벌이 먹이가 많은 곳을 발견하면, 벌집으로 다시 돌아와서 다른 벌들에게 냄새를 알게 하고 벌집의 수직면에서 춤을 춘다.

먹이가 100 m보다 더 멀리 있으면, 벌은 직선 위를 짧게 앞으로 날고, 반원모양을 그리며 출발점으로 돌아오고, 다시 직선으로 날아갔다 반대방향으로 반원모양을 그리며 돌아오는 것을 반복한다(그림 9-33). 직선으로 날 때 벌은 배 부분을 힘차게 흔든다. 직선으로 나는 방향이 곧장 위를 향하면, 먹이가 태양의 방향에 있음

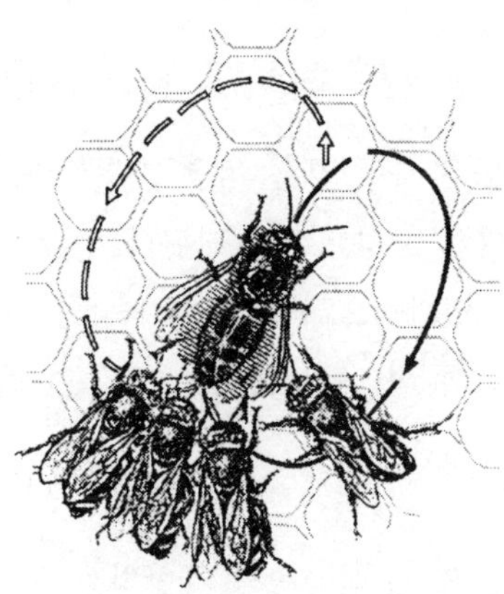

그림 9-33.

을 뜻하고, 수직방향에서 30° 오른쪽 방향이면, 먹이가 태양에서 30° 오른쪽 방향에 있음을 뜻한다. 거리는 단위시간에 벌이 왕복하는 횟수로 나타낸다. 예를 들어, 100 m 밖을 뜻할 때는 1분에 18번 왕복한다.

이렇게 간단히 꿀벌의 언어를 묘사한 것으로부터, 우리는 벌이 직교좌표대신에, 각과 거리를 사용하는 것을 알 수 있다. 즉 벌은 극좌표를 사용한다. 새와 물고기의 정위(定位, orientation)에 관한 연구에서도 극좌표가 중요한 역할을 함을 볼 수 있다. ▮

극곡선의 교점

일반적으로 극곡선(극방정식의 그래프)은 주어진 극방정식을 만족하는 r, θ로 된 점 (r, θ)를 지나는 곡선이다. 따라서 θ에 임의의 값을 주고 그에 대응하는 r의 값을 주어진 극방정식에서 구하여 (r, θ)의 자취를 구함으로써 극곡선을 그릴 수 있다. 이때 θ의 증가 순으로 점 (r, θ)를 구하고, 같은 순서로 그 점들을 지나는 곡선을 그리면 된다.

예제 9-12 심장형(cardioid) $r=4(1-\cos\theta)$의 그래프를 그려라.

풀이 $\cos(-\theta)=\cos\theta$이므로 θ의 +값과 −값을 동시에 주고, 그 값에 대응하는 r값을 구하여 아래와 같은 표를 만든다.

θ	0	$\pm\frac{\pi}{6}$	$\pm\frac{\pi}{3}$	$\pm\frac{\pi}{2}$	$\pm\frac{2\pi}{3}$	$\pm\frac{5\pi}{6}$	$\pm\pi$
r	0	0.5	2	4	6	7.5	8

점들을 매끈한 곡선으로 연결하면 그래프는 그림 9-34 처럼 된다. ▮

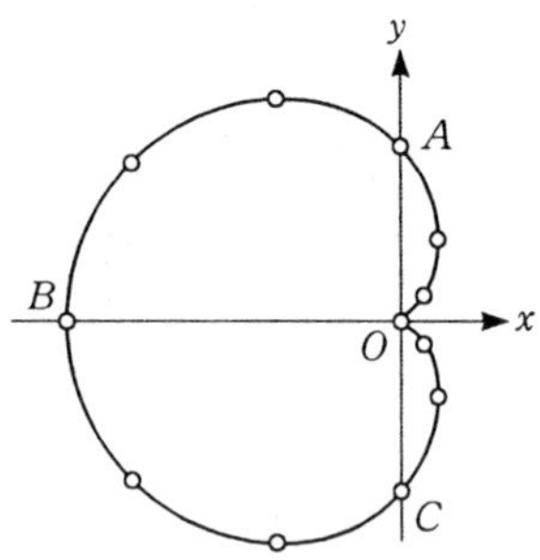

그림 9-34.

한 점의 극좌표는 여러 가지로 표시된다. 이를테면 $\left(2, \frac{\pi}{6}\right)$, $\left(2, -\frac{11\pi}{6}\right)$, $\left(-2, \frac{7}{6}\pi\right)$ 등은 모두 같은 점을 가리킨다. 이러한 표현의 부정성 때문에 곡선의 극방정식은 여러 가지 다른 모양으로 표시된다. 이를테면 $r=2$인 원의 방정식은 $r=-2$인 것으로도 표시된다.

일반적으로 $F(r, \theta)=0$를 한 곡선의 극방정식이라 하면, 그 곡선은 그밖에 다음 극방정식의 어느 하나로 표시할 수 있다.

$$F((-1)^n r, \theta+n\pi)=0,\ 단\ n=0, \pm1, \pm2, \cdots\cdots \tag{1}$$

예 5 심장형의 극방정식 $r=4(1-\cos\theta)$에서

$$(-1)^n r=4\{1-\cos(\theta+n\pi)\},\ n=0, \pm1, \pm2, \cdots\cdots \tag{2}$$

로 놓으면, $n=0, \pm 2, \pm 4, \cdots\cdots$ 인 경우, (2)는

$$r=4(1-\cos\theta) \tag{3}$$

와 같이 되고, $n=\pm 1, \pm 3, \pm 5, \cdots\cdots$ 인 경우, (2)는

$$-r=4(1+\cos\theta) \tag{4}$$

와 같이 되는데, (3), (4)의 그래프는 일치하여 그림 9-34와 같이 됨을 쉽게 확인할 수 있다. ■

두 극곡선

$$F(r, \theta)=0, \;\; G(r, \theta)=0 \tag{5}$$

의 교점을 구하는데 다음 과정이 필요하다.

〔1〕 식 (1)에 의해 예 5의 방법으로 (5)의 각 곡선을 나타내는 서로 다른 극방정식

$$F_1=0, \; F_2=0, \; F_3=0, \; \cdots\cdots \tag{6}$$

$$G_1=0, \; G_2=0, \; G_3=0, \; \cdots\cdots \tag{7}$$

을 구한다.

〔2〕 식 (6)과 식 (7)로 이루어진 연립방정식을 푼다.

〔3〕 $F(0, \theta_1)=0$과 $G(0, \theta_2)=0$를 만족하는 θ_1과 θ_2가 존재하면, 극이 교점임을 가르킨다.

예제 9-13 곡선 $r=4\cos 2\theta$와 원 $r=2$의 교점을 구하여라(단 $-\pi<\theta\leq\pi$).

풀이 〔1〕 $(-1)^n r=4\cos(2\theta+2n\pi)$에서 $r=\pm 4\cos 2\theta$이다.

$(-1)^n r=2$에서 $r=\pm 2$

〔2〕 $r=4\cos 2\theta$와 $r=2\,(-\pi<\theta\leq\pi)$를 연립시켜서 풀면

$$\theta=\pm\frac{\pi}{6}, \; \theta=\pm\frac{5\pi}{6}.$$

여기서 4개의 교점

$$\left(2, \pm\frac{\pi}{6}\right), \; \left(2, \pm\frac{5\pi}{6}\right)$$

를 얻는다.

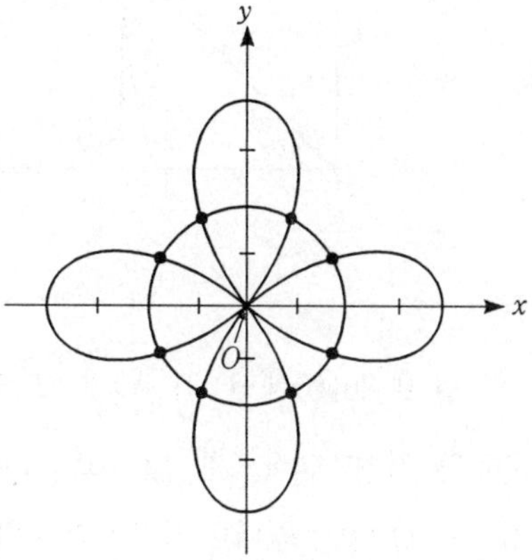

그림 9-35.

또 $r=4\cos 2\theta$와 $r=-2(-\pi<\theta\leq\pi)$에서 4개의 교점

$$(-2,\ \pm\frac{\pi}{2}),\ (-2,\ \pm\frac{2\pi}{3})$$

를 얻는데, 이는 4개의 점 $(2,\ \pm\frac{\pi}{3})$, $(2,\ \pm\frac{2\pi}{3})$와 같음을 쉽게 알 수 있다.

〔3〕 $r=\pm 2$이므로 $r=0$일 수 없다. 그러므로 극은 교점이 아니다.

이와 같이 하여 8개의 교점

$$(2,\ \pm\frac{\pi}{6}),\ (2,\ \pm\frac{\pi}{3}),\ (2,\ \pm\frac{2\pi}{3}),\ (2,\ \pm\frac{5\pi}{6})$$

가 구하여진다. ▮

동경과 접선이 이루는 각

점 $P(r(\theta_0),\theta_0)$를 극방정식 $r=r(\theta)$인 곡선 C(그림 9-36(a)) 위의 점이라 하자. $r'(\theta_0)\neq 0$일 때 P에서의 곡선 C의 접선과 동경 OP가 이루는 각을 그림 9-36(a)에서처럼 ψ라 했을 때 $\tan\psi$를 구하여 보자.

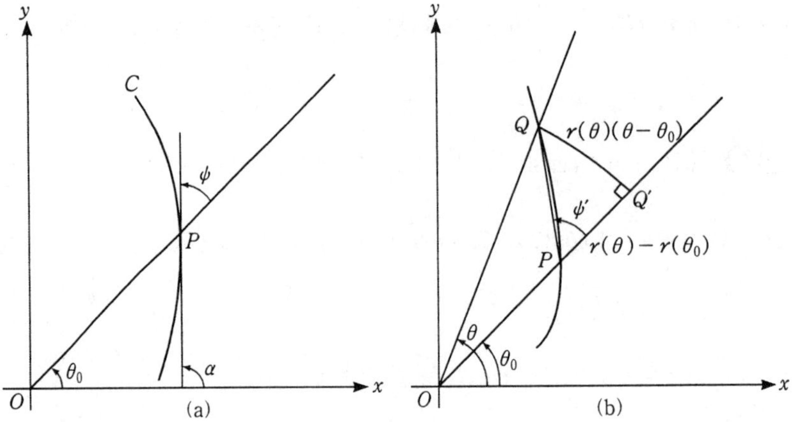

그림 9-36.

그림 9-36(b)에서 점 Q가 P에 가까울 때, 즉 θ가 θ_0에 가까울 때 호 $\widehat{QQ'}$는 동경 OP와 거의 수직으로 만나고, $\widehat{QQ'}$는 거의 직선에 가깝다. 따라서 각 ψ'은 대변의 길이가 $r(\theta)\,(\theta-\theta_0)$인 직각삼각형의 한 각으로 볼 수 있다. 직각을 낀 다른 변의 길이가 $r(\theta)-r(\theta_0)$이므로

$$\tan\psi' \approx \frac{r(\theta)(\theta-\theta_0)}{r(\theta)-r(\theta_0)} = \frac{r(\theta)}{\dfrac{r(\theta)-r(\theta_0)}{\theta-\theta_0}}$$

이다. 여기서 $\theta\to\theta_0$일 때 $\psi'\to\psi$이므로

$$\tan\psi = \lim_{\theta\to\theta_0}\frac{r(\theta)}{\dfrac{r(\theta)-r(\theta_0)}{\theta-\theta_0}} = \frac{r(\theta_0)}{r'(\theta_0)} \tag{8}$$

이다.

이제 그림 9-36(a)에서처럼, P에서의 곡선 C의 접선과 극축이 이루는 각을 α라 했을 때, 접선의 기울기인 $\tan\alpha$를 구하여 보자.

$\alpha=\theta_0+\psi$이므로

$$\tan\alpha = \frac{\tan\theta_0+\tan\psi}{1-\tan\theta_0\tan\psi}$$

에 $\tan\psi = \dfrac{r(\theta_0)}{r'(\theta_0)}$를 대입하면

$$\tan\alpha = \frac{r'(\theta_0)\sin\theta_0 + r(\theta_0)\cos\theta_0}{r'(\theta_0)\cos\theta_0 - r(\theta_0)\sin\theta_0} \tag{9}$$

를 얻는다.

〔**참고**〕 θ_0, ψ, α의 관계가 그림 9-36(a)에서와 같지 않은 경우에도 $\tan\alpha$는 식 (9)로 나타내진다.

예제 9-14 곡선 $r=2\sin\theta$ 위의 점 $(1, \frac{\pi}{6})$에서의 기울기를 구하여라.

풀이 점 $(1, \frac{\pi}{6})$에서 $r=1, r'=2\cos\frac{\pi}{6}=\sqrt{3}$, $\sin\frac{\pi}{6}=\frac{1}{2}$이므로 (9)로부터

$$\text{기울기} = \frac{\sqrt{3}\cdot\frac{1}{2}+1\cdot\frac{\sqrt{3}}{2}}{\sqrt{3}\cdot\frac{\sqrt{3}}{2}-1\cdot\frac{1}{2}} = \sqrt{3}. \ \blacksquare$$

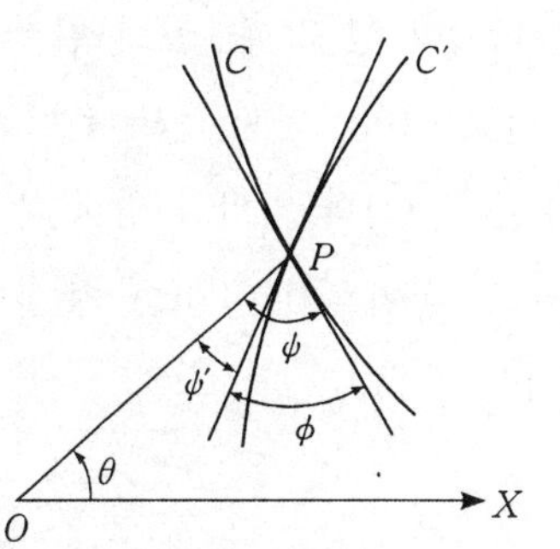

그림 9-37.

만일 두 곡선 C와 C'가 P에서 만나면 그림 9-37에서 그 두 곡선의 교각 ϕ는 $|\psi-\psi'|$임을 알 수 있다. 여기서 ψ, ψ'는 P의 동경 OP와 곡선 C, C'의 각 접

선이 이루는 각이다. 따라서

$$\tan\phi=\left|\frac{\tan\psi-\tan\psi'}{1+\tan\psi\tan\psi'}\right|. \tag{10}$$

이때 $\tan\psi$, $\tan\psi'$는 식 (8)에 의하여 구한다.

예제 9-15 곡선 $r=2\cos\theta$와 $r=3\tan\theta$가 점 $(\sqrt{3}, \frac{\pi}{6})$를 지남을 밝히고, 그 두 곡선의 교각을 구하여라.

풀이 $\theta=\frac{\pi}{6}$일 때 $2\cos\theta=2\cdot(\frac{\sqrt{3}}{2})=\sqrt{3}$, $3\tan\theta=3\cdot(\frac{\sqrt{3}}{3})=\sqrt{3}$이므로 점 $(\sqrt{3}, \frac{\pi}{6})$는 주어진 두 방정식을 만족한다. 교각을 구하기 위하여 식 (8)을 사용하면

$$\tan\psi=\frac{r}{r'}=\frac{2\cos\theta}{-2\sin\theta}=-\sqrt{3},\quad \tan\psi'=\frac{3\tan\theta}{3\sec^2\theta}=\frac{\sqrt{3}}{4}.$$

이를 식 (10)에 대입하면

$$\tan\phi=\frac{\frac{\sqrt{3}}{4}-(-\sqrt{3})}{1+(\frac{\sqrt{3}}{4})(-\sqrt{3})}=5\sqrt{3}.$$

그러므로 교각은 $\mathrm{Tan}^{-1}(5\sqrt{3})$이다. ∎

극좌표로 표시되는 영역의 면적

평면에서 영역의 경계를 이루는 곡선의 방정식이 극좌표로 표시되었을 때, 그 영역의 넓이를 구하는 방법을 알아보자.

함수 $f(\theta)$가 $[\alpha, \beta]$에서 연속이고 $f(\theta)\geq 0$라고 하자. 또한 $0<\beta-\alpha\leq 2\pi$라고 가정한다. 그림 9-38과 같이 평면에서 영역 R이 곡선 $r=f(\theta)$와 두 반직선 $\theta=\alpha$와 $\theta=\beta$로 둘러싸여 있을 때, R의 면적 A를 구하고자 한다.

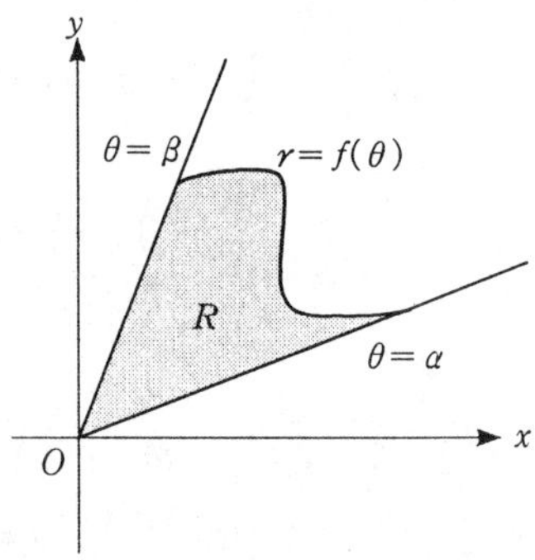

그림 9-38.

$[\alpha, \beta]$의 분할 $P=\{\theta_0, \theta_1, \cdots\cdots, \theta_n\}$에 대해 ξ_k가 $[\theta_{k-1}, \theta_k]$의 임의의 점이고, $r_k=f(\xi_k)$, $\Delta\theta_k=\theta_k-\theta_{k-1}$이면, 반지름이 r이고 중심각이 ϕ인 부채꼴의 넓이가 $\frac{1}{2}r^2\phi$이므로,

$$\sum_{k=1}^{n}\frac{1}{2}r_k^2\Delta\theta_k=\sum_{k=1}^{n}\frac{1}{2}[f(\xi_k)]^2\Delta\theta_k$$

는 영역 R의 면적의 근사값이 되고, 분할 P의 노름 $|P|$가 작을수록 더 좋은 근사값이 된다(그림 9-39 참조). 따라서 영역 R의 넓이는

$$\lim_{|P|\to 0} \sum_{k=1}^{n} \frac{1}{2}[f(\xi_k)]^2 \Delta\theta_k$$

가 되어야 한다. 그런데 $f(\theta)$가 $[\alpha. \beta]$에서 연속이므로, 정리 5-3과 정적분의 정의에 의해 이 극한은 존재하고

$$\lim_{|P|\to 0} \sum_{k=1}^{n} \frac{1}{2}[f(\xi_k)]^2 \Delta\theta_k = \frac{1}{2}\int_{\alpha}^{\beta}[f(\theta)]^2 d\theta$$

이다. 그러므로 영역 R의 면적 A는

$$A = \frac{1}{2}\int_{\alpha}^{\beta}[f(\theta)]^2 d\theta$$

로 주어진다.

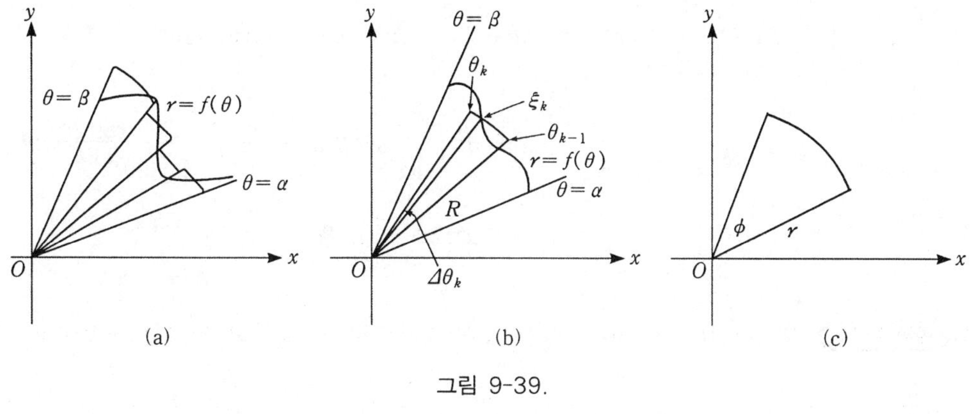

그림 9-39.

예제 9-16 그림 9-40에서 빗금친 부분의 면적을 구하여라.

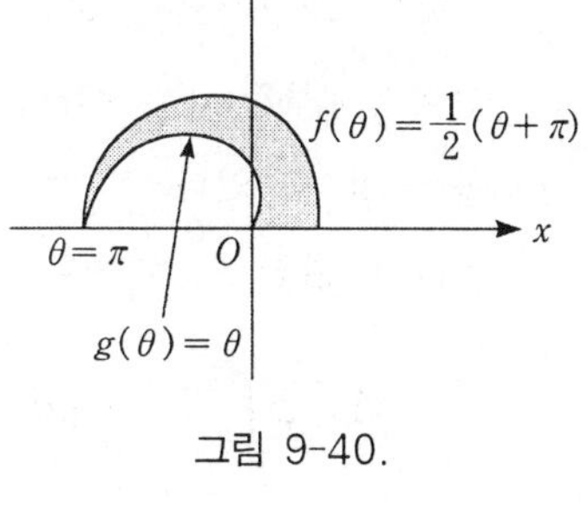

그림 9-40.

풀이 $f(\theta) = \frac{1}{2}(\theta+\pi)$, $g(\theta) = \theta$라고 하면 구하는 면적 A는

$$A = \frac{1}{2}\int_{0}^{\pi}\{[f(\theta)]^2 - [g(\theta)]^2\} d\theta$$

$$= \frac{1}{2}\int_{0}^{\pi}\left[\frac{1}{4}(\theta+\pi)^2 - \theta^2\right] d\theta$$

$$= \frac{1}{2}\left[\frac{1}{12}(\theta+\pi)^3 - \frac{1}{3}\theta^3\right]_0^\pi$$

$$= \frac{\pi^3}{8}. \blacksquare$$

예제 9-17 곡선 $r=a$의 내부와 심장형 $r=a(1-\cos\theta)$의 외부로 이루어진 영역의 면적을 구하여라.

풀이 $r_1=a,\ r_2=a(1-\cos\theta)$이고 $dA=dA_1-dA_2=\frac{1}{2}r_1^2\,d\theta-\frac{1}{2}r_2^2 d\theta$가 되는 대표면적소를 잡는다. 만일 θ가 $-\frac{\pi}{2}$와 $\frac{\pi}{2}$사이에 있다면 이 면적소는 두 곡선이 교차하는 원의 내부와 심장형의 외부 영역에 속한다. 그러므로

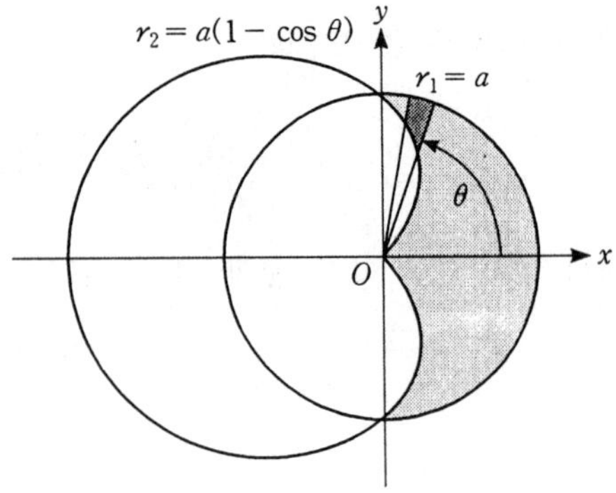

그림 9-41.

$$A=\int_{-\frac{\pi}{2}}^{\frac{\pi}{2}} dA=\int_{-\frac{\pi}{2}}^{\frac{\pi}{2}}\frac{1}{2}(r_1^2-r_2^2)\,d\theta=\int_{-\frac{\pi}{2}}^{\frac{\pi}{2}}\frac{a^2}{2}(2\cos\theta-\cos^2\theta)\,d\theta$$

$$=a^2\int_{-\frac{\pi}{2}}^{\frac{\pi}{2}}\cos\theta\,d\theta-\frac{a^2}{2}\int_{-\frac{\pi}{2}}^{\frac{\pi}{2}}\frac{1+\cos 2\theta}{2}\,d\theta$$

$$=a^2\left(2-\frac{\pi}{4}\right). \blacksquare$$

예제 9-18 달팽이형(limaçon) $r=2\cos\theta+1$의 작은 고리형의 넓이를 구하여라.

풀이 곡선의 개형을 그리면 θ가 $\theta=\frac{2}{3}\pi$부터 $\theta=\frac{4}{3}\pi$까지 증가할 때 작은 고리가 그려짐을 알 수 있다(그림 9-42). 이 고리는 x축에 대칭이므로 하부 고리부분의 넓이는 $\theta=\frac{2}{3}\pi$부터 $\theta=\pi$까지 적분함으로써 넓이를 구할 수 있다.

넓이 A는 이 적분의 2배이므로

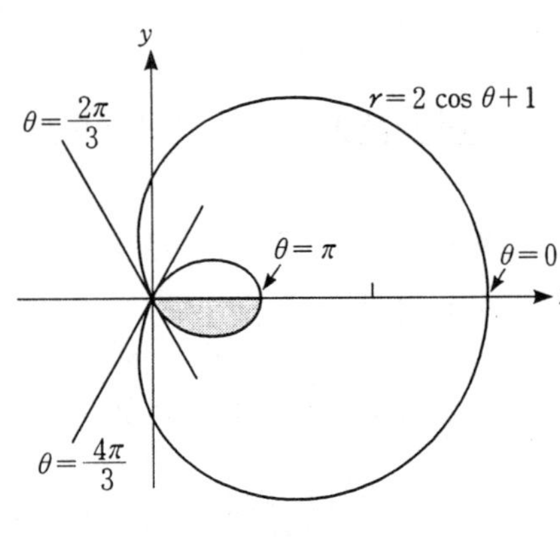

그림 9-42.

$$A=2\int_{\frac{2\pi}{3}}^{\pi}\frac{1}{2}r^2\,d\theta=\int_{\frac{2\pi}{3}}^{\pi}r^2\,d\theta$$

그런데 $r^2=(2\cos\theta+1)^2=4\cos^2\theta+4\cos\theta+1$

$$=4\cdot\frac{1+\cos 2\theta}{2}+4\cos\theta+1$$

$$=3+2\cos 2\theta+4\cos\theta$$

이므로

$$A=\int_{\frac{2\pi}{3}}^{\pi}(3+2\cos 2\theta+4\cos\theta)\,d\theta$$

$$=\Big[3\theta+\sin 2\theta+4\sin\theta\Big]_{\frac{2\pi}{3}}^{\pi}$$

$$=\pi-\frac{3\sqrt{3}}{2}. \blacksquare$$

9-3. 연습문제

1. 다음 각 극좌표를 직교좌표로 나타내고, 그 점을 좌표평면상에 나타내어라.

(a) $\left(3, \frac{\pi}{4}\right)$　　(b) $\left(5, \frac{3}{2}\pi\right)$

(c) $\left(2, \frac{\pi}{6}\right)$　　(d) $(-6, \pi)$

(e) $\left(4, \frac{2}{3}\pi\right)$

2. 다음 각 직교좌표를 극좌표로 나타내고, 그 점을 좌표평면상에 나타내어라. 단, 편각을 θ라 하면, $-\pi<\theta\leq\pi$라고 한다.

(a) $(\sqrt{3}, 1)$　　(b) $(3, -3\sqrt{3}$

(c) $(-3, 0)$　　(d) $(-5, 5)$

(e) $(-2\sqrt{3}, -2)$

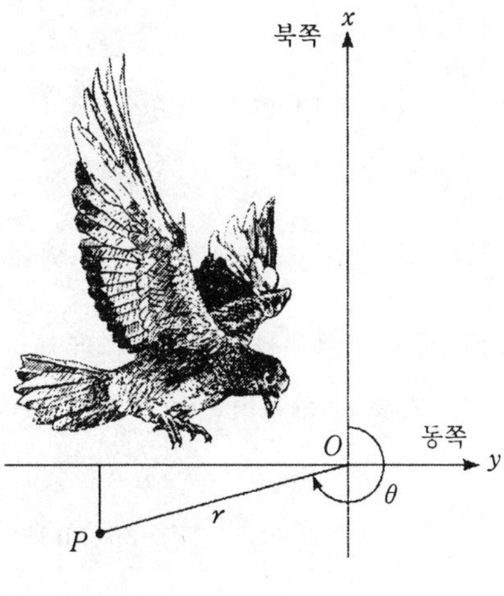

3. 정위(orientation)와 항해(navigation)에 관한 실험에서 비둘기들이 그들의 집에서 72 km 떨어진 곳에서 풀어놓아졌다. 비둘기 집을 극좌표의 중심으로 하고, 풀어놓은 지점의 방위각이 240°라고 하자(방위각은 북쪽방향에서 시계방향으로 풀어놓은 지점까지 잰 각). 풀어놓

은 지점은 비둘기 집에서 남쪽으로 몇 km나 떨어졌고, 서쪽으로 몇 kn 떨어졌나? (그림과 같이 직교좌표계를 조금 수정하여 생각해 보아라.)

4. 위의 3번에서와 같이 비둘기를 그들의 집에서 남쪽으로 24 km, 동쪽으로 64 km 떨어진 곳에서 놓아주었다. 이 지점의 직교좌표는 위에서와 같은 좌표계를 사용하면 $x=-24$, $y=64$이다. 삼각함수표를 이용하여 이 지점의 극좌표를 구하여라.

5. 다음 극방정식을 직교방정식으로 고쳐라.

(a) $r=4\sin\theta$ (b) $r\cos\theta-5=0$

(c) $r=3$ (d) $\theta=2$

(e) $r=\dfrac{3}{1+\cos\theta}$ (f) $r=\dfrac{2}{2-\cos\theta}$

6. 다음 직교방정식을 극방정식으로 고쳐라.

(a) $y=0$ (b) $y^2=2kx$

(c) $b^2x^2+a^2y^2=a^2b^2$

7. 다음 극곡선의 개형을 그려라.

(a) Spiral of Archimedes ; $r=a\theta$ (b) $r^2=a^2\sin 2\theta$

8. 다음 극곡선의 교점을 구하여라(단, $-\pi<\theta\leq\pi$).

(a) $\begin{cases} r=2\sin\theta \\ r=2\cos\theta \end{cases}$ (b) $\begin{cases} r=4\cos\theta \\ r=4(1-\cos\theta) \end{cases}$

(c) $\begin{cases} r=\cos\theta \\ r^2=2+\cos\theta \end{cases}$ (d) $\begin{cases} r^2\sin 2\theta=8 \\ r=2\sec\theta \end{cases}$

9. 다음 극곡선에서 주어진 θ의 값에 대응하는 곡선 위의 점에서의 접선의 기울기를 구하여라.

(a) $r=\tan\theta$; $\theta=\pi/4$ (b) $r=\sin^2\theta$; $\theta=\pi/3$

(c) $r=\cos 2\theta$; 극점 (d) $r^2=\cos 2\theta$; $\theta=\pi/6$

10. 심장형 $r=a(1+\cos\theta)$ 위에서 접선이 수평으로 되는 점들의 극좌표를 구하여라.

11. 다음 각 곡선의 교점의 극좌표를 구하고, 그 점에서 두 곡선의 접선이 이루는 각의 크기를 구하여라.

(a) $r=a$, $r=2a\sin\theta$ (b) $r=a$, $r=a(1-\sin\theta)$

(c) $r=a\sec\theta$, $r=2a\sin\theta$ (d) $r=a\cos\theta$, $r=a(1+\cos\theta)$

(e) $r=\dfrac{1}{1-\cos\theta}$, $r=\dfrac{1}{1+\cos\theta}$

12. 다음 방정식의 그래프로 둘러싸인 도형의 면적을 구하여라.

(a) $r^2=16\sin 2\theta$　　(b) $r=1+\sin\theta$

13. 달팽이형 $r=2\cos\theta+1$의 안의 고리와 밖의 고리 사이의 면적을 구하여라.

14. 다음 두 원의 내부에 있는 영역의 넓이를 구하여라.

(a) $r=1$, $r=2\cos\theta$　　(b) $r=1$, $r=2\sin\theta$

15. 원 $r=2$의 내부와 $r=-\csc\theta$의 그래프 위에 놓인 영역의 면적을 구하여라.

16. 곡선 $r^2=\cos\theta$와 $r=\sqrt{2}\cos\theta$의 내부에 있는 영역의 면적을 구하여라.

9-4. 삼차원공간의 좌표

공간에서 점의 위치를 나타내는 방법은 직교좌표, 원주좌표, 극좌표 등 세 가지가 있다.

직교좌표

공간 위의 한 점 O에서 만나는 동일평면 위에 있지 않은 3개의 직선 $X'OX$, $Y'OY$, $Z'OZ$를 잡고, O를 원점으로 OX, OY, OZ를 양의 반직선으로 하는 좌표계를 도입하면 공간의 임의의 점 P에 대하여 실수의 순서모임 (x, y, z)가 대응한다. 여기서 x, y, z는 점 P를 지나서 평면 YOZ, ZOX, XOY에 평행되는 평면이 각각 직선 $X'X$, $Y'Y$, $Z'Z$와 만나는 점 L, M, N의 각 직선 위의 좌표이다.

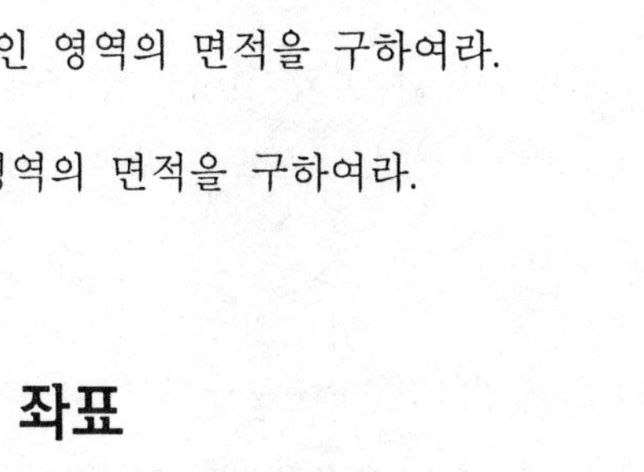

그림 9-43. $OL=x$, $OM=y$, $ON=z$

역으로, 실수의 순서모임 (x, y, z)가 주어지면 직선 $X'X$, $Y'Y$, $Z'Z$ 위에서 각각 좌표 x, y, z를 갖는 점 L, M, N이 정해진다.

L, M, N을 지나서 각각 평면 YOZ, ZOX, XOY에 평행되는 평면을 만들면 이 3개의 평면의 교점 P가 단 하나 결정된다. 따라서 공간에서의 모든 점과 실수의 순서모임 (x, y, z) 전체와의 사이에 1대 1 대응이 이루어진다.

이 대응을 공간에서의 평행좌표계라 부르고, 점 P에 대응하는 실수의 순서모임을 점

P의 좌표라 한다. 그리고 3개의 직선 $X'X$, $Y'Y$, $Z'Z$를 각각 X축, Y축, Z축이라 하고, 이들을 총칭하여 **좌표축**(coordinate axes)이라 부르며, 2개씩의 좌표축으로 결정되는 평면을 **좌표평면**이라 한다.

특히 좌표축이 서로 직교할 때, 이를 **직교좌표계**(rectangular coordinate system 또는 cartesian coordinate system)라 한다.

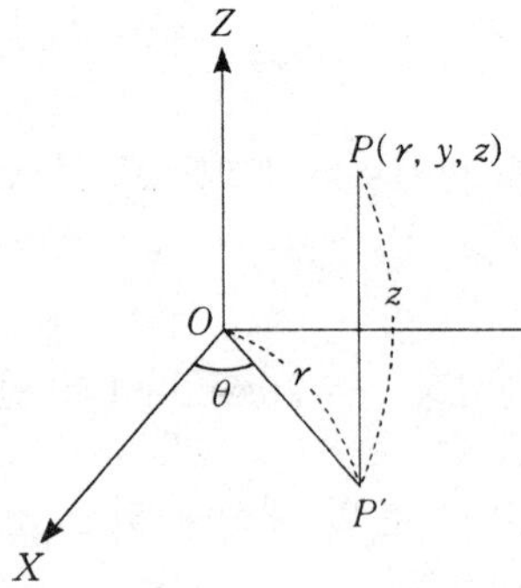

그림 9-44.

원주좌표

공간에서 점 P의 위치는 P에서 직교축 $O-XYZ$의 XY평면에 세운 수선의 발 P'의 XY평면에서의 극좌표 (r, θ)와 P의 z좌표에 의해 정할 수 있다(그림 9-44). 즉

$$\overline{OP'} = r, \quad \angle XOP' = \theta, \quad \overline{PP'} = z$$

라고 하면, 점 P에는 3개의 실수의 순서모임 (r, θ, z)가 대응한다. 이 대응을 **원주좌표계**(cylindrical coordinate system)라 한다. O를 극, r을 동경, θ를 방위각이라 한다. 평면에서의 극좌표와 달리 원주좌표계에서는 일반적으로 r을 $r \geq 0$로 제한한다.

직교좌표 (x, y, z)와 원주좌표 (r, θ, z) 사이에는 다음과 같은 관계가 성립한다.

$$x = r\cos\theta, \quad y = r\sin\theta, \quad z = z$$

$$r = \sqrt{x^2 + y^2}, \quad \tan\theta = \frac{y}{x}, \quad z = z$$

구면좌표

공간에서 한 점 P는 두 각과 한 거리로 나타낼 수 있다. P를 XY평면 위에 내린 정사영을 P'라 할 때 ρ를 원점으로부터 점 P까지의 거리, φ는 반직선 OP가 양의 z축과 이루는 각, θ는 점 P의 원주좌표에서의 θ, 즉 P'의 극좌표에서의 θ라 하면, 점 P에는 3개의 실수의 순서모임 (ρ, φ, θ)가 대응한다(그림 9-45).

이 대응을 공간의 **극좌표계** 또는 **구면좌표계**(spherical coordinate system)라 하며, (ρ, φ, θ)를 P의 **극좌표** 또는 **구면좌표**라 한다. O를 극, ρ를 동경, φ를 천정각, θ를 방위각이라 한다. 이때

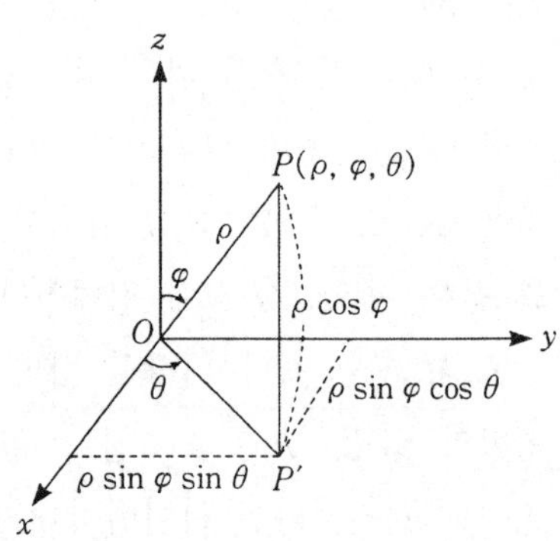

그림 9-45.

$$\rho \geq 0, \ 0 \leq \varphi \leq \pi$$

로 정한다.

직교좌표와 극좌표 사이에는

$$x = \rho \sin \varphi \cos \theta, \ y = \rho \sin \varphi \sin \theta, \ z = \rho \cos \varphi$$

$$\rho = \sqrt{x^2 + y^2 + z^2}, \ \tan \varphi = \frac{\sqrt{x^2+y^2}}{z}, \ \tan \theta = \frac{y}{x}$$

이고, 원주좌표와 극좌표 사이에는 다음과 같은 관계가 있다.

$$r = \rho \sin \varphi, \ \theta = \theta, \ z = \rho \cos \varphi$$

$$\rho = \sqrt{r^2 + z^2}, \ \tan \varphi = \frac{r}{z}, \ \theta = \theta$$

예제 9-19 공간에서 극좌표가 $\left(2, \frac{\pi}{3}, \frac{\pi}{6}\right)$인 점 P의 직교좌표와 직교좌표가 $(1, \sqrt{3}, 2)$인 점 Q의 극좌표를 구하여라.

풀이 점 P의 직교좌표를 (x, y, z)라 하면

$$x = 2 \sin \frac{\pi}{3} \cos \frac{\pi}{6} = 2 \cdot \frac{\sqrt{3}}{2} \cdot \frac{\sqrt{3}}{2} = \frac{3}{2},$$

$$y = 2 \sin \frac{\pi}{3} \sin \frac{\pi}{6} = 2 \cdot \frac{\sqrt{3}}{2} \cdot \frac{1}{2} = \frac{\sqrt{3}}{2},$$

$$z = 2 \cos \frac{\pi}{3} = 2 \cdot \frac{1}{2} = 1.$$

따라서 P의 직교좌표는 $\left(\frac{3}{2}, \frac{\sqrt{3}}{2}, 1\right)$.

또 다음 점 Q의 극좌표를 (ρ, φ, θ)라 하면

$$\rho = \sqrt{1^2 + (\sqrt{3})^2 + 2^2} = 2\sqrt{2},$$

$$\tan \varphi = \frac{\sqrt{1^2 + (\sqrt{3})^2}}{2} = 1, \ \tan \theta = \frac{\sqrt{3}}{1}.$$

따라서 $\varphi = \frac{\pi}{4}, \ \theta = \frac{\pi}{3}$

그러므로 Q의 극좌표는 $\left(2\sqrt{2}, \frac{\pi}{4}, \frac{\pi}{3}\right)$. ■

9-4. 연습문제

※ 서로 관계 있는 좌표를 써서 빈칸을 메워라(1~9).

	직 교 (x, y, z)	원 주 (r, θ, z)	구 면 (ρ, φ, θ)
1.	(1, 0, 0)		
2.	(0, 1, 0)		
3.	(0, 0, 1)		
4.		(1, 0, 0)	
5.		$(\sqrt{2}, 0, 1)$	
6.		$(1, \frac{\pi}{2}, 1)$	
7.			$(\sqrt{3}, \frac{\pi}{3}, -\frac{\pi}{2})$
8.			$(2\sqrt{2}, \frac{\pi}{2}, \frac{3\pi}{2})$
9.			$(\sqrt{2}, \pi, \frac{3\pi}{2})$

9-5. 이차곡면

타 원 면

방정식 $\frac{x^2}{a^2}+\frac{y^2}{b^2}+\frac{z^2}{c^2}=1$이 나타내는 곡면을 타원면(ellipsoid)이라 한다(그림 9-46).

이 방정식은 x^2, y^2, z^2만을 포함하므로 타원면은 yz, zx, xy 평면에 관해서 대칭이고, 또 원점에 관해서도 대칭이다. 그리고

$$-a \leq x \leq a$$
$$-b \leq y \leq b$$
$$-c \leq z \leq c$$

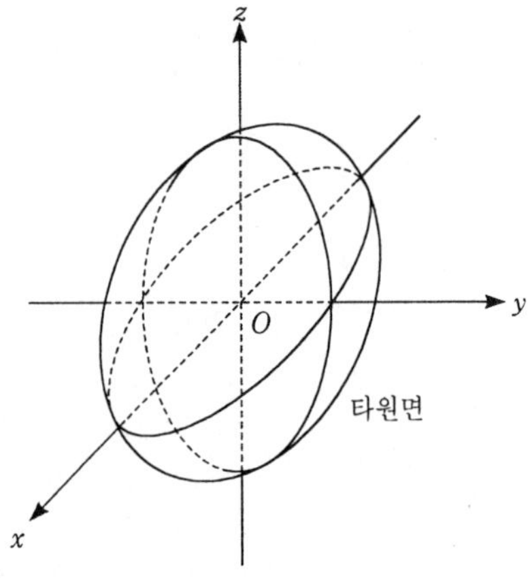

그림 9-46.

이어야 하므로 타원면은 이 범위 안에 있다. 또 yz,

zx, xy 평면과의 교선은 각각

$$\frac{y^2}{b^2}+\frac{z^2}{c^2}=1, \quad \frac{z^2}{c^2}+\frac{x^2}{a^2}=1, \quad \frac{x^2}{a^2}+\frac{y^2}{b^2}=1$$

인 타원이다. 또한 $z=z_1$인 평면과의 교선은

$$\frac{x^2}{a^2}+\frac{y^2}{b^2}+\frac{z_1^2}{c^2}=1.$$

즉

$$\frac{x^2}{a^2\left(1-\frac{z_1^2}{c^2}\right)}+\frac{y^2}{b^2\left(1-\frac{z_1^2}{c^2}\right)}=1$$

인 타원이다.

특히 a, b, c 중의 어느 두 개, 예컨대 a와 b가 같다면 타원면은

$$\frac{x^2+y^2}{a^2}+\frac{z^2}{c^2}=1$$

이 되는데, 이는 yz평면 내의 타원 $\frac{y^2}{a^2}+\frac{z^2}{c^2}=1$을 z축을 중심으로 회전하여 얻어지는 타원면으로, 회전타원면이라 부른다.

또 $a=b=c$인 경우의 타원면의 방정식은

$$x^2+y^2+z^2=a^2$$

이 되어, 이때는 원점을 중심으로 하고 반지름 a인 구(球, sphere)를 나타낸다. 반지름 a인 구는 구면좌표계에서 $\rho=a$로 간단히 나타내진다.

일엽쌍곡면

방정식 $\frac{x^2}{a^2}+\frac{y^2}{b^2}-\frac{z^2}{c^2}=1$로 표시되는 곡면을 일엽쌍곡면(hyperboloid of one sheet)이라 한다(그림 9-47).

이것도 yz, zx, xy평면에 관해서 대칭이므로 원점에 관해서도 대칭이다.

또

$$\frac{x^2}{a^2}+\frac{y^2}{b^2}\geq 1$$

이므로 일엽쌍곡면은 이 범위 안에 있다.

이 일엽쌍곡면과 yz, zx, xy평면과의 교선은 각각

$$\frac{y^2}{b^2}-\frac{z^2}{c^2}=1,\quad \frac{x^2}{a^2}-\frac{z^2}{c^2}=1,\quad \frac{x^2}{a^2}+\frac{y^2}{b^2}=1$$

이다. 한편, 평면 $z=z_1$과의 교선은

$$\frac{x^2}{a^2\left(1+\frac{z_1^2}{c^2}\right)}+\frac{y^2}{b^2\left(1+\frac{z_1^2}{c^2}\right)}=1$$

인 타원이다.

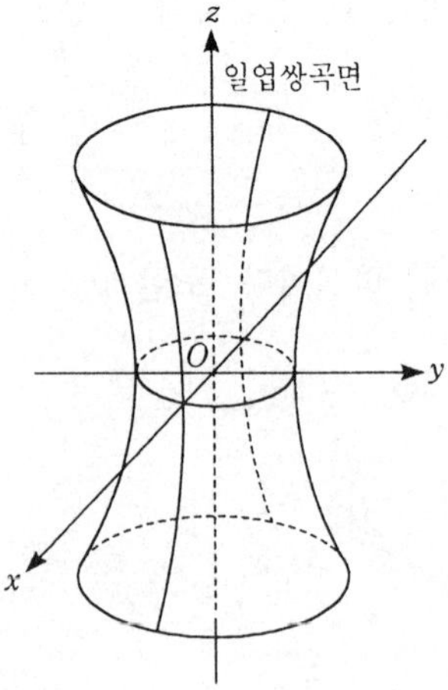

그림 9-47.

특히 $a=b$인 경우에는 일엽쌍곡면의 방정식은

$$\frac{x^2+y^2}{a^2}-\frac{z^2}{c^2}=1$$

이 되는데, 이것은 yz평면 내의 쌍곡선

$$\frac{y^2}{a^2}-\frac{z^2}{c^2}=1$$

을 z축을 중심으로 회전하여 얻어지는 일엽쌍곡면으로서, 이를 회전일엽쌍곡면이라 한다.

이엽쌍곡면

방정식 $\frac{x^2}{a^2}+\frac{y^2}{b^2}-\frac{z^2}{c^2}=-1$로 표시되는 곡면을 **이엽쌍곡면**(hyperboloid of two sheets)이라고 한다(그림 9-48).

이것도 역시 yz, zx, xy평면에 관해서 대칭일 뿐만 아니라 원점에 관해서도 대칭인 곡면이다. 또 이엽쌍곡면은

$$z\leq -c,\quad c\leq z$$

인 범위 내에 있음을 즉시 알 수 있다. 따라서 이 곡면은 xy평면과는 만나지 않는다.

yz, zx평면과의 교선은

$$-\frac{y^2}{b^2}+\frac{z^2}{c^2}=1,\quad -\frac{x^2}{a^2}+\frac{z^2}{c^2}=1$$

인 쌍곡선이다.

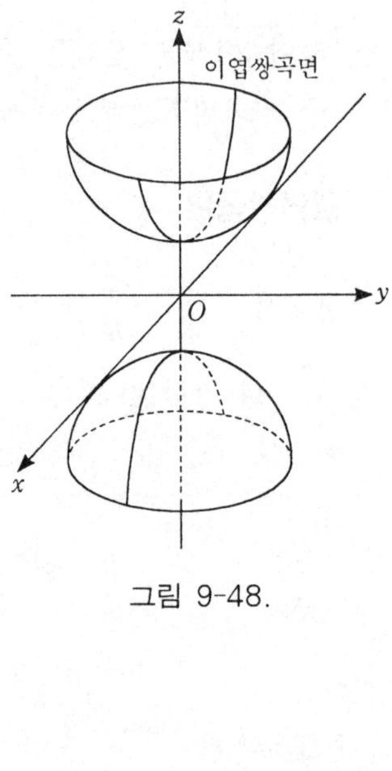

그림 9-48.

또 평면 $z=z_1$과의 교선은

$$\frac{x^2}{a^2\left(\frac{z_1^2}{a^2}-1\right)}+\frac{y^2}{b^2\left(\frac{z_1^2}{c^2}-1\right)}=1$$

인 타원이다.

특히 $a=b$인 경우에는 이엽쌍곡면의 방정식은

$$-\frac{x^2+y^2}{a^2}+\frac{z^2}{c^2}=1$$

이 되는데, 이것은 yz평면 내의 쌍곡선

$$-\frac{y^2}{a^2}+\frac{z^2}{a^2}=1$$

을 z축을 중심으로 회전하여 얻어지는 이엽쌍곡면으로서 이를 **회전이엽쌍곡면**이라고 한다.

이차추면

방정식 $\frac{x^2}{a^2}+\frac{y^2}{b^2}-\frac{z^2}{c^2}=0$으로 표시되는 곡면을 **이차추면**(elliptical cone)이라고 한다 (그림 9-49).

이것도 yz, zx, xy평면 및 원점에 관해서 대칭이다. yz, zx평면과의 교선은 각각

$$\frac{y^2}{b^2}-\frac{z^2}{c^2}=0,\quad \frac{x^2}{a^2}-\frac{z^2}{c^2}=0$$

으로 주어지는 직선이고, 또 평면 $z=z_1(z_1\neq 0)$과의 교선은

$$\frac{x^2}{\frac{a^2z_1^2}{c^2}}+\frac{y^2}{\frac{b^2z_1^2}{c^2}}=1$$

인 타원이다.

이 이차추면은 위의 일엽, 이엽쌍곡면에 대해서 점근선과 같은 역할을 하는 것으로서 이들의 **점근이차추면**이라고도 한다.

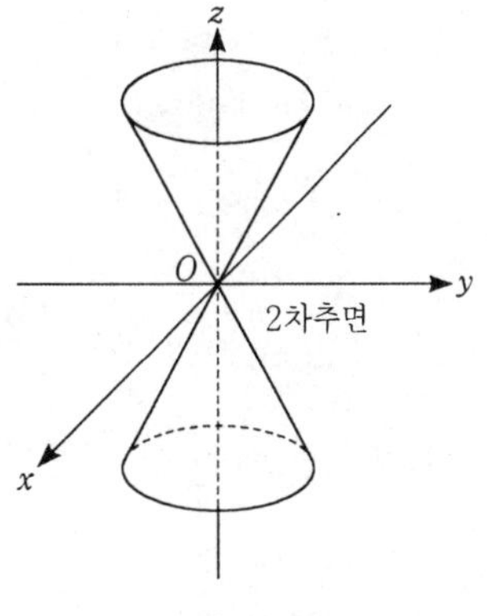

그림 9-49.

특히 $a=b$인 경우에는, 이차추면의 방정식은

$$\frac{x^2+y^2}{a^2}-\frac{z^2}{c^2}=0$$

가 되는데, 이것은 yz평면상의 두 직선

$$\frac{y^2}{a^2}-\frac{z^2}{c^2}=0$$

을 z축의 둘레로 회전한 곡면으로서 **회전이차추면**이라고 한다.

예제 9-20 구면좌표계에서 방정식이 $\phi=\frac{\pi}{3}$인 도형을 그려라.

풀이 구면좌표 (ρ, ϕ, θ)에서 ϕ만 $\frac{\pi}{3}$로 고정되고, ρ와 θ는 임의이므로, 그림과 같은 원추가 된다.

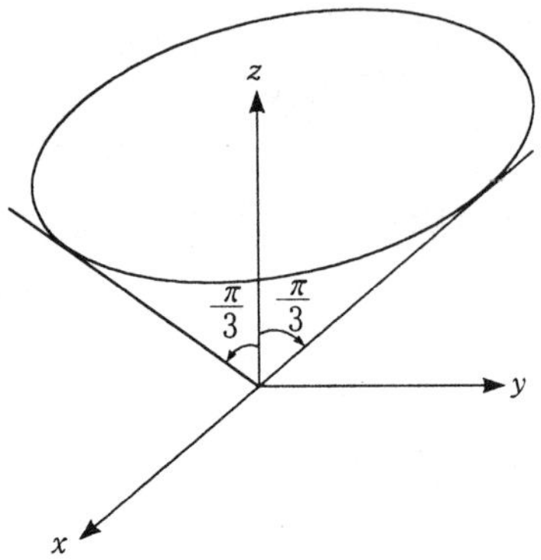

그림 9-50. ■

타원포물면

방정식 $\frac{x^2}{a^2}+\frac{y^2}{b^2}=2cz$로 표시되는 곡면을 **타원포물면(elliptical paraboloid)**이라고 한다 (그림 9-51).

이것은 zx, yz평면에 관해서 대칭이다. 만일 $c>0$이면 $z\geq 0$이어야 하므로, xy평면 상부에 있다. 또 zx, yz평면과의 교선은 각각

$$\frac{x^2}{a^2}=2cz, \quad \frac{y^2}{b^2}=2cz$$

인 포물선이다. 또 평면 $z=z_1$과의 교선은

$$\frac{x^2}{2a^2cz_1}+\frac{y^2}{2b^2cz_1}=1$$

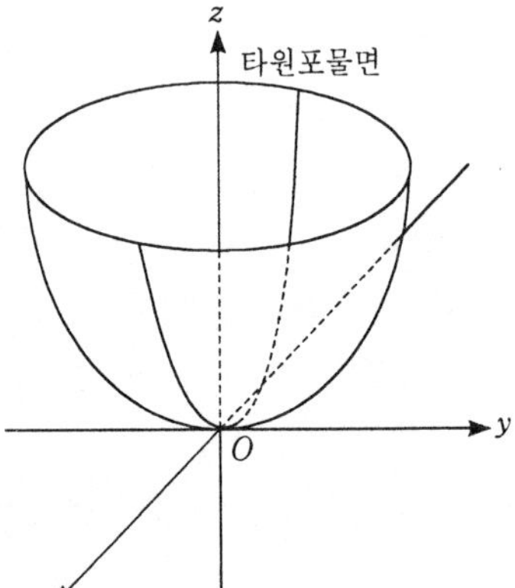

그림 9-51.

인 타원이다.

특히 $a=b$인 경우에 방정식은

$$x^2+y^2=2a^2 cz$$

가 되는데, 이는 yz평면상의 포물선 $z=\frac{y^2}{2a^2c}$을 z축을 중심으로 회전하여 얻어지는 회전타원포물면이라고 한다.

쌍곡포물면

방정식

$$\frac{x^2}{a^2}-\frac{y^2}{b^2}=2cz$$

로 표시되는 곡면을 쌍곡포물면(hyperbolic paraboloid)이라고 한다.

이 곡면은 zx, yz평면에 관해서 대칭이고, 이들 평면과의 교선은 포물선

$$\frac{x^2}{a^2}=2cz,\quad -\frac{y^2}{b^2}=2cz$$

이다. 또 평면 $z=z_1$과의 교선은

$$\frac{x^2}{2a^2cz_1}-\frac{y^2}{2b^2cz_1}=1$$

인 쌍곡선이다(그림 9-52).

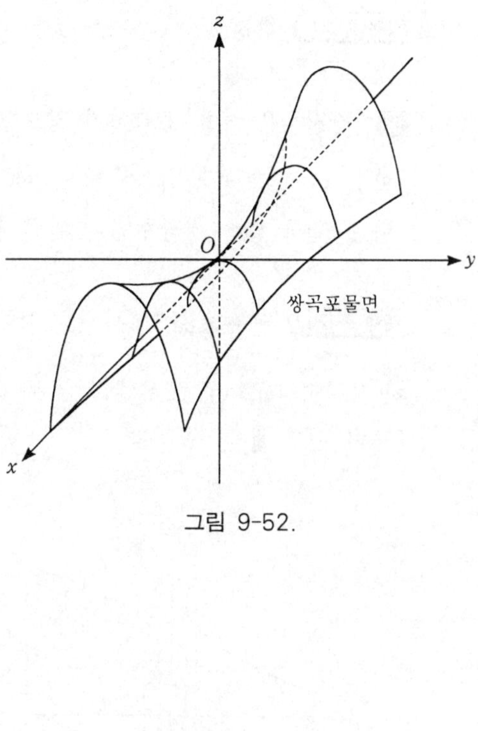

그림 9-52.

주 면

방정식

$$y^2=4px,\quad \frac{x^2}{a^2}+\frac{y^2}{b^2}=1,\quad \frac{x^2}{a^2}-\frac{y^2}{b^2}=1$$

등과 같이 z를 포함하지 않는 방정식으로 표시되는 곡면을 주면(cylinder)이라고 한다.

이들은 xy평면상에 그려진 도형상의 각 점을 지나 z축에 평행인 직선들이 그리는 곡면이다(그림 9-53).

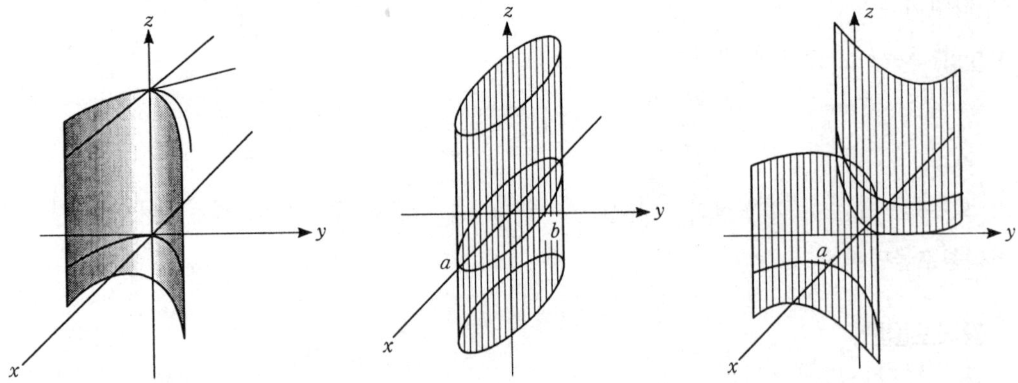

(a) 포물주면 ; $y^2=4px\,(p>0)$ (b) 타원주면 : $\frac{x^2}{a^2}+\frac{y^2}{b^2}=1$ (c) 쌍곡주면 : $\frac{x^2}{a^2}-\frac{y^2}{b^2}=1$

그림 9-53.

예제 9-21 방정식 $\frac{y^2}{4}-x^2=1$이 나타내는 곡면을 그려라.

풀이 방정식은 z를 포함하지 않으므로 주면이다. xy평면에서 쌍곡선 $\frac{y^2}{4}-x^2=1$을 그리고 이 쌍곡선 상의 각 점을 지나 z축에 평행핸 직선들이 그리는 곡면을 그리면 그림 9-54와 같은 쌍곡주면이 된다. ∎

예제 9-22 원주좌표계에서 방정식이 $r=a\,(a>0)$인 도형을 그려라.

풀이 원주좌표 (r, θ, z)에서 $r=a$이고 θ와 z는 임의이므로 그림 9-55와 같은 원주면이 된다. ∎

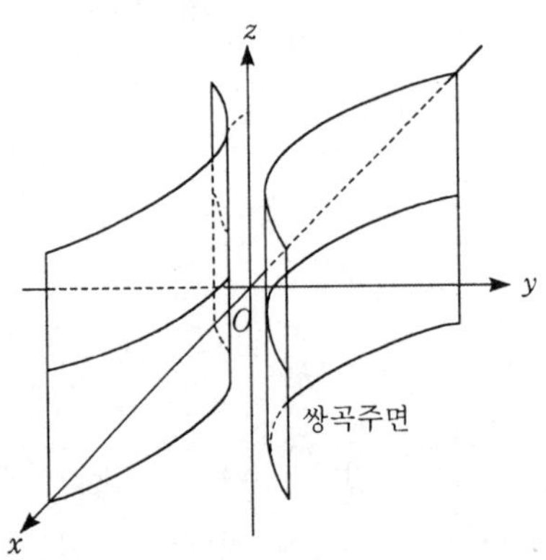

그림 9-54.

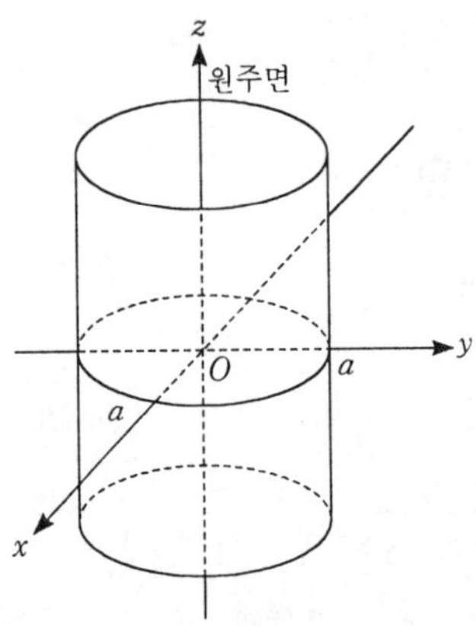

그림 9-55.

9-5. 연습문제

1. 다음 방정식들이 표시하는 곡면을 그려라.

(a) $-\frac{x^2}{a^2}+\frac{y^2}{b^2}+\frac{z^2}{c^2}=1$

(b) $\frac{x^2}{a^2}-\frac{y^2}{b^2}+\frac{z^2}{c^2}=-1$

(c) $-\frac{x^2}{a^2}+\frac{y^2}{b^2}+\frac{z^2}{c^2}=0$

(d) $\frac{x^2}{a^2}+\frac{z^2}{c^2}=2by$

(e) $\frac{y^2}{b^2}-\frac{z^2}{c^2}=2ax$

(f) $x^2=4pz$

(g) $\frac{y^2}{b^2}-\frac{z^2}{c^2}=$

2. 다음 방정식들이 표시하는 곡면은 무엇인가?

(a) $x^2+4y^2-z^2-12x-8y-z=0$

(b) $6x^2+3y^2+2z^2-6y-3=0$

(c) $2x^2-y^2-2z^2-4y-6=0$

3. 다음과 같은 점의 자취의 방정식을 구하여라.

(a) 점 $(2, 1, -1)$로부터의 거리가 y축으로부터의 거리의 3배와 같은 점

(b) 점 $(1, 0, 0)$으로부터의 거리가 점 $(-1, 0, 0)$으로부터의 거리에 1을 더한 것과 같은 점

(c) 점 $(2, 5, 8)$로부터의 거리가 점 $(1, -1, 0)$으로부터의 거리의 2배와 같은 점

(d) z축으로부터의 거리가 x축으로부터의 거리의 4배와 같은 점

4. 다음 곡면들을 설명하고 그려라((r, θ, z)는 원주좌표이다).

(a) $r=\cos\theta$

(b) $r=\sin\theta$

(c) $y^2-x^2=1$

(d) $x=-y^2$

(e) $z^2=r$

(f) $z=\cosh\theta\left(0\leq\theta\leq\frac{\pi}{2}\right)$

5. 다음 곡면들을 설명하고 그려라 ((ρ, φ, θ)는 구면좌표이다).

(a) $\rho=a\cos\varphi$

(b) $\rho=a(1+\cos\varphi)$

6. 쌍곡포물면 $\frac{y^2}{b^2}-\frac{x^2}{a^2}=\frac{z}{c}$는 평면 $y=y_1$에 의해 잘려지고, 그 곡선은 포물선이다. 이 곡선의 꼭지점과 초점을 구하여라.

제 10장 행렬과 벡터

OUTLINE

현재 대부분의 교과서는 행렬 다음에 행렬식을 공부하지만, 역사적으로는 행렬식이 먼저 나왔다.

1750년의 <대수곡선 해석입문>에서 크래머(G. Cramer, 1704~1752)는 방정식의 해를 구하는 데 행렬식개념을 사용하였다. 그보다 2년 앞서 출판된 매클로린의 <대수이론>에서도 비슷한 풀이과정이 소개되었지만 기호의 생소함 때문에 당시 주위 사람들의 관심을 끌지 못하였고, 크래머의 논문이 출판된 후에야 다른 사람들도 같은 아이디어를 논문에서 사용하기 시작하였다. 일찍이 1693년에 라이프니츠가 로피탈에게 보낸 편지에서도 이원연립방정식의 풀이에서 행렬식개념에 대한 계산이 보였지만, 불행하게도 이 편지는 1850년에 가서야 출판되었다.

그러나 행렬식이란 용어는 1812년 코시의 긴 논문에 처음 등장하였고, 이 논문을 계기로 수많은 행렬식에 대한 논문이 나왔다. 오늘날의 행렬식 기호도 코시가 사용하던 것이었다. 야코비(K.G.J. Jacobi, 1804~1851)도 코시 못지않게 행렬식의 정착에 도움을 준 인물이다.

행렬은 행렬식이 나타난 한참 후인 1821년에 코시가 처음 사용하였지만, 오늘날 행렬의 기호는 실베스터(J. Sylvester, 1814~1897)가 제안한 것이다. 실베스터의 친구인 케일리(A. Cayley, 1821~1895)는 행렬을 처음으로 연구한 수학자이며 1858년에 발표된 그의 논문에서 행렬의 곱의 정의가 처음으로 나왔다.

오일러는 1750년에 나온 크래머의 논문과 관련하여 일차독립과 일차종속의 개념을 유도해냄으로써(그러나 용어는 같지 않았다) 이후 100여 년 동안 선형대수의 발전에 큰 영향을 미쳤다. 벡터에 대한 이론은 두 벡터의 내적과 외적에 대한 자세한 설명이 나오는, 1844년에 출판된 그라스만(H. Grassmann, 1809~1877)의 저서 <선형확대론(Ausdehnungslehre)>의 개정판이 1862년에 나온 이후에 많은 수학자들에게 알려지게 되었다. 오늘날 사용하는 일차독립의 정의는 1875년에 Frobenius에 의해 주어졌다.

이 장에서는 행렬과 행렬식을 배우고 역행렬을 구하는 법을 배우며, 벡터의 개념과 내적, 외적 그리고 벡터를 이용하여 공간에서의 직선과 평면의 방정식을 구하는 법을 배운다.

10-1. 행　렬

$$A=\begin{pmatrix} 1 & 2 & -1 \\ 3 & 0 & 1 \end{pmatrix}$$

과 같이 수를 직사각형꼴로 나열한 것을 행렬(matrix)이라고 한다. A는 2행과 3열로 이루어져 있으므로 2×3행렬이라고 한다. 일반적으로 행렬 A가 m행과 n열로 이루어져 있을 때 A를 $\boldsymbol{m\times n}$**행렬**이라고 한다. 특히 $m=n$인 경우, 즉 $n\times n$행렬을 $\boldsymbol{n}$**차 정방행렬**(square matrix of order n)이라고 한다.

$m\times n$행렬 A의 i행 j열 원소를 흔히 a_{ij}로 나타내고 이것을 A의 ij-원(元, entry)이라고 하며,

$$A=\begin{pmatrix} a_{11} & a_{12}\cdots\cdots a_{1j} & \cdots\cdots a_{1n} \\ \cdots & \cdots & \cdots \\ a_{i1} & a_{i2}\cdots\cdots a_{ij} & \cdots\cdots a_{in} \\ \cdots & \cdots & \cdots \\ a_{m1} & a_{m2}\cdots\cdots a_{mj} & \cdots\cdots a_{mn} \end{pmatrix}$$

또는 간단히 $A=(a_{ij})_{m\times n}$ 또는 더욱 간단히 $A=(a_{ij})$로 표시한다. 위의 2×3행렬

$$A=\begin{pmatrix} 1 & 2 & -1 \\ 3 & 0 & 1 \end{pmatrix}$$

에서

$$a_{11}=1,\ \ a_{12}=2,\ \ a_{13}=-1$$
$$a_{21}=3,\ \ a_{22}=0,\ \ a_{23}=1$$

이다.

두 행렬 $\boldsymbol{A}$와 $\boldsymbol{B}$가 같다는 것은 두 행렬의 행의 수와 열의 수가 같고, 대응하는 두 원이 같을 때를 말한다. 이때, $A=B$와 같이 쓴다.

$$A=\begin{pmatrix} a_{11} & a_{12}\cdots\cdots a_{1n} \\ a_{21} & a_{22}\cdots\cdots a_{2n} \\ \cdots & \cdots \\ a_{m1} & a_{m2}\cdots\cdots a_{mn} \end{pmatrix},\qquad B=\begin{pmatrix} b_{11} & b_{12}\cdots\cdots b_{1n} \\ b_{21} & b_{22}\cdots\cdots b_{2n} \\ \cdots & \cdots \\ b_{m1} & b_{m2}\cdots\cdots b_{mn} \end{pmatrix}$$

에서 $A=B$란 모든 $i=1, 2, \cdots\cdots, m, j=1, 2, \cdots\cdots n$에 대하여 $a_{ij}=b_{ij}$를 뜻한다.

예 1 $\begin{pmatrix} x+y & 2z+w \\ x-y & z-w \end{pmatrix} = \begin{pmatrix} 3 & 5 \\ 1 & 4 \end{pmatrix}$에서 $x+y=3$, $2z+w=5$, $x-y=1$, $z-w=4$. 이것을 풀면 $x=2$, $y=1$, $z=3$, $w=-1$. ▮

두 $m\times n$ 행렬

$$A=\begin{pmatrix} a_{11} & a_{12} \cdots\cdots & a_{1n} \\ a_{21} & a_{22} \cdots\cdots & a_{2n} \\ \cdots & \cdots & \cdots \\ a_{m1} & a_{m2} \cdots\cdots & a_{mn} \end{pmatrix}, \qquad B=\begin{pmatrix} b_{11} & b_{12} \cdots\cdots & b_{1n} \\ b_{21} & b_{22} \cdots\cdots & b_{2n} \\ \cdots & \cdots & \cdots \\ b_{m1} & b_{m2} \cdots\cdots & b_{mn} \end{pmatrix}$$

에 대해 $\boldsymbol{A}$와 $\boldsymbol{B}$의 합을 $A+B$와 같이 쓰고, 다음과 같이 정의한다.

$$A+B=\begin{pmatrix} a_{11}+b_{11} & a_{12}+b_{12} \cdots\cdots & a_{1n}+b_{1n} \\ a_{21}+b_{21} & a_{22}+b_{22} \cdots\cdots & a_{2n}+b_{2n} \\ \cdots & \cdots & \cdots \\ a_{m1}+b_{m1} & a_{m2}+b_{m2} \cdots\cdots & a_{mn}+b_{mn} \end{pmatrix}$$

즉 $A=(a_{ij})$, $B=(b_{ij})$일 때 $A+B$는 다음과 같이 정의한다.

$$A+B=(a_{ij}+b_{ij}).$$

두 행렬을 합할 때는 두 행렬의 행의 수와 열의 수가 각각 같을 때에 한해서만 정의되고, A, B가 $m\times n$ 행렬일 때 $A+B$도 $m\times n$ 행렬이다.

예로

$$A=\begin{pmatrix} 1 & 2 & 3 \\ -1 & 4 & 5 \end{pmatrix}, \qquad B=\begin{pmatrix} 0 & -1 & -2 \\ 1 & 2 & 3 \end{pmatrix}, \qquad C=\begin{pmatrix} 1 & 0 \\ 0 & 1 \end{pmatrix}$$

에 대해

$$A+B=\begin{pmatrix} 1 & 1 & 1 \\ 0 & 6 & 8 \end{pmatrix}.$$

그러나 $A+C$, $B+C$는 정의되지 않는다. 행렬의 합의 정의에서 다음이 성립함은 명백하다.

〔1〕 교환법칙 : $A+B=B+A$

〔2〕 결합법칙 : $A+(B+C)=(A+B)+C$

모든 원이 0인 행렬을 영행렬(zero matrix)이라고 하고, O으로 나타낸다.

임의의 행렬

$$A=\begin{pmatrix} a_{11} & a_{12}\cdots\cdots & a_{1n} \\ a_{21} & a_{22}\cdots\cdots & a_{2n} \\ \cdots & \cdots & \cdots \\ a_{m1} & a_{m2}\cdots\cdots & a_{mn} \end{pmatrix}$$

에 대하여

$$A+O=O+A=A$$

이다. 여기서 O는 $m\times n$ 영행렬이다.

따라서, 영행렬 O는 행렬의 덧셈에 대한 항등원(identity)이다.

$$A=\begin{pmatrix} a_{11} & a_{12}\cdots\cdots & a_{1n} \\ a_{21} & a_{22}\cdots\cdots & a_{2n} \\ \cdots & \cdots & \cdots \\ a_{m1} & a_{m2}\cdots\cdots & a_{mn} \end{pmatrix}$$

에 대하여 A를 k배(k는 실수)한 것은 A의 각 원에 k를 곱한 것을 말하며, kA라고 쓴다. 즉

$$kA=\begin{pmatrix} ka_{11} & ka_{12}\cdots\cdots & ka_{1n} \\ ka_{21} & ka_{22}\cdots\cdots & ka_{2n} \\ \cdots & \cdots & \cdots \\ ka_{m1} & ka_{m2}\cdots\cdots & ka_{mn} \end{pmatrix}$$

특히 $(-1)A$는 $-A$로 나타낸다. 즉 $-A=(-a_{ij})$.

예제 10-1 $A=\begin{pmatrix} 2 & -5 & 1 \\ 3 & 0 & -4 \end{pmatrix}$, $B=\begin{pmatrix} 1 & -2 & -3 \\ 0 & 1 & 5 \end{pmatrix}$, $C=\begin{pmatrix} 0 & 1 & -2 \\ 1 & -1 & -1 \end{pmatrix}$일때 $3A+4B-2C$를 구하여라.

풀이

$$3A+4B-2C=\begin{pmatrix} 6 & -15 & 3 \\ 9 & 0 & -12 \end{pmatrix}+\begin{pmatrix} 4 & -8 & -12 \\ 0 & 4 & 20 \end{pmatrix}+\begin{pmatrix} 0 & -2 & 4 \\ -2 & 2 & 2 \end{pmatrix}=\begin{pmatrix} 10 & -25 & -5 \\ 7 & 6 & 10 \end{pmatrix}.$$ ■

예제 10-2 $3\begin{pmatrix} x & y \\ z & w \end{pmatrix}=\begin{pmatrix} x & 6 \\ -1 & 2w \end{pmatrix}+\begin{pmatrix} 4 & x+y \\ z+w & 3 \end{pmatrix}$일 때 x, y, z, w를 구하여라.

풀이 좌, 우변을 정리하면

$$\begin{pmatrix} 3x & 3y \\ 3z & 3w \end{pmatrix}=\begin{pmatrix} x+4 & x+y+6 \\ z+w-1 & 2w+3 \end{pmatrix}$$

따라서
$$\begin{cases} 3x=x+4 \\ 3y=x+y+6 \\ 3z=z+w-1 \\ 3w=2w+3 \end{cases} \text{ 또는 } \begin{cases} 2x=4 \\ 2y=6+x \\ 2z=w-1 \\ w=3 \end{cases}$$

이것을 풀면 $x=2,\ y=4,\ z=1,\ w=3.$ ■

행렬 $A=(a_{ij})$의 행과 열을 바꾼 행렬을 A의 전치행렬(transpose)이라 하고, A^t로 표시한다. 즉 A의 i행이 A^t의 i열이 되고, A의 j열이 A^t의 j행이 된다.

예를 들면

$$A=\begin{pmatrix} a_{11} & a_{12} & a_{13} \\ a_{21} & a_{22} & a_{23} \\ a_{31} & a_{32} & a_{33} \end{pmatrix} \qquad B=\begin{pmatrix} b_{11} & b_{12} & b_{13} \\ b_{21} & b_{22} & b_{23} \end{pmatrix}$$

$$A^t=\begin{pmatrix} a_{11} & a_{21} & a_{31} \\ a_{12} & a_{22} & a_{32} \\ a_{13} & a_{23} & a_{33} \end{pmatrix} \qquad B^t=\begin{pmatrix} b_{11} & b_{21} \\ b_{12} & b_{22} \\ b_{13} & b_{23} \end{pmatrix}.$$

정방행렬 $A=(a_{ij})$에서

$$A^t=A,\ \text{즉}\ \ a_{ij}=a_{ji}$$

일 때 A를 대칭행렬(symmetric matrix)이라 하고,

$$A^t=-A,\ \text{즉}\ \ a_{ij}=-a_{ji}$$

일 때 A를 교대행렬(skew-symmetric matrix)이라고 한다.

예 2
$$A=\begin{pmatrix} -3 & 1 & 5 \\ 1 & 0 & -2 \\ 5 & -2 & 4 \end{pmatrix},\quad B=\begin{pmatrix} 0 & -4 & 1 \\ 4 & 0 & -5 \\ -1 & 5 & 0 \end{pmatrix}$$

일 때 $A^t=A,\ B^t=-B$ 이므로 A는 대칭행렬이고, B는 교대행렬이다. ■

행렬 A에 대하여 $(A^t)^t=A$임을 쉽게 알 수 있다.

예 3
$$A=\begin{pmatrix} 2 & 3 \\ 5 & 1 \end{pmatrix}$$

일 때 $R=\frac{1}{2}(A+A^t)=\begin{pmatrix} 2 & 4 \\ 4 & 1 \end{pmatrix}$은 대칭행렬이고, $S=\frac{1}{2}(A-A^t)=\begin{pmatrix} 0 & -1 \\ 1 & 0 \end{pmatrix}$은 교대행렬이며

$$A=R+S.$$

이다. 따라서 A는 대칭행렬과 교대행렬의 합으로 표시된다. ■

〔**참고**〕 임의의 정방행렬은 위 예에서와 같이 대칭행렬과 교대행렬의 합으로 표시된다.

정방행렬 $A=(a_{ij})$의 대각선 위 또는 아래가 모두 0인 행렬을 삼각행렬(triangular matrix)이라고 한다. 예로

$$T_1=\begin{pmatrix} 1 & 0 & 0 \\ 2 & 3 & 0 \\ 4 & 1 & 3 \end{pmatrix}, \qquad T_2=\begin{pmatrix} a & b & c \\ 0 & 1 & e \\ 0 & 0 & 0 \end{pmatrix}$$

은 삼각행렬이다.

정방행렬 $A=(a_{ij})$의 대각선 아래와 위가 모두 0인 행렬을 대각행렬(diagonal matrix)이라고 한다. 예로

$$\begin{pmatrix} 2 & 0 & 0 \\ 0 & 3 & 0 \\ 0 & 0 & 4 \end{pmatrix}, \qquad \begin{pmatrix} 4 & 0 & 0 \\ 0 & 4 & 0 \\ 0 & 0 & 4 \end{pmatrix}$$

은 대각행렬이다.

대각행렬에서 대각선의 모든 원이 1인 행렬을 단위행렬(unit matrix)이라고 하며, 기호 I로 나타낸다. 즉

$$I=\begin{pmatrix} 1 & 0 \\ 0 & 1 \end{pmatrix}, \qquad I=\begin{pmatrix} 1 & 0 & 0 \\ 0 & 1 & 0 \\ 0 & 0 & 1 \end{pmatrix}$$

은 단위행렬이다.

행렬 A, B가 각각 $m\times l$, $l\times n$인 행렬일 때, A와 B의 곱을 생각하자.

$$A=\begin{pmatrix} a_{11} & a_{12}\cdots\cdots & a_{1l} \\ a_{21} & a_{22}\cdots\cdots & a_{2l} \\ \cdots\cdots & \cdots\cdots & \cdots\cdots \\ a_{m1} & a_{m2}\cdots\cdots & a_{ml} \end{pmatrix}, \qquad B=\begin{pmatrix} b_{11} & b_{12}\cdots\cdots & b_{1n} \\ b_{21} & b_{22}\cdots\cdots & b_{2n} \\ \cdots\cdots & \cdots\cdots & \cdots\cdots \\ b_{l1} & b_{l2}\cdots\cdots & b_{ln} \end{pmatrix}$$

일 때,

$$m\times n \text{ 행렬 } C=(c_{ik}),\quad c_{ik}=\sum_{j=1}^{l} a_{ij}b_{jk}=a_{i1}b_{1k}+a_{i2}b_{2k}+\cdots+a_{il}b_{lk},$$

를 $\boldsymbol{A}$와 $\boldsymbol{B}$의 곱이라 하고 AB로 나타낸다. 즉,

$$AB=C=(c_{ik})=\left(\sum_{j=1}^{l} a_{ij}b_{jk}\right).$$

A가 $m\times p$ 행렬이고, B가 $q\times n$ 행렬일 때, $p=q$일 때만 AB가 정의되며, AB는 $m\times n$ 행렬이다.

예 4

$$A=(a_1\ a_2\ \cdots\cdots\ a_n),\qquad B=\begin{pmatrix} b_1 & c_1 \\ b_2 & c_2 \\ \cdots & \cdots \\ b_n & c_n \end{pmatrix}$$

에서 A는 $1\times n$, B는 $n\times 2$이므로 $AB=(a_1b_1+a_2b_2+\cdots\cdots+a_nb_n\ \ a_1c_1+a_2c_2+\cdots\cdots a_nc_n)$이고 BA는 정의되지 않는다. ■

예 5

$$A=\begin{pmatrix} a_{11} & a_{12} \\ a_{21} & a_{22} \end{pmatrix},\qquad B=\begin{pmatrix} b_{11} & b_{12} & b_{13} \\ b_{21} & b_{22} & b_{23} \end{pmatrix}$$

에서

$$AB=\begin{pmatrix} a_{11}b_{11}+a_{12}b_{21} & a_{11}b_{12}+a_{12}b_{22} & a_{11}b_{13}+a_{12}b_{23} \\ a_{21}b_{11}+a_{22}b_{21} & a_{21}b_{12}+a_{22}b_{22} & a_{21}b_{13}+a_{22}b_{23} \end{pmatrix}.\ ■$$

예 6

$$A=\begin{pmatrix} 1 & 2 \\ 3 & 4 \end{pmatrix},\qquad B=\begin{pmatrix} 1 & 1 \\ 0 & 2 \end{pmatrix}$$

에서

$$AB=\begin{pmatrix} 1 & 2 \\ 3 & 4 \end{pmatrix}\begin{pmatrix} 1 & 1 \\ 0 & 2 \end{pmatrix}=\begin{pmatrix} 1 & 5 \\ 3 & 11 \end{pmatrix},$$

$$BA=\begin{pmatrix} 1 & 1 \\ 0 & 2 \end{pmatrix}\begin{pmatrix} 1 & 2 \\ 3 & 4 \end{pmatrix}=\begin{pmatrix} 4 & 6 \\ 6 & 8 \end{pmatrix}.$$

따라서 $AB\neq BA$이다. 즉 행렬의 곱셈에서는 교환법칙이 성립되지 않는다. ■

〔정리 10-1〕 〔1〕 행렬 A, B, C가 각각 $m\times l$, $l\times n$, $n\times p$ 행렬이라면 $(AB)C=A(BC)$, 즉 곱셈의 결합법칙이 성립한다.

〔2〕 행렬 A가 $m\times l$이고, 행렬 B, C가 $l\times n$ 행렬이라면 $A(B+C)=AB+AC$, 즉 분배법칙이 성립한다.

〔증명〕 생략. ■

10-1. 연습문제

1. 다음을 계산하여라.

(a) $\begin{pmatrix} 1 & 2 & -3 & 4 \\ 0 & 5 & 1 & -1 \end{pmatrix} + \begin{pmatrix} 3 & -5 & 6 & -1 \\ 2 & 0 & -2 & -3 \end{pmatrix}$

(b) $\begin{pmatrix} 1 & 2 & 3 \\ 0 & -4 & 1 \end{pmatrix} + \begin{pmatrix} 3 & 5 \\ 1 & -2 \end{pmatrix}$

2. $A=\begin{pmatrix} 0 & -1 & 2 \\ 0 & 3 & 4 \end{pmatrix}$, $B=\begin{pmatrix} 4 & 0 & -3 \\ -1 & -2 & 3 \end{pmatrix}$, $C=\begin{pmatrix} 2 & -3 & 0 & 1 \\ 5 & -1 & -4 & 2 \\ -1 & 0 & 0 & 3 \end{pmatrix}$

일 때 $A+B$, $A+C$, $3A-4B$를 구하여라.

3. $A=\begin{pmatrix} 2 & 1 \\ 1 & 3 \end{pmatrix}$, $B=\begin{pmatrix} -2 & 0 \\ 3 & 4 \end{pmatrix}$, $C=\begin{pmatrix} 3 & 2 & 0 \\ 1 & 0 & 4 \end{pmatrix}$일 때 다음을 구하여라.

(a) $(A+B)^t$, A^t+B^t

(b) $A+A^t$, $A-A^t$

(c) C^t

(d) $C+C^t$는 정의되는가?

(e) A와 B는 대칭인가?

4. 행렬 $A=\begin{pmatrix} 2 & 3 \\ 1 & 3 \end{pmatrix}$, $B=\begin{pmatrix} 2 & 0 & -4 \\ 3 & -2 & 6 \end{pmatrix}$에서 AB, BA를 구하여라.

5. $A=\begin{pmatrix} 1 & 2 \\ 4 & -3 \end{pmatrix}$일 때 $AA=A^2$, $AAA=A^3$을 구하여라.

10-2. 행렬식과 역행렬

행 렬 식

$n\times n$ 행렬 $A=(a_{ij})$의 행렬식을 정의하기 전에 연립 일차방정식

$$\begin{cases} a_{11}x+a_{12}y=b_1 \\ a_{21}x+a_{22}y=b_2 \end{cases}$$

를 생각하자. 이 연립 일차방정식을 풀기 위해서 소거법을 사용하면,

$$a_{11}a_{22}-a_{21}a_{12}\neq 0 \text{일 때}$$

$$x=\frac{b_1a_{22}-b_2a_{12}}{a_{11}a_{22}-a_{21}a_{12}},\quad y=\frac{a_{11}b_2-a_{21}b_1}{a_{11}a_{22}-a_{21}a_{12}}$$

와 같은 해를 얻는다.

2×2행렬

$$A = \begin{pmatrix} a & b \\ c & d \end{pmatrix}$$

의 행렬식을

$$\det A = |A| = \begin{vmatrix} a & b \\ c & d \end{vmatrix} = ad - bc$$

와 같이 정의하며, 이를 **이차행렬식**이라고 한다. 이때, 위의 해 x, y는 다음과 같이 표현된다. 즉,

$$x = \frac{\begin{vmatrix} b_1 & a_{12} \\ b_2 & a_{22} \end{vmatrix}}{\begin{vmatrix} a_{11} & a_{12} \\ a_{21} & a_{22} \end{vmatrix}}, \qquad y = \frac{\begin{vmatrix} a_{11} & b_1 \\ a_{21} & b_2 \end{vmatrix}}{\begin{vmatrix} a_{11} & a_{12} \\ a_{21} & a_{22} \end{vmatrix}}.$$

여기서 각 분모는 연립 일차방정식의 계수행렬의 행렬식이고, 분자는 x와 y의 해에 대하여 각각 x와 y의 계수 자리에 상수항이 있는 행렬의 행렬식이다.

정방행렬 $A = (a_{ij})$의 i행과 j열을 뺀 나머지 행렬을 **부분행렬**(submatrix)이라 하며, 이의 행렬식을 A의 **소행렬식**(minor)이라고 하고, M_{ij}로 쓴다. 수 a_{ij}는 A의 i행과 j열의 교점에 있으며, 수 $(-1)^{i+j}M_{ij} = A_{ij}$를 a_{ij}의 **여인수**(cofactor)라고 한다.

정방행렬 $A = (a_{ij})$의 **행렬식**(determinant)을 다음과 같이 정의한다.

1. $A = (a)$가 1×1 행렬이라면, **일차행렬식** $|A|$의 값은 a이다.
2. $A = (a_{ij})$가 $n \times n (n > 1)$ 행렬이라면, ***n*차행렬식** $|A|$의 값은 1과 n사이의 어떤 i 또는 j에 대하여 다음과 같이 정의한다(i와 j는 임의로 택하여도 된다).

$$\begin{aligned} \det A = |A| &= a_{i1}A_{i1} + a_{i2}A_{i2} + \cdots\cdots + a_{in}A_{in} \\ &= a_{1j}A_{1j} + a_{2j}A_{2j} + \cdots\cdots + a_{nj}A_{nj} \end{aligned}$$

예 7 $A = \begin{pmatrix} a & b \\ c & d \end{pmatrix}$일 때

$$A_{11} = (-1)^{1+1}d, \ A_{12} = (-1)^{1+2}c, \ A_{21} = (-1)^{2+1}b, \ A_{22} = (-1)^{2+2}a$$

이므로 A의 행렬식은

$$\begin{aligned} |A| &= a_{11}A_{11} + a_{12}A_{12} = ad - bc \\ &= a_{21}A_{21} + a_{22}A_{22} = -bc + ad = ad - bc \\ &= a_{11}A_{11} + a_{21}A_{21} = ad - bc \end{aligned}$$

$$= a_{12}A_{12} + a_{22}A_{22} = -bc + ad = ad - bc. \blacksquare$$

2차, 3차 행렬의 행렬식은 다음과 같은 방법으로 기억해 두면 편리하다.

$$|A| = \begin{vmatrix} a_{11} & a_{12} \\ a_{21} & a_{22} \end{vmatrix} = a_{11}a_{22} - a_{12}a_{21}$$

$$-\qquad\qquad +$$

$$|A| = \begin{vmatrix} a_{11} & a_{12} & a_{13} \\ a_{21} & a_{22} & a_{23} \\ a_{31} & a_{32} & a_{33} \end{vmatrix} = a_{11}A_{11} + a_{12}A_{12} + a_{13}A_{13}$$

$$= a_{11}\begin{vmatrix} a_{22} & a_{23} \\ a_{32} & a_{33} \end{vmatrix} - a_{12}\begin{vmatrix} a_{21} & a_{23} \\ a_{31} & a_{33} \end{vmatrix} + a_{13}\begin{vmatrix} a_{21} & a_{22} \\ a_{31} & a_{32} \end{vmatrix}$$

$$= a_{11}a_{22}a_{33} + a_{32}a_{21}a_{13} + a_{31}a_{12}a_{23}$$

$$-(a_{13}a_{22}a_{31} + a_{32}a_{23}a_{11} + a_{33}a_{12}a_{21})$$

에서 "+"항과 "−"항은 그림 10-1과 같이 기억해 두면 편리하다.

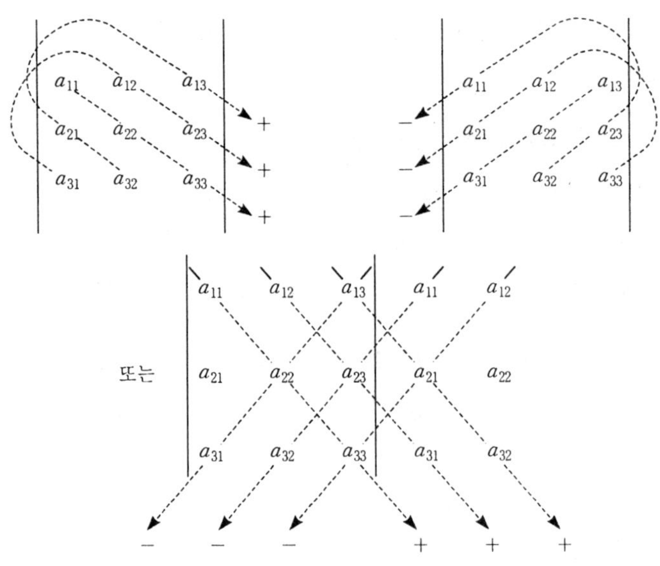

그림 10-1.

〔**주의**〕 4차 이상의 행렬식에 대하여는 위와 같은 방법을 적용할 수 없다.

예 8 (i) $\begin{vmatrix} 2 & 3 & 4 \\ 5 & 6 & 7 \\ 8 & 9 & 1 \end{vmatrix} = (2\cdot6\cdot1 + 9\cdot5\cdot4 + 8\cdot3\cdot7) - (4\cdot6\cdot8 + 9\cdot7\cdot2 + 1\cdot3\cdot5)$

$$= (12 + 180 + 168) - (192 + 126 + 15) = 27.$$

$$\text{(ii)}\quad \begin{vmatrix} 2 & 3 & -4 \\ 0 & -4 & 2 \\ 1 & -1 & 5 \end{vmatrix} = 2\begin{vmatrix} -4 & 2 \\ -1 & 5 \end{vmatrix} + \begin{vmatrix} 3 & -4 \\ -4 & 2 \end{vmatrix}$$

$$= 2(-20+2)+(6-16) = -46. \blacksquare$$

3차 이상의 행렬의 행렬식을 구하여 보자. 예로 행렬 A가

$$A = \begin{pmatrix} 2 & 1 & -3 & 4 \\ 5 & -4 & 7 & -2 \\ 4 & 0 & 6 & -3 \\ 3 & -2 & 5 & 2 \end{pmatrix}$$

일 때 행렬식을 구하면 $|A| = a_{11}A_{11} + a_{12}A_{12} + a_{13}A_{13} + a_{14}A_{14}$에서

$$A_{11} = \begin{vmatrix} -4 & 7 & -2 \\ 0 & 6 & -3 \\ -2 & 5 & 2 \end{vmatrix},\ A_{12} = -\begin{vmatrix} 5 & 7 & -2 \\ 4 & 6 & -3 \\ 3 & 5 & 2 \end{vmatrix},\ A_{13} = \begin{vmatrix} 5 & -4 & -2 \\ 4 & 0 & -3 \\ 3 & -2 & 2 \end{vmatrix},\ A_{14} = -\begin{vmatrix} 5 & -4 & 7 \\ 4 & 0 & 6 \\ 3 & -2 & 5 \end{vmatrix}.$$

$A_{11}, A_{12}, A_{13}, A_{14}$는 3차의 행렬식이므로 앞 예제와 같이 $A_{11}, A_{12}, A_{13}, A_{14}$를 구할 수 있다. 따라서

$$|A| = -402.$$

위와 같이 n차 행렬식을 구하는 것은 n개의 $n-1$차 행렬식을 구해야 하므로, n이 크면 매우 번거롭다. 그러나 행렬식의 기본성질들을 사용하면 보다 간편하게 n차 행렬식을 구할 수 있다.

이제 행렬식의 몇 가지 성질을 증명없이 열거하면 다음과 같다. 증명은 「선형대수학」에서 취급된다.

〔성질 1〕 행렬식을 구할 때 행렬의 행과 열을 바꾸어 놓아도 그 행렬식은 변하지 않는다. 즉 $|A| = |A^t|$.

$$\begin{vmatrix} a_{11} & a_{12} \cdots\cdots & a_{1n} \\ a_{21} & a_{22} \cdots\cdots & a_{2n} \\ \cdots & \cdots & \cdots \\ a_{n1} & a_{n2} \cdots\cdots & a_{nn} \end{vmatrix} = \begin{vmatrix} a_{11} & a_{21} \cdots\cdots & a_{n1} \\ a_{12} & a_{22} \cdots\cdots & a_{n2} \\ \cdots & \cdots & \cdots \\ a_{1n} & a_{2n} \cdots\cdots & a_{nn} \end{vmatrix}$$

〔성질 2〕 임의의 두 행(또는 열)을 서로 바꾼 행렬의 행렬식은 부호만 변한다.

$$\begin{vmatrix} a_{11} & a_{12} \cdots\cdots & a_{1n} \\ \cdots & \cdots & \cdots \\ a_{i1} & a_{i2} \cdots\cdots & a_{in} \\ \cdots & \cdots & \cdots \\ a_{j1} & a_{j2} \cdots\cdots & a_{jn} \\ \cdots & \cdots & \cdots \\ a_{n1} & a_{n2} \cdots\cdots & a_{nn} \end{vmatrix} = -\begin{vmatrix} a_{11} & a_{22} \cdots\cdots & a_{1n} \\ \cdots & \cdots & \cdots \\ a_{j1} & a_{j2} \cdots\cdots & a_{jn} \\ \cdots & \cdots & \cdots \\ a_{i1} & a_{i2} \cdots\cdots & a_{in} \\ \cdots & \cdots & \cdots \\ a_{n1} & a_{n2} \cdots\cdots & a_{nn} \end{vmatrix}$$

〔**성질 3**〕 두 행(또는 열)이 같은 행렬의 행렬식은 0이다.

〔**성질 4**〕 한 행(또는 열)의 모든 원소에 공통된 인수는 행렬식 밖으로 나올 수 있다. 즉

$$\begin{vmatrix} a_{11} & a_{12} \cdots\cdots & a_{1n} \\ \cdots & \cdots & \cdots \\ ka_{i1} & ka_{i2} \cdots\cdots & ka_{in} \\ \cdots & \cdots & \cdots \\ a_{n1} & a_{n2} \cdots\cdots & a_{nn} \end{vmatrix} = k \begin{vmatrix} a_{11} & a_{12} \cdots\cdots & a_{1n} \\ \cdots & \cdots & \cdots \\ a_{i1} & a_{i2} \cdots\cdots & a_{in} \\ \cdots & \cdots & \cdots \\ a_{n1} & a_{n2} \cdots\cdots & a_{nn} \end{vmatrix}.$$

〔**성질 5**〕 한 행(또는 열)이 두 수의 합이라면 행렬식은 두 행렬식의 합으로 나누어진다. 즉

$$\begin{vmatrix} a_{11} & a_{12} \cdots\cdots & a_{1n} \\ \cdots & \cdots & \cdots \\ a_{i1}+b_{i1} & a_{i2}+b_{i2} \cdots\cdots & a_{in}+b_{in} \\ \cdots & \cdots & \cdots \\ a_{n1} & a_{n2} \cdots\cdots & a_{nn} \end{vmatrix} = \begin{vmatrix} a_{11} & a_{12} \cdots\cdots & a_{1n} \\ \cdots & \cdots & \cdots \\ a_{i1} & a_{i2} \cdots\cdots & a_{in} \\ \cdots & \cdots & \cdots \\ a_{n1} & a_{n2} \cdots\cdots & a_{nn} \end{vmatrix} + \begin{vmatrix} a_{11} & a_{12} \cdots\cdots & a_{1n} \\ \cdots & \cdots & \cdots \\ b_{i1} & b_{i2} \cdots\cdots & b_{in} \\ \cdots & \cdots & \cdots \\ a_{n1} & a_{n2} \cdots\cdots & a_{nn} \end{vmatrix}.$$

〔**성질 6**〕 행렬의 한 행(또는 열)을 a배하고, 다른 행(또는 열)에 더해도 행렬식은 변하지 않는다.

예제 10-3 행렬 A가

$$\begin{pmatrix} 1 & 2 & 3 & 4 \\ 2 & 3 & 4 & 5 \\ 3 & 4 & 5 & 6 \\ 4 & 5 & 6 & 7 \end{pmatrix}$$

일 때 $|A|$의 값을 구하여라.

풀이 제 1행에 -2를 곱해서 2행에 더하면

$$|A| = \begin{vmatrix} 1 & 2 & 3 & 4 \\ 2 & 3 & 4 & 5 \\ 3 & 4 & 5 & 6 \\ 4 & 5 & 6 & 7 \end{vmatrix} = \begin{vmatrix} 1 & 2 & 3 & 4 \\ 0 & -1 & -2 & -3 \\ 3 & 4 & 5 & 6 \\ 4 & 5 & 6 & 7 \end{vmatrix}$$

또 1행에 -3을 곱해서 3행에 더하고, 3행에서 공통인수 2를 행렬식 밖으로 내놓으면

$$|A| = \begin{vmatrix} 1 & 2 & 3 & 4 \\ 0 & -1 & -2 & -3 \\ 0 & -2 & -4 & -6 \\ 4 & 5 & 6 & 7 \end{vmatrix} = 2 \begin{vmatrix} 1 & 2 & 3 & 4 \\ 0 & -1 & -2 & -3 \\ 0 & -1 & -2 & -3 \\ 4 & 5 & 6 & 7 \end{vmatrix}$$

이제 2행과 3행이 같으므로 $|A|=0$. ∎

예제 10-4

$$|A|=\begin{vmatrix} 1 & 1 & 1 \\ x & y & z \\ x^2 & y^2 & z^2 \end{vmatrix}=(z-x)(y-x)(z-y)$$

을 보여라.

풀이 제 1열에서 2열을 빼고 다음에 2열에서 3열을 빼면

$$|A|=\begin{vmatrix} 0 & 0 & 1 \\ x-y & y-z & z \\ x^2-y^2 & y^2-z^2 & z^2 \end{vmatrix}=(x-y)(y-z)\begin{vmatrix} 0 & 0 & 1 \\ 1 & 1 & z \\ x+y & y+z & z^2 \end{vmatrix}.$$

$|B|=\begin{vmatrix} 0 & 0 & 1 \\ 1 & 1 & z \\ x+y & y+z & z^2 \end{vmatrix}$을 구하기 위해 1열에서 2열을 빼면,

$$|B|=\begin{vmatrix} 0 & 0 & 1 \\ 0 & 1 & z \\ x-z & y+z & z^2 \end{vmatrix}=\begin{vmatrix} 0 & 1 \\ x-z & y+z \end{vmatrix}=-(x-z).$$

따라서

$$|A|=(x-y)(y-z)(z-x). \ \blacksquare$$

역 행 렬

n차 정방행렬 $A=(a_{ij})$에 대하여 $AB=BA=I$를 만족하는 $n\times n$ 행렬 B가 존재하면, B를 A의 역행렬(inverse matrix)이라 하고, $B=A^{-1}$로 쓴다.

〔정의〕 ij-원이 a_{ji}의 여인수 A_{ji}인 행렬

$$\begin{pmatrix} A_{11} & A_{21} & \cdots\cdots & A_{n1} \\ A_{12} & A_{22} & \cdots\cdots & A_{n2} \\ \cdots & \cdots & \cdots & \cdots \\ A_{1n} & A_{2n} & \cdots\cdots & A_{nn} \end{pmatrix}$$

을 A의 여인수 행렬(adjoint of A)이라 하고, $Adj\,A$로 표시한다.

예제 10-5 2×2행렬 $A=\begin{pmatrix} a & b \\ c & d \end{pmatrix}$에 대하여 $A(Adj\,A)$와 $(Adj\,A)A$를 계산하여라.

풀이 $Adj\,A=\begin{pmatrix} d & -b \\ -c & a \end{pmatrix}$이므로 $A(Adj\,A)=\begin{pmatrix} a & b \\ c & d \end{pmatrix}\begin{pmatrix} d & -b \\ -c & a \end{pmatrix}$

$$=\begin{pmatrix} ad-bc & 0 \\ 0 & -bc+ad \end{pmatrix}=|A|\begin{pmatrix} 1 & 0 \\ 0 & 1 \end{pmatrix}.$$

마찬가지로 $(Adj\ A)A = |A|\begin{pmatrix} 1 & 0 \\ 0 & 1 \end{pmatrix}$이다. ∎

일반적으로 $n \times n$ 행렬 $A=(a_{ij})$에 대해 $(Adj\ A)A$의 ij-원은 $A_{1i}a_{1j}+A_{2i}a_{2j}+\cdots\cdots+A_{ni}a_{nj}$이므로 이 값은 $i=j$이면 $|A|$, $i \neq j$이면 0(i열과 j열이 같은 행렬의 행렬식이므로)이 된다. 따라서

$$(Adj\ A)A = \begin{pmatrix} |A| & & 0 \\ & \ddots & \\ 0 & & |A| \end{pmatrix} = |A|I$$

가 된다. 마찬가지로, $A(Adj\,A)=|A|I$임을 알 수 있다. 그러므로, $|A| \neq 0$이면

$$A^{-1} = \frac{Adj\,A}{|A|}.$$

예제 10-6 $A=\begin{pmatrix} 1 & 1 & 0 \\ 0 & 1 & 1 \\ 1 & 0 & 1 \end{pmatrix}$의 역행렬을 구하여라.

풀이 $|A|=2$, $Adj\,A=\begin{pmatrix} 1 & -1 & 1 \\ 1 & 1 & -1 \\ -1 & 1 & 1 \end{pmatrix}$이므로 $A^{-1}=\frac{1}{2}\begin{pmatrix} 1 & -1 & 1 \\ 1 & 1 & -1 \\ -1 & 1 & 1 \end{pmatrix}=\begin{pmatrix} \frac{1}{2} & -\frac{1}{2} & \frac{1}{2} \\ \frac{1}{2} & \frac{1}{2} & -\frac{1}{2} \\ -\frac{1}{2} & \frac{1}{2} & \frac{1}{2} \end{pmatrix}$ ∎

역행렬을 구하는 방법은 위와 같이 여인수 행렬을 이용하는 것 외에 가우스소거법이라고 불리는 방법이 있다. 이제 이 방법을 알아보도록 한다.

우선 예를 들어

$$\begin{pmatrix} 1 & 0 & 0 \\ 0 & 0 & 1 \\ 0 & 1 & 0 \end{pmatrix}\begin{pmatrix} a_{11} & a_{12} & a_{13} \\ a_{21} & a_{22} & a_{23} \\ a_{31} & a_{32} & a_{33} \end{pmatrix} = \begin{pmatrix} a_{11} & a_{12} & a_{13} \\ a_{31} & a_{32} & a_{33} \\ a_{21} & a_{22} & a_{23} \end{pmatrix} \tag{1}$$

$$\begin{pmatrix} 1 & 0 & 0 \\ 0 & k & 0 \\ 0 & 0 & 1 \end{pmatrix}\begin{pmatrix} a_{11} & a_{12} & a_{13} \\ a_{21} & a_{22} & a_{23} \\ a_{31} & a_{32} & a_{33} \end{pmatrix} = \begin{pmatrix} a_{11} & a_{12} & a_{13} \\ ka_{21} & ka_{22} & ka_{23} \\ a_{31} & a_{32} & a_{33} \end{pmatrix} \tag{2}$$

$$\begin{pmatrix} 1 & k & 0 \\ 0 & 1 & 0 \\ 0 & 0 & 1 \end{pmatrix}\begin{pmatrix} a_{11} & a_{12} & a_{13} \\ a_{21} & a_{22} & a_{23} \\ a_{31} & a_{32} & a_{33} \end{pmatrix} = \begin{pmatrix} a_{11}+ka_{21} & a_{12}+ka_{22} & a_{13}+ka_{23} \\ a_{21} & a_{22} & a_{23} \\ a_{31} & a_{32} & a_{33} \end{pmatrix} \tag{3}$$

임을 주목하자.

(1)로부터, $\begin{pmatrix} 1 & 0 & 0 \\ 0 & 0 & 1 \\ 0 & 1 & 0 \end{pmatrix}$을 $A=(a_{ij})$의 왼쪽에 곱하는 것은 A의 2행과 3행을 바꾸는 것과 같은 것을 알 수 있다.

(2)로부터 $\begin{pmatrix} 1 & 0 & 0 \\ 0 & k & 0 \\ 0 & 0 & 1 \end{pmatrix}$을 A의 왼쪽에 곱하는 것은 A의 2행에 상수 k를 곱하는 것과 같고, (3)으로부터 $\begin{pmatrix} 1 & k & 0 \\ 0 & 1 & 0 \\ 0 & 0 & 1 \end{pmatrix}$을 A의 왼쪽에 곱하는 것은 A의 2행을 k배한 것을 1행에 더하는 것과 같다.

일반적으로 $n\times n$ 행렬 $A=(a_{ij})$에 대하여 다음의 기본 행연산(elementary row operation)을 생각해 보자.

(a) A의 i행과 j행을 바꾸기
(b) A의 i행을 k배하기
(c) A의 i행을 k배한 것을 A의 j행에 더하기.

위의 예에서 보듯이, 이러한 연산들은 각각 $n\times n$ 단위행렬 I에 같은 행연산을 하여 얻어진 행렬을 A의 왼쪽에 곱하는 것과 같다. 따라서 A에 위의 행연산 (a)(b)(c)를 반복해서 적용하여 단위행렬 I를 얻었다면, 이것은 A의 왼쪽에 해당되는 행렬들을 계속 곱한 결과가 I와 같은 것을 뜻한다. 즉 어떤 행렬 $E_1, \cdots\cdots, E_k$에 대하여

$$E_kE_{k-1}\cdots E_2E_1A=I$$

임을 뜻한다. 이때 $B=E_kE_{k-1}\cdots E_2E_1$이라 놓으면 $BA=I$이고, 역시 $AB=I$임을 보일 수 있다. 따라서 $B=A^{-1}$가 된다. 이것을 다음과 같이 알아보기 쉽게 할 수 있다.

A를 $n\times n$ 행렬, I를 $n\times n$ 단위행렬이라 할 때, $n\times 2n$ 행렬 $(A:I)$에 행연산 (a)(b)(c)를 반복적용시켜서 $(I:B)$를 얻으면 $B=A^{-1}$이다.

예제 10-7 가우스 소거법을 이용하여

$$A=\begin{pmatrix} 1 & 0 & 1 \\ 0 & 1 & 1 \\ 1 & 1 & 0 \end{pmatrix}$$

의 역행렬을 구하여라.

풀이 행연산 (a)를 $R_i\leftrightarrow R_j$, (b)를 kR_i, (c)를 kR_i+R_j로 표시하면 편리하다.

$$(A \vdots I)=\left(\begin{array}{ccc:ccc}1&0&1&1&0&0\\0&1&1&0&1&0\\1&1&0&0&0&1\end{array}\right)\xrightarrow{-R_1+R_3}\left(\begin{array}{ccc:ccc}1&0&1&1&0&0\\0&1&1&0&1&0\\0&1&-1&-1&0&1\end{array}\right)$$

$$\xrightarrow{-R_2+R_3}\left(\begin{array}{ccc:ccc}1&0&1&1&0&0\\0&1&1&0&1&0\\0&0&-2&-1&-1&1\end{array}\right)\xrightarrow{-\frac{1}{2}R_3}\left(\begin{array}{ccc:ccc}1&0&1&1&0&0\\0&1&1&0&1&0\\0&0&1&\frac{1}{2}&\frac{1}{2}&-\frac{1}{2}\end{array}\right)$$

$$\xrightarrow[-R_3+R_1]{-R_3+R_2}\left(\begin{array}{ccc:ccc}1&0&0&\frac{1}{2}&-\frac{1}{2}&\frac{1}{2}\\0&1&0&-\frac{1}{2}&\frac{1}{2}&\frac{1}{2}\\0&0&1&\frac{1}{2}&\frac{1}{2}&-\frac{1}{2}\end{array}\right).$$

$$\therefore A^{-1}=\begin{pmatrix}\frac{1}{2}&-\frac{1}{2}&\frac{1}{2}\\-\frac{1}{2}&\frac{1}{2}&\frac{1}{2}\\\frac{1}{2}&\frac{1}{2}&-\frac{1}{2}\end{pmatrix}=\frac{1}{2}\begin{pmatrix}1&-1&1\\-1&1&1\\1&1&-1\end{pmatrix}. \blacksquare$$

10-2. 연습문제

1. 다음 행렬식을 구하여라.

(a) $\begin{vmatrix}1&-2&2&3\\2&2&0&2\\4&1&-1&-1\\1&2&3&0\end{vmatrix}$

(b) $\begin{vmatrix}1&-1&0&0&0\\-2&0&-3&1&6\\5&-4&0&0&0\\0&3&0&-1&4\\-9&8&0&0&0\end{vmatrix}$

(c) $\begin{vmatrix}1&2&3&4\\0&3&0&4\\1&0&1&0\\0&1&0&1\end{vmatrix}$

(d) $\begin{vmatrix}1&a&b&c\\1&a^2&b^2&c^2\\1&a^3&b^3&c^3\\1&a^4&b^4&c^4\end{vmatrix}$

2. 가우스 소거법과 여인수를 이용하여 다음 행렬의 역행렬을 구하라.

(a) $\begin{pmatrix}3&-1&2\\2&1&1\\1&-3&0\end{pmatrix}$

(b) $\begin{pmatrix}1&3&3\\1&3&4\\1&4&3\end{pmatrix}$

(c) $\begin{pmatrix}1&1&1&0\\1&1&0&1\\1&0&1&1\\0&1&1&1\end{pmatrix}$

(d) $\begin{pmatrix}2&1&-1&2\\1&3&2&-3\\-1&2&1&-1\\2&-3&-1&4\end{pmatrix}$

10-3. 벡터, 내적, 외적

평면벡터

벡터(vector)는 원래 물리학에서 변위, 속도, 힘과 같이 크기와 방향을 갖는 양을 나타내기 위하여 생긴 개념이다. 이것을 흔히 화살로 나타내고 화살의 길이와 방향으로 벡터의 크기와 방향을 표시한다. 두 화살의 길이와 방향이 같을 때 두 벡터는 같다고 한다.

우선 평면 벡터에 대하여 생각해 보자.

평면 위의 점 P로부터 점 Q로의 벡터를 $\overrightarrow{PQ}$로 나타내고 P를 시점, Q를 종점이라고 한다. 위의 정의에 의하면 한 벡터 $\overrightarrow{PQ}$가 있을 때 원점을 시점으로 하고 $\overrightarrow{PQ}$와 같은 벡터 $\overrightarrow{OR}$이 존재한다. 이 벡터의 종점 R의 좌표 (a_1, a_2)를 벡터의 좌표라 하고 a_1, a_2를 각각 벡터의 성분이라고 한다. 좌표와 성분은 모두 좌표축에 의하여 정해지므로, 다른 좌표축을 잡으면 다른 값을 갖는다. 벡터 $\overrightarrow{OR}$은 점 R에 의해서 정해지므로 R의 좌표 (a_1, a_2)에 의하여 정해진다.

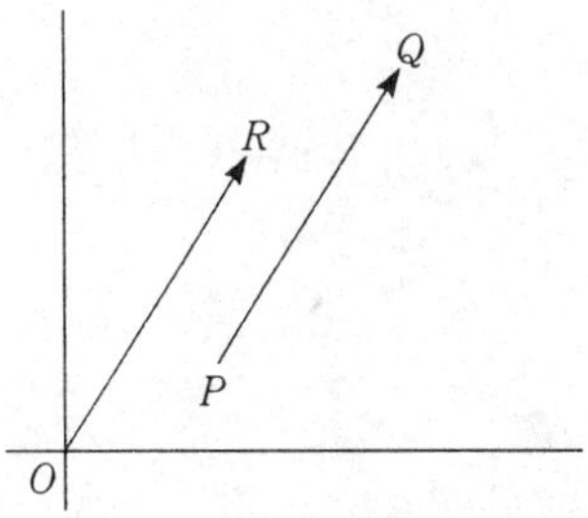

그림 10-2.

이런 의미로 (a_1, a_2)를 벡터 $\overrightarrow{OR}$과 같다고 약속한다.

벡터의 합은

$$(a_1, a_2)+(b_1, b_2)=(a_1+b_1,\ a_2+b_2)$$

로 정의한다. 따라서 벡터의 합에 관해서는

$$(a_1, a_2)+(b_1, b_2)=(b_1, b_2)+(a_1, a_2) \qquad \text{(교환법칙)}$$

$$[(a_1, a_2)+(b_1, b_2)]+(c_1, c_2)=(a_1, a_2)+[(b_1, b_2)+(c_1, c_2)] \qquad \text{(결합법칙)}$$

이 성립한다. c를 임의의 실수라 할 때 (ca_1, ca_2)를 $c(a_1, a_2)$로 나타내고 이것을 벡터 (a_1, a_2)의 $\boldsymbol{c}$배라고 부르며, 이러한 연산을 스칼라곱(scalar multiplicatuon)이라고 한다. 즉,

$$c(a_1, a_2)=(ca_1, ca_2).$$

종점 R이 원점인 벡터 (0, 0)를 영벡터라 하고 간단히 $\boldsymbol{O}$으로 나타낸다.

$$\boldsymbol{O}=(0, 0)$$

임의의 벡터 (a_1, a_2)에 대하여

$$(0, 0)+(a_1, a_2)=(a_1, a_2)$$

가 성립된다.

벡터 (a_1, a_2)의 -1배 $(-1)(a_1, a_2)$를 $-(a_1, a_2)$로 나타낸다.

따라서

$$-(a_1, a_2)=(-a_1, -a_2).$$

기하학적으로 말하면 (a_1, a_2)와 $-(a_1, a_2)$는 평행이고 방향이 반대인 같은 길이의 유향선분(화살)으로 표시된다.

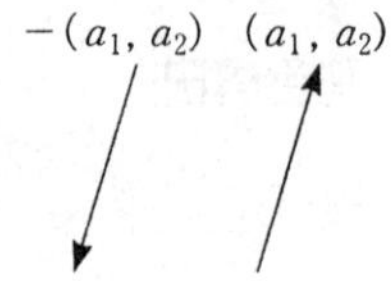

그림 10-3.

평면상의 벡터를 그리스문자 $\boldsymbol{\alpha}$, $\boldsymbol{\beta}$, …… 등으로 나타낸다면 지금까지 정의한 벡터에 관한 연산은 기하학적으로 그림 10-4와 같이 나타내짐을 알 수 있다.

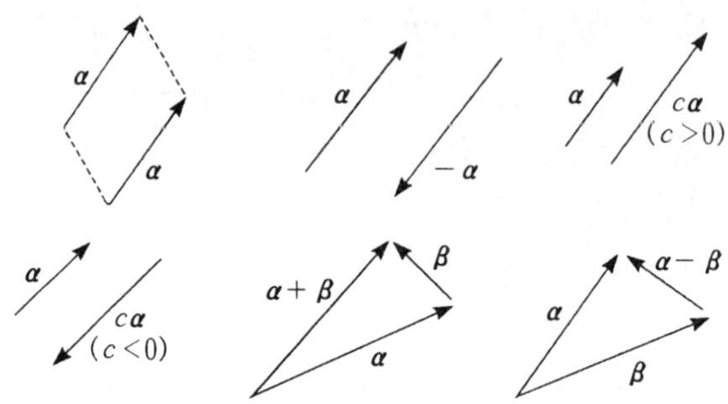

그림 10-4.

이상과 같은 연산 외에 두 벡터의 내적(inner product) 또는 스칼라적(scalar product)을 식

$$(a_1, a_2)\cdot(b_1, b_2)=a_1b_1+a_2b_2$$

로 정의한다. 특히 두 벡터가 일치하는 경우, 위의 관계는

$$(a_1, a_2)\cdot(a_1, a_2)=a_1^2+a_2^2$$

로 되며, 복소수의 경우와 같이 $\sqrt{a_1^2+a_2^2}$을 벡터 (a_1, a_2)의 길이라고 부른다. 벡터 $\boldsymbol{\alpha}$의 길이는 $|\boldsymbol{\alpha}|$로도 나타낸다. 길이가 1인 벡터를 단위벡터라고 한다. x축과 y축의 양의 방향과 방향이 같은 단위벡터를 각각 $\boldsymbol{i}$와 $\boldsymbol{j}$로 표시한다. 따라서

$$\boldsymbol{i}=(1, 0),\quad \boldsymbol{j}=(0, 1).$$

두 벡터 $\boldsymbol{\alpha}$, $\boldsymbol{\beta}$의 내적은 $\boldsymbol{\alpha}\cdot\boldsymbol{\beta}$ 또는 $\langle \boldsymbol{\alpha}, \boldsymbol{\beta}\rangle$로도 표시한다. 이 기호에 의하면

$$\langle \boldsymbol{\alpha}, \boldsymbol{\alpha} \rangle = |\boldsymbol{\alpha}|^2$$

이다.

내적에 관한 공식을 다음에 열거한다. 이들은 모두 정의로부터 쉽게 증명된다.

$$\langle \boldsymbol{\alpha}, \boldsymbol{\beta} \rangle = \langle \boldsymbol{\beta}, \boldsymbol{\alpha} \rangle$$
$$\langle \boldsymbol{\alpha}_1 + \boldsymbol{\alpha}_2, \boldsymbol{\beta} \rangle = \langle \boldsymbol{\alpha}_1, \boldsymbol{\beta} \rangle + \langle \boldsymbol{\alpha}_2, \boldsymbol{\beta} \rangle$$
$$\langle \boldsymbol{\alpha}, \boldsymbol{\beta}_1 + \boldsymbol{\beta}_2 \rangle = \langle \boldsymbol{\alpha}, \boldsymbol{\beta}_1 \rangle + \langle \boldsymbol{\alpha}, \boldsymbol{\beta}_2 \rangle$$
$$\langle a\boldsymbol{\alpha}, b\boldsymbol{\beta} \rangle = ab \langle \boldsymbol{\alpha}, \boldsymbol{\beta} \rangle (a, b\text{는 수}).$$

〔정리 10-2〕 $\boldsymbol{\alpha}, \boldsymbol{\beta}$를 임의의 두 벡터라 할 때,

$$|\boldsymbol{\alpha} - \boldsymbol{\beta}|^2 = |\boldsymbol{\alpha}|^2 + |\boldsymbol{\beta}|^2 - 2\langle \boldsymbol{\alpha}, \boldsymbol{\beta} \rangle$$

〔증명〕 $|\boldsymbol{\alpha} - \boldsymbol{\beta}|^2 = \langle \boldsymbol{\alpha} - \boldsymbol{\beta}, \boldsymbol{\alpha} - \boldsymbol{\beta} \rangle = \langle \boldsymbol{\alpha}, \boldsymbol{\alpha} - \boldsymbol{\beta} \rangle - \langle \boldsymbol{\beta}, \boldsymbol{\alpha} - \boldsymbol{\beta} \rangle$

$$= \langle \boldsymbol{\alpha}, \boldsymbol{\alpha} \rangle - \langle \boldsymbol{\alpha}, \boldsymbol{\beta} \rangle - \langle \boldsymbol{\beta}, \boldsymbol{\alpha} \rangle + \langle \boldsymbol{\beta}, \boldsymbol{\beta} \rangle$$
$$= |\boldsymbol{\alpha}|^2 - 2\langle \boldsymbol{\alpha}, \boldsymbol{\beta} \rangle + |\boldsymbol{\beta}|^2. \blacksquare$$

〔정리 10-3〕 두 벡터 $\boldsymbol{\alpha}, \boldsymbol{\beta}$가 이루는 각을 θ라 하면

$$\cos\theta = \frac{\langle \boldsymbol{\alpha}, \boldsymbol{\beta} \rangle}{|\boldsymbol{\alpha}||\boldsymbol{\beta}|}$$

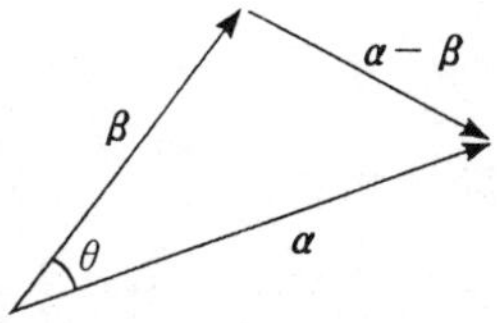

그림 10-5.

〔증명〕 벡터 $\boldsymbol{\alpha}, \boldsymbol{\beta}, \boldsymbol{\alpha} - \boldsymbol{\beta}$는 지금까지 본 바에 의하면 삼각형의 세변을 이루고 있다 (그림 10-5). 이 삼각형의 세 변의 길이를 $a = |\boldsymbol{\alpha}|, b = |\boldsymbol{\beta}|, c = |\boldsymbol{\alpha} - \boldsymbol{\beta}|$라 하면 삼각형의 코사인법칙에 의하여

$$c^2 = a^2 + b^2 - 2ab\cos\theta.$$

이것을 다시 쓰면

$$|\boldsymbol{\alpha} - \boldsymbol{\beta}|^2 = |\boldsymbol{\alpha}|^2 + |\boldsymbol{\beta}|^2 - 2|\boldsymbol{\alpha}||\boldsymbol{\beta}|\cos\theta.$$

이 식과 정리 10-2로부터 정리가 얻어진다. ■

〔따름정리〕 O이 아닌 두 벡터 $\boldsymbol{\alpha}, \boldsymbol{\beta}$가 수직이기 위한 필요충분조건은

$$\langle \boldsymbol{\alpha}, \boldsymbol{\beta} \rangle = 0.$$

$\boldsymbol{n}$차원 벡터

지금까지 살펴본 2차원 평면벡터의 개념은 다음과 같이 일반적 n차원 벡터공간으로 일반화된다. 즉 n개의 실수 $a_1, a_2, \cdots\cdots, a_n$으로 이루어진 순서모임 $\boldsymbol{\alpha}=(a_1, a_2, \cdots\cdots, a_n)$을 $\boldsymbol{n}$차원 벡터라 부른다. 이들 벡터의 합, 스칼라곱, 내적, 길이 등은 모두 $n=2$일 때와 똑같이 다음 식으로 정의된다.

〔정의〕 $\boldsymbol{\alpha}=(a_1, a_2, \cdots\cdots, a_n)$, $\boldsymbol{\beta}=(b_1, b_2, \cdots\cdots, b_n)$라 할 때

$$\boldsymbol{\alpha}+\boldsymbol{\beta}=(a_1+b_1, a_2+b_2, \cdots\cdots, a_n+b_n), \qquad \text{(벡터의 합)}$$

$$c\boldsymbol{\alpha}=(ca_1, ca_2, \cdots\cdots, ca_n), \qquad \text{(스칼라곱)}$$

$$\langle \boldsymbol{\alpha}, \boldsymbol{\beta}\rangle = a_1b_1+a_2b_2+\cdots+a_nb_n \qquad \text{(내적)}$$

$$|\boldsymbol{\alpha}|=\sqrt{a_1^2+a_2^2+\cdots\cdots+a_n^2} \qquad \text{(벡터의 길이)}$$

$\boldsymbol{\alpha}_1, \boldsymbol{\alpha}_2, \cdots\cdots, \boldsymbol{\alpha}_m$을 m개의 벡터라 하고, $c_1, c_2, \cdots\cdots, c_m$이 실수일 때

$$c_1\boldsymbol{\alpha}_1+c_2\boldsymbol{\alpha}_2+\cdots\cdots+c_m\boldsymbol{\alpha}_m$$

형의 벡터를 $\boldsymbol{\alpha}_1, \boldsymbol{\alpha}_2, \cdots\cdots, \boldsymbol{\alpha}_m$의 일차결합(linear combination)이라고 한다.

만일 적어도 하나는 0이 아닌 수 $c_1, c_2, \cdots\cdots, c_m$이 존재하여

$$c_1\boldsymbol{\alpha}_1+c_2\boldsymbol{\alpha}_2+\cdots\cdots+c_m\boldsymbol{\alpha}_m=\boldsymbol{O}$$

인 관계가 성립된다면, $\boldsymbol{\alpha}_1, \boldsymbol{\alpha}_2, \cdots\cdots, \boldsymbol{\alpha}_m$은 일차종속(linearly dependent)이라고 한다.

$m=2$일 때 $\boldsymbol{\alpha}_1, \boldsymbol{\alpha}_2$가 일차종속이라면 적어도 하나는 0이 아닌 c_1, c_2에 대해

$$c_1\boldsymbol{\alpha}_1+c_2\boldsymbol{\alpha}_2=\boldsymbol{O}$$

이다. $c_1\neq 0$라면

$$\boldsymbol{\alpha}_1=-\frac{c_2}{c_1}\boldsymbol{\alpha}_2.$$

즉 한 벡터는 다른 벡터의 스칼라곱이다.

같은 방법으로, 임의의 $m\geq 2$에 대해 $\boldsymbol{\alpha}_1, \boldsymbol{\alpha}_2, \cdots\cdots, \boldsymbol{\alpha}_m$이 일차종속이면, 어느 한 벡터는 다른 것들의 일차결합으로 표시됨을 알 수 있다.

$\boldsymbol{\alpha}_1, \boldsymbol{\alpha}_2, \cdots\cdots, \boldsymbol{\alpha}_m$이 일차종속이 아닐 때 $\boldsymbol{\alpha}_1, \boldsymbol{\alpha}_2, \cdots\cdots, \boldsymbol{\alpha}_m$은 일차독립(linearly independent)이라고 한다. 즉 $\boldsymbol{a}_1, \boldsymbol{a}_2, \cdots\cdots, \boldsymbol{a}_m$가 일차독립이라는 것은

$$c_1\boldsymbol{a}_1 + c_2\boldsymbol{a}_2 + \cdots\cdots + c_m\boldsymbol{a}_m = \boldsymbol{O}$$

라면 $c_1 = c_2 = \cdots\cdots = c_m = 0$인 것이다.

예제 10-8 $\boldsymbol{a}_1 = (1, 2, 1, -1)$, $\boldsymbol{a}_2 = (-1, 1, 2, -3)$, $\boldsymbol{a}_3 = (-1, 4, 5, -7)$ 중에서 일차독립인 것의 최대 개수는 몇 개인가?

풀이 우선

$$c_1\boldsymbol{a}_1 + c_2\boldsymbol{a}_2 + c_3\boldsymbol{a}_3 = (c_1 - c_2 - c_3, 2c_1 + c_2 + 4c_3, c_1 + 2c_2 + 5c_3, -c_1 - 3c_2 - 7c_3)$$

를 영벡터로 하는 c_1, c_2, c_3를 구한다. 그러므로

$$c_1 - c_2 - c_3 = 0,\ c_1 + 2c_2 + 5c_3 = 0,$$
$$2c_1 + c_2 + 4c_3 = 0,\ -c_1 - 3c_2 - 7c_3 = 0$$

을 만족시키는 c_1, c_2, c_3를 구한다.

처음 두 식에서 $c_1 = 1$이라 놓고 풀면, $c_1 = 1$, $c_2 = 2$, $c_3 = -1$. 이것이 다른 두 식을 만족함은 쉽게 검토할 수 있다. 따라서,

$$\boldsymbol{a}_1 + 2\boldsymbol{a}_2 - \boldsymbol{a}_3 = \boldsymbol{O}$$

즉 $\boldsymbol{a}_1, \boldsymbol{a}_2, \boldsymbol{a}_3$는 일차종속이다. 한편 $\boldsymbol{a}_1, \boldsymbol{a}_2$가 일차종속이라면

$$c_1\boldsymbol{a}_1 + c_2\boldsymbol{a}_2 = \boldsymbol{O}.$$

인 c_1, c_2가 존재한다. 이것은 앞 식에서 $c_3 = 0$인 경우로 생각하여

$$c_1 - c_2 = 0,\ c_1 + 2c_2 = 0,$$
$$2c_1 + c_2 = 0,\ -c_1 - 3c_2 = 0.$$

따라서 $c_1 = c_2 = 0$으로 되어 $\boldsymbol{a}_1, \boldsymbol{a}_2$는 일차독립인 것이 증명된다. 이상에서 $\boldsymbol{a}_1, \boldsymbol{a}_2, \boldsymbol{a}_3$ 중에서 일차독립인 것의 최대 개수는 2개이다. ▮

공간벡터

평면벡터와 같은 방법으로 3차원 벡터(공간벡터)에 대해서도 앞의 정리 10-2, 정리

10-3, 따름정리가 성립함을 알 수 있다.

x, y, z축의 양의 방향과 방향이 같은 단위벡터를 각각 $\boldsymbol{i}, \boldsymbol{j}, \boldsymbol{k}$로 표시한다.

$$\boldsymbol{i}=(1, 0, 0), \quad \boldsymbol{j}=(0, 1, 0), \quad \boldsymbol{k}=(0, 0, 1).$$

그러면, 임의의 공간벡터 $\boldsymbol{A}=(a_1, a_2, a_3)$는

$$\boldsymbol{A}=(a_1, a_2, a_3)=a_1\boldsymbol{i}+a_2\boldsymbol{j}+a_3\boldsymbol{k}$$

와 같이, $\boldsymbol{i}, \boldsymbol{j}, \boldsymbol{k}$의 일차결합으로 나타내진다.

이제 공간벡터의 외적을 살펴보도록 하자.

〔정의〕 공간벡터 $\boldsymbol{A}=(a_1, a_2, a_3)$, $\boldsymbol{B}=(b_1, b_2, b_3)$에 대하여

$$\boldsymbol{A}\times\boldsymbol{B}=(a_2b_3-a_3b_2)\boldsymbol{i}+(a_3b_1-a_1b_3)\boldsymbol{j}+(a_1b_2-a_2b_1)\boldsymbol{k}$$

를 $\boldsymbol{A}$와 $\boldsymbol{B}$의 외적(cross product)이라고 한다.

〔참고〕 $\boldsymbol{A}\times\boldsymbol{B}=\begin{vmatrix} \boldsymbol{i} & \boldsymbol{j} & \boldsymbol{k} \\ a_1 & a_2 & a_3 \\ b_1 & b_2 & b_3 \end{vmatrix}$와 같이 기억하면 편리하다.

예 9 $\boldsymbol{i}\times\boldsymbol{j}=\boldsymbol{k}$, $\boldsymbol{j}\times\boldsymbol{k}=\boldsymbol{i}$, $\boldsymbol{k}\times\boldsymbol{i}=\boldsymbol{j}$. ∎

정의로부터 벡터의 외적에 대한 다음 성질을 쉽게 알 수 있다.

$$\begin{aligned}
&\boldsymbol{A}\times\boldsymbol{B}=-\boldsymbol{B}\times\boldsymbol{A}\\
&\boldsymbol{A}\times\boldsymbol{A}=\boldsymbol{O}\\
&\boldsymbol{A}\times(\boldsymbol{B}+\boldsymbol{C})=\boldsymbol{A}\times\boldsymbol{B}+\boldsymbol{A}\times\boldsymbol{C}\\
&(c\boldsymbol{A})\times\boldsymbol{B}=c(\boldsymbol{A}\times\boldsymbol{B})=\boldsymbol{A}\times(c\boldsymbol{B}) \ (c\text{는 실수})\\
&(\boldsymbol{A}+\boldsymbol{B})\times\boldsymbol{C}=\boldsymbol{A}\times\boldsymbol{C}+\boldsymbol{B}\times\boldsymbol{C}
\end{aligned}$$

$\boldsymbol{i}\times(\boldsymbol{i}\times\boldsymbol{k})=\boldsymbol{i}\times(-\boldsymbol{j})=-\boldsymbol{k}$이고, $(\boldsymbol{i}\times\boldsymbol{i})\times\boldsymbol{k}=\boldsymbol{O}\times\boldsymbol{k}=\boldsymbol{O}$이므로 $\boldsymbol{i}\times(\boldsymbol{i}\times\boldsymbol{k})\neq(\boldsymbol{i}\times\boldsymbol{i})\times\boldsymbol{k}$이다. 따라서, 일반적으로 세 벡터 $\boldsymbol{A}, \boldsymbol{B}, \boldsymbol{C}$에 대하여

$$\boldsymbol{A}\times(\boldsymbol{B}\times\boldsymbol{C})\neq(\boldsymbol{A}\times\boldsymbol{B})\times\boldsymbol{C}$$

이다. $\boldsymbol{A}\times(\boldsymbol{B}\times\boldsymbol{C})$ 또는 $(\boldsymbol{A}\times\boldsymbol{B})\times\boldsymbol{C}$를 벡터삼중적(vector triple product)이라고 한다.

예제 10-9 $\boldsymbol{A}=\boldsymbol{i}+\boldsymbol{j},\ \boldsymbol{B}=2\boldsymbol{i}-3\boldsymbol{j}+\boldsymbol{k},\ \boldsymbol{C}=4\boldsymbol{j}-3\boldsymbol{k}$에 대해 $(\boldsymbol{A}\times\boldsymbol{B})\times\boldsymbol{C},\ \boldsymbol{A}\times(\boldsymbol{B}\times\boldsymbol{C})$를 구하여라.

풀이

$$\boldsymbol{A}\times\boldsymbol{B}=\begin{vmatrix}\boldsymbol{i} & \boldsymbol{j} & \boldsymbol{k}\\ 1 & 1 & 0\\ 2 & -3 & 1\end{vmatrix}=\boldsymbol{i}-\boldsymbol{j}-5\boldsymbol{k},$$

$$(\boldsymbol{A}\times\boldsymbol{B})\times\boldsymbol{C}=\begin{vmatrix}\boldsymbol{i} & \boldsymbol{j} & \boldsymbol{k}\\ 1 & -1 & -5\\ 0 & 4 & -3\end{vmatrix}=23\boldsymbol{i}+3\boldsymbol{j}+4\boldsymbol{k}.$$

$$\boldsymbol{B}\times\boldsymbol{C}=\begin{vmatrix}\boldsymbol{i} & \boldsymbol{j} & \boldsymbol{k}\\ 2 & -3 & 1\\ 0 & 4 & -3\end{vmatrix}=5\boldsymbol{i}+6\boldsymbol{j}+8\boldsymbol{k},$$

$$\boldsymbol{A}\times(\boldsymbol{B}\times\boldsymbol{C})=\begin{vmatrix}\boldsymbol{i} & \boldsymbol{j} & \boldsymbol{k}\\ 1 & 1 & 0\\ 5 & 6 & 8\end{vmatrix}=8\boldsymbol{i}-8\boldsymbol{j}+k. \blacksquare$$

〔정리 10-4〕 $\boldsymbol{A}, \boldsymbol{B}$를 $\boldsymbol{O}$이 아닌 두 벡터라 하자.

(1) $\boldsymbol{A}\cdot(\boldsymbol{A}\times\boldsymbol{B})=0,\ \ \boldsymbol{B}\cdot(\boldsymbol{A}\times\boldsymbol{B})=0$. 그러므로 $\boldsymbol{A}\times\boldsymbol{B}\neq\boldsymbol{O}$이면 $\boldsymbol{A}\times\boldsymbol{B}$는 $\boldsymbol{A}$와 $\boldsymbol{B}$ 모두에 수직인 벡터이다.

(2) θ를 두 벡터 $\boldsymbol{A}$와 $\boldsymbol{B}$가 이루는 각이라 하면 $(0\le\theta\le\pi)$, $|\boldsymbol{A}\times\boldsymbol{B}|=|\boldsymbol{A}||\boldsymbol{B}|\sin\theta$.

〔증명〕 $\boldsymbol{A}=(a_1, a_2, a_3),\ \ \boldsymbol{B}=(b_1, b_2, b_3)$라 하자.

(1) 벡터의 내적과 외적에 대한 정의에 의하여,

$$\begin{aligned}\boldsymbol{A}\cdot(\boldsymbol{A}\times\boldsymbol{B})&=a_1(a_2b_3-a_3b_2)+a_2(a_3b_1-a_1b_3)+a_3(a_1b_2-a_2b_1)\\&=0\end{aligned}$$

마찬가지로, $\boldsymbol{B}\cdot(\boldsymbol{A}\times\boldsymbol{B})=0$이다.

(2)
$$\begin{aligned}|\boldsymbol{A}\times\boldsymbol{B}|^2&=(a_2b_3-a_3b_2)^2+(a_3b_1-a_1b_3)^2+(a_1b_2-a_2b_1)^2\\&=a_2^2b_3^2-2a_2a_3b_2b_3+a_3^2b_2^2+a_3^2b_1^2-2a_1a_3b_1b_3+a_1^2b_3^2+a_1^2b_2^2\\&\quad-2a_1a_2b_1b_2+a_2^2b_1^2\\&=(a_1^2+a_2^2+a_3^2)(b_1^2+b_2^2+b_3^2)-(a_1b_1+a_2b_2+a_3b_3)^2\\&=|\boldsymbol{A}|^2|\boldsymbol{B}|^2-(\boldsymbol{A}\cdot\boldsymbol{B})^2\\&=|\boldsymbol{A}|^2|\boldsymbol{B}|^2-(|\boldsymbol{A}||\boldsymbol{B}|\cos\theta)^2\\&=|\boldsymbol{A}|^2|\boldsymbol{B}|^2(1-\cos^2\theta)=|\boldsymbol{A}|^2|\boldsymbol{B}|^2\sin^2\theta.\end{aligned}$$

$0 \le \theta \le \pi$일 때 $\sin\theta \ge 0$이므로,

$$|\boldsymbol{A} \times \boldsymbol{B}| = |\boldsymbol{A}||\boldsymbol{B}| \sin\theta. \blacksquare$$

〔**따름정리**〕 $\boldsymbol{A}$와 $\boldsymbol{B}$가 영벡터가 아닐 때, $\boldsymbol{A}$와 $\boldsymbol{B}$가 평행이기 위한 필요충분조건은 $\boldsymbol{A} \times \boldsymbol{B} = \boldsymbol{O}$인 것이다.

정리 10-4로부터 $\boldsymbol{A} \times \boldsymbol{B}$의 크기는 두 벡터 $\boldsymbol{A}$와 $\boldsymbol{B}$를 양변으로 하는 평행사변형의 넓이와 같고(그림 10-6), 그 방향은 예 9에서 보는 것처럼 $\boldsymbol{A}$에서 $\boldsymbol{B}$로 돌린 나사가 나가는 방향과 같다(그림 10-7). 따라서 $\boldsymbol{A}$와 $\boldsymbol{B}$를 두 변으로 하는 삼각형의 넓이는 $\frac{1}{2}|\boldsymbol{A} \times \boldsymbol{B}|$이다.

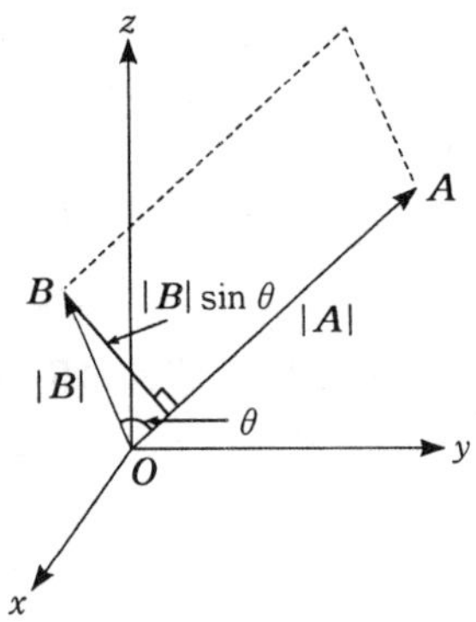

그림 10-6.

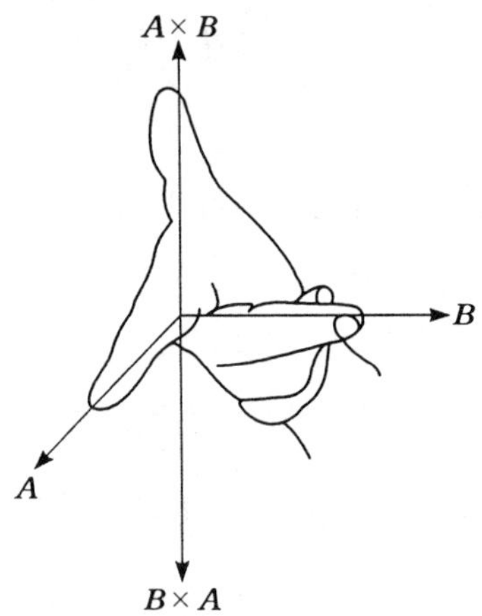

그림 10-7.

예제 10-10 $P(2, 3, 5)$, $Q(4, 2, -1)$, $R(3, 6, 4)$로 이루어진 삼각형의 면적을 구하여라.

풀이 ΔPQR의 면적은 $\frac{1}{2}|\overrightarrow{PQ} \times \overrightarrow{PR}|$이다.

$$\overrightarrow{PQ} = (4-2)\,\boldsymbol{i} + (2-3)\,\boldsymbol{j} + (-1-5)\,\boldsymbol{k} = 2\,\boldsymbol{i} - \boldsymbol{j} - 6\,\boldsymbol{k}$$

$$\overrightarrow{PR} = (3-2)\,\boldsymbol{i} + (6-3)\,\boldsymbol{j} + (4-5)\,\boldsymbol{k} = \boldsymbol{i} + 3\,\boldsymbol{j} - \boldsymbol{k}$$

$$\overrightarrow{PQ} \times \overrightarrow{PR} = \begin{vmatrix} \boldsymbol{i} & \boldsymbol{j} & \boldsymbol{k} \\ 2 & -1 & -6 \\ 1 & 3 & -1 \end{vmatrix} = 19\,\boldsymbol{i} - 4\,\boldsymbol{j} + 7\,\boldsymbol{k}$$이므로

ΔPQR의 면적 $= \frac{1}{2}|19\,\boldsymbol{i} - 4\,\boldsymbol{j} + 7\,\boldsymbol{k}| = \frac{1}{2}\sqrt{426}$이 된다. $\blacksquare$

세 벡터 $\boldsymbol{A}=(a_1, a_2, a_3)$, $\boldsymbol{B}=(b_1, b_2, b_3)$, $\boldsymbol{C}=(c_1, c_2, c_3)$에 대하여 $(\boldsymbol{A}\times\boldsymbol{B})\cdot\boldsymbol{C}$를 생각해 보자.

$$\boldsymbol{A}\times\boldsymbol{B}=(a_2b_3-a_3b_2)\,\boldsymbol{i}+(a_3b_1-a_1b_3)\,\boldsymbol{j}+(a_1b_2-a_2b_1)\,\boldsymbol{k}$$

이므로

$$\begin{aligned}(\boldsymbol{A}\times\boldsymbol{B})\cdot\boldsymbol{C}&=(a_2b_3-a_3b_2)c_1+(a_3b_1-a_1b_3)c_2+(a_1b_2-a_2b_1)c_3\\&=\begin{vmatrix}c_1&c_2&c_3\\a_1&a_2&a_3\\b_1&b_2&b_3\end{vmatrix}=\begin{vmatrix}a_1&a_2&a_3\\b_1&b_2&b_3\\c_1&c_2&c_3\end{vmatrix}.\end{aligned}$$

여기서 $(\boldsymbol{A}\times\boldsymbol{B})\cdot\boldsymbol{C}$ 또는 $\boldsymbol{C}\cdot(\boldsymbol{A}\times\boldsymbol{B})$를 벡터의 스칼라삼중적(scalar triple product)이라고 한다.

$$\boldsymbol{A}\cdot(\boldsymbol{B}\times\boldsymbol{C})=a_1(b_2c_3-b_3c_2)+a_2(b_3c_1-b_1c_3)+a_3(b_1c_2-b_2c_1)$$

이므로

$$\boldsymbol{A}\cdot(\boldsymbol{B}\times\boldsymbol{C})=(\boldsymbol{A}\times\boldsymbol{B})\cdot\boldsymbol{C}=\begin{vmatrix}a_1&a_2&a_3\\b_1&b_2&b_3\\c_1&c_2&c_3\end{vmatrix} \tag{1}$$

임을 알 수 있다.

그림 10-8에서와 같이 $\boldsymbol{A}$와 $\boldsymbol{B}\times\boldsymbol{C}$사이의 각을 θ라 하면, $|\boldsymbol{B}\times\boldsymbol{C}|$는 평행육면체의 밑면의 넓이이고, $|\boldsymbol{A}||\cos\theta|$가 높이 이므로 $\boldsymbol{A}, \boldsymbol{B}, \boldsymbol{C}$를 세 변으로 하는 평행육면체의 부피는

$$|\boldsymbol{A}||\cos\theta||\boldsymbol{B}\times\boldsymbol{C}|=|\boldsymbol{A}\cdot(\boldsymbol{B}\times\boldsymbol{C})|$$

가 된다.

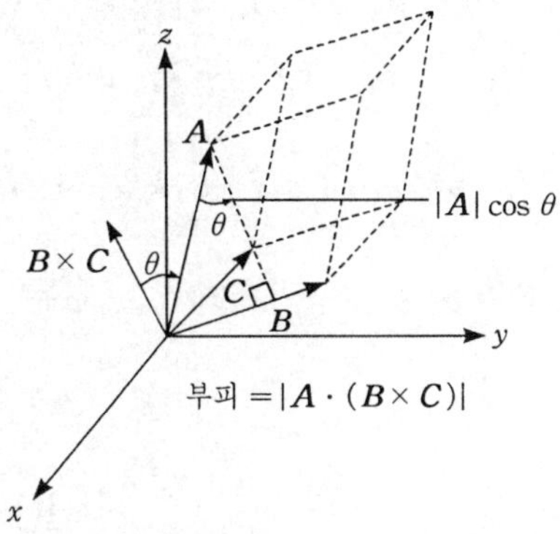

그림 10-8.

예제 10-11 $\boldsymbol{A}=\boldsymbol{i}-\boldsymbol{j}$, $\boldsymbol{B}=2\boldsymbol{i}+3\boldsymbol{j}-\boldsymbol{k}$, $\boldsymbol{C}=-\boldsymbol{i}+2\boldsymbol{k}$를 세 변으로 하는 평행육면체의 부피를 구하여라.

풀이 평행육면체의 부피는 $|\boldsymbol{A}\cdot(\boldsymbol{B}\times\boldsymbol{C})|$이다. (1)로부터

$$\boldsymbol{A}\cdot(\boldsymbol{B}\times\boldsymbol{C})=\begin{vmatrix}1&-1&0\\2&3&-1\\-1&0&2\end{vmatrix}=9$$

이므로 구하는 부피는 9이다. ■

10-3. 연습문제

1. $(x, 3)=(2, x+y)$에서 x, y를 구하여라.

2. 두 벡터 $\boldsymbol{\alpha}=(4, 2)$, $\boldsymbol{\beta}=(-3\sqrt{2}, \sqrt{2})$가 이루는 각을 구하여라.

3. 다음 등식을 증명하여라.

$$|\boldsymbol{\alpha}+\boldsymbol{\beta}|^2+|\boldsymbol{\alpha}-\boldsymbol{\beta}|^2=2|\boldsymbol{\alpha}|^2+2|\boldsymbol{\beta}|^2$$

4. $\boldsymbol{\alpha}=c_1\boldsymbol{\alpha}_1+c_2\boldsymbol{\alpha}_2(c_1+c_2=1)$이라면 $\boldsymbol{\alpha}, \boldsymbol{\alpha}_1, \boldsymbol{\alpha}_2$의 종점은 한 개의 직선 위에 있음을 보여라. 단, 벡터 $\boldsymbol{\alpha}, \boldsymbol{\alpha}_1, \boldsymbol{\alpha}_2$의 시점은 모두 원점이다.

5. $\boldsymbol{\alpha}_1=(2, -1, 1, 3)$, $\boldsymbol{\alpha}_2=(1, 2, -1, 2)$, $\boldsymbol{\alpha}_3=(3, -1, -2, 4)$, $\boldsymbol{\alpha}_4=(7, 2, -3, 11)$ 중에서 일차독립인 벡터의 최대 개수를 구하여라.

6. 다음 벡터 $\boldsymbol{u}$, $\boldsymbol{v}$에 대하여 $\boldsymbol{u}\times\boldsymbol{v}$를 구하여라.

   (a) $\boldsymbol{u}=\boldsymbol{i}-2\boldsymbol{j}$, $\boldsymbol{v}=3\boldsymbol{k}$
   (b) $\boldsymbol{u}=\boldsymbol{i}-\boldsymbol{j}$, $\boldsymbol{v}=\boldsymbol{j}+\boldsymbol{k}$
   (c) $\boldsymbol{u}=2\boldsymbol{i}-3\boldsymbol{j}+\boldsymbol{k}$, $\boldsymbol{v}=\boldsymbol{i}+2\boldsymbol{j}+\boldsymbol{k}$
   (d) $\boldsymbol{u}=-3\boldsymbol{i}-2\boldsymbol{j}+\boldsymbol{k}$, $\boldsymbol{v}=6\boldsymbol{i}+4\boldsymbol{j}-2\boldsymbol{k}$

7. $\boldsymbol{u}=a_1\boldsymbol{i}+a_2\boldsymbol{j}+a_3\boldsymbol{k}$일 때 $\boldsymbol{u}\times\boldsymbol{O}=\boldsymbol{O}\times\boldsymbol{u}=\boldsymbol{O}$임을 보여라.

8. $\boldsymbol{u}, \boldsymbol{v}$는 공간벡터이고, a는 실수일 때 $(a\boldsymbol{u})\times\boldsymbol{v}=a(\boldsymbol{u}\times\boldsymbol{v})$임을 보여라.

10-4. 공간에서의 직선

공간에서의 직선은 직선상의 한 점과 직선의 방향에 의해서 임의적으로 결정된다.

직선 L이 한 점 $P_0(x_0, y_0, z_0)$를 지나고 $\boldsymbol{O}=(0, 0, 0)$이 아닌 벡터 $\boldsymbol{A}=(a, b, c)$와 평행하다고 하자. 이때 직선상의 임의의 점을 $P(x, y, z)$라 놓으면 벡터 $\overrightarrow{P_0P}$는 벡터 $\boldsymbol{A}$와 평행이다. 따라서

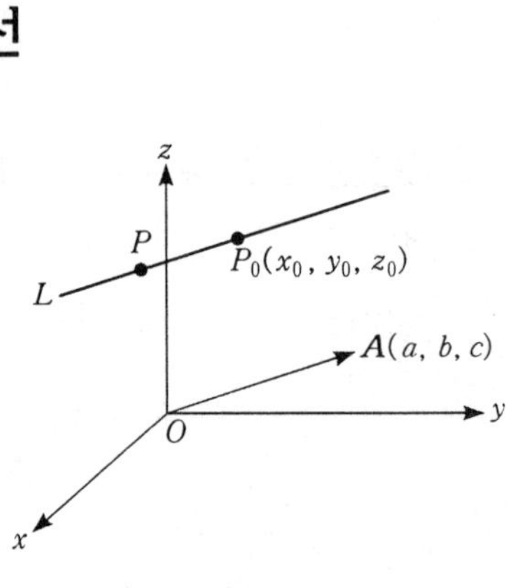

그림 10-9.

$$\overrightarrow{P_0P} = (x-x_0,\ y-y_0,\ z-z_0) = t\boldsymbol{A}$$
$$= (ta,\ tb,\ tc)$$

가 된다. 여기서 t는 실수이다. 그러므로 직선의 식을

$$x = at + x_0,\ \ y = bt + y_0,\ \ z = ct + z_0,\ (t\text{는 실수})$$

와 같이 나타낼 수 있다. 이것을 **직선의 매개방정식**이라고 한다. a, b, c가 0이 아닌 경우에는 t를 소거하여

$$\frac{x-x_0}{a} = \frac{y-y_0}{b} = \frac{z-z_0}{c}$$

와 같이 나타낼 수도 있다.

여기서 벡터 $\boldsymbol{A} = (a,\ b,\ c)$를 직선 L의 **방향벡터**(direction vector)라 한다.

예 10 점 $P(2,\ -9,\ 5)$를 지나고 벡터 $\boldsymbol{A} = (3,\ -1,\ 4)$와 평행인 직선의 식은 $x = 3t+2$, $y = -t-9$, $z = 4t+5$ 혹은

$$\frac{x-2}{3} = \frac{y+9}{-1} = \frac{z-5}{4}$$

가 된다. ∎

예 11 점 $(2,\ -9,\ 5)$를 지나고 $\boldsymbol{A} = (0,\ 2,\ 3)$과 평행인 직선의 매개방정식은

$$x = 2,\ \ y = 2t-9,\ \ z = 3t+5$$

가 된다. t를 소거하여

$$x = 2,\ \ \frac{y+9}{2} = \frac{z-5}{3}.$$

와 같이 나타낼 수도 있다. ∎

직선의 방향벡터 $\boldsymbol{A} = (a,\ b,\ c)$가 단위벡터라 하고, x, y, z축의 양의 방향과 이루는 각을 각각 α, β, γ라 하자. 여기서 α, β, γ를 직선의 **방향각**이라 하고, $\cos\alpha$, $\cos\beta$, $\cos\gamma$를 직선의 **방향여현**(direction cosine)이라 한다.

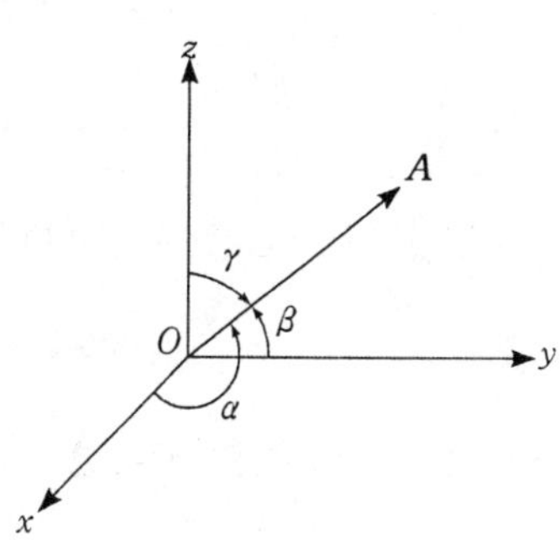

그림 10-10.

α, β, γ는 각각 단위벡터 $\boldsymbol{i},\ \boldsymbol{j},\ \boldsymbol{k}$와 $\boldsymbol{A}$가 이루는 각이

므로

$$\begin{aligned} a &= (a, b, c) \cdot (1,0,0) \\ &= |(a,\ b,\ c)||(1,0,0)| \cos \alpha = \cos \alpha \end{aligned}$$

$$b = \boldsymbol{A} \cdot \boldsymbol{j} = |\boldsymbol{A}||\boldsymbol{j}| \cos \beta = \cos \beta$$

$$c = \boldsymbol{A} \cdot \boldsymbol{k} = |\boldsymbol{A}||\boldsymbol{k}| \cos \gamma = \cos \gamma$$

가 된다.

여기서 우리는 방향벡터 $\boldsymbol{A}$가 단위벡터(즉 $a^2+b^2+c^2=1$)라고 했으므로

$$\cos^2\alpha + \cos^2\beta + \cos^2\gamma = 1$$

이 된다.

예 12 원점으로부터 점 $(0,3,4)$쪽으로 향하는 직선의 방향여현은, $|(0,3,4)|=5$이므로,

$$\cos\alpha = \frac{0}{5} = 0, \quad \cos\beta = \frac{3}{5}, \quad \cos\gamma = \frac{4}{5}. \ ■$$

예 13 $\alpha = 45°$, $\beta = 60°$ 이면 γ는

$$\cos^2\gamma = 1 - \cos^2 45° - \cos^2 60° = 1 - \frac{1}{2} - \frac{1}{4} = \frac{1}{4}$$

이므로 $\cos\gamma = \pm\frac{1}{2}$ 이다. 따라서 $\gamma = 60°$ 혹은 $120°$ 이다. ■

직선사이의 각은 두 직선의 방향벡터가 이루는 각과 같으므로 방향벡터가 각각 $\boldsymbol{A}_1 = (a_1, b_1, c_1)$, $\boldsymbol{A}_2 = (a_2, b_2, c_2)$인 두 직선 사이의 각을 ϕ라 하면

$$\cos\phi = \frac{\boldsymbol{A}_1 \cdot \boldsymbol{A}_2}{|\boldsymbol{A}_1||\boldsymbol{A}_2|} = \frac{a_1a_2 + b_1b_2 + c_1c_2}{\sqrt{a_1^2+b_1^2+c_1^2}\sqrt{a_2^2+b_2^2+c_2^2}}$$

이다.

예 14 두 직선의 방향벡터가 각각 $(1,2,2)$, $(3,4,-12)$이면

$$\cos\phi = \frac{1\cdot3+2\cdot4+2\cdot(-12)}{\sqrt{1^2+2^2+2^2}\sqrt{3^2+4^2+(-12)^2}} = -\frac{1}{3}$$

이므로 $\phi \approx 109.5°$ 이다. ■

예제 10-12 방향벡터가 각각 $(3,2,-1)$, $(1,-3,4)$인 두 직선 모두에 대해서 수직

인 직선의 방향벡터를 구하여라.

풀이 구하는 직선의 방향벡터를 (a, b, c)라 하면

$$(3, 2, -1) \cdot (a, b, c) = 3a + 2b - c = 0$$
$$(1, -3, 4) \cdot (a, b, c) = a - 3b + 4c = 0.$$

이것을 풀면 $a = -\frac{5}{13}b$, $c = \frac{11}{13}b$이다. b는 임의의 수가 될 수 있으므로 $b = 13$이라 놓으면 $(-5, 13, 11)$이 하나의 방향벡터가 된다. ▮

〔별해〕 구하는 직선의 방향벡터는 $(3, 2, -1)$과 $(1, -3, 4)$에 수직이므로 $(3, 2, 4) \times (1, -3, 4) = (5, -13, -11)$이 하나의 방향벡터이다. ▮

10-4. 연습문제

1. OX와 $45°$, OZ와 $60°$의 각을 이루는 직선은 OY와는 몇 도의 각을 이루는가?

2. 방향벡터가 $(2, -2, 1)$인 직선의 방향여현을 구하여라.

3. 방향벡터가 $(1, 1, 0)$, $(2, 1, 2)$인 두 직선 사이의 예각을 구하여라.

4. 방향벡터가 $(2, -1, 2)$와 $(3, 0, 1)$인 두 직선의 각각에 대해서 수직인 직선의 방향벡터를 구하여라.

5. 세 점 $(2, 3, 1)$, $(6, -3, 2)$, $(4, 0, 3)$에 의해서 이루어지는 삼각형에 수직인 직선의 방향벡터를 구하여라.

10-5. 평　면

그림 10-11에서와 같이 평면 위의 한 점 $P_0(x_0, y_0, z_0)$와 평면에 수직인 $\boldsymbol{O}$이 아닌 벡터 $\boldsymbol{N} = (a, b, c)$가 주어졌다고 하자(이 $\boldsymbol{N}$을 평면의 법벡터(normal vector)라고 부른다). 그러면 $P(x, y, z)$가 평면 위의 점이라는 것은 곧 벡터 $\overrightarrow{P_0P}$가 $\boldsymbol{N}$과 수직이 된다는 것이

다. 그러므로

$$N\cdot\overrightarrow{P_0P}=0$$

즉

$$a(x-x_0)+b(y-y_0)+c(z-z_0)=0$$

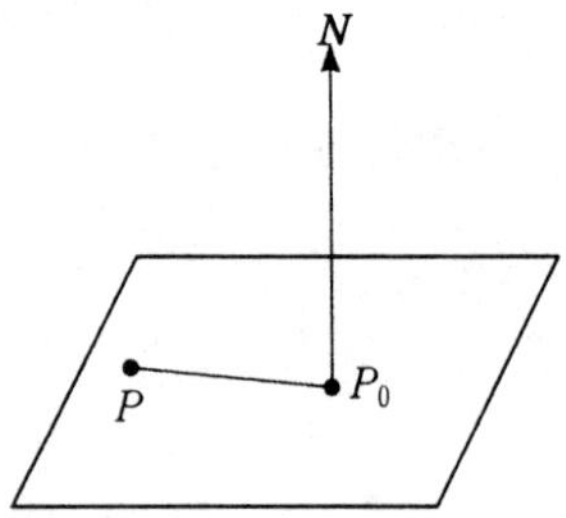

그림 10-11.

가 된다. 이것은

$$ax+by+cz=D$$

로 쓸 수 있다. 여기서

$$D=ax_0+by_0+cz_0.$$

따라서 다음과 같은 결과를 얻는다.

〔정리 10-5〕 임의의 평면은 일차방정식으로 나타낼 수 있다.

역으로 임의의 1차방정식

$$ax+by+cz=D \tag{1}$$

가 주어졌다고 하자. $P_0(x_0, y_0, z_0)$가 (1)을 만족시키는 한 점이라고 하면

$$ax_0+by_0+cz_0=D \tag{2}$$

가 성립된다. (1)에서 (2)를 빼면

$$a(x-x_0)+b(y-y_0)+c(z-z_0)=0$$

이 되므로, 벡터 $\boldsymbol{N}=(a, b, c)$와 점 $P(x, y, z)$을 생각하면 이것은 곧

$$N\cdot\overrightarrow{P_0P}=0$$

를 뜻한다. 그러므로 (1)을 만족시키는 점은 벡터 $\boldsymbol{N}$과 수직이고, 즉 법벡터가 $\boldsymbol{N}$이고 한 점 P_0를 지나는 평면 위에 있음을 알 수 있다. 따라서 우리는 다음을 얻는다.

〔정리 10-6〕 일차방정식의 궤적은 평면이다.

예 15 한 점 $P_0(-3, 0, 7)$을 지나고 벡터 $\mathbf{N}=(5, 2, -1)$과 수직인 평면의 방정식은

$$5x+2y-z=5(-3)+2(0)+(-1)7=-22. \blacksquare$$

예제 10-13 방정식 $2x+3y+4z=12$의 궤적을 그려라.

풀이 방정식이 일차이므로 궤적은 평면이 된다. 이것은 벡터 $(2, 3, 4)$와 수직이고, 한 점 $(6, 0, 0)$를 지난다. 또 y, x축과 각각 점 $(0, 4, 0)$, $(0, 0, 3)$과 만나고, 좌표평면과 만나는 교선은

$$2x+3y=12, \quad 3y+4z=12, \quad 2x+4z=12$$

이다(그림 10-12). ■

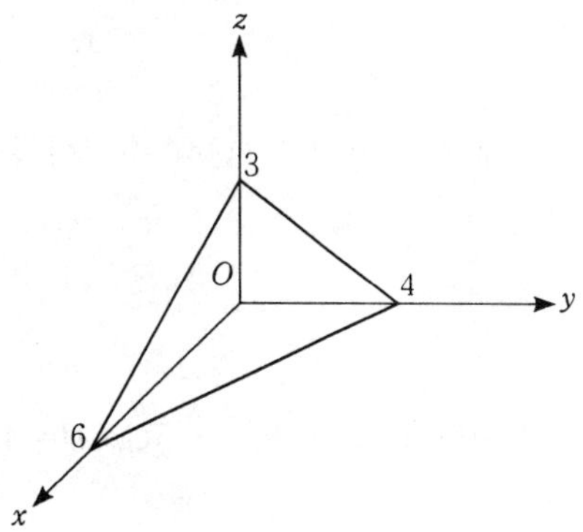

그림 10-12.

예제 10-14 점 $(1, 2, -1)$을 지나고 평면 $2x-3y+4z+6=0$에 평행인 평면의 방정식을 구하여라.

풀이 두 평면은 그 평면에 수직인 벡터들이 서로 평행일 때 평행이다. 평면 $2x-3y+4z+6=0$은 벡터 $(2, -3, 4)$와 수직이므로 구하는 평면의 식은 $2x-3y+4z=2(1)+(-3)(2)+4(-1)=-8$이다. ■

예제 10-15 점 $P(2, -3, 4)$로부터 평면 $x+2y+2z=13$에 이르는 거리를 구하여라.

풀이 P에서 평면에 이르는 거리는 P를 지나고 평면에 수직인 직선이 평면과 만나는 점을 Q라 할 때 선분 PQ의 길이와 같다.

P를 지나고 평면에 수직인 직선은 벡터 $(1, 2, 2)$와 평행이 되므로

$$x=t+2, \quad y=2t-3, \quad z=2t+4.$$

직선과 평면이 만나는 점을 구하기 위해 $(t+2)+2(2t-3)+2(2t+4)=13$을 풀면 $t=1$이므로 $x=3$, $y=-1$, $z=6$이 점 Q의 좌표가 된다. 그러므로 선분 PQ의 길이는

$$\sqrt{(3-2)^2+(-1+3)^2+(6-4)^2}=3$$

이 된다. ■

예제 10-16 평면 $2x+3y-2z=5$와 $x+2y-3z=8$에 수직이고 점 $(1, -1, 2)$을 포함하는 평면의 방정식을 구하여라.

풀이 준 점을 포함하는 평면의 방정식은

$$A(x-1)+B(y+1)+C(z-2)=0. \tag{1}$$

주어진 평면과 (1)이 수직이라는 조건으로부터

$$2A+3B-2C=0$$
$$A+2B-3C=0$$

이것을 풀면 $A=-5C$, $B=4C$. 그러므로 구하는 방정식은

$$5x-4y-z=7. \blacksquare$$

〔**별해**〕 구하는 평면의 한 법벡터는 $(2, 3, -2)$와 $(1, 2, -3)$과 각각 수직이므로 $(2, 3, -2)\times(1, 2, -3)$이 된다.

$$(2, 3, -2)\times(1, 2, -3)=(-5, 4, 1)$$

이므로, 구하는 방정식은

$$-5x+4y+z=-7.$$

즉 $5x-4y-z=7$이 된다. ■

두 평면 사이의 각은 두 평면에 수직인 벡터들이 이루는 각과 같다. 그러므로 두 평면 $a_1x+b_1y+c_1z=d_1$과 $a_2x+b_2y+c_2z=d_2$가 이루는 각을 ϕ라 하면

$$\cos\phi=\pm\frac{(a_1, b_1, c_1)\cdot(a_2, b_2, c_2)}{|(a_1, b_1, c_1)||(a_2, b_2, c_2)|}=\pm\frac{a_1a_2+b_1b_2+c_1c_2}{\sqrt{a_1^2+b_1^2+c_1^2}\sqrt{a_2^2+b_2^2+c_2^2}}$$

에 의해서 결정된다.

예 16 평면 $x+2y-2z=5$와 $3x-5y+4z=2$ 사이의 예각의 코사인은

$$\cos\phi=\left|\frac{(1)(3)+(2)(-5)+(-2)(4)}{\sqrt{1^2+2^2+(-2)^2}\sqrt{3^2+(-5)^2+4^2}}\right|=\frac{1}{\sqrt{2}}.$$

따라서 $\phi=45°$이다. ■

10-5. 연습문제

1. 두 점 $(1, 3, -1)$, $(-1, 2, 0)$으로부터 같은 거리에 있는 점의 자취를 구하여라.

2. 세 점 $(3, -1, -4)$, $(-2, 2, 1)$, $(0, 4, -1)$을 포함하는 평면의 방정식을 구하여라.

3. 두 점 $(2, 0, 1)$, $(-1, 2, 0)$을 지나고, 평면 $2x-4y-z=7$에 수직인 평면의 방정식을 구하여라.

4. 세 평면 $x+5y-2z=9$, $3x-2y+z=3$과 $x+y+z=2$의 교점을 구하여라.

5. 두 평면 $x+4y-z=5$와 $y+z=2$ 사이의 예각을 구하여라.

제 11 장 곡선과 벡터함수

OUTLINE

11-1. 매개방정식
11-2. 곡선의 기울기와 호의 길이
11-3. 벡터함수
11-4. 단위 접벡터, 단위 법벡터, 곡률
11-5. 공간곡선
11-6. 가속도의 성분

17세기에 곡선에 대한 연구가 많이 이루어졌다. 그리스시대부터 내려온 원추곡선, 디오클레스(Diocles, 기원전 1세기?)의 시소이드(cissoid) 등에 덧붙여, 로베르발(Gilles, Persone de Roberval, 1602~1675)의 사이클로이드(cycloid), 고차 포물선과 쌍곡선, 데카르트(Rene Descartes, 1596~1650)의 타원형 곡선(oval), 갈릴레오(Galileo Galilei, 1564~1642)의 나선형 곡선, 파스칼(Blaise Pascal, 1623~1662)의 달팽이형 곡선(limaçon), 호이겐스(Christiaan Huygens, 1629~1695)의 현수선(evolute) 등에 대해 그리스수학의 전통을 이어받은 연구로부터 접선, 법선, 면적, 극값, 호의 길이 등이 구해졌다. 비에트(Francois Viete, 1540~1603), 데카르트, 페르마(Pierre de Fermat, 1601~1665) 등을 거치며 곡선과 방정식을 연관 짓는 해석기하학적 방법이 쓰였다. 이것들은 모두 특정 곡선에 대한 것이었고 일반적인 곡선에 대한 것은 아니었다.

그러나 라이프니츠의 미분학을 익힌 요한 베르누이(Johann Bernouilli, 1667~1748)는 1690년에 파리에서 미분을 사용하여 임의의 곡선의 곡률을 구하는 방법을 발표하여 학문세계를 감동시켰다. 그 중에서 특히 로피탈(Marquis de L'Hôpital, 1661~1704)은 요한 베르누이에게 개인 교습을 받아서 그 내용을 1696년에 교과서 형태의 책 <곡선의 이해를 위한 무한소량의 해석(Analyse des infiniment petits pour l'intelligence des lignes courbes)>으로 출판하여 미분학을 널리 보급시키는 공을 세웠다.

이 장에서는 곡선을 매개방정식과 벡터함수로 나타내어서 곡선의 기울기와 호의 길이, 단위 접벡터, 단위 법벡터, 곡률 등을 구하는 방법을 다룬다.

11-1. 매개방정식

이 절에서는 곡선을 나타내는 한 방법으로, 곡선의 기하학적 성질(길이 또는 곡률과 같은)이나 곡선을 따라 움직이는 입자의 운동 같은 것을 묘사하기에 편리한 방법을 공부하도록 한다.

x와 y가 구간 I에서 연속인 함수일 때, 평면상의 곡선 C를 다음과 같이 나타낼 수 있다.

$$C: x=x(t),\quad y=y(t),\quad t\in I \tag{1}$$

이때 $x=x(t)$, $y=y(t)$를 곡선 C의 **매개방정식**(parametric equations)이라고 하고, t를 곡선의 **매개변수**(parameter)라고 한다.

모든 $t\in I$에 대하여, 점 $(x(t), y(t))$들의 집합을 (1)과 같이 매개방정식으로 나타내어진 곡선 C의 그래프라고 한다. 모든 $t\in I$는 곡선의 그래프상의 한 점 $(x(t), y(t))$를 결정하며, 매개변수 t가 I상에서 움직임에 따라, 점 $(x(t), y(t))$가 곡선을 그리게 된다. 곡선의 **방향**(direction)은 t가 증가함에 따라 곡선의 그래프를 따라 나아가는 방향이다. 구간 I가 왼쪽 끝점 a를 포함하고 있을 때, 점 $(x(a), y(a))$를 곡선의 **시작점**(initial point), 오른쪽 끝점 b를 포함하고 있을 때, 점 $(x(b), y(b))$를 곡선의 **끝점**(terminal point)이라고 한다(그림 11-1).

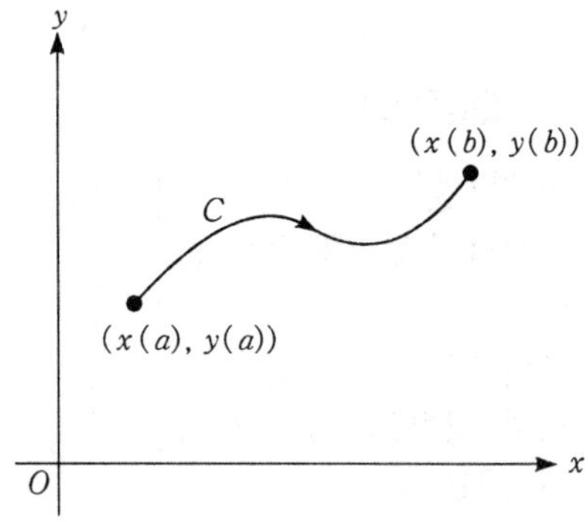

그림 11-1.

움직이는 입자의 운동을 묘사하는데, 매개방정식을 쓸 수 있다. 이때, 매개변수 t는 시간을 나타내고, 매개방정식은 시간 t에서 입자의 위치를 알려준다.

매개방정식으로 나타내어진 곡선의 그래프를 스케치할 때 가장 기본적인 방법은 t가 증가함에 따라 얻어지는 몇 개의 점을 순서에 의해 선분으로 연결하는 것이다. 그리고 곡선이 매끄러우면, 그 점들을 매끄러운 곡선으로 연결하는 것이다.

예제 11-1 다음의 곡선을 t가 0에서부터 $\frac{\pi}{4}$만큼씩 증가할 때 얻어지는 점들을 선들로 연결하고, 또한 그 점들을 매끄러운 곡선으로 연결하여라.

$$C: x=\sin t-\sin 2t,\quad y=\cos t-\cos 2t,\quad 0\le t\le 2\pi$$

풀이 t가 0에서부터 $\frac{\pi}{4}$만큼씩 증가함에 따라 생기는 점들의 좌표가 표 11-1에 있고, 그 점들을 순서대로 선분으로 연결한 것과 매끄러운 곡선으로 연결한 것이 그림 11-2에 있다.

표 11-1.

t	x	y
0	0	0
$\frac{\pi}{4}$	$\frac{1}{\sqrt{2}}-1\approx-0.3$	$\frac{1}{\sqrt{2}}\approx0.7$
$\frac{\pi}{2}$	1	1
$\frac{3\pi}{4}$	$\frac{1}{\sqrt{2}}+1\approx1.7$	$-\frac{1}{\sqrt{2}}\approx-0.7$
π	0	-2
$\frac{5\pi}{4}$	$-\frac{1}{\sqrt{2}}-1\approx-1.7$	$-\frac{1}{\sqrt{2}}\approx-0.7$
$\frac{3\pi}{2}$	-1	1
$\frac{7\pi}{4}$	$-\frac{1}{\sqrt{2}}+1\approx0.3$	$\frac{1}{\sqrt{2}}\approx0.7$
2π	0	0

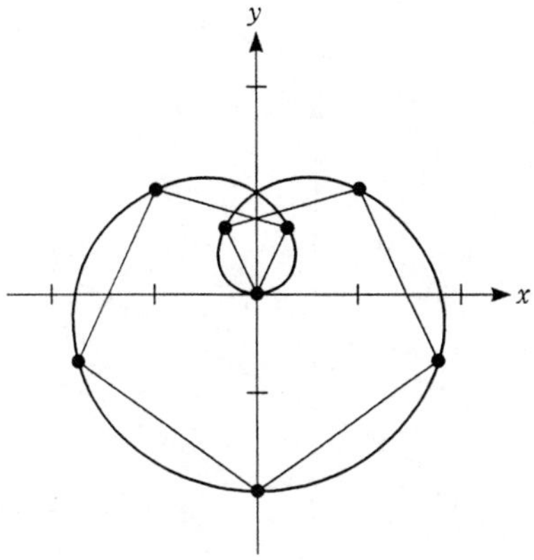

그림 11-2. ■

예제 11-1에서 사용한 방법을 컴퓨터 그래픽에 사용할 수 있다. 매개방정식으로부터 점들의 좌표를 구하여, 먼저 구한 점으로부터 다음에 구한 점까지 선분으로 연결하는 과정을 반복하도록 컴퓨터 프로그램을 실행하도록 할 수 있다. t의 증분 Δt가 충분히 작으면, 곡선은 그림 11-2의 매끄러운 곡선과 매우 비슷하게 보인다.

어떤 경우에는 매개방정식으로 나타내어진 곡선에 대하여 매개변수를 소거하여, x와 y에 관한 방정식을 얻은 후, 그래프를 그릴 수도 있다. 이때 매개방정식으로 나타내어진 곡선의 그래프가 매개변수를 소거하여 얻은 x와 y에 관한 방정식의 그래프의 모든 점을 다 포함하지 않을 수도 있다는 것을 주의하여야 한다. 매개변수를 소거하여 얻은 x와 y에 관한 방정식을 곡선의 **직교방정식** 또는 **카티지안 방정식**(Cartesian equation)이라고 한다.

예제 11-2 다음의 곡선이 어떤 곡선인가 설명하고, 그래프를 그려라.

$$C: x=2t-1,\quad y=t+1,\quad 0\le t\le 2$$

풀이 $y=t+1$을 t에 관해 풀어서, 이것을 $x=2t-1$의 t에 대입하면 매개변수 t가 소거된다. 즉

$$y = t+1 \text{을 } t\text{에 관해 풀면, } t = y-1.$$

이것을 $x = 2t-1$에 대입하면,

$$x = 2(y-1)-1, \text{ 즉 } x-2y+3=0$$

을 얻는다. $x-2y+3=0$은 그림 11-3의 직선의 방정식이다. 그러나 곡선 C는 시작점 $(-1, 1)$에서 끝점 $(3, 3)$까지 만을 포함하는 직선의 일부분이다(그림 11-4). ■

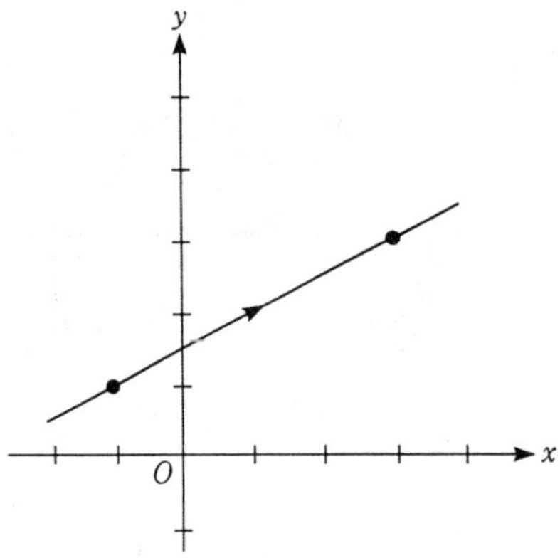

그림 11-3.

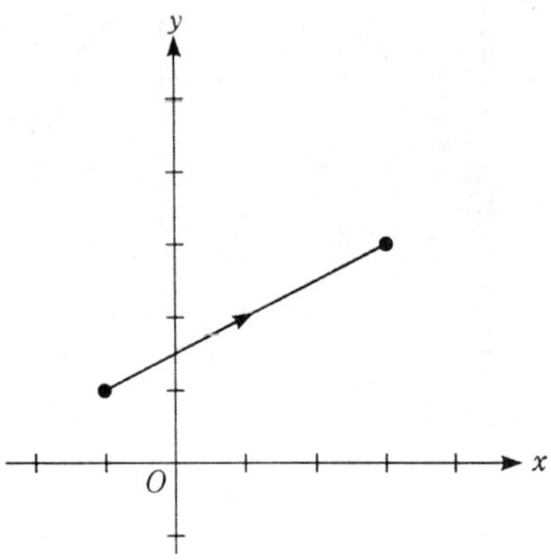

그림 11-4.

예제 11-3 다음 곡선의 그래프를 그려라.

$$C: x = 2t^3+1, \quad y = t^3+2, \quad -1 \le t \le 1$$

풀이 $y = t^3+2$로부터 $t^3 = y-2$를 얻는다. 이것을 $x = 2t^3+1$에 대입하면 $x = 2(y-2)+1$, 즉 $x-2y+3=0$을 얻는다. 곡선은 시작점 $(-1, 1)$에서 끝점 $(3, 3)$에 이르는 직선의 일부분이다(그림 11-4). ■

위 예제 11-2와 11-3에서 보듯이 서로 다른 매개방정식이 같은 그래프와 같은 방향을 가진 곡선을 나타낼 수 있다. 같은 방향과 같은 그래프를 가진 곡선에 대한 서로 다른 매개방정식은 예를 들어, 같은 경로를 따르지만, 속력이 다른 서로 다른 입자의 운동을 묘사할 수 있다.

예제 11-4 다음 곡선을 설명하고, 그래프를 그려라.

$$C: x = 4\sin^2 t, \quad y = 2\sin t, \quad 0 \le t \le \pi/2$$

풀이 t를 소거하면,

$$x=4\left(\frac{y}{2}\right)^2=y^2.$$

이것은 포물선의 방정식이다. t가 0부터 $\frac{\pi}{2}$까지 변할 때, 곡선상의 점 (x, y)는 $(0, 0)$에서 $(4, 2)$까지 포물선을 따라 움직인다. 따라서 곡선은 시작점 $(0, 0)$에서 끝점 $(4, 2)$에 이르는 포물선의 일부분이며 그래프는 그림 11-5와 같다. ▮

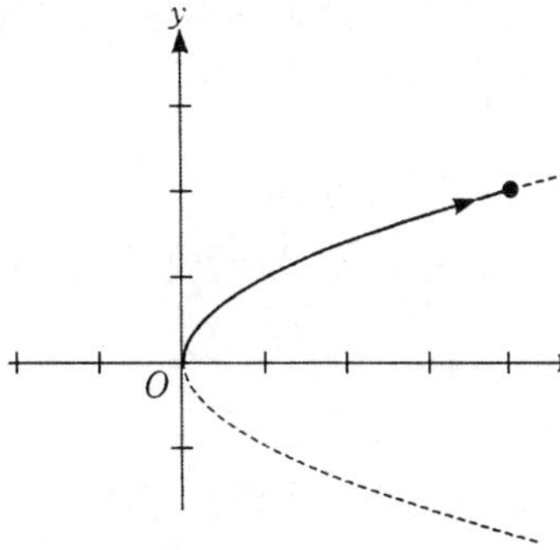

그림 11-5.

예제 11-5 다음 곡선을 설명하고 그래프를 그려라.

$$C: x=2+2\cos t,\quad y=3+3\sin t,\quad 0\le t\le 2\pi.$$

풀이 $\sin^2 t+\cos^2 t=1$을 이용하여 t를 소거하면,

$$\left(\frac{x-2}{2}\right)^2+\left(\frac{y-3}{3}\right)^2=1,\ \text{즉}\ \frac{(x-2)^2}{2^2}+\frac{(y-3)^2}{3^2}=1$$

을 얻는다. 이것은 그림 11-6과 같은 타원이다. 곡선은 시작점 $(4, 3)$에서 타원을 시계방향과 반대방향으로 돌아 시작점으로 돌아온다. ▮

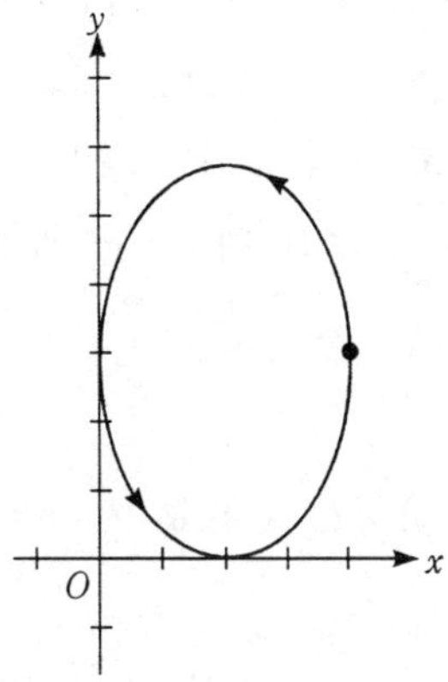

그림 11-6.

예제 11-6 반지름 a인 원 위의 고정점 P의 최초의 위치가 원점 O라고 하고, 원이 x축 위를 양의 방향으로 굴러갈 때 P가 그리는 곡선의 매개방정식을 구하라.

[참고] 원이 직선 위를 굴러갈 때 원주상의 한 점이 그리는 곡선을 사이클로이드(cycloid) 또는 굴렁쇠선이라고 한다.

풀이

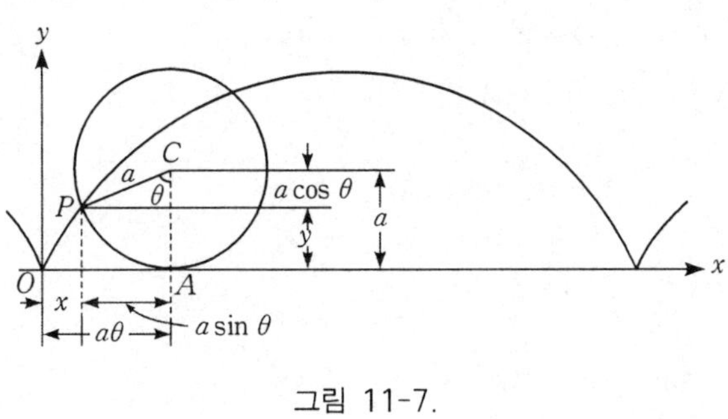

그림 11-7.

반지름 CP가 θ만큼 회전하였을 때, 이 원은 점 A까지 굴러가며,

$$\overline{OA} = \widehat{AP} = a\theta.$$

따라서 그림 11-7에서 점 P에 대한 좌표

$$x = a(\theta - \sin\theta), \quad y = a(1 - \cos\theta)$$

를 얻으며, 이것이 구하는 곡선의 매개방정식이다. ▮

11-1. 연습문제

※ t가 주어진 증분 Δt 만큼씩 변할 때 얻어지는 점들을 선분으로 연결하고, 또한 그 점들을 매끄러운 곡선으로 연결하여라(1~6).

1. $C: x = \cos t,\ y = \sin t,\ 0 \le t \le 2\pi,\ \Delta t = \frac{\pi}{4}$

2. $C: x = \sin 2t,\ y = \sin^2 t,\ 0 \le t \le 2\pi,\ \Delta t = \frac{\pi}{6}$

3. $C: x = 2\cos^2 t,\ y = \sin 2t,\ -\frac{\pi}{2} \le t \le \frac{\pi}{2},\ \Delta t = \frac{\pi}{6}$

4. $C: x = \frac{2\cos t}{\cos t + \sin t},\ y = \frac{2\sin t}{\cos t + \sin t},\ -\frac{\pi}{6} \le t \le \frac{2\pi}{3},\ \Delta t = \frac{\pi}{6}$

5. $C: x = t,\ y = t^2,\ -2 \le t \le 2,\ \Delta t = 1$

6. $C: x = 2,\ y = 2\tan t,\ -\frac{\pi}{3} \le t \le \frac{\pi}{3},\ \Delta t = \frac{\pi}{6}$

※ 다음 곡선을 설명하고, 그래프를 그려라(7~15).

7. $C: x = 3 - 3t,\ y = -2t,\ 0 \le t \le 1$

8. $C: x = -3 + 6t,\ y = -1 + 4t,\ 0 \le t \le 1$

9. $C: x = t,\ y = 2t - t^2,\ 0 \le t \le 2$

10. $C: x = \cos t,\ y = \sin t,\ 0 \le t \le \pi$

11. $C: x=t,\ y=\cos t,\ 0 \le t \le 2\pi$

12. $C: x=t,\ y=\sin t,\ -\frac{\pi}{2} \le t \le \frac{\pi}{2}$

13. $C: x=\sin t,\ y=t,\ -\frac{\pi}{2} \le t \le \frac{\pi}{2}$

14. $C: x=\tan t,\ y=\sec t,\ -\frac{\pi}{2} < t < \frac{\pi}{2}$

15. $C: x=\frac{2t}{1+t^2},\ y=\frac{1-t^2}{1+t^2},\ -\infty < t < \infty$

16. 직선의 매개방정식은 $C: x=a+bt,\ y=c+dt$이다.

(a) 원점과 직선 위의 점과의 거리를 t로 나타내어라.

(b) 원점과 직선과의 최소거리를 구하여라.

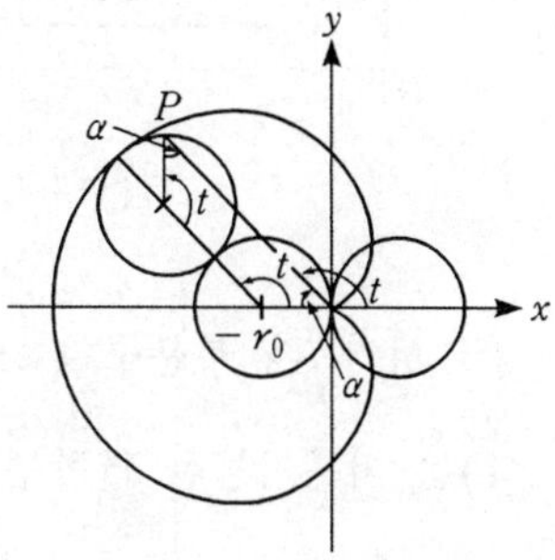

17. 반지름이 r_0인 원이 반지름이 같은 다른 원 주위를 돌 때 원의 둘레 위의 점 P가 지나는 곡선의 매개방정식을 구하여라(그림 참조). (이 곡선은 심장형 곡선(cardioid)이다.)

18. 다음 곡선을 스케치하여라.

$$C: x(t)=\begin{cases} t+2, & -3 \le t \le -1 \\ 1-\frac{1}{\sqrt{3}}\tan\frac{\pi}{3}(1-t^2), & -1 < t \le 0 \\ -1+\frac{1}{\sqrt{3}}\tan\frac{\pi}{3}(1-t^2), & 0 < t \le 1 \end{cases}$$

$$y(t)=\begin{cases} 0, & -3 \le t \le -1 \\ \frac{1}{\sqrt{3}}\tan\frac{\pi}{3}(1-t^2), & -1 < t \le 1 \end{cases}$$

11-2. 곡선의 기울기와 호의 길이

x와 y가 t에 관해 미분가능한 함수일 때, 매개방정식으로 나타내어진 곡선

$$C: x=x(t),\ y=y(t),\ a \le t \le b$$

를 생각해 보자. $\frac{dx}{dt} \ne 0$이면, $\frac{dx}{dt}$의 부호가 C의 방향을 결정해 준다. $[a, b]$의 한 부

분구간 I의 모든 t에 대하여 $\frac{dx}{dt}>0$이면, t가 증가함에 따라 x가 증가하므로, $t \in I$에 대하여, 곡선은 x가 증가하는 방향으로 나아간다(그림 11-8). $\frac{dx}{dt}<0$이면, $t \in I$에 대하여 곡선은 x가 감소하는 방향으로 나아간다(그림 11-9).

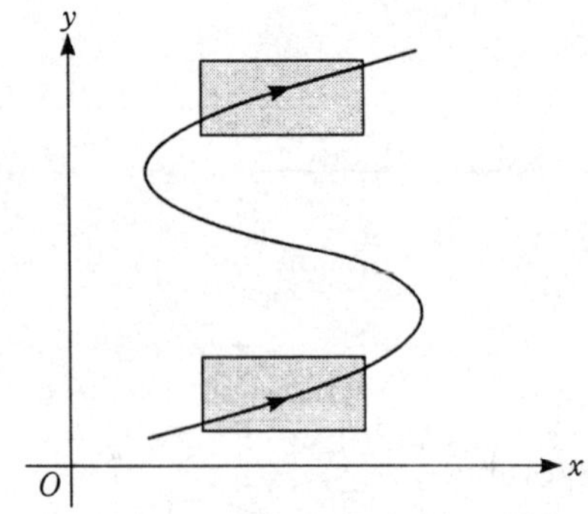

그림 11-8.

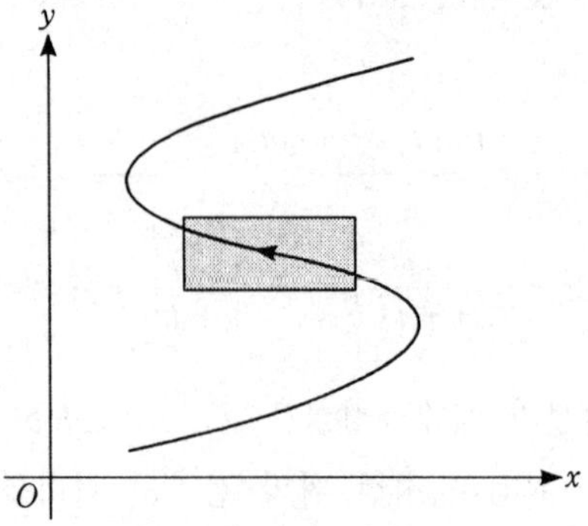

그림 11-9.

$[a, b]$의 한 부분구간 I에서 $\frac{dx}{dt}$가 항상 양이거나, 항상 음이면, $t \in I$에 대해 함수 $x(t)$는 미분가능한 역함수 $t = t(x)$를 갖고,

$$\frac{dt}{dx} = \frac{1}{\frac{dx}{dt}}$$

이다. $t \in I$에 대해,

$$y = y(t), \quad t = t(x)$$

는 y를 x에 관해 미분가능한, x의 함수로 정의한다. 따라서 연쇄법칙으로부터

$$\frac{dy}{dx} = \frac{dy}{dt}\,\frac{dt}{dx} = \frac{\frac{dy}{dt}}{\frac{dx}{dt}} \tag{1}$$

를 얻는다. 이 공식은 $\frac{dy}{dx}$를 매개변수 t의 함수로 나타내준다. t에서 $\frac{dy}{dx}$의 값은 곡선 상의 점 $(x(t), y(t))$에서 곡선에 대한 접선의 기울기이다.

예제 11-7 곡선

$$C : x = t^2 - 1, \quad y = t, \quad -3 \leq t \leq 2$$

의 그래프를 그리고, $t=-2$일 때 곡선상의 점에서 곡선에 대한 접선의 방정식을 구하여라.

풀이 t대신 y를 $x=t^2-1$에 대입하면 $x=y^2-1$이므로, 곡선 C는 $(8, -3)$부터 $(3, 2)$에 이르는 포물선의 일부이다(그림 11-10). $x=t^2-1$, $y=t$로부터

$$\frac{dx}{dt}=2t, \quad \frac{dy}{dt}=1$$

이므로 공식 (1)로부터

$$\frac{dy}{dx}=\frac{dy/dt}{dx/dt}=\frac{1}{2t}.$$

$t=-2$일 때

$$x=3, \quad y=-2, \quad \frac{dy}{dx}=\frac{1}{-4}.$$

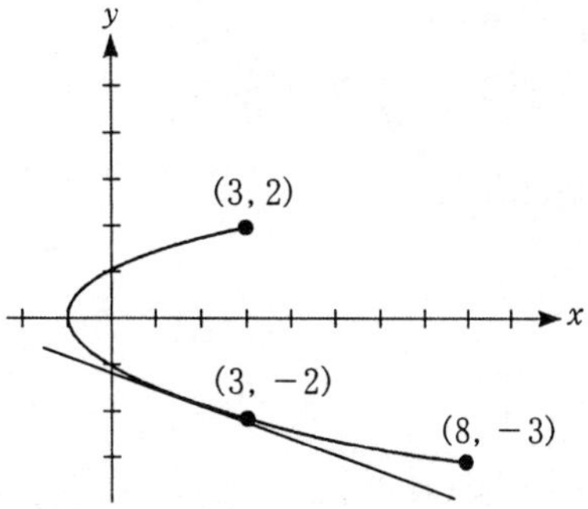

그림 11-10.

그러므로 $(3, -2)$에서 기울기 $-\frac{1}{4}$인 직선의 방정식은

$$y+2=-\frac{1}{4}(x-3), \text{ 즉}$$
$$x+4y+5=0. \blacksquare$$

예제 11-7에서 $\frac{dx}{dt}=2t$이므로, $t=0$일 때 $\frac{dx}{dt}=0$이다. 따라서 공식 (1)을 $t=0$일 때는 적용할 수 없다.

그림 11-10으로부터 곡선이 $(-1, 0)$을 지날 때는 y를 x에 관한 함수로 정의해 주지 않는 것을 알 수 있다.

호의 길이

$\frac{dx}{dt}$와 $\frac{dy}{dt}$가 연속일 때, 곡선

$$C: x=x(t), \quad y=y(t), \quad a\le t\le b$$

의 길이를 생각해 보자. 구간 $[a, b]$를 길이 Δt를 갖는 소구간들로 나누고, 이 분할에 대응하는 곡선상의 점들을 그림 11-11과 같이 직선으로 연결한다.

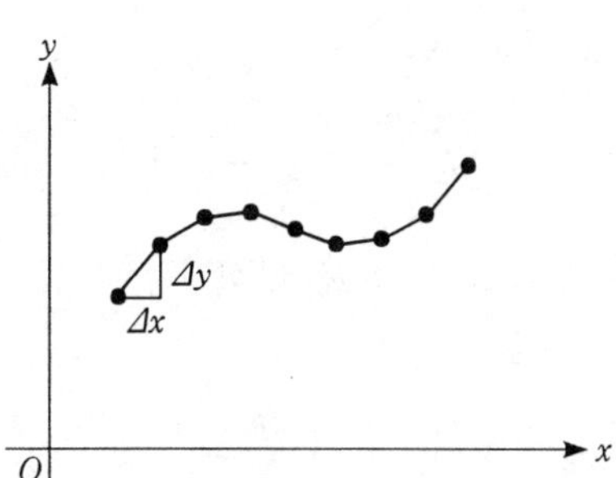

그림 11-11.

Δt가 작으면, 곡선의 길이는

$$\Sigma\sqrt{(\Delta x)^2+(\Delta y)^2}=\Sigma\sqrt{\left(\frac{\Delta x}{\Delta t}\right)^2+\left(\frac{\Delta y}{\Delta t}\right)^2}\,\Delta t$$

의 값과 거의 같아진다. 따라서 곡선의 길이를 다음과 같이 정의한다.

〔정의〕 $\frac{dx}{dt}$와 $\frac{dy}{dt}$가 연속일 때 곡선 $C: x=x(t),\ y=y(t),\ a\le t\le b$의 호의 길이(arc length)는

$$L=\int_a^b\sqrt{\left(\frac{dx}{dt}\right)^2+\left(\frac{dy}{dt}\right)^2}\,dt.$$

여기에서 $ds=\sqrt{(dx)^2+(dy)^2}=\sqrt{\left(\frac{dx}{dt}\right)^2+\left(\frac{dy}{dt}\right)^2}\,dt$를 곡선의 아주 작은 일부분의 길이로 생각하고 적분 $\int_a^b\sqrt{\left(\frac{dx}{dt}\right)^2+\left(\frac{dy}{dt}\right)^2}\,dt$를 이 작은 부분들의 길이의 합으로 생각하면 편리하다(그림 11-12 참조).

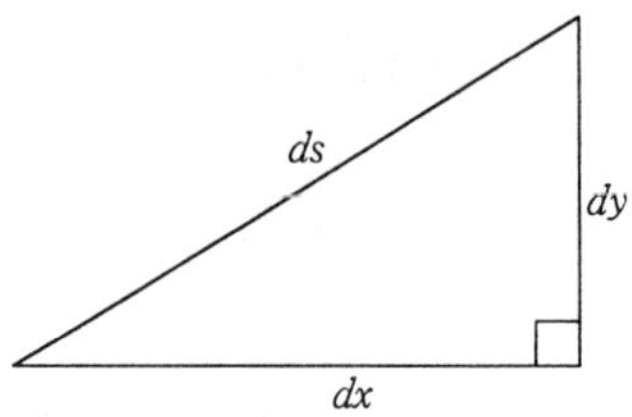

그림 11-12.

예제 11-8 다음 곡선의 길이를 구하여라.

$$C: x=2\cos t,\ \ y=2\sin t,\ \ 0\le t\le 2\pi$$

풀이 곡선은 원 $x^2+y^2=2^2$을 $(2, 0)$으로부터 시계바늘의 반대방향으로 한번 지나간다(그림 11-13).

$$\frac{dx}{dt}=-2\sin t,\ \ \frac{dy}{dt}=2\cos t$$

이므로

$$ds=\sqrt{(-2\sin t)^2+(2\cos t)^2}\,dt=2dt.$$

따라서, 호의 길이는

$$L=\int_0^{2\pi}2dt=4\pi.$$

이것은 반지름이 2인 원의 원둘레의 길이이다. ▮

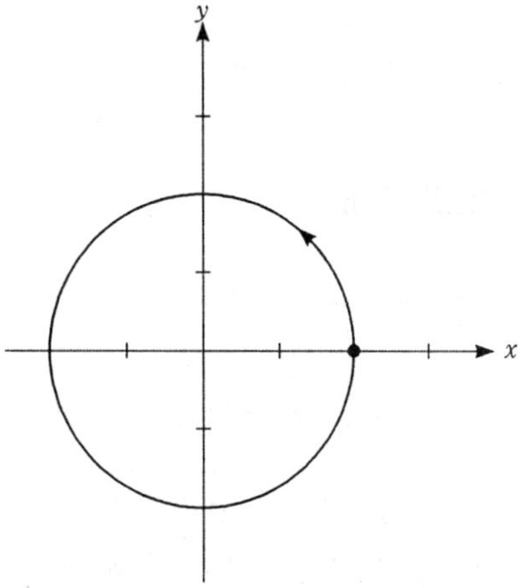

그림 11-13.

곡선이 미분가능한 함수 $y=f(x)$, $a\le x\le b$의 그래프이면

$$C: x=x,\ \ y=f(x),\ \ a\le x\le b$$

와 같이 x를 매개변수로 하여 매개방정식으로 나타낼 수 있다. 그러면 호의 길이의 미분은

$$ds=\sqrt{(dx)^2+(dy)^2}=\sqrt{\left(\frac{dx}{dx}\right)^2+\left(\frac{dy}{dx}\right)^2}\,dx=\sqrt{1+(f'(x))^2}\,dx$$

이다.

극방정식으로 나타내어진 곡선 $r=r(\theta)$, $a\le\theta\le b$를

$$C: x=r(\theta)\cos\theta,\ \ y=r(\theta)\sin\theta,\ \ a\le\theta\le b$$

와 같이 θ를 매개변수로 하여 매개방정식으로 나타내면

$$\begin{aligned}\left(\frac{dx}{d\theta}\right)^2+\left(\frac{dy}{d\theta}\right)^2&=(-r\sin\theta+r'\cos\theta)^2+(r\cos\theta+r'\sin\theta)^2\\&=r^2+(r')^2\end{aligned}$$

이다. 따라서 호의 길이는

$$\int_a^b\sqrt{r^2+\left(\frac{dr}{d\theta}\right)^2}\,d\theta$$

에 의해 구할 수 있다.

예제 11-9 극방정식으로 나타내어진 곡선

$$r=\theta^2,\ \ 0\le\theta\le\pi$$

의 길이를 구하여라.

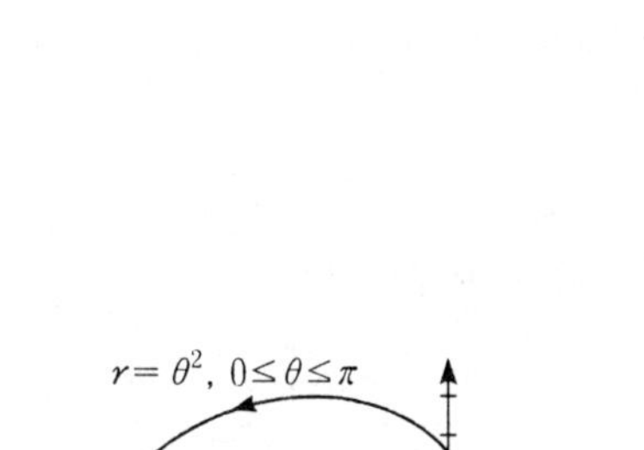

그림 11-14.

풀이 $r=\theta^2$이면 $\frac{dr}{d\theta}=2\theta$ 이므로

$$ds=\sqrt{r^2+\left(\frac{dr}{d\theta}\right)^2}\,d\theta=\sqrt{\theta^4+4\theta^2}\,d\theta=\theta\sqrt{\theta^2+4}\,d\theta$$

이다. 따라서,

$$L=\int_0^{\pi}\theta\sqrt{\theta^2+4}\,d\theta=\left[\frac{1}{3}(\theta^2+4)^{\frac{3}{2}}\right]_0^{\pi}$$

$$=\frac{1}{3}((\pi^2+4)^{\frac{3}{2}}-8).$$

곡선의 그래프는 그림 11-14와 같이 주어진다. ▮

예제 11-10 아래의 곡선을 x축을 중심으로 회전했을 때 생기는 표면의 넓이를 적분 형식으로 써라.

$$C: x=3\cos t,\ \ y=2\sin t,\ \ 0\le t\le\pi.$$

풀이 곡선의 작은 부분 ds를 회전시켰을 때 생기는 띠의 면적은

$$dS=2\pi(\text{반지름})\,ds$$
$$=2\pi\,y\,ds$$

이므로 표면적은 $\int_0^{\pi}dS=\int_0^{\pi}2\pi\,y\,ds$이다.

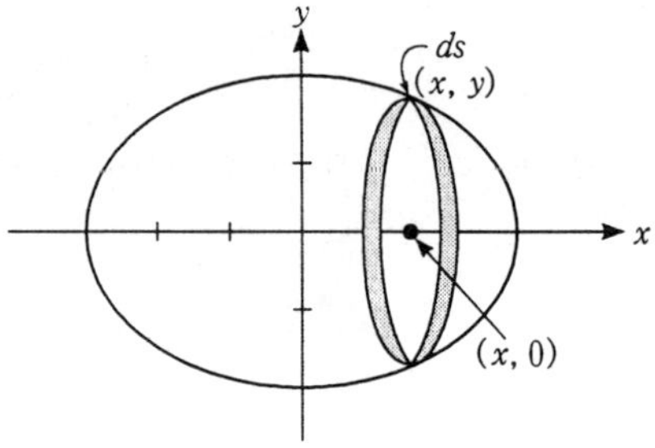

그림 11-15.

$$\frac{dx}{dt}=-3\sin t,\ \ \frac{dy}{dt}=2\cos t$$

$$ds=\sqrt{(-3\sin t)^2+(2\cos t)^2}\,dt=\sqrt{9\sin^2t+4\cos^2t}\,dt$$

$$y=2\sin t.$$

그러므로

$$\text{표면적}=\int_0^{\pi}2\pi(2\sin t)\sqrt{9\sin^2t+4\cos^2t}\,dt.$$ ▮

이제 매개방정식

$$C: x=f(t),\ \ y=g(t),\ \ a\le t\le b$$

로 나타내어진 곡선의 매개변수를 다른 변수로 바꾸는 것을 생각해 보자.

$u=\phi(t)$가 $a\le t\le b$에 대하여 ϕ'이 존재하고 ϕ'이 양인 함수이면, ϕ는 역함수 ϕ^{-1}를 갖고

$$u=\phi(t)\Leftrightarrow t=\phi^{-1}(u)$$

이다. u가 $\phi(a)$부터 $\phi(b)$까지 변함에 따라, 변수 $t=\phi^{-1}(u)$는 a부터 b까지의 모든 값을 단 한번씩 취한다. 따라서 곡선

$$C_{\phi}: x=f(\phi^{-1}(u)),\ \ y=g(\phi^{-1}(u)),\ \ \phi(a)\le u\le\phi(b)$$

는 곡선 C와 동일한 그래프와 방향을 갖는다. 그러므로 C와 C_{ϕ}는 같은 곡선에 대한 다른 매개방정식을 보여준다.

곡선

$$C: x=f(t),\ \ y=g(t),\ \ a\le t\le b$$

에 대하여 f와 g가 연속인 도함수를 갖고, $a\le t\le b$인 모든 t에 대하여

$$(x')^2+(y')^2\neq 0$$

이라고 가정하자. 그러면 호의 길이 함수(arc length function)는

$$\phi(t)=\int_a^t\sqrt{(x'(\tau))^2+(y'(\tau))^2}\,d\tau,\ \ a\le t\le b$$

로 정의된다. $s=\phi(t)$는 $(f(a), g(a))$와 $(f(t), g(t))$ 사이의 곡선의 길이를 나타낸다(그림 11-16 참조). 미분적분학의 기본정리에 의해 ϕ는 미분가능하고

$$\phi'=\sqrt{(x')^2+(y')^2}>0$$

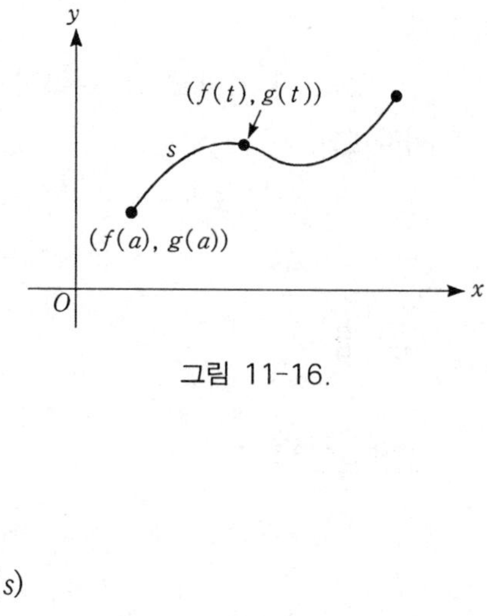

그림 11-16.

이며 $\phi(a)=0$, $\phi(b)=L$이다(L은 곡선의 전체 길이).

따라서 ϕ는 역함수 ϕ^{-1}를 갖고

$$s=\phi(t)\Leftrightarrow t=\phi^{-1}(s)$$

이다. 곡선

$$C_{\phi}: x=f(\phi^{-1}(s)),\ \ y=g(\phi^{-1}(s)),\ \ 0\le s\le L$$

은 곡선 C를 호의 길이를 매개변수로 한 매개방정식으로 나타낸 것이다.

예제 11-11 곡선

$$C: x=4-4t,\ \ y=3t,\ \ 0\le t\le 1$$

을 호의 길이를 매개변수로 한 매개방정식으로 나타내어라.

풀이 주어진 곡선은 (4, 0)으로부터 (0, 3)에 이르는 선분이다(그림 11-17).

$$x'(t) = -4, \quad y'(t) = 3$$

$$s = \int_0^t \sqrt{(x'(\tau))^2 + (y'(\tau))^2}\, d\tau$$

$$= \int_0^t \sqrt{(-4)^2 + (3)^2}\, d\tau = 5t.$$

이다. $s=5t$를 t에 대해 풀면,

$$t = \frac{s}{5}.$$

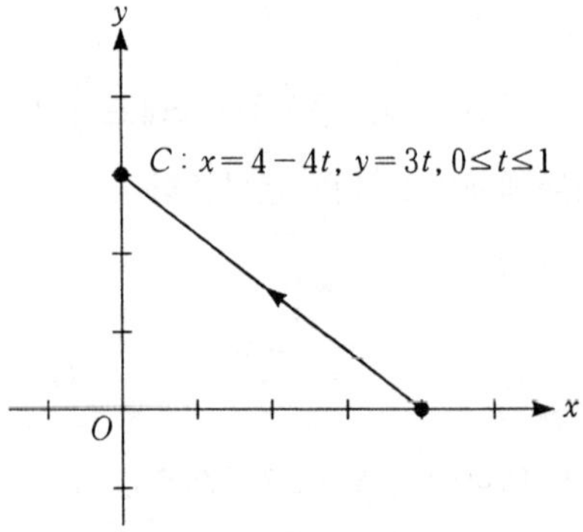

그림 11-17.

이것을 주어진 곡선의 매개방정식에 대입하면,

$$x = 4 - 4\left(\frac{s}{5}\right) = 4 - \frac{4}{5}s, \quad y = 3\left(\frac{s}{5}\right) = \frac{3}{5}s.$$

곡선의 전체 길이는 $s(1)=5$이므로, C를 호의 길이를 매개변수로 한 매개방정식으로 나타내면,

$$C : x = 4 - \frac{4}{5}s, \quad y = \frac{3}{5}s, \quad 0 \le s \le 5$$

이다. ▮

예제 11-12 곡선

$$C : x = 2\cos t, \quad y = 2\sin t, \quad 0 \le t \le 2\pi$$

를 호의 길이를 매개변수로 한 매개방정식으로 나타내어라.

풀이 $x'(t) = -2\sin t, \quad y'(t) = 2\cos t$

$$s = \int_0^t \sqrt{(x'(\tau))^2 + (y'(\tau))^2}\, d\tau = \int_0^t 2\, d\tau = 2t.$$

그러므로,

$$t = \frac{s}{2}.$$

$t=2\pi$이면, $L=s(2\pi)=4\pi$, 따라서 호의 길이를 매개변수로 C를 나타내면

$$C: x=2\cos\frac{s}{2},\ y=2\sin\frac{s}{2},\ 0\le s\le 4\pi.\ \blacksquare$$

11-2. 연습문제

※ 주어진 점에서의 곡선에 대한 접선의 방정식을 구하고, 곡선과 접선을 스케치하여라 (1~4).

1. $C: x=t^3,\ y=t^2,\ -1\le t\le 2\ ;\ t=1$

2. $C: x=t^2,\ y=t^3,\ -1\le t\le 2\ ;\ t=1$

3. $C: x=\cos t,\ y=t,\ 0\le t\le \pi\ ;\ t=\frac{\pi}{4}$

4. $C: x=\sin t,\ y=t,\ -\frac{\pi}{2}\le t\le \frac{\pi}{2}\ ;\ t=\frac{\pi}{6}$

※ 곡선의 길이를 구하여라(5~12).

5. $C: x=t^3,\ y=t^2,\ 0\le t\le 2$

6. $C: x=12t,\ y=5t,\ 0\le t\le 1$

7. $C: x=4t,\ y=3-3t,\ 0\le t\le 1$

8. $C: x=\cos t,\ y=1+\sin t,\ 0\le t\le 2\pi$

9. $C: x=e^{2t}\cos t,\ y=e^{2t}\sin t,\ 0\le t\le 2\pi$

10. $C: x=t^2\cos t,\ y=t^2\sin t,\ 0\le t\le 2\pi$

11. $C: x=2e^t,\ y=\frac{1}{3}e^{3t}+e^{-t},\ 0\le t\le 1$

12. $C: x=2\ln t,\ y=t+\frac{1}{t},\ 1\le t\le 4$

※ 극곡선의 길이를 구하여라(13~18).

13. $r=1+\cos\theta$ (힌트 : $1+\cos\theta=2\cos^2\frac{\theta}{2}$)

14. $r=4\cos\theta$

15. $r=\sin^2\left(\frac{\theta}{2}\right)$

16. $r=e^{\frac{\theta}{2}},\ 0\le\theta\le 2\pi$

17. $r=\tan^2\theta \sec\theta,\ 0\le\theta\le\frac{\pi}{6}$

18. $r=\theta^2,\ 0\le\theta\le 2\pi$

※ 주어진 곡선을 주어진 직선 주위로 회전시켰을 때 생기는 회전체 표면의 넓이를 구하여라(19~24).

19. $C: x=3+\cos t,\ y=\sin t,\ 0\le t\le 2\pi$; y축

20. $C: x=2\cos t,\ y=2\sin t,\ 0\le t\le \pi$; x축

21. $C: x=t,\ y=\frac{t^3}{3},\ 0\le t\le 3$; x축

22. $C: x=t^2,\ y=t,\ 0\le t\le 2$; x축

23. $C: x=rt,\ y=h-ht,\ 0\le t\le 1$; y축

24. $C: x=3t,\ y=4t,\ 0\le t\le 1$; y축

※ 주어진 극곡선을 극축(polar axis) 주위로 회전시켰을 때 생기는 회전체 표면의 넓이를 구하여라(25~28).

25. $r^2=\sin 2\theta$

26. $r=e^{-\frac{\theta}{2}},\ 0\le\theta\le\pi$

27. $r=\frac{2}{1+\cos\theta},\ 0\le\theta\le\frac{\pi}{2}$

28. $r=\sin^2\left(\frac{\theta}{2}\right)$ (힌트 : $2\sin\left(\frac{\theta}{2}\right)\cos\left(\frac{\theta}{2}\right)=\sin\theta$)

※ 주어진 극곡선을 직선 $\theta=\frac{\pi}{2}$ 주위로 회전시켰을 때 생기는 회전체 표면의 넓이를 구하여라(29~32).

29. $r=1+\sin\theta$

30. $r=2\cos\theta$

31. $r=r_0,\ -\frac{\pi}{2}\le\theta\le\frac{\pi}{2}$

32. $r=e^{-\frac{\theta}{2}},\ -\frac{\pi}{2}\le\theta\le\frac{\pi}{2}$

※ 주어진 곡선을 호의 길이를 매개변수로 하여 나타내어라(33~37).

33. $C: x=3\cos 2t,\ y=3\sin 2t,\ 0\le t\le\pi$

34. $C: x=r\cos wt,\ y=r\sin wt,\ 0\le t\le\frac{2\pi}{w}$

35. $C: x=4t,\ y=3t,\ 0\le t\le 1$

36. $C: x=\frac{2t^3}{3},\ y=t^2,\ 0\le t\le 3$

37. $C: x=\frac{t^2}{2},\ y=\frac{t^3}{3},\ 0\le t\le 1$

※ 주어진 극곡선을 호의 길이를 매개변수로 하여 나타내어라(38～39).

38. $r=\theta^2,\ 0\le\theta\le 2\pi$

39. $r=e^{\theta},\ 0\le\theta\le 2\pi$

11-3. 벡터함수

정의역 D에서 벡터들의 집합으로 가는 함수를 D에서 정의된 벡터함수(vector-valued function)라고 한다. 이 절에서는 D가 실수들의 집합인 경우를 다룬다.

평면 벡터들을 함수 값으로 갖는 벡터함수 $\boldsymbol{R}(t)$는 두 개의 실가함수인 성분함수(component function) f와 g로 나타낼 수 있다. 즉

$$\boldsymbol{R}(t)=f(t)\boldsymbol{i}+g(t)\boldsymbol{j}.$$

단, 여기서 $\boldsymbol{i}$와 $\boldsymbol{j}$는 이차원 단위벡터이다. 마찬가지로 공간 벡터들을 함수값으로 갖는 벡터함수 $\boldsymbol{R}(t)$는 다음과 같이 세 개의 실가인 성분함수 f, g, h로 나타낼 수 있다.

$$\boldsymbol{R}(t)=f(t)\boldsymbol{i}+g(t)\boldsymbol{j}+h(t)\boldsymbol{k}$$

단, $\boldsymbol{i},\ \boldsymbol{j},\ \boldsymbol{k}$는 3차원 단위벡터이다.

매개방정식으로 나타내어진 곡선을 나타내기 위하여 벡터함수를 이용할 수 있다. 예를 들면, 매개방정식

$$C: x=x(t),\ y=y(t)$$

를 벡터함수

$$\boldsymbol{R}(t)=x(t)\boldsymbol{i}+y(t)\boldsymbol{j}$$

로 나타낼 수 있다. 여기서 물론 벡터의 성분은 곡선상의 점들의 좌표이다. 평면상에서 움직이는 입자의 위치를 다

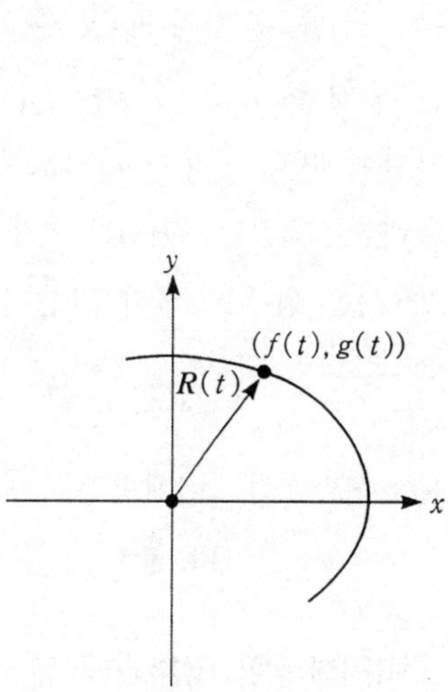

그림 11-18.

음과 같이 위치 벡터함수로 나타낼 수 있다(그림 11-18 참조).

$$\boldsymbol{R}(t)=f(t)\boldsymbol{i}+g(t)\boldsymbol{j}$$

여기서 $(f(t), g(t))$는 시간 t에서 입자의 위치의 좌표이다.

마찬가지로 공간상에서 움직이는 입자의 위치를 다음과 같이 위치 벡터함수로 나타낼 수 있다(그림 11-19 참조).

$$\boldsymbol{R}(t)=f(t)\boldsymbol{i}+g(t)\boldsymbol{j}+h(t)\boldsymbol{k}$$

여기서 $(f(t), g(t), h(t))$는 시간 t에서 입자의 위치의 좌표이다.

위치벡터 $\boldsymbol{R}(t)$는 원점을 시작점으로 하는 화살표로 그려야 한다. 물론 화살표의 끝이 시간 t에서의 입자의 위치를 말하여 준다.

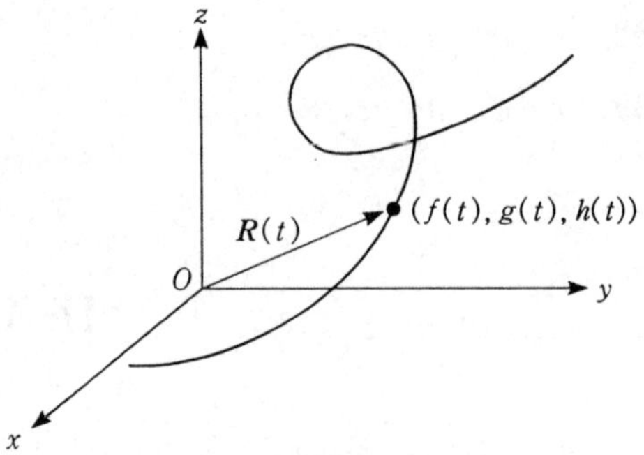

그림 11-19.

성분함수들이 연속이면, 위치벡터 $\boldsymbol{R}(t)$의 끝은 t가 변함에 따라 곡선을 그리게 된다. 이러한 곡선을 벡터 $\boldsymbol{R}(t)$가 그리는 곡선이라고 한다.

예 1 벡터함수

$$\boldsymbol{R}(t)=(\cos t)\boldsymbol{i}+(\sin t)\boldsymbol{j}+t\boldsymbol{k}$$

는 모든 실수 t에 대해 정의된다. $\boldsymbol{R}(t)$가 그리는 곡선을 헬릭스(helix)라고 한다. $\boldsymbol{R}(t)$가 그리는 곡선은 원주 $x^2+y^2=1$ 위에 놓이며 t가 증가함에 따라 z가 증가하므로, 곡선은 원주를 감아 올리는 모양이 된다. t가 2π만큼 증가할 때 $\boldsymbol{R}(t)$는 원주를 한번 감는다(그림 11-20).

$$x=\cos t,\quad y=\sin t,\quad z=t$$

는 헬릭스의 매개방정식이 된다. 물론 여기서 $-\infty<t<\infty$이다. ∎

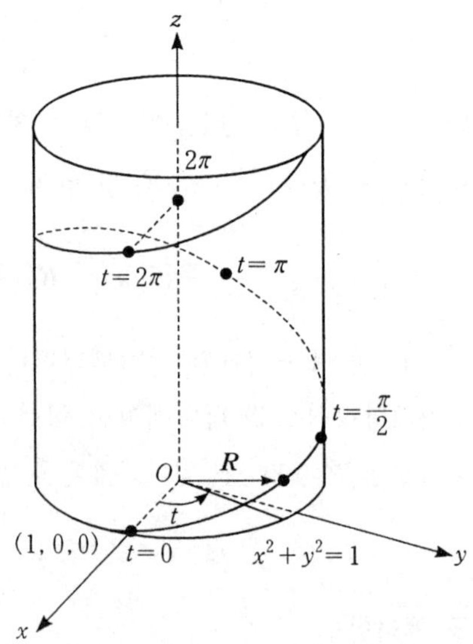

그림 11-20.

벡터함수의 미분과 적분

평면 또는 공간상에서 움직이는 입자의 운동을 조사하기 위하여, 벡터함수의 미분과 적분을 생각할 필요가 있다. 실가함수와 마찬가지로 벡터함수의 미분과 적분도 극한으로부터 정의된다.

벡터함수의 미분 또는 적분과 관련되는 대부분의 것들이 실가함수와 마찬가지로 정의되는데, 실수의 절대값 대신에 벡터의 길이를 생각하면 된다.

예를 들면, 구간 I상의 모든 t에 대하여 $|\boldsymbol{R}(t)| \le B$인 상수 B가 존재하면, 벡터함수 $\boldsymbol{R}(t)$가 구간 I에서 유계(bounded)라고 한다.

$|\boldsymbol{R}(t)-\boldsymbol{L}|$이 작을 때 $\boldsymbol{R}(t)$가 $\boldsymbol{L}$과 가깝다고 한다. 벡터함수 $\boldsymbol{R}(t)$의 극한이 다음과 같이 실가함수의 극한과 마찬가지로 정의된다.

〔정의〕 벡터 $\boldsymbol{L}$이 t가 c에 접근할 때 $\boldsymbol{R}(t)$의 극한 ($\lim_{t\to c}\boldsymbol{R}(t)=\boldsymbol{L}$이라고 쓴다)이라고 하는 것은, 임의의 $\varepsilon>0$에 대하여

$$0<|t-c|<\delta \text{일 때 } |\boldsymbol{R}(t)-\boldsymbol{L}|<\varepsilon$$

을 만족시키는 $\delta>0$가 존재한다는 것이다.

k가 실수이고, $\boldsymbol{U}$, $\boldsymbol{V}$가 벡터일 때

$$|k\boldsymbol{U}|=|k||\boldsymbol{U}|,\ |\boldsymbol{U}+\boldsymbol{V}| \le |\boldsymbol{U}|+|\boldsymbol{V}|$$

를 이용하여, 다음의 정리를 보일 수 있다.

〔정리 11-1〕 $\boldsymbol{R}(t)$와 $\boldsymbol{S}(t)$가 벡터함수이고 $f(t)$가 실가함수일 때 $\lim_{t\to c}\boldsymbol{R}(t)=\boldsymbol{L}$, $\lim_{t\to c}\boldsymbol{S}(t)=\boldsymbol{M}$이고 $\lim_{t\to c}f(t)$가 존재하면

(a) $\lim_{t\to c}(\boldsymbol{R}(t)+\boldsymbol{S}(t))=\boldsymbol{L}+\boldsymbol{M}$

(b) $\lim_{t\to c}f(t)\boldsymbol{R}(t)=\lim_{t\to c}f(t)\lim_{t\to c}\boldsymbol{R}(t)$

$\lim_{t\to c}\boldsymbol{R}(t)=\boldsymbol{L}$은 t가 c에 가까이 갈 때 $\boldsymbol{R}(t)$의 길이가 $\boldsymbol{L}$의 길이와 가까워지고, $\boldsymbol{L}\ne\boldsymbol{O}$이면, $\boldsymbol{R}(t)$의 방향이 $\boldsymbol{L}$의 방향과 가까워지는 것을 뜻한다(그림 11-21 참조).

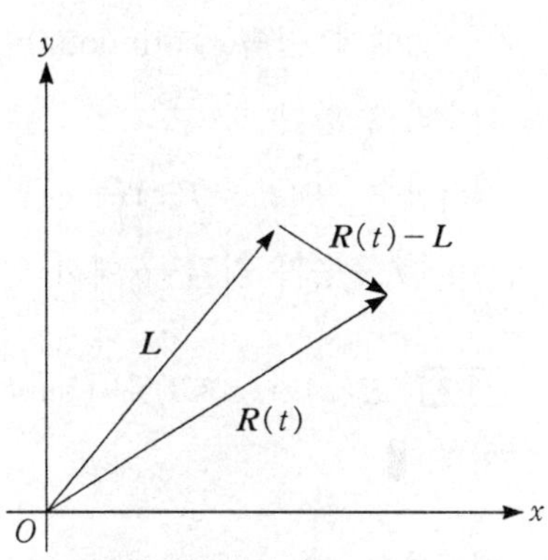

그림 11-21.

$\boldsymbol{R}(t)=f(t)\boldsymbol{i}+g(t)\boldsymbol{j}+h(t)\boldsymbol{k}$이고, $\boldsymbol{L}=l_1\boldsymbol{i}+l_2\boldsymbol{j}+l_3\boldsymbol{k}$일 때,

$$|\boldsymbol{R}(t)-\boldsymbol{L}|=\sqrt{(f(t)-l_1)^2+(g(t)-l_2)^2+(h(t)-l_3)^2}$$

이므로, $|\boldsymbol{R}(t)-\boldsymbol{L}|$이 작기 위한 필요충분조건은 $|f(t)-l_1|$, $|g(t)-l_2|$, $|h(t)-l_3|$가 모두 작은 것이다. 따라서 $\lim_{t\to c}\boldsymbol{R}(t)=\boldsymbol{L}$이기 위한 필요충분조건은 $\lim_{t\to c}f(t)=l_1$, $\lim_{t\to c}g(t)=l_2$, $\lim_{t\to c}h(t)=l_3$인 것이다. 그러므로

$$\lim_{t\to c}\boldsymbol{R}(t)=\lim_{t\to c}(f(t)\boldsymbol{i}+g(t)\boldsymbol{j}+h(t)\boldsymbol{k})=\left[\lim_{t\to c}f(t)\right]\boldsymbol{i}+\left[\lim_{t\to c}g(t)\right]\boldsymbol{j}+\left[\lim_{t\to c}h(t)\right]\boldsymbol{k} \qquad (1)$$

이다. 평면벡터함수에 대해서도 마찬가지이다.

예제 11-13 $\boldsymbol{R}(t)=t^2\boldsymbol{i}-2t\boldsymbol{j}+\boldsymbol{k}$일 때 $\lim_{t\to 2}\dfrac{\boldsymbol{R}(t)-\boldsymbol{R}(2)}{t-2}$를 구하여라.

풀이 $t\neq 2$일 때 $\dfrac{\boldsymbol{R}(t)-\boldsymbol{R}(2)}{t-2}=\dfrac{(t^2\boldsymbol{i}-2t\boldsymbol{j}+\boldsymbol{k})-(2^2\boldsymbol{i}-2\cdot 2\boldsymbol{j}+\boldsymbol{k})}{t-2}$

$$=\frac{t^2-2^2}{t-2}\boldsymbol{i}+\frac{-2t-(-2)\cdot 2}{t-2}\boldsymbol{j}=(t+2)\boldsymbol{i}-2\boldsymbol{j}.$$

그러므로

$$\lim_{t\to 2}\frac{\boldsymbol{R}(t)-\boldsymbol{R}(2)}{t-2}=\lim_{t\to 2}\left[(t+2)\boldsymbol{i}-2\boldsymbol{j}\right]=\left[\lim_{t\to 2}(t+2)\right]\boldsymbol{i}+\left[\lim_{t\to 2}(-2)\right]\boldsymbol{j}$$
$$=4\boldsymbol{i}-2\boldsymbol{j}.\ \blacksquare$$

벡터함수 $\boldsymbol{R}(t)$에 대하여 t_0가 $\boldsymbol{R}(t)$의 정의역 안의 한 점이고, $\lim_{t\to t_0}\boldsymbol{R}(t)=\boldsymbol{R}(t_0)$이면 $\boldsymbol{R}$이 t_0에서 연속(continuous)이라고 한다. 정의역 안의 모든 점에서 연속이면, $\boldsymbol{R}$은 연속함수라고 한다.

벡터함수 $\boldsymbol{R}(t)=f(t)\boldsymbol{i}+g(t)\boldsymbol{j}+h(t)\boldsymbol{k}$가 t_0에서 연속이기 위한 필요충분조건은 (1)에 의하여 f, g, h가 각각 t_0에서 연속인 것을 알 수 있다.

예 2 $\boldsymbol{R}(t)=(\cos t)\boldsymbol{i}+(\sin t)\boldsymbol{j}+t\boldsymbol{k}$는 $\cos t$, $\sin t$, t가 모두 연속함수이므로, 연속함수이다. $\blacksquare$

벡터함수 $\boldsymbol{R}(t)$에 대하여

$$\lim_{t\to c}\frac{\boldsymbol{R}(t)-\boldsymbol{R}(c)}{t-c}$$

가 존재하면, $\boldsymbol{R}$이 c에서 미분가능하다(differentiable)고 하고 $\boldsymbol{R}'(c)$를

$$R'(c)=\lim_{t\to c}\frac{R(t)-R(c)}{t-c}$$

로 정의하고, c에서의 $\boldsymbol{R}$의 **미분계수**(derivative of $\boldsymbol{R}$ at c)라고 한다. $\boldsymbol{R}$이 정의역 안의 모든 점에서 미분가능하면, $\boldsymbol{R}$을 미분가능함수라고 하고, 이때 $\boldsymbol{R}$의 도함수 $\boldsymbol{R}'(t)$는

$$R'(t)=\lim_{\Delta t\to 0}\frac{R(t+\Delta t)-R(t)}{\Delta t}$$

로 정의되고, $\boldsymbol{R}'$을 $\boldsymbol{R}$의 **도함수**(derivative)라고 한다.

(1)에 의하여 $\boldsymbol{R}(t)=f(t)\boldsymbol{i}+g(t)\boldsymbol{j}+h(t)\boldsymbol{k}$가 t_0에서 미분가능하기 위한 필요충분조건이 f, g, h가 각각 t_0에서 미분가능한 것이라는 것을 알 수 있다. 또한 $\boldsymbol{R}'(t)=\frac{df}{dt}\boldsymbol{i}+\frac{dg}{dt}\boldsymbol{j}+\frac{dh}{dt}\boldsymbol{k}$가 된다. $\boldsymbol{R}(t)$의 고계 도함수도 마찬가지로 정의되며, 평면 벡터함수에 대해서도 마찬가지이다.

예제 11-14 $\boldsymbol{R}(t)=(2t-1)\boldsymbol{i}+(t^2+t)\boldsymbol{j}$일 때 $\boldsymbol{R}'(t)$와 $\boldsymbol{R}''(t)$를 구하여라.

풀이 $\boldsymbol{R}'(t)=\frac{d}{dt}(2t-1)\,\boldsymbol{i}+\frac{d}{dt}(t^2+t)\boldsymbol{j}=2\,\boldsymbol{i}+(2t+1)\,\boldsymbol{j}$

$$\boldsymbol{R}''(t)=\frac{d}{dt}\boldsymbol{R}'(t)=\left(\frac{d}{dt}2\right)\boldsymbol{i}+\frac{d}{dt}(2t+1)\,\boldsymbol{j}=\boldsymbol{O}+2\,\boldsymbol{j}=2\,\boldsymbol{j}.\ \blacksquare$$

벡터함수의 도함수에 대하여 다음이 성립한다. 즉 $\boldsymbol{U}$, $\boldsymbol{V}$가 벡터함수이고 f가 스칼라 함수(실가함수)일 때

$$(\boldsymbol{U}+\boldsymbol{V})'=\boldsymbol{U}'+\boldsymbol{V}' \tag{2}$$

$$(f\boldsymbol{V})'=f\boldsymbol{V}'+f'\boldsymbol{V} \tag{3}$$

$$(\boldsymbol{U}\cdot\boldsymbol{V})'=\boldsymbol{U}\cdot\boldsymbol{V}'+\boldsymbol{U}'\cdot\boldsymbol{V} \tag{4}$$

$$(\boldsymbol{U}\times\boldsymbol{V})'=\boldsymbol{U}\times\boldsymbol{V}'+\boldsymbol{U}'\times\boldsymbol{V} \tag{5}$$

이 성립한다. 위의 공식들은 각 함수를 성분으로 나타내서, 성분에 대한 미분을 구함으로써 쉽게 증명할 수 있다. 단 벡터 곱을 계산할 때는 곱하는 순서에 주의를 기울여야 한다.

〔정리 11-2〕 $\boldsymbol{U}(t)$가 모든 t에 대하여 같은 길이를 갖는 미분가능한 벡터함수이면 $\boldsymbol{U}$와 $\boldsymbol{U}'$은 수직이다.

〔증명〕 $|\boldsymbol{U}|^2 = \boldsymbol{U} \cdot \boldsymbol{U}$이므로, 공식 (4)를 이용하여 양변을 미분하면,

$$\frac{d}{dt}(|\boldsymbol{U}|^2) = \frac{d}{dt}(\boldsymbol{U} \cdot \boldsymbol{U}) = \boldsymbol{U} \cdot \boldsymbol{U}' + \boldsymbol{U}' \cdot \boldsymbol{U} = 2\,\boldsymbol{U} \cdot \boldsymbol{U}'.$$

그런데 $|\boldsymbol{U}|$가 상수이므로, $\frac{d}{dt}(|\boldsymbol{U}|^2) = 0$이다. 따라서 $\boldsymbol{U} \cdot \boldsymbol{U}' = 0$, 즉 $\boldsymbol{U}$와 $\boldsymbol{U}'$은 수직이다. ■

미분가능한 벡터함수 $\boldsymbol{F}(t)$가 구간 I상의 모든 점에서 $\frac{d\boldsymbol{F}}{dt} = \boldsymbol{f}$이면, $\boldsymbol{F}$를 $\boldsymbol{f}$의 역도함수(antiderivative)라고 한다. $\boldsymbol{F}(t) = G(t)\boldsymbol{i} + H(t)\boldsymbol{j} + K(t)\boldsymbol{k}$가 $\boldsymbol{f}(t) = g(t)\boldsymbol{i} + h(t)\boldsymbol{j} + k(t)\boldsymbol{k}$의 역도함수이기 위한 필요충분조건은 G, H, K가 각각 g, h, k의 역도함수인 것이다. $\boldsymbol{F}$가 $\boldsymbol{f}$의 역도함수이면, $\boldsymbol{f}$의 모든 역도함수는 $\boldsymbol{F} + \boldsymbol{C}$의 형태가 된다. 여기서 $\boldsymbol{C}$는 성분이 모두 상수인 벡터이다. $\boldsymbol{f}$의 모든 역도함수들의 집합을 $\boldsymbol{f}$의 부정적분(indefinite integral)이라고 하고, 다음과 같이 쓴다.

$$\int \boldsymbol{f}(t)dt = \boldsymbol{F}(t) + \boldsymbol{C}.$$

즉 $\boldsymbol{f}(t) = g(t)\boldsymbol{i} + h(t)\boldsymbol{k} + k(t)\boldsymbol{k}$이면,

$$\int \boldsymbol{f}(t)dt = \left(\int g(t)dt\right)\boldsymbol{i} + \left(\int h(t)dt\right)\boldsymbol{j} + \left(\int k(t)dt\right)\boldsymbol{k}$$

임을 알 수 있다.

$\boldsymbol{f}(t) = g(t)\boldsymbol{i} + h(t)\boldsymbol{j} + k(t)\boldsymbol{k}$이고, g, h, k가 각각 $[a, b]$에서 연속인 함수일 때, $[a, b]$에서 $\boldsymbol{f}$의 정적분(definite integral) $\int_a^b \boldsymbol{f}(t)dt$도 다음과 같이 정의한다.

$$\int_a^b \boldsymbol{f}(t)dt = \left(\int_a^b g(t)dt\right)\boldsymbol{i} + \left(\int_a^b h(t)dt\right)\boldsymbol{j} + \left(\int_a^b k(t)dt\right)\boldsymbol{k}.$$

평면벡터 함수의 적분도 마찬가지이다.

예제 11-15 $\boldsymbol{R}'(t) = 6t\boldsymbol{i} + 2\boldsymbol{j}$이고 $\boldsymbol{R}(0) = \boldsymbol{i} + \boldsymbol{j}$일 때 $\boldsymbol{R}(t)$를 구하여라.

풀이 $\int \boldsymbol{R}'(t)dt = \left(\int 6t\,dt\right)\boldsymbol{i} + \left(\int 2dt\right)\boldsymbol{j} = 3t^2\boldsymbol{i} + 2t\boldsymbol{j} + \boldsymbol{C}$이므로 $\boldsymbol{R}(t) = 3t^2\boldsymbol{i} + 2t\boldsymbol{j} + \boldsymbol{C}$이다. $\boldsymbol{R}(0) = \boldsymbol{i} + \boldsymbol{j}$이므로 $\boldsymbol{i} + \boldsymbol{j} = 0\,\boldsymbol{i} + 0\,\boldsymbol{j} + \boldsymbol{C}$ 따라서 $\boldsymbol{C} = \boldsymbol{i} + \boldsymbol{j}$이다. 그러므로 $\boldsymbol{R}(t) = 3t^2\boldsymbol{i} + 2t\boldsymbol{j} + \boldsymbol{i} + \boldsymbol{j} = (3t^2 + 1)\boldsymbol{i} + (2t + 1)\boldsymbol{j}$. ■

평면 또는 공간상에서 움직이는 입자의 운동을 공부하기 위하여 벡터함수의 미분과 적분을 이용할 수 있다.

$\boldsymbol{R}(t)$가 시간 t에서의 입자의 위치를 나타내는 벡터함수이면, t에서 $t+\Delta t$까지 시간이 변하는 동안에 위치의 변화는

$$\Delta \boldsymbol{R}= \boldsymbol{R}(t+\Delta t)-\boldsymbol{R}(t)$$

이다. 위치의 변화 $\Delta \boldsymbol{R}$을 시간의 변화 Δt로 나누면,

$$\frac{\Delta \boldsymbol{R}}{\Delta t}=\frac{\boldsymbol{R}(t+\Delta t)-\boldsymbol{R}(t)}{\Delta t}$$

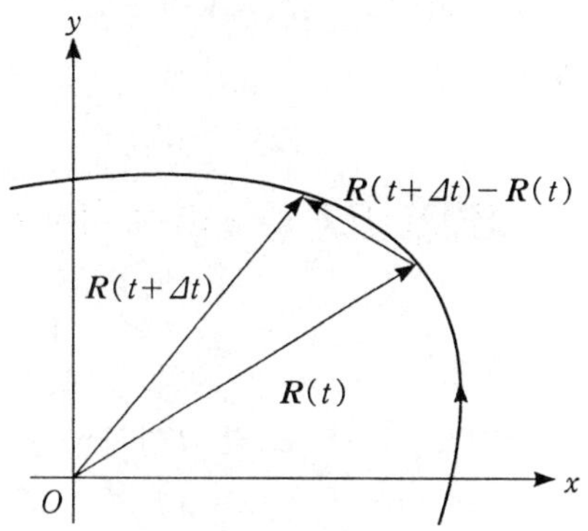

그림 11-22.

이고, $\lim_{\Delta t\to 0}\frac{\Delta \boldsymbol{R}}{\Delta t}=\boldsymbol{R}'(t)$인데, 이것이 입자의 속도(velocity)이다. 즉

$$\boldsymbol{V}= \boldsymbol{R}'.$$

마찬가지로 입자의 가속도(acceleration)는

$$\boldsymbol{A}= \boldsymbol{V}'=\boldsymbol{R}''$$

이 된다. 평면 또는 공간상에서 움직이는 입자의 속도와 가속도는 모두 벡터이다. 입자의 속력(speed)은 스칼라값 $|\boldsymbol{V}|$이다.

위치벡터 $\boldsymbol{R}$은 원점을 시작점으로 하는 화살표로 나타내지고 속도 $\boldsymbol{V}$와 가속도 $\boldsymbol{A}$는 입자의 위치에서부터 화살표가 그려진다. 이것은 그 위치에서의 입자의 운동을 나타내기 위해서이다(그림 11-23 참조).

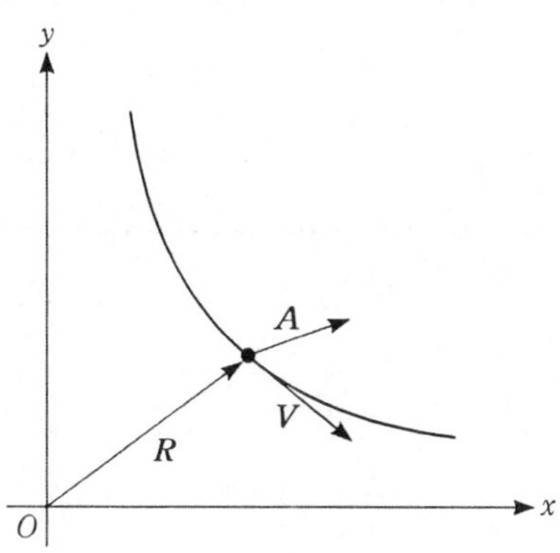

그림 11-23.

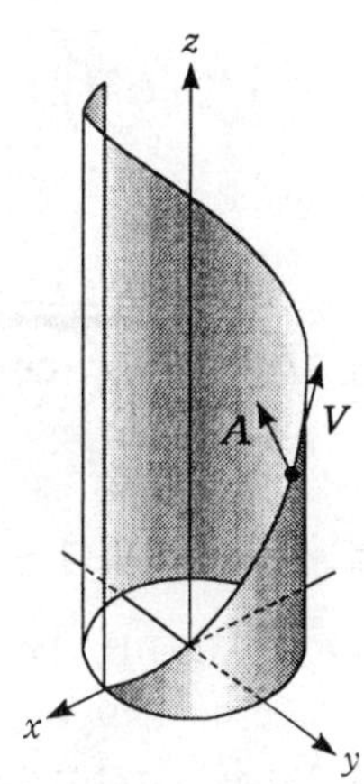

그림 11-24.

예제 11-16 $\boldsymbol{R}(t)=\cos t\,\boldsymbol{i}+\sin t\,\boldsymbol{j}+t\,\boldsymbol{k}$일 때, 속도, 가속도, 속력을 구하여라.

풀이 속 도 : $\boldsymbol{V}=\boldsymbol{R}'=(-\sin t)\boldsymbol{i}+(\cos t)\boldsymbol{j}+\boldsymbol{k}$

가속도 : $\boldsymbol{A}=\boldsymbol{V}'=\boldsymbol{R}''=(-\cos t)\boldsymbol{i}-(\sin t)\boldsymbol{j}$

속 력 : $|\boldsymbol{V}|=\sqrt{(-\sin t)^2+(\cos t)^2+1^2}=\sqrt{2}$

(그림 11-24는 입자의 경로와 한 점에서의 속도, 가속도를 보여준다.) ▮

$\boldsymbol{V}'=\boldsymbol{A}$이고 $\boldsymbol{R}'=\boldsymbol{V}$이므로, 적분에 의하여 가속도로부터 속도와 위치벡터를 구할 수 있다.

예제 11-17 $t=0$일 때 위치벡터가 $\boldsymbol{R}=2\boldsymbol{i}+\boldsymbol{k}$인 입자의 속도가

$$\boldsymbol{V}(t)=(\cos t)\boldsymbol{i}-(\sin t)\boldsymbol{j}+\boldsymbol{k}$$

이다. 임의의 시간 t에서의 이 입자의 위치 벡터 $\boldsymbol{R}(t)$를 구하여라.

풀이 $\boldsymbol{V}=\dfrac{d\boldsymbol{R}}{dt}=(\cos t)\boldsymbol{i}-(\sin t)\boldsymbol{j}+\boldsymbol{k}$이므로

$$\boldsymbol{R}(t)=\left(\int\cos t\,dt\right)\boldsymbol{i}-\left(\int\sin t\,dt\right)\boldsymbol{j}+\left(\int dt\right)\boldsymbol{k}=(\sin t)\boldsymbol{i}+(\cos t)\boldsymbol{j}+t\boldsymbol{k}+\boldsymbol{C}$$

이다. 또한 $t=0$일 때 $\boldsymbol{R}=2\boldsymbol{i}+\boldsymbol{k}$이므로,

$$2\boldsymbol{i}+\boldsymbol{k}=0\,\boldsymbol{i}+\boldsymbol{j}+\boldsymbol{C}$$

이다. 따라서 $\boldsymbol{C}=2\boldsymbol{i}-\boldsymbol{j}+\boldsymbol{k}$이므로, $\boldsymbol{R}(t)=(\sin t+2)\boldsymbol{i}+(\cos t-1)\boldsymbol{j}+(t+1)\boldsymbol{k}$. ▮

11-3. 연습문제

※ 다음을 계산하여라(1～14).

1. $\lim\limits_{t\to 2}(t^2\boldsymbol{i}-3t\boldsymbol{j})$

2. $\lim\limits_{t\to 0}\left(\dfrac{\sin 2t}{t}\,\boldsymbol{i}+\dfrac{1-\cos^2 2t}{t}\,\boldsymbol{j}\right)$

3. $\lim_{t\to 0}\left(\frac{t^2-9}{t-3}\,\boldsymbol{i}+\frac{2t-6}{t-3}\,\boldsymbol{j}\right)$

4. $\frac{d}{dt}(t^2\boldsymbol{i}-3t\boldsymbol{j})$

5. $\frac{d}{dt}(te^{-t}\boldsymbol{i}+e^{-3t}\boldsymbol{j}+e^{-t}\boldsymbol{k})$

6. $\frac{d}{dt}(\tan t\,\boldsymbol{i}+\sec t\,\boldsymbol{j})$

7. $\frac{d}{dt}(t\boldsymbol{i}+(e^{-t}\sin t)\,\boldsymbol{j}+(e^{-t}\cos t)\,\boldsymbol{k})$

8. $\int(2t\boldsymbol{i}+6t^2\boldsymbol{j})dt$

9. $\int(2\sin 2t\,\boldsymbol{i}+2\cos 2t\,\boldsymbol{j})dt$

10. $\int(t^2\boldsymbol{i}+t^3\boldsymbol{j}+t^4\boldsymbol{k})dt$

11. $\int(\sec^2 2t\,\boldsymbol{i}+(\sec 2t\tan 2t)\,\boldsymbol{j})dt$

12. $\int(\sin t\,\boldsymbol{i}+\cos t\,\boldsymbol{j})dt$

13. $\int\left(\frac{t}{t^2+4}\,\boldsymbol{i}+\frac{1}{t^2+4}\,\boldsymbol{j}\right)dt$

14. $\int\left(\frac{t}{t^2-4}\,\boldsymbol{i}+\frac{1}{t^2-4}\,\boldsymbol{j}\right)dt$

※ 주어진 위치벡터를 갖는 입자의 속도, 가속도, 속력을 구하여라(15~17).

15. $\boldsymbol{R}(t)=2t^2\boldsymbol{i}-3t^2\boldsymbol{j}$

16. $\boldsymbol{R}(t)=t\boldsymbol{i}-t^2\boldsymbol{j}$

17. $\boldsymbol{R}(t)=\cos 2t\,\boldsymbol{i}+\sin 2t\,\boldsymbol{j}$

※ 주어진 가속도와 초기위치, 초기속도를 갖는 입자의 위치벡터를 구하여라(18~20).

18. $\boldsymbol{A}(t)=-32\boldsymbol{j},\ \ \boldsymbol{R}_0=0,\ \ \boldsymbol{V}_0=\boldsymbol{i}+2\boldsymbol{j}$

19. $\boldsymbol{A}(t)=12t^2\boldsymbol{i}+6t\boldsymbol{j}+\boldsymbol{k},\ \ \boldsymbol{R}_0=2\boldsymbol{k},\ \ \boldsymbol{V}_0=\boldsymbol{i}+2\boldsymbol{j}$

20. $\boldsymbol{A}(t)=12t\boldsymbol{j},\ \ \boldsymbol{R}_0=3\boldsymbol{j},\ \ \boldsymbol{V}_0=4\boldsymbol{i}$

21. $\boldsymbol{U}(t)=f_1(t)\boldsymbol{i}+g_1(t)\boldsymbol{j},\ \ \boldsymbol{V}(t)=f_2(t)\boldsymbol{i}+g_2(t)\boldsymbol{j}$라 하자.

(a) 내적을 성분들로 표현하고 미분하여 $(\boldsymbol{U}\cdot\boldsymbol{V})'$를 계산하여라.

(b) $\boldsymbol{U}\cdot\boldsymbol{V}'+\boldsymbol{U}'\cdot\boldsymbol{V}$를 성분들로 표현하여라.

(c) (a)와 (b)의 결과가 같음을 보여라. 이것은 $(\boldsymbol{U}\cdot\boldsymbol{V})'=\boldsymbol{U}\cdot\boldsymbol{V}'+\boldsymbol{U}\cdot\boldsymbol{V}$임을 증명한다.

22. 곡선 $\boldsymbol{R}(t)$ 위의 점과 원점 사이의 거리의 극소 · 극대값들이 $\boldsymbol{R}\cdot\boldsymbol{R}'=0$가 성립하는 곳에서 얻어짐을 보여라.

11-4. 단위 접벡터, 단위 법벡터, 곡률

매개방정식으로 나타내어진 곡선

$$C: x=f(t),\ \ y=g(t),\ \ a\le t\le b$$

를

$$\boldsymbol{R}(t)=f(t)\boldsymbol{i}+g(t)\boldsymbol{j},\ \ a\le t\le b$$

와 같이 벡터함수로 나타낼 수 있는 것을 11-3절에서 보았다. 이제 곡선을 벡터함수로 나타내면, 곡선의 성질을 공부하기에 편리함을 볼 것이다.

벡터함수

$$\boldsymbol{R}(t)=f(t)\boldsymbol{i}+g(t)\boldsymbol{j},\ \ a\le t\le b$$

가 곡선상을 움직이는 입자의 위치를 나타내준다고 하자. 위치 벡터는 원점을 시작점으로 하고, $(f(t), g(t))$를 끝점으로 하는 화살표로 나타내지므로, 화살표의 끝점이 입자의 위치를 나타내준다.

f와 g가 미분가능한 함수이고 $a\le t\le b$에 대하여 $(f'(t))^2+(g'(t))^2\ne 0$이라고 하자. 이것은

$$\boldsymbol{R}'(t)=f'(t)\boldsymbol{i}+g'(t)\boldsymbol{j}$$

가 존재하고 $\boldsymbol{O}$이 아님을 뜻한다.

벡터 $\dfrac{\boldsymbol{R}(t+\Delta t)-\boldsymbol{R}(t)}{\Delta t}$의 방향은 곡선상의 두 점을 잇는 할선(secant line)의 방향이다. Δt가 0에 접근함에 따라 할선이 어느 한 직선에 접근할 때에 한해 곡선은 접선을 갖는다.

$$\lim_{\Delta t\to 0}\frac{\boldsymbol{R}(t+\Delta t)-\boldsymbol{R}(t)}{\Delta t}=\boldsymbol{R}'(t)$$

이므로, 벡터 $\dfrac{R(t+\Delta t)-R(t)}{\Delta t}$의 방향은 $\Delta t\to 0$임에 따라 O이 아닌 벡터 $R'(t)$의 방향에 접근한다. 이로부터 $R'(t)$가 위치 $R(t)$에서 곡선에 접하는 것을 알 수 있다. $R'(t)$는 t가 증가하는 방향으로 향한다(그림 11-25(a)). $R'(t)$와 같은 방향을 갖는 단위 벡터는

$$T(t)=\frac{R'(t)}{|R'(t)|}$$

이다. T도 또한 곡선에 접하고 t가 증가하는 방향으로 향하는 것을 알 수 있다. T를 곡선의 단위 접벡터(unit tangent vector)라고 한다.

곡선상의 한 점에서의 단위 접벡터는 곡선상의 점에서부터 시작하며 그 점에서 곡선의 방향을 나타낸다(그림 11-25(b)).

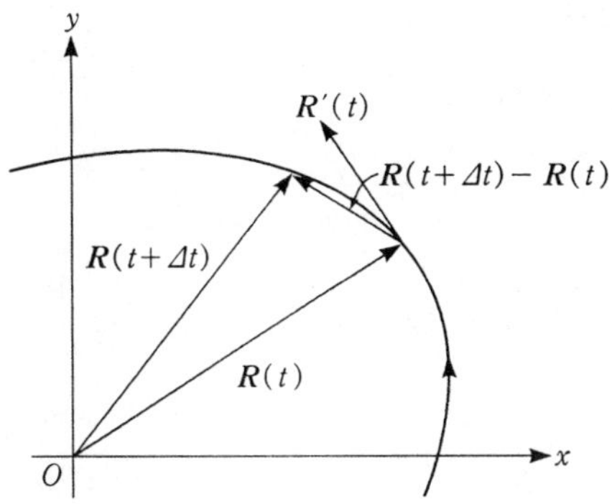

그림 11-25(a).

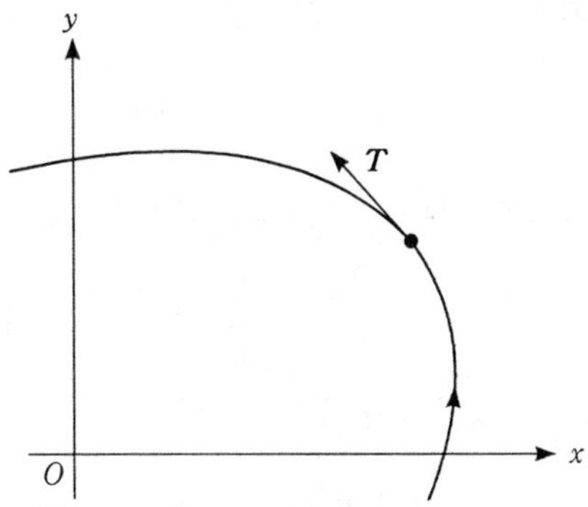

그림 11-25(b).

$T(t)$가 항상 일정한 길이를 가진 벡터이므로 정리 11-2에 의해 T와 T'는 서로 수직이다. $T'\neq O$이면, 곡선의 (주)단위 법벡터(principal unit normal vector) N을 다음과 같이 정의한다.

$$N=\frac{T'}{|T'|}$$

T와 T'이 서로 수직이므로, N과 T는 서로 수직이다. 곡선상의 한 점에서의 단위 법벡터는 곡선상의 점에서 시작한다. 11-6절에서 단위 법벡터 N은 곡선의 방향과 무관하며, 항상 곡선과 수직이 되고 곡선이 굽는 방향으로 향하는 것을 볼 것이다(그림 11-26).

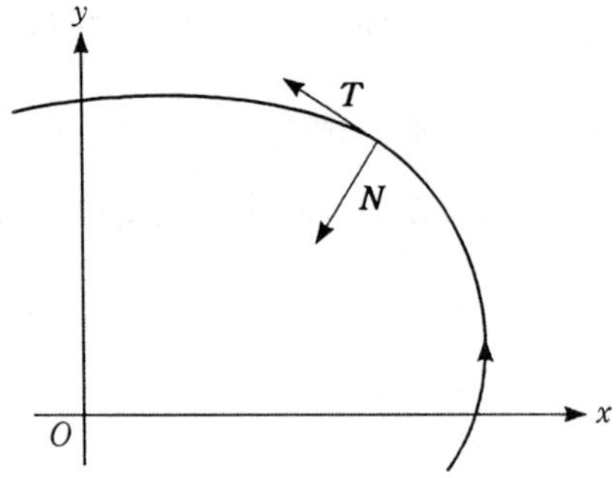

그림 11-26(a).

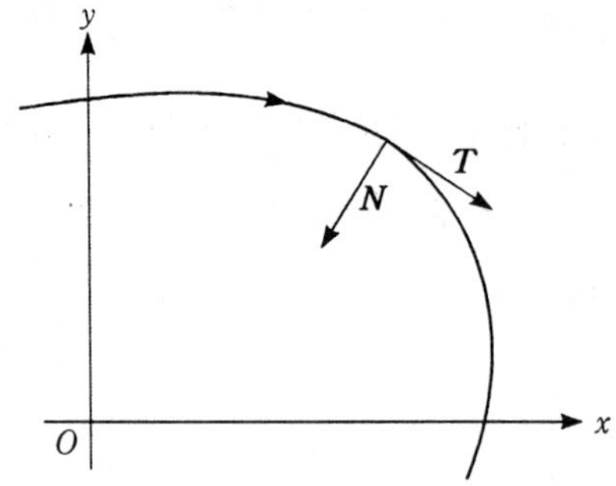

그림 11-26(b).

예제 11-18 다음 곡선의 단위 접벡터와 단위 법벡터를 구하여라.

$$C: x=2\cos 2t,\quad y=2\sin 2t,\quad 0\le t\le 2\pi$$

풀이 곡선을 다음과 같이 벡터함수로 나타낸다.

$$\boldsymbol{R}(t)=(2\cos 2t)\boldsymbol{i}+(2\sin 2t)\boldsymbol{j}$$

그러면, $\boldsymbol{R}'(t)=(-4\sin 2t)\boldsymbol{i}+(4\cos 2t)\boldsymbol{j}$

$$|\boldsymbol{R}'(t)|=\sqrt{(-4\sin 2t)^2+(4\cos 2t)^2}=4.$$

그러므로, 단위 접벡터는

$$\boldsymbol{T}(t)=\frac{\boldsymbol{R}'(t)}{|\boldsymbol{R}'(t)|}=\frac{(-4\sin 2t)\boldsymbol{i}+(4\cos 2t)\boldsymbol{j}}{4}=(-\sin 2t)\boldsymbol{i}+(\cos 2t)\boldsymbol{j}.$$

$$\boldsymbol{T}'(t)=(-2\cos 2t)\boldsymbol{i}+(-2\sin 2t)\boldsymbol{j}$$

이므로

$$|\boldsymbol{T}'(t)|=\sqrt{(-2\cos 2t)^2+(-2\sin 2t)^2}=2.$$

따라서

$$\boldsymbol{N}=\frac{\boldsymbol{T}'}{|\boldsymbol{T}'|}=(-\cos 2t)\boldsymbol{i}+(-\sin 2t)\boldsymbol{j}.$$

(그림 11-27에 곡선의 그래프와 단위 접벡터, 단위 법벡터를 표시하였다. 곡선은 원이며, 법벡터는 원의 중심을 향한다.) ■

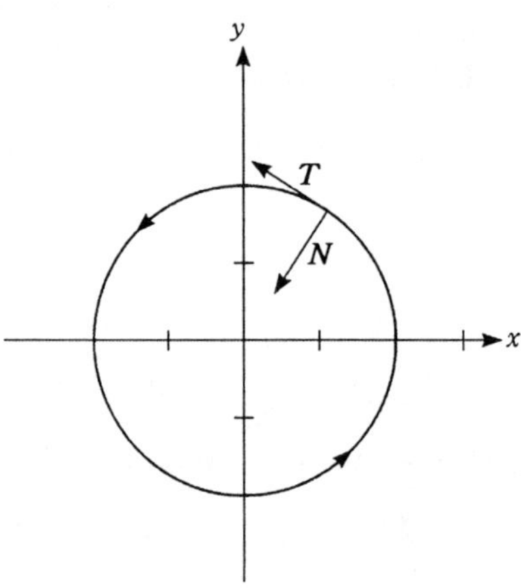

그림 11-27.

매끄러운 곡선

곡선

$$C: x=x(t),\ y=y(t),\ a\le t\le b$$

에 대하여, x와 y가 연속인 도함수를 갖고

$$\left(\frac{dx}{dt}\right)^2+\left(\frac{dy}{dt}\right)^2\ne 0,\ a\le t\le b$$

이면 곡선이 매끄럽다(smooth)고 한다. C가 매끄러운 곡선이면, 단위 접벡터가 곡선상의 모든 점에서 존재하며, $\boldsymbol{T}$의 방향은 연속적으로 변한다. 따라서 매끄러운 곡선의 그래프는 시작점과 끝점을 제외하고는 뾰족한 점을 가질 수 없다.

그림 11-28은 매끄러운 곡선의 그래프가 아니다. 시작점과 끝점이 일치할 때, $\boldsymbol{T}(a)\ne\boldsymbol{T}(b)$이면 곡선의 그래프는 그림 11-29와 같이 뾰족한 점을 가질 수 있다.

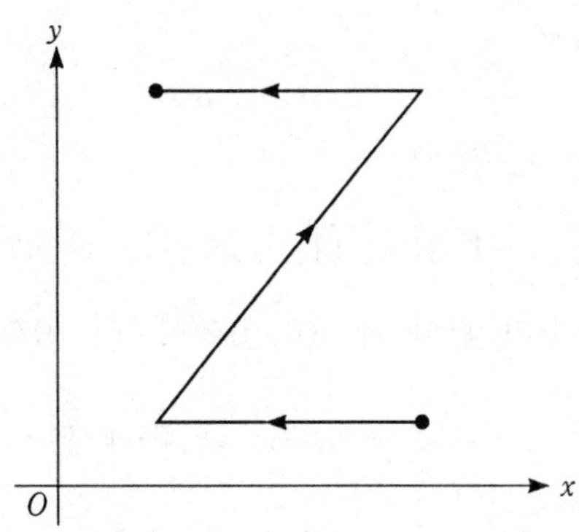

그림 11-28.

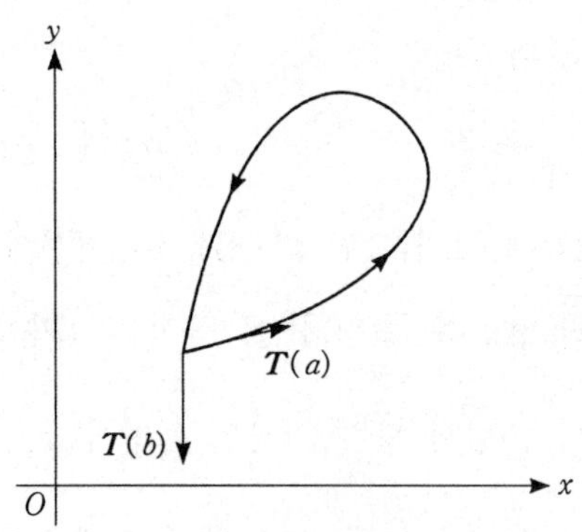

그림 11-29.

곡선

$$C: x=x(t),\ y=y(t),\ a\le t\le b$$

에 대하여, x와 y가 연속인 도함수를 가져도 뾰족한 점을 가질 수 있다. x와 y가 연속인 도함수를 가질 때, 곡선상을 움직이는 입자의 속도는 연속이므로, 입자의 운동은 "매끄럽다". 이것은 입자가 곡선을 따라서 움직일 때, 뾰족한 점에서는 정지해야 한다는 것을 뜻한다. 예를 들어

$$C: x=t^3,\ y=2t^2,\ -1\le t\le 1$$

을 생각해 보자. $\frac{dx}{dt}=3t^2$, $\frac{dy}{dt}=2t$이므로, $\frac{dx}{dt}$와 $\frac{dy}{dt}$는 연속이다. 그러나 이 곡선의

그래프는 $(0, 0)$에서 $\left(\frac{dx}{dt}\right)^2+\left(\frac{dy}{dt}\right)^2=0$이 됨을 주목하자(그림 11-30).

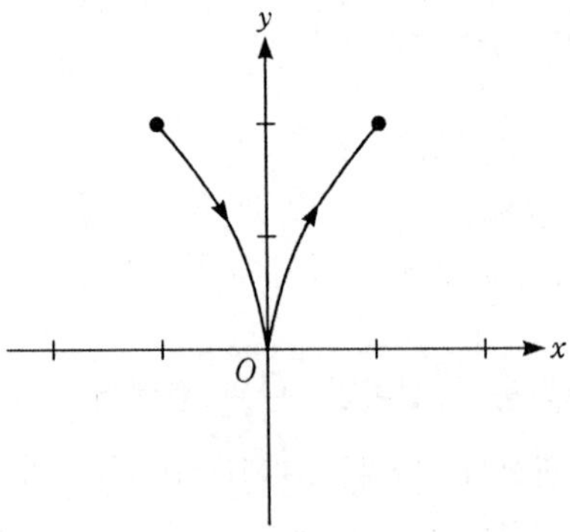

그림 11-30.

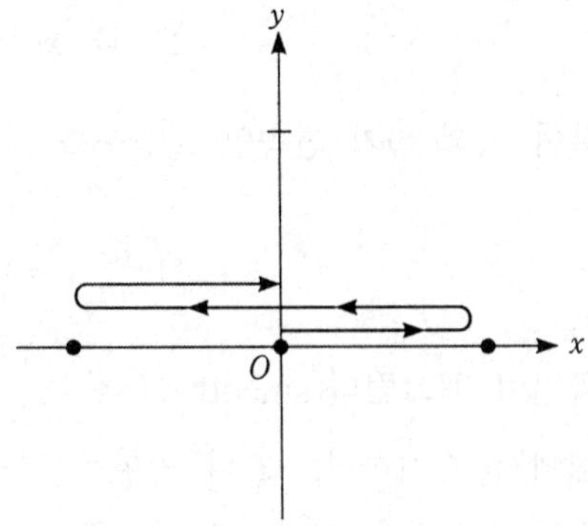

그림 11-31.

조건 $\left(\frac{dx}{dt}\right)^2+\left(\frac{dy}{dt}\right)^2\neq 0$은 매끄러운 곡선이 방향을 급격히 바꿀 수 없음을 말해준다. 예를 들어

$$C: x=\sin t,\ \ y=0,\ \ 0\leq t\leq 2\pi$$

를 생각해 보자(그림 11-31). 이 곡선의 그래프는 $(-1, 0)$와 $(1, 0)$를 잇는 선분으로 매끄러워 보인다. 그러나 이 곡선은 t가 0에서 $\frac{\pi}{2}$까지 변할 때 $(0, 0)$에서 $(1, 0)$까지 가고, $(1, 0)$에서 방향을 뒤로 돌려서 t가 $\frac{\pi}{2}$에서 $\frac{3}{2}\pi$까지 변할 때, $(1, 0)$에서 $(-1, 0)$까지 가고, 다시 $(-1, 0)$에서 방향을 돌려, t가 $\frac{3}{2}\pi$에서 2π까지 변할 때, $(-1, 0)$에서 $(0, 0)$까지 간다. $t=\frac{\pi}{2}$와 $\frac{3\pi}{2}$에서 $\left(\frac{dx}{dt}\right)^2+\left(\frac{dy}{dt}\right)^2=0$ 임을 주목하자. 따라서 이 곡선은 매끄러운 곡선이 아니다.

곡선

$$C': x=t,\ \ y=0,\ \ -1\leq t\leq 1$$

은 C의 그래프와 같으나, 이 곡선은 매끄러운 곡선이다. C'은 $(-1, 0)$에서 $(1, 0)$까지 방향을 급격히 바꾸지 않고 곧장 나아간다.

곡선 C_1의 끝점이 곡선 C_2의 시작점과 일치하면 C_1의 시작점에서 출발하여 곡선 C_1을 따라 C_1의 끝점이자 C_2의 시작점인 점까지 간 후 C_2를 따라 C_2의 끝점까지 가는 곡선을 C_1+C_2로 나타낸다(그림 11-32). 유한개의 매끄러운 곡선들의 합으로 된 곡선을 조각마다 매끄러운 곡선(piecewise smooth curve)이라고 한다.

곡선의 시작점이 끝점과 일치하면, 폐곡선 또는 닫힌 곡선(closed curve)이라고 한다(그림 11-33).

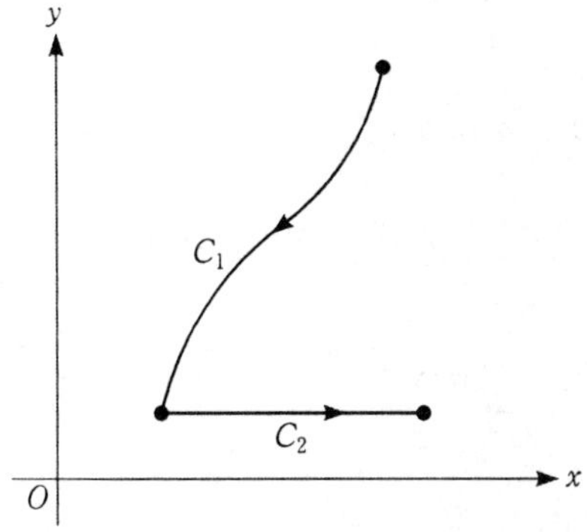

그림 11-32.

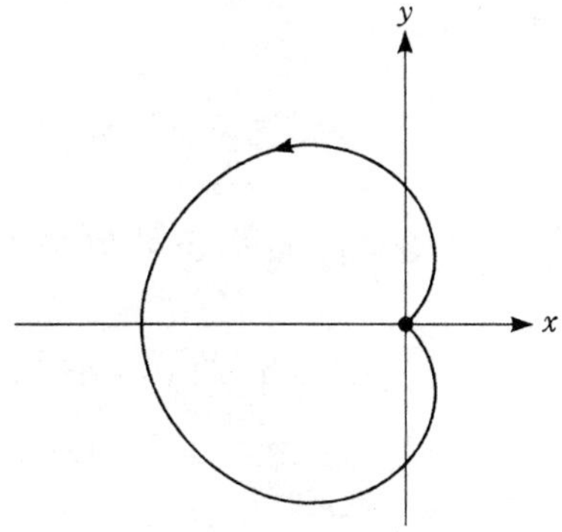

그림 11-33.

곡선의 시작점과 끝점을 제외하고 교차하는 점이 없으면, 단순곡선(simple curve)이라고 한다(그림 11-34).

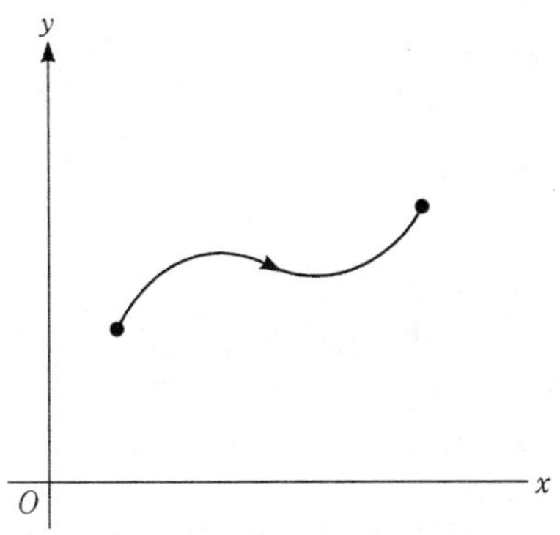

그림 11-34.

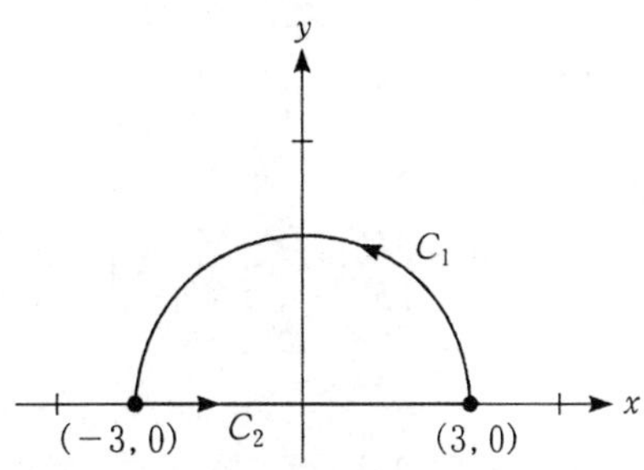

그림 11-35.

예 3 그림 11-35처럼 점 (3, 0)에서 시작하여 시계바늘의 반대방향으로 원 $x^2+y^2=9$를 따라서 $(-3, 0)$까지 가고, x축을 따라 (3, 0)까지 가는 곡선은 단순하고 닫힌 곡선이다. 이 곡선을 C라 하면, $C=C_1+C_2$로 쓸 수 있는데, 여기서 C_1과 C_2는 다음과 같이 매개방정식으로 나타내진다.

$$C_1 : x=3\cos t,\ \ y=3\sin t,\ \ 0\le t\le \pi$$

$$C_2 : x=t,\ \ y=0,\ \ -3\le t\le 3$$

C_1과 C_2는 매끄러운 곡선이므로, C는 조각마다 매끄러운 곡선이다. ∎

곡 률

매끄러운 곡선

$$C: x=x(t),\ y=y(t),\ a\le t\le b$$

를 호의 길이 s를 이용하여 표현할 수 있는 것을 11-2절에서 보았다. 여기서

$$s(t)=\int_a^t\sqrt{[x'(\tau)]^2+[y'(\tau)]^2}\,d\tau,\quad \frac{ds}{dt}=\sqrt{(x')^2+(y')^2}.$$

C를 벡터함수로 나타내면,

$$\boldsymbol{R}(t)=x(t)\boldsymbol{i}+y(t)\boldsymbol{j}$$

이므로,

$$\boldsymbol{R}'=x'\boldsymbol{i}+y'\boldsymbol{j},$$
$$|\boldsymbol{R}'(t)|=\sqrt{(x')^2+(y')^2}=\frac{ds}{dt}$$

이다. 따라서

$$\boldsymbol{T}=\frac{\boldsymbol{R}'}{|\boldsymbol{R}'|}=\frac{x'}{|\boldsymbol{R}'|}\boldsymbol{i}+\frac{y'}{|\boldsymbol{R}'|}\boldsymbol{j}=\frac{\frac{dx}{dt}}{\frac{ds}{dt}}\boldsymbol{i}+\frac{\frac{dy}{dt}}{\frac{ds}{dt}}\boldsymbol{j}=\frac{dx}{ds}\boldsymbol{i}+\frac{dy}{ds}\boldsymbol{j}$$

이므로, $\boldsymbol{T}=\dfrac{d\boldsymbol{R}}{ds}$가 된다. 즉 단위 접벡터는 호의 길이에 대한 위치의 변화율이다. 이제 $\left|\dfrac{d\boldsymbol{T}}{ds}\right|$가 $\boldsymbol{T}$의 방향의 변화를 얘기해 주는 것을 보도록 하자. s와 $s+\Delta s(\Delta s\neq 0)$에 대응하는 곡선상의 점에서의 단위 접벡터 $\boldsymbol{T}(s)$와 $\boldsymbol{T}(s+\Delta s)$에 대하여(그림 11-36 참조) $\boldsymbol{T}(s+\Delta s)$와 $\boldsymbol{T}(s)$가 단위 벡터이므로, 벡터 $\boldsymbol{T}(s+\Delta s)-\boldsymbol{T}(s)$의 길이는 Δs가 작을 때 두 벡터 $\boldsymbol{T}(s+\Delta s)$와 $\boldsymbol{T}(s)$ 사이의 각을 라디안으로 나타낸 값과 거의 같다(그림 11-37 참조). 따라서

$$\left|\frac{\boldsymbol{T}(s+\Delta s)-\boldsymbol{T}(s)}{\Delta s}\right|\approx\left|\frac{\Delta\theta}{\Delta s}\right|$$

이다. 그러므로 $\left|\frac{d\boldsymbol{T}}{ds}\right|$는 호의 길이에 대한 $\boldsymbol{T}$의 방향의 순간변화율이 된다. 이것을

$$\kappa=\left|\frac{d\boldsymbol{T}}{ds}\right|$$

로 나타내고 κ를 곡선의 **곡률**(curvature)이라고 한다. 다음의 공식에 의해 곡선의 매개방정식으로부터 그 곡선의 곡률을 구할 수 있다.

$$\kappa=\left|\frac{d\boldsymbol{T}}{ds}\right|=\frac{\left|\frac{d\boldsymbol{T}}{dt}\right|}{\frac{ds}{dt}}=\frac{|\boldsymbol{T}'|}{|\boldsymbol{R}'|}$$

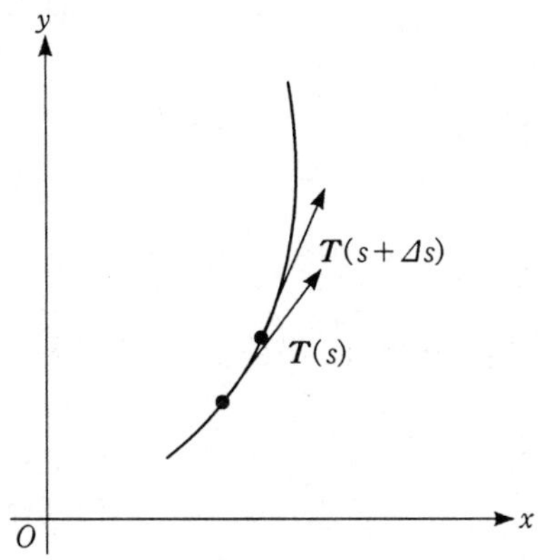

그림 11-36.

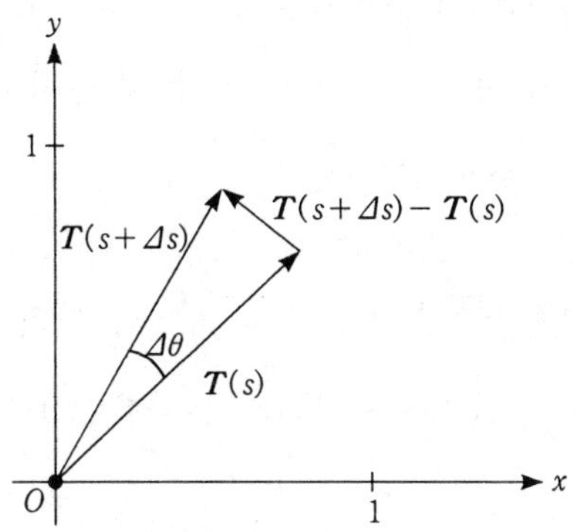

그림 11-37.

예제 11-19 원 $(x-a)^2+(y-b)^2=r^2$의 곡률을 구하여라.

풀이 원을 벡터함수로 나타내면

$$\boldsymbol{R}(t)=(a+r\cos t)\boldsymbol{i}+(b+r\sin t)\boldsymbol{j}$$

이다. 따라서

$$\boldsymbol{R}'(t)=(-r\sin t)\boldsymbol{i}+(r\cos t)\boldsymbol{j},\ |\boldsymbol{R}'(t)|=r,$$
$$\boldsymbol{T}(t)=(-\sin t)\boldsymbol{i}+(\cos t)\boldsymbol{j},$$
$$\boldsymbol{T}'(t)=(-\cos t)\boldsymbol{i}+(-\sin t)\boldsymbol{j},\ |\boldsymbol{T}'(t)|=1.$$

그러므로 곡률은

$$\kappa=\frac{|\boldsymbol{T}'|}{|\boldsymbol{R}'|}=\frac{1}{r}. \blacksquare$$

곡률이 0이 아닌 곡선상의 점에서 **곡률반경**(radius of curvature) ρ를

$$\rho=\frac{1}{\kappa}$$

로 정의한다. 곡선상의 점에서 단위법벡터 $\boldsymbol{N}$을 따라 ρ만큼 떨어진 점을 중심으로 하고 ρ를 반지름으로 하는 원을 **곡률원**(circle of curvature)이라고 한다(그림 11-38 참조). 곡률원의 중심을 **곡률중심**(center of curvature)이라고 한다. 예제 11-19로부터 원의 곡률원은 원 자신과 일치함을 알 수 있다. 한 점에서 곡률 κ를 가진 곡선은 그 점을 지날 때 반지름 $\frac{1}{\kappa}$인 원이 굽어지는 만큼 굽는다.

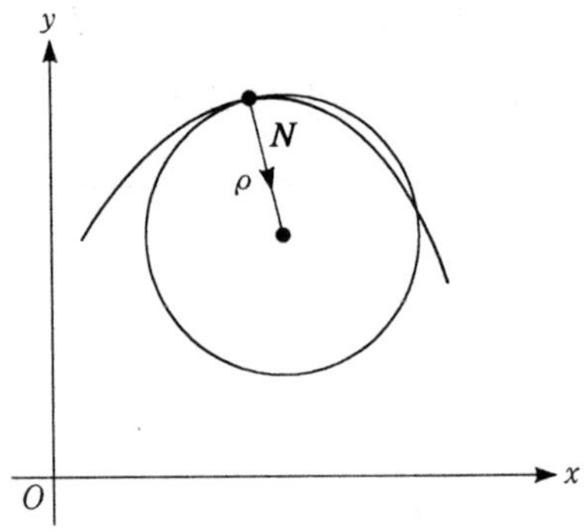

그림 11-38.

예제 11-20 곡선 $y=\sin x$의 단위 접벡터, 단위 법벡터, 곡률을 구하여라. 또한 점 $\left(\frac{\pi}{2}, 1\right)$에서 곡률반경과 곡률중심을 구하여라.

풀이 곡선 $y=\sin x$를 벡터함수

$$R=t\boldsymbol{i}+(\sin t)\boldsymbol{j}$$

로 나타내면,

$$\boldsymbol{R}'=\boldsymbol{i}+(\cos t)\boldsymbol{j},$$

$$|\boldsymbol{R}'|=\sqrt{1+\cos^2 t},$$

$$\boldsymbol{T}=\frac{1}{\sqrt{1+\cos^2 t}}\boldsymbol{i}+\frac{\cos t}{\sqrt{1+\cos^2 t}}\boldsymbol{j},$$

$$\boldsymbol{T}'=\frac{\sin t\cos t}{(1+\cos^2 t)^{\frac{3}{2}}}\boldsymbol{i}-\frac{\sin t}{(1+\cos^2 t)^{\frac{3}{2}}}\boldsymbol{j},$$

$$|\boldsymbol{T}'|=\frac{|\sin t|}{1+\cos^2 t},$$

$$\boldsymbol{N}=\left(\frac{\sin t}{|\sin t|}\right)\left(\frac{\cos t}{\sqrt{1+\cos^2 t}}\boldsymbol{i}-\frac{1}{\sqrt{1+\cos^2 t}}\boldsymbol{j}\right),$$

$$\varkappa = \frac{|\boldsymbol{T}'|}{|\boldsymbol{R}'|} = \frac{|\sin t|}{(1+\cos^2 t)^{\frac{3}{2}}}.$$

점 $\left(\frac{\pi}{2}, 1\right)$은 $t=\frac{\pi}{2}$일 때이므로 이때 $\varkappa=1$이고, 따라서

$$\rho = \frac{1}{\varkappa} = 1.$$

곡률 중심은 $\left(\frac{\pi}{2}, 1\right)$로부터 단위 법벡터 $\boldsymbol{N}\left(\frac{\pi}{2}\right) = -\boldsymbol{j}$를 따라 길이 1만큼 떨어진 점이다. 따라서 곡률중심은 $\left(\frac{\pi}{2}, 0\right)$. ($y=\sin x$의 그래프와 $\left(\frac{\pi}{2}, 1\right)$에서의 곡률원의 그림이 그림 11-39에 있다. 단위 법벡터 $\boldsymbol{N}$의 방향은 그림에 표시된 대로 곡선이 오목한 방향과 일치한다. $y=0$인 곳에서는 단위 법벡터가 정의되지 않는데, 이러한 점들은 곡선의 변곡점들이다.) ▮

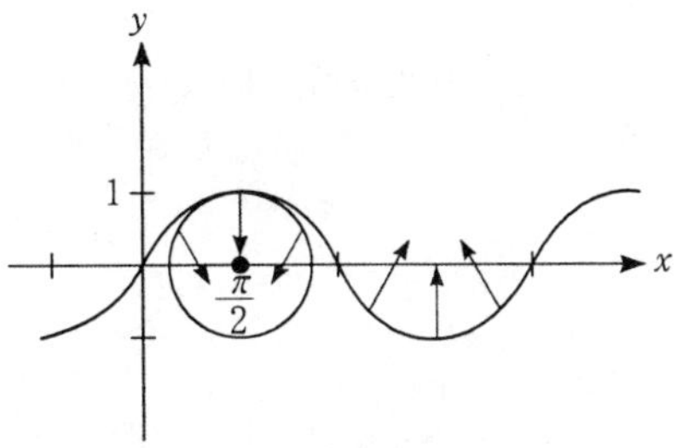

그림 11-39.

곡선이 매개방정식

$$C: x = x(t),\ \ y = y(t),\ \ a \le t \le b$$

로 주어졌을 때, 이 곡선을 벡터함수

$$\boldsymbol{R} = x\,\boldsymbol{i} + y\,\boldsymbol{j}$$

로 나타내어, 곡률 $\varkappa$를 구하면,

$$\boxed{\varkappa = \frac{|x'y'' - y'x''|}{(x'^2 + y'^2)^{\frac{3}{2}}}}$$

이 됨을 알 수 있다.

예제 11-21 타원

$$C: x = 3\cos t,\ \ y = 2\sin t,\ \ 0 \le t \le 2\pi$$

의 곡률에 대한 공식을 구하여라. 또한 최대곡률과 최소곡률을 구하고 최대곡률과 최소곡률을 갖는 점들을 구하여라.

풀이 $x' = -3\sin t,\ x'' = -3\cos t,\ y' = 2\cos t,\ y'' = -2\sin t$이므로, 위의 공식으로부터

$$\kappa = \frac{|(-3\sin t)(-2\sin t) - (2\cos t)(-3\cos t)|}{[(-3\sin t)^2 + (2\cos t)^2]^{\frac{3}{2}}} = 6(9\sin^2 t + 4\cos^2 t)^{-\frac{3}{2}}.$$

κ의 최대값과 최소값을 구하기 위해 κ'을 구하면

$$\kappa' = \frac{d\kappa}{dt} = \frac{-90(\sin t)(\cos t)}{(9\sin^2 t + 4\cos^2 t)^{\frac{5}{2}}}.$$

$(\sin t)(\cos t) = 0$일 때, $\frac{d\kappa}{dt} = 0$이므로, $t = 0, \frac{\pi}{2}, \pi, \frac{3}{2}\pi, 2\pi$일 때 $\frac{d\kappa}{dt} = 0$이다.
최대곡률은 $\kappa(0) = \kappa(\pi) = \kappa(2\pi) = 6(4)^{-\frac{3}{2}} = \frac{3}{4}$이고, 최소곡률은 $\kappa\left(\frac{\pi}{2}\right) = \kappa\left(\frac{3}{2}\pi\right) = 6(9)^{-\frac{3}{2}} = \frac{2}{9}$이다. 따라서 타원의 꼭지점에서 최대곡률을 갖고 단축의 끝점에서 최소곡률을 갖는다(그림 11-40). ■

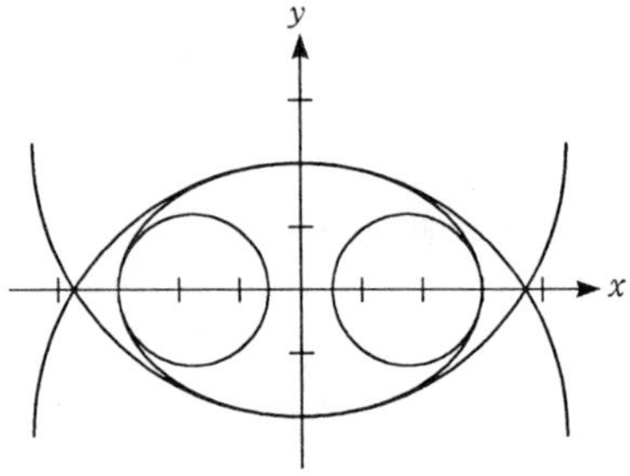

그림 11-40.

곡선이 함수 $y = f(x)$의 그래프이면, 이 곡선을

$$C : x = x,\ \ y = f(x)$$

와 같이 매개방정식으로 나타낼 수 있으므로, 위의 공식에 의해 곡률 κ를 구하면, $x' = 1$, $x'' = 0$이므로

$$\kappa = \frac{|f''(x)|}{(1 + (f'(x))^2)^{3/2}}$$

이 된다.

11-4. 연습문제

※ 주어진 곡선의 단위 접벡터, 단위 법벡터와 곡률을 구하여라(1~5).

1. $C: x=1-2t,\ y=2+2t$

2. $C: x=t,\ y=\ln t$

3. $C: x=2\cot t,\ y=2\sin t$

4. $C: x=2t,\ y=e^t+e^{-t}$

5. $C: x=e^t\cos t,\ y=e^t\sin t$

※ 주어진 곡선들에 대해, 주어진 점에서의 단위 접벡터, 단위 법벡터, 곡률, 곡률반경과 곡률중심을 구하여라. 곡선의 그래프를 그리고 주어진 점에서의 곡률원을 그려라(6~9).

6. $C: x=e^t,\ y=t\ ;\ t=0$

7. $C: x=t,\ y=\cos t\ ;\ t=0$

8. $C: x=t\cos t,\ y=t\sin t\ ;\ t=0$

9. $C: x=4\cos t,\ y=3\sin t\ ;\ t=0,\ \dfrac{\pi}{2}$

※ 주어진 곡선들의 곡률에 대한 공식을 구하여라(10~16).

10. $y=\dfrac{1}{x},\ x>0$

11. $y=\dfrac{1}{x^2}$

12. $C: x=2\cos t,\ y=\sin t$

13. $C: x=\sec t,\ y=\tan t$

14. $C: x=e^t+e^{-t},\ y=e^t-e^{-t}$

15. $y=\ln(\sec x),\ -\dfrac{\pi}{2}<x<\dfrac{\pi}{2}$

16. $y=\ln(\sec x+\tan x),\ 0\le x\le\dfrac{\pi}{2}$

17. 곡선 $y=\ln x$의 최대곡률을 구하여라. 그리고, 곡률이 최대가 되는 곡선 위의 점을 구하여라.

18. 곡선 $y=e^x$의 최대곡률을 구하여라. 그리고, 곡률이 최대가 되는 곡선 위의 점을 구하여라.

19. 곡선 $C: x=2t,\ y=e^t+e^{-t}$의 최대곡률을 구하여라. 그리고, 곡률이 최대가 되는 곡선 위의 점을 구하여라.

20. 극곡선 $r=r(\theta)$의 곡률이 식 $\kappa=\dfrac{|r^2+2(r')^2-rr''|}{(r^2+(r')^2)^{3/2}}$로 나타내지는 것을 보여라. 여기서 도함수들은 θ에 관한 것이다.

※ 주어진 극곡선들의 곡률에 대한 식을 문제 20의 식을 이용해서 구하여라(21～22).

21. $r=1-\sin\theta$

22. $r=2-\cos\theta$

23. 극점에서 극곡선 $r=r(\theta)$의 곡률이 $\kappa=\dfrac{2}{|r'|}$로 나타내지는 것을 문제 20의 식을 이용해서 보여라.

※ 주어진 곡선들의 극점에서의 곡률을 문제 23의 식을 이용해서 구하여라(24～25).

24. $r=\sin 4\theta$

25. $r=2\cos 2\theta$

26. 극곡선 $r=1-\cos\theta$의 최소곡률을 구하여라.

27. $(-1,-1)$부터 $(0,0)$까지는 $y=-\sqrt{1-(x+1)^2}$을 따르고, $(2,2)$까지는 $y=\sqrt{4-(x-2)^2}$을 따르는 곡선은 단위 접벡터가 연속적으로 변하기 때문에 매끄럽다. 곡선이 두 개의 원호들로 이루어져 있다는 사실을 이용하여 곡률을 구하여라(에어포일(airfoil)의 단면을 따라서 곡률이 갑작스러게 변화하면 공기의 역학적 특성에 중대한 영향을 미칠 수 있다).

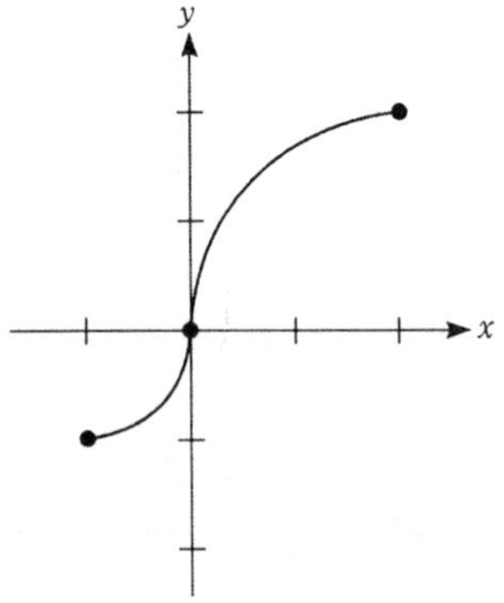

11-5. 공간곡선

평면곡선에 관한 이론을 공간곡선에 적용할 수 있다. 공간곡선의 매개방정식은 x, y, z가 t에 관한 연속함수일 때,

$$C: x=x(t),\ y=y(t),\ z=z(t),\ a\le t\le b$$

와 같이 나타내어진다.

예제 11-22 곡선

$$C: x=2\cos t,\ \ y=2\sin t,\ \ z=t,\ \ 0\le t\le 2\pi$$

의 그래프를 그려라.

풀이 t가 중분 $\Delta t=\frac{\pi}{2}$만큼 변함에 따라 얻어지는 점들의 좌표를 표로 나타내면 다음과 같다.

t	x	y	z
0	2	0	0
$\frac{\pi}{2}$	0	2	$\frac{\pi}{2}$
π	-2	0	π
$\frac{3}{2}\pi$	0	-2	$\frac{3}{2}\pi$
2π	2	0	2π

$x=2\cos t$, $y=2\sin t$로부터 $x^2+y^2=2^2$ 이므로 주어진 곡선은 z축과 평행한 원주 $x^2+y^2=2^2$ 위에 놓임을 알 수 있다. 위 표에 있는 점들을 매끄러운 곡선으로 연결하면 그림 11-41과 같다. 곡선이 실린더를 시계반대방향으로 감아갈 때, 곡선상의 점의 z-좌표가 증가한다. 이 곡선은 헬릭스(helix)이다(11-3절 예 1 참고). ▮

x, y, z가 연속인 도함수를 가질 때, 공간곡선

$$C: x=x(t),\ \ y=y(t),\ \ z=z(t),\ \ a\le t\le b$$

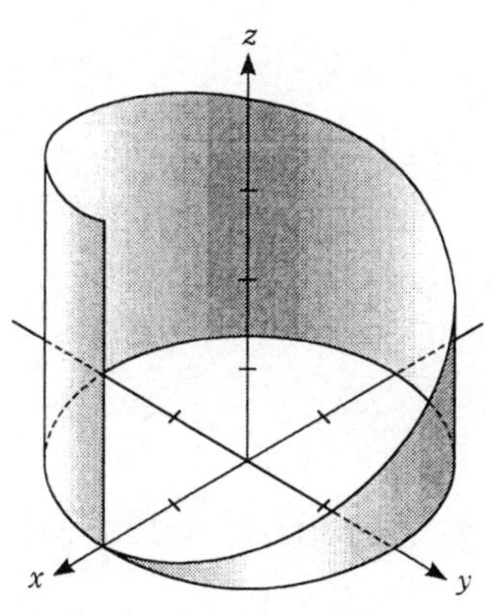

그림 11-41.

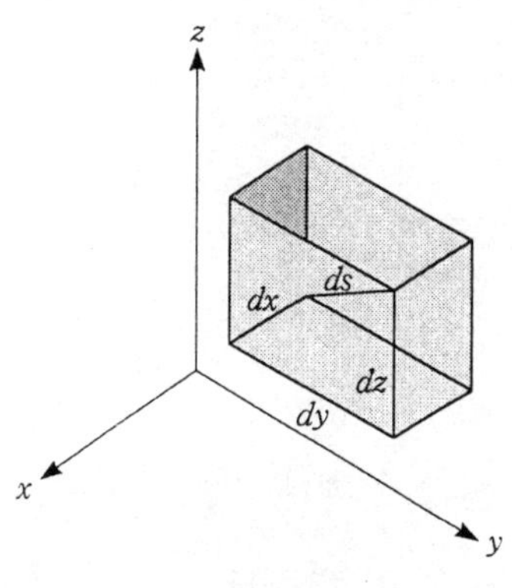

그림 11-42.

의 호의 길이의 미분 ds는 다음과 같이 정의된다(그림 11-42 참조).

$$ds=\sqrt{(dx)^2+(dy)^2+(dz)^2}=\sqrt{\left(\frac{dx}{dt}\right)^2+\left(\frac{dy}{dt}\right)^2+\left(\frac{dz}{dt}\right)^2}\,dt$$

곡선의 길이는

$$L=\int_a^b ds=\int_a^b\sqrt{\left(\frac{dx}{dt}\right)^2+\left(\frac{dy}{dt}\right)^2+\left(\frac{dz}{dt}\right)^2}\,dt$$

이고, 호의 길이 함수는

$$s=\int_a^t\sqrt{(x'(\tau))^2+(y'(\tau))^2+(z'(\tau))^2}\,d\tau$$

이다. 여기에서

$$\left(\frac{dx}{dt}\right)^2+\left(\frac{dy}{dt}\right)^2+\left(\frac{dz}{dt}\right)^2\neq0,\ \ a\leq t\leq b$$

이면, 곡선은 매끄러운 곡선이 되고 s가 순증가함수이므로 s의 역함수를 이용하면, 호의 길이를 매개변수로 하여 곡선의 매개방정식을 구할 수 있다.

예제 11-23 헬릭스

$$C: x=2\cos t,\ \ y=2\sin t,\ \ z=t,\ \ 0\leq t\leq 2\pi$$

의 길이를 구하여라. 또한 호의 길이를 매개변수로 하여, 이 곡선의 매개방정식을 구하여라.

풀이 $x'(t)=-2\sin t,\ \ y'(t)=2\cos t,\ \ z'(t)=1$이므로

$$(x'(t))^2+(y'(t))^2+(z'(t))^2=5.$$

따라서 곡선의 길이는

$$L=\int_0^{2\pi}\sqrt{5}\,dt=2\sqrt{5}\,\pi.$$

그리고 호의 길이 함수는

$$s=\int_0^t\sqrt{5}\,d\tau=\sqrt{5}\,t,\ 0\leq t\leq 2\pi.$$

$s=\sqrt{5}\,t$를 t에 관해 풀면, $t=\frac{s}{\sqrt{5}}$이다. 이것을 C의 매개방식에 대입하면,

$$C: x=2\cos\frac{s}{\sqrt{5}},\ \ y=2\sin\frac{s}{\sqrt{5}},\ \ z=\frac{s}{\sqrt{5}},\ \ 0\leq s\leq 2\sqrt{5}\,\pi$$

와 같이 s를 매개변수로 한 매개방정식을 얻는다. ▌

공간곡선

$$C: x=x(t),\ y=y(t),\ z=z(t)$$

를 벡터함수로 다음과 같이 나타낼 수 있다.

$$\boldsymbol{R}=x(t)\boldsymbol{i}+y(t)\boldsymbol{j}+z(t)\boldsymbol{k}$$

그러면

$$|\boldsymbol{R}'|=\sqrt{\left(\frac{dx}{dt}\right)^2+\left(\frac{dy}{dt}\right)^2+\left(\frac{dz}{dt}\right)^2}=\frac{ds}{dt}$$

이다. C가 매끄러운 곡선이면, 평면곡선과 마찬가지로, 호의 길이를 매개변수로 하여 단위 접벡터, 단위 법벡터, 곡률을 다음과 같이 정의할 수 있다.

$$\text{단위 접벡터}\quad \boldsymbol{T}=\frac{d\boldsymbol{R}}{ds}=\frac{\boldsymbol{R}'}{|\boldsymbol{R}'|}$$

$$\text{단위 법벡터}\quad \boldsymbol{N}=\frac{\dfrac{d\boldsymbol{T}}{ds}}{\left|\dfrac{d\boldsymbol{T}}{ds}\right|}=\frac{\boldsymbol{T}'}{|\boldsymbol{T}'|}$$

$$\text{곡률}\quad \kappa=\frac{d\boldsymbol{T}}{ds}=\frac{\left|\dfrac{d\boldsymbol{T}}{dt}\right|}{\dfrac{ds}{dt}}=\frac{|\boldsymbol{T}'|}{|\boldsymbol{R}'|}$$

공간곡선에 대하여 단위 종법벡터(unit binormal) $\boldsymbol{B}$를

$$\boldsymbol{B}=\boldsymbol{T}\times\boldsymbol{N}$$

으로 정의한다. 벡터 $\boldsymbol{B}$는 $\boldsymbol{T}$와 $\boldsymbol{N}$이 서로 수직이므로

$$|\boldsymbol{B}|=|\boldsymbol{T}\times\boldsymbol{N}|=|\boldsymbol{T}||\boldsymbol{N}|\sin\frac{\pi}{2}=1$$

이다. 단위 종법벡터도 단위 접벡터나 단위 법벡터와 마찬가지로, 곡선상의 점에서부터 그려진다. 벡터 $\boldsymbol{T}$, $\boldsymbol{N}$, $\boldsymbol{B}$는 이 순서로 곡선상의 점에서 오른 손 법칙을 따르는 직교 좌표계를 이룬다(그림 11-43 참조).

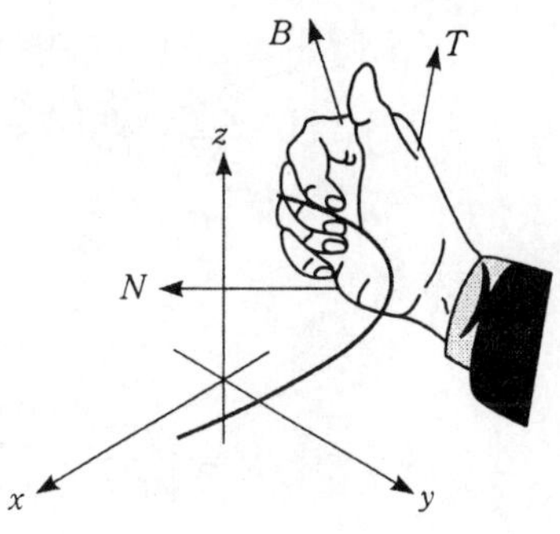

그림 11-43.

예제 11-24 헬릭스

$$C: x=2\cos t,\quad y=2\sin t\ z=t,\quad 0\le t\le 2\pi$$

의 단위 접벡터, 단위 법벡터, 단위 종법벡터, 그리고 곡률을 구하여라.

풀이 곡선을 벡터 형식으로 나타내면,

$$\boldsymbol{R}=(2\ \cos t)\boldsymbol{i}+(2\ \sin t)\boldsymbol{j}+t\boldsymbol{k}$$

이므로,

$$\boldsymbol{R}'=(-2\ \sin t)\boldsymbol{i}+(2\ \cos t)\boldsymbol{j}+\boldsymbol{k},\quad |\boldsymbol{R}'|=\sqrt{5}.$$

단위 접벡터는

$$\boldsymbol{T}=\frac{\boldsymbol{R}'}{|\boldsymbol{R}'|}=\left(\frac{-2\sin t}{\sqrt{5}}\right)\boldsymbol{i}+\left(\frac{2\cos t}{\sqrt{5}}\right)\boldsymbol{j}+\frac{1}{\sqrt{5}}\boldsymbol{k}$$

이다.

$$\boldsymbol{T}'=\left(\frac{-2\cos t}{\sqrt{5}}\right)\boldsymbol{i}+\left(\frac{-2\sin t}{\sqrt{5}}\right)\boldsymbol{j},\quad |\boldsymbol{T}'|=\frac{2}{\sqrt{5}}$$

이므로, 단위 법벡터는

$$\boldsymbol{N}=\frac{\boldsymbol{T}'}{|\boldsymbol{T}'|}=(-\cos t)\boldsymbol{i}+(-\sin t)\boldsymbol{j}.$$

단위 종법벡터는

$$\boldsymbol{B}=\boldsymbol{T}\times\boldsymbol{N}=\begin{vmatrix}\boldsymbol{i} & \boldsymbol{j} & \boldsymbol{k}\\ \frac{-2\sin t}{\sqrt{5}} & \frac{2\cos t}{\sqrt{5}} & \frac{1}{\sqrt{5}}\\ -\cos t & -\sin t & 0\end{vmatrix}$$

$$=\frac{\sin t}{\sqrt{5}}\boldsymbol{i}-\frac{\cos t}{\sqrt{5}}\boldsymbol{j}+\frac{2}{\sqrt{5}}\boldsymbol{k}.$$

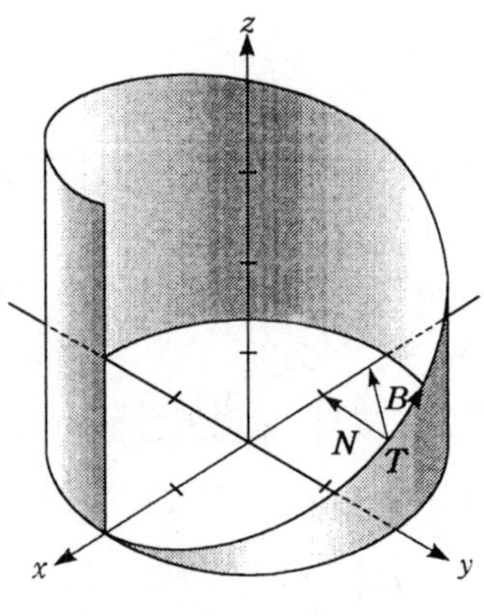

그림 11-44.

곡률은

$$\kappa=\frac{|T'|}{|R'|}=\frac{\frac{2}{\sqrt{5}}}{\sqrt{5}}=0.4.$$

(그림 11-44 참조) ▮

11-5. 연습문제

※ 매개방정식으로 나타내어진 다음 곡선들의 그래프를 그려라(1~6).

1. $C: x=t,\ y=t,\ z=t^2$
2. $C: x=t^2\cos t,\ y=t^2\sin t,\ z=t$
3. $C: x=\dfrac{\cos t}{t+1},\ y=t,\ z=\dfrac{\sin t}{t+1},\ t\geq 0$
4. $C: x=-t^3,\ y=t,\ z=t^3$
5. $C: x=t^2,\ y=t,\ z=t^3$
6. $C: x=\cos t,\ y=\sin t,\ z=\dfrac{t}{2}$

※ 다음 곡선들의 길이를 구하여라(7~10).

7. $C: x=1-t,\ y=2t,\ z=2+t,\ 0\leq t\leq 1$
8. $C: x=t,\ y=\sqrt{3}\,t,\ z=\dfrac{t^2}{2},\ 0\leq t\leq 1$
9. $C: x=3t^2,\ y=3t^2,\ z=2t,\ 0\leq t\leq 1$
10. $C: x=\sin^2 t,\ y=\cos^2 t,\ z=\sqrt{8}\sin t,\ 0\leq t\leq \dfrac{\pi}{2}$

※ 다음 곡선들을 호의 길이를 매개변수로 하여 나타내어라(11~12).

11. $C: x=2t,\ y=1-t,\ z=2+2t,\ 0\leq t\leq 1$
12. $C: x=t,\ y=\cos 2t,\ z=\sin 2t,\ 0\leq t\leq \dfrac{\pi}{2}$

※ 다음 곡선들의 단위 접벡터, (주)단위 법벡터, 단위 종법벡터 그리고 곡률을 구하여라(13~17).

13. $C: x=t,\ y=\dfrac{t^2}{2},\ z=t\ ;\ t=0$
14. $C: x=\sqrt{2}\ln t,\ y=\dfrac{1}{t},\ z=t\ ;\ t=1$
15. $C: x=\cos t,\ y=\sqrt{2}\sin t,\ z=\cos t$
16. $C: x=e^t\cos t,\ y=e^t\sin t,\ z=e^t$
17. $C: x=e^t,\ y=e^{-t},\ z=\sqrt{2}\,t\ ;\ t=0$

※ 주어진 곡선들의 곡률을 구하여라(18~19).

18. $C: x=t^2,\ y=t^2,\ z=t^3;\ t=1$

19. $C: x=t,\ y=t^2,\ z=t^3;\ t=1$

11-6. 가속도의 성분

이 절에서는 곡선을 따라 움직이는 입자의 운동을 공부하기 위하여 곡선의 성질들을 이용할 것이다.

$$\boldsymbol{R}(t)=x(t)\boldsymbol{i}+y(t)\boldsymbol{j}+z(t)\boldsymbol{k}$$

가 시간 t에서의 입자의 위치벡터를 나타낸다고 하자. 우리는 $\boldsymbol{R}$을 입자가 따라가는 곡선의 벡터형식으로 볼 수 있다. 입자의 속도, 가속도를 곡선의 단위 접벡터, 단위 법벡터와 비교해 보고자 한다.

입자의 속도 $\boldsymbol{V}$는 $\boldsymbol{V}=\boldsymbol{R}'$이고, 속력은

$$|\boldsymbol{V}|=|\boldsymbol{R}'|=\sqrt{\left(\frac{dx}{dt}\right)^2+\left(\frac{dy}{dt}\right)^2+\left(\frac{dz}{dt}\right)^2}=\frac{ds}{dt}$$

이다.

$$\boldsymbol{V}=\boldsymbol{R}'=|\boldsymbol{R}'|\,\boldsymbol{T}=\frac{ds}{dt}\,\boldsymbol{T}$$

이므로, 속도는 단위 접벡터와 같은 방향을 갖는다. 또한 가속도는

$$\boldsymbol{T}'=|\boldsymbol{T}'|\boldsymbol{N}\text{이고}\quad |\boldsymbol{T}'|=\kappa\frac{ds}{dt}\text{이므로,}$$

$$\begin{aligned}\boldsymbol{A}=\boldsymbol{V}'&=\frac{d}{dt}(\boldsymbol{V})=\frac{d}{dt}\left(\frac{ds}{dt}\,\boldsymbol{T}\right)=\frac{d^2s}{dt^2}\,\boldsymbol{T}+\frac{ds}{dt}\,\boldsymbol{T}'\\&=\frac{d^2s}{dt^2}\,\boldsymbol{T}+\kappa\left(\frac{ds}{dt}\right)^2\boldsymbol{N}\end{aligned}$$

이다. 이것으로부터 입자의 가속도는 $\boldsymbol{T}$와 $\boldsymbol{N}$에 의해 만들어지는 평면상에 놓이는 것을 알 수 있다.

$$a_T=\frac{d^2s}{dt^2}$$

을 가속도의 접성분(tangential component of acceleration),

$$a_N = \varkappa\left(\frac{ds}{dt}\right)^2$$

을 가속도의 법성분(normal component of acceleration)이라고 부른다. 가속도의 법성분은 음이 아니므로, 단위 법벡터는 곡선이 굽은 방향으로 향한다. 또한 가속도의 법성분이 곡률과 속력의 제곱의 곱으로 이루어지므로, 이것으로부터, 급하게 굽어서 곡률이 크고, 곡률원이 작은 커브 길을 차로 갈 때는 속력을 낮추어야 한다는 것을 알 수 있다.

가속도의 접성분과 법성분은 $\boldsymbol{T}$와 $\boldsymbol{N}$을 계산하지 않아도, $\boldsymbol{R}'$과 $\boldsymbol{R}''$으로부터 계산할 수 있다. $\boldsymbol{A} = \boldsymbol{R}''$이므로,

$$\boldsymbol{R}'' = \frac{d^2s}{dt^2}\boldsymbol{T} + \varkappa\left(\frac{ds}{dt}\right)^2\boldsymbol{N}$$

이다. 따라서

$$\begin{aligned}\boldsymbol{T}\cdot\boldsymbol{R}'' &= \boldsymbol{T}\cdot\left(\frac{d^2s}{dt^2}\boldsymbol{T} + \varkappa\left(\frac{ds}{dt}\right)^2\boldsymbol{N}\right)\\ &= \frac{d^2s}{dt^2}\boldsymbol{T}\cdot\boldsymbol{T} + \varkappa\left(\frac{ds}{dt}\right)^2\boldsymbol{T}\cdot\boldsymbol{N} = \frac{d^2s}{dt^2}\end{aligned}$$

이고, 또한

$$\boldsymbol{T}\cdot\boldsymbol{R}'' = \frac{\boldsymbol{R}'\cdot\boldsymbol{R}''}{|\boldsymbol{R}'|}$$

이다. 그러므로

$$\boxed{a_T = \frac{d^2s}{dt^2} = \frac{\boldsymbol{R}'\cdot\boldsymbol{R}''}{|\boldsymbol{R}'|}.}$$

마찬가지로,

$$\begin{aligned}\boldsymbol{T}\times\boldsymbol{R}'' &= \boldsymbol{T}\times\left(\frac{d^2s}{dt^2}\boldsymbol{T} + \varkappa\left(\frac{ds}{dt}\right)^2\boldsymbol{N}\right) = \frac{d^2s}{dt^2}\boldsymbol{T}\times\boldsymbol{T} + \varkappa\left(\frac{ds}{dt}\right)^2\boldsymbol{T}\times\boldsymbol{N}\\ &= \varkappa\left(\frac{ds}{dt}\right)^2\boldsymbol{B}\end{aligned}$$

이고,

$$\boldsymbol{T}\times\boldsymbol{R}'' = \left(\frac{\boldsymbol{R}'}{|\boldsymbol{R}'|}\right)\times\boldsymbol{R}'' = \frac{\boldsymbol{R}'\times\boldsymbol{R}''}{|\boldsymbol{R}'|},\quad |\boldsymbol{B}| = 1$$

이므로,

$$a_N = \kappa\left(\frac{ds}{dt}\right)^2 = \frac{|\boldsymbol{R}' \times \boldsymbol{R}''|}{|\boldsymbol{R}'|}$$

이다.

예제 11-25 시간 t에서의 입자의 위치가

$$\boldsymbol{R} = 2t^2\boldsymbol{i} + 2t\boldsymbol{j} + t^2\boldsymbol{k}$$

로 주어져 있다. 가속도의 접성분과 법성분을 구하여라.

풀이 $\boldsymbol{R}' = 4t\boldsymbol{i} + 2\boldsymbol{j} + 2t\boldsymbol{k}$,

$\boldsymbol{R}'' = 4\boldsymbol{i} + 0\boldsymbol{j} + 2\boldsymbol{k}$,

$|\boldsymbol{R}'| = \sqrt{(4t)^2 + 2^2 + (2t)^2} = \sqrt{20t^2 + 4} = 2\sqrt{5t^2 + 1}$.

$\boldsymbol{R}' \cdot \boldsymbol{R}'' = (4t)(4) + (2)(0) + (2t)(2) = 20t$.

$$\boldsymbol{R}' \times \boldsymbol{R}'' = \begin{vmatrix} \boldsymbol{i} & \boldsymbol{j} & \boldsymbol{k} \\ 4t & 2 & 2t \\ 4 & 0 & 2 \end{vmatrix} = 4\boldsymbol{i} - 0\boldsymbol{j} - 8\boldsymbol{k}.$$

$|\boldsymbol{R}' \times \boldsymbol{R}''| = \sqrt{4^2 + 0^2 + 8^2} = \sqrt{80} = 4\sqrt{5}$.

그러므로 가속도의 접성분은

$$a_T = \frac{\boldsymbol{R}' \cdot \boldsymbol{R}''}{|\boldsymbol{R}'|} = \frac{20t}{2\sqrt{5t^2+1}} = \frac{10t}{\sqrt{5t^2+1}}.$$

가속도의 법성분은

$$a_N = \frac{|\boldsymbol{R}' \times \boldsymbol{R}''|}{|\boldsymbol{R}'|} = \frac{4\sqrt{5}}{2\sqrt{5t^2+1}} = \frac{2\sqrt{5}}{\sqrt{5t^2+1}}. \blacksquare$$

일반적으로

$$\begin{aligned} |\boldsymbol{R}''|^2 &= \boldsymbol{R}'' \cdot \boldsymbol{R}'' \\ &= (a_T\boldsymbol{T} + a_N\boldsymbol{N}) \cdot (a_T\boldsymbol{T} + a_N\boldsymbol{N}) \\ &= (a_T^2\,\boldsymbol{T} \cdot \boldsymbol{T} + 2a_Ta_N\boldsymbol{T} \cdot \boldsymbol{N} + a_N^2\,\boldsymbol{N} \cdot \boldsymbol{N} \\ &= a_T^2 + a_N^2 \end{aligned}$$

이므로,

$$a_N = \sqrt{|\boldsymbol{R}''|^2 - a_T^2}$$

을 얻는다. 이 공식으로부터 가속도의 법성분을 $\boldsymbol{R}' \times \boldsymbol{R}''$을 계산하지 않고도 구할 수 있다. 또한

$$a_N = \kappa\left(\frac{ds}{dt}\right)^2 = \frac{|\boldsymbol{R}' \times \boldsymbol{R}''|}{|\boldsymbol{R}'|}, \quad \frac{ds}{dt} = |\boldsymbol{R}'|$$

이므로,

$$\kappa = \frac{|\boldsymbol{R}' \times \boldsymbol{R}''|}{|\boldsymbol{R}'|^3} \qquad (1)$$

을 얻는다. 이 공식은 곡률을 $\boldsymbol{R}'$과 $\boldsymbol{R}''$으로 나타내 준다.

평면곡선들은 z-좌표를 0으로 갖는 공간곡선으로 간주할 수 있으므로, 공간곡선에 대한 공식들을 평면곡선에 적용할 수 있다. 예를 들어,

$$C: x = x(t),\ y = y(t),\ z = 0$$

이 xy-평면상의 곡선이면, 위 공식 (1)은

$$\kappa = \frac{|x'y'' - y'x''|}{(x'^2 + y'^2)^{\frac{3}{2}}}$$

이 되어 11-4절에서 얻은 공식과 같다. ■

11-6. 연습문제

※ 주어진 위치 벡터들로 나타내어지는 운동에 대한 가속도의 접성분과 법성분을 구하여라(1∼7).

1. $\boldsymbol{R} = \cos t\boldsymbol{i} + \sin t\boldsymbol{j} + t\boldsymbol{k}$
2. $\boldsymbol{R} = \ln t\boldsymbol{i} + t\boldsymbol{j} + \ln t\boldsymbol{k}$
3. $\boldsymbol{R} = 3\cos 2t\boldsymbol{i} + 3\sin 2t\boldsymbol{j}$
4. $\boldsymbol{R} = 2\cos 2t\boldsymbol{i} + 3\sin t\boldsymbol{j}$

5. $\boldsymbol{R}= t\boldsymbol{i}+ t^2\boldsymbol{j}$

6. $\boldsymbol{R}= e^{-t}\cos t\boldsymbol{i}+ e^{-t}\sin t\boldsymbol{j}+ t\boldsymbol{k}$; $t=0$

7. $\boldsymbol{R}= t\cos t\boldsymbol{i}+ t\sin t\boldsymbol{j}+ t\boldsymbol{k}$; $t=0$

8. 시각 t에서의 물체의 위치가 $\boldsymbol{R}= t^3\boldsymbol{i}+ t^3\boldsymbol{j}+ t\boldsymbol{k}$로 주어졌다. $t=1$일 때 곡선 위의 점에서 벡터 $\boldsymbol{T}$와 $\boldsymbol{N}$으로 이루어지는 평면의 방정식을 구하여라(힌트 : 벡터 $\boldsymbol{R}'$과 $\boldsymbol{R}''$은 평면 내부에 있다).

9. 곡선을 따라 움직이는 한 입자가 곡선 위의 한 점에서 속도 $\boldsymbol{V}=2\boldsymbol{i}+\boldsymbol{j}$와 가속도 $\boldsymbol{A}=\boldsymbol{i}-\boldsymbol{k}$를 갖는다. 그 점에서의 단위 접벡터 $\boldsymbol{T}$와 단위 법벡터 $\boldsymbol{N}$을 구하여라.

10. 단위 접벡터 $\boldsymbol{T}$와 단위 법벡터 $\boldsymbol{N}$을 속도 $\boldsymbol{V}$와 가속도 $\boldsymbol{A}$로 나타내어라.

제 12 장 다변수함수의 미분학

OUTLINE

한 양이 여러 개의 변수에 의존하는 상황이 흔히 있다.

18세기 중반에 진동하는 현에 대한 운동을 묘사할 때 위치와 시간에 대한 함수가 등장했으며 편도함수도 등장했음을 오일러(L. Euler, 1707～1783), 달랑베르(J.L. d'Alembert, 1717?～1783), 라그랑주(J.L. Lagrange, 1736～1813) 등의 논문 또는 책에서 볼 수 있다.

일변수함수와 마찬가지로 다변수함수에 대한 해석도 극한, 연속, 도함수의 개념에 의존하게 된다.

이 장에서는 등위선을 이용하여 이변수함수의 그래프를 추정해 보는 것으로 시작하여, 다변수함수의 극한, 연속성, 미분가능성, 극대, 극소, 테일러전개 등을 다룬다.

12-1. 다변수함수와 그의 연속성

실수의 순서쌍 (x, y)들의 집합 D의 각 원소 (x, y)에 하나의 실수 값 z를 대응시키는 대응규칙 f를 두 변수 x, y의 함수, z를 (x, y)에 대한 f의 값이라고 하고

$$f(x, y), \text{ 또는 } z=f(x, y)$$

로 나타낸다. 이때, D를 f의 정의역(domain), D의 각 원소에 대한 f의 값의 집합을 치역(range)이라고 한다. 그리고 f를 이변수함수, x 및 y를 독립변수, z를 종속변수라고 한다.

2변수함수 $z=f(x, y)$의 그래프는 실수의 순서모임 (x, y, z)들의 집합

$$G=\{(x, y, z) \mid (x, y) \in D, \ z=f(x, y)\}$$

이며, 공간의 한 곡면을 나타낸다.

9-5절에서 본 타원포물면 또는 쌍곡포물면

$$z=\frac{x^2}{a^2}+\frac{y^2}{b^2} \text{ 또는 } z=\frac{x^2}{a^2}-\frac{y^2}{b^2}$$

의 그래프(그림 9-51, 52)는 각각 이변수함수

$$f(x, y)=\frac{x^2}{a^2}+\frac{y^2}{b^2} \text{과 } g(x, y)=\frac{x^2}{a^2}-\frac{y^2}{b^2}$$

의 그래프이다. 이변수함수 $f(x, y)$의 그래프를 살펴보는 또 다른 방법은 여러 개의 수 c에 대하여 $c=f(x, y)$를 만족시키는 점 (x, y)들을 xy-평면에 그리는 것이다. 주어진 수 c에 대해 $c=f(x, y)$를 만족시키는 (x, y)들의 집합을 xy-평면에 나타낸 것을 등위선(level curve)이라고 부른다. 이 등위선은 곡면 $z=f(x, y)$가 평면 $z=c$와 만나는 교선을 xy-평면에 투영(投影)시킨 것이다. 그림 12-1 (a)는 함수 $z=\sqrt{16-x^2-y^2}$의 그래프인 반구면이 평면 $z=c$와 만나는 교선(contour line)을 보여주고, 그림 12-1 (b)는 함수 $z=\sqrt{16-x^2-y^2}$의 등위선을 보여준다.

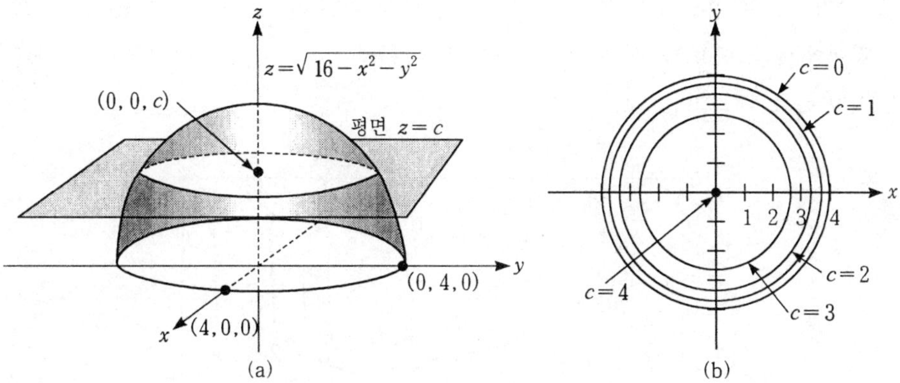

그림 12-1.

예제 12-1 함수 $f(x, y) = 16 - x^2 - y^2$의 $c = 0, 1, 4, 9, 16$에 대한 등위선들을 그리고 함수의 그래프를 그려라.

풀이 등위선 $f(x, y) = c$는

$$16 - x^2 - y^2 = c \text{ 또는 } x^2 + y^2 = 16 - c$$

를 만족시키는 (x, y)들의 집합이다. 그러므로 $c = 0, 1, 4, 9, 16$에 대해 다음 그림 12-2와 같이 등위선을 얻는다. 그래프는 그림 12-3과 같은 포물면이다.

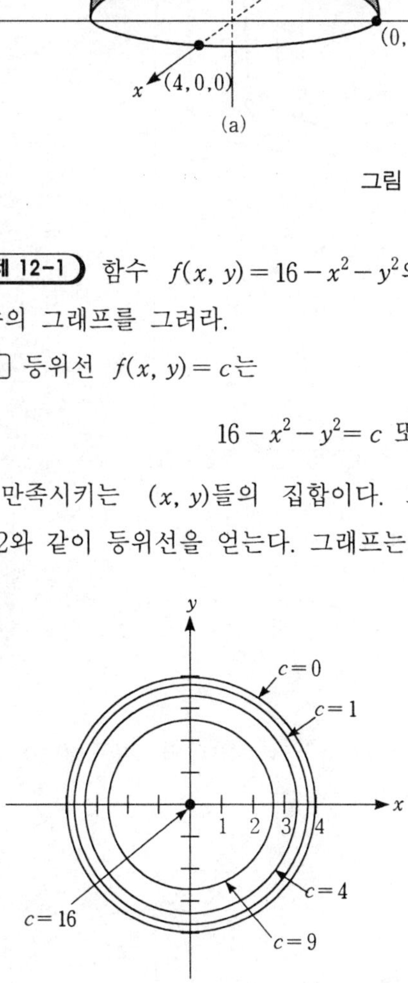

그림 12-2.

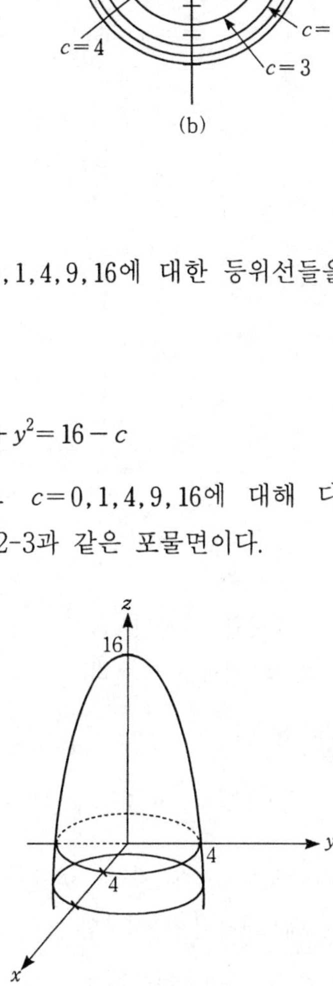

그림 12-3. ∎

다음 예는 등위선 개념을 응용한 등온선(isotherms)에 관한 것이다.

예 1 그림 12-4는 어떤 해에 한 호수에 대한 등온선을 보여주는 것이다. 등온선은 날짜와 깊이에 대한 함수이다. 예를 들어 130일째(5월 10일)에 5 m 깊이의 온도는 대략 12℃이다. 고정된 깊이의 온도가 날짜에 따라 변하는 것을 보고자 하면 그 깊이를 따라

수평선을 그려, 그 수평선이 등온선을 만나는 곳에서 온도와 날짜를 읽으면 된다. 예를 들어 5 m 깊이에서는 온도가 봄에 8℃에서부터 여름에 20℃ 이상으로 올라갔다가 가을에 다시 12℃ 이하로 내려가는 것을 본다.

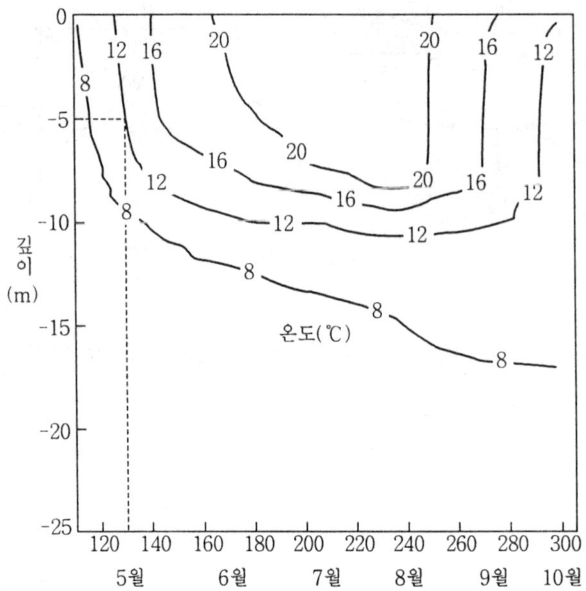

그림 12-4. ▮

일변수함수에서와 마찬가지로, 이변수함수 $z=f(x, y)$의 정의역은 $f(x, y)$가 정의되는 모든 (x, y)들의 집합으로 한다.

예 2 함수 $z=\sqrt{9-x^2-y^2}$의 정의역은 $\{(x, y) : x^2+y^2\leq 9\}$이며, 치역은 $0\leq z\leq 3$. 그래프는 구면 $x^2+y^2+z^2=9$의 윗 부분이다(그림 12-5). ▮

일반적으로 독립적으로 변하는 n개의 변수 $(x_1, x_2, \cdots\cdots, x_n)$에 대하여 순서모임 $(x_1, x_2, \cdots\cdots, x_n)$에 한 실수값 y를 대응시키는 대응규칙 f를 **n변수함수**라고 하고, 이를

$$f(x_1, x_2, \cdots\cdots, x_n) \text{ 또는 } y=f(x_1, x_2, \cdots\cdots, x_n)$$

와 같이 나타낸다. 두 개 이상의 변수의 함수를 **다변수함수**라고 한다. 이변수함수에 대한 이론은 그대로 다변수함수의 이론으로 확장할 수 있으므

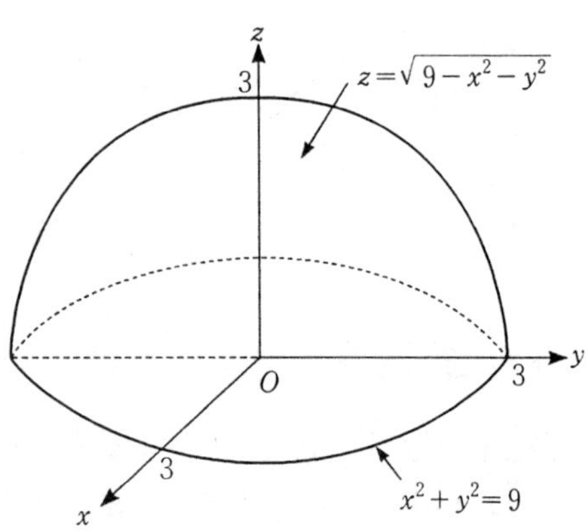

그림 12-5.

로, 이 장에서는 주로 이변수함수에 대하여 생각한다.

우선 이변수함수의 극한에 대해서 생각해 보자. 1변수함수에서와 마찬가지로 (x, y)가 (x_0, y_0)로 접근해감에 따라 $f(x, y)$가 어떤 일정한 수 L로 접근하면 우리는 이 L을 (x, y)가 (x_0, y_0)로 접근할 때 함수 $f(x, y)$의 극한값이라 한다. 이때, 우리는 (x_0, y_0)로 접근하는 길이 무수히 많음을 알 수 있다. 따라서 극한값이 존재한다는 것은 (x, y)가 어떤 길을 밟아도 (x_0, y_0)로 접근하면 $f(x, y)$가 같은 수로 접근한다는 것이다. 정확한 극한의 정의는 다음과 같다.

〔**정의**〕 한 실수 L에 대하여 임의의 $\varepsilon>0$가 주어졌을 때, 한 $\delta>0$가 존재하여

$$0<\sqrt{(x-x_0)^2+(y-y_0)^2}<\delta \text{이면 } |f(x, y)-L|<\varepsilon$$

을 만족시키면, 함수 $f(x, y)$가 (x_0, y_0)에서 극한값 L을 갖는다고 하고,

$$\lim_{(x, y)\to(x_0, y_0)} f(x, y)=L$$

이라 쓴다.

정의로부터

$$\lim_{(x, y)\to(x_0, y_0)} x=x_0, \quad \lim_{(x, y)\to(x_0, y_0)} y=y_0 \tag{1}$$

임을 곧장 알 수 있다.

이변수함수의 극한은 1변수함수의 극한과 여러 가지 비슷한 성질을 갖는다.

〔**정리 12-1**〕 $\lim_{(x, y)\to(a, b)} f(x, y)=A$, $\lim_{(x, y)\to(a, b)} g(x, y)=B$이고 c가 상수일 때

(1) $\lim_{(x, y)\to(a, b)} cf(x, y)=cA$,

(2) $\lim_{(x, y)\to(a, b)} [f(x, y)\pm g(x, y)]=A\pm B$,

(3) $\lim_{(x, y)\to(a, b)} f(x, y)g(x, y)=AB$,

(4) $\lim_{(x, y)\to(a, b)} \dfrac{f(x, y)}{g(x, y)}=\dfrac{A}{B}$, 단 $B\neq 0$.

예 3 위 정리와 (1)로부터

$$\lim_{(x, y)\to(3, -4)} (x^2+y^2)=3^2+(-4)^2=25, \quad \lim_{(x, y)\to(0, 1)} \frac{x^2-y^2}{x^2+y^2}=\frac{0^2-1^2}{0^2+1^2}=-1. ∎$$

예 4 $f(x, y)=\dfrac{x^2-y^2}{x^2+y^2}$, $(x, y)\neq(0, 0)$일 때 직선 $y=mx$를 따라서 (x, y)가 $(0, 0)$으로 접근한다고 하자. 그러면

$$f(x, mx)=\frac{1-m^2}{1+m^2}$$

이므로 m의 값에 따라서 $\lim_{x\to 0}f(x, mx)$의 값이 달라진다. 따라서 $\lim_{(x, y)\to(0, 0)}f(x, y)$는 존재하지 않는다. ■

예제 12-2 $\lim_{(x, y)\to(0, 0)}\dfrac{x^4+y^4}{x^2+y^2}$을 구하여라(단, 존재하는 경우).

풀이 $\lim_{(x, y)\to(0, 0)}(x^4+y^4)=\lim_{(x, y)\to(0, 0)}(x^2+y^2)=0$이므로 정리 12-1을 사용할 수 없다. 그러나 분자의 차수가 분모의 차수보다 높으므로 x와 y가 0에 가까운 수일 때 분자가 분모보다 훨씬 작다. 그러므로 극한이 0이라고 추측할 수 있다.

이제 $\lim_{(x, y)\to(0, 0)}\dfrac{x^4+y^4}{x^2+y^2}=0$임을 증명해 보자.

$$\left|\frac{x^4+y^4}{x^2+y^2}-0\right|\leq\frac{x^4+y^4+2x^2y^2}{x^2+y^2}=x^2+y^2$$

이므로, $\varepsilon>0$가 주어졌을 때, $\delta=\sqrt{\varepsilon}$이라 두면

$$0<\sqrt{x^2+y^2}<\delta\text{이면 }\frac{x^4+y^4}{x^2+y^2}\leq x^2+y^2<\delta^2=\varepsilon$$

이다. 그러므로

$$\lim_{(x, y)\to(0, 0)}\frac{x^4+y^4}{x^2+y^2}=0. \ ■$$

이변수함수의 극한에 대해서도 샌드위치정리가 성립한다. 따라서 위의 예제를 다음과 같이 할 수 있다.

$$0\leq\frac{x^4+y^4}{x^2+y^2}\leq x^2+y^2\text{ 이고, }\lim_{(x, y)\to(0, 0)}(x^2+y^2)=0$$

이므로 샌드위치정리에 의하여

$$\lim_{(x, y)\to(0, 0)}\frac{x^4+y^4}{x^2+y^2}=0.$$

합성함수의 극한에 대해서 다음 정리가 성립한다(증명은 생략).

〔정리 12-2〕 $\lim_{(x, y)\to(a, b)} g(x, y) = M$이고 $f(t)$가 M에서 연속이면,

$$\lim_{(x, y)\to(a, b)} f(g(x, y)) = f\left(\lim_{(x, y)\to(a, b)} g(x, y)\right) = f(M).$$

예제 12-3 $\lim_{(x, y)\to(0, 0)} \cos xy$를 구하여라.

풀이 정리 12-1로부터 $\lim_{(x, y)\to(0, 0)} xy = 0 \cdot 0 = 0$이고 코사인 함수는 모든 점에서 연속이므로, 정리 12-2에 의해

$$\lim_{(x, y)\to(0, 0)} \cos xy = \cos 0 = 1. \blacksquare$$

2변수함수 $f(x, y)$가 다음 세 가지 조건을 만족하면 함수 f는 (a, b)에서 연속이라고 한다.

(1) $f(a, b)$의 값이 유일하게 정의된다.

(2) $\lim_{(x, y)\to(a, b)} f(x, y)$가 존재한다.

(3) $\lim_{(x, y)\to(a, b)} f(x, y) = f(a, b)$이다.

예 5 함수 $f(x, y) = \begin{cases} \dfrac{x^2 - y^2}{x^2 + y^2}, & (x, y) \neq (0, 0) \\ 0, & (x, y) = (0, 0) \end{cases}$

은 $(0, 0)$에서 극한값이 존재하지 않으므로 불연속이다. ■

예 6 $f(x, y) = \begin{cases} \dfrac{x^4 + y^4}{x^2 + y^2}, & (x, y) \neq (0, 0) \\ 0, & (x, y) = (0, 0) \end{cases}$

이면, $\lim_{(x, y)\to(0, 0)} f(x, y) = 0$이므로 f는 $(0, 0)$에서 연속이다. ■

함수 $f(x, y)$가 xy평면의 한 영역의 모든 점에서 연속이면, $f(x, y)$는 그 영역에서 연속이라고 한다. 이변수의 연속함수에 대해서도 일변수의 연속함수에서 성립되는 여러 가지 정리들이 성립한다.

12-1. 연습문제

1. 스쿠버 다이빙 장비를 사용할 때, 해양생물학자는 잠수시간을

$$T(V, x) = \frac{33V}{x+33}$$

에 따라 결정한다. 여기서

T=잠수시간을 분으로 나타낸 것

V=바다표면의 압력에서 탱크에 압축시킨 공기의 부피

x=잠수 깊이를 피트(ft)로 나타낸 것.

$T(70, 47)$과 $T(60, 27)$을 구하여라.

2. Poiseuille의 법칙에 따르면, 혈관에서 흐르는 피의 저항 R은 혈관의 길이 L과 혈관의 반경 r에 의해서 결정되는데,

$$R(L, r) = k\frac{L}{r^4}, \quad k\text{는 상수}$$

로 나타내진다고 한다. $R(8, 1)$과 $R(4, 0.2)$를 구하여라.

3. 한 의학연구원이 어떤 고혈압 약 x단위를 환자에게 투여한지 t시간 후에 약의 효과 $E(x, t)$는

$$E(x, t) = 20x^{\frac{3}{2}}e^{-0.05t}$$

라고 하였다. $E(16, 20)$과 $E(64, 10)$을 구하여라.

4. 다음 함수의 등위선들을 그리고, 그래프를 대강 그려라.

(a) $f(x, y) = 3 - x - y$ (b) $f(x, y) = e^{-x^2-y^2}$ (c) $f(x, y) = \frac{\sqrt{x^2-y^2}}{2}$

5. 그림은 북반구에 있는 어느 호수의 등온선이다.

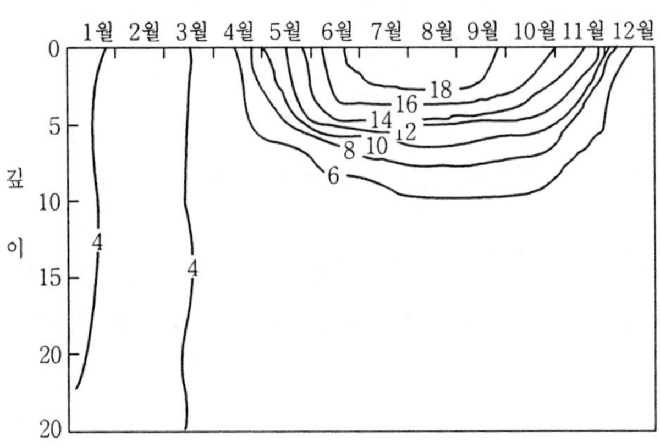

(a) 이 그림을 이용하여 3월과 6월의 호수의 깊이에 따른 온도에 대해 말하여라.

(b) 6월에 호수는 따뜻한 물로 상층부(표수층 (epilimnion)이라 부름)를 이루고 온도가 급격히 변하는 부분(변수층(metalimnion))이 그 밑에 있고 그 밑으로는 차가운층(심수층(hypolimnion))으로 이루어져 있음을 설명하여라.

6. 함수 $f(x,y)=\dfrac{x+y}{x^2+y}(x^2+y\neq 0)$에 대하여

(a) (x,y)가 직선 $x=1$을 따라서 $(x,y)\to(1,-1)$일 때의 $\lim_{(x,y)\to(1,-1)} f(x,y)$를 구하여라.

(b) (x,y)가 직선 $y=-1$을 따라서 $(x,y)\to(1,-1)$일 때의 $\lim_{(x,y)\to(1,-1)} f(x,y)$를 구하여라.

(c) $f(x,y)$가 $(1,-1)$에서 연속이 되게 $f(1,-1)$의 값을 정의할 수 없는 이유를 말하여라.

7. $f(x,y)=\dfrac{x^2+y^2}{x^2-y^2}$일 때, x축 및 세 직선 $x=1$, $x=4$, $y=5$로 둘러싸인 영역에서 f의 연속성을 조사하여라.

12-2. 편도함수의 정의

이변수함수

$$z=f(x,y)$$

에서 y를 고정시켜, 이를 x만의 함수로 보고 x에 관한 f의 도함수

$$\lim_{\Delta x\to 0}\frac{f(x+\Delta x,y)-f(x,y)}{\Delta x}$$

가 존재할 때, 이를 x에 관한 f의 편도함수(partial derivative)라고 하고, 다음과 같은 기호로 나타낸다.

$$\frac{\partial z}{\partial x},\ \frac{\partial f}{\partial x},\ \frac{\partial}{\partial x}f(x,y),\ f_x(x,y),\ z_x$$

한 특정한 점 (a,b)에서의 편도함수의 값 $f_x(a,b)$를 (a,b)에서의 편미분계수라고 부른다.

마찬가지로 y에 관한 f의 편도함수를

$$\lim_{\Delta y \to 0} \frac{f(x, y+\Delta y)-f(x, y)}{\Delta y}$$

에 의하여 정의하며, 다음과 같은 기호로 나타낸다.

$$\frac{\partial z}{\partial y},\ \frac{\partial f}{\partial y},\ \frac{\partial}{\partial y}f(x, y),\ f_y(x, y),\ z_y$$

편도함수가 존재하면 편미분가능하다고 하고 편도함수를 구하는 일을 편미분한다고 한다.

예 7 $z=x^2y-y^3-5x+2y-1$에서

$$\frac{\partial z}{\partial x}=2xy-5,\ \frac{\partial z}{\partial y}=x^2-3y^2+2.\ ■$$

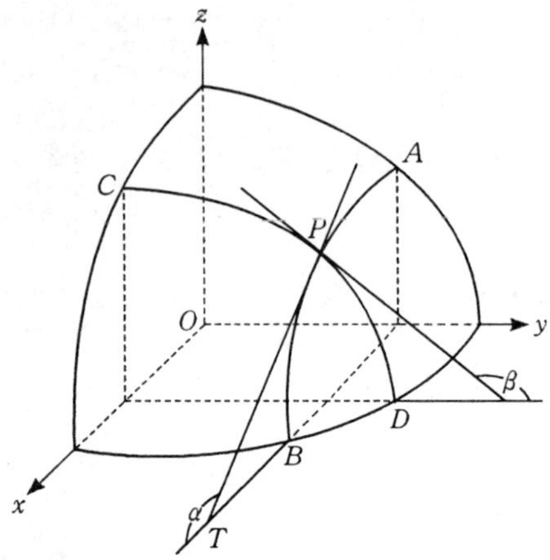

그림 12-6.

편도함수의 기하학적 의미 : 함수 $z=f(x, y)$의 그래프가 그림 12-6과 같은 곡면이라고 하고, 곡면 위의 한 점 P를 지나 xz평면과 평행인 평면과 곡면과의 교선을 APB라 하면, APB를 따라 곡면 위를 움직이는 점의 y좌표는 고정된 값을 취한다. 그러므로 P에서의 접선 PT의 기울기 $\tan\alpha$는 x에 관한 f의 편미분계수를 가리킨다. 따라서 편도함수의 기하학적 의미는 다음과 같다. 그림 12-6에서

$$\frac{\partial z}{\partial x}=\tan\alpha=(P\text{에서의 곡선 } APB\text{의 기울기})$$

$$\frac{\partial z}{\partial y}=\tan\beta=(P\text{에서의 곡선 } CPD\text{의 기울기})$$

예제 12-4 점 $(4, -5)$에서 함수 $f(x, y)=x^2+3xy+y-1$의 $\frac{\partial f}{\partial x}$의 값을 구하여라.

풀이 y를 상수로 간주하고 x에 관하여 미분하면,

$$\frac{\partial f}{\partial x}=\frac{\partial}{\partial x}(x^2+3xy+y-1)=2x+3y.$$

따라서,

$$\frac{\partial f}{\partial x}(4, -5)=2(4)+3(-5)=-7.\ ■$$

예제 12-5 함수 $f(x, y)=y\sin xy$의 $\dfrac{\partial f}{\partial y}$를 구하여라.

풀이 x를 상수로 간주하고 y에 관하여 미분하면,

$$\begin{aligned}\frac{\partial f}{\partial y}&=\frac{\partial}{\partial y}(y\sin xy)=\sin xy+y\frac{\partial}{\partial y}(\sin xy)\\&=\sin xy+xy\cos xy.\ \blacksquare\end{aligned}$$

예제 12-6 $f(x, y)=\dfrac{2y}{y+\cos x}$일 때 $\dfrac{\partial f}{\partial x}$를 구하여라.

풀이 $$\frac{\partial f}{\partial x}=\frac{\partial}{\partial x}\left(\frac{2y}{y+\cos x}\right)=\frac{(y+\cos x)\frac{\partial}{\partial x}(2y)-2y\frac{\partial}{\partial x}(y+\cos x)}{(y+\cos x)^2}$$

$$=\frac{(y+\cos x)(0)-2y(-\sin x)}{(y+\cos x)^2}=\frac{2y\sin x}{(y+\cos x)^2}.\ \blacksquare$$

〔**참고**〕 12-6절에서 보게 될 2계 편도함수와 관련하여, $z=f(x, y)$에 대한 $\dfrac{\partial f}{\partial x}$, $\dfrac{\partial f}{\partial y}$를 z의 1계 편도함수라고 한다.

예 8 홀링(Holling, 1959)은 시구간 T동안에 포식자가 먹는 먹이의 수 P_e를 먹이의 밀도 N과 각 먹이를 다루는 시간 T_h의 함수로

$$P_e=\frac{aNT}{1+aT_hN} \tag{1}$$

와 같이 나타내었다. 여기서 a는 양의 상수로서 포식자의 공격률을 나타낸다. 방정식 (1)을 홀링의 디스크(disc) 방정식이라고 부른다(홀링은 포식자를 나타내는 눈을 가린 조교가 어떤 시간동안에 얼마나 많은 샌드페이퍼 디스크(먹이를 나타냄)를 집을 수 있는가를 측정하여서 방정식(1)을 얻었다).

먹이를 다루는 시간이 먹는 먹이의 수에 어떤 영향을 미치나를 보기 위하여 $\dfrac{\partial P_e(N, T_h)}{\partial T_h}$를 계산하면,

$$\begin{aligned}\frac{\partial P_e(N, T_h)}{\partial T_h}&=aNT(-1)(1+aT_hN)^{-2}aN\\&=-\frac{a^2N^2T}{(1+aT_hN)^2}\end{aligned}$$

이므로 $\dfrac{\partial P_e(N, T_h)}{\partial T_h}<0$이다. 따라서 우리가 기대하는 것처럼, 먹이를 다루는 시간이 증가

하면 먹는 먹이의 수는 감소함을 알 수 있다.

먹이밀도 N에 따른 P_e의 변화를 보기 위하여 $\frac{\partial P_e(N,\ T_h)}{\partial N}$을 계산하면,

$$\frac{\partial P_e(N,\ T_h)}{\partial N} = \frac{aT(1+aT_hN)-aNTaT_h}{(1+aT_hN)^2} = \frac{aT}{(1+aT_hN)^2} > 0$$

이다. 따라서 먹이밀도가 증가할수록 먹는 먹이의 수가 증가함을 알 수 있다. ■

12-2. 연습문제

※ 다음 함수의 1계편도함수를 구하여라(1～5).

1. $z = x^3 + y^3 + 3xy$

2. $z = \frac{xy}{x+y}$

3. $z = e^{2x}\sin 2y$

4. $z = y\ln\frac{x}{x+y}$

5. $z = \mathrm{Sin}^{-1}\frac{x}{\sqrt{x^2+y}}$

6. $f(x,\ y) = x^2\,\mathrm{Tan}^{-1}\frac{y}{x} - y^2\,\mathrm{Tan}^{-1}\frac{x}{y}$에서 $f_x(1, 2)$, $f_y(1, 2)$를 구하여라.

7. $f(x,\ y) = e^{-x}\sin(x+2y)$에서 $f_x\left(0,\ \frac{\pi}{4}\right)$, $f_y\left(0,\ \frac{\pi}{4}\right)$를 구하여라.

8. $z = x^y y^x$일 때 다음 식을 증명하여라.

$$x\frac{\partial z}{\partial x} + y\frac{\partial z}{\partial y} = z(x+y) + z\ \ln z$$

9. 곡면 $xyz = 8$ 위의 점 $(2, 2, 2)$에서 xz평면에 평행하게 그은 접선의 기울기를 구하여라.

※ 두 변의 길이가 각각 b, c이고, 낀 각이 A인 삼각형의 면적 S는 $S = \frac{1}{2}bc\sin A$이다. $b = 10$, $c = 20$, $A = 60°$일 때, 다음을 구하여라(10～12).

10. c와 A가 일정할 때, b에 대한 면적 S의 변화율

11. b와 c가 일정할 때, 각 A에 대한 S의 변화율

12. 면적 S와 각 A가 일정할 때, b에 대한 c의 변화율

13. 다음 식은 평균적 사람 신체의 표면적 A(단위는 인치^2)와 무게 W(단위는 파운드), 키 h(단위는 인치)의 관계를 나타낸 것이다.

$$A = f(W, h) = 15.64\,W^{0.425}\,h^{0.725}.$$

예를 들면 체온저하와 관련된 연구에서와 같이, 사람의 표면적을 아는 것이 때때로 유용하다.

(a) $f_W(W, h)$와 $f_h(W, h)$를 구하여라.

(b) 몸무게가 65 파운드이고 키가 57 인치인 어린이에 대해 $f_W(65, 57)$과 $f_h(65, 57)$를 구하고, 그것에 대해 설명하여라.

14. Poiseuille의 법칙에 따르면, 혈관에서 흐르는 피의 저항 R은 혈관의 길이 L과 혈관의 반경 r에 의해서 결정되는데,

$$R(L, r) = k\frac{L}{r^4}, \quad k\text{는 상수}$$

로 나타내진다고 한다. $R_L(4, 0.2)$와 $R_r(4, 0.2)$를 구하고, 그것에 대해 설명하여라.

15. 스쿠버다이빙 장비를 갖추고 잠수할 수 있는 시간 T분이

$$T(V, x) = \frac{33V}{x+33}$$

로 주어진다. 여기서 V는 탱크에 압축된 공기의 부피이고 x는 바다표면으로부터의 깊이를 피트로 나타낸 것이다. $T_x(70, 17)$을 구하고, 그것이 주는 정보를 설명하여라.

16. 한 포식자에 의해 공격받는 먹이의 수는 먹이밀도에 대한 함수로써 S자형을 갖는다. 먹이밀도를 N, 포식자밀도를 P, 먹이를 찾을 수 있는 시간을 T, 각 포식자가 각각의 먹이를 다루는 시간을 T_h로 나타내면, 각 포식자가 먹이를 만나는 수는 N, T, T_h의 함수로써

$$f(N, T, T_h) = \frac{b^2N^2T}{1 + cN + bT_hN^2}$$

로 나타낼 수 있다. 여기서 b와 c는 양의 상수이다.

(a) 먹이밀도 N의 증가가 함수 $f(N, T, T_h)$에 어떤 영향을 미치나를 조사하여라.

(b) 먹이를 찾는 시간 T의 증가가 함수 $f(N, T, T_h)$에 어떤 영향을 미치나를 조사하여라.

(c) 먹이를 다루는 시간 T_h의 증가가 함수 $f(N, T, T_h)$에 어떤 영향을 미치나를 조사하여라.

(d) $T=2.4$시간, $T_h=0.2$시간, $b=0.8$, $c=0.5$일 때 N의 함수로써 $f(N, T, T_h)$의 그래프를 그려라.

17. 이 문제에서는 기생충들의 상호 간섭이 그들이 숙주를 찾는 효율성에 어떻게 영향을 미치나를 조사할 것이다. N이 숙주의 밀도이고 P가 기생충의 밀도라고 하자. 숙주-기생충 상호작용에 대해 흔히 쓰이는 Nicholson-Bailey 모델에서, 기생충에 감염된 숙주의 수를 N_a로 나타냈을 때,

$$N_a = N[1-e^{-bP}]$$

로 주어진다. 여기서 b는 숙주를 찾는 효율성이다.

(a) 위 방정식을 b에 대해 풀어서

$$b=\frac{1}{P}\ln\frac{N}{N-N_a}$$

임을 보여라.

(b) b를 P, N, N_a의 함수로 생각하면, 기생충의 밀도가 증가할 때 숙주를 찾는 효율성 b에는 어떤 영향이 미치는가?

(c) $g(N)$이 음이 아닌 미분가능함수일 때 $N_a=g(N)$이라 가정하면 b는 P와 N의 함수로 쓰여진다. 즉

$$b=h(P, N)=\frac{1}{P}\ln\frac{N}{N-g(N)}.$$

$g(N)$이 N에 관한 감소 함수일 때 b가 숙주의 밀도에 어떻게 의존하는가? ($g(N)<N$임을 사용하여라.)

12-3. 전미분, 미분가능성

2변수함수 $z=f(x, y)$에서 x, y의 각 증분 Δx, Δy에 대응하는 z의 증분을 Δz라 하면

$$\Delta z = f(x+\Delta x, y+\Delta y) - f(x, y). \tag{1}$$

이에 대하여 다음 정리가 성립한다.

〔정리 12-3〕 함수 $z=f(x, y)$와 f_x, f_y가 점 (x, y)의 근방에서 연속이면

$$\Delta z = \frac{\partial z}{\partial x}\Delta x + \frac{\partial z}{\partial y}\Delta y + \varepsilon_1 \Delta x + \varepsilon_2 \Delta y. \tag{2}$$

여기서, ε_1, ε_2는 Δx, Δy의 함수이며 다음과 같이 된다.

$$\lim_{\Delta x,\, \Delta y \to 0} \varepsilon_1 = 0, \quad \lim_{\Delta x,\, \Delta y \to 0} \varepsilon_2 = 0$$

〔증명〕 (1)을 변형하면

$$\Delta z = \{f(x+\Delta x, y+\Delta y) - f(x, y+\Delta y)\} + \{f(x, y+\Delta y) - f(x, y)\}. \tag{3}$$

우변의 두 항에 평균값 정리를 적용하면

$$f(x+\Delta x, y+\Delta y) - f(x, y+\Delta y) = \Delta x f_x(x+\theta_1 \Delta x, y+\Delta y), \ 0<\theta_1<1 \tag{4}$$

$$f(x, y+\Delta y) - f(x, y) = \Delta y f_y(x, y+\theta_2 \Delta y), \ 0<\theta_2<1.$$

가정에 의하여 f_x, f_y는 (x, y)의 근방에서 연속이므로

$$f_x(x+\theta_1 \Delta x, y+\Delta y) = f_x(x, y) + \varepsilon_1, \quad \lim_{\Delta x,\, \Delta y \to 0} \varepsilon_1 = 0 \tag{5}$$

$$f_y(x, y+\theta_2 \Delta y) = f_y(x, y) + \varepsilon_2, \quad \lim_{\Delta x,\, \Delta y \to 0} \varepsilon_2 = 0.$$

(3), (4), (5)에 의하여 (2)를 얻는다. ■

특히 Δx와 Δy가 충분히 작을 때, Δz의 값은 (2)의 우변의 처음 두 항의 합으로 근사화시킬 수 있다. 이를 z의 전미분(total differential)이라 하고, 기호 dz로 나타낸다. 즉

$$dz = \frac{\partial z}{\partial x}\Delta x + \frac{\partial z}{\partial y}\Delta y. \tag{6}$$

$z=x$ 또는 $z=y$일 때를 생각해보면, $dx=\Delta x$, $dy=\Delta y$를 얻게 되므로 독립변수의 미분은 그 증분과 같다. 따라서 (6)식은 다음과 같이 된다.

$$dz = \frac{\partial z}{\partial x}dx + \frac{\partial z}{\partial y}dy$$

전미분의 정의는 3변수 이상의 함수에도 적용된다. 이를 테면 $u=f(x, y, z)$의 전미분 du는 다음과 같이 정의한다.

$$du = \frac{\partial u}{\partial x}dx + \frac{\partial u}{\partial y}dy + \frac{\partial u}{\partial z}dz.$$

예 9 $u=x^4y^3z^2$에 대하여

$$du=4x^3y^3z^2dx+3x^4y^2z^2dy+2x^4y^3zdz. \blacksquare$$

전미분 dz는 $\Delta z=f(x+\Delta x, y+\Delta y)-f(x, y)$인 모양의 오차의 근사값을 구하는 계산에 응용할 수 있다.

예제 12-7 한 삼각형의 두 변과 그 낀 각이 각각 6, 8, 30°에서 6.2, 8.1, 29°로 변할 때 면적은 대략 얼마나 변하는가?

풀이 공식 $S=\frac{1}{2}xy\sin\theta$에서

$$dS=\frac{1}{2}y\sin\theta\,dx+\frac{1}{2}x\sin\theta\,dy+\frac{1}{2}xy\cos\theta\,d\theta.$$

여기에 $x=6$, $y=8$, $\theta=30°$, $dx=0.2$, $dy=0.1$, $d\theta=-1°=-\frac{\pi}{180}$를 대입하면

$$\begin{aligned} dS&=\frac{1}{2}\cdot 8\cdot\frac{1}{2}\cdot 0.2+\frac{1}{2}\cdot 6\cdot\frac{1}{2}\cdot 0.1+\frac{1}{2}\cdot 6\cdot 8\cdot\left(\frac{\sqrt{3}}{2}\right)\left(-\frac{\pi}{180}\right)\\ &\approx 0.4+0.15-0.363=0.187. \blacksquare\end{aligned}$$

〔참고〕 $\Delta S=0.173\cdots$이다.

특히 du가 u의 오차일 때 비 $\frac{du}{u}$를 u의 상대오차라 하고, $\frac{du}{u}\times 100\%$를 백분율오차라고 한다. 상대오차나 백분율오차는 로그미분법을 이용하면 편리할 때가 많다.

예제 12-8 직원기둥의 지름과 높이를 측정하여 5 cm, 8 cm를 얻었는데, 이 값들은 각각 0.1 cm의 오차를 갖는다고 한다. 이 측정치를 사용한 원기둥의 부피에는 최대 얼마 가량의 상대오차가 있겠는가?

풀이 지름이 x, 높이가 y인 직원기둥의 부피 V는 $V=\pi x^2y/4$

$$\ln V=2\ln x+\ln y+\ln(\pi/4) \qquad \therefore \frac{dV}{V}=\frac{2dx}{x}+\frac{dy}{y}$$

여기서 dx, dy가 모두 양일 때 dV/V는 최대가 됨이 분명하다. 따라서 $x=5$, $y=8$, $dx=0.1$, $dy=0.1$을 대입하면, 부피의 상대오차의 근사값은

$$\frac{dV}{V}=\frac{2(0.1)}{5}+\frac{0.1}{8}=0.0525\,.$$

부피의 최대 백분율오차는 5.25%이다. ▮

정리 12-3으로부터, 함수 $z=f(x, y)$와 f_x, f_y가 점 (a, b) 근방에서 연속이고,

$$L(x, y)=f(a, b)+f_x(a, b)(x-a)+f_y(a, b)(y-b)$$

라 놓으면

$$f(x, y)-L(x, y)=\varepsilon_1(x-a)+\varepsilon_2(y-b)$$

이므로 $(x, y)\to(a, b)$일 때 $f(x, y)\to L(x, y)$이고

$$\left|\frac{f(x, y)-L(x, y)}{\sqrt{(x-a)^2+(y-b)^2}}\right|\le|\varepsilon_1|+|\varepsilon_2|\to 0$$

이것은 $x=a$에서 미분가능한 일변수함수 $y=f(x)$에 대해 $L(x)=f(a)+f'(a)(x-a)$라 놓으면

$$\lim_{x\to a}\frac{f(x)-L(x)}{x-a}=0$$

과 같은 형태이다. 이때 직선 $y=L(x)$는 점 $(a, f(a))$에서 곡선 $y=f(x)$의 접선이다. 이 개념을 이변수함수로 확장하여 다음과 같이 이변수함수의 미분가능성을 정의한다.

이변수함수 $f(x, y)$가 (a, b) 근방에서 정의되었다고 하고

$$\Delta x=x-a,\quad \Delta y=y-b,\quad \Delta f=f(x, y)-f(a, b)$$

라고 놓자.

〔**정의**〕 이변수함수 $f(x, y)$가 (a, b)에서 편도함수 $f_x(a, b)$와 $f_y(a, b)$를 갖고 $\Delta x, \Delta y\to 0$일 때 $\varepsilon_1(\Delta x, \Delta y)\to 0$, $\varepsilon_2(\Delta x, \Delta y)\to 0$인 함수 $\varepsilon_1, \varepsilon_2$가 존재하여

$$\Delta f=f_x(a, b)\Delta x+f_y(a, b)\Delta y+\varepsilon_1(\Delta x, \Delta y)\Delta x+\varepsilon_2(\Delta x, \Delta y)\Delta y$$

이면, $f(x, y)$는 (a, b)에서 미분가능하다(differentiable)고 한다. 그리고 f가 (a, b)에서 미분가능하면 평면

$$z=f(a, b)+f_x(a, b)(x-a)+f_y(a, b)(y-b)$$

를 점 $(a, b, f(a, b))$에서 곡면 $z=f(x, y)$의 접평면(tangent plane)이라고 부른다.

$f(x, y)$가 (a, b)에서 미분가능하면, f는 (a, b)에서 연속임을 알 수 있다.

예제 12-9 함수 $f(x, y)$가 다음과 같이 정의되었다고 하자.

$$f(x, y)=\begin{cases} 0, & xy\neq 0\text{일 때} \\ 1, & xy=0\text{일 때} \end{cases}$$

$\dfrac{\partial f}{\partial x}(0, 0)$와 $\dfrac{\partial f}{\partial y}(0, 0)$가 존재하지만, $f(x, y)$가 $(0, 0)$에서 연속이 아니고, 따라서 미분가능하지 않음을 보여라.

풀이 편도함수의 정의에 의하여

$$\frac{\partial f}{\partial x}(0, 0)=\lim_{h\to 0}\frac{f(h, 0)-f(0, 0)}{h}=\lim_{h\to 0}\frac{1-1}{h}=0$$

$$\frac{\partial f}{\partial y}(0, 0)=\lim_{k\to 0}\frac{f(0, k)-f(0, 0)}{k}=\lim_{k\to 0}\frac{1-1}{k}=0.$$

이제 $f(x, y)$가 $(0, 0)$에서 연속인가를 보기 위하여 $(x, y)\to(0, 0)$일 때 $f(x, y)$의 극한값을 살펴봐야 한다. 먼저 y축을 따라 $(0, 0)$에 접근하면

$$\lim_{(0, y)\to(0, 0)}f(0, y)=\lim_{y\to 0}1=1.$$

또 직선 $y=x$를 따라 $(0, 0)$에 접근하면

$$\lim_{(x, x)\to(0, 0)}f(x, x)=\lim_{x\to 0}0=0$$

따라서 서로 다른 두 경로를 따라 $(0, 0)$에 접근할 때 극한값이 서로 다르므로 $\lim_{(x, y)\to(0, 0)}f(x, y)$는 존재하지 않는다. 그러므로 $f(x, y)$는 $(0, 0)$에서 불연속이고, 따라서 미분가능하지 않다(그림 12-7이 $f(x, y)$의 그래프이다). ∎

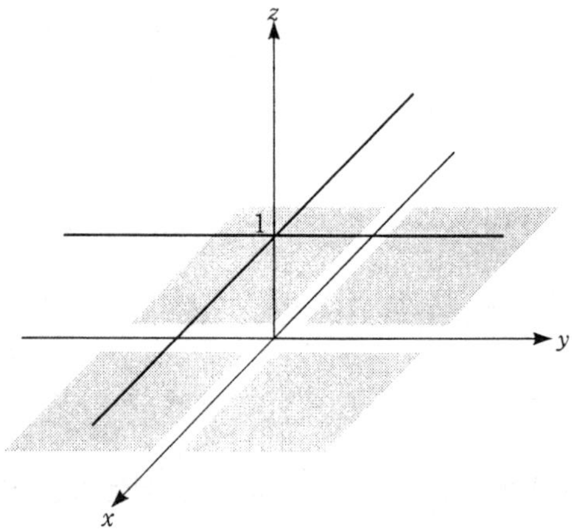

그림 12-7.

위 예제 12-9에서 보듯이 $f_x(a, b)$와 $f_y(a, b)$가 존재하여도 $f(x, y)$는 (a, b)에서 미분가능하지 않을 수 있다. 그러나 정리 12-3으로부터 미분가능하기 위한 충분조건을 알 수 있다.

〔**따름정리**〕 $f(x, y)$가 (a, b)의 근방에서 정의되고 f_x와 f_y가 (a, b)의 근방에서 연속이면, $f(x, y)$는 (a, b)에서 미분가능하다.

$f(x, y)$가 집합 S의 모든 점에서 미분가능하면, f는 S에서 미분가능하다고 한다.
3변수 이상의 함수에 대해서도 전미분, 미분가능성이 마찬가지로 정의된다.

예제 12-10 함수 $f(x, y)=4-x^2-2y^2$ 이 $(1, 2)$에서 미분가능함을 설명하고, $f(x, y)$의 그래프상의 점 $(1, 2, -5)$에서 곡면의 접평면의 방정식을 구하여라.

풀이 $f(x, y)=-2x$와 $f_y(x, y)=-4y$는 모든 점 (x, y)에서 연속이므로, $(1, 2)$에서 미분가능하다. $f_x(1, 2)=-2$, $f_y(1, 2)=-8$이므로 $(1, 2, -5)$에서 접평면의 방정식은

$$\begin{aligned} z &= f(1, 2)+f_x(1, 2)(x-1)+f_y(1, 2)(y-2) \\ &= -5-2(x-1)-8(y-2) \end{aligned}$$

간단히 하면, $z=-2x-8y+13$. ▌

12-3. 연습문제

※ 다음 함수의 전미분을 구하여라(1～4).

1. $f(x, y)=\sqrt{a^2-x^2-y^2-z^2}$

2. $z=\ln\sqrt{1+x^2+y^2}$

3. $z=x^y y^x$

4. $u=a^{xyz}$

5. $z=x^2-3xy+2y^2$ 에서 $x=2$, $y=-3$, $dx=\Delta x=-0.3$, $dy=\Delta y=0.2$일 때의 z의 증분 Δz와 전미분 dz를 구하여라.

6. $r=e^{\frac{\theta}{2}}\sin(\theta-\phi)$에서 $\theta=0$, $\phi=\frac{\pi}{2}$, $d\theta=0.02$, $d\phi=-0.02$일 때 r의 전미분 dr을 구하여라.

7. $T=2\pi\sqrt{\dfrac{I}{mgl}}$에서 I에 1%, m, g, l에 각각 0.5%의 오차가 있을 때, T의 백분율오차의 근사값을 구하여라.

8. $\sqrt{(4.999)^3-(2.02)^2}$의 근사값을 전미분을 이용하여 구하여라.

9. $f(x, y)$가 주어진 점 (a, b)에서 미분가능함을 보이고, 점 $(a, b, f(a, b))$에서 곡면 $z=f(x, y)$의 접평면의 방정식을 구하여라.

(a) $f(x, y)=y^2x+x^2y$; $(a, b)=(1, 1)$　　(b) $f(x, y)=\cos(x+y)$; $(a, b)=(0, 0)$

(c) $f(x, y)=e^{x^2+y^2}$; $(a, b)=(1, 0)$　　(d) $f(x, y)=e^x\cos y$; $(a, b)=(0, 0)$

12-4. 연쇄법칙

연쇄법칙(chain rule)이란 합성함수의 미분법을 말한다. 우선 $z=f(\varphi(t), \psi(t))$와 같은 형태의 함수의 미분법을 살펴보자.

〔정리 12-4〕 2변수함수 $z=f(x, y)$에서 $x=\varphi(t)$, $y=\psi(t)$이고, φ, ψ는 t에 대해 미분가능한 함수이고, $z=f(x, y)$가 점 $(\varphi(t), \psi(t))$의 근방에서 연속인 1계 편도함수를 가지면 $z=f(\varphi(t), \psi(t))$는 t에 관해 미분가능한 함수이고

$$\frac{dz}{dt}=\frac{\partial z}{\partial x}\frac{dx}{dt}+\frac{\partial z}{\partial y}\frac{dy}{dt}$$

가 성립한다.

〔증명〕 t의 증분 Δt에 대응하는 x, y, z의 증분을 각각 $\Delta x, \Delta y, \Delta z$라 하면 정리 12-3에 의하여

$$\Delta z=\frac{\partial z}{\partial x}\Delta x+\frac{\partial z}{\partial y}\Delta y+\varepsilon_1\Delta x+\varepsilon_2\Delta y,$$

$$\frac{\Delta z}{\Delta t}=\frac{\partial z}{\partial x}\frac{\Delta x}{\Delta t}+\frac{\partial z}{\partial y}\frac{\Delta y}{\Delta t}+\varepsilon_1\frac{\Delta x}{\Delta t}+\varepsilon_2\frac{\Delta y}{\Delta t}.$$

$x=\varphi(t)$, $y=\psi(t)$는 t에서 미분가능하므로 $\Delta t\to 0$일 때

$$\frac{\Delta x}{\Delta t}\to\frac{dx}{dt},\quad \frac{\Delta y}{\Delta t}\to\frac{dy}{dt},\quad \Delta x\to 0,\ \Delta y\to 0 \text{이므로 } \varepsilon_1\to 0,\ \varepsilon_2\to 0.$$

그러므로

$$\lim_{\Delta t \to 0} \frac{\Delta z}{\Delta t} = \frac{\partial z}{\partial x}\frac{dx}{dt} + \frac{\partial z}{\partial y}\frac{dy}{dt}.$$

$$\therefore \ \frac{dz}{dt} = \frac{\partial z}{\partial x}\frac{dx}{dt} + \frac{\partial z}{\partial y}\frac{dy}{dt}. \ \blacksquare$$

예 10 $z = e^{xy}$이고, $x = t^2$, $y = t^3$일 때

$$\frac{\partial z}{\partial x} = ye^{xy}, \quad \frac{\partial z}{\partial y} = xe^{xy}, \quad \frac{dx}{dt} = 2t, \quad \frac{dy}{dt} = 3t^2.$$

$$\therefore \frac{dz}{dt} = \frac{\partial z}{\partial x}\frac{dx}{dt} + \frac{\partial z}{\partial y}\frac{dy}{dt} = (ye^{xy})(2t) + (x2^{xy})(3t^2)$$

$$= (t^3e^{t^5})(2t) + (t^2e^{t^5})(3t^2) = 5t^4e^{t^5}. \ \blacksquare$$

예 11 $z = x^3 + y^3$ 이고 $x = t+1$, $y = t^2 + t$ 일 때

$$\frac{dz}{dt} = (3x^2)(1) + (3y^2)(2t+1) = 3(t+1)^2 + 3(t^2+t)^2(2t+1). \ \blacksquare$$

예 12 어떤 식물종의 수도(數度, abundance)를 예측하고자 한다 하자. 이 식물의 수도에 주된 영향을 끼치는 것이 질소수준과 교란수준(disturbance level)이라고 추측된다. 이전의 연구에서 토양에 질소가 증가하면 이 식물의 수도에 부정적 영향을 미치고 방목으로 교란이 증가하면 또한 부정적 영향을 미친다는 것을 보였다. 질소의 양과 방목에 의한 교란이 앞으로 몇 년간 증가한다면 이 식물종의 수도에 어떤 영향을 줄 것인가를 알아보자.

시간 t에서 이 식물종의 수도를 $B(t)$로 나타내고, 시간이 흐름에 따라 $B(t)$가 어떻게 변하나, 즉 증가하나 감소하나를 알고 싶다. 이것을 위하여 $B(t)$를 계산할 필요가 있다. 그런데 B는 질소수준과 교란수준에 주된 영향을 받는다고 했으므로, 질소수준을 N, 교란수준을 D로 나타내면, B는 N과 D의 함수가 된다. N과 D는 시간에 따라 변하기 때문에 시간 t의 함수이다. 그러므로

$$B = B(N, D), \quad N = N(t), \quad D = D(t)$$

이므로 $B(t) = B(N(t), D(t))$이다. 따라서 연쇄법칙에 의해

$$\frac{dB}{dt} = \frac{\partial B}{\partial N}\frac{dN}{dt} + \frac{\partial B}{\partial D}\frac{dD}{dt}$$

이다. B는 N과 D가 증가하면 감소한다고 했고, 앞으로 몇 년간 N과 D는 증가한다고 했으므로

$$\frac{\partial B}{\partial N} < 0, \quad \frac{dN}{dt} > 0, \quad \frac{\partial B}{\partial D} < 0, \quad \frac{dD}{dt} > 0$$

이다. 그러므로

$$\frac{dB}{dt} < 0.$$

따라서 앞으로 몇 년간 이 식물의 수도는 감소할 것임을 알 수 있다. ■

정리 12-4로부터 다음을 알 수 있다.

〔정리 12-5〕 2변수함수 $z=f(x, y)$, $y=\varphi(x)$에서, $y=\varphi(x)$가 x에서 미분가능하고, $f(x, y)$가 점 $(x, \varphi(x))$의 근방에서 연속인 1계 편도함수를 가지면 $z=f(x, \varphi(x))$는 x에 관해 미분가능하고

$$\frac{dz}{dx} = \frac{\partial z}{\partial x} + \frac{\partial z}{\partial y}\frac{dy}{dx}.$$

〔참고〕 $\frac{dz}{dx}$를 편도함수 $\frac{\partial z}{\partial x}$와 구별할 때, 이를 x에 관한 z의 전도함수(total derivative)라고 한다.

함수가

$$f(x, y)=0\,(y\text{는 } x\text{의 함수})$$

와 같이 음함수로 주어진 경우는, 정리 12-5에서

$$\frac{\partial f}{\partial x} + \frac{\partial f}{\partial y}\frac{dy}{dx} = 0$$

이므로 $\frac{\partial f}{\partial y} \neq 0$이면

$$\frac{dy}{dx} = -\frac{\dfrac{\partial f}{\partial x}}{\dfrac{\partial f}{\partial y}} \tag{1}$$

와 같이 된다.

예 13 $z=\frac{x}{y}$, $x^2+y^2=a^2$ (a는 상수)일 때

$$z_x = \frac{1}{y},\quad z_y = -\frac{x}{y^2},\quad \frac{dy}{dx} = -\frac{2x}{2y} = -\frac{x}{y}\quad [(1)\text{에서}].$$

$$\therefore \frac{dz}{dx} = \frac{1}{y} + \left(-\frac{x}{y^2}\right)\left(-\frac{x}{y}\right) = \frac{y^2+x^2}{y^3} = \frac{a^2}{y^3}.\ ■$$

정리 12-4는 f가 3변수 이상의 함수일 때에도 마찬가지로 성립한다. 즉

$$u=f(x, y, z, \cdots\cdots),\quad x=\varphi_1(t),\quad y=\varphi_2(t),\quad z=\varphi_3(t),\quad \cdots\cdots$$

에 대하여

$$\frac{du}{dt}=\frac{\partial u}{\partial x}\frac{dx}{dt}+\frac{\partial u}{\partial y}\frac{dy}{dt}+\frac{\partial u}{\partial z}\frac{dz}{dt}+\cdots\cdots.$$

예 14 $f(x, y, z)=x^2+y^2+z^2,\quad x=t^2,\quad y=t+1,\quad z=2t$일 때

$$\begin{aligned}\frac{df}{dt}&=(2x)(2t)+(2y)(1)+(2z)(2)=(2t^2)(2t)+2(t+1)+2(2t)(2)\\&=4t^3+2(t+1)+8t=4t^3+10t+2.\ \blacksquare\end{aligned}$$

예 15 $f(x, y, z)=x^2+ze^y+\sin xz,\quad x=t,\quad y=t^2,\quad z=t^3$일 때

$$\begin{aligned}\frac{df}{dt}&=(2x+z\cos xz)(1)+(ze^y)(2t)+(e^y+x\cos xz)(3t^2)\\&=2t+(3t^2+2t^4)e^{t^2}+4t^3\cos t^4.\ \blacksquare\end{aligned}$$

〔정리 12-6〕 (연쇄법칙, chain rule) 2변수함수 $z=f(x, y),\ x=\varphi(s, t),\ y=\psi(s, t)$에서 함수 $\varphi,\ \psi$가 점 (s, t)의 근방에서 연속인 1계 편도함수를 가지고, 함수 $f(x, y)$가 점 $(\varphi(s, t)),\ \psi(s, t))$의 근방에서 연속인 1계 편도함수를 가지면 $z=f(\varphi(s, t),\ \psi(s, t))$는 s와 t에 관한 1계 편도함수를 갖고

$$\frac{\partial z}{\partial s}=\frac{\partial z}{\partial x}\frac{\partial x}{\partial s}+\frac{\partial z}{\partial y}\frac{\partial y}{\partial s},\quad \frac{\partial z}{\partial t}=\frac{\partial z}{\partial x}\frac{\partial x}{\partial t}+\frac{\partial z}{\partial y}\frac{\partial y}{\partial t}.$$

〔증명〕 먼저 t를 고정시켜서 생각하면

$$\Delta x=\varphi(s+\Delta s, t)-\varphi(s, t),\quad \Delta y=\psi(s+\Delta s, t)-\psi(s, t).$$

정리 12-3에 의하여

$$\Delta z=\frac{\partial z}{\partial x}\Delta x+\frac{\partial z}{\partial y}\Delta y+\varepsilon_1\Delta x+\varepsilon_2\Delta y.$$

$$\therefore\ \frac{\Delta z}{\Delta s}=\frac{\partial z}{\partial x}\frac{\varphi(s+\Delta s, t)-\varphi(s, t)}{\Delta s}+\frac{\partial z}{\partial y}\frac{\psi(s+\Delta s, t)-\psi(s, t)}{\Delta s}+\varepsilon_1\frac{\Delta x}{\Delta s}+\varepsilon_2\frac{\Delta y}{\Delta s}.$$

정리 12-4의 증명과 마찬가지로 $\Delta s\to 0$일 때

$$\frac{\partial z}{\partial s} = \frac{\partial z}{\partial x}\frac{\partial \varphi}{\partial s} + \frac{\partial z}{\partial y}\frac{\partial \psi}{\partial s} = \frac{\partial z}{\partial x}\frac{\partial x}{\partial s} + \frac{\partial z}{\partial y}\frac{\partial y}{\partial s}.$$

마찬가지 방법으로

$$\frac{\partial z}{\partial t} = \frac{\partial z}{\partial x}\frac{\partial x}{\partial t} + \frac{\partial z}{\partial y}\frac{\partial y}{\partial t}. \blacksquare$$

예 16 $f(x, y) = x^2 + y^3$, $x = s + t$, $y = s - 2t$일 때

$$\frac{\partial f}{\partial s} = (2x)(1) + (3y^2)(1) = 2(s+t) + 3(s-2t)^2,$$

$$\frac{\partial f}{\partial t} = (2x)(1) + (3y^2)(-2) = 2(s+t) - 6(s-2t)^2. \blacksquare$$

정리 12-6은 f가 3변수 이상의 함수일 때에도 마찬가지로 성립한다. 이를테면 3변수함수

$$u = f(x, y, z),\ \ x = \varphi_1(s, t),\ \ y = \varphi_2(s, t),\ \ z = \varphi_3(s, t)$$

에 대하여

$$\frac{\partial u}{\partial s} = \frac{\partial f}{\partial x}\frac{\partial x}{\partial s} + \frac{\partial f}{\partial y}\frac{\partial y}{\partial s} + \frac{\partial f}{\partial z}\frac{\partial z}{\partial s}\ ;$$

$$\frac{\partial u}{\partial t} = \frac{\partial f}{\partial x}\frac{\partial x}{\partial t} + \frac{\partial f}{\partial y}\frac{\partial y}{\partial t} + \frac{\partial f}{\partial z}\frac{\partial z}{\partial t}$$

예 17 $w = u^2 + v^2$ 이고 $u = xyz$, $v = x^2 + z^2$ 이면

$$\frac{\partial w}{\partial y} = \frac{\partial w}{\partial u}\frac{\partial u}{\partial y} + \frac{\partial w}{\partial v}\frac{\partial v}{\partial y} = (2u)(xz) + (2v)(0) = 2x^2yz^2. \blacksquare$$

예제 12-11 $z = f(x, y)$, $x = r\cos\theta$, $y = r\sin\theta$일 때 다음 등식을 증명하여라.

$$\left(\frac{\partial z}{\partial x}\right)^2 + \left(\frac{\partial z}{\partial y}\right)^2 = \left(\frac{\partial z}{\partial r}\right)^2 + \frac{1}{r^2}\left(\frac{\partial z}{\partial \theta}\right)^2$$

풀이 $$\frac{\partial z}{\partial r} = \frac{\partial z}{\partial x}\cos\theta + \frac{\partial z}{\partial y}\sin\theta,\ \ \frac{\partial z}{\partial \theta} = \frac{\partial z}{\partial x}(-r\sin\theta) + \frac{\partial z}{\partial y}(r\cos\theta)$$

$$\therefore \left(\frac{\partial z}{\partial r}\right)^2 + \frac{1}{r^2}\left(\frac{\partial z}{\partial \theta}\right)^2 = \left(\frac{\partial z}{\partial x}\cos\theta + \frac{\partial z}{\partial y}\sin\theta\right)^2 + \left(-\frac{\partial z}{\partial x}\sin\theta + \frac{\partial z}{\partial y}\cos\theta\right)^2$$

$$= \left(\frac{\partial z}{\partial x}\right)^2 + \left(\frac{\partial z}{\partial y}\right)^2. \blacksquare$$

방정식 $F(x, y, z)$에 의하여 z가 x, y의 음함수로 정의되면 정리 12-6으로부터

$$\frac{\partial F}{\partial x}\frac{\partial x}{\partial x}+\frac{\partial F}{\partial y}\frac{\partial y}{\partial x}+\frac{\partial F}{\partial z}\frac{\partial z}{\partial x}=0$$

와 같이 되는데, 여기서 $\frac{\partial x}{\partial x}=1,\ \frac{\partial y}{\partial x}=0$ [$\because$ x, y는 독립변수]이므로

$$\frac{\partial F}{\partial x}+\frac{\partial F}{\partial z}\frac{\partial z}{\partial x}=0.$$

그러므로 $F_z \neq 0$이면

$$\frac{\partial z}{\partial x}=-\frac{F_x}{F_z}.$$

마찬가지로 $F_z \neq 0$

$$\frac{\partial z}{\partial y}=-\frac{F_y}{F_z}.$$

예 18 방정식 $x^3e^{y+z}-y\sin(x-z)=0$에 의하여 z가 x, y의 음함수로 정의되면

$$\frac{\partial z}{\partial x}=-\frac{3x^2e^{y+z}-y\cos(x-z)}{x^3e^{y+z}+y\cos(x-z)},$$

$$\frac{\partial z}{\partial y}=-\frac{x^3e^{y+z}-\sin(x-z)}{x^3e^{y+z}+y\cos(x-z)}. \ ∎$$

12-4. 연습문제

※ 다음 문제에서 $\frac{dz}{dt}$를 구하여라(1~2).

1. $z=x^2-2xy+y^2,\ x=(t+1)^2,\ y=(t-1)^2$

2. $z=x\sin y,\ x=\frac{1}{t},\ y=\mathrm{Tan}^{-1}t$

※ 다음 문제에서 $\frac{du}{dx}$를 구하여라(3~4).

3. $u=\ln(x^2+y^2+z^2),\ y=x\sin x,\ z=x\cos x$

4. $u = e^{ax}(y - z)$, $y = a \sin x$, $z = \cos x$

※ 다음 문제에서 $\frac{\partial u}{\partial x}$, $\frac{\partial u}{\partial y}$를 구하여라(5~6).

5. $u = r^2 + s^2$, $r = x + y$, $s = x - y$

6. $u = r^2 \sin 2\theta$, $r = \sqrt{x^2 + y^2}$, $\theta = \mathrm{Tan}^{-1}\left(\frac{y}{x}\right)$

〔힌트〕 $\sin 2\theta = \frac{2\tan\theta}{1 + \tan^2\theta}$, $\cos 2\theta = \frac{1 - \tan^2\theta}{1 + \tan^2\theta}$

※ 다음 문제에서 $\frac{\partial u}{\partial x}$, $\frac{\partial u}{\partial y}$, $\frac{\partial u}{\partial z}$를 구하여라(7~8).

7. $u = st$, $s = \ln(x + y + z)$, $t = e^{x-y-z}$

8. $u = s \ln t$, $s = x \sin y + y \sin z$, $t = x \cos y + y \cos z$

※ 다음 문제에서 $\frac{dy}{dx}$를 구하여라(9~10).

9. $2x^2 - 3xy + y^2 = 0$

10. $x \sin y + y \cos x = 0$

※ 다음 문제에서 $\frac{\partial z}{\partial x}$, $\frac{\partial z}{\partial y}$를 구하여라(11~12).

11. $xy - z^2 + 2xyz = 0$

12. $e^x + e^y + e^z = e^{x+y+z}$

13. $f(x, y) = 0$일 때 $f_{xy} = f_{yx}$이면 $\frac{d^2y}{dx^2} = -\frac{f_y^2 f_{xx} - 2f_x f_y f_{xy} + f_x^2 f_{yy}}{f_y^3}$임을 증명하여라.

14. $w = f(xz, yz)$일 때 $x\frac{\partial w}{\partial x} + y\frac{\partial w}{\partial y} = z\frac{\partial w}{\partial z}$임을 증명하여라.

15. $z = f(x, y)$, $x = r\cos\theta$, $y = r\sin\theta$, $r = \varphi(t)$, $\theta = \psi(t)$일 때 $\frac{dz}{dt}$를 구하여라.

16. 삼각형 ABC에서 변 $c = AB$가 매초 3 cm씩 증가하고, 변 $b = AC$가 매초 1 cm씩 감소하고, 두 변 b와 c사이에 낀 각 α가 매초 0.1 rad씩 증가하면, $c = 10$cm, $b = 8$ cm, $\alpha = \pi/6$일 때의 삼각형의 면적의 변화율을 구하여라.

12-5. 그래디언트, 방향도함수, 접평면

함수 $w=f(x, y, z)$가 점 $P(x, y, z)$에서 모든 편도함수들이 정의되어 있을 때 벡터

$$\nabla f=\left(\frac{\partial f}{\partial x}, \frac{\partial f}{\partial y}, \frac{\partial f}{\partial z}\right)=\frac{\partial f}{\partial x}\boldsymbol{i}+\frac{\partial f}{\partial y}\boldsymbol{j}+\frac{\partial f}{\partial z}\boldsymbol{k}$$

를 점 P에서 f의 그래디언트(gradient)라고 부른다.

예 19 $f(x, y, z)=x^2+yz-2xy-z^2$ 이면,

$$\nabla f(x, y, z)=(2x-2y)\boldsymbol{i}+(z-2x)\boldsymbol{j}+(y-2z)\boldsymbol{k}$$

이고, $\nabla f(2, 1, 3)=2\boldsymbol{i}-\boldsymbol{j}-5\boldsymbol{k}$가 된다. ∎

함수 $f(x, y, z)$가 공간의 한 열린 영역 D에서 편미분가능하고, P를 D에 있는 한 점이라고 하자. $f_x(x, y, z)$, $f_y(x, y, z)$, $f_z(x, y, z)$는 각각 x-방향, y-방향, z-방향으로 $f(x, y, z)$의 점 P에서의 변화율을 나타낸다. 이때, 임의의 방향으로 점 P에서 $f(x, y, z)$의 변화율을 측정하기 위하여 그래디언트 벡터 ∇f를 사용할 수 있다.

$\boldsymbol{u}=(u_1, u_2, u_3)$가 단위벡터일 때 점 $P(x_0, y_0, z_0)$에서 f의 $\boldsymbol{u}$-방향도함수(directional derivative)는 $D_{\boldsymbol{u}}f(P)=D_{\boldsymbol{u}}f(x_0, y_0, z_0)$로 나타내며,

$$D_{\boldsymbol{u}}f(x_0, y_0, z_0)=\lim_{h\to 0}\frac{f(x_0+hu_1, y_0+hu_2, z_0+hu_3)-f(x_0, y_0, z_0)}{h}$$

로 정의된다.

f가 $P_0(x_0, y_0)$를 포함하는 열린 영역에서 정의되었고, $\boldsymbol{u}=(u_1, u_2)$가 단위벡터일 때, (x_0, y_0)에서 f의 $\boldsymbol{u}$-방향도함수 $D_{\boldsymbol{u}}f(x_0, y_0)$도 마찬가지로

$$D_{\boldsymbol{u}}f(x_0, y_0)=\lim_{h\to 0}\frac{f(x_0+hu_1, y_0+hu_2)-f(x_0, y_0)}{h}$$

로 정의되며, $D_{\boldsymbol{u}}f(x_0, y_0)$는 그림 12-8에서와 같이 점 $P_0(x_0, y_0)$에서 $\boldsymbol{u}$방향으로의 f의 순간변화율을 나타낸다.

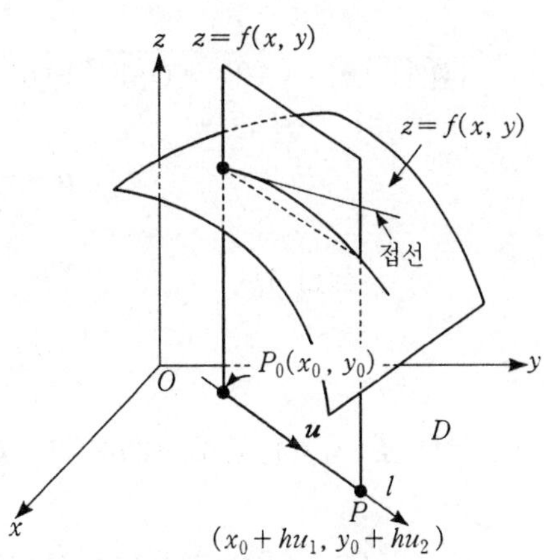

그림 12-8.

$$\boldsymbol{u}=\boldsymbol{i}\text{이면}\ \ D_{\boldsymbol{u}}f(x_0, y_0)=f_x(x_0, y_0),$$

$$\boldsymbol{u}=\boldsymbol{j}\text{이면}\ \ D_{\boldsymbol{u}}f(x_0, y_0)=f_y(x_0, y_0)$$

가 된다.

다음 정리로부터 $D_{\boldsymbol{u}}f$를 ∇f에 의해 구할 수 있다.

〔**정리 12-7**〕 f가 연속인 1계 편도함수를 갖고 $\boldsymbol{u}=(u_1, u_2, u_3)$가 단위벡터이면,

$$D_{\boldsymbol{u}}f(x_0, y_0, z_0)=\nabla f(x_0, y_0, z_0)\cdot \boldsymbol{u}.$$

〔**증명**〕 $F(h)=f(x_0+hu_1, y_0+hu_2, z_0+hu_3)$라고 놓으면,

$$\frac{F(h)-F(0)}{h-0}=\frac{f(x_0+hu_1, y_0+hu_2, z_0+hu_3)-f(x_0, y_0, z_0)}{h}$$

이다. 따라서

$$D_{\boldsymbol{u}}f(x_0, y_0, z_0)=\lim_{h\to 0}\frac{F(h)-F(0)}{h-0}=F'(0).$$

연쇄법칙에 의하여,

$$\begin{aligned}F'(0)&=f_x(x_0, y_0, z_0)\frac{d}{dh}(x_0+hu_1)+f_y(x_0, y_0, z_0)\frac{d}{dh}(y_0+hu_2)+f_z(x_0, y_0, z_0)\frac{d}{dh}(z_0+hu_3)\\&=f_x(x_0, y_0, z_0)u_1+f_y(x_0, y_0, z_0)u_2+f_z(x_0, y_0, z_0)u_3\\&=\nabla f(x_0, y_0, z_0)\cdot \boldsymbol{u}.\ \blacksquare\end{aligned}$$

예제 12-12 함수 $f(x, y, z)=x^3-xy^2-z$의 점 $P(1, 1, 0)$에서 $\boldsymbol{v}=2\boldsymbol{i}-3\boldsymbol{j}+6\boldsymbol{k}$ 방향도함수를 구하여라.

풀이 $|\boldsymbol{v}|=\sqrt{(2)^2+(-3)^2+(6)^2}=7$이므로 $\boldsymbol{v}$방향의 단위벡터는

$$\boldsymbol{u}=\frac{\boldsymbol{v}}{|\boldsymbol{v}|}=\frac{2}{7}\boldsymbol{i}-\frac{3}{7}\boldsymbol{j}+\frac{6}{7}\boldsymbol{k}.$$

f의 그래디언트

$$\nabla f=(3x^2-y^2)\boldsymbol{i}-2xy\boldsymbol{j}-\boldsymbol{k}$$

이므로 $\nabla f(1, 1, 0)=2\boldsymbol{i}-2\boldsymbol{j}-\boldsymbol{k}$이다. 따라서 점 P에서 f의 $\boldsymbol{v}$-방향도함수는

$$(D_{\boldsymbol{v}}f)(P)=\nabla f(1, 1, 0)\cdot \boldsymbol{u}=(2\boldsymbol{i}-2\boldsymbol{j}-\boldsymbol{k})\cdot\left(\frac{2}{7}\boldsymbol{i}-\frac{3}{7}\boldsymbol{j}+\frac{6}{7}\boldsymbol{k}\right)=\frac{4}{7}.\ \blacksquare$$

방향도함수에 대한 다음 정리는 쉽게 증명된다.

〔**정리 12-8**〕 영역 D에서 정의된 두 함수 f와 g의 방향도함수가 존재하면

$$D_{\boldsymbol{u}}(f+g)=D_{\boldsymbol{u}}f+D_{\boldsymbol{u}}g$$

$$D_{\boldsymbol{u}}(af)=aD_{\boldsymbol{u}}f,\ a\text{는 실수}$$

$$D_{\boldsymbol{u}}(fg)=(D_{\boldsymbol{u}}f)g+f(D_{\boldsymbol{u}}g)$$

$D_{\boldsymbol{u}}f(P)=\nabla f(P)\cdot \boldsymbol{u}$이므로, $\nabla f(P)$는 모든 방향도함수를 결정해 준다. $\nabla f(P)$와 단위벡터 $\boldsymbol{u}$가 이루는 각을 ϕ라 하면,

$$D_{\boldsymbol{u}}f(P)=\nabla f(P)\cdot \boldsymbol{u}=|\nabla f(P)|\cos\phi$$

이다. 이때 $\cos\phi$의 최대값은 1이므로 방향도함수 $D_{\boldsymbol{u}}f(P)$가 최대가 되는 방향은 $\nabla f(P)$의 방향$\left(\text{즉, } \boldsymbol{u}=\dfrac{\nabla f(P)}{|\nabla f(P)|}\right)$ 이고, $|\nabla f(P)|$가 최대 방향도함수의 값이다. 마찬가지로, 방향도함수 $D_{\boldsymbol{u}}f(P)$가 최소가 되는 방향은 $-\nabla f(P)$의 방향$\left(\text{즉 } -\dfrac{\nabla f(P)}{|\nabla f(P)|}\right)$이고, $-|\nabla f(P)|$가 최소 방향도함수의 값이 된다.

예제 12-13 구슬을 곡면 $z=e^{-2x-3y}$ 위의 점 $(0,0,1)$에 놓았을 때 xy-평면에서 어떤 방향을 따라 구슬이 구를 것인가?

풀이 곡면의 그래프는 옆의 그림과 같다. 구슬은 z가 가장 빠르게 감소하는 방향을 따라 구를 것이다. 따라서 z의 변화율이 최소가 되는 방향으로 구르고, 이것은 $-\nabla z$의 방향이다.

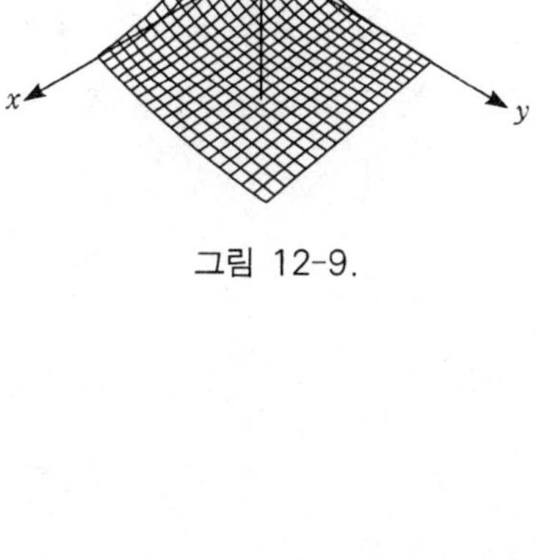

그림 12-9.

$$z_x=e^{-2x-3y}(-2),\ \ z_y=e^{-2x-3y}(-3)$$

$$z_x(0,0)=-2,\ \ z_y(0,0)=-3$$

그러므로

$$\nabla z(0,0)=z_x(0,0)\boldsymbol{i}+z_y(0,0)\boldsymbol{j}$$

$$=-2\boldsymbol{i}-3\boldsymbol{j}.$$

따라서 구슬은 $-\nabla z = 2\boldsymbol{i} + 3\boldsymbol{j}$의 방향으로 구른다. ▮

모든 편도함수들이 연속인 함수 $F(x, y, z)$가 주어졌을 때, $P_0(x_0, y_0, z_0)$를 $\nabla F(P_0) \neq \boldsymbol{O}$을 만족하는 방정식 $F(x, y, z) = 0$의 그래프 위에 있는 점이라고 하자. $\boldsymbol{r}(t)$는 $\boldsymbol{r}(t_0) = (x_0, y_0, z_0)$가 성립하는 곡면 $F(x, y, z) = 0$ 위에 있는 미분가능한 곡선이라면, 모든 t에 대하여 $F(\boldsymbol{r}(t)) = 0$. 따라서 연쇄법칙에 의하여

$$0 = D_t F(\boldsymbol{r}(t_0)) = \nabla F(\boldsymbol{r}(t_0)) \cdot \boldsymbol{r}'(t_0) = \nabla F(P_0) \cdot \boldsymbol{r}'(t_0).$$

그러므로 $\nabla F(P_0)$와 $\boldsymbol{r}'(t_0)$는 그림 12-10에 나타나 있는 것처럼 서로 수직이다. 따라서 그림 12-10에서처럼 $\nabla F(P_0) \neq \boldsymbol{O}$은 곡면 $F(x, y, z) = 0$ 위에서 점 P_0을 지나는 모든 곡선에 수직이므로, $\nabla F(P_0)$는 점 P_0에서 그 곡면의 법벡터(normal vector)가 된다. 즉

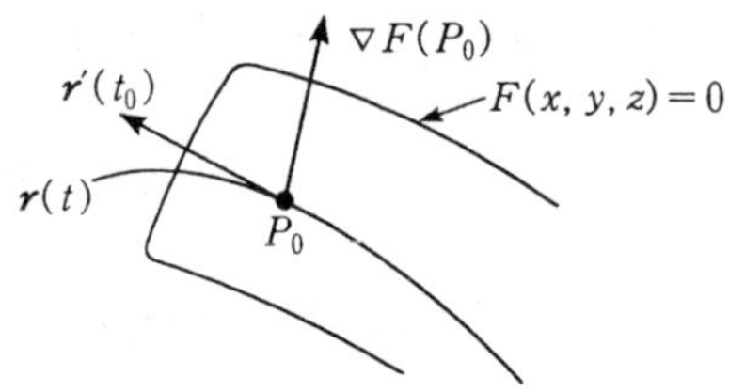

그림 12-10.

$$\boldsymbol{n} = \frac{\partial F}{\partial x}\boldsymbol{i} + \frac{\partial F}{\partial y}\boldsymbol{j} + \frac{\partial F}{\partial z}\boldsymbol{k}.$$

또한 곡면 $F(x, y, z) = 0$ 위에서 점 P_0를 지나는 곡선의 P_0에서의 접선은 $\boldsymbol{n}$을 법벡터로 하고 P_0를 지나는 평면 위에 있다. 이 평면을 P_0에서 곡면 $F(x, y, z) = 0$의 **접평면**이라 한다. 따라서 이 접평면의 방정식은

$$F_x(x_0, y_0, z_0)(x - x_0) + F_y(x_0, y_0, x_0)(y - y_0) + F_z(x_0, y_0, z_0)(z - z_0) = 0$$

이다. 이 접평면은 12-3절에서 정의된 것과 같음을 다음과 같이 알 수 있다.

$F(x, y, z)$가 (x_0, y_0, z_0) 근방에서 연속인 편도함수들을 갖고 $\nabla F(x_0, y_0, z_0) \neq \boldsymbol{O}$, $F(x_0, y_0, z_0) = 0$, $F_z(x_0, y_0, z_0) \neq 0$이라고 하면, 방정식 $F(x, y, z) = 0$은 점 (x_0, y_0, z_0)의 근방에서 z를 x, y의 함수로 정의하고 이 함수는 (x_0, y_0)에서 미분가능한 것이 알려져 있다(고급해석학에서 볼 수 있는 **음함수정리**(implicit function theorem)). $z = f(x, y)$라고 쓰면 $z_0 = f(x_0, y_0)$이고, (x_0, y_0) 근방에서

$$F(x, y, f(x, y)) = 0$$

이고(즉 $z = f(x, y)$의 그래프와 곡면 $F(x, y, z) = 0$가 일치)

$$f_x(x_0, y_0) = -\frac{F_x(x_0, y_0, z_0)}{F_z(x_0, y_0, z_0)}, \quad f_y(x_0, y_0) = -\frac{F_y(x_0, y_0, z_0)}{F_z(x_0, y_0, z_0)}.$$

따라서 12-3절의 정의에 의해 (x_0, y_0, z_0)에서 곡면 $z=f(x, y)$, 즉 $F(x, y, z)=0$의 접평면의 방정식은

$$\begin{aligned} z &= z_0 + f_x(x_0, y_0)(x-x_0) + f_y(x_0, y_0)(y-y_0) \\ &= z_0 - \frac{F_x(x_0, y_0, z_0)}{F_z(x_0, y_0, z_0)}(x-x_0) - \frac{F_y(x_0, y_0, z_0)}{F_z(x_0, y_0, z_0)}(y-y_0). \end{aligned}$$

즉

$$F_x(x_0, y_0, z_0)(x-x_0) + F_y(x_0, y_0, z_0)(y-y_0) + F_z(x_0, y_0, z_0)(z-z_0) = 0.$$

또 점 $P_0(x_0, y_0, z_0)$에서 곡면 $F(x, y, z)=0$의 법선(normal line)은 점 P_0을 지나고, $\nabla F(x_0, y_0, z_0)$의 방향을 갖는 직선이므로, 법선의 매개방정식은

$$x = x_0 + F_x(x_0, y_0, z_0)t, \quad y = y_0 + F_y(x_0, y_0, z_0)t, \quad z = z_0 + F_z(x_0, y_0, z_0)t.$$

예제 12-14 점 $(2, -3, -1)$에서 타원면(ellipsoid) $2x^2+4y^2+z^2-45=0$의 접평면과 법선의 방정식을 구하여라.

풀이 $F(x, y, z)=2x^2+4y^2+z^2-45$라 두면 $\nabla F(x, y, z)=4x\boldsymbol{i}+8y\boldsymbol{j}+2z\boldsymbol{k}$이므로, $\nabla F(2, -3, -1)=8\boldsymbol{i}-24\boldsymbol{j}-2\boldsymbol{k}$. 따라서, 접평면의 방정식은

$$8(x-2)-24(y+3)-2(z+1)=0.$$
$$\therefore\ 4x-12y-z=45.$$

점 $(2, -3, -1)$에서 타원면에 대한 법선은

$$x=2+8t, \quad y=-3-24t, \quad z=-1-2t. \ ■$$

곡면의 방정식이 $z=f(x, y)$로 주어진 경우, $z=f(x, y)$를 $F(x, y, z)=f(x, y)-z=0$으로 쓸 수 있으므로 곡면 위의 점 $(x_0, y_0, f(x_0, y_0))$에서 곡면의 법벡터는

$$\nabla F = (f_x(x_0, y_0), f_y(x_0, y_0), -1)$$

이다.

12-5. 연습문제

※ 다음 곡면 위의 주어진 점 P에서의 곡면의 그래디언트와 접평면, 법선의 방정식을 구하여라(1~3).

1. $x^2+y^2+z^2=49$, $P(2,3,6)$
2. $xy+yz+zx=11$, $P(1,2,3)$
3. $xyz=x+y+z$, $P\left(\frac{1}{2}, \frac{1}{3}, -1\right)$

4. 점 (x_1, y_1, z_1)에서 포물면 $z=ax^2-by^2$의 접평면의 방정식은 $\frac{1}{2}(z+z_1)=ax_1x+by_1y$임을 밝혀라.

5. 곡선이 두 곡면 $F(x, y, z)=0$, $G(x, y, z)=0$의 교선으로 정의되는 경우 곡선 위의 점 (x_0, y_0, z_0)에서의 접선의 방향벡터는

$$\left(\begin{vmatrix} F_y & F_z \\ G_y & G_z \end{vmatrix}, \begin{vmatrix} F_z & F_x \\ G_z & G_x \end{vmatrix}, \begin{vmatrix} F_x & F_y \\ G_x & G_y \end{vmatrix}\right)$$

임을 밝혀라.

12-6. 고계편도함수

2변수함수 $z=f(x, y)$가 xy-평면의 어떤 영역 D에서 정의되고, 편미분가능하다고 하자. 이때 편도함수 f_x, f_y가 다시 편미분가능하면, 다음과 같은 2계편도함수(second partial derivative)를 얻을 수 있다.

$$(f_x)_x=f_{xx}=\frac{\partial f_x}{\partial x}=\frac{\partial}{\partial x}\left(\frac{\partial f}{\partial x}\right)=\frac{\partial^2 f}{\partial x^2}=\frac{\partial^2 z}{\partial x^2}=z_{xx}$$

$$(f_x)_y=f_{xy}=\frac{\partial f_x}{\partial y}=\frac{\partial}{\partial y}\left(\frac{\partial f}{\partial x}\right)=\frac{\partial^2 f}{\partial y \partial x}=\frac{\partial^2 z}{\partial y \partial x}=z_{xy}$$

$$(f_y)_x=f_{yx}=\frac{\partial f_y}{\partial x}=\frac{\partial}{\partial x}\left(\frac{\partial f}{\partial y}\right)=\frac{\partial^2 f}{\partial x \partial y}=\frac{\partial^2 z}{\partial x \partial y}=z_{yx}$$

$$(f_y)_y=f_{yy}=\frac{\partial f_y}{\partial y}=\frac{\partial}{\partial y}\left(\frac{\partial f}{\partial y}\right)=\frac{\partial^2 f}{\partial y^2}=\frac{\partial^2 z}{\partial y^2}=z_{yy}$$

예제 12-15 $f(x, y) = x\cos y + ye^x$일 때 f의 모든 2계편도함수들을 구하여라.

풀이 $\dfrac{\partial f}{\partial x} = \cos y + ye^x$, $\dfrac{\partial f}{\partial y} = -x\sin y + e^x$이므로,

$$\frac{\partial^2 f}{\partial x^2} = \frac{\partial}{\partial x}\left(\frac{\partial f}{\partial x}\right) = \frac{\partial}{\partial x}(\cos y + ye^x) = ye^x,$$

$$\frac{\partial^2 f}{\partial y \partial x} = \frac{\partial}{\partial y}\left(\frac{\partial f}{\partial x}\right) = \frac{\partial}{\partial y}(\cos y + ye^x) = -\sin y + e^x,$$

$$\frac{\partial^2 f}{\partial x \partial y} = \frac{\partial}{\partial x}\left(\frac{\partial f}{\partial y}\right) = \frac{\partial}{\partial x}(-x\sin y + e^x) = -\sin y + e^x,$$

$$\frac{\partial^2 f}{\partial y^2} = \frac{\partial}{\partial y}\left(\frac{\partial f}{\partial y}\right) = \frac{\partial}{\partial y}(-x\sin y + e^x) = -x\cos y. \blacksquare$$

위의 예제 12-15에서 $f_{xy} = f_{yx}$인데, 일반적으로 다음 정리가 성립한다.

〔정리 12-9〕 2변수함수 $z = f(x, y)$가 어떤 영역 R에서 연속인 2계편도함수 f_{xy}, f_{yx}를 가지면, 그 영역에서 $f_{xy} = f_{yx}$이다.

〔증명〕 (a, b)를 R의 임의의 점이라고 하고, 점 $(a+h, b)$, $(a, b+k)$, $(a+h, b+k)$가 R에 속하도록 $|h|$와 $|k|$가 충분히 작다고 하자.

$$\varDelta = \{f(a+h, b+k) - f(a+h, b)\} - \{f(a, b+k) - f(a, b)\} \tag{1}$$

$$F(x) = f(x, b+k) - f(x, b) \tag{2}$$

로 놓으면 (1)은

$$\varDelta = F(a+h) - F(a)$$

로 되며, 평균값정리에 의하여

$$\varDelta = hF'(a+\theta_1 h), \quad 0 < \theta_1 < 1. \tag{3}$$

그런데 $F'(x) = f_x(x, b+k) - f_x(x, b)$이므로 (3)으로부터

$$\varDelta = h\{f_x(a+\theta_1 h, b+k) - f_x(a+\theta_1 h, b)\} \tag{4}$$

를 얻는다. 또 $f_x(a+\theta_1 h, y)$에 다시 평균값정리를 적용하면

$$\varDelta = hkf_{xy}(a+\theta_1 h, b+\theta_2 k), \quad 0 < \theta_2 < 1. \tag{5}$$

다음에 $G(y)=f(a+h,\ y)-f(a,\ y)$로 놓으면 (1)은 $\Delta=G(b+k)-G(b)$로 되며, (5)를 얻는 것과 마찬가지로 하여 다음을 얻는다.

$$\Delta=khf_{yx}(a+\theta_3 h,\ b+\theta_4 k),\ \ 0<\theta_3,\ \theta_4<1 \tag{6}$$

(5), (6)에서

$$f_{xy}(a+\theta_1 h,\ b+\theta_2 k)=f_{yx}(a+\theta_3 h,\ b+\theta_4 k).$$

$(h,\ k)\to(0,\ 0)$이면 f_{xy}와 f_{yx}의 연속성에 의하여

$$f_{xy}(a,\ b)=f_{yx}(a,\ b).$$

영역 R에서 $(a,\ b)$는 임의이므로, 영역 R안의 모든 점 $(x,\ y)$에 대하여

$$f_{xy}(x,\ y)=f_{yx}(x,\ y).\ ■$$

위와 같은 성질은 다변수함수가 연속인 고계편도함수를 갖는 경우, 편미분의 순서를 임의로 바꿀 수 있음을 말한다. 이를테면

$$\frac{\partial^3 z}{\partial x^2\partial y}=\frac{\partial}{\partial x}\left(\frac{\partial^2 z}{\partial x\partial y}\right)=\frac{\partial}{\partial x}\left(\frac{\partial^2 z}{\partial y\partial x}\right)=\frac{\partial^3 z}{\partial x\partial y\partial x}=\frac{\partial^2}{\partial x\partial y}\left(\frac{\partial z}{\partial x}\right).$$

$$=\frac{\partial^2}{\partial y\partial x}\left(\frac{\partial z}{\partial x}\right)=\frac{\partial^3 z}{\partial y\partial x^2}.$$

따라서 2변수함수 f가 연속인 2계편도함수를 갖는 경우는 세 가지의 2계편도함수

$$\frac{\partial^2 f}{\partial x^2},\ \frac{\partial^2 f}{\partial x\partial y},\ \frac{\partial^2 f}{\partial y^2}$$

를 가지며, 연속인 3계편도함수를 갖는 경우는 네 가지의 3계편도함수

$$\frac{\partial^3 f}{\partial x^3},\ \frac{\partial^3 f}{\partial x^2\partial y},\ \frac{\partial^3 f}{\partial x\partial y^2},\ \frac{\partial^3 f}{\partial y^3}$$

를 갖는다.

예 20 $z=x^2+x^5y^7$에서 $z_x=2x+5x^4y^7,\ \ z_y=7x^5y^6.$

$z_{xx}=2+20x^3y^7,\ \ z_{xy}=35x^4y^6=z_{yx},\ \ z_{yy}=42x^5y^5.$

$z_{xxy}=140x^3y^6=z_{yxx}=z_{xyx},\ \ z_{xyy}=z_{yxy}=z_{yyx}=210x^4y^5,\ z_{xxx}=60x^2y^7,\ z_{yyy}=210x^5y^4.$ ■

다음 예는 편도함수들이 연속이 아닐 때는 $f_{xy}\neq f_{yx}$일 수 있음을 보여준다.

예 21 $f(x, y)=\begin{cases} \dfrac{x^3y-xy^3}{x^2+y^2}, & (x, y)\neq(0,0) \\ 0, & (x, y)=(0,0) \end{cases}$

일 때 $f_{xy}(0, 0)\neq f_{yx}(0,0)$임을 계산에 의해 밝힐 수 있다(아래의 연습문제 7번). ∎

12-6. 연습문제

※ 다음 함수의 2계편도함수를 구하여라(1∼4).

1. $f(x, y)=x^2y+\cos y+y\sin x$

2. $f(x, y)=x+y+xy$

3. $f(x, y)=\dfrac{x}{\sqrt{x^2+y^2}}$

4. $f(x, y)=\sin(xy^2)$

5. $z=\mathrm{Tan}^{-1}\dfrac{2xy}{x^2-y^2}$일 때 $z_{xx}+z_{yy}=0$임을 증명하여라.

6. $\dfrac{1}{u^2}=x^2+y^2+z^2$일 때 다음 식을 증명하여라.

$$\frac{\partial^2 u}{\partial x^2}+\frac{\partial^2 u}{\partial y^2}+\frac{\partial^2 u}{\partial z^2}=0$$

7. $f(x, y)=\begin{cases} \dfrac{x^3y-xy^3}{x^2+y^2}, & (x, y)\neq(0,0) \\ 0, & (x, y)=(0,0) \end{cases}$ 일 때 다음을 답하여라.

(a) $f_x(0, y)=y$임을 보여라.

(b) $f_y(x, 0)=-x$임을 보여라.

(c) $f_{xy}(0, 0)$과 $f_{yx}(0, 0)$을 구하고 그로부터 $f_{xy}(0, 0)\neq f_{yx}(0, 0)$임을 확인하여라.

8. $z=f(x, y)$, $y=\phi(x)$이고 모든 편도함수, 도함수가 연속일 때

$\dfrac{d^2z}{dx^2}=\dfrac{\partial^2 z}{\partial x^2}+2\dfrac{\partial^2 z}{\partial x\partial y}\dfrac{dy}{dx}+\dfrac{\partial^2 z}{\partial y^2}\left(\dfrac{dy}{dx}\right)^2+\dfrac{\partial z}{\partial y}\dfrac{d^2y}{dx^2}$임을 증명하여라.

12-7. 이변수함수의 극대, 극소, 안장점

함수 $f(x, y)$에 있어서 (a, b)의 어떤 근방의 모든 (x, y)에 대하여 $f(x, y)\leq f(a, b)$이

면 $f(a, b)$는 f의 극대값, $f(x, y) \geq f(a, b)$이면 $f(a, b)$는 f의 극소값이라 하고, 극대값, 극소값을 함께 가리켜 극값(extremum)이라고 한다.

(a, b)의 임의의 근방에 $f(a, b) > f(P)$, $f(a, b) < f(Q)$를 만족하는 점 P, Q가 항상 존재하면 f는 (a, b)에서 안장점(saddle point) $(a, b, f(a, b))$를 갖는다고 한다.

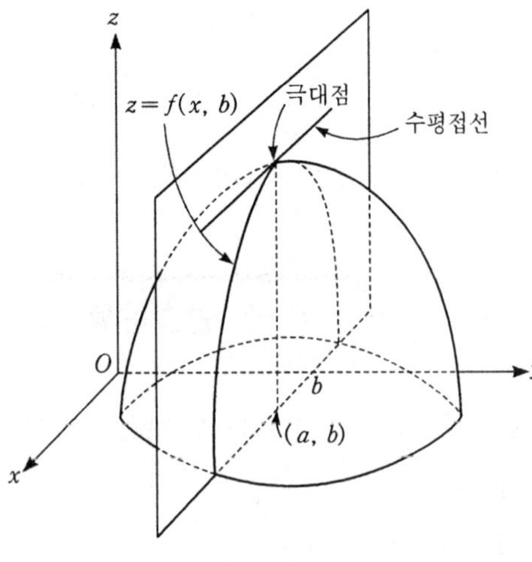

그림 12-11.

$f(x, y)$가 (a, b)에서 극값을 가지면 $f(x, b)$는 $x=a$에서 극값을 가지므로 $f_x(a, b)$가 존재하면,

$$\left[\frac{df(x, b)}{dx}\right]_{x=a} = 0, \text{ 즉 } f_x(a, b) = 0$$

과 같이 된다. 함수 $f(a, y)$에 대하여서도 마찬가지이므로 다음 정리가 성립한다.

〔정리 12-10〕 함수 $f(x, y)$가 (a, b) 근방에서 f_x, f_y를 갖는다고 하자. f가 점 (a, b)에서 극값을 가지면 반드시

$$f_x(a, b) = 0, \ f_y(a, b) = 0 \tag{1}$$

이다.

정리 12-10의 역은 반드시 성립하지는 않는다. 즉 (1)은 f가 (a, b)에서 극값을 가지기 위한 필요조건이지 충분조건은 아니다.

$f_x(a, b) = f_y(a, b) = 0$을 만족하거나 (a, b)에서 f_x 또는 f_y가 존재하지 않으면, (a, b)를 f의 임계점(critical point)이라고 한다.

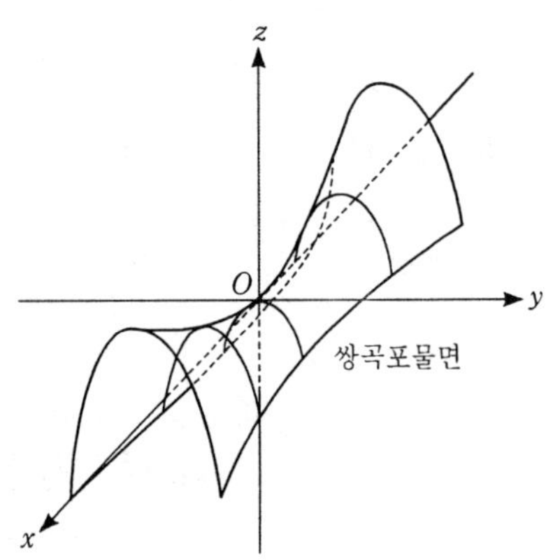

그림 12-12.

예 22 쌍곡포물면 $z = \frac{x^2}{a^2} - \frac{y^2}{b^2}$에서 $f(x, y) = \frac{x^2}{a^2} - \frac{y^2}{b^2}$라 하면,

$$f_x(x, y) = \frac{2x}{a^2}, \ f_y(x, y) = -\frac{2y}{b^2}$$

이므로 $f_x(0,0)=f_y(0,0)=0$이다. 그러나 그림 12-12에 나타난 그래프를 보면 $f(0,0)=0$은 극대값도 극소값도 아님을 알 수 있다. 그림 12-12의 $O(0,0,0)$는 안장점이다. ■

〔정리 12-11〕 함수 $f(x, y)$가 $x=a$, $y=b$인 점 (a, b)의 근방에서 연속인 2계 편도함수를 갖고 $f_x(a, b)=0=f_y(a, b)$라 하자. 이때

$$\Delta=f_{xx}(a, b)f_{yy}(a, b)-f_{xy}^2(a, b)\ [\text{이하 } f_{xx}f_{yy}-f_{xy}^2 \text{ 라고 표기함}]$$

로 놓는다.

〔1〕 $\Delta>0$이면

$f_{xx}(a, b)$ [또는 $f_{yy}(a, b)$]<0일 때 $f(a, b)$는 f의 극대값이고

$f_{xx}(a, b)$ [또는 $f_{yy}(a, b)$]>0일 때 $f(a, b)$는 f의 극소값이다.

〔2〕 $\Delta<0$이면 $f(a, b)$는 극값이 아니고 (a, b)에서 안장점을 갖는다.

〔3〕 $\Delta=0$이면 $f(a, b)$가 극값인지 아닌지 알 수 없다.

〔증명〕 $F(t)=f(a+ht, b+kt)$, $x=a+ht, y=b+kt$로 놓으면 $F(t)$ 즉 $f(x, y)$는 h, k의 값에 관계없이

$$F'(0)=0 \tag{1}$$

이고

$$F''(0)<0\text{일 때 극대값 } F(0) \text{ 즉 } f(a, b)\text{를 가지며,} \tag{2}$$
$$F''(0)>0\text{일 때 극소값 } F(0) \text{ 즉 } f(a, b)\text{를 갖는다.}$$

그런데 연쇄법칙에 의해

$$F'(0)=hf_x(a, b)+kf_y(a, b)$$

이고, $f_x(a, b)=0=f_y(a, b)$이므로 h, k의 값에 관계없이 $F'(0)=0$이다. 또한 연쇄법칙에 의해

$$F''(0)=h^2f_{xx}(a, b)+2hkf_{xy}(a, b)+k^2f_{yy}(a, b) \tag{3}$$

이고, $f_{xx}\neq0$이면 [$f_{xx}(a, b)$, $f_{xy}(a, b)$, $f_{yy}(a, b)$를 f_{xx}, f_{xy}, f_{yy}로 표기] $\dfrac{f_{xx}}{f_{xx}}$를 (3)의 우변에 곱하고 분자를 완전제곱꼴로 고치면

$$F''(0)=\frac{(hf_{xx}+kf_{xy})^2+k^2(f_{xx}f_{yy}-f_{xy}^2)}{f_{xx}}, \quad (f_{xx}\neq 0). \tag{4}$$

$f_{yy}\neq 0$이면 마찬가지로

$$F''(0)=\frac{(kf_{yy}+hf_{xy})^2+h^2(f_{xx}f_{yy}-f_{xy}^2)}{f_{yy}}, \quad (f_{yy}\neq 0).$$

〔1〕 $\Delta=f_{xx}f_{yy}-f_{xy}^2>0$이고, f_{xx}[또는 f_{yy}]<0이면 (4)에서 h, k의 값에 관계없이

$F''(0)<0$이므로, $f(x, y)$는 극대값 $f(a, b)$를 갖는다.

$\Delta=f_{xx}f_{yy}-f_{xy}^2>0$이고, f_{xx}[또는 f_{yy}]>0이면 (4)에서 h, k의 값에 관계없이

$F''(0)>0$이므로, $f(x, y)$는 극소값 $f(a, b)$를 갖는다.

〔2〕 $\Delta<0$이면 (4)는 h와 k의 값에 따라서 양으로도 되고 음으로도 되므로 $f(a, b)$는 극값이 될 수 없고, $(a, b, f(a, b))$는 안장점이다.

〔3〕 $f(x, y)=x^4+y^4$, $g(x, y)=-x^4-y^4$, $h(x, y)=x^4-y^4$이라 하면 모두 $(0, 0)$에서 $\Delta=0$이고, $f(0, 0)$은 극소, $g(0, 0)$은 극대, 그리고 h는 $(0, 0)$에서 안장점을 갖는다.■

예제 12-16 $f(x, y)=xy-x^2-y^2-2x-2y+4$의 극값들을 구하여라.

풀이 $f_x(x, y)=y-2x-2=0$, $f_y(x, y)=x-2y-2=0$을 풀면, $x=y=-2$, $f_{xx}(x, y)=-2$, $f_{yy}(x, y)=-2$, $f_{xy}(x, y)=1$이므로, $(-2, -2)$에서

$$\Delta=f_{xx}(-2, -2)f_{yy}(-2, -2)-f_{xy}^2(-2, -2)=(-2)(-2)-(1)^2=3>0.$$

따라서, 정리 12-11에 의하여 $f(-2, -2)=8$은 점 $(-2, -2)$에서 갖는 f의 극대값이다. ▮

예제 12-17 $f(x, y)=xy$의 극값들을 구하여라.

풀이 $f_x(x, y)=y=0$, $f_y(x, y)=x=0$을 풀면, $x=y=0$. $f_{xx}(x, y)=0$, $f_{yy}(x, y)=0$, $f_{xy}(x, y)=1$이므로, $(0, 0)$에서

$$\Delta=f_{xx}(0, 0)f_{yy}(0, 0)-f_{xy}^2(0, 0)=-1<0.$$

따라서, 정리 12-11에 의하여 f는 $(0, 0)$에서 안장점을 가지고 있다. 즉 $f(x, y)=xy$는 극값을 가질 수 없다. ∎

이변수함수 $f(x, y)$에 대해서, 정의역 안의 모든 (x, y)에 대해 $f(a, b) \geq f(x, y)$이면 $f(a, b)$를 f의 **최대값**, $f(a, b) \leq f(x, y)$이면 $f(a, b)$를 f의 **최소값**이라고 한다.

닫힌 구간에서 정의된 연속인 일변수함수가 반드시 그 구간 안에서 최대값과 최소값을 갖는 것처럼(정리 1-15), 연속인 이변수함수 f의 정의역을 D라고 했을 때, D가 어떤 특정한 집합일 때 f는 D에서 반드시 최대값과 최소값을 갖는다. 이것을 보기 위해 우선 필요한 정의를 살펴보자. 다음 정의에서 D는 xy-평면상의 한 영역이다.

〔정의〕 (1) (x_0, y_0)를 중심으로 하고 반지름이 r인 열린 원판(open disk)은 (x_0, y_0)로부터의 거리가 r보다 작은 평면상의 점들의 집합으로 $B_r(x_0, y_0)$로 표시한다. 즉

$$B_r(x_0, y_0)=\{(x, y) \mid \sqrt{(x-x_0)^2+(y-y_0)^2}<r\}.$$

(2) (x_0, y_0)를 중심으로 하고 반지름이 r인 닫힌 원판(closed disk)은 $\overline{B_r}(x_0, y_0)$로 표시하고

$$\overline{B_r}(x_0, y_0)=\{(x, y) \mid \sqrt{(x-x_0)^2+(y-y_0)^2} \leq r\}.$$

로 정의된다.

(3) (x, y)가 D의 내부점(interior point)이라는 것은 $B_\delta(x, y) \subset D$인 어떤 열린 원판 $B_\delta(x, y)$가 존재한다는 것이다. D의 내부점들의 집합을 D의 내부(interior)라고 부른다.

(4) (x, y)가 D의 경계점(boundary point)이라는 것은 (x, y)를 중심으로 하는 모든 열린 원판 $B_\delta(x, y)$가 D에 속하는 점과 D에 속하지 않는 점을 동시에 갖고 있다는 것이다. D의 경계점들의 집합을 D의 경계(boundary)라고 부른다.

(5) D가 내부점들로만 이루어졌을 때, D는 열린 집합(open set)이라고 한다.

(6) D가 경계점을 모두 포함하고 있으면, D는 닫힌 집합(closed set)이라고 한다.

(7) D가 어떤 원판에 포함되어 있으면, D는 유계(bounded)라고 한다.

이제 정리를 기술할 수 있다(증명은 고급해석학에서 다룬다).

〔정리 12-12〕 f가 xy-평면의 유계이고 닫힌 집합 D에서 정의된 연속함수이면, f는 D에서 최대값과 최소값을 갖는다. 최대값과 최소값은

(1) $f_x(x, y)=f_y(x, y)=0$인 D의 내부점 (x, y)

또는 (2) $f_x(x, y)$ 또는 $f_y(x, y)$가 존재하지 않는 D의 내부점

또는 (3) D의 경계

에서 갖는다.

예제 12-18 $x=0$, $y=0$, $y=9-x$를 경계로 하는 1사분면 안에 놓여 있는 영역 안에서 $f(x, y)=2+2x+2y-x^2-y^2$의 최대값과 최소값을 구하여라.

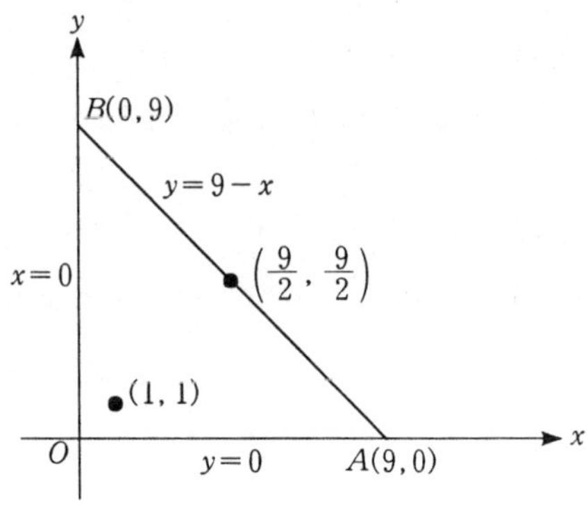

그림 12-13.

풀이 f는 미분가능하므로 f가 극값들을 가질 수 있는 위치는 주어진 영역의 경계에 있는 점들과 $f_x(x, y)=f_y(x, y)=0$을 만족하는 주어진 영역의 내부에 있는 점들이다.

경계점 : (1) $y=0$인 경우 ; $f(x, y)=f(x, 0)=2+2x-x^2$은 닫힌 구간 $[0, 9]$ 상에서 정의된 x만의 함수로 생각할 수 있다. 따라서 그 함수의 극값은 양 끝점과 임계점에서 얻어질 수 있다. 즉

$$x=0\text{일 때 } f(0, 0)=2,$$
$$x=9\text{일 때 } f(9, 0)=2+18-81=-61.$$

그리고 $f'(x, 0)=2-2x=0$일 때 $x=1$이므로, $f(1, 0)=3$.

(2) $x=0$인 경우 ; $f(x, y)=f(0, y)=2+2y-y^2$. (1)에서와 같은 방법으로 $f(0, 0)=2$, $f(0, 9)=-61$, $f(0, 1)=3$.

(3) AB의 끝점에서 f의 값들을 이미 계산하였으므로 AB의 내부에 있는 점들을 생각해 보자. $y=9-x$이므로,

$$f(x, y)=2+2x+2(9-x)-x^2-(9-x)^2=-61+18x-2x^2.$$
$$f'(x, 9-x)=18-4x=0\text{일 때, } x=\frac{9}{2}\text{이므로}$$
$$y=\frac{9}{2}\text{, 그리고 } f(x, y)=f\left(\frac{9}{2}, \frac{9}{2}\right)=-\frac{41}{2}.$$

내부점 : $f_x(x, y)=2-2x=0$, $f_x(x, y)=2-2y=0$을 풀면, $x=y=1$이고 $f(1, 1)=4$.

위의 사실들을 종합해 볼 때, f는 $(1, 1)$에서 최대값 4를 취하고 $(0, 9)$와 $(9, 0)$에서 최소값 -61을 취한다. ■

12-7. 연습문제

※ 다음 함수의 극값을 구하여라(1~4).

1. $f(x, y)=x^2+y^2-2x-2y+3$

2. $f(x, y)=xy(x^2+y^2-1)$

3. $f(x, y)=2x^4-x^2+3y^2$

4. $f(x, y)=\cos(x+y)+\sin x+\cos y(0<x,\ y<2\pi)$

5. 원점에서 최단거리에 있는 곡면 $z=xy+1$ 위의 점을 구하여라.

6. 밑면이 정4각형인 256 cm^3 들이의 뚜껑 없는 상자를 만들려고 한다. 표면적이 최소로 되는 치수를 구하여라. 단, 상자 재료의 두께는 무시한다.

7. 부피가 16 ℓ인 직육면체의 상자를 만드는데 밑면에 드는 재료의 단위면적당 가격은 옆면과 윗면에 드는 것의 3배라고 한다. 바닥을 정사각형되게 할 때 가장 경제적인 상자의 치수를 구하여라.

8. 자료 $(x_i, y_i, z_i)(i=1, \cdots\cdots, 4)$가 $(0, 0, 0)$, $(0, 1, 1)$, $(1, 1, 1)$, $(1, 0, -1)$와 같이 주어졌을 때, 이 자료 사이에 있는 x, y, z의 관계식을 근사적으로

$$z=a+bx+cy$$

으로 나타내려 한다.

$$\sum_{i=1}^{4}\{z_i-(a+bx_i+cy_i)\}^2$$

가 최소가 되도록 a, b, c의 값을 정하여라.

12-8. 이변수함수의 테일러 전개

이변수함수 $f(x, y)$와 그의 모든 계수의 편도함수가 $x=a$, $y=b$인 점 (a, b) 근방에서

연속일 때 $x=a+ht$, $y=b+kt$(h, k는 상수)로 놓으면

$$F(t)=f(a+ht,\ b+kt) \tag{1}$$

는 일변수 t의 함수로 되며, $F(t)$의 매클로린 전개(Maclaurin's expansion)는

$$F(0)+F'(0)t+\frac{F''(0)}{2!}t^2+\frac{F'''(0)}{3!}t^3+\cdots\cdots \tag{2}$$

이다.

식 (1)을 t에 관하여 미분하면, 연쇄법칙에 의해

$$\begin{aligned} F'(t) &= f_x(a+ht,\ b+kt)\cdot h+f_y(a+ht,\ b+kt)\cdot k \\ &= hf_x(x,\ y)+kf_y(x,\ y). \end{aligned} \tag{3}$$

다시 (3)을 t에 관하여 미분하면

$$F''(t)=h^2f_{xx}(x,\ y)+2hkf_{xy}(x,\ y)+k^2f_{xy}(x,\ y).$$

이와 같이 하여 t에 관한 고계도함수를 얻을 수 있으며, 다음과 같이 된다.

$$F'(t)=\left(h\frac{\partial}{\partial x}+k\frac{\partial}{\partial y}\right)f(x,\ y)$$

$$F''(t)=\left(h\frac{\partial}{\partial x}+k\frac{\partial}{\partial y}\right)^2 f(x,\ y)$$

$$F'''(t)=\left(h\frac{\partial}{\partial x}+k\frac{\partial}{\partial y}\right)^3 f(x,\ y)$$

$$\cdots\cdots\cdots\cdots\cdots\cdots\cdots\cdots\cdots\cdots\cdots\cdots$$

여기서 $\left(h\frac{\partial}{\partial x}\right)^m\left(k\frac{\partial}{\partial y}\right)^n f(x,\ y)$는 $h^mk^n\frac{\partial^{m+n}}{\partial x^m\partial y^n}f(x,\ y)$를 가리킨다.

$t=0$일 때 $x=a$, $y=b$이므로

$$F(0)=f(a,\ b),\ \ F'(0)=hf_x(a,\ b)+kf_y(a,\ b)$$

$$F''(0)=h^2f_{xx}(a,\ b)+2hkf_{xy}(a,\ b)+k^2f_{yy}(a,\ b),\ \ \cdots\cdots$$

를 (2)에 대입하고 $t=1$로 놓으면 (2)는

$$f(a,\ b)+\{hf_x(a,\ b)+kf_y(a,\ b)\}+\frac{\{h^2f_{xx}(a,\ b)+2hkf_{xy}(a,\ b)+k^2f_{yy}(a,\ b)\}}{2!}+\cdots\cdots$$

로 된다.

여기서 h, k를 변수로 보고, $h=x-a$, $k=y-b$로 놓으면 점 (a, b)에서 전개한 $f(x, y)$의 테일러급수를 얻는다. 즉

$$f(a, b)+\{(x-a)f_x(a, b)+(y-b)f_y(a, b)\}+\frac{1}{2!}\{(x-a)^2 f_{xx}(a, b)$$
$$+2(x-a)(y-b)f_{xy}(a, b)+(y-b)^2 f_{yy}(a, b)\}+\cdots\cdots. \tag{4}$$

식 (4)에서 $a=0$, $b=0$으로 놓으면, 매크로린급수를 얻는다. 즉

$$f(0, 0)+\{xf_x(0, 0)+yf_y(0, 0)\}$$
$$+\frac{\{x^2 f_{xx}(0, 0)+2xyf_{xy}(0, 0)+y^2 f_{yy}(0, 0)\}}{2!}+\cdots\cdots \tag{5}$$

예제 12-19 $f(x, y)=xy^2+\sin xy$를 점 $\left(1, \frac{\pi}{2}\right)$에서 전개한 테일러급수의 이차식까지 구하여라.

풀이 $f(x, y)=xy^2+\sin xy$, $\quad f\left(1, \frac{\pi}{2}\right)=\frac{\pi^2}{4}+1$

$f_x(x, y)=y^2+y\cos xy$, $\quad f_x\left(1, \frac{\pi}{2}\right)=\frac{\pi^2}{4}$

$f_y(x, y)=2xy+x\cos xy$, $\quad f_y\left(1, \frac{\pi}{2}\right)=\pi$

$f_{xx}(x, y)=-y^2\sin xy$, $\quad f_{xx}\left(1, \frac{\pi}{2}\right)=-\frac{\pi^2}{4}$

$f_{xy}(x, y)=2y+\cos xy-xy\sin xy$, $\quad f_{xy}\left(1, \frac{\pi}{2}\right)=\frac{\pi}{2}$

$f_{yy}(x, y)=2x-x^2\sin xy$, $\quad f_{yy}\left(1, \frac{\pi}{2}\right)=1$

따라서 구하는 급수는

$$1+\frac{\pi^2}{4}+\frac{\pi^2}{4}(x-1)+\pi\left(y-\frac{\pi}{2}\right)$$
$$+\frac{1}{2!}\left\{-\frac{\pi^2}{4}(x-1)^2+\pi(x-1)\left(y-\frac{\pi}{2}\right)+\left(y-\frac{\pi}{2}\right)^2\right\}+\cdots\cdots \blacksquare$$

(1)에 대하여 평균값 정리를 $t=0$에서 $t=1$까지에 적용하면

$$F(1)=F(0)+F'(t),\ 0<t<1.$$

즉

$$f(a+h,\ b+k)=f(a,\ b)+hf_x(a+ht,\ b+kt)+kf_y(a+ht,\ b+kt),\ 0<t<1 \tag{6}$$

와 같이 되는데, $a+h=x$, $b+k=y$, $a+th=x_1$, $b+tk=y_1$라 두면 (6)은

$$f(x,\ y)=f(a,\ b)+\{(x-a)f_x(x_1,\ y_1)+(y-b)f_y(x_1,\ y_1)\},$$
$$a<x_1<x,\ b<y_1<y\ (\text{또는}\ x<x_1<a,\ y<y_1<b)$$

가 된다. 이것은 이변수함수 $f(x, y)$에 대한 평균값 정리이다. 이것을

$$f(x,\ y)-f(a,\ b)=\nabla f(x_1,\ y_1)\cdot(x-a,\ y-b)$$

와 같이 쓸 수도 있다.

12-8. 연습문제

※ 다음 함수전개를 증명하여라(1~3).

1. $\cos x\cos y=1-\dfrac{x^2+y^2}{2!}+\dfrac{x^4+6x^2y^2+y^4}{4!}-\dfrac{x^6+15x^4y^2+15x^2y^4+y^6}{6!}+\cdots\cdots$

2. $a^x\ln(1+y)=y+\dfrac{1}{2}(2xy\ln a-y^2+x^2y\ln^2 a-xy^2\ln a)+\dfrac{1}{3}y^3+\cdots\cdots$

3. $\sin(x+y)=x+y-\dfrac{(x+y)^3}{3!}+\cdots\cdots$

4. x와 y가 작은 값일 때 다음 근사공식이 성립함을 보여라.

(a) $e^x\sin y\approx y+xy$

(b) $e^x\ln(1+y)\approx y+xy-\dfrac{y^2}{2}$

(c) $\sqrt{\dfrac{1+x}{1+y}}\approx 1+\dfrac{1}{2}(x-y)$

제 13 장 중 적 분

OUTLINE

19세기 중반에 리만적분론이 나온 이래로 그것을 일반화하여 곡선으로 둘러싸인 평면의 영역에서의 적분을 생각하였다. 죠르단(Camille Jordan, 1838~1922)이 평면영역 E와 연속함수 f에 대해 $\int_E f$를 정의할 수 있는 E에 대한 조건을 밝혔고, 임의의 n에 대해 n차원 공간의 영역위에서의 적분으로 일반화하였다. 이 죠르단의 조건은 19세기 말에 보렐(F.E.E. Borel, 1871~1956)이 가측집합(measurable set)을 정의할 수 있게 하여 리만적분 보다 더 일반적인 르베그(Lebesgue)적분을 정의할 수 있도록 하였다.

이 장에서는 이중적분과 삼중적분을 계산하는 방법을 익혀 면적, 체적, 표면적 등을 구할 수 있도록 한다.

13-1. 이중적분(二重積分)

그림 13-1에서처럼 R을 xy평면 위의 유계 닫힌영역closed and bounded region)이라 하자. xy평면에서 x축과 y축에 평행인 직선들로 만들어지는 작은 사각형 중에서 R과 만나는 것들을 $A_1, A_2, \cdots\cdots, A_n$으로 나타내자. 이때, 집합 $P=\{A_1, A_2, \cdots\cdots, A_n\}$을 영역 R의 분할(partition)이라 하고 A_i의 대각선 중 가장 긴 것의 길이를 P의 노름(norm)이라 한다.

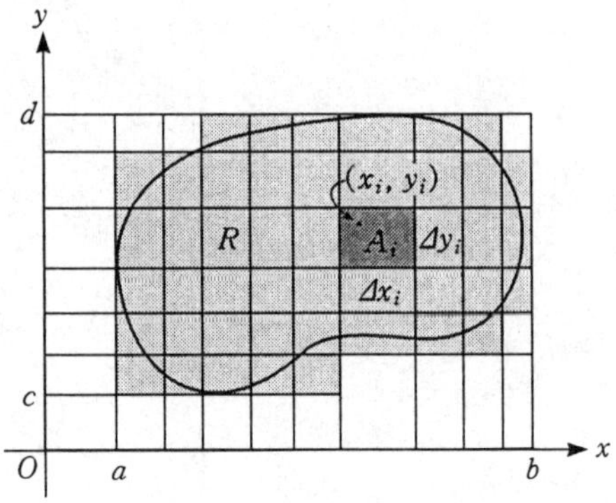

그림 13-1.

함수 $f(x, y)$가 영역 R 위에서 정의되었다고 하자. $A_i \cap R$에 속하는 점 (x_i, y_i)를 잡고, A_i의 면적을 ΔA_i라 할 때

$$\sum_{i=1}^{n} f(x_i, y_i)\Delta A_i$$

를 분할 P에 대한 함수 f의 리만(Riemann)합이라 한다.

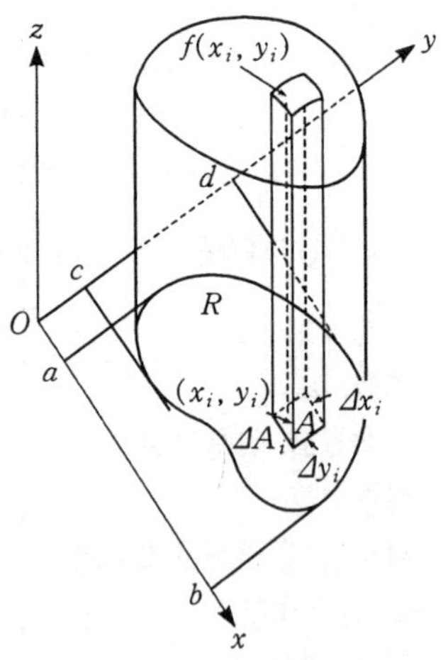

그림 13-2.

P의 노름을 δ라 했을 때 δ가 0에 가까워지도록 분할을 세분하여 극한값

$$\lim_{\delta \to 0} \sum_i f(x_i, y_i)\Delta A_i$$

이 존재하면 f는 R상에서 적분가능(integrable)하다고 한다. 그 극한값을 R에서의 f의 이중적분(double integral)이라 하고

$$\iint_R f dA, \ \iint_R f(x, y) dA, \ \iint_R f(x, y) dxdy \tag{1}$$

등으로 나타낸다.

R과 f가 어떤 때 중적분이 존재할까? 그리고 그것이 존재하면 어떻게 구할까? 중적분이 존재하는 조건들은 여러 가지가 있으나 그 중의 하나로는, R의 경계가 매끄러운 곡선(smooth curve)들로 이루어지고 f가 R 위에서 연속이면 중적분이 존재한다는 것이 알

려져 있다. 보다 일반적으로 f의 불연속 점들의 집합이 "작으면" 중적분이 존재한다는 것이 알려져 있다. 이 정리들의 증명은 고급 해석학에서 다루게 된다.

f가 연속이 아니면 중적분이 일반적으로 존재할 수 없다는 것을 보기 위해 다음 예를 보자. 영역 $R=\{(x, y)|0\leq x, y\leq 1\}$로 잡고 함수 f를

$$f(x, y)=\begin{cases} 1 & (x\text{와 } y\text{가 유리수일 때}) \\ 0 & (x \text{ 혹은 } y\text{가 무리수일 때}) \end{cases}$$

라 하자. 그러면 f는 R상의 모든 점에서 불연속이다. 유리수는 실직선 상에 빽빽하게 존재하기 때문에 아무리 작은 사각형이라도 그 안에는 x_i, y_i가 모두 유리수인 점 (x_i, y_i)가 존재한다. 작은 사각형 A_i 내에서 그렇게 잡은 점 (x_i, y_i)에 대해서 리만합은 $\Sigma f(x_i, y_i)\Delta A_i=1$이다. 같은 이유로 $(x_i, y_i)\in A_i$를 x_i나 y_i가 무리수인 점들로 잡으면 그 때의 리만합은 $\Sigma f(x_i, y_i)\Delta A_i=0$이다. 따라서 극한 $\lim_{\delta\to 0}\Sigma f(x_i, y_i)\Delta A_i$는 존재하지 않는다.

중적분은 다음과 같은 성질들을 만족한다.

(1) $\iint_R cfdA=c\iint_R fdA$ (c는 상수)

(2) $\iint_R (f\pm g)dA=\iint_R fdA\pm\iint_R gdA$

(3) R상에서 $f\geq 0$이면 $\iint_R fdA\geq 0$

(4) $R=R_1\cup R_2$이고 $R_1\cap R_2$가 ϕ이거나 매끄러운 곡선인 경우

$$\iint_R fdA=\iint_{R_1} fdA+\iint_{R_2} fdA.$$

우리의 다음 과제는 중적분의 값을 어떻게 구하는가 이다. 그 방법은 다음의 Fubini 정리(Guido Fubini, 1879~1943 이탈리아)에 의해 반복적분(iterated integral)으로 구할 수 있다.

[정리 13-1] (Fubini정리) 영역 R에서 $f(x, y)$가 연속이고 R의 경계가 매끄러운 곡선들로 이루어지고 $R: a\leq x\leq b,\ \varphi_1(x)\leq y\leq\varphi_2(x)$로 정의되면(그림 13-3 참조)

$$\iint_R fdA=\int_a^b\left[\int_{\varphi_1(x)}^{\varphi_2(x)} f(x, y)dy\right]dx. \tag{2}$$

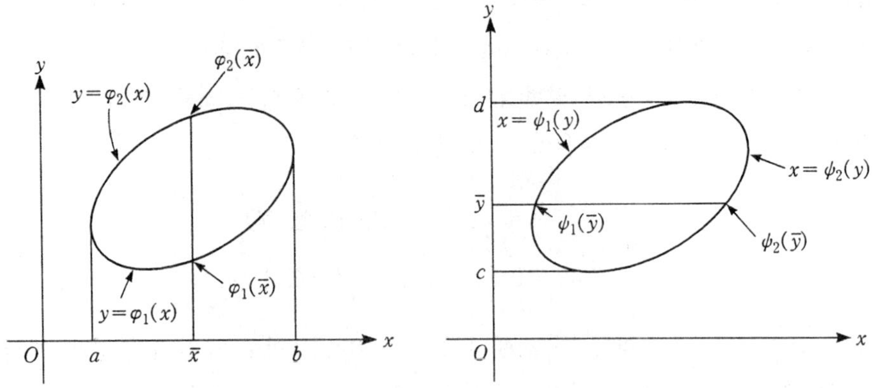

그림 13-3.

그리고 $R: c \le y \le d,\ \psi_1(y) \le x \le \psi_2(y)$로 정의되면

$$\iint_R f dA = \int_c^d \left[\int_{\psi_1(y)}^{\psi_2(y)} f(x, y) dx \right] dy. \tag{3}$$

특히 $R: a \le x \le b,\ c \le y \le d$로 주어지면

$$\iint_R f dA = \int_a^b \left[\int_c^d f(x, y) dy \right] dx = \int_c^d \left[\int_a^b f(x, y) dx \right] dy$$

이다(주의 : 위의 반복적분에서 혼동의 우려가 없으면 괄호를 생략하기로 한다).

이 정리의 증명은 고급 해석학에서 다룬다.

반복적분 (2)를 기하학적으로 생각하면 다음과 같다. 즉 그림 13-4에서와 같이 R상에서 $f(x, y) \ge 0$이라 생각하고 영역 R과 곡면 $z = f(x, y)$에 의해서 만들어지는 입체를 x축에 수직인 평면 $x = \bar{x}$로 잘랐을 때 생기는 단면의 면적을 $A(\bar{x})$라 하면

$$A(\bar{x}) = \int_{\varphi_1(\bar{x})}^{\varphi_2(\bar{x})} f(\bar{x}, y)\, dy. \tag{4}$$

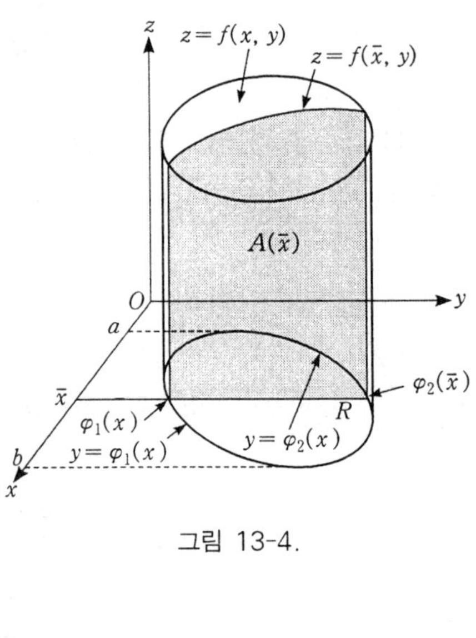

그림 13-4.

구간 $[a, b]$를 $a = x_0 < x_1 < x_2 < \cdots\cdots < x_n = b$에 의해 n개의 구간으로 나누고 $\Delta x_i = x_i - x_{i-1}$, $\bar{x}_i$를 $[x_{i-1}, x_i]$에 속하는 점이라 하자. Δx_i가 작으면 $\Sigma A(\bar{x}_i)\Delta x_i$는 그림 13-4에서 보듯이, R

과 $f(x, y)$에 의해 만들어지는 입체 Q의 체적에 접근하게 되고 f가 R에서 연속일 때 이것을 수학적으로 증명한 것이 Fubini정리이다. 반복적분 (3)에 대해서도 마찬가지로 생각할 수 있다.

예 1 $$\int_0^1\int_0^{2x} xy^3 dy\,dx = \int_0^1 x\left\{\int_0^{2x} y^3 dy\right\}dx = \int_0^1 x\left[\frac{y^4}{4}\right]_0^{2x} dx$$
$$= \int_0^1 x\cdot\frac{(2x)^4}{4}dx = \int_0^1 4x^5 dx = 4\left[\frac{x^6}{6}\right]_0^1 = \frac{2}{3}. \blacksquare$$

예 2 $$\int_0^2\int_y^2 (x^2+y^2)dx\,dy = \int_0^2\left[\frac{x^3}{3}+y^2x\right]_y^2 dy = \int_0^2\left\{\left(\frac{2^3}{3}+2y^2\right)-\left(\frac{y^3}{3}+y^2\cdot y\right)\right\}dy$$
$$= \int_0^2\left\{\frac{8}{3}+2y^2-\frac{4}{3}y^3\right\}dy = \left[\frac{8}{3}y+\frac{2}{3}y^3-\frac{4}{3}\cdot\frac{y^4}{4}\right]_0^2 = \frac{16}{3}. \blacksquare$$

예제 13-1 $R=\{(x, y)\,|\,x^2+y^2\le 1,\ x\ge 0,\ y\ge 0\}$일 때, 다음 값을 구하여라.

$$\iint_R \frac{y}{\sqrt{x^2+y^2}}dx\,dy$$

풀이 $$\iint_R \frac{y}{\sqrt{x^2+y^2}}dx\,dy$$
$$= \int_0^1\int_0^{\sqrt{1-y^2}} \frac{y}{\sqrt{x^2+y^2}}dx\,dy$$
$$= \int_0^1 y\left\{\int_0^{\sqrt{1-y^2}} \frac{1}{\sqrt{x^2+y^2}}dx\right\}dy\cdots\cdots$$

와 같이 하면 계산이 번거롭게 되는데, 다음과 같이 하면 계산이 쉬워진다.

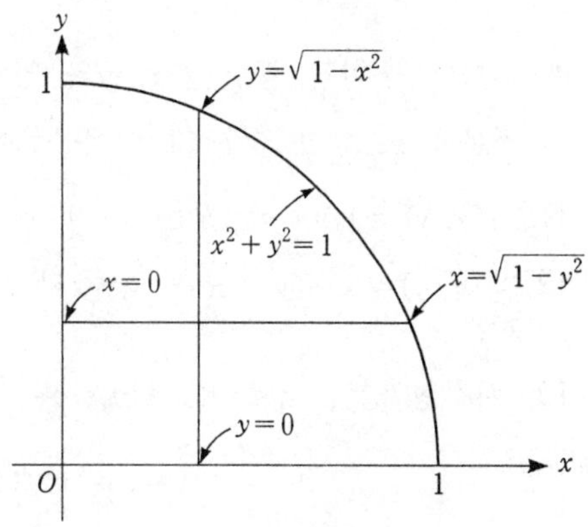

그림 13-5.

$$\iint_R \frac{y}{\sqrt{x^2+y^2}}dx\,dy = \int_0^1\int_0^{\sqrt{1-x^2}} \frac{y}{\sqrt{x^2+y^2}}dy\,dx$$
$$= \int_0^1\left[\sqrt{x^2+y^2}\right]_0^{\sqrt{1-x^2}} dx = \int_0^1 (1-x)\,dx = \frac{1}{2}. \blacksquare$$

〔**주의**〕 예제 13-1에서 보는 바와 같이 중적분을 반복적분으로 계산할 때 적분하는 순서에 따라서 계산이 어려워지기도 하고, 쉬워지기도 하는 경우가 있다.

13-1. 연습문제

※ 다음 반복적분의 값을 구하여라(1～10).

1. $\int_0^{-1}\int_0^3 x\,dydx$

2. $\int_0^1\int_0^x e^{x+y}\,dy\,dx$

3. $\int_0^2\int_0^2 x^3y\,dx\,dy$

4. $\int_0^4\int_{-y}^{y} xy\,dx\,dy$

5. $\int_0^{\frac{\pi}{2}}\int_0^{\sin y}\frac{x\,dx\,dy}{\sqrt{1-x^2}}$

6. $\int_1^4\int_{\sqrt{2}}^{\frac{y^3}{2}} x^2\sqrt{y}\,dx\,dy$

7. $\int_{-1}^3\int_0^{3y}(x^2+y^2)\,dx\,dy$

8. $\int_0^1\int_0^1 |x-y|\,dy\,dx$

9. $\int_{\frac{\pi}{4}}^{\frac{\pi}{2}}\int_{\frac{\pi}{2}}^{r}\operatorname{cosec}^2\theta\,d\theta\,dr$

10. $\int_0^{\frac{\pi}{4}}\int_{\sqrt{2}}^{\sqrt{2}\cos\theta} r\,dr\,d\theta$

※ 다음에 주어진 함수 $f(x, y)$와 영역 R에 대하여 $\iint_R f(x, y)\,dA$에 대한 두 가지 반복적분을 쓰고 그 값을 각각 계산하여라(11～12).

11. $f(x, y)=4xy-y^2$; R은 $x=1$, $x=2$, $y=0$, $y=3$으로 둘러싸인 4각형의 영역

12. $f(x, y)=x^2+y^2$; R은 $y=x$와 $y^2=4x$로 둘러싸인 영역

13. 사각형 영역 $x_0\le x\le x_1$, $y_0\le y\le y_1$에서 $\dfrac{\partial^2 f(x, y)}{\partial x\partial y}$의 이중적분은

$$f(x_1, y_1)-f(x_1, y_0)-f(x_0, y_1)+f(x_0, y_0)$$

임을 보여라.

14. $f(x, y)=\begin{cases} x\ (x\ge y) \\ y\ (x<y)\end{cases}$이고, $R=\{(x, y)|0\le x\le 1,\ 0\le x\le 1\}$일 때 $\iint_R f(x, y)\,dx\,dy$의 값을 구하여라.

15. 어떤 곤충의 분포를 연구하기 위하여 직사각형 형태의 인공서식지를 만들었다. 직사각형의 크기는 16 m×12 m이고, 이 서식지에서 곤충들의 유일한 먹이는 중심에 놓여있다. 곤충학자는 중심에서 d m 떨어진 지점에서 1 m²당 이 곤충의 밀집도 C는

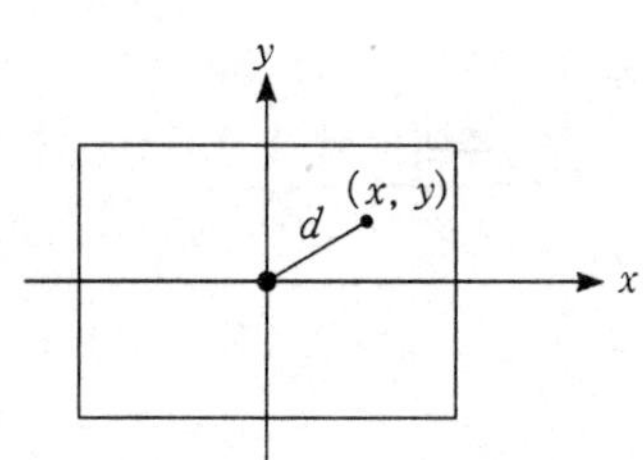

$$C=10-\frac{1}{10}d^2$$

이 된다는 것을 알아냈다. 이 서식지 전체의 평균 밀집도는 무엇인가?

16. 작은 마을의 중앙에 위치한 공장에서 대기에 분진을 배출하고 있다. 공장에서 d km 떨어진 지점의 분진농도 C(ppm)는

$$C = 100 - 15d^2$$

으로 주어진다. 이 마을의 경계가 4 km×2 km인 직사각형을 이룰 때 이 마을 전체의 평균 분진농도는 무엇인가.

13-2. 면적, 체적

이 절에서는 영역 R이 그림 13-3(13-1절)에서와 같이 R의 경계선이 x축 혹은 y축의 평행선과의 교점이 2개 이하인 경우만 생각하고 f는 R 위에서 연속이라 가정하자. 이때 R의 면적은 $f(x, y)=1$일 때 R상의 이중적분값이라 정의한다. 즉

$$R\text{의 면적} = \iint_R dA.$$

앞 절의 기호를 이용하여 Fubini정리를 적용하면

$$R\text{의 면적} = \int_a^b \int_{\varphi_1(x)}^{\varphi_2(x)} dy\,dx = \int_c^d \int_{\psi_1(y)}^{\psi_2(y)} dx\,dy$$

가 된다.

또한 앞 절에서 보았듯이 영역 R상에서 $f(x, y) \ge 0$일 때 R과 곡면 $z=f(x, y)$에 의해 만들어지는 입체 Q의 체적은

$$Q\text{의 체적} = \iint_R f dA$$

로 정의된다.

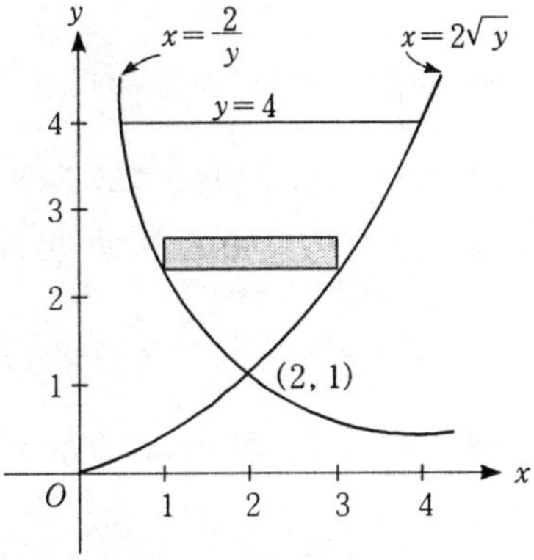

그림 13-6.

예제 13-2 곡선 $xy=2$, $4y=x^2$과 직선 $y=4$로 둘러싸인 영역의 면적 A(그림 13-6)를 구하여라.

풀이 주어진 곡선의 교점은 (2, 1)이므로 Fubini 정리에 의하여

$$A=\int_1^4\int_{\frac{2}{y}}^{2\sqrt{y}} dx\,dy=\int_1^4\left(2\sqrt{y}-\frac{2}{y}\right)dy$$

$$=\frac{28}{3}-2\ln 4. \blacksquare$$

예제 13-3 포물면 $z=4-x^2-y^2$에 대하여 다음 입체의 체적을 구하여라(그림 13-7).

〔1〕 $x=0,\ x=1,\ y=0,\ y=1$로 둘러싸인 정사각형 영역과 포물면 사이의 입체

〔2〕 xy평면 $(z=0)$과 포물면으로 둘러싸인 입체

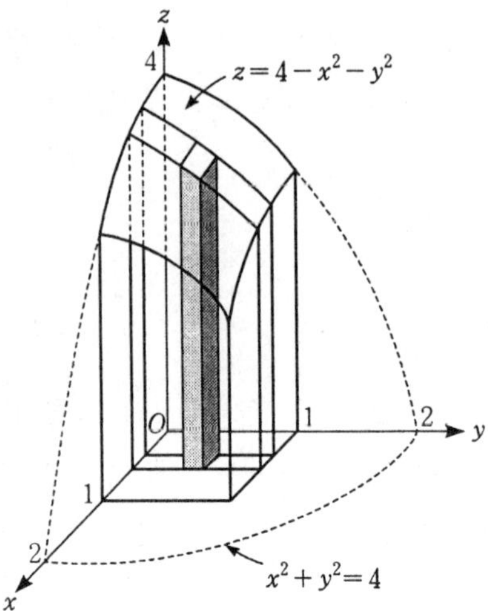

그림 13-7.

풀이 〔1〕 $V=\int_0^1\int_0^1(4-x^2-y^2)\,dy\,dx$

$$=\int_0^1\left(\frac{11}{3}-x^2\right)dx=\frac{10}{3}.$$

〔2〕 $z=0$으로 놓고 포물면과 xy평면의 교선을 구하면 $x^2+y^2=4$. 이것이 적분영역의 경계선이 된다. 따라서 입체의 대칭성을 생각하면 구하는 체적 V는

$$V=4\int_0^2\int_0^{\sqrt{4-x^2}}(4-x^2-y^2)\,dy\,dx=8\pi. \blacksquare$$

13-2. 연습문제

※ 다음의 영역 R을 그려보고, 반복적분에 의하여 그 면적을 구하여라(1～6).

1. $R=\{(x,\ y)|0\le x\le 2,\ 2x\le y\le 4\}$

2. $R=\{(x,\ y)|0\le x\le a,\ 0\le y\le a-x\}$

3. $R=\{(x,\ y)|-y\le x\le y-y^2,\ 0\le y\le 2\}$

4. $R=\{(x,\ y)|y^2\le x\le 2y-y^2,\ 0\le y\le 1\}$

5. $R=\{(x,\ y)|0\le x\le \pi/3,\ \sin x\le y\le \sec^2 x\}$

6. $R=\{(x,\ y)|0\le x\le \pi/4,\ \sin x\le y\le \cos x\}$

※ 이중적분을 이용하여 주어진 곡선으로 둘러싸인 영역의 면적을 구하여라(7～10).

7. $3x=4-y^2$, $x=y^2$

8. $y=3x-x^2$, $y=x$

9. $(x^2+4)y=8$, $2y=3x+4$, $2y=x$

10. $y=xe^{-x}$, $y=x$, $x=2$

※ 다음 입체의 체적을 구하여라(11～16).

11. 평면 $x+2y+3z=6$과 좌표평면으로 둘러싸인 입체

12. 원주 $x^2+y^2=4$와 평면 $z+y=2$, $z=0$으로 둘러싸인 입체

13. 포물면 $z=x^2+y^2$과 평면 $y=x$, $x=1$, $y=0$, $z=0$으로 둘러싸인 입체

14. 곡면 $z=xy$, $y^2=4ax$, 평면 $y=a$, $z=0$으로 둘러싸인 입체 중, 제1팔분공간에 있는 부분

15. 곡면 $z=e^{x+y}$와 평면 $y=x$, $x=2$, $y=0$, $z=0$으로 둘러싸인 입체 중 제1팔분공간에 있는 부분

16. 곡면 $x^{\frac{1}{2}}+y^{\frac{1}{2}}$과 좌표평면으로 둘러싸인 입체

13-3. 극좌표와 이중적분

극좌표평면에서 두 곡선 $r=\varphi_1(\theta)$, $r=\varphi_2(\theta)$ $(\varphi_1(\theta)\le\varphi_2(\theta))$와 두 직선 $\theta=\alpha$, $\theta=\beta$ $(\alpha<\beta)$로 둘러싸인 닫힌영역을 R이라 하자.

극점을 중심으로 하는 동심원들과 극점을 지나는 직선들에 의하여 소영역으로 분할하고, 그 소영역 중 R과 만나는 것들을 A_1, A_2, ……, A_n으로 나타낼 때, 이 n개의 소영역의 집합을 영역 R의 극분할(polar partition)이라고 한다. 이 극분할을 P로 나타내고, A_i의 대각선 중 가장 긴 것의 길이를 δ라 하면 δ를 극분할 P의 노름이라고 한다.

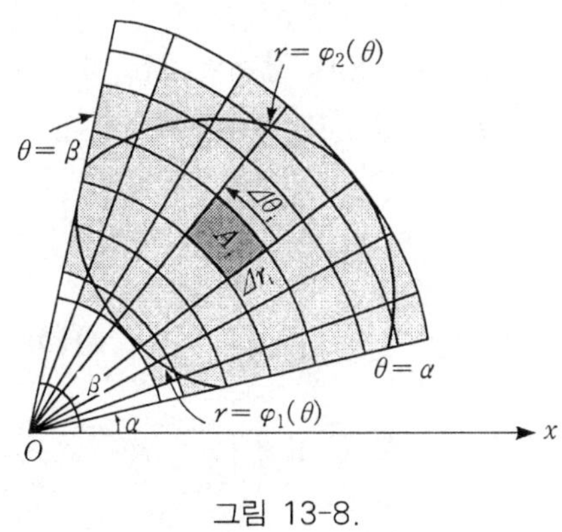

그림 13-8.

소영역 A_i의 면적 $\Delta A_i (i=1, 2, \cdots\cdots, n)$는

$$\begin{aligned}\Delta A_i &= \frac{1}{2}(r_i+\Delta r_i)^2 \Delta\theta_i - \frac{1}{2} r_i^2 \Delta\theta_i \\ &= \left(r_i + \frac{1}{2}\Delta r_i\right)\Delta r_i \, \Delta\theta_i\end{aligned}$$

로 주어진다. 여기서 $r_i + \frac{1}{2}\Delta r_i = r_i^*$로 놓으면 $r_i < r_i^* < r_i + \Delta r_i$ 이고

$$\Delta A_i = r_i^* \, \Delta r_i \, \Delta\theta_i$$

로 쓸 수 있다.

함수 $f(r, \theta)$가 영역 R에서 연속이라 하고, $A_i \cap R (i=1, 2, \cdots\cdots, n)$ 내의 임의의 점을 $(\bar{r}_i, \bar{\theta}_i)$라 하면 $r_i \le \bar{r}_i \le r_i + \Delta r_i$, $\theta_i \le \bar{\theta}_i \le \theta_i + \Delta\theta_i$ 이고, 리만합

$$\sum_{i=1}^{n} f(\bar{r}_i, \bar{\theta}_i)\Delta A_i = \sum_{i=1}^{n} f(\bar{r}_i, \theta_i) r_i^* \Delta r_i \, \Delta\theta_i$$

는 $\delta \to 0$로 되도록 P를 세분해 가면, 일정한 값에 수렴함이 알려져 있다. 이 일정한 값을 영역 R에 대한 극좌표에서의 $f(r, \theta)$의 이중적분이라고 하고, 기호

$$\iint_R f(r, \theta)\, dA$$

또는

$$\iint_R f(r, \theta)\, r dr\, d\theta \tag{1}$$

로 나타낸다($\delta \to 0$일 때 $\bar{r}_i$와 r_i^*는 거의 같다.).

이중적분 (1)은 영역 R이 그림 13-9와 같이 원점을 지나는 직선 혹은 원점을 중심으로 하는 원이 R의 경계와 2점 이하에서 만날 때 다음 반복적분으로 계산할 수 있다.

$$\begin{aligned}&\iint_R f(r, \theta)\, r dr\, d\theta \\ &= \int_\alpha^\beta \int_{\varphi_1(\theta)}^{\varphi_2(\theta)} f(r, \theta)\, r dr\, d\theta \\ &= \int_\alpha^\beta \left\{ \int_{\varphi_1(\theta)}^{\varphi_2(\theta)} f(r, \theta)\, r dr \right\} d\theta\end{aligned}$$

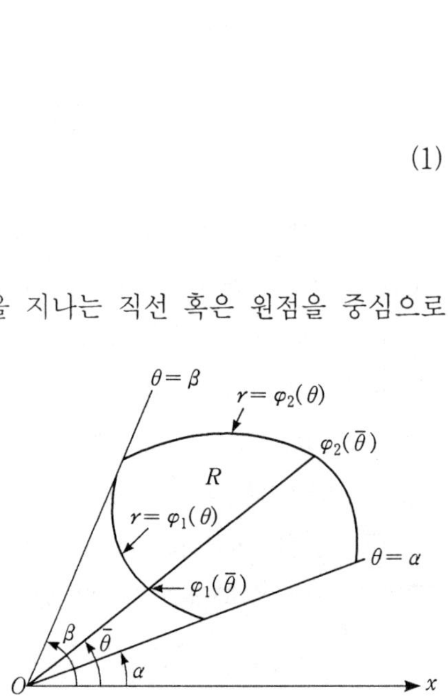

그림 13-9.

예제 13-4 원 $r=a\cos\theta\left(0\le\theta\le\frac{\pi}{2}\right)$과 직선 $\theta=0$으로 둘러싸인 영역 R(그림 13-10)에서 함수 $f(r,\theta)=kr$(k는 상수)에 대하여

$$\iint_R f(r,\theta)\,r\,dr\,d\theta$$

를 구하여라.

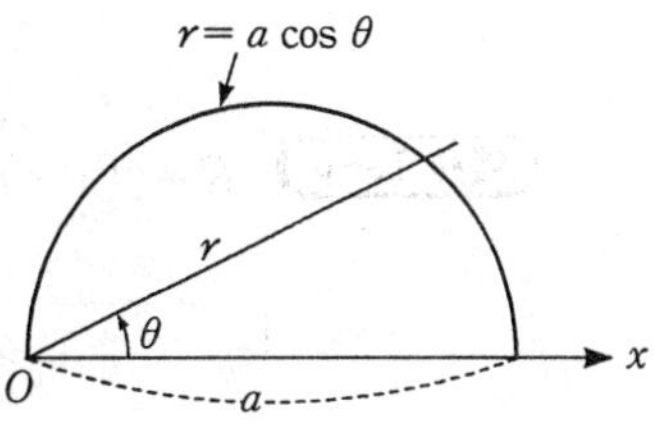

그림 13-10.

풀이 $\iint_R (kr)\cdot r\,dr\,d\theta=\int_0^{\frac{\pi}{2}}\int_0^{a\cos\theta}kr^2\,dr\,d\theta$

$$=\int_0^{\frac{\pi}{2}}k\left[\frac{r^3}{3}\right]_0^{a\cos\theta}d\theta=\frac{ka^3}{3}\int_0^{\frac{\pi}{2}}\cos^2\theta\cdot\cos\theta\,d\theta=\frac{2ka^3}{9}.$$ ∎

직교좌표 (x, y)와 극좌표 (r, θ) 사이에는 다음 관계가 있다.

$$x=r\cos\theta,\quad y=r\sin\theta \tag{2}$$

$f(x, y)$가 R상에서 연속이고 영역 R을 극좌표평면의 영역으로 바꿀 수 있을 때, 직교좌표계와 극좌표계에서의 이중적분에 대하여 다음 관계가 성립한다.

$$\iint_R f(x,y)\,dx\,dy=\iint_R f(r\cos\theta,\ r\sin\theta)\,r\,dr\,d\theta \tag{3}$$

다음 예제들은 이중적분을 극좌표계에서 다루는 것이 직교좌표계에서 다루는 것보다 편리한 경우의 예들이다.

예제 13-5 $R=\{(x,y)\mid 1\le x^2+y^2\le 4,\ 0\le y\le\sqrt{3}\,x\}$일 때(그림 13-11)

$$\iint_R (x^2+y^2)^{\frac{3}{2}}\,dx\,dy$$

의 값을 구하여라.

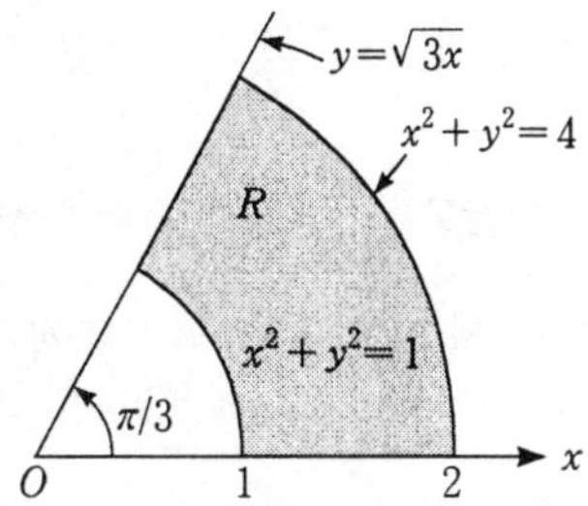

그림 13-11.

풀이 $x=r\cos\theta,\ y=r\sin\theta$로 놓으면

$$x^2+y^2=r^2,\quad \tan\theta=y/x=\sqrt{3},\ \text{즉}\ \ \theta=\frac{\pi}{3}.$$

따라서 R을 극좌표계로 나타내면 $R=\left\{(r,\theta)\mid 1\le r\le 2,\ 0\le\theta\le\frac{\pi}{3}\right\}$.

$$\therefore \iint_R (x^2+y^2)^{\frac{3}{2}}\,dx\,dy=\iint_R (r^2)^{\frac{3}{2}}\,r\,dr\,d\theta$$

$$= \int_0^{\frac{\pi}{3}} \int_1^2 r^4 \, dr \, d\theta = \int_0^{\frac{\pi}{3}} \frac{31}{5} \, d\theta = \frac{31}{15} \pi. \blacksquare$$

예제 13-6 $R = \{(x, y) | x^2 + y^2 - 2x \le 0, \ x^2 + y^2 \ge 1\}$일 때(그림 13-12)

$$\iint_R \sqrt{x^2 + y^2} \, dx \, dy$$

의 값을 구하여라.

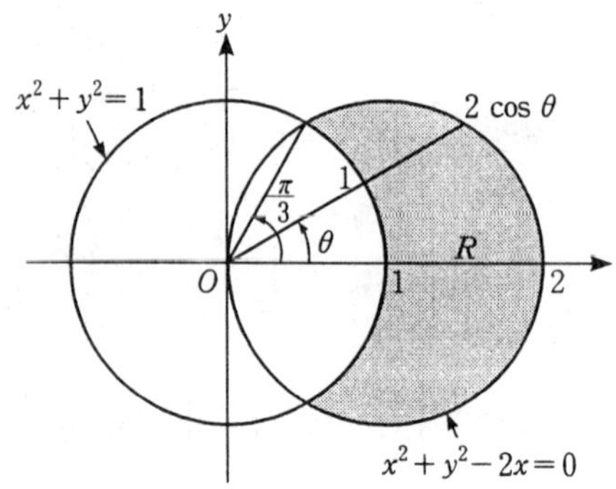

그림 13-12.

풀이 $x = r\cos\theta, \ y = r\sin\theta$로 놓으면

원 $x^2 + y^2 - 2x = 0$은 $r = 2\cos\theta$, (i)

원 $x^2 + y^2 = 1$은 $r = 1$. (ii)

(i), (ii)를 연립시켜서 풀면 $2\cos\theta = 1$. 따라서 $\theta = \pm\frac{\pi}{3}$.

$$\therefore \iint_R \sqrt{x^2 + y^2} \, dx \, dy = \int_{-\frac{\pi}{3}}^{\frac{\pi}{3}} \int_1^{2\cos\theta} r \cdot r dr \, d\theta = \int_{-\frac{\pi}{3}}^{\frac{\pi}{3}} \left[\frac{1}{3} r^3\right]_1^{2\cos\theta} d\theta$$

$$= \frac{1}{3} \int_{-\frac{\pi}{3}}^{\frac{\pi}{3}} (8\cos^3\theta - 1) \, d\theta = 2\sqrt{3} - 2\pi/9. \blacksquare$$

직교좌표계에서 $\iint_R dx \, dy$는 영역 R의 면적을 나타내었다. (3)에 의하면 극좌표계에서도 마찬가지로 $\iint_R r dr \, d\theta$는 영역 R의 면적을 나타낸다.

[참고] 직교좌표계에서 $\iint_R f(x, y) \, dA$에서 $dA = dx \, dy$를 가리켰는데, 극좌표계에서는 그림 13-13에서 보는 바와 같이 면적 dA를 dr, $rd\theta$를 두 변으로 갖는 직사각형의 면적처럼 생각하여 $dr \cdot (rd\theta) = r dr \, d\theta$와 같이 보는 것이 편리하다.

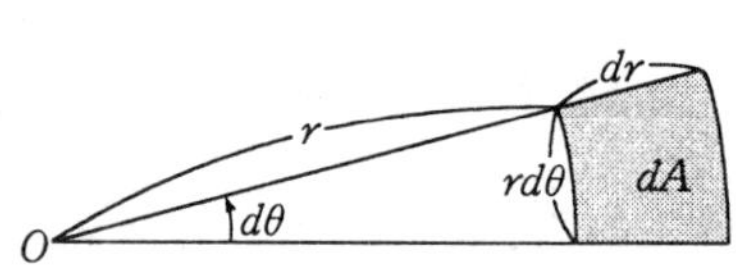

그림 13-13.

예제 13-7 예제 13-6에서 주어진 영역 R의 면적 A를 구하여라(그림 13-12).

풀이 이 경우는 직교좌표계로 주어진 영역을 그대로 다루는 것보다. 이를 극좌표계로 고쳐서 다루는 것이 매우 편리하다.

$$A=\iint_R r\,dr\,d\theta=\int_{-\frac{\pi}{3}}^{\frac{\pi}{3}}\int_1^{2\cos\theta} r\,dr\,d\theta=\int_{-\frac{\pi}{3}}^{\frac{\pi}{3}}\left[\frac{r^2}{2}\right]_1^{2\cos\theta}d\theta$$

$$=\frac{1}{2}\int_{-\frac{\pi}{3}}^{\frac{\pi}{3}}(4\cos^2\theta-1)\,d\theta=\frac{\pi}{3}+\frac{\sqrt{3}}{2}. \blacksquare$$

$\int e^{-x^2}dx$의 부정적분은 우리가 알고 있는 기본함수들의 결합으로 쓸 수 없다. 그러나 다음 예에서와 같이 평면에서의 극좌표를 이용하여 그것의 특이적분을 구할 수 있다는 것은 매우 홍미로운 일이다.

예제 13-8 $\int_0^\infty e^{-x^2}dx$를 구하여라.

풀이

$$R=\{(x,y)\mid 0\le x,\ y\le s\},$$
$$R_1=\{(x,y)\mid x,\ y\ge 0,\ x^2+y^2\le s^2\},$$
$$R_2=\{(x,y)\mid x,\ y\ge 0,\ x^2+y^2\le 2s^2\},$$

이라고 놓으면(그림 13-14), $e^{-(x^2+y^2)}>0$이므로

$$\iint_{R_1}e^{-(x^2+y^2)}dx\,dy\le\iint_R e^{-(x^2+y^2)}dx\,dy$$
$$\le\iint_{R_2}e^{-(x^2+y^2)}dx\,dy.$$

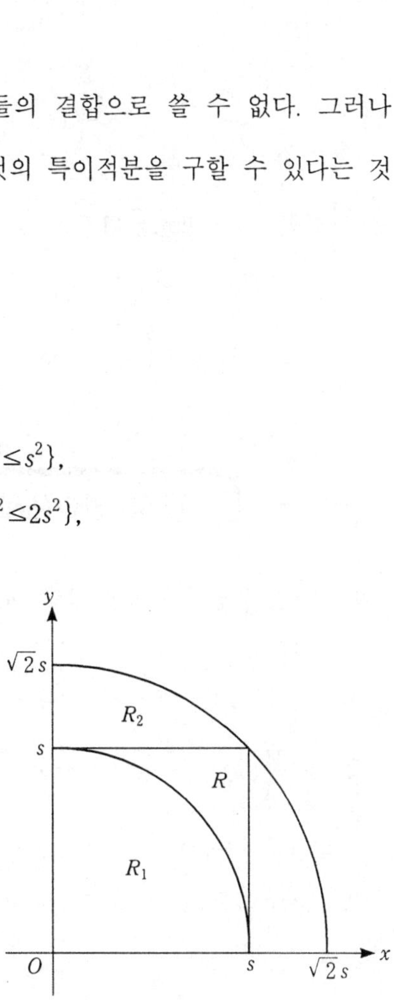

그림 13-14.

그런데

$$\iint_R e^{-(x^2+y^2)}dx\,dy=\int_0^s\int_0^s e^{-(x^2+y^2)}dx\,dy$$
$$=\int_0^s e^{-y^2}\left\{\int_0^s e^{-x^2}dx\right\}dy$$
$$=\left\{\int_0^s e^{-x^2}dx\right\}\int_0^s e^{-y^2}dy$$
$$=\left\{\int_0^s e^{-x^2}dx\right\}^2,$$

$$\iint_{R_1}e^{-(x^2+y^2)}dx\,dy=\int_0^{\frac{\pi}{2}}\int_0^s e^{-r^2}r\,dr\,d\theta=\int_0^{\frac{\pi}{2}}\left[-\frac{1}{2}e^{-r^2}\right]_0^s d\theta$$

$$= \frac{1}{2}\int_0^{\frac{\pi}{2}} (1-e^{-s^2})\,d\theta = \frac{\pi}{4}(1-e^{-s^2}).$$

마찬가지로

$$\iint_{R_2} e^{-(x^2+y^2)}\,dx\,dy = \frac{\pi}{4}(1-e^{-2s^2})$$

이므로

$$\frac{\pi}{4}(1-e^{-s^2}) \le \left\{\int_0^s e^{x^2} dx\right\}^2 \le \frac{\pi}{4}(1-e^{-2s^2}).$$

한편, $\lim_{s\to\infty}\frac{\pi}{4}(1-e^{-s^2}) = \frac{\pi}{4} = \lim_{s\to\infty}\frac{\pi}{4}(1-e^{-2s^2})$, $\int_0^\infty e^{-x^2}dx > 0$이므로

$$\int_0^\infty e^{-x^2}dx = \sqrt{\frac{\pi}{4}} = \frac{\sqrt{\pi}}{2}. \blacksquare$$

13-3. 연습문제

※ 극좌표계에서 주어진 영역 R에 대한 주어진 함수 $f(r, \theta)$의 이중적분의 값을 구하여라(1~2).

1. $R=\{(r, \theta)\,|\, a\le r\le b,\ \alpha\le\theta\le\beta\}$, $f(r, \theta) = r\sin\theta$

2. $R=\left\{(r, \theta)\,|\, a\cos\theta\le r\le a,\ 0\le\theta\le\frac{\pi}{2}\right\}$, $f(r, \theta) = r$

※ 극좌표로 고쳐서 다음 이중적분의 값을 구하여라(3~4).

3. x축, 직선 $y=x$, $x=a(a>0)$로 둘러싸인 영역을 R이라 할 때

$$\iint_R \frac{dx\,dy}{(a^2+x^2+y^2)^{\frac{3}{2}}}.$$

4. 두 원 $x^2+y^2=1$, $x^2+y^2=4$로 둘러싸인 영역 중 제1사분면의 부분을 R이라 할 때

$$\iint_R \frac{dx\,dy}{x^2+y^2}.$$

※ 다음 문제에서 주어진 영역의 면적을 반복적분을 이용하여 구하여라(5~8).

5. 원 $r=4\cos\theta$의 내부와 원 $r=2$의 외부에 놓인 영역

6. 세 잎 장미 $r=4\cos 3\theta$의 한 잎 $\left(-\frac{\pi}{6}\le\theta\le\frac{\pi}{6}\right.$ 의 부분$\left.\right)$

7. 심장형 $r=a(1+\cos\theta)$의 내부

8. $\theta=0$, $\theta=\frac{\pi}{2}$, $r=\sec^2\frac{\theta}{2}$로 둘러싸인 영역

9. 적분 $\int_0^\infty ae^{-bx^2}dx\,(a>0,\,b>0)$을 구하여라.

13-4. 삼중적분

이중적분의 개념은 그대로 삼중 이상의 적분까지 확장할 수 있다. 먼저 직교좌표계에 있어서의 삼중적분에 대하여 생각한다. 삼차원공간을 세 좌표평면에 평행인 평면들에 의하여 작은 직육면체로 분할하고, 주어진 삼차원영역 R의 내부 또는 경계면에 놓인 이들 직육면체를 $V_1, V_2, \cdots\cdots, V_n$으로 나타낸다. 이때, 이러한 n개의 직육면체의 집합을 R의 분할이라고 하고, 이들 직육면체의 대각선 중 가장 긴 것의 길이를 이 분할의 노름이라고 한다. 노름을 δ로 나타내기로 하자. $V_i\cap R(i=1, 2, \cdots\cdots, n)$에 속하는 임의의 점을 (x_i, y_i, z_i)라 하고, V_i의 체적을 ΔV_i라 할 때 R에서 정의된 함수 $f(x, y, z)$에 대하여

$$\lim_{\delta\to 0}\sum_i f(x_i, y_i, z_i)\Delta V_i$$

가 수렴하면, 영역 R에서 f는 적분가능하다고 하며, 그 극한값을

$$\iiint_R f(x, y, z)\,dV$$

또는 $\iiint_R f(x, y, z)\,dx\,dy\,dz$인 기호로 나타낸다. 이것을 영역 R에 대한 f의 삼중적분(triple integral)이라고 한다.

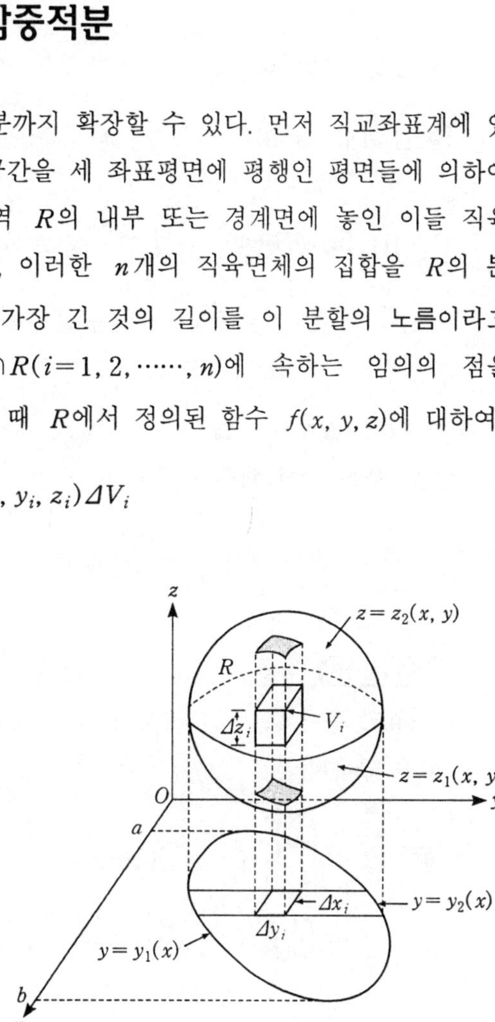

그림 13-15.

f가 영역 R에서 연속함수이면, 영역 R이 그림 13-15와 같이 주어졌을 때, R에서의 삼중적분 값은 13-1절에서와 같이 다

음과 같은 반복적분에 의하여 구할 수 있다.

$$\iiint_R f(x, y, z)\,dV = \int_a^b \int_{y_1(x)}^{y_2(x)} \int_{z_1(x, y)}^{z_2(x, y)} f(x, y, z)\,dz\,dy\,dx$$

예제 13-9 포물기둥 $z=2-\frac{1}{2}x^2$과 좌표평면 $y=0$, $z=0$와 평면 $y=x$로 둘러싸인 제1팔분 공간의 영역 R에 대하여

$$\iiint_R 2xyz\,dV$$

의 값을 구하여라.

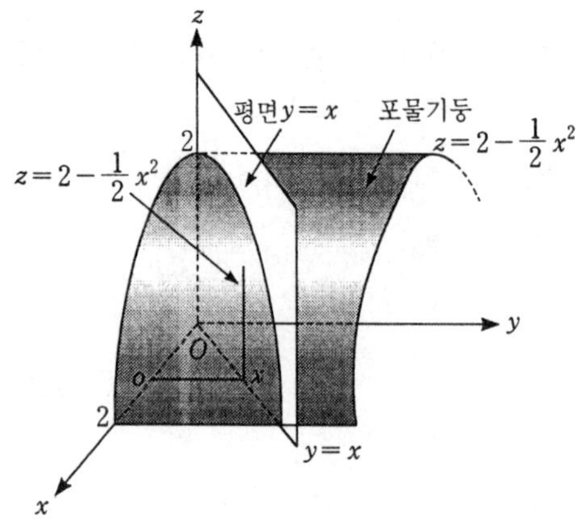

그림 13-16.

풀이 그림 13-16과 반복적분에 의하여

$$\iiint_R 2xyz\,dV = \int_0^2 \int_0^x \int_0^{2-\frac{1}{2}x^2} 2xyz\,dz\,dy\,dx = \int_0^2 \int_0^x \left(4xy - 2x^3y + \frac{x^5y}{4}\right) dy\,dx$$

$$= \int_0^2 \left(2x^3 - x^5 + \frac{x^7}{8}\right) dx = \frac{4}{3}.$$ ∎

특히 영역 R에서 $f(x, y, z)=1$이면, R에 대한 f의 삼중적분은 R의 체적과 같게 된다.

$$R\text{의 체적} = \iiint_R dx\,dy\,dz.$$

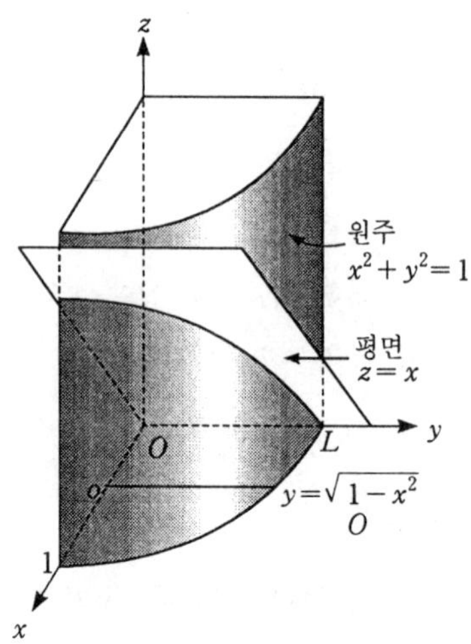

그림 13-17.

예제 13-10 원주 $x^2+y^2=1$과 평면 $z=x$, $y=0$, $z=0$로 둘러싸인 제1팔분공간의 영역 R의 체적 V를 구하여라.

풀이 $V = \int_0^1 \int_0^x \int_0^{\sqrt{1-x^2}} dy\,dz\,dx$

$$= \int_0^1 \int_0^x \sqrt{1-x^2}\,dz\,dx = \int_0^1 x\sqrt{1-x^2}\,dx = \frac{1}{3}.$$ ∎

13-4. 연습문제

※ 다음 반복적분의 값을 구하여라(1～4)

1. $\int_0^1 \int_0^x \int_0^{xy} z\, dz\, dy\, dx$

2. $\int_0^1 \int_0^x \int_0^{x+y} (x+y+z)\, dz\, dy\, dx$

3. $\int_{\frac{\pi}{6}}^{\frac{\pi}{2}} \int_0^{\cos y} \int_y^{\pi-y} \sin(y+z)\, dz\, dx\, dy$

4. $\int_0^{2\pi} \int_0^{\pi} \int_0^{a} r^2 \sin\theta\, dr\, d\theta\, d\phi$

※ 다음 문제에서 주어진 영역 R을 그려보고, R에 대한 삼중적분의 값을 구하여라(5～7).

5. $R=\{(x, y, z)|0\le x\le\sqrt{4-y^2},\ 0\le y\le 2,\ 0\le z\le 3\}$,

$$\iiint_R (x+2y-3z)\, dx\, dy\, dz$$

6. $R=\{(x, y, z)|0\le x\le 1,\ 0\le y\le 3,\ 0\le z\le \frac{1}{6}(12-3x-2y)\}$,

$$\iiint_R xy\, dx\, dy\, dz$$

7. $R=\{(x, y, z)|0\le x\le\sqrt{y},\ 0\le y\le 4,\ 0\le z\le \frac{3}{2}x\}$,

$$\iiint_R (x^2+y^2+z^2)\, dx\, dy\, dz$$

※ 다음 문제에서 주어진 평면 또는 곡면으로 둘러싸인 영역의 체적을 삼중적분으로 구하여라(8～10).

8. $x+y+2z=2,\ x=0,\ y=0,\ z=0$

9. $z=x^2+y^2,\ x=y,\ x=2,\ y=0,\ z=0$

10. $x^2+4y^2=z,\ x^2+4y^2=12-2z$

13-5. 원주와 구면좌표계에서의 삼중적분

적분을 계산함에 있어서 직교좌표아닌 다른 좌표계를 사용하면 편리한 경우가 많다. 여기서는 삼중적분에 사용할 수 있는 원주좌표계와 구면좌표계를 생각한다.

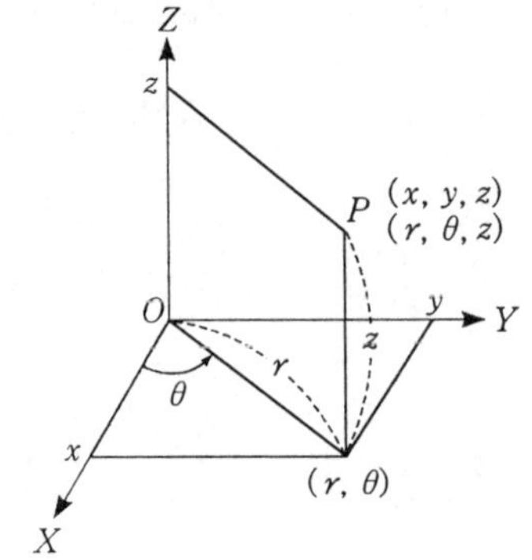

그림 13-18.

그림 13-18에서 점 P의 직교좌표 (x, y, z)와 원주좌표(cylindrical coordinate) (r, θ, z)를 비교하면 xy평면에서 OX를 극축으로 하는 극좌표 (r, θ)와 z좌표로 원주좌표가 이루어지고 있으며, 다음 관계가 있다.

$$x = r\cos\theta,\quad y = r\sin\theta,\quad z = z$$

$$r^2 = x^2 + y^2,\quad \theta = \mathrm{Tan}^{-1}\frac{y}{x}$$

원주좌표계에서, z축을 중심축으로 하는 원주면들과 z축을 품는 평면들 $\theta = \alpha$, xy평면에 평행인 평면들로 공간을 여러 개의 소영역으로 분할하여, 주어진 영역 R내에 있거나 그 경계면에 있는 소영역을 $V_1, V_2, V_3, \cdots\cdots, V_n$으로 표시할 때, 이 n개의 소영역의 집합을 영역 R의 원주면분할(cylindrical partition)이라 하고, 이들 소 영역의 대각선 중 가장 긴 것의 길이를 이 분할의 **노름**이라고 한다. 노름을 δ로 나타내기로 하자. 이때, 소영역 $V_i(i=1, 2, \cdots\cdots, n)$의 체적 ΔV_i는 밑면의 면적 $r_i^* \Delta r_i \Delta\theta_i$(단, $r_i^* = r_i + \dfrac{\Delta r_i}{2}$, 13-3절 참조)에 높이 Δz_i를 곱한 것이다. 즉

$$\Delta V_i = r_i^* \Delta r_i \Delta\theta_i \Delta z_i$$

함수 $f(r, \theta, z)$가 영역 R에서 연속이고 $(\bar{r}_i, \bar{\theta}_i, \bar{z}_i)$를 $V_i \cap R(i=1, 2, 3, \cdots\cdots, n)$의 임의의 점이라고 하고, $\delta\to 0$되도록 분할을 세분할 때

$$\lim_{\delta\to 0}\sum_i f(\bar{r}_i, \bar{\theta}_i, \bar{z}_i)\, r_i^* \Delta r_i \Delta\theta_i \Delta z_i$$

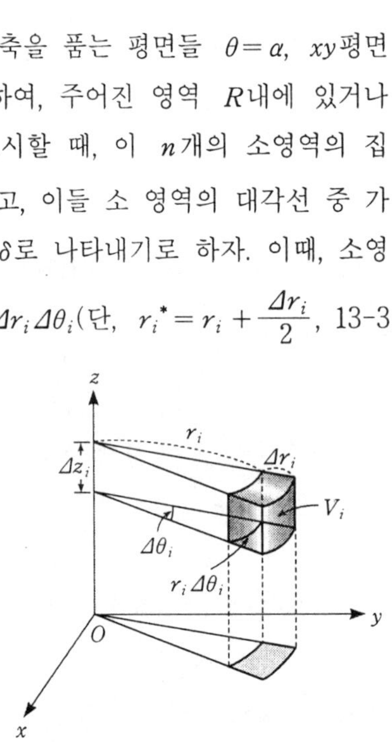

그림 13-19.

가 일정한 값에 수렴한다. 증명은 고급 해석학에서 다룬다. 이 일정한 값을 R에 대한 원주좌표계에서의 삼중적분이라 하고, 다음과 같은 기호로 나타낸다.

$$\iiint_R f(r, \theta, z)\, r\, dr\, d\theta\, dz$$

이 경우도 반복적분에 의하여 삼중적분의 값을 구할 수 있다.

f가 영역 R에서 연속일 때 직교좌표계와 원주좌표계에서의 삼중적분에 대하여 다음 관계가 성립한다.

$$\iiint_R f(x, y, z)\,dx\,dy\,dz = \iiint_R f(r\cos\theta, r\sin\theta, z)\,r\,dr\,d\theta\,dz$$

예제 13-11 영역 $R=\{(x, y, z)|x^2+y^2+z^2 \le a^2,\ x^2+y^2 \le ax\}$에 대하여 다음 값을 원주좌표로 고쳐서 구하여라.

$$\iiint_R z^2 dx\,dy\,dz$$

풀이 $x=r\cos\theta,\ y=r\sin\theta,\ z=z$에 의하여

$$x^2+y^2+z^2=r^2+z^2,\ x^2+y^2=r^2$$

이므로 주어진 영역을 원주좌표로 고치면

$$R=\{(r, \theta, z)\,|\,r^2+z^2 \le a^2,\ r \le a\cos\theta\}$$

와 같이 된다(그림 13-20).

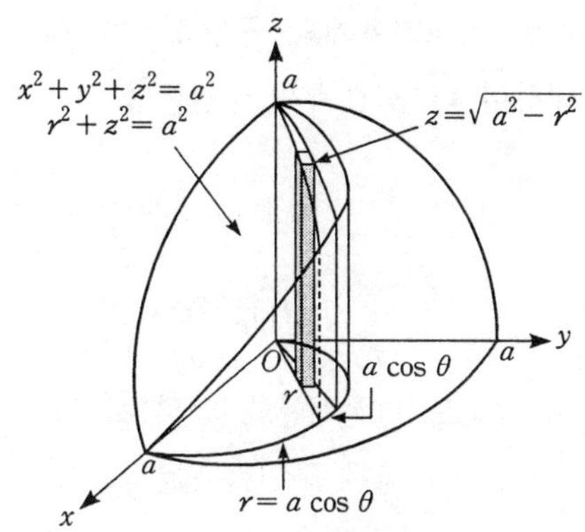

그림 13-20.

$$\begin{aligned}\iiint_R z^2 dx\,dy\,dz &= 4\int_0^{\frac{\pi}{2}}\int_0^{a\cos\theta}\int_0^{\sqrt{a^2-r^2}} z^2\cdot r\,dz\,dr\,d\theta \\ &= 4\int_0^{\frac{\pi}{2}}\int_0^{a\cos\theta}\frac{(a^2-r^2)^{\frac{3}{2}}}{3}\cdot r\,dr\,d\theta \\ &= \frac{4}{3}\int_0^{\frac{\pi}{2}}\left[-\frac{1}{5}(a^2-r^2)^{\frac{5}{2}}\right]_0^{a\cos\theta} d\theta = \frac{4}{15}\int_0^{\frac{\pi}{2}} a^5(1-\sin^5\theta)\,d\theta \\ &= \frac{4a^5}{15}\left(\frac{\pi}{2}-\frac{4}{5}\cdot\frac{2}{3}\right) = \frac{4a^5}{15}\left(\frac{\pi}{2}-\frac{8}{15}\right).\ \blacksquare\end{aligned}$$

구면좌표계는 그림 13-21에서 보는 바와 같이 순서 모임 (ρ, φ, θ)로 공간의 한 점 P가 결정되는데, P의 직교좌표 (x, y, z)와 구면좌표 (ρ, φ, θ) 사이에 다음과 같은 관계가 있다.

$$x=\rho\sin\varphi\cos\theta,\ y=\rho\sin\varphi\sin\theta,\ z=\rho\cos\varphi,$$
$$x^2+y^2=\rho^2\sin^2\varphi,\ x^2+y^2+z^2=\rho^2$$

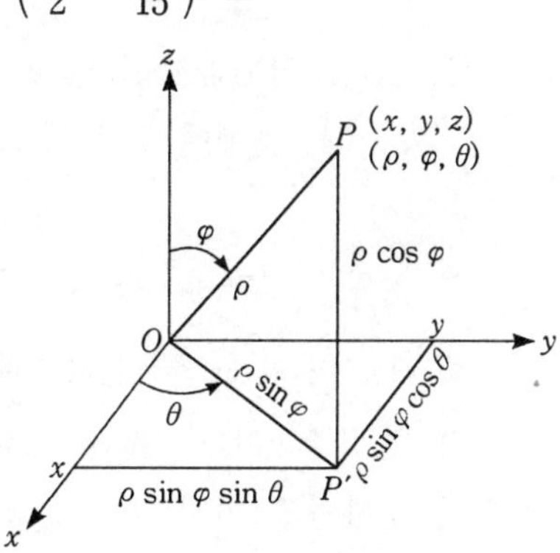

그림 13-21.

$d\rho, d\varphi, d\theta$가 각각 ρ, φ, θ의 증분이면 그림 13-22와 같이, 이 증분은 모서리의 길이가 각각 $d\rho$, $\rho d\varphi$, $\rho \sin \varphi\, d\theta$인 체적소를 결정한다. 증분이 충분히 작을 때에 이 체적소는 거의 직육면체이므로 구면좌표로 나타낸 체적소 dV는

$$dV = (d\rho)(\rho d\varphi)(\rho \sin \varphi d\theta) = \rho^2 \sin \varphi\, d\rho\, d\varphi\, d\theta$$

로 주어진다. 따라서 함수 f가 영역 R에서 연속이면 직교좌표계와 구면좌표계 사이의 삼중적분에 대하여 다음 관계가 성립한다.

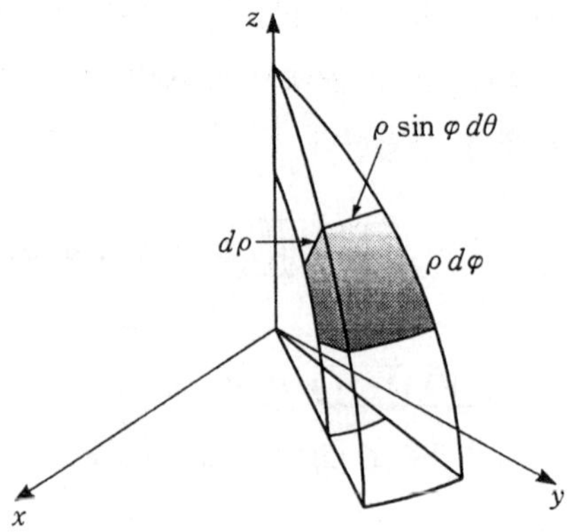

그림 13-22.

$$\iiint_R f(x, y, z)\, dx\, dy\, dz$$
$$= \iiint_R f(\rho \sin \varphi \cos \theta, \rho \sin \varphi \sin \theta, \rho \cos \varphi)\, \rho^2 \sin \varphi\, d\rho\, d\varphi\, d\theta.$$

이 적분도 반복적분에 의해 그 값을 구할 수 있다.

원주좌표계나 구면좌표계의 어느 경우도, 영역 R에서 $f=1$일 때, 직교좌표계의 경우와 마찬가지로 $\iiint_R f dV$는 영역 R의 체적과 같다.

예제 13-12 위로 구면 $x^2+y^2+z^2=2a^2$과 아래로 포물면 $az=x^2+y^2$으로 둘러싸인 영역의 체적을 구하여라. 단, $a>0$.

풀이 $x=r\cos\theta,\ y=r\sin\theta,\ z=z$라 놓으면

구 면 : $r^2+z^2=2a^2$, (1)

포물면 : $r^2=az$. (2)

(1), (2)를 연립하여 풀면 $z=a, -2a$($z=-2a<0$는 문제에 맞지 않으므로 버린다). 따라서

$$z=a, \quad r=a.$$

즉 (1), (2)의 교선 AB는 평면 $z=a$ 위의 원 $r=a$이다. 원 $r=a$의 xy평면 위의 정사영도 역시 원 $r=a$이다. 따라서 그림 13-23에 의하여 구하는 체적 V는

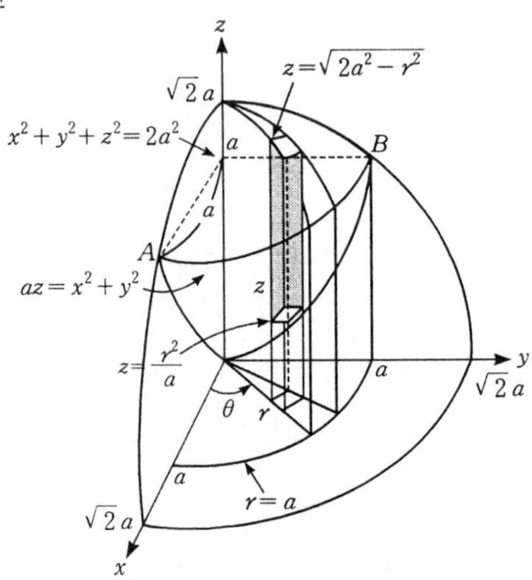

그림 13-23.

다음과 같이 됨을 알 수 있다.

$$V=\int_0^{2\pi}\int_0^a\int_{\frac{r^2}{a}}^{\sqrt{2a^2-r^2}} r\,dz\,dr\,d\theta$$

$$=\int_0^{2\pi}\int_0^a\left\{\sqrt{2a^2-r^2}-\frac{r^2}{a}\right\}r\,dr\,d\theta$$

$$=\int_0^{2\pi}\left[-\frac{1}{3}(2a^2-r^2)^{\frac{3}{2}}-\frac{r^4}{4a}\right]_0^a d\theta$$

$$=\int_0^{2\pi}\left(\frac{4\cdot 2\sqrt{2}-7}{12}\right)a^3 d\theta$$

$$=\frac{\pi(8\sqrt{2}-7)}{6}a^3. \blacksquare$$

예제 13-13 위로 구면 $\rho=a$와 아래로 원추면 $\varphi=\alpha$(구면좌표계)로 둘러싸인 영역의 체적을 구하여라.

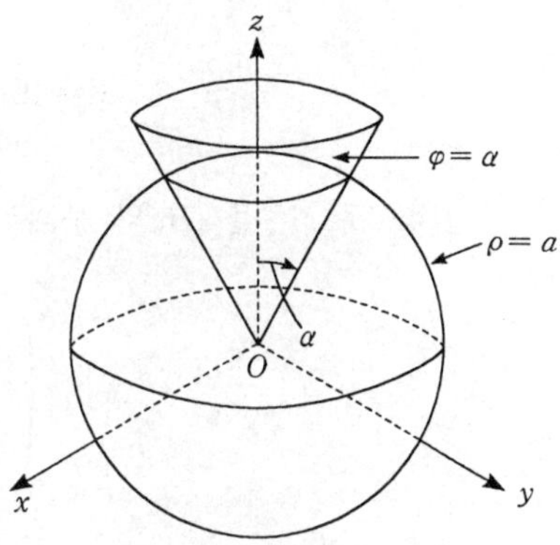

그림 13-24.

풀이 $V=\int_0^{2\pi}\int_0^{\alpha}\int_0^{a}\rho^2\sin\varphi\,d\rho\,d\varphi\,d\theta$

$$=\int_0^{2\pi}\int_0^{\alpha}\left[\frac{\rho^3}{3}\sin\varphi\right]_0^a d\varphi\,d\theta$$

$$=\frac{1}{3}\int_0^{2\pi}\int_0^{\alpha}a^3\sin\varphi\,d\varphi\,d\theta$$

$$=\frac{a^3}{3}\int_0^{2\pi}\Big[-\cos\varphi\Big]_0^{\alpha}d\theta=\frac{2\pi a^3}{3}(1-\cos\alpha). \blacksquare$$

유클리디안 n공간의 부분집합 B_n을

$$B_n=\left\{(x_1, x_2, \cdots\cdots, x_n)\,\middle|\,\sum_{i=1}^{n}x_i^2\le 1\right\}$$

이라 하자. $n=1$이면 B_n은 선분이 되고 $n=2$이면 원, $n=3$이면 구가 된다. B_1의 길이는 2이고, B_2의 면적은 π이고, B_3의 부피는 $\frac{4}{3}\pi$이다. 삼중적분을 이용하여 B_4의 "부피" V를 구해보자. 삼차원 공간에서 R을

$$R=\{(x, y, z)\,|\,x^2+y^2+z^2\le 1\}$$

이라 하면

$$V=2\iiint_R \sqrt{1-x^2-y^2-z^2}\, dV.$$

구면좌표계를 이용하면

$$V=16\int_{\theta=0}^{\frac{\pi}{2}}\int_{\varphi=0}^{\frac{\pi}{2}}\int_{\rho=0}^{1}\sqrt{1-\rho^2}\,\rho^2 \sin\varphi\, d\rho\, d\varphi\, d\theta.$$

삼각치환 $\rho=\sin t$(또는 $\rho=\cos t$)를 이용하면

$$\int_0^1 \sqrt{1-\rho^2}\,\rho^2 d\rho=\left[\frac{1}{8}\sin^{-1}\rho-\frac{1}{8}\rho\sqrt{1-\rho^2}(1-2\rho^2)\right]_0^1=\frac{\pi}{16}.$$

따라서,

$$V=16\cdot\frac{\pi}{16}\int_0^{\frac{\pi}{2}}\int_0^{\frac{\pi}{2}}\sin\varphi\, d\varphi\, d\theta=\frac{\pi^2}{2}.$$

일반적으로 V_n을 B_n의 부피라 하면

$$\begin{cases} V_{2n}=\dfrac{\pi^n}{n!} \\ V_{2n-1}=\dfrac{2^n\cdot\pi^{n-1}}{1\cdot3\cdot5\cdots\cdots(2n-1)} \end{cases}$$

임이 알려져 있다.

13-5. 연습문제

※ 원주좌표를 써서 다음 입체의 체적을 삼중적분으로 구하여라(1~3).

1. 구면 $r^2+z^2=4$와 원주 $r=1$로 둘러싸인 입체

2. 포물면 $4z=r^2$, 주면 $r=2\sec\theta$, 평면 $\theta=0$, $\theta=\frac{1}{4}\pi$, $z=0$으로 둘러싸인 입체 중, 제1팔분공간에 놓인 입체

3. 원주 $x^2+y^2=1$과 평면 $z=y$로 둘러싸인 부분 중 제1팔분공간에 놓인 부분

4. 구면좌표를 써서 구면 $x^2+y^2+z^2=a^2$과 원추 $z^2=x^2+y^2\left(\varphi=\frac{1}{4}\pi\right)$의 내부로 둘러

싸인 입체 중, 제1팔분공간에 놓인 부분의 체적을 구하여라.

※ 다음의 각 적분에서 적분영역을 그리고, 주어진 좌표계로 바꾸어 적분값을 계산하여라 (5~6).

5. $\int_0^3 \int_0^{\sqrt{9-x^2}} \int_0^2 \frac{dz\,dy\,dx}{\sqrt{x^2+y^2}}$ (원주좌표)

6. $\int_0^a \int_0^{\sqrt{a^2-x^2}} \int_0^{\sqrt{a^2-x^2-y^2}} \frac{dz\,dy\,dx}{x^2+y^2+z^2}$ (구면좌표)

13-6. 표 면 적

방정식 $z=f(x, y)$로 정의된 곡면 위에서 닫힌 곡선 C로 둘러싸인 곡면의 표면을 S라 하자. 그리고 S의 xy평면 위에의 정사영을 A(그림 13-25)로 나타내자. A를 x축, y축과 평행인 직선들에 의해 분할하고 A와 만나는 작은 사각형을 ΔA_i로 나타낸다. ΔA_i를 밑면으로 갖는 사각기둥을 xy평면에 수직으로 세울 때 사각기둥에 의해 절단된 곡면을 $\Delta\sigma_i$라 하고, $\Delta\sigma_i$의 한 정점 (x_i, y_i, z_i)에서 곡면에 접하는 접평면이 사각기둥에 의해 잘린 부분을 ΔP_i라 하자.

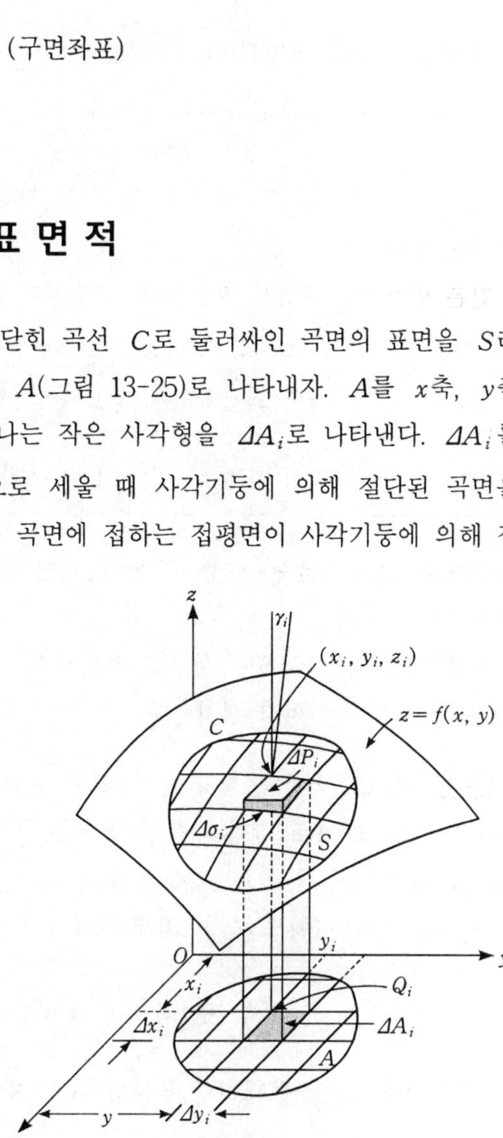

그림 13-25.

γ_i를 접평면과 xy평면이 이루는 예각이라 하면

$$(\Delta A_i\text{의 면적})=(\Delta P_i\text{의 면적})\cos\gamma_i \qquad (1)$$

한편 γ_i는 (x_i, y_i, z_i)에서 곡면에 세운 법선과 z축이 이루는 예각이다. $Q_i=(x_i, y_i)$라 두면 법선은 $\left(\frac{\partial z}{\partial x}\Big|_{Q_i}, \frac{\partial z}{\partial y}\Big|_{Q_i}, -1\right)$과 평행하고 z축과 이루는 예각 γ_i는

$$\cos\gamma_i=\frac{1}{\sqrt{1+\left(\frac{\partial z}{\partial x}\Big|_{Q_i}\right)^2+\left(\frac{\partial z}{\partial y}\Big|_{Q_i}\right)^2}}$$

이다. 따라서 식 (1)은

$$(\Delta P_i \text{의 면적}) = \sqrt{1+\left(\frac{\partial z}{\partial x}\bigg|_{Q_i}\right)^2+\left(\frac{\partial z}{\partial y}\bigg|_{Q_i}\right)^2}\,\Delta x_i\,\Delta y_i \tag{2}$$

한편 Δx_i, Δy_i가 충분히 작을 때, ΔP_i의 면적은 $\Delta\sigma_i$의 면적과 근사하다. 따라서 리만합

$$\sum_{i=1}^{n}(\Delta P_i \text{의 면적}) = \sum_{i=1}^{n}\sqrt{1+\left(\frac{\partial z}{\partial x}\bigg|_{Q_i}\right)^2+\left(\frac{\partial z}{\partial y}\bigg|_{Q_i}\right)^2}\,\Delta x_i\,\Delta y_i$$

의 극한값을 S의 표면적이라 정의하면

$$S\text{의 표면적} = \iint_A \sqrt{1+\left(\frac{\partial z}{\partial x}\right)^2+\left(\frac{\partial z}{\partial y}\right)^2}\,dx\,dy \tag{3}$$

로 주어진다.

같은 방법으로 표면적 S를 다른 좌표평면에 정사영할 경우 다음의 공식을 얻는다.

$$S\text{의 표면적} = \iint_{A'} \sqrt{1+\left(\frac{\partial x}{\partial y}\right)^2+\left(\frac{\partial x}{\partial z}\right)^2}\,dy\,dz \tag{4}$$

$$S\text{의 표면적} = \iint_{A''} \sqrt{1+\left(\frac{\partial y}{\partial x}\right)^2+\left(\frac{\partial y}{\partial z}\right)^2}\,dz\,dx \tag{5}$$

여기에서 A'와 A''는 S를 각각 yz평면과 zx평면에 정사영한 것이다.

적분 (3), (4), (5)를 구할 때 적분한계는 각각 A, A', A''의 모양에 따라 결정된다.

예 3 제1팔분공간에 걸쳐 있는 평면 $z=1-y$ 중에 평면 $x=0$, $x=1$로 잘린 부분의 면적을 구하여보자(그림 13-26)

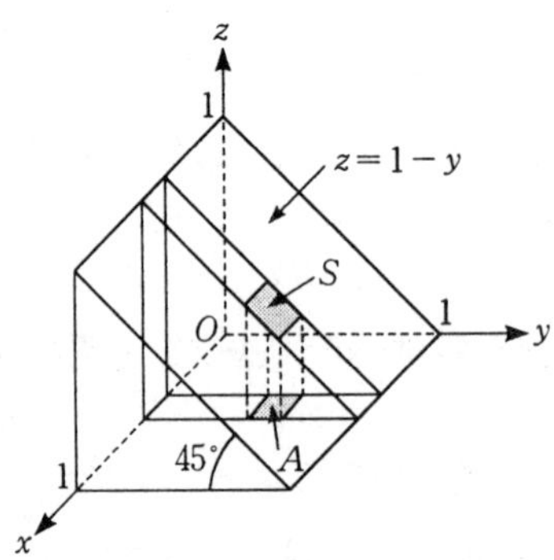

그림 13-26.

$z_x=0$, $z_y=-1$이므로 식 (3)에 의해서

$$S\text{의 표면적} = \int_0^1\int_0^1 \sqrt{1+(0)^2+(-1)^2}\,dx\,dy=\sqrt{2}.$$

특히 그림 13-26에 나타난 부분의 면적 S와 그 정사영 A는 관계식 (1)을 만족함을 본다.

$$A\text{의 면적}=(S\text{의 면적})\cdot\cos\gamma=\sqrt{2}\cos 45^\circ=1. \blacksquare$$

예제 13-14 좌표평면과 평면 $z=x$에 의해서 잘린 원주 $x^2+y^2=a^2$의 제1팔분공간에 놓인 부분의 면적을 구하여라.

풀이 구하는 곡면을 zx평면에 정사영하면 $z=0$, $z=x$, $x=a$로 둘러싸인 ΔBOC(그림 13-27)가 된다. 원주 $y=\sqrt{a^2-x^2}$에 대하여 $\frac{\partial y}{\partial x}=-\frac{x}{\sqrt{a^2-x^2}}$, $\frac{\partial y}{\partial z}=0$이므로 식 (5)에 의하여

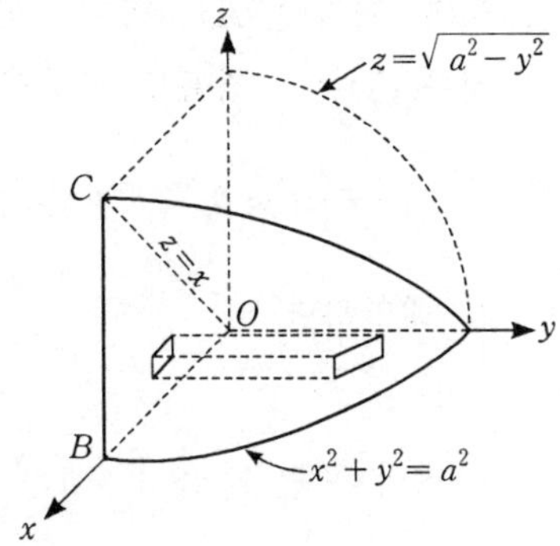

그림 13-27.

$$S\text{의 표면적}=\int_0^a\int_0^x \frac{a}{\sqrt{a^2-x^2}}\,dz\,dx=a\int_0^a \frac{x\,dx}{\sqrt{a^2-x^2}}=a^2. \blacksquare$$

위의 결과는 ΔBOC에서 적분의 차례를 바꾸어

$$S\text{의 표면적}=\int_0^a\int_z^a \frac{a}{\sqrt{a^2-x^2}}\,dx\,dz$$

를 구하여도 좋으나 계산이 힘들다. 그러나 S를 yz평면에 정사영하여 식 (4)에 의해서 다음과 같이 구하면 간단하다.

$$S=\int_0^a\int_0^{\sqrt{a^2-y^2}} \frac{a}{\sqrt{a^2-y^2}}\,dz\,dy=a\int_0^a dy=a^2.$$

예제 13-15 이중적분으로 구면 $x^2+y^2+z^2=a^2$의 표면적을 구하여라.

풀이 주어진 방정식에서

$$\frac{\partial z}{\partial x}=-\frac{x}{z},\quad \frac{\partial z}{\partial y}=-\frac{y}{z}$$

이므로

$$1+\left(\frac{\partial z}{\partial x}\right)^2+\left(\frac{\partial z}{\partial y}\right)^2=1+\frac{x^2}{z^2}+\frac{y^2}{z^2}=\frac{a^2}{z^2}=\frac{a^2}{a^2-x^2-y^2}. \tag{6}$$

그림 13-28은 전체 표면적의 1/8을 나타내므로 식 (3)과 (6)에 의하여

$$S\text{의 표면적}=8\iint_A \frac{a}{\sqrt{a^2-x^2-y^2}}\,dx\,dy \tag{7}$$

이며, 여기서 A는 영역 BOC를 나타낸다.

적분 (7)은 극좌표로 구하면 간단하다. 즉

$$x = r\cos\theta,\quad y = r\sin\theta,\quad dx\,dy = r\,dr\,d\theta$$

를 대입하면

$$S\text{의 표면적} = 8\int_0^{\frac{\pi}{2}}\int_0^a \frac{a}{\sqrt{a^2-r^2}}\,r\,dr\,d\theta$$

$$= 8a\int_0^{\frac{\pi}{2}}\left[-\sqrt{a^2-r^2}\right]_0^a d\theta = 4\pi a^2. \blacksquare$$

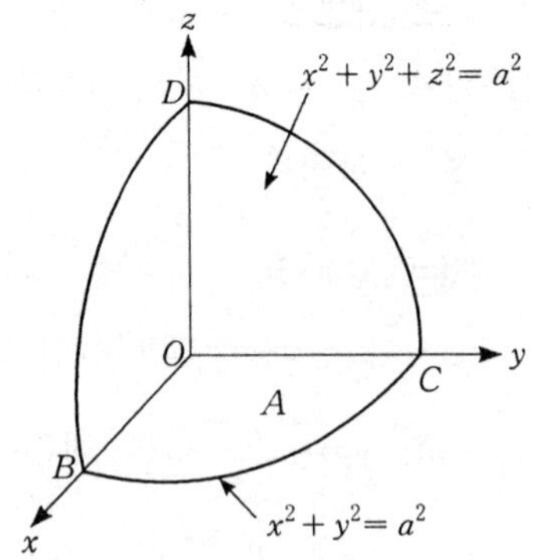

그림 13-28.

13-6. 연습문제

1. 평면 $x=1$, $y=0$, $y=x$, $2x+2y+z=4$로 둘러싸인 부분의 면적을 구하여라.

2. 원기둥 $x^2+z^2=a^2$를 평면 $y=2x$로 절단할 때, 제1팔분공간에 있는 곡면의 면적을 구하여라.

3. 원추 $z^2=x^2+y^2$을 평면 $x+y=a$로 절단할 때, 제1팔분공간에 놓인 곡면의 표면적을 구하여라.

4. 구면 $x^2+y^2+z^2=a^2$의 윗부분 중, 이것을 xy평면에 정사영한 것이 장미형 $r=a\cos 2\theta$의 한 잎이 되는 곡면에 대한 표면적을 구하여라.

5. 곡면 $az=xy$가, 원기둥 $x^2+y^2=a^2$에 의해서 절단된 부분의 면적을 구하여라. 단, $a>0$.

제 14 장 미분방정식

OUTLINE

생명과학적, 물리학적, 공학적, 또는 사회과학적 상황에서 문제를 해결하기 위한 모델화는 흔히 미분방정식으로 이끈다. 물리학이나 공학 같은 데에서는 편미분방정식도 많이 등장하지만 생명과학에서는 아직까지 단순 상미분방정식이 많이 쓰인다.

1742년에 요한 베르누이(Johann Bernoulli, 1667～1748)는 1691년에 로피탈(L'Hôpiptal, 1661～1704)에게 한 적분법에 대한 강의 내용을 출판하였다. 거기에서 그는 17세기에 많이 다루어졌던 곡선의 접선에 대한 특정한 성질로부터 곡선을 구하는 것을 다루었는데, 접선의 주어진 성질이 미분을 포함하는 방정식, 즉 미분방정식으로 표현되어야 한다고 예를 들어가며 가르쳤다.

이 장에서는

$$\frac{dy}{dx} = f(x, y)$$

로 표시될 수 있는 1계 1차 미분방정식을 주로 다룬다.

14-1. 미분방정식의 정의

미분방정식이란 도함수를 포함하는 방정식이다. 예를 들면,

(1) $\frac{dy}{dx}=x^2+2x-1$

(2) $\left(\frac{d^2y}{dx^2}\right)^2-x\frac{dy}{dx}+y-3=0$

(3) $(y'')^2+2(y')^3-x+y^2=0$

(4) $y'''+3(y'')^2=y+e^x$

(5) $y\frac{\partial z}{\partial x}=2z+x\frac{\partial z}{\partial y}$

(6) $\frac{\partial^2 z}{\partial x^2}+\frac{\partial^2 z}{\partial y^2}=xy$

와 같은 것들이 있다.

미분방정식이 이공학의 여러 문제를 해결하는 중요한 도구임은 물론이고, 현대사회에서는 사회과학 여러 분야에도 그 이용도가 차츰 높아지고 있다.

잘 알려진 뉴턴의 법칙(시간에 따른 운동량의 변화율은 그 물체에 작용하고 있는 힘에 비례하고, 작용한 힘과 같은 방향을 갖는다)을 예로 들어 볼 때 물체에 작용한 힘을 $\boldsymbol{F}$로 표시하면 $\frac{d(m\boldsymbol{v})}{dt}=m\frac{d\boldsymbol{v}}{dt}=\boldsymbol{F}$와 같이 나타낼 수 있다.

힘 $\boldsymbol{F}$에 의한 물체의 운동량을 결정하기 위해서 이 미분방정식을 만족하는 함수 $\boldsymbol{v}(t)$를 구했다고 할 때, 이처럼 도함수를 포함하지 않고, 주어진 미분방정식을 항등적으로 만족하는 변수 사이의 관계식을 **미분방정식의** 해(solution)라고 하며, 주어진 미분방정식에서 그 해를 결정하는 것이 이 장의 목적이다.

미분방정식의 이론을 체계적으로 전개하기 위해서 몇 가지 유형으로 방정식을 분류해 보자.

식 (1), (2), (3), (4)처럼 도함수만을 포함하는 방정식을 **상미분방정식**(ordinary differential equation)이라 하고, 식 (5), (6)처럼 편도함수를 포함하는 방정식을 **편미분방정식**(partial differential equation)이라 한다. 이 장에서는 상미분방정식 중에서도 간단한 몇 가지 유형만을 다루어 보고자 한다.

미분방정식의 **계수**(階數, order)라 함은 그 미분방정식에 포함된 최고계 도함수의 계수를 말한다. 예를 들면, 식 (1), (5)는 1계 미분방정식, 식 (2), (3), (6)은 2계 미분방정식,

식 (4)는 3계 미분방정식이다.

미분방정식의 **차수**(degree)라 함은 그 미분방정식에 포함된 모든 도함수를 정수멱으로 유리화하였을 때 그 방정식에 포함된 최고계 도함수의 멱지수를 말한다. 예를 들면 식 (1), (4), (5), (6)은 1차 미분방정식이고, 식 (2), (3)은 2차 미분방정식이다.

14-2. 원시함수

임의상수 c를 포함하는 방정식

$$y = x^4 + cx \tag{1}$$

를 만족하는 c와 무관한 최저계수의 미분방정식을 구하여 보자.

식 (1)을 한 번 미분하여 얻은 식

$$y' = 4x^3 + c$$

는 c와 무관한 방정식이 아니므로

$$c = y' - 4x^3$$

을 식 (1)에 대입하면,

$$y = x^4 + (y' - 4x^3)x = xy' - 3x^4$$

이 구하고자 하는 미분방정식이다.

일반적으로 n개의 임의의 상수를 포함하는 방정식

$$f(x, y, c_1, \cdots\cdots, c_n) = 0 \tag{2}$$

에 의하여 만족되는 $c_1, c_2, \cdots\cdots, c_n$에 무관한 최저계의 미분방정식을 얻으려면 식 (2)를 n번 미분하여 얻은 n개의 방정식

$$f' = 0, \quad f'' = 0, \quad \cdots\cdots, \quad f^{(n)} = 0$$

을 구한 후

$$f = 0, \quad f' = 0, \quad \cdots\cdots, \quad f^{(n)} = 0$$

의 $n+1$개의 방정식에서 $c_1, c_2, \cdots\cdots, c_n$을 소거하여 새로운 방정식

$$F(x, y, y' \cdots\cdots, y^{(n)}) = 0 \tag{3}$$

을 얻는다. 이때, 식 (2)를 식 (3)의 **원시함수**(primitive function)라고 한다. 이처럼 임의의 n개의 상수를 포함하는 식을 원시함수로 하는 미분방정식의 계수는 n이 된다.

예 1 $y = Ax^2 + Bx + C$를 원시함수로 갖는 미분방정식을 구하여 보자. 다음 4개의 방정식

$$y = Ax^2 + Bx + C, \qquad \frac{dy}{dx} = 2Ax + B,$$

$$\frac{d^2y}{dx^2} = 2A, \qquad \frac{d^3y}{dx^3} = 0$$

으로부터 $\dfrac{d^3y}{dx^3} = 0$가 구하고자 하는 방정식임을 알 수 있다. ∎

예 2 $x^2y^3 + x^3y^5 = c$를 원시함수로 하는 미분방정식은

$$2xy^3 + 3x^2y^2\frac{dy}{dx} + 3x^2y^5 + 5x^3y^4\frac{dy}{dx} = 0$$

이다. 이때, $xy^2 \neq 0$이면

$$2y + 3x\frac{dy}{dx} + 3xy^3 + 5x^2y^2\frac{dy}{dx} = 0$$

이 된다. 또한, 위의 두 식은

$$(2xy^3\,dx + 3x^2y^2dy) + (3x^2y^5dx + 5x^3y^4dy) = 0 \tag{4}$$

$$2ydx + 3xdy + xy^2(3ydx + 5xdy) = 0 \tag{5}$$

의 형태로도 나타낼 수 있다. 식 (4)로부터 원시함수는 이변수함수의 전미분을 생각함으로써 쉽게 구할 수 있으나, 식 (5)로부터는 쉽게 구할 수 없다. 이를 위해서는 식 (4)에서 소거된 xy^2을 식 (5)에 곱하여 줄 필요가 있다. ∎

14-2. 연습문제

1. 다음 함수를 원시함수로 하는 미분방정식을 구하여라.

(a) $y = Ae^{2x} + Be^{x} + C$

(b) $y = c_1 e^{3x} + c_2 e^{2x} + c_3 e^{x}$

(c) $y = c_1 \sin ax + c_2 \cos ax$ (a는 고정된 상수)

(d) $c_1 y + c_2 x - xy = 0$

(e) $y = cx^2 + c^2$

2. 포물선 $y^2 = 2x$의 모든 접선을 원시함수로 하는 미분방정식을 구하고, 이 포물선이 구해진 미분방정식의 하나의 해가 됨을 보여라.

14-3. 미분방정식의 일반해

미분방정식의 문제는 주어진 미분방정식의 원시함수를 구하는 데 있다. 즉 n계 미분방정식을 푼다는 것은 앞 절의 역 과정으로 미분방정식

$$F(x, y, y', \cdots\cdots, y^{(n)}) = 0$$

이 주어졌을 때 n개의 임의상수를 포함하는 주어진 미분방정식의 원시함수

$$f(x, y, c_1, \cdots\cdots, c_n) = 0$$

을 찾는데 있다. 예를 들면,

<미분방정식>	<원시함수>	
$\dfrac{d^3y}{dx^3} = 0$	$y = Ax^2 + Bx + C$ (예 1)	(1)
$\dfrac{d^3y}{dx^3} - 3\dfrac{d^2y}{dx^2} + 2\dfrac{dy}{dx} = 0$	$y = Ae^{2x} + Be^{x} + C$ (문제 14-2, 1.(a))	(2)

주어진 미분방정식의 원시함수를 미분방정식의 일반해(general solution)라 하고, 일반해의 임의상수 c_i에 고정된 수치를 대입하여 얻어지는 해를 특수해(particular solution)라

한다. 예를 들면 위 식 (1)에서 $y=0(A=B=C=0)$, $y=2x+5(A=0, B=2, C=5)$와 $y=x^2+x+3\ (A=1, B=1, C=3)$ 등은 특수해이다. 특수해는 일반해에 포함되는 하나의 해로서 어떤 조건을 만족시키는 것이 된다. 이 조건으로 흔히 특정한 점 x_0에서의 함수값 또는 도함수의 값들이 주어지는데, 이 조건을 초기조건(initial condition) 또는 경계조건(boundary condition)이라고 한다. 초기조건 또는 경계조건을 만족시키는 특수해를 구하는 문제를 각각 초기값문제(initial value problem) 또는 경계값문제(boundary value problem)라고 부른다.

이와는 달리 일반해에 포함되지 않는 해가 있는데, 이를 특이해(singular solution)라고 한다.

예 3 $y=cx+2c^2$을 원시함수로 하는 미분방정식은

$$2\left(\frac{dy}{dx}\right)^2+x\left(\frac{dy}{dx}\right)-y=0 \tag{3}$$

이므로 미분방정식 (3)의 일반해는 $y=cx+2c^2$이다. 또한 $y=-\frac{1}{8}x^2$도 식 (3)을 만족하므로 (3)의 해이다. 그러나 이 포물선은 직선으로 표시된 일반해의 c에 어떤 값을 대입하여도 구할 수 없으므로 특이해이다. ∎

14-3. 연습문제

1. 아래의 왼쪽 미분방정식은 오른쪽 식을 일반해로 가짐을 보여라.

(a) $yy'+x=0$ $\qquad$ $x^2+y^2=c$

(b) $y''-y=0$ $\qquad$ $y=c_1e^x+c_2e^{-x}$

(c) $y=xy'+(y')^4$ $\qquad$ $y=cx+c^4$

(d) $y''+9y=0$ $\qquad$ $y=c_1\sin 3x+c_2\cos 3x$

2. $y=2x+ce^x$는 미분방정식 $\frac{dy}{dx}-y=2(1-x)$의 일반해임을 보이고, 초기조건 $x=0$일 때 $y=3$을 만족시키는 특수해를 구하여라.

3. $y=cx+2c^2-c$는 $y=xy'+2(y')^2-y'$의 일반해임을 증명하고, 또 그 특이해를 구하여라.

14-4. 1계 1차 미분방정식(변수분리형)

1계 1차 미분방정식 $f(x, y, y')=0$은 미분형으로 다음과 같이 표시할 수 있다.

$$M(x, y)dx+N(x, y)dy=0 \tag{1}$$

특히 $M(x, y)$는 x만의 함수, $N(x, y)$는 y만의 함수인 경우 또는 적당한 변환에 의하여 이와 같이 되는 미분방정식을 변수분리형(variable separable)이라 하고, 다음과 같이 쓸 수 있다.

$$F(x)\,dx+G(y)dy=0 \tag{2}$$

식 (2)의 일반해는 항별로 적분하여 쉽게 얻어진다. 즉

$$\int F(x)\,dx+\int G(y)dy=c \quad (c\text{는 상수})$$

예제 14-1 $x^2(y+1)\,dx+y^2(x-1)\,dy=0$을 풀어라.

풀이 주어진 식을 변수분리하면

$$\frac{x^2}{x-1}\,dx+\frac{y^2}{y+1}\,dy=0$$

이 식을 항별로 적분하면

$$\int\left(x+1+\frac{1}{x-1}\right)dx+\left(y-1+\frac{1}{y+1}\right)dy=c_1$$

$$\frac{1}{2}x^2+x+\ln|x-1|+\frac{1}{2}y^2-y+\ln|y+1|=c_2$$

$$x^2+2x+y^2-2y+2\ln|(x-1)(y+1)|=c. \blacksquare$$

예제 14-2 $a\left(x\dfrac{dy}{dx}+2y\right)=xy\dfrac{dy}{dx}$의 일반해를 구하고 $x=2a$일 때 $y=a$가 되는 특수해를 구하여라.

풀이 주어진 방정식을

$$2aydx+x(a-y)\,dy=0$$

로 고쳐 쓴 후 각 항을 xy로 나누고 항별로 적분하면

$$2a\int\frac{dx}{x}+\int\frac{a-y}{y}dy=c.$$

또는

$$2a\ln|x|+a\ln|y|-y=c'.$$

$e^{\ln x}=x$ 이므로 위의 식으로부터 다음과 같은 일반해

$$x^2y=ce^{\frac{y}{a}}\ (c=e^{\frac{c'}{a}})$$

를 얻는다. 이 식에 $x=2a$, $y=a$를 대입하면 $c=4a^3e^{-1}$을 얻으므로 구하는 특수해는

$$x^2y=4a^3e^{\frac{y}{a}-1}. \blacksquare$$

생물학, 화학 또는 경제학에서 흔히 나오는 예로 시간 t에 관한 물질 Q의 변화율이 그 물질의 양에 비례하는 경우가 있다. 예를 들면 방사능 물질의 붕괴 또는 이상환경에서의 세균배양과 같은 경우이다. $Q(t)$가 시간 t에서 존재하는 물질의 양을 나타낼 때, 앞에서 말한 법칙을 수학적으로 표시하면

$$\frac{dQ}{dt}=kQ \qquad (\text{단, } k\text{는 상수, } t\ge 0) \tag{3}$$

식 (3)은 변수분리형이므로 그 일반해는

$$Q(t)=e^{kt+c} \qquad (c\text{는 임의상수}) \tag{4}$$

e^c는 양의 상수이므로

$$Q(t)=ce^{kt} \qquad (\text{단, } c\text{는 양의 상수}) \tag{5}$$

로 고쳐 쓸 수 있다.

여기서 상수 k가 양수이면 $Q(t)$는 증가함수이다.

예 4 라듐의 반감기는 1600년이다. 100 mg의 라듐 중 t년 후에 남을 양 $Q(t)$를 구하여보자. 식 (5)로부터

$$100=c,\ \ 50=ce^{1600k}$$

$$1600k=\ln\left(\frac{1}{2}\right) \text{로부터} \quad k=-\frac{\ln 2}{1600}$$

따라서
$$Q(t)=100e^{-\frac{\ln 2}{1600}t}=100\left(\frac{1}{2}\right)^{\frac{t}{1600}} \blacksquare$$

함수 $f(x, y)$가

$$f(tx, ty)=t^n f(x, y) \ (t\text{는 } 0\text{이 아닌 임의상수})$$

를 만족할 때 $f(x, y)$를 **n차 동차식**이라 한다.

예를 들면

(a) $f(x, y)=x^4-x^3y+y^4$은 4차 동차식이고

(b) $f(x, y)=e^{\frac{y}{x}}+\tan\frac{y}{x}$은 0차 동차식이다.

(c) $f(x, y)=x^2+\sin x\cos y$는 동차식이 아니다.

미분방정식 $M(x, y)dx+N(x, y)dy=0$에서 M과 N이 같은 차수의 동차식일 때 이 미분방정식을 동차미분방정식(homogeneous differential equation)이라 한다. 예를 들면, $xdy-xdx-\sqrt{x^2-y^2}\,dx=0$은 1차 동차미분방정식이지만 $(x^2+y^2)dx+(x-y)dy=0$은 동차미분방정식이 아니다.

동차미분방정식

$$M(x, y)dx+N(x, y)dy=0 \tag{6}$$

은

$$\frac{dy}{dx}=\psi\left(\frac{y}{x}\right) \tag{7}$$

와 같이 표시된다. 이때, $\frac{y}{x}$는 대단히 중요한 구실을 하는 요소로 식 (6)의 해는 다음과 같은 변수변환을 통하여 변수분리형으로 만들어 쉽게 구할 수 있다.

$$v=\frac{y}{x} \text{ 또는 } y=vx \tag{8}$$

라 놓고 x에 관하여 미분하면

$$\frac{dy}{dx}=v+x\frac{dv}{dx} \tag{9}$$

가 된다. 식 (8)과 식 (9)를 식 (7)에 대입하면

$$v+x\frac{dv}{dx}=\phi(v) \text{ 또는 } \frac{dv}{\phi(v)-v}=\frac{dx}{x} \tag{10}$$

로 변수분리되고, 이를 적분한 다음, v에 $\frac{y}{x}$를 대입하면 일반해를 얻는다. 식 (9) 대신에

$$dy=vdx+xdv \tag{11}$$

를 사용할 수도 있다.

예제 14-3 $(x^3+y^3)dx-3xy^2dy=0$을 풀어라.

풀이 이 식은 3차 동차식이므로 여기에 $y=vx,\ dy=vdx+xdv$를 대입하면

$$x^3\{(1+v^3)dx-3v^2(vdx+xdv)\}=0 \text{ 또는 } (1-2v^3)dx-3v^2xdv=0.$$

각 항을 $x(1-2v^3)$로 나누면

$$\frac{1}{x}dx-\frac{3v^2}{1-2v^3}dv=0.$$

각 항을 적분하면

$$\ln|x|+\frac{1}{2}\ln|1-2v^3|=\ln c \text{ 또는 } x^2|1-2v^3|=c.$$

c는 임의의 상수이므로 절대값기호를 떼고, $v=\frac{y}{x}$를 대입하여 구하고자 하는 일반해를 구하면 다음과 같다.

$$x^2\left\{1-2\left(\frac{y}{x}\right)^3\right\}=c \text{ 또는 } x^3-2y^3=cx. \ ■$$

14-4. 연습문제

※ 다음 미분방정식의 일반해를 구하고, 또 초기조건이 주어졌을 때에는 그 초기조건을 만족하는 특수해를 구하여라.

1. $x^3dx+(y+1)^2dy=0$

2. $xdy+ydx=0\ ;\ x=1,\ \ y=1$

3. $\dfrac{dy}{dx}=\dfrac{4y}{x(y-3)}$

4. $(1+x^3)dx-x^2ydy=0$; $x=1$ $y=2$

5. $\theta\dfrac{dr}{d\theta}=-2r$; $\theta=\dfrac{1}{3}$ $r=9$

6. $L\dfrac{di}{dt}+Ri=0$ (단, L, R은 상수)

7. $x\,dy-y\,dx-\sqrt{x^2-y^2}\,dx=0$

8. $(1+2e^{\frac{x}{y}})dx+2e^{\frac{x}{y}}\left(1-\dfrac{x}{y}\right)dy=0$

9. 미분방정식 $\varphi(y)\,dy+x^n\varphi(\dfrac{x}{y})(x\,dy-y\,dx)=0$은 $x=vy$로 치환하면 변수분리형이 됨을 증명하여라.

14-5. 완전미분방정식

미분방정식이

$$M(x, y)dx+N(x, y)dy=0 \tag{1}$$

의 형태로 나타내졌을 때, 연속인 편도함수들을 갖는(따라서 미분가능한) 어떤 이변수함수 $f(x, y)$에 대해

$$\frac{\partial f}{\partial x}=M(x, y),\quad \frac{\partial f}{\partial y}=N(x, y)$$

가 성립하는 경우, 즉 (1)의 좌변이 f의 전미분

$$df=\frac{\partial f}{\partial x}dx+\frac{\partial f}{\partial y}dy$$

와 같은 경우, 미분방정식 (1)은 **완전미분방정식**(exact differential equation)이라고 한다. 이때 (1)의 일반해는

$$f(x, y)=c$$

임을 알 수 있다.

예 5 미분방정식

$$3x^2y^2dx+2x^3y\,dx=0$$

에 대해 $f(x,\ y)=x^3y^2$이라 놓으면

$$df=\frac{\partial f}{\partial x}dx+\frac{\partial f}{\partial y}dy=3x^2y^2dx+2x^3y\,dy$$

이므로, 주어진 미분방정식은 완전미분방정식이고, 그 해는

$$x^3y^2=c$$

이다. ■

예제 14-4 $(6xy^2-3x^2)dx+(6x^2y+3y^2-7)dy=0$이 완전미분방정식임을 가정하고, 이 방정식을 풀어라.

풀이 주어진 방정식이 완전미분방정식이면

$$\frac{\partial f}{\partial x}=6xy^2-3x^2,\quad \frac{\partial f}{\partial y}=6x^2y+3y^2-7 \tag{2}$$

를 만족시키는 함수 $f(x,\ y)$가 존재하고, 일반해는 $f(x,\ y)=c$이다. $f(x,\ y)$를 구하기 위해 (2)의 첫 식에서 y를 상수로 보고 x에 대해 적분하면,

$$f(x,\ y)=3x^2y^2-x^3+\varphi(y)$$

를 얻는다. 여기서 $\varphi(y)$는 y에 대한 임의의 함수이다. 이것은 (2)의 두 번째 식을 만족시켜야 하므로 $\frac{\partial f}{\partial y}$를 구하면

$$\frac{\partial f}{\partial y}=6x^2y+\varphi'(y)=6x^2y+3y^2-7$$

을 만족시켜야 한다. 따라서

$$\varphi'(y)=3y^2-7$$

이 되어야 하므로 $\varphi(y)=y^3-7y+c$이다. 그러므로 $f(x,\ y)=3x^2y^2-x^3+y^3-7y+c$이고, 주어진 방정식의 일반해는

$$3x^2y^2-x^3+y^3-7y+c=0.$$ ■

이제 방정식이 (1)과 같은 형태로 주어진 경우, 그것이 완전미분방정식이 되기 위한 필요충분조건을 살펴본다.

〔정리 14-1〕 연속인 1계 편도함수들을 갖는 함수 M과 N에 대하여

$$M(x, y)dx+N(x, y)dx=0$$

이 완전미분방정식이 되기 위한 필요충분조건은

$$\frac{\partial M}{\partial y}=\frac{\partial N}{\partial x}.$$

〔증명〕 $M(x, y)dx+N(x, y)dy=0$이 완전미분방정식이면

$$M=\frac{\partial f}{\partial x},\ N=\frac{\partial f}{\partial y} \tag{3}$$

를 만족하는 연속인 편도함수들을 갖는 함수 $f(x, y)$가 존재한다. 식 (3)으로부터

$$\frac{\partial M}{\partial y}=\frac{\partial^2 f}{\partial y\partial x},\ \frac{\partial N}{\partial x}=\frac{\partial^2 f}{\partial x\partial y} \tag{4}$$

을 얻는데 M과 N이 연속인 1계 편도함수들을 가지므로 f의 2계 편도함수들이 연속이다. 따라서 $\frac{\partial^2 f}{\partial y\partial x}=\frac{\partial^2 f}{\partial x\partial y}$이므로(정리 12-9)

$$\frac{\partial M}{\partial y}=\frac{\partial N}{\partial x}. \tag{5}$$

역으로 식 (5)가 성립하면 위의 미분방정식이 완전 미분방정식임을 증명하자. y를 상수로 보고

$$F(x, y)=\int^x M(x, y)dx$$

를 계산하면

$$\frac{\partial F}{\partial x}=M(x, y),\ \frac{\partial^2 F}{\partial y\partial x}=\frac{\partial M}{\partial y}=\frac{\partial N}{\partial x} \tag{6}$$

가 되어

$$\frac{\partial N}{\partial x}-\frac{\partial^2 F}{\partial x\partial y}=0,\text{ 즉 }\frac{\partial}{\partial x}\left(N-\frac{\partial F}{\partial y}\right)=0$$

이 된다. 따라서 $N-\dfrac{\partial F}{\partial y}$는 x와 관계 없는 함수이다.

$$N-\frac{\partial F}{\partial y}=\varphi(y)$$

라 놓으면

$$N=\frac{\partial F}{\partial y}+\varphi(y) \tag{7}$$

가 되고

$$G(x, y)=\int^{y} N(x, y)dy \tag{8}$$

라 놓으면 (7), (8)에 의하여

$$G(x, y)=F(x, y)+\int^{y}\varphi(y)\,dy \tag{9}$$

가 된다. 따라서

$$\frac{\partial G}{\partial y}=\frac{\partial F}{\partial y}+\varphi(y)=N(x, y)$$

로 되는데, 이것은 (6), (9)에서

$$M=\frac{\partial F}{\partial x}=\frac{\partial G}{\partial x}$$

이고

$$M(x, y)dx+N(x, y)dy=\frac{\partial G}{\partial x}dx+\frac{\partial G}{\partial y}dy=dG$$

가 되어 완전미분이 된다. ■

예제 14-5 $(\cos y+y\cos x)dx+(\sin x-x\sin y)dy=0$를 풀어라.

풀이 $\dfrac{\partial M}{\partial y}=-\sin y+\cos x=\dfrac{\partial N}{\partial x}$이므로 위 방정식은 완전미분방정식이다.

$$\psi(x, y)=\int^{x} M(x, y)dx=\int^{x}(\cos y+y\cos x)dx=x\cos y+y\sin x+h(y)$$

$$\frac{\partial \psi}{\partial y}=-x\sin y+\sin x+h'(y)=\sin x-x\sin y$$

이므로

$$h'(y)=0.$$

따라서

$$h(y)=c_1.$$

그러므로 일반해는

$$x\cos y+y\sin x=c. \blacksquare$$

예제 14-6 $(2x^3+3y)dx+(3x+y-1)dy=0$을 풀어라.

풀이 $\dfrac{\partial M}{\partial y}=3=\dfrac{\partial N}{\partial x}$이므로 위 방정식은 완전미분방정식이다.

$$\psi(x, y)=\int^x(2x^3+3y)dx=\frac{1}{2}x^4+3xy+g(y)$$

$$\frac{\partial\psi}{\partial y}=3x+g'(y)=3x+y-1$$

이므로

$$g'(y)=y-1.$$

따라서

$$g(y)=\frac{1}{2}y^2-y+c_1.$$

그러므로 일반해는

$$\frac{1}{2}x^4+3xy+\frac{1}{2}y^2-y=c_2.$$

또는

$$x^4+6xy+y^2-2y=c. \blacksquare$$

〔**별해**〕 주어진 미분방정식은 다음과 같이 쉽게 적분할 수 있는 모양으로 변형할 수 있다.

$$2x^3dx+ydy-dy+3(ydx+xdy)=0$$

이 식은 다시

$$2x^3dx + ydy - dy + 3d(xy) = 0$$

이 되므로 항별로 적분하면

$$\frac{1}{2}x^4 + \frac{1}{2}y^2 - y + 3xy = c$$

를 얻어 앞에서 구한 일반해와 같음을 알 수 있다. ▌

미분방정식

$$M(x, y)dx + N(x, y)dy = 0 \tag{10}$$

에 어떤 함수 $\mu(x, y)$를 곱하여 얻어지는 미분방정식

$$\mu(x, y)M(x, y)dx + \mu(x, y)N(x, y)dy = 0$$

이 완전미분방정식이 될 때 $\mu(x, y)$를 적분인자(integrating factor)라 한다. 이 적분인자를 구하기 위하여 앞의 정리에서의 이론을 적용하여 편미분방정식을 풀어야 하나, 이는 일반적으로 복잡하고 어려우므로 거의 이용하지 않고 대개의 경우 직관에 의하여 구하게 된다. 따라서 함수의 완전미분식을 알고 있으면 적분인자를 구하는 데 많은 도움이 된다.

	<미분방정식>	<완전미분>	<적분인자>
(a)	$xdy - ydx + f(x)\,dx = 0$	$d\left(\frac{y}{x}\right) = \frac{xdy - ydx}{x^2}$	$\frac{1}{x^2}$
(b)	$xdy - ydx + f(y)\,dy = 0$	$d\left(\frac{x}{y}\right) = \frac{ydx - xdy}{y^2}$	$-\frac{1}{y^2}$
(c)	$aydx + bxdy = 0$	$d(x^a y^b) = x^{a-1}y^{b-1}(aydx + bxdy)$	$x^{a-1}y^{b-1}$
(d)	$ydx + xdy = 0$	$d(xy) = ydx + xdy$	1
(e)	$axdx + bydy = 0$	$d(ax^2 + by^2) = 2axdx + 2bydy$	2

미분방정식 (10)이 완전미분방정식이 아니고,

(f) $\dfrac{\dfrac{\partial M}{\partial y} - \dfrac{\partial N}{\partial x}}{N} = f(x)$가 x만의 함수이면 $e^{\int f(x)dx}$

(g) $\dfrac{\dfrac{\partial M}{\partial y} - \dfrac{\partial N}{\partial x}}{M} = -g(y)$가 y만의 함수이면 $e^{\int g(y)dy}$

가 식 (10)의 적분인자가 됨을 쉽게 알 수 있다.

예제 14-1 $xdy-ydx=0$을 풀어라.

풀이 $\frac{1}{x^2}$을 양변에 곱하면

$$\frac{dy}{x}-\frac{ydx}{x^2}=0$$

이 되어

$$N=\frac{1}{x},\ M=-\frac{y}{x^2},\ \frac{\partial N}{\partial x}=-\frac{1}{x^2}=\frac{\partial M}{\partial y}$$

이므로 완전미분방정식이 된다. 그런데 주어진 미분방정식의 적분인자는 $\frac{1}{x^2}$뿐만 아니라 $\frac{1}{y^2}$, $\frac{1}{xy}$, $\frac{1}{x^2\pm y^2}$도 있음을 알 수 있다. 이들에 대응하는 해를 각각 구해보면

$$\frac{y}{x}=c_1,\ \frac{x}{y}=c_2,\ \ln\frac{y}{x}=c_3,\ \mathrm{Tan}^{-1}\frac{x}{y}=c_4,\ \frac{1}{2}\ln\frac{y+x}{y-x}=c_5.$$

이와 같이 하나의 미분방정식의 해는 여러 가지 형태로 표시할 수 있다. ▮

예제 14-8 $(x^2+y^2+x)dx+xydy=0$을 풀어라.

풀이 $\frac{\partial M}{\partial y}=2y$, $\frac{\partial N}{\partial x}=y$ 이므로 완전미분방정식이 아니다. 그러나

$\dfrac{\frac{\partial M}{\partial y}-\frac{\partial N}{\partial x}}{N}=\dfrac{2y-y}{xy}=\dfrac{1}{x}$이 x만의 함수이므로

$$e^{\int\frac{1}{x}dx}=e^{\ln x}=x$$

가 적분인자이고, 이 적분인자를 양변에 곱하여 완전미분방정식

$$(x^3+xy^2+x^2)dx+x^2ydy \text{ 또는 } x^3dx+x^2dx+(xy^2dx+x^2ydy)=0$$

을 얻는다. 그러므로 일반해는

$$\frac{x^4}{4}+\frac{x^3}{3}+\frac{1}{2}x^2y^2=c_1 \text{ 또는 } 3x^4+4x^3+6x^2y^2=c$$

가 된다. ▮

예제 14-9 $4ydx+3xdy=x^4y^6dx$를 풀어라.

풀이 식 (c)에서 $a=4$, $b=3$인 경우이다. 양변에 x^3y^2를 곱하면

$$x^3y^2(4ydx+3xdy)=x^7y^8dx \text{ 또는 } d(x^4y^3)=x^7y^8dx.$$

양변에 $(x^4y^3)^{-\frac{8}{3}}$을 곱하면

$$(x^4y^3)^{-\frac{8}{3}}d(x^4y^3)=x^{-\frac{11}{3}}dx.$$

적분하면 일반해는

$$-\frac{3}{5}(x^4y^3)^{-\frac{5}{3}}=-\frac{3}{8}x^{-\frac{8}{3}}+c_1 \text{ 또는 } 8(x^4y^3)^{-\frac{5}{3}}=5x^{-\frac{8}{3}}+c. \blacksquare$$

14-5. 연습문제

1. 다음 미분방정식을 풀어라.

(a) $(4x^3y^3-2xy)dx+(3x^4y^2-x^2)dy=0$

(b) $(x+2y)dx+(y-2x)dy=0$

(c) $2x(ye^{x^2}-1)dx+e^{x^2}dy=0$

(d) $(y^2e^{xy^2}+4x^3)dx+(2xye^{xy^2}-3y^2)dy=0$

(e) $(2xy^4e^y+2xy^3+y)dx+(x^2y^4e^y-x^2y^2-3x)dy=0$

(f) $(2x^3y^2+4x^2y+2xy^2+xy^4+2y)dx+2(y^3+x^2y+x)dy=0$

2. (a) $xM(x, y)+yN(x, y)$가 항등적으로 0이 아니면 $\dfrac{1}{xM+yN}$은 미분방정식 $M(x, y)dx+N(x, y)dy=0$의 적분인자가 됨을 증명하여라.

(b) $(x^4+y^4)dx-xy^3dy=0$을 풀어라.

(c) $y^2dx+(x^2-xy-y^2)dy=0$을 풀어라.

3. (a) $xM(x, y)-yN(x, y)$가 항등적으로 0이 아니면 $\dfrac{1}{xM-yN}$이 미분방정식 $M(x, y)dx+N(x, y)dy=yf_1(x, y)dx+xf_2(x, y)dy=0$의 적분인자가 됨을 증명하여라.

(b) $y(x^2y^2+2)dx+x(2-2x^2y^2)dy=0$을 풀어라.

(c) $y(2xy+1)dx+x(1+2xy-x^3y^3)dy=0$을 풀어라.

4. 다음 미분방정식을 풀어라.

(a) $x(4ydx+2xdy)+y^3(3ydx+5xdy)=0$

(b) $(8ydx+8xdy)+x^2y^3(4ydx+5xdy)=0$

14-6. 1계 선형미분방정식

미분방정식

$$\frac{dy}{dx}+yP(x)=Q(x) \tag{1}$$

와 같이 종속변수 y와 그 도함수의 차수가 1차일 때 선형미분방정식(linear differential equation)이라 한다. 예를 들면, $\frac{dy}{dx}+3xy=\cos x$는 선형이고, $\frac{dy}{dx}+xy^2=\cos x$는 선형이 아니다.

식 (1)의 해를 구하기 위하여 우선 우변을 0으로 놓은 미분방정식

$$\frac{dy}{dx}+yP(x)=0 \text{ 또는 } \frac{dy}{y}=-P(x)\,dx$$

의 해를 구한다. 이는 변수분리형이므로 그 해

$$ye^{\int P(x)dx}=c \tag{2}$$

는 쉽게 구할 수 있다. 그리고 식 (2)의 전미분을 구하면

$$\begin{aligned} d(ye^{\int P(x)dx}) &= e^{\int P(x)dx}dy+e^{\int P(x)dx}yP(x)\,dx \\ &= e^{\int P(x)dx}\left(\frac{dy}{dx}+yP(x)\right)dx=0 \end{aligned}$$

이므로 $e^{\int P(x)dx}$는 식 (1)의 적분인자임을 알 수 있다. 그러므로 식 (1)에 $e^{\int P(x)dx}$를 곱하면 ($\int p(x)dx$를 구할 때 적분상수는 생각할 필요 없다.)

$$e^{\int P(x)dx}\left(\frac{dy}{dx}+yP(x)\right)=e^{\int P(x)dx}Q(x)$$

즉

$$\frac{d}{dx}(ye^{\int P(x)dx})=e^{\int P(x)dx}Q(x).$$

위 식을 풀면

$$ye^{\int P(x)dx} = \int e^{\int P(x)dx} Q(x)\,dx + c.$$

예제 14-10 $\dfrac{dy}{dx} + 2xy = 4x$를 풀어라.

풀이 $\int P(x)\,dx = \int 2x dx = x^2$이므로 $e^{\int P(x)dx} = e^{x^2}$이 적분인자가 되어 일반해는

$$ye^{x^2} = \int 4xe^{x^2} dx = 2e^{x^2} + c$$

또는

$$y = 2 + ce^{-x^2}. \blacksquare$$

다음과 같은 미분방정식을 베르누이(Bernoulli) 미분방정식이라고 한다.

$$\frac{dy}{dx} + yP(x) = y^n Q(x) \text{ 또는 } y^{-n}\frac{dy}{dx} + y^{1-n}P(x) = Q(x) \tag{3}$$

이것은 $v = y^{1-n}$로 치환하면 선형미분방정식

$$\frac{dv}{dx} + v\{(1-n)P(x)\} = (1-n)\,Q(x)$$

가 되어 식 (3)의 일반해를 구할 수 있다.

이 외에도 적당히 치환함으로써 식 (1)의 선형방정식으로 고칠 수 있는 방정식이 있으나 일반적인 법칙이 없고, 방정식에 따라 적당한 치환을 하여야 한다.

예제 14-11 $\dfrac{dy}{dx} - y = xy^5$ 또는 $y^{-5}\dfrac{dy}{dx} - y^{-4} = x$를 풀어라.

풀이 $v = y^{-4}$로 치환하면 $y^{-5}\dfrac{dy}{dx} = -\dfrac{1}{4}\dfrac{dv}{dx}$이므로 위 방정식은

$$-\frac{1}{4}\frac{dv}{dx} - v = x \text{ 또는 } \frac{dv}{dx} + 4v = -4x \tag{4}$$

로 된다. 식 (4)의 적분인자는 $e^{\int 4dx} = e^{4x}$이므로

$$ve^{4x} = -4\int xe^{4x}dx = -xe^{4x} + \frac{1}{4}e^{4x} + c.$$

그러므로 구하고자 하는 일반해는

$$y^{-4}e^{4x} = -xe^{4x} + \frac{1}{4}e^{4x} + c. \blacksquare$$

14-6. 연습문제

1. 다음 미분방정식을 풀어라.

(a) $x\dfrac{dy}{dx} = y + x^3 + 3x^2 - 2x$ (b) $(x-2)\dfrac{dy}{dx} = y + 2(x-3)^2$

(c) $x^3\dfrac{dy}{dx} + (2-3x^2)y = x^3$ (d) $\dfrac{dy}{dx} + y\cot x = 5e^{\cos x}$

2. $y = f(x)$가 미분방정식 $y' + yP(x) = 0$의 하나의 해임을 알고, $y' + yP(x) = Q(x)$의 해를 $y = vf(x)$라 놓고 v를 결정하여라.

3. 다음 베르누이 방정식을 풀어라.

(a) $\dfrac{dy}{dx} + \dfrac{y}{x} = \dfrac{y^n}{x}\ln x$ (b) $\dfrac{dy}{dx} + 2xy + xy^4 = 0$

(c) $\dfrac{dy}{dx} + y = y^2(\cos x - \sin x)$ (d) $xdy - \{y + xy^3(1 + \ln x\}dx = 0$

4. 미분방정식

$$f'(y)\frac{dy}{dx} + f(y)P(x) = Q(x)$$

는 $v = f(y)$로 치환함으로써 1계 선형미분방정식

$$\frac{dv}{dx} + vP(x) = Q(x)$$

로 고칠 수 있음을 보이고 미분방정식

$$\frac{dy}{dx} + 1 = 4e^{-y}\sin x$$

를 풀어라.

5. $x\dfrac{dy}{dx} - y + 3x^2y - x^2 = 0$을 풀어라.

참 고 문 헌

〔1〕김경화 외 8인 공저 ; 미분적분학, 선진문화사(2005)
〔2〕신경희 ; 선형대수의 역사와 교육과정, 교과교육연구 제 8권 1호(2004) pp. 65-82
〔3〕R.A. Barnett and M.R. Ziegler ; Calculus for Management, Life, and Social Sciences, Dellen Pub. Co.(1987)
〔4〕E. Batschelet ; Introduction to Mathematics for Life Sciences, Springer(1979)
〔5〕D. Berkey ; Calculus for Management, Social and Life Sciences, Saunders College(1986)
〔6〕Carl B. Boyer(김경화 옮김) ; 미분적분학사-그 개념의 발달, 교우사(2004)
〔7〕David R. Causton ; A Biologisr's Basic Mathematics, Arnold(1983)
〔8〕Crowdis, Shelley, and Wheeler ; Calculus for Business, Biology, and Social Sciences, Glencoe Press(1976)
〔9〕Ellis and Gulick ; Calculus, Harcourt Brace Jovanovich(1982)
〔10〕R.A. Hunt ; Calculus, Harper Collins(1994)
〔11〕H.N. Jahnke(editor) ; A History of Analysis, AMS(2003)
〔12〕C. Neuhauser ; Calculus for Biology and Medicine, Pearson Prentice Hall(2004)

부 록

OUTLINE

1. 적 분 표(적분상수제외)
2. 수 치 표
3. 극 곡 선

1. 적분표(적분상수제외)

(1) $\boldsymbol{a+bu}$형

1. $\int (a+bu)^n du = \dfrac{(a+bu)^{n+1}}{b(n+1)}, \quad n \neq -1$

2. $\int \dfrac{du}{a+bu} = \dfrac{1}{b} \ln|a+bu|$

3. $\int \dfrac{u\,du}{a+bu} = \dfrac{1}{b^2} [(a+bu) - a \ln|a+bu|]$

4. $\int \dfrac{u^2\,du}{a+bu} = \dfrac{1}{b^3} \left[\dfrac{1}{2}(a+bu)^2 - 2a(a+bu) + a^2 \ln|a+bu| \right]$

5. $\int \dfrac{du}{u(a+bu)} = -\dfrac{1}{a} \ln\left|\dfrac{a+bu}{u}\right|$

6. $\int \dfrac{du}{u^2(a+bu)} = -\dfrac{1}{au} + \dfrac{b}{a^2} \ln\left|\dfrac{a+bu}{u}\right|$

7. $\int \dfrac{u\,du}{(a+bu)^2} = \dfrac{1}{b^2}\left[\dfrac{a}{a+bu} + \ln|a+bu|\right]$

8. $\int \dfrac{u^2\,du}{(a+bu)^2} = \dfrac{1}{b^3}\left[(a+bu) - \dfrac{a^2}{a+bu} - 2a \ln|a+bu|\right]$

9. $\int \dfrac{du}{u(a+bu)^2} = \dfrac{1}{a(a+bu)} - \dfrac{1}{a^2} \ln\left|\dfrac{a+bu}{u}\right|$

10. $\int \dfrac{du}{u^2(a+bu)^2} = -\dfrac{a+2bu}{a^2u(a+bu)} + \dfrac{2b}{a^3} \ln\left|\dfrac{a+bu}{u}\right|$

(2) $\boldsymbol{\sqrt{a+bu}}$형

11. $\int u\sqrt{a+bu}\,du = \dfrac{2(2a-3bu)(a+bu)^{\frac{3}{2}}}{15b^2}$

12. $\int u^n\sqrt{a+bu}\,du = \dfrac{2u^n(a+bu)^{\frac{3}{2}}}{b(2n+3)} - \dfrac{2an}{b(2n+3)} \int u^{n-1}\sqrt{a+bu}\,du$

13. $\int \dfrac{u\,du}{\sqrt{a+bu}} = -\dfrac{2(2a-bu)\sqrt{a+bu}}{3b^2}$

14. $\int \dfrac{u^n\,du}{\sqrt{a+bu}} = \dfrac{2u^n\sqrt{a+bu}}{b(2n+1)} - \dfrac{2an}{b(2n+1)} \int \dfrac{u^{n-1}\,du}{\sqrt{a+bu}}$

15. $\int \dfrac{du}{u\sqrt{a+bu}} = \dfrac{1}{\sqrt{a}} \ln\left|\dfrac{\sqrt{a+bu}-\sqrt{a}}{\sqrt{a+bu}+\sqrt{a}}\right|, \quad a>0;$

$$= \dfrac{2}{\sqrt{-a}} \operatorname{Tan}^{-1}\sqrt{\dfrac{a+bu}{-a}}, \quad a<0$$

16. $\int \frac{du}{u^n\sqrt{a+bu}} = -\frac{\sqrt{a+bu}}{a(n-1)u^{n-1}} - \frac{b(2n-3)}{2a(n-1)}\int \frac{du}{u^{n-1}\sqrt{a+bu}}$

17. $\int \frac{\sqrt{a+bu}}{u}\,du = 2\sqrt{a+bu} + a\int \frac{du}{u\sqrt{a+bu}}$

18. $\int \frac{\sqrt{a+bu}}{u^n}\,du = -\frac{(a+bu)^{\frac{3}{2}}}{a(n-1)u^{n-1}} - \frac{b(2n-5)}{2a(n-1)}\int \frac{\sqrt{a+bu}}{u^{n-1}}\,du$

(3) $\sqrt{\boldsymbol{u}^2 \pm \boldsymbol{a}^2}$형

19. $\int \frac{du}{u^2+a^2} = \frac{1}{a}\,\mathrm{Tan}^{-1}\frac{u}{a}$

20. $\int \frac{du}{u^2-a^2} = \frac{1}{2a}\ln\left|\frac{u-a}{u+a}\right|$

21. $\int \frac{du}{\sqrt{u^2\pm a^2}} = \ln|u+\sqrt{u^2\pm a^2}|$

22. $\int \frac{u^2\,du}{\sqrt{u^2\pm a^2}} = \frac{1}{2}u\sqrt{u^2\pm a^2} \mp \frac{1}{2}a^2\ln|u+\sqrt{u^2\pm a^2}|$

23. $\int \frac{du}{u\sqrt{u^2+a^2}} = -\frac{1}{a}\ln\left|\frac{a+\sqrt{u^2+a^2}}{u}\right|$

24. $\int \frac{du}{u\sqrt{u^2-a^2}} = \frac{1}{a}\,\mathrm{Sec}^{-1}\frac{u}{a}$

25. $\int \frac{du}{u^2\sqrt{u^2\pm a^2}} = \mp\frac{\sqrt{u^2\pm a^2}}{u}$

26. $\int \sqrt{u^2\pm a^2}\,du = \frac{1}{2}u\sqrt{u^2\pm a^2} \pm \frac{1}{2}a^2\ln|u+\sqrt{u^2\pm a^2}|$

27. $\int u^2\sqrt{u^2\pm a^2}\,du = \frac{1}{4}u(u^2\pm a^2)^{\frac{3}{2}} \mp \frac{1}{8}a^2u\sqrt{u^2\pm a^2} - \frac{1}{8}a^4\ln|u+\sqrt{u^2\pm a^2}|$

28. $\int \frac{\sqrt{u^2+a^2}}{u}\,du = \sqrt{u^2+a^2} - a\ln\left|\frac{a+\sqrt{u^2+a^2}}{u}\right|$

29. $\int \frac{\sqrt{u^2-a^2}}{u}\,du = \sqrt{u^2-a^2} - a\,\mathrm{Sec}^{-1}\frac{u}{a}$

30. $\int \frac{\sqrt{u^2\pm a^2}}{u^2}\,du = -\frac{\sqrt{u^2\pm a^2}}{u} + \ln|u+\sqrt{u^2\pm a^2}|$

31. $\int (u^2+a^2)^{\frac{3}{2}}\,du = \frac{1}{4}u(u^2+a^2)^{\frac{3}{2}} + \frac{3}{8}a^2u\sqrt{u^2+a^2} + \frac{3}{8}a^4\ln|u+\sqrt{u^2+a^2}|$

32. $\int \frac{(u^2+a^2)^{\frac{3}{2}}}{u}\,du = \frac{1}{3}(u^2+a^2)^{\frac{3}{2}} + a^2\sqrt{u^2+a^2} - a^3\ln\left|\frac{a+\sqrt{u^2+a^2}}{u}\right|$

33. $\int \frac{(u^2-a^2)^{\frac{3}{2}}}{u}\,du = \frac{1}{3}(u^2-a^2)^{\frac{3}{2}} - a^2\sqrt{u^2-a^2} + a^3\,\mathrm{Sec}^{-1}\frac{u}{a}$

34. $\int \frac{du}{(u^2\pm a^2)^{\frac{3}{2}}} = \pm\frac{u}{a^2\sqrt{u^2\pm a^2}}$

35. $\int \frac{u^2\,du}{(u^2\pm a^2)^{\frac{3}{2}}} = -\frac{u}{\sqrt{u^2\pm a^2}} + \ln|u+\sqrt{u^2\pm a^2}|$

36. $\int \frac{du}{u(u^2+a^2)^{\frac{3}{2}}} = \frac{1}{a^2\sqrt{u^2+a^2}} - \frac{1}{a^3}\ln\left|\frac{a+\sqrt{u^2\pm a^2}}{u}\right|$

37. $\int \frac{du}{u(u^2-a^2)^{\frac{3}{2}}} = -\frac{1}{a^2\sqrt{u^2-a^2}} - \frac{1}{a^3}\,\mathrm{Sec}^{-1}\frac{u}{a}$

(4) $\sqrt{\boldsymbol{a}^2-\boldsymbol{u}^2}$형

38. $\int \frac{du}{(a^2-u^2)} = \frac{1}{2a}\ln\left|\frac{a+u}{a-u}\right|$

39. $\int \frac{du}{\sqrt{a^2-u^2}} = \mathrm{Sin}^{-1}\frac{u}{a}$

40. $\int \frac{u^2\,du}{\sqrt{a^2-u^2}} = -\frac{1}{2}u\sqrt{a^2-u^2} + \frac{1}{2}a^2\,\mathrm{Sin}^{-1}\frac{u}{a}$

41. $\int \frac{du}{u\sqrt{a^2-u^2}} = -\frac{1}{a}\ln\left|\frac{a+\sqrt{a^2-u^2}}{u}\right|$

42. $\int \frac{du}{u^2\sqrt{a^2-u^2}} = -\frac{\sqrt{a^2-u^2}}{a^2u}$

43. $\int \sqrt{a^2-u^2}\,du = \frac{1}{2}u\sqrt{a^2-u^2} + \frac{1}{2}a^2\,\mathrm{Sin}^{-1}\frac{u}{a}$

44. $\int u^2\sqrt{a^2-u^2}\,du = -\frac{1}{4}u(a^2-u^2)^{\frac{3}{2}} + \frac{1}{8}a^2u\sqrt{a^2-u^2} + \frac{1}{8}a^4\,\mathrm{Sin}^{-1}\frac{u}{a}$

45. $\int \frac{\sqrt{a^2-u^2}}{u}\,du = \sqrt{a^2-u^2} - a\ln\left|\frac{a+\sqrt{a^2-u^2}}{u}\right|$

46. $\int \frac{\sqrt{a^2-u^2}}{u^2}\,du = -\frac{\sqrt{a^2-u^2}}{u} - \mathrm{Sin}^{-1}\frac{u}{a}$

47. $\int \frac{du}{(a^2-u^2)^{\frac{3}{2}}} = \frac{u}{a^2\sqrt{a^2-u^2}}$

48. $\int \frac{u^2\,du}{(a^2-u^2)^{\frac{3}{2}}} = \frac{u}{a^2\sqrt{a^2-u^2}} - \mathrm{Sin}^{-1}\frac{u}{a}$

49. $\int \frac{du}{u(a^2-u^2)^{\frac{3}{2}}} = \frac{1}{a^2\sqrt{a^2-u^2}} - \frac{1}{a^3}\ln\left|\frac{a+\sqrt{a^2-u^2}}{u}\right|$

50. $\int \frac{du}{u^2(a^2-u^2)^{\frac{3}{2}}} = -\frac{\sqrt{a^2-u^2}}{a^4u} + \frac{u}{a^4\sqrt{a^2-u^2}}$

51. $\int (a^2-u^2)^{\frac{3}{2}}du = \frac{1}{4}u^2(a^2-u^2)^{\frac{3}{2}} + \frac{3}{8}a^2u\sqrt{a^2-u^2} + \frac{3}{8}a^4\,\mathrm{Sin}^{-1}\frac{u}{a}$

52. $\int \frac{(a^2-u^2)^{\frac{3}{2}}}{u}du = \frac{1}{3}(a^2-u^2)^{\frac{3}{2}} + a^2\sqrt{a^2-u^2} - a^3\ln\left|\frac{a+\sqrt{a^2-u^2}}{u}\right|$

(5) 삼각함수형

53. $\int \sin u\,du = -\cos u$

54. $\int \sin^2 u\,du = \frac{1}{2}u - \frac{1}{2}\sin u\cos u$

55. $\int \sin^3 u\,du = -\cos u + \frac{1}{3}\cos^3 u$

56. $\int \sin^n u\,du = -\frac{1}{n}\sin^{n-1}u\cos u + \frac{n-1}{n}\int \sin^{n-2}u\,du$

57. $\int \cos u\,du = \sin u$

58. $\int \cos^2 u\,du = \frac{1}{2}u + \frac{1}{2}\sin u\cos u$

59. $\int \cos^3 u\,du = \sin u - \frac{1}{3}\sin^3 u$

60. $\int \cos^n u\,du = \frac{1}{n}\cos^{n-1}u\sin u + \frac{n-1}{n}\int \cos^{n-2}u\,du$

61. $\int \tan u\,du = \ln|\sec u|$

62. $\int \tan^n u\,du = \frac{\tan^{n-1}u}{n-1} - \int \tan^{n-2}u\,du$

63. $\int \cot u\,du = \ln|\sin u|$

64. $\int \cot^n u\,du = -\frac{\cot^{n-1}u}{n-1} - \int \cot^{n-2}u\,du$

65. $\int \sec u\,du = \ln|\sec u + \tan u|$

66. $\int \sec^2 u\,du = \tan u$

67. $\int \sec^n u\,du = \frac{\sec^{n-2} u \tan u}{n-1} + \frac{n-2}{n-1}\int \sec^{n-2} u\,du$

68. $\int \csc u\,du = \ln|\csc u - \cot u|$

69. $\int \csc^2 u\,du = -\cot u$

70. $\int \csc^n u\,du = -\frac{\csc^{n-2} u \cot u}{n-1} + \frac{n-2}{n-1}\int \csc^{n-2} u\,du$

71. $\int \sec u \tan u\,du = \sec u$

72. $\int \csc u \cot u\,du = -\csc u$

73. $\int \sin au \sin bu\,du = \frac{\sin(a-b)u}{2(a-b)} - \frac{\sin(a+b)u}{2(a+b)}$

74. $\int \sin au \cos bu\,du = \frac{\cos(a-b)u}{2(a-b)} - \frac{\cos(a+b)u}{2(a+b)}$

75. $\int \cos au \cos bu\,du = \frac{\sin(a-b)u}{2(a-b)} + \frac{\sin(a+b)u}{2(a+b)}$

76. $\int \sin^m u \cos^n u\,du = \frac{\sin^{m+1} u \cos^{n-1} u}{m+n} + \frac{n-1}{m+n}\int \sin^m u \cos^{n-2} u\,du$

77. $\int \sin^m u \cos^n u\,du = -\frac{\sin^{m-1} u \cos^{n+1} u}{m+n} + \frac{n-1}{m+n}\int \sin^{m-2} u \cos^n u\,du$

(6) 기 타

78. $\int e^u\,du = e^u$

79. $\int a^u\,du = \frac{a^u}{\ln a}$, $a>0$, $a\neq 1$

80. $\int ue^{au}\,du = \frac{e^{au}(au-1)}{a^2}$

81. $\int u^2 e^{au}\,du = \frac{e^{au}(a^2u^2-2au+2)}{a^3}$

82. $\int u^n \ln u\,du = u^{n+1}\left[\frac{\ln u}{n+1} - \frac{1}{(n+1)^2}\right]$

83. $\int u \sin u\,du = \sin u - u\cos u$

84. $\int u^2 \sin u\,du = 2u\sin u - (u^2-2)\cos u$

85. $\int u\cos u\,du = \cos u + u\sin u$

86. $\int u^2 \cos u\, du = (u^2-2)\sin u + 2u\cos u$

87. $\int e^{au} \sin bu\, du = \dfrac{e^{au}(a \sin bu - b\cos bu)}{a^2+b^2}$

88. $\int e^{au} \cos bu\, du = \dfrac{e^{au}(a \cos bu + b\sin bu)}{a^2+b^2}$

89. $\int \sin^{-1} u\, du = u\sin^{-1} u + \sqrt{1-u^2}$

90. $\int \tan^{-1} u\, du = u\tan^{-1} u - \dfrac{1}{2}\ln(1-u^2)$

91. $\int \sinh u = \cosh u$

92. $\int \cosh u = \sinh u$

93. $\int \tanh u\, du = \ln \cosh u$

94. $\int \coth u\, du = \ln|\sinh u|$

95. $\int \mathrm{sech}\, u\, du = 2\,\mathrm{Tan}^{-1} e^x$

96. $\int \mathrm{csch}\, u\, du = \ln\left|\tanh \dfrac{1}{2}u\right|$

(7) Wallis의 공식

97. $\int_0^{\frac{\pi}{2}} \sin^n x\, dx = \int_0^{\frac{\pi}{2}} \cos^n x\, dx$

$$= \begin{cases} \dfrac{1}{2}\cdot\dfrac{3}{4}\cdot\dfrac{5}{6}\cdots\cdots\dfrac{n-1}{n}\cdot\dfrac{\pi}{2}, & n\text{이 짝수일 때} \\ \dfrac{2}{3}\cdot\dfrac{4}{5}\cdot\dfrac{6}{7}\cdots\cdots\dfrac{n-1}{n}, & n>1,\ n\text{이 홀수일 때} \end{cases}$$

98. $\int_0^{\frac{\pi}{2}} \sin^m x \cos^n x\, dx$

$$= \begin{cases} \dfrac{2\cdot4\cdot6\cdots\cdots(n-1)}{(m+1)(m+3)(m+5)\cdots\cdots(m+n)}, & n>1,\ n\text{은 홀수} \\ \dfrac{2\cdot4\cdot6\cdots\cdots(m-1)}{(n+1)(n+3)(n+5)\cdots\cdots(n+m)}, & m>1,\ m\text{은 홀수} \\ \dfrac{1\cdot3\cdots\cdots(m-1)\cdot1\cdot3\cdots\cdots(n-1)}{2\cdot4\cdot6\cdots\cdots(m+n)}\cdot\dfrac{\pi}{2}, & m,\ n\text{은 모두 짝수} \end{cases}$$

2. 수 치 표

(1) 자 연 log

10보다 크거나 1보다 작은 수의 log를 구할 때 ln 10=2.30259를 이용하라.

N	0	1	2	3	4	5	6	7	8	9
1.0	0.0000	0100	0198	0296	0392	0488	0583	0677	0770	0862
1.1	0953	1044	1133	1222	1310	1398	1484	1570	1655	1740
1.2	1823	1906	1989	2070	2151	2231	2311	2390	2469	2546
1.3	2624	2700	2776	2852	2927	3001	3075	3148	3221	3293
1.4	3365	3436	3507	3577	3646	3716	3784	3853	3920	3988
1.5	0.4055	4121	4187	4253	4318	4383	4447	4511	4574	4537
1.6	4700	4762	4824	4886	4947	5008	5068	5128	5188	5247
1.7	5306	5365	5423	5481	5539	5596	5653	5710	5710	5822
1.8	5878	5933	5988	6043	6098	6152	6206	6529	6259	6366
1.9	6419	6471	6575	6575	6627	6678	6729	6780	6780	6881
2.0	0.6931	6981	7031	7080	7129	7138	7227	7275	7324	7372
2.1	7419	7467	7514	7561	7608	7655	7701	7747	7793	7839
2.2	7885	7930	7975	8020	8065	8109	8154	8198	8242	8386
2.3	8329	8372	8416	8459	8502	8544	8587	8629	8671	8713
2.4	8755	8796	8838	8879	8920	8961	9002	9042	9083	9123
2.5	0.9163	9203	9243	9282	9322	9361	9400	9439	9478	9517
2.6	9555	9594	9632	9670	9708	9746	9783	9821	9858	9895
2.7	9933	9969	*0006	*0043	*0080	*0116	*0152	*0188	*0225	*0206
2.8	1.0296	0332	0367	0403	0438	0473	0508	0543	0578	0613
2.9	0647	0682	0716	0750	0784	0818	0852	0886	0919	0953
3.0	1.0986	1019	1053	1086	1119	1151	1184	1217	1249	1282
3.1	1314	1346	1378	1410	1442	1474	1506	1537	1569	1600
3.2	1632	1663	1694	1725	1756	1787	1817	1848	1878	1909
3.3	1939	1969	2000	2030	2060	2090	2119	2149	2179	2208
3.4	2238	2267	2296	2326	2355	2384	2413	2442	2470	2499
3.5	1.2528	2556	2585	2613	2641	2669	2698	2726	2754	2782
3.6	2809	2837	2865	2892	2920	2947	2975	3002	3029	3056
3.7	3083	3110	3137	3164	3191	3218	3244	3271	3297	3324
3.8	3350	3376	3403	3429	3455	3481	3507	3533	3558	3584
3.9	3610	3635	3661	3686	3712	3737	3762	3788	3813	3838
4.0	1.3863	3888	3913	3938	3962	3987	4012	4036	4061	4085
4.1	4110	4134	4159	4183	4207	4231	4255	4279	4303	4327
4.2	4351	4375	4396	4422	4446	4469	4493	4516	4540	4563
4.3	4586	4609	4633	4656	4679	4702	4725	4748	4770	4793
4.4	4816	4839	4861	4884	4907	4929	4951	4974	4996	5019
4.5	1.5041	5063	5085	5107	5129	5151	5173	5195	5217	5339
4.6	5261	5282	5304	5326	5347	5369	5390	5412	5433	5454
4.7	5476	5497	5518	5539	5560	5581	5602	5623	5644	5665
4.8	5686	5707	5728	5748	5769	5790	5810	5831	5851	5872
4.9	5892	5913	5933	5953	5974	5994	6014	6034	6054	6074
5.0	1.6094	6114	6134	6154	6174	6194	6214	6233	6253	6273
5.1	6292	6312	6332	6351	6371	6390	6429	6429	6448	6476
5.2	6487	6506	6525	6544	6563	6582	6620	6620	6639	6658
5.3	6677	6696	6715	6734	6752	6771	6808	6808	6827	6845
5.4	6864	6882	6901	6919	6938	6596	6993	8993	7011	7029

(1) 자 연 log

예. ln 220 = ln 2.2 + 2 ln 10 = 0.7885 + 2(2.30259) = 5.3937

N	0	1	2	3	4	5	6	7	8	9
5.5	1.7047	7066	7084	7102	7120	7138	7156	7174	7192	7210
5.6	7228	7246	7263	7281	7299	7317	7334	7352	7370	7387
5.7	7405	7422	7440	7457	7475	7492	7509	7527	7544	7561
5.8	7579	7596	7613	7630	7647	7664	7681	7699	7716	7733
5.9	7750	7766	7783	7800	7819	7834	7851	7867	7884	7901
6.0	1.7918	7934	7951	7967	7984	8001	8017	8034	8050	8066
6.1	8083	8099	8116	8132	8148	8165	8181	8197	8231	8229
6.2	8245	8262	8278	8294	8310	8326	8342	8358	8374	8390
6.3	8405	8421	8437	8453	8469	8485	8500	8516	8532	8547
6.4	8563	8579	8594	8610	8625	8641	8565	8672	8687	8703
6.5	1.8718	8733	8749	8764	8779	8795	8810	8825	8840	8856
6.6	8871	8886	8901	8916	8931	8946	8961	8976	8991	9006
6.7	9021	9036	9051	9066	9081	9095	9110	9125	9140	9155
6.8	9169	9184	9199	9213	9228	9242	9257	9272	9286	9301
6.9	9315	9330	9344	9359	9373	9387	9402	9416	9430	9445
7.0	1.9459	9473	9488	9052	9516	9530	9544	9559	9573	9587
7.1	9601	9615	9629	9643	9657	9671	9685	9696	9713	9727
7.2	9741	9755	9769	9782	9796	9810	9824	9838	9851	9865
7.3	9879	9892	9905	9920	9933	9947	9961	9974	9988	*0001
7.4	2.0015	0028	0042	0055	0069	0082	0966	0109	0122	0136
7.5	2.0149	0162	0176	0819	0202	0215	0229	0242	0255	0268
7.6	0281	0295	0308	0321	0334	0347	0350	0373	0386	0399
7.7	0412	0425	0438	0451	0464	0477	0490	0503	0516	0528
7.8	0541	0554	0567	0580	0592	0605	0618	0631	0643	0656
7.9	0669	0681	0694	0707	0719	0372	0744	0757	0769	0782
8.0	2.0794	0807	0819	0832	0844	0857	0869	0882	0894	0906
8.1	0919	0931	0943	0956	0968	0980	0992	1005	1017	1029
8.2	1041	1054	1066	1078	1090	1102	1114	1126	1138	1150
8.3	1163	1175	1187	1199	1211	1223	1235	1247	1258	1270
8.4	1282	1294	1306	1318	1330	1342	1353	1365	1377	1389
8.5	2.1402	1412	1424	1436	1448	1459	1471	1483	1491	1506
8.6	1518	1529	1541	1552	1564	1576	1587	1599	1610	1622
8.7	1633	1645	1656	1668	1679	1691	1702	1713	1725	1736
8.8	1748	1759	1770	1782	1793	1804	1815	1827	1838	1849
8.9	1861	1872	1883	1894	1905	1917	1929	1939	1950	1961
9.0	2.1972	1983	1994	2006	2017	2028	2039	2050	2061	2072
9.1	2083	2094	2105	2116	2127	2138	2148	2159	2170	2181
9,2	2192	2203	2214	2225	2235	2246	2257	2268	2279	2289
9,3	2300	2311	2322	2332	2343	2354	2364	2375	2386	2396
9.4	2407	2418	2428	2439	2450	2460	2471	2481	2492	2502
9.5	2.2513	2523	2543	2544	2555	2565	2576	2586	2597	2607
9.6	2618	2628	2638	2649	2659	2670	2680	2690	2701	2711
9.7	2721	2732	2742	2752	2762	2773	2783	2793	2803	2814
9.8	2824	2834	2844	2854	2865	2875	2885	2895	2905	2915
9.9	2925	2935	2946	2956	2966	2976	2986	2996	3006	3016

(2) 지수함수와 쌍곡선함수

x	e^x	e^{-x}	$\sinh x$	$\cosh x$	$\tanh x$
0	1.0000	1.0000	.00000	1.0000	.00000
0.1	1.1052	.90484	.10017	1.0050	.09967
0.2	1.2214	.81873	.20134	1.0201	.19738
0.3	1.3499	.74082	.30452	1.0453	.29131
0.4	1.4918	.67032	.41075	1.0811	.37995
0.5	1.6487	.60653	.52110	1.1276	.46212
0.6	1.8221	.54881	.63665	1.1855	.53705
0.7	2.0138	.49659	.75858	1.2552	.60437
0.8	2.2255	.44933	.88811	1.3374	.66404
0.9	2.4596	.40657	1.0265	1.4331	.71630
1.0	2.7183	.36788	1.1752	1.5431	.76159
1.1	3.0042	.33287	1.3356	1.6685	.80050
1.2	3.3201	.30119	1.5095	1.8107	.83365
1.3	3.6693	.27253	1.6984	1.9709	.86172
1.4	4.0552	.24660	1.9043	2.1509	.88535
1.5	4.4817	.22313	2.1293	2.3524	.90515
1.6	4.9530	.20190	2.3756	2.5775	.92167
1.7	5.4739	.18268	2.6456	2.8283	.93541
1.8	6.0496	.16530	2.9422	3.1075	.94681
1.9	6.6859	.14957	3.2682	3.4117	.95624
2.0	7.3891	.13534	3.6269	3.7622	.93604
2.1	8.1662	.12246	4.0219	4.1443	.97045
2.2	9.0250	.11080	4.4571	4.5679	.97514
2.3	9.9742	.10026	4.9370	5.0372	.98010.
2.4	11.023	.09072	5.4662	5.5569	.98367
2.5	12.182	.08208	6.0502	6.1323	.98661
2.6	13.464	.07427	6.6947	6.7690	.98903
2.7	14.880	.06721	7.4063	7.4735	.99101
2,8	16.445	.06081	8.1919	8.2527	.99263
2.9	18.174	.05502	9.0596	9.1146	.99396
3.0	20.086	.04979	10.018	10.068	.99505
3.1	22.198	.04505	11.076	11.122	.99595
3.2	24.533	.04076	12.246	12.287	.99668
3.3	27.113	.03688	13.538	13.575	.99728
3.4	29.964	.03337	14.965	14.999	.99777
3.5	33.115	.03020	16.543	16.573	.99818
3.6	36.598	.02732	18.285	18.313	.99851
3.7	40.447	.02472	20.211	20.236	.99878
3.8	44.701	.02237	22.339	22.362	.99900
3.9	49.402	.02024	24.691	24.711	.99918
4.0	54.598	,01832	27.290	27.308	.99933
4.1	60.340	.01657	30.162	30.178	.99945
4.2	66.686	.01500	33.336	33.351	.99955
4.3	73.700	.01357	36.843	36.857	.99963
4.4	81.451	.01228	40.719	40.732	.99970
4.5	90.017	.01111	45.003	45.014	.99975
4.6	99.484	.01005	49.737	49.747	.99980
4.7	109.25	.00910	54.969	54.978	.99983
4.8	121.51	.00823	60.751	60.759	.99986
4.9	134.29	,00745	67.141	67.149	.99989
5.0	148.4133	.00674	74.203	74.210	.99991

(3) 삼각함수

Deg.	Rad.	Sin	Cos	Tan	Cot		
0	0,0000	0.0000	1.0000	0.0000		1.5708	90
1	0.0175	0.0175	0.9998	0.0175	57.290	1.5533	89
2	0.0349	0.0349	0.9994	0.0349	28.636	1.5359	88
3	0.0524	0.0523	0.9986	0.0524	19.081	1.5184	87
4	0.0698	0.0698	0.9976	0.0699	14.301	1.5010	86
5	0.0873	0.0872	0.9962	0.0875	11.430	1.4855	85
6	0.1047	0.1045	0.9945	0.1051	9.5144	1.4661	84
7	0.1222	0.1219	0.9925	0.1228	8.1443	1.4486	83
8	0.1396	0.1392	0.9903	0.1405	7.1154	1.4312	82
9	0.1571	0.1564	0.9877	0.1584	6.3138	1.4137	81
10	0.1745	0.1736	0.9848	0.1763	5.6713	1.3963	80
11	0.1920	0.1908	0.9816	0.1944	5.1446	1.3788	79
12	0.2094	0.2079	0.9781	0.2126	4.7046	1.3614	78
13	0.2269	0.2250	0.9744	0.2309	4.3315	1.3439	77
14	0.2443	0.2419	0.9703	0.2493	4.0108	1.3265	76
15	0.2618	0.2588	0.9659	0.2679	3.7321	1.3090	75
16	0.2793	0.2756	0.9613	0.2867	3.4874	1.2915	74
17	0.2967	0.2924	0.9563	0.3057	3.2709	1.2741	73
18	0.3142	0.3090	0.9511	0.3249	3.0777	1.2566	72
19	0.3316	0.3256	0.9455	0.3443	2.9042	1.2392	71
20	0.3491	0.3420	0.9397	0.3640	2.7475	1.2217	70
21	0.3665	0.3584	0.9336	0.3839	2.6051	1.2043	69
22	0.3840	0.3746	0.9272	0.4040	2.4751	1.1868	68
23	0.4014	0.3907	0.9205	0.4245	2.3559	1.1694	67
24	0.4189	0.4067	0.9135	0.4452	2.2460	1.1519	66
25	0.4363	0.4226	0.9063	0.4663	2.1445	1.1345	65
26	0.4538	0.4384	0.8988	0.4877	2.0503	1.1170	64
27	0.4712	0.4540	0.8910	0.5095	1.9626	1.0096	63
28	0.4887	0.4695	0.8829	0.5317	1.8807	1.0821	62
29	0.5061	0.4848	0.8746	0.5543	1.8040	1.0647	61
30	0.5236	0.5000	0.8660	0.5774	1.7321	1.0472	60
31	0.5411	0.5150	0.8572	0.6009	1.6643	1.0297	59
32	0.5585	0.5299	0.8480	0.6249	1.6003	1.0123	58
33	0.5760	0.5446	0.8387	0.6494	1.5399	0.9948	57
34	0.5934	0.5592	0.8290	0.6745	1.4826	0.9774	56
35	0.6109	0.5736	0.8192	0.7002	1.4281	0.9599	55
36	0.6283	0.5878	0.8090	0.7265	1.3764	0.9425	54
37	0.6458	0.6018	0.7986	0.7536	1.3270	0.9250	53
38	0.6632	0.6157	0.7880	0.7813	1.2799	0.9076	52
39	0.6807	0.6293	0.7771	0.8098	1.2349	0.8901	51
40	0.6981	0.6428	0.7660	0.8391	1.1918	0.8727	50
41	0.7156	0.6561	0.7547	0.8693	1.1504	0.8522	49
42	0.7330	0.6691	0.7431	0.9004	1.1106	0.8378	48
43	0.7505	0.6820	0.7314	0.9325	1.0724	0.8203	47
44	0.7679	0.6947	0.7193	0.9657	1.0355	0.8029	46
45	0.7854	0.7071	0.7071	1.0000	1.0000	0.7854	45
		Cos	Sin	Cot	Tan	Rad.	Deg.

3. 극 곡 선

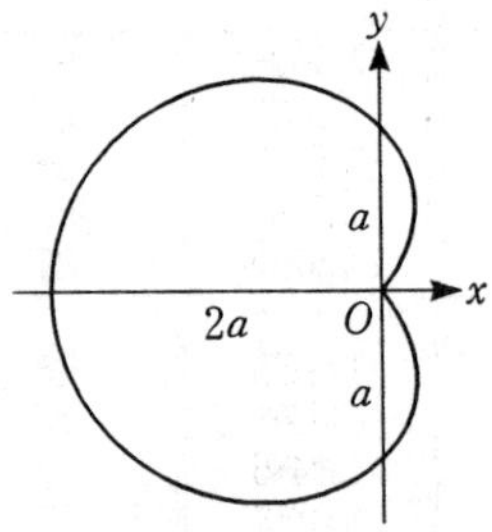

1. 심장형(cardioid)
$r = a(1 - \cos\theta)$

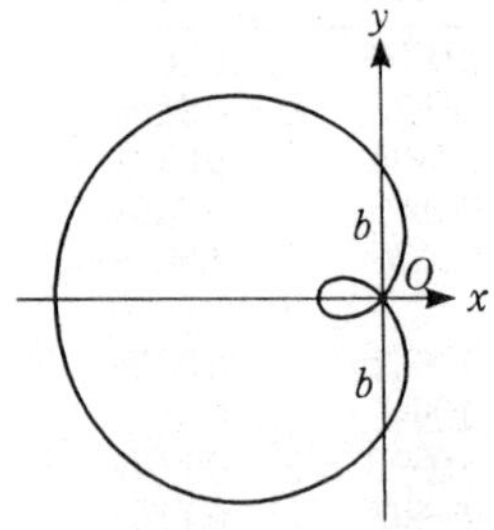

2. 와우선(limacon)
$r = b - a\cos\theta\,(b < a)$

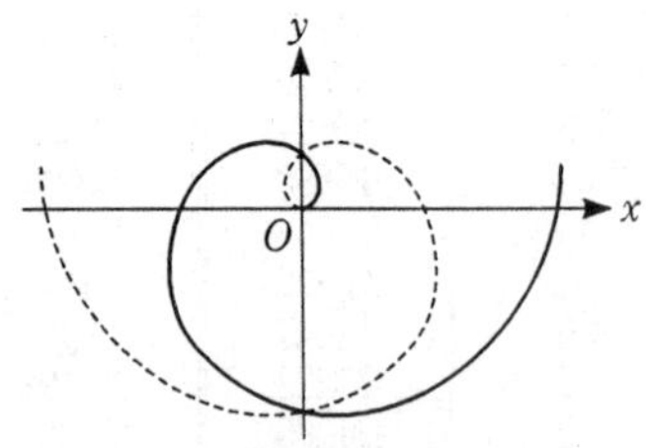

3. Archimedes의 나선형
(spinal) $r = a\theta$

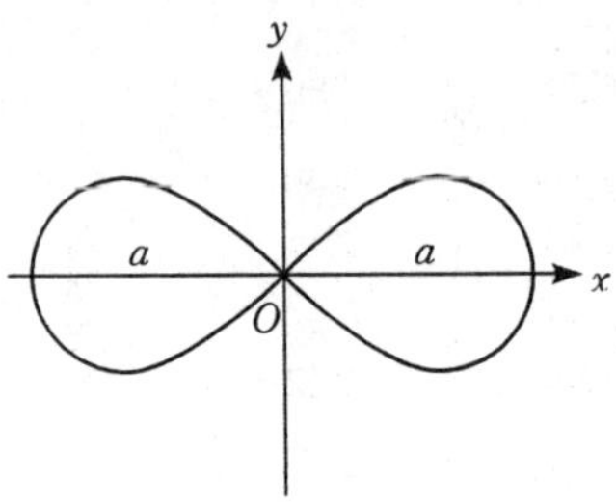

4. Bernoulli lemniscate
$r^2 = a^2\cos 2\theta$

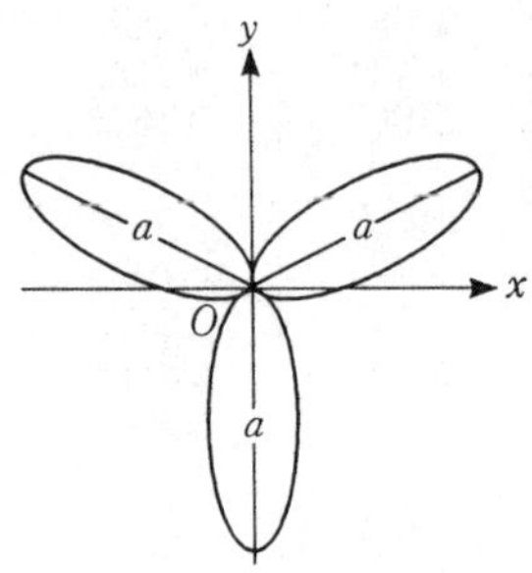

5. 삼엽장미선
$r = a\sin 3\theta$

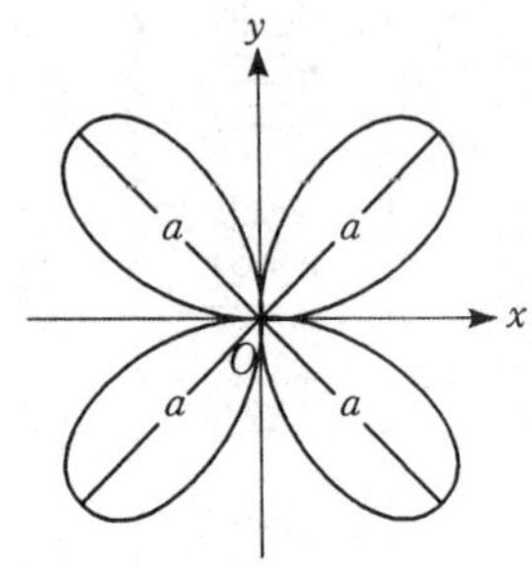

6. 사엽장미선
$r = a\sin 2\theta$

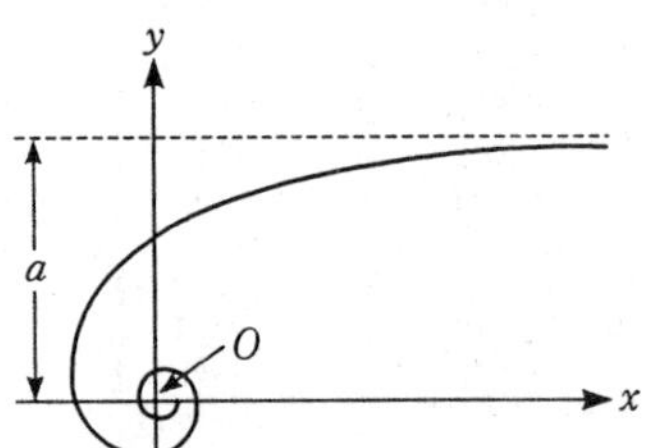

7. 쌍곡나선(hyperbolic spiral)
$r\theta = a$

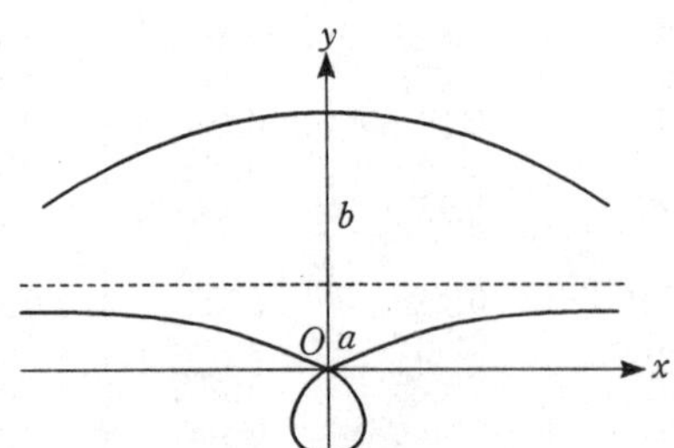

8. Nicomedes의 나사선(conchoid)
$r = a\csc\theta + b,\ (a < 0)$

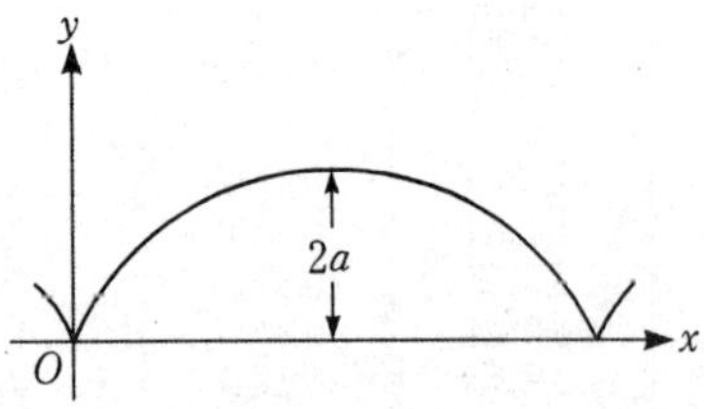

9. 파선(cycloid) $\begin{cases} x = a(\theta - \sin\theta) \\ y = a(1 - \cos\theta) \end{cases}$

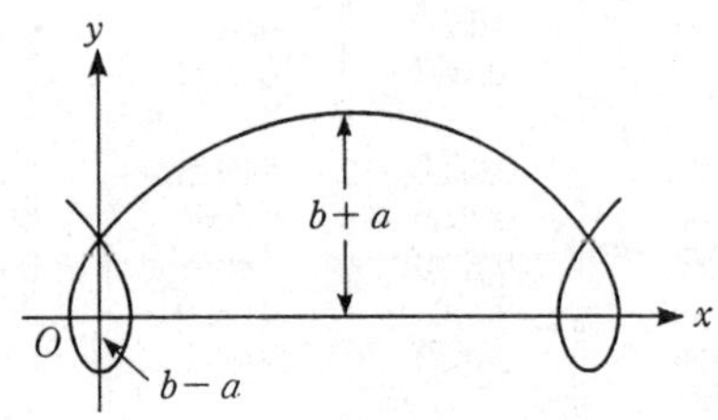

10. 여과선(thochoid) $\begin{cases} x = a\theta - b\sin\theta \\ y = a - b\cos\theta,\ (a < 0) \end{cases}$

연습문제 해답

〈제 1 장〉

1-1 연습문제

1. (a) $x=1, 7$ (c) $0<x<5$
2. (10, 3)과 (10, −5)
3. $3x+y-15=0$
4. x축과 만나는 점은 $\left(\frac{3}{2}, 0\right)$, y축과 만나는 점은 (0, −4)
5. $2x+y=200$

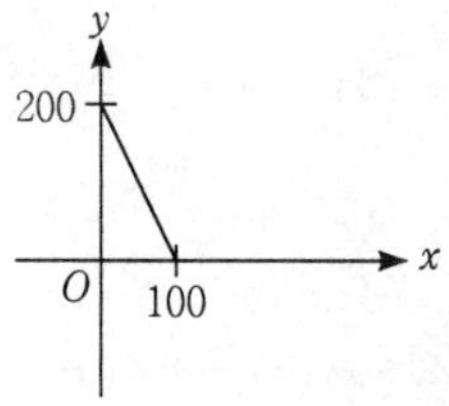

6. (a) $p=\frac{1}{10}d+1$ (b) 381 kg/cm^2

(c)

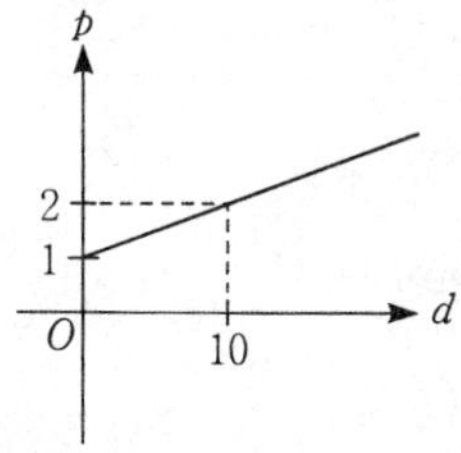

1-2 연습문제

1. $x\in X$에 대응하는 X의 원소가 단 한 개가 아니므로, 함수가 아니다.
2. (b)
3. $y=2.8x$
   정의역 [0, 6]
   치 역 [0, 16.8]

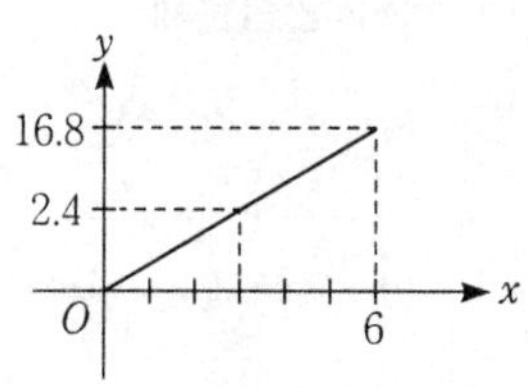

5. $y=x(200-x)$
6. (a) $f: N\to N, f(n)=n+1$
   (b) $f: Z-\{0\}\to Q, f(n)=\frac{1}{n}+n$
7. (a) × (b) × (c) ×
9. 둘 다 아니다.
10. (a) $x\ge -4$; $y\ge 0$
    (b) x는 모든 실수 ; $y\ge 0$
    (c) $x\ne 2$인 모든 실수 ; y는 0이 아닌 모든 실수
    (d) $-2<x<2$; y는 양의 실수
11. (a) $\{t : t>-1\}$
    (b) $\{x : x>0\}$
12. $(f\circ g)(x)=\frac{1}{x^2}-\frac{3}{x}+2$

    $(g\circ f)(x)=\frac{1}{x^2-3x+2}$
15. $(c\circ n)(t)=\sqrt{2001+10t^{\frac{2}{3}}}$

1-3 연습문제

1. (a) -2 (b) $\frac{1}{3}$ (c) 2 (d) $\frac{5}{3}$ (e) 6
   (f) $\frac{1}{6}$
2. (a) 0 (b) $-\frac{1}{6}$ (c) $\frac{1}{2}$ (d) 3
3. (a) $\frac{1}{2}$ (b) 존재 안함 (c) 1
5. (a) 2.66(cm/sec) (b) 0.58(cm/sec)
   (c) 0.58(cm/sec)

1-4 연습문제

1. $\lim_{u\to 3^+} A(u)=8$

$\lim_{u\to 3^-} A(u)=4$

$\lim_{u\to 3^+} A(u)\neq \lim_{u\to 3^-} A(u)$이므로 $\lim_{u\to 3} A(u)$는 존재하지 않는다.

2. $-\infty$

3. (a) $-\infty$ (b) 0 (c) ∞ (d) $-\infty$ (e) $\frac{1}{2}$

(f) 0 (g) 3 (h) ∞ (i) ∞ (j) $-\frac{1}{2}$

5. (b) 500 (c) $N(3)=250$

1-5 연습문제

1. 둘 다 유계가 아니다.
2. (a) (b) (d) (e)
3. (a) 5 (b) 2 (c) 0 (d) $\frac{2}{3}$ (e) 2 (f) -3

1-6 연습문제

1. (a) $f(1)=2$, (b) $f(2)=\frac{1}{3}$,

(c) $f(1)=\frac{1}{2}$

2. (a) $x=2$에서 불연속, $f(2)=12$라 하면 $x=2$에서 연속

(b) $x=0$에서 불연속

(c) $x=0$에서 불연속, $f(0)=0$이라 하면 $x=0$에서 연속

(d) $x=n\pi+\frac{\pi}{2}$에서 불연속

3. 0

4. $f(x)=x-\cos x$라 하면 $f(x)$는 연속 함수이고, $f(0)=-1<0$, $f\left(\frac{\pi}{4}\right)=\frac{\pi}{4}-\frac{\sqrt{2}}{2}>0$ 이므로 중간값의 정리에 의해서

$$f(c)=0,\ 0<c<\frac{\pi}{4}$$

인 c가 존재한다. 즉, 0과 $\frac{\pi}{4}$사이에서 실근을 가짐.

5. $x=0$에서 불연속

6. (a) $x\neq 0$인 모든 실수에서 불연속

(b) $x\neq 0$인 모든 실수에서 불연속

〈제 2 장〉

2-1 연습문제

1. (a) $2ax+ah+b$

(c) $6a^2+6ah+2h^2$

2. (a) $f'(2)=2$, $y=2x-3$, $y=-\frac{1}{2}x+2$

(c) $f'(2)=4a+b$

$y=(4a+b)x-4a+c$

$y=-\frac{1}{4a+b}x+4a+2b+c+\frac{2}{4a+b}$

(e) $f'(2)=12$, $y=12x-16$, $y=-\frac{1}{12}x+\frac{49}{6}$

3. $f'(a)=m$, $y=mx+b$
4. $(-1, \infty)$에서 1, $(-\infty, -1)$에서 -1
5. 6π
6. $R^*=\frac{5}{4}$
7. (a) r (b) 크다.
8. $\frac{dN}{dt}=0$인 점은 $N=0$, 20

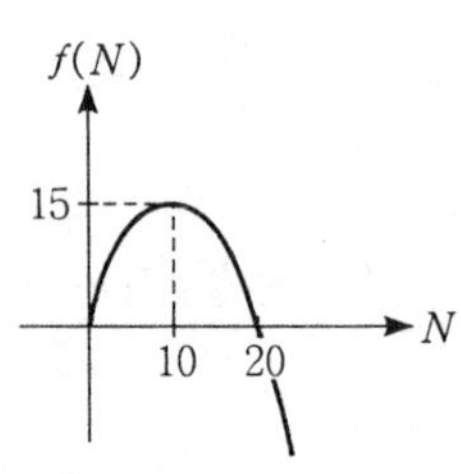

2-2 연습문제

1. (a) $2x$ (b) $2x$ (c) $5-\frac{3}{x^2}$

(d) $6x-4+\frac{3}{\sqrt{x}}$ (e) $2(x+2)$

(f) $1+\frac{3}{\sqrt{x}}$ (g) $1-\frac{1}{x^2}$ (h) $-\frac{1}{x^2}$

3. (a) $\frac{3}{8}$ (b) $\frac{1}{4}$ (c) 0 (d) $-\frac{3}{2}$

4. (a) (4, 1) (b) (1, −2), (−1, 2)

   (c) $\left(\frac{1}{16}, \frac{7}{2}\right)$ (d) (1, 3), (3, −5)

5. (a) $y'=|2x|$ (b) $y'=\begin{cases} 2, & x>0 \\ 0, & x<0 \end{cases}$

7. (a) $y'=\begin{cases} 6x^5, & x\geq 0 \\ 0, & x\leq 0 \end{cases}$ (b) $y'=\frac{1}{8}x^{-\frac{7}{8}}$

   (c) $y'=\frac{1}{2\sqrt{x}}$ (d) $y=5v^4$

8. (a) 접선 : $3x+4y=25$

   법선 : $4x-3y=0$

   (b) 접선 : $x+16y=9$

   법선 : $32x-2y=31$

9. (a) $\frac{\pi}{4}$ (b) $\tan x=\frac{4}{3}$ 가 되는 x

11. -10800π inch/min

12. 2.9

17. (a) $C'(t)=\frac{-0.14(t^2-1)}{(t^2+1)^2}$

   (b) $C'(0.5)=\frac{42}{625}$

   $C'(3)=-0.0112$

   주사한지 30분 후에는 약의 농도가 증가하고 있고, 3시간 후에는 감소하고 있다.

19. $(4\times 10^6)\frac{x}{\sqrt[3]{(x^2-1)^5}}$

21. (a) −1(ppm/m)

   (b) −0.001(ppm/m)

2-3 연습문제

1. (a) $64(x+1)^3$ (b) $\frac{1}{x^2}$ (c) $\frac{1}{y^2+1}$

   (d) $\frac{2y\sqrt{y}}{y+1}$

2. (a) $\frac{x}{4y}$, $-\frac{1}{4y^3}$

   (b) $-\frac{\sqrt{y}}{\sqrt{x}}$, $\frac{\sqrt{x}+\sqrt{y}}{2x\sqrt{x}}$

   (c) $\frac{4x^3}{3y^2+1}$, $\frac{12x^2(3y^2+1)^2-96x^6y}{(3y^2+1)^3}$

   (d) $\frac{2x-3y}{3x-2y}$, $\frac{30xy-10y^2-10x^2}{(3x-2y)^3}$

   (e) 1, 0

   (f) $-\frac{x+2y}{2x+y}$, $\frac{3x^2+3y^2+12xy}{(2x+y)^3}$

3. (a) $x+4y=9$, $y=4x-2$

   (b) $3x-5y=4$, $5x+3y=18$

4. 12 ft/sec

5. $\frac{9}{2}$ ft/sec

2-4 연습문제

1. (a) 2 (c) 1 (e) 1

2. (a) $-2x\sin(x^2+1)$ (c) $\frac{2\cos x+1}{(2+\cos x)^2}$

   (e) $\sec^2(\sin x)\cdot\cos x$

   (g) $-\sin(\tan x)\cdot\sec^2 x$

3. (a) $y=1$ (b) $y=-2x+\frac{\pi}{2}+1$

4. (a) $-\frac{8}{5}$ (b) $\frac{2}{3}$

5. $\frac{\pi}{3}<t<\frac{5\pi}{3}$

6. 0.0005 rad/m

2-5 연습문제

1. (a) 5.2 (b) 3.9375 (c) 3.025 (d) 10.0033

2. $1.6\pi\,(\text{ft}^2)$

3. 0.015(ft/sec)

4. 오차가 0.01cm보다 크지 않게

5. $2.25(\text{cm}^2)$

7. 100.3
9. 백분율오차 10%범위 안에서

〈제 3 장〉

3-1 연습문제

1. (a) 1 (c) 0 (e) 0
2. 밑면 $\sqrt{\frac{A}{3}}$, 높이 $\sqrt{\frac{A}{12}}$

   밑면 $\sqrt{\frac{A}{6}}$, 높이 $\sqrt{\frac{A}{6}}$
3. 반지름 $\sqrt{\frac{A}{3\pi}}$, 높이 $\sqrt{\frac{A}{3\pi}}$

   반지름 $\sqrt{\frac{A}{6\pi}}$, 높이 $\sqrt{\frac{2A}{3\pi}}$
4. (a) 최소값 0, 최대값 $\sqrt{3}$

   (c) 최소값 -146, 최대값 178

   (e) 최소값 $-\frac{4}{27}$, 최대값 100

3-2 연습문제

4. $\frac{a}{4}$
5. $0 \leq B(3) \leq 6$

3-3 연습문제

1. (a) $-\infty < x < \infty$에서 증가

   (c) $x \leq \frac{1}{2}$에서 감소, $x \geq \frac{1}{2}$에서 증가

   (e) 모든 x에 대하여 증가

   (g) 모든 x에 대하여 증가
3. (a) 전체 구간 $(-\infty, \infty)$에서 최소점은 $x=1$, 최대점은 없다 ; 구간 $[0, 4]$에서 최소점은 $x=1$, 최대점은 $x=4$; 감소구간은 $x \leq 1$, 증가구간은 $x \geq 1$.

   (c) 전체에서 최소점은 없고, 최대점은 $x=-2$; $[-1, 4]$에서 최소점은 $x=4$, 최대점은 $x=-1$; 감소구간은 $x \geq -2$, 증가구간은 $x \leq -2$.

   (e) 전체에서 최소점과 최대점 모두 없다 ; $[-2, \sqrt{3}]$에서 최소점은 $x=-1$, 최대점은 $x=-2$와 $x=1$; 감소구간은 $x \leq -1$ 또는 $x \geq 1$, 증가구간은 $-1 \leq x \leq 1$.

   (g) 전체구간 $x \geq 0$에서 최소점은 $x=0$, 최대점은 없다 ; $[0, 1]$에서 최소점은 $x=0$, 최대점은 $x=1$; 감소구간은 없고, 증가구간은 $x \geq 0$.
5. (a)

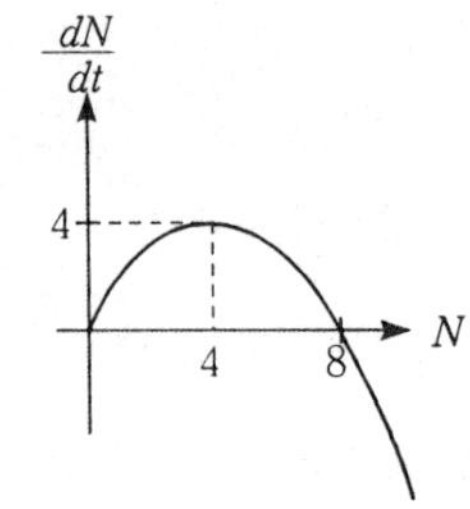

   (b) $f'(N) = r(1 - \frac{2N}{K})$;

   $f(N)$은 $N \leq \frac{K}{2}$에서 증가하고, $N \geq \frac{K}{2}$에서 감소한다.
7. 감소한다.

3-4 연습문제

1. 모든 구간에서 위로 볼록 ; 변곡점은 없다.
3. $x \geq 0$에서 위로 오목, $x \leq 0$에서 위로 볼록 ; 변곡점 $(0, -8)$
5. $x > 3$에서 위로 오목 ; 변곡점은 없다.
7. $x > 0$에서 위로 오목 ; 변곡점은 없다.
9. k는 3보다 크거나 같은 홀수
11. $N = \frac{K}{(1+\theta)^{\frac{1}{\theta}}}$
13. (a) $0 \leq x \leq 3$에서 $T'(x)$는 증가, $3 \leq x \leq 6$에서 $T'(x)$는 감소

(b) (3, 6) (d) 3

15. $x=\dfrac{40}{3}$, 즉 (가)로부터 $\dfrac{40}{3}$km 떨어진 곳

3-5 연습문제

1.

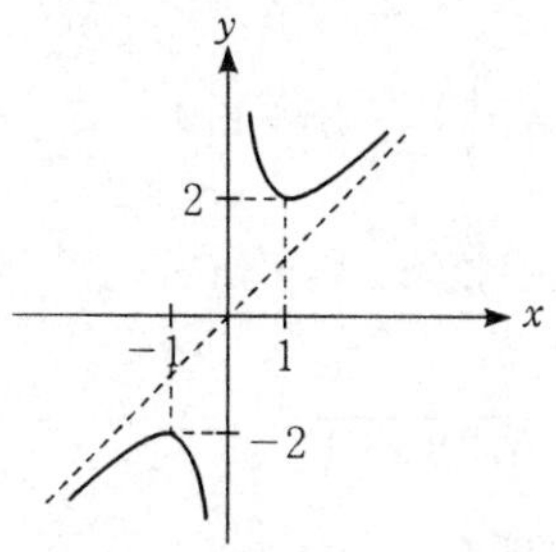

5.

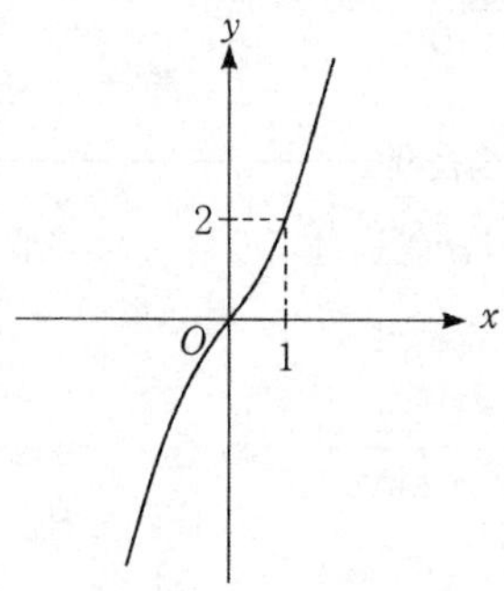

7.

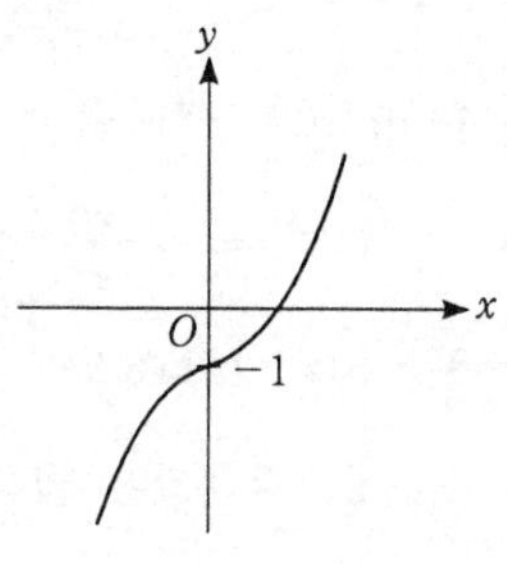

12. (a)

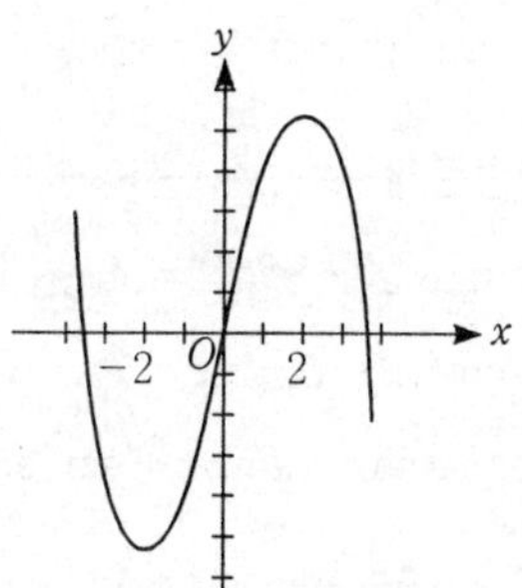

극대점 $(2,\ \dfrac{16}{3})$, 극소점 $(-2,\ -\dfrac{16}{3})$

증가범위 : $-2\le x\le 2$

감소범위 : $x\le -2,\ x\ge 2$

(e)

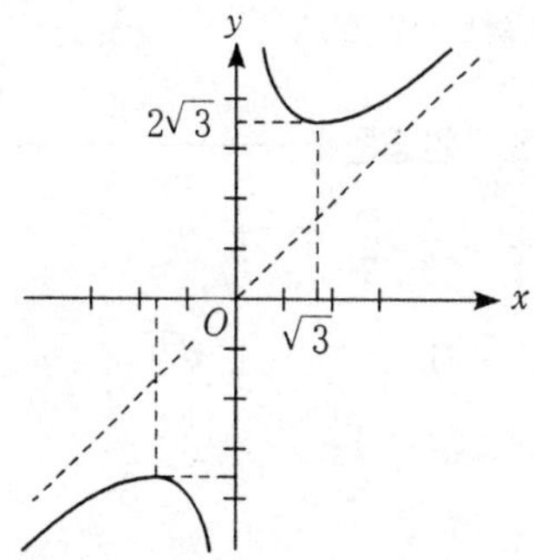

극대점 $(-\sqrt{3},\ -2\sqrt{3})$,

극소점 $(\sqrt{3},\ 2\sqrt{3})$

증가범위 : $x\le -\sqrt{3},\ x\ge\sqrt{3}$

감소범위 : $-\sqrt{3}\le x<0,\ 0<x\le\sqrt{3}$

(i)

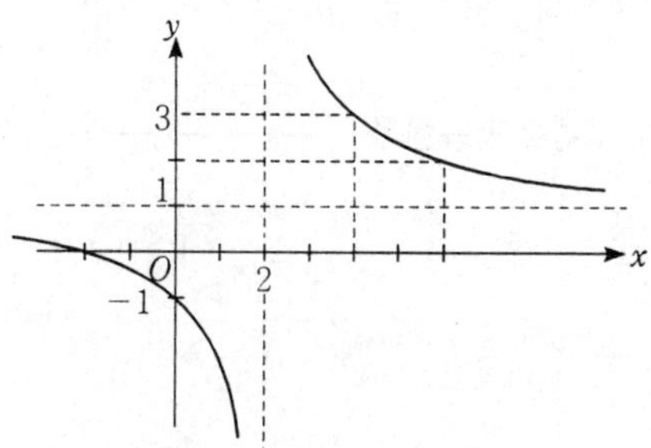

극대 · 극소점 없음

감소범위 : $x=2$를 제외한 전 구간

(m)

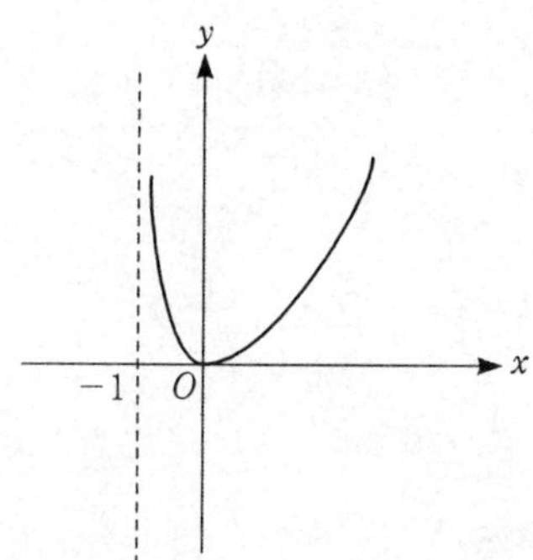

극소점 (0, 0)

증가밤위 : $x\ge 0$

감소밤위 : $-1<x\le 0$

3-6 연습문제

1. (a) $\dfrac{3}{4}$ (c) 0.739

3. 0.381 4. 3.945

3-7 연습문제

1. $\frac{1}{4}$ 3. $\frac{5}{7}$ 5. 0

7. 5 9. 1 11. $\sqrt{2}$

13. 0 15. $\frac{1}{6}$ 17. $-\frac{5}{3}$

19. $\cos a$ 21. ∞

〈제 4 장〉

4-1 연습문제

1. $\frac{1}{3}$ 3. $\frac{1}{2}$ 5. $\frac{1}{6}$

4-2 연습문제

1. (a) $0,\ \frac{\pi}{3}$ (c) $\frac{\pi}{2},\ \frac{3}{4}\pi$

3. (a) $\frac{2x}{\sqrt{2x^2-x^4}}$

(c) $\frac{1}{\sqrt{1-x^2}\,(\mathrm{Sin}^{-1}x)^2}$

(e) 0

(g) $\frac{2\cos 2x}{1+(\sin 2x)^2}$

(k) $\frac{-1}{x^2+1}$

4. (a) $y=\sqrt{2}(x-\frac{1}{\sqrt{2}})+\frac{\pi}{4}$

5. $\frac{1}{52}$ rad/min

7. $\frac{250}{591}$ rad/sec

4-3 연습문제

1. (a) $\cot x$ (c) $\frac{2x}{x^2+5}$

(e) $\frac{1}{x[1+(\ln x)^2]}$

2. (a) 1 (c) 1

3. (a) $\frac{1}{x}$ (b) $\frac{1}{x^2}$

5. (a) 극소값 1

(b) 극소값 $\frac{1}{2}+\frac{1}{2}\ln 2$

6. (a) $y=\frac{1}{4}(x-3)+\ln 4$

(b) $y=\frac{2}{3}(x-4)+\ln 3$

10. (a) $\frac{2}{(\ln 2)(x+1)}$

(b) $\frac{\cot x}{\ln 10}$

4-4 연습문제

1. (a) $y=e^2(2x-1)$

(c) $y=2x+1$

3. (a) $\frac{e^x+\cos x}{e^x+\sin x}$ (d) $2e^{\sin x}\cos 2x$

(g) $\frac{1}{e}$ (j) $x^{\sqrt{x}-\frac{1}{2}}(\frac{1}{2}\ln x+1)$

(m) $10^x\ln 10$ (p) $\pi^x\ln\pi$

6. (a) $y=\frac{x}{e}$ (d) $y=-\frac{x}{e}+2$ (g) $y=\frac{x}{e}$

(j) $y=9(\ln 3)x-18\ln 3+9$

11. 극소값 $-\frac{1}{e^2}$, 극대값은 없다.

13. (a) ∞ (b) 0 (d) e (g) 1 (h) e^{ab}

4-5 연습문제

1. (a) $e^x\sinh e^x-e^{\cosh x}\sinh x$

(c) $-\coth x+\tanh x$

(e) $\cos(\cosh x)\cdot\sinh x+\sin(\sinh x)\cdot\cosh x$

7. (a) $y'=\frac{2x}{\sqrt{x^4+1}}$ (c) $y'=-\frac{1}{\sin x}$

(e) $y'=-\frac{1}{\sinh x}$

(g) $y'=\frac{-\sin x}{\sqrt{\cos^2 x+1}}$

8. (a) 1 (b) $\frac{\sqrt{2}}{4}$

〈제 5 장〉

5-1 연습문제

2. (a) $2\ln|\sin x|-3e^x+C$

(c) $\frac{1}{2}\text{Tan}^{-1}\frac{x}{2}-2\,\text{Sin}^{-1}\frac{x}{2}+C$

(e) $\frac{5^x}{\ln 5}+4\ln|x|+C$

(g) $-3\,\text{sech}\,x-\tanh x+2\,\text{Tan}^{-1}(\sinh x)+C$

3. 53.248 kg

5-2 연습문제

1. (a) $\frac{1}{3}$

2. (a) $\int_1^2 \frac{1}{x}\,dx$ (c) $\int_1^2 \frac{1}{\sqrt{x}}\,dx$

4. 평균 $=\frac{10}{3}=f(\sqrt{\frac{13}{3}})$

5-3 연습문제

1. (a) $6e^{t^2}$ (c) $-t^2$ (e) $e^{x_1^2}$

3. (a) $\frac{\pi}{4}$ (c) $\frac{1}{2}\ln 2$

4. (a) $(x^2+1)^{15}$ (c) $(z-1)^{\frac{1}{3}}$ (e) $\frac{1}{t}$

5. 10℃

7. 400 ℓ

9. 3개월부터 8개월 사이의 누적변화량

11. $2(e^{0.8}-1)$; $2e^{0.8}(e^{0.8}-1)$

5-4 연습문제

2. (a) $\frac{71}{6}$ (c) $2-\sqrt{2}$

3. (a) $\frac{4}{3}\pi ab^2$ (c) $\frac{256\sqrt{2}}{15}\pi$ (e) π

5. 1580억 ft^3 ; 1990년과 2000년까지 10년 동안의 목재 수요량

〈제 6 장〉

6-1 연습문제

1. (a) $\frac{2}{9}(3x+1)^{\frac{3}{2}}+C$

(c) $2\ln(1+\sqrt{x})+C$

(e) $\ln|y+\sin y|+C$ (g) $\frac{\pi^2}{8}$

2. (a) $\frac{2}{5}(x+4)^{\frac{5}{2}}-\frac{8}{3}(x+4)^{\frac{3}{2}}+C$

(c) $\frac{1}{7}(1+2t)^{\frac{7}{4}}-\frac{1}{3}(1+2t)^{\frac{3}{4}}+C$

(e) $\frac{3}{2}+3\ln\frac{3}{2}$

3. (a) 8 (c) $\frac{16}{3}-2\ln 3$

5. (a) $\frac{\pi}{3}$

6. $\frac{e-e^{-1}}{2}$

7. $0.2e^{0.1t}+1.8(g)$; $0.2e^{0.8}+1.8(g)$

9. $3600\ln\frac{5}{3}$ cm

11. $L(x)=-10e^{-0.1x}+25$; $L(0)=15$

13. $P(t)=5\ln(1+e^{20t})+40000-5\ln 2$

6-2 연습문제

1. $\theta\sin\theta+\cos\theta+C$

3. $x\sec x-\ln|\sec x+\tan x|+C$

5. $3x\tan\frac{x}{3}-9\ln\left|\sec\frac{x}{3}\right|+C$

7. $-\frac{1}{2}x^2\cos x^2+\frac{1}{2}\sin x^2+C$

9. $\frac{1}{5}(-e^{-x}\cos 2x+2e^{-x}\sin 2x)+C$

11. $x\,\text{Tan}^{-1}x-\frac{1}{2}\ln(1+x^2)+C$

13. π

15. (a) $1-\frac{2}{e}$ (b) $-\frac{5\pi}{4e^2}+\frac{\pi}{4}$

19. $25(e^2+1)$

6-3 연습문제

1. $\frac{3}{2}\sin\frac{2}{3}x+C$

3. $\frac{1}{4}\cos 2x-\frac{1}{16}\cos 8x+C$

5. $\frac{1}{4}x+\frac{1}{8}\sin 4x+\frac{1}{8}x+\frac{1}{64}\sin 8x+C$

7. $-\frac{1}{6}\cos^3 2t+\frac{1}{5}\cos^5 2t-\frac{1}{14}\cos^7 2t+C$

9. $\frac{3}{2}\tan\frac{2}{3}x-x+C$

11. $\frac{1}{3}\tan 3x+\frac{1}{9}\tan^3 3x+C$

13. $\frac{1}{10}\tan^2 5\theta+\frac{1}{20}\tan^4 5\theta+C$

15. $-\frac{1}{3}\cos^3 x+C$

17. $\sec x-\tan x+x+C$

19. $\frac{56}{15}$

21. $1-\frac{1}{2}\ln 2$

6-4 연습문제

3. $-3\sqrt{4-x^2}-2\,\mathrm{Sin}^{-1}\frac{x}{2}+C$

5. $-\sqrt{8+2x-x^2}+\mathrm{Sin}^{-1}\left(\frac{x-1}{3}\right)+C$

7. $\frac{1}{4}\frac{x}{\sqrt{x^2+4}}+C$

10. $\ln|\sqrt{t^2+16}+t|-\frac{t}{\sqrt{t^2+16}}+C$

12. $-\frac{1}{9}\frac{2x^2}{\sqrt{4x^2-9}}+C$

14. $\frac{1}{12}\ln 5-\frac{1}{12}\ln 3$

16. $\frac{1}{54}\left(\frac{\pi}{3}+\frac{\sqrt{3}}{4}\right)$

18. $\ln 3-\frac{4}{5}$

6-5 연습문제

3. $\ln x^2(x^2+3)+C$

5. $2\ln\frac{t^2+4}{t-2}+C$

7. $\ln\frac{x^2}{x^2+1}-\mathrm{Tan}^{-1}x+\frac{1}{x^2+1}+C$

9. $\frac{1}{2}\ln(x^2+1)-\frac{1}{x^2+1}+C$

11. $\ln\left(\frac{x^2}{x^2+4x+5}\right)+\frac{2}{x}-\mathrm{Tan}^{-1}(x+2)+C$

13. $\frac{t^2}{2}-4\ln(t^2+4)-\frac{8}{t^2+4}+C$

15. $2\ln|z+2|-\mathrm{Tan}^{-1}(z+1)+C$

17. $\ln 4+\frac{\pi}{4}$

19. $\frac{3}{2}\ln\frac{20}{13}+\ln\frac{12}{5}$

6-6 연습문제

1. $\frac{1}{5}\ln\left|2\tan\frac{x}{2}+1\right|-\frac{1}{5}\ln\left|\tan\frac{x}{2}-2\right|+C$

3. $\ln\left|\tan\frac{x}{2}+1\right|+C$

5. $\frac{\pi}{4}+\frac{1}{2}\ln 2$

7. $-\mathrm{Sin}^{-1}\frac{1-x}{\sqrt{2}\,x}+C$

8. $-\frac{1}{6}\left(\frac{2}{x}-1\right)^{\frac{3}{2}}-\frac{1}{2}\left(\frac{2}{x}-1\right)^{\frac{1}{2}}+C$

9. $\frac{\pi}{3}$

6-7 연습문제

1. $\frac{\pi}{2}$ 3. ∞ 5. $\frac{1}{3}$

7. $\frac{1}{2}(e^{-2}\sin 2+e^{-2}\cos 2)$

9. $2\sqrt{3}$ 11. 발산 13. $\frac{3}{2}(1+\sqrt[3]{3})$

15. ∞ 17. 500 ℓ 19. $\frac{1}{8}$ mℓ ; $\frac{1}{2}$ mℓ

〈제 7 장〉

7-1 연습문제

1. 수렴 ; $\frac{5}{4}$
3. 수렴 ; 6
5. 발산
7. 발산
9. $\frac{1}{3}$
11. $2\frac{16312}{99999}$

7-2 연습문제

1. 발산
3. 발산
5. 수렴
7. 수렴
9. 수렴
11. 수렴
13. 각 항들이 양항이 아니다.
15. 항들이 단조감소가 아니다.
17. n=20,000

7-3 연습문제

1. 발산
3. 수렴
5.수렴
7. 수렴
9. 수렴

7-4 연습문제

1. 수렴
3. 수렴
5. 발산
7. 발산
9. 수렴
10. 발산
11. 수렴
13. 수렴
14. 수렴
15. 발산($\sum\frac{1}{n}$과 비교)
16. 발산($\lim_{n\to\infty}(1-\frac{1}{n})^n=\frac{1}{e}$ 이므로)
17. 수렴
18. 수렴

7-5 연습문제

1. 발산
2. 조건부 수렴
3. 발산
5. 발산
7. 절대수렴
9. 절대수렴
11. 발산
13. 발산
15. 절대수렴

7-6 연습문제

1. $(-6, 6)$
3. $\left(-\frac{1}{3}, \frac{1}{3}\right)$
5. $(-\infty, \infty)$
7. $(-\infty, \infty)$
9. $[2.5, 3.5]$
11. $(0.4, 0.8)$
13. $(-4, 2)$

〈제 8 장〉

8-1 연습문제

1. (a) $1+x^2+x^4+x^6+\cdots,\ |x|<1$

   (b) $x+x^3+x^5+x^7+\cdots,\ |x|<1$

   (c) $2x+4x^3+6x^5+8x^7+\cdots,\ |x|<1$

3. (a) $\frac{1}{2}+\frac{1}{4}x+\frac{1}{8}x^2+\frac{1}{16}x^3+\cdots,\ |x|<2$

   (b) $\frac{1}{4}+\frac{1}{4}x+\frac{3}{16}x^2+\frac{1}{8}x^3+\cdots,\ |x|<2$

   (c) $\ln 2-\frac{1}{2}x-\frac{1}{8}x^2-\frac{1}{24}x^3-\frac{1}{64}x^4-\cdots,$ $|x|<2$

5. (a) $x-\frac{x^2}{2}+\frac{x^3}{3}-\frac{x^4}{4}+\cdots,\ |x|<1$

   (b) $x^2-\frac{x^3}{2}+\frac{x^4}{3}-\frac{x^5}{4}+\cdots,\ |x|<1$

   (c) $2-2x+\frac{8}{3}x^2-4x^3+\cdots,\ |x|<\frac{1}{2}$

7. (a) $-2x-2x^3-2x^5-2x^7-\cdots,\ |x|<1$

   (b) $1+\frac{x^2}{2^2}+\frac{x^4}{2^4}+\frac{x^6}{2^6}+\cdots,\ |x|<2$

9. (a) $-\frac{1}{3}+\frac{1}{9}x-\frac{7}{27}x^2+\frac{13}{81}x^3-\cdots,$

$-1<x<\frac{3}{2}$

(b) $-\frac{1}{3}x+\frac{1}{9}x^2-\frac{7}{27}x^3+\frac{13}{81}x^4-\cdots$, $-1<x<\frac{3}{2}$

10. (a) $1+2x+2x^2+2x^3+\cdots$, $|x|<1$

(b) $-1-x-2x^2-2x^3-\cdots$, $|x|<1$

11. (a) $-x+x^2+\frac{x^3}{3}-\frac{x^4}{3}-\frac{x^5}{5}+\frac{x^6}{5}+\frac{x^7}{7}-\frac{x^8}{7}-\cdots$, $|x|<1$

(b) $-x+\frac{4}{3}x^3-\frac{8}{15}x^5+\frac{12}{35}x^7-\frac{16}{63}x^9+\cdots$, $|x|<1$

13. $x+x^2+\frac{2}{3}x^3+\frac{2}{3}x^4+\frac{13}{15}x^5+\cdots$, $|x|<1$

8-2 연습문제

1. (a) $\sqrt{x}=1+\frac{1}{2}(x-1)-\frac{1}{8}(x-1)^2+\cdots+\frac{(-1)^{n-1}(1\cdot3\cdot5\cdots(2n-3))}{2^n n!}(x-1)^n+\cdots$; 수렴반경$=1$

(c) $\frac{1}{x+2}=\sum_{n=0}^{\infty}\frac{(-1)^n}{2^{n+1}}x^n$; 수렴반경$=2$

(e) $\ln x=\sum_{n=1}^{\infty}\frac{(-1)^{n-1}}{n}(x-1)^n$; 수렴반경$=1$

(g) $\sin x=\frac{\sqrt{3}}{2}+\frac{1}{2}(x-\frac{\pi}{3})-\frac{\sqrt{3}}{2\cdot2!}(x-\frac{\pi}{3})^2-\frac{1}{2\cdot3!}(x-\frac{\pi}{3})^3+\frac{\sqrt{3}}{2\cdot4!}(x-\frac{\pi}{3})^4+\cdots$; 수렴반경$=\infty$

(j) $\sqrt{3}+\frac{1}{2\sqrt{3}}(x-1)-\frac{1}{2!2^2(\sqrt{3})^3}(x-1)^2+\frac{3}{3!2^3(\sqrt{3})^5}(x-1)^3-\frac{3\cdot5}{4!2^4(\sqrt{3})^7}(x-1)^4+\cdots$; 수렴반경$=3$

3. -0.287

5. $\frac{1}{3}$; 오차는 0.0067보다 작다.

7. (a) $|x|<\sqrt[3]{600}\times10^{-2}$

(b) $\frac{\pi^7}{7!}$

8-3 연습문제

1. $1+\frac{1}{2}x-\frac{1}{8}x^2+\frac{1}{16}x^3-\frac{5}{128}x^4+\cdots$

3. $2+\frac{1}{4}x^2-\frac{1}{64}x^4+\frac{1}{512}x^6-\cdots$

5. $\frac{1}{8}-\frac{3}{16}x+\frac{3}{16}x^2-\frac{5}{32}x^3+\cdots$

6. $1+\frac{1}{6}x^2+\frac{3}{40}x^4+\frac{5}{112}x^6+\cdots$

7. $2x+\frac{4}{3}x^3+\frac{12}{5}x^5+\frac{40}{7}x^7+\cdots$

8. 0.98995 ; 오차 $<1\times10^{-7}$

8-4 연습문제

1. 1 3. $-\frac{1}{24}$ 5. 2 7. 0 9. 0

〈제 9 장〉

9-1 연습문제

1. $(x-0.7)^2+(y-1.3)^2=12.58$

3. 원 밖에 있다 ; 주어진 원은 중심이 (1, 2)이고 반지름이 $\sqrt{2}$인데, (0.1, 3.1)에서 중심까지의 거리가 $\sqrt{2.02}$이므로

5. $x^2+y^2-4x-4y=5$

7. (a) $(x-\frac{9}{14})^2=\frac{6}{7}(y+\frac{193}{168})$

9. 한 점$(-1, 2)$

9-2 연습문제

1. (a) 쌍곡선 (b) 포물선 (e) 타원 (g) 포물선

3. (a) $(\frac{1}{2}-\sqrt{3})x'^2+(\frac{1}{2}+\sqrt{3})y'^2=2$

   (c) $3x'^2+y'^2=2$

5. $\sin\alpha=\frac{1}{\sqrt{5}}$, $\cos\alpha=\frac{2}{\sqrt{5}}$

9-3 연습문제

1. (a) $(\frac{3}{\sqrt{2}}, \frac{3}{\sqrt{2}})$ (c) $(\sqrt{3}, 1)$

   (e) $(2, 2\sqrt{3})$

2. (a) $(2, \frac{\pi}{6})$ (c) $(3, \pi)=(-3, 0)$

   (e) $(-4, \frac{\pi}{6})$

3. 남쪽으로 36 km, 서쪽으로 $36\sqrt{3}$ km

5. (a) $x^2+y^2=4y$ (c) $x^2+y^2=9$

   (e) $y^2=9-6x$

6. (a) $\theta=0$ (c) $r^2=\frac{a^2b^2}{a^2\sin^2\theta+b^2\cos^2\theta}$

8. (a) $(\sqrt{2}, \frac{\pi}{4})$, 극점 (c) (1, 0)

9. (a) 3 (c) ± 1

10. $(\frac{3}{2}a, \frac{\pi}{3})$

11. (a) $(a, \frac{\pi}{6}), \frac{\pi}{3}$; $(a, \frac{5}{6}\pi), \frac{\pi}{3}$

    (c) $(\sqrt{2}a, \frac{\pi}{4}), 0$

    (e) $(1, \frac{\pi}{2}), \frac{\pi}{2}$; $(1, -\frac{\pi}{2}), \frac{\pi}{2}$

12. (a) 16

13. $\pi+3\sqrt{3}$

14. (a) $2(\frac{\pi}{3}-\frac{\sqrt{3}}{4})$

15. $\frac{8}{3}\pi+\sqrt{3}$

9-4 연습문제

(x, y, z) (r, θ, z) (ρ, ϕ, θ)

1. $(1, 0, 0)$ $(1, 0, 0)$ $(1, \frac{\pi}{2}, 0)$

2. $(0, 0, 1)$ $(0, *, 1)$ $(1, 0, *)$

5. $(\sqrt{2}, 0, 1)$ $(\sqrt{2}, 0, 1)$ $(\sqrt{3}, \tan^{-1}\sqrt{2}, 0)$

7. $\left(0, -\frac{3}{2}, \sqrt{\frac{3}{2}}\right)$ $\left(\frac{3}{2}, -\frac{\pi}{2}, \frac{\sqrt{3}}{2}\right)$

   $\left(\sqrt{3}, \frac{\pi}{3}, -\frac{\pi}{2}\right)$

9. $(0, 0, -\sqrt{2})$ $(0, *, -\sqrt{2})$ $(\sqrt{2}, \pi, 3\frac{\pi}{2})$

   여기서 *는 임의의 실수를 나타냄.

9-5 연습문제

2. (a) 일엽쌍곡면 (b) 타원면 (c) 이엽쌍곡면

3. (a) $64(x+\frac{1}{4})^2-8(y-1)^2+64(z-\frac{1}{8})^2=45$

   (c) $3x^2+3y^2+3z^2-4x+18y+16z=85$

5. (a)

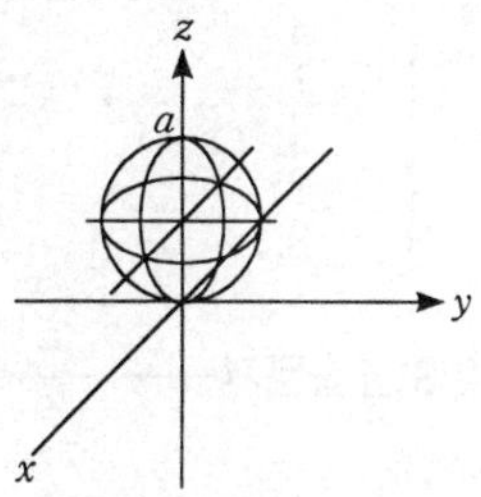

   중심이 직교좌표로 $(0, 0, \frac{a}{2})$인 점이 고 반지름이 $\frac{a}{2}$인 구면

〈제 10 장〉

10-1 연습문제

1. (a) $\begin{pmatrix} 4 & -3 & 3 & 3 \\ 2 & 5 & -1 & -4 \end{pmatrix}$

   (b) 크기가 다르므로 덧셈이 정의되지 않는다.

3. (a) $(A+B)^t=\begin{pmatrix} 0 & 4 \\ 1 & 7 \end{pmatrix}$ $A^t+B^t=\begin{pmatrix} 0 & 4 \\ 1 & 7 \end{pmatrix}$

(b) $A+A^t=\begin{pmatrix} 4 & 2 \\ 2 & 6 \end{pmatrix}$ $A-A^t=\begin{pmatrix} 0 & 0 \\ 0 & 0 \end{pmatrix}$

(c) $C^t=\begin{pmatrix} 3 & 1 \\ 2 & 0 \\ 0 & 4 \end{pmatrix}$

(d) 정의되지 않는다.

(e) A는 대칭이고 B는 대칭이 아니다.

5. $A^2=\begin{pmatrix} 9 & -4 \\ -8 & 17 \end{pmatrix}$ $A^3=\begin{pmatrix} -7 & 30 \\ 60 & -67 \end{pmatrix}$

10-2 연습문제

1. (a) 160 (b) 0 (c) 2

(d) $abc(a-1)(b-1)(c-1)(a-b)(b-c)(c-a)$

2. (a) $\begin{pmatrix} \frac{3}{8} & 0 & -\frac{1}{8} \\ \frac{1}{8} & 0 & -\frac{3}{8} \\ -\frac{7}{8} & 1 & \frac{5}{8} \end{pmatrix}$

(c) $\begin{pmatrix} \frac{1}{3} & \frac{1}{3} & \frac{1}{3} & -\frac{2}{3} \\ \frac{1}{3} & \frac{1}{3} & -\frac{2}{3} & \frac{1}{3} \\ \frac{1}{3} & -\frac{2}{3} & \frac{1}{3} & \frac{1}{3} \\ -\frac{2}{3} & \frac{1}{3} & \frac{1}{3} & \frac{1}{3} \end{pmatrix}$

10-3 연습문제

1. $x=2,\ y=1$

2. $\frac{3}{4}\pi$

3. $|\boldsymbol{\alpha}+\boldsymbol{\beta}|^2+|\boldsymbol{\alpha}-\boldsymbol{\beta}|^2$

$=(\boldsymbol{\alpha}+\boldsymbol{\beta})\cdot(\boldsymbol{\alpha}+\boldsymbol{\beta})+(\boldsymbol{\alpha}-\boldsymbol{\beta})\cdot(\boldsymbol{\alpha}-\boldsymbol{\beta})$

$=(\boldsymbol{\alpha}\cdot\boldsymbol{\alpha}+\boldsymbol{\alpha}\cdot\boldsymbol{\beta}+\boldsymbol{\beta}\cdot\boldsymbol{\alpha}+\boldsymbol{\beta}\cdot\boldsymbol{\beta})+(\boldsymbol{\alpha}\cdot\boldsymbol{\alpha}$

$-\boldsymbol{\alpha}\cdot\boldsymbol{\beta}-\boldsymbol{\beta}\cdot\boldsymbol{\alpha}+\boldsymbol{\beta}\cdot\boldsymbol{\beta})$

$=2\boldsymbol{\alpha}\cdot\boldsymbol{\alpha}+2\boldsymbol{\beta}\cdot\boldsymbol{\beta}=2|\boldsymbol{\alpha}|^2+2|\boldsymbol{\beta}|^2$

5. 3개

6. (a) $-6\boldsymbol{i}-3\boldsymbol{j}$ (b) $-\boldsymbol{i}-\boldsymbol{j}+\boldsymbol{k}$

(c) $-5\boldsymbol{i}-\boldsymbol{j}+7\boldsymbol{k}$ (d) $\boldsymbol{O}$

10-4 연습문제

1. 60° 또는 120°

2. 45°

5. $3\boldsymbol{i}+2\boldsymbol{j}$

10-5 연습문제

1. $2x+y-z=3$ 2. $x+z=-1$

3. $6x+5y-8z=4$ 4. $(2, 1, -1)$

5. 60°

〈제 11 장〉

11-1 연습문제

1.

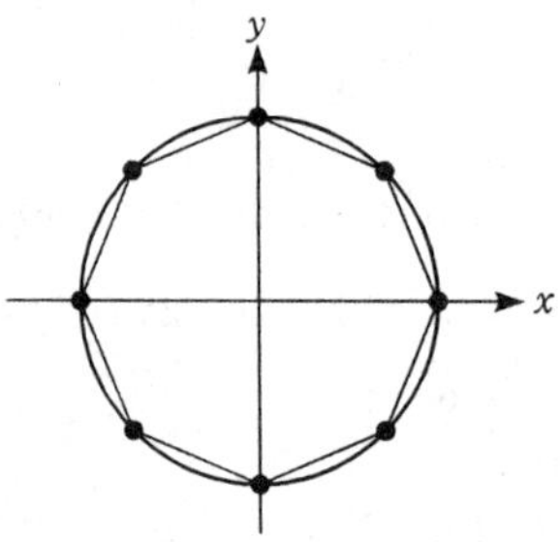

3.

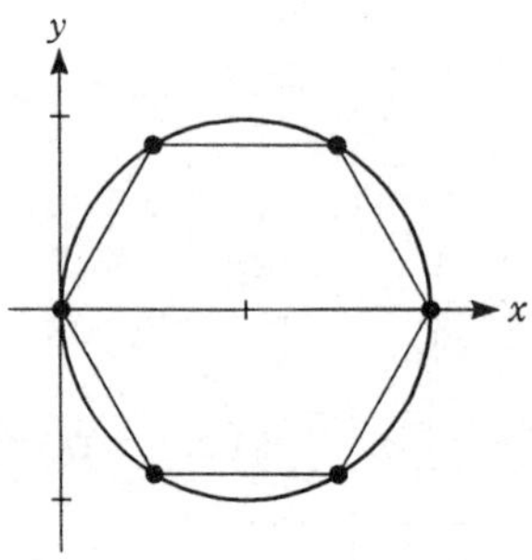

5.

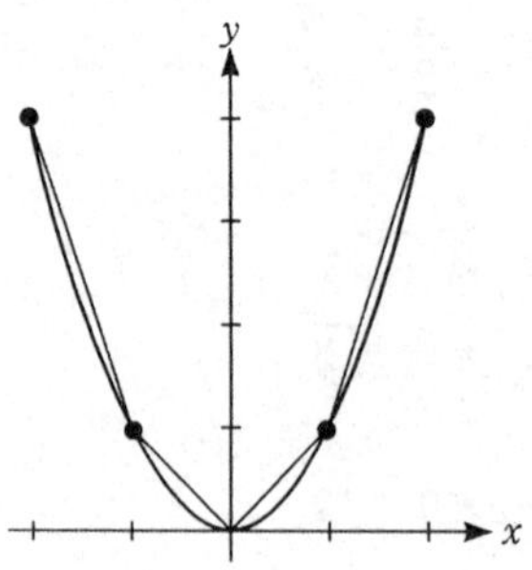

7. (3, 0)을 시작점으로 하여 직선 $2x-3y=6$ 을 따라 끝점 (0, −2)까지 가는 직선

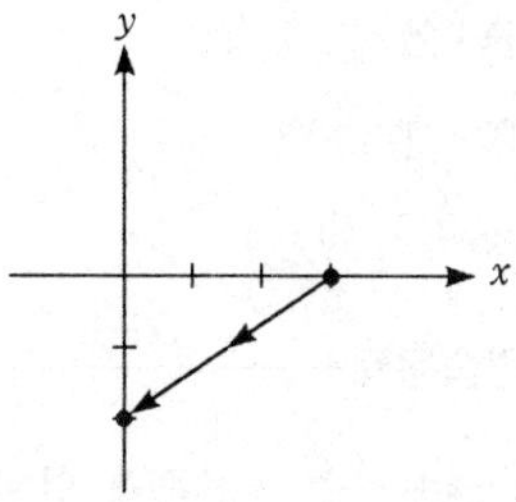

9. 시작점 (0, 0)에서 끝점 (2, 0)까지 포물선 $y=2x-x^2$ 을 따라가는 곡선

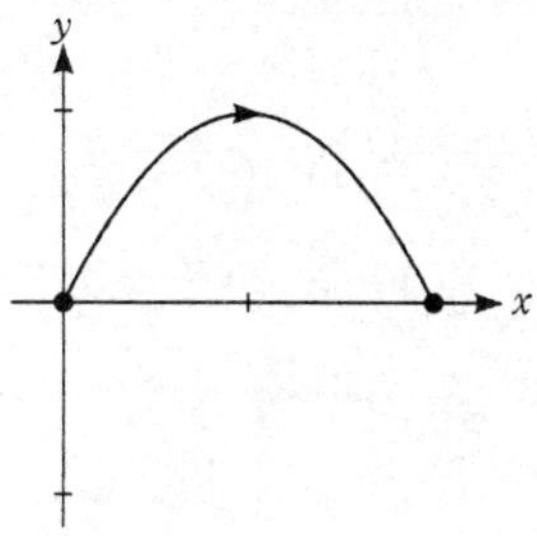

11. 시작점 (0, 1)에서 끝점 $(2\pi, 1)$까지 $y=\cos x$를 따라가는 곡선

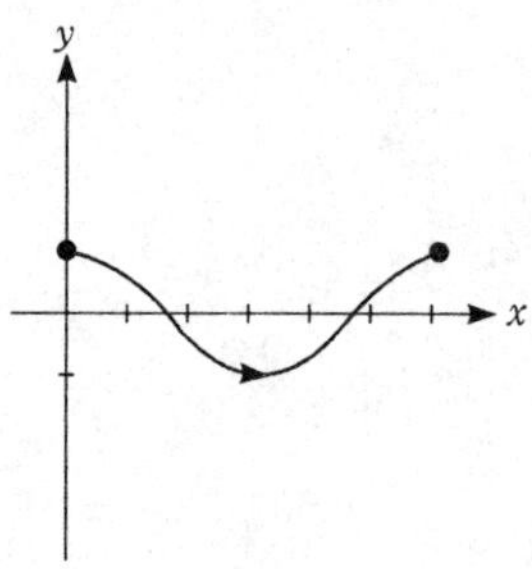

13. $(-1, -\frac{\pi}{2})$에서 $(1, \frac{\pi}{2})$까자 $x=\sin y$를 따라가는 곡선

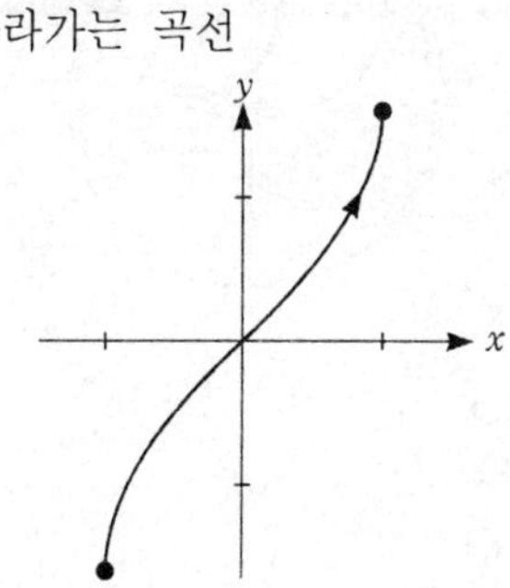

15. (0, −1)에서 원 $x^2+y^2=1$을 따라 시계 방향으로 한바퀴 돌아 (0, −1)에 이르는 곡선

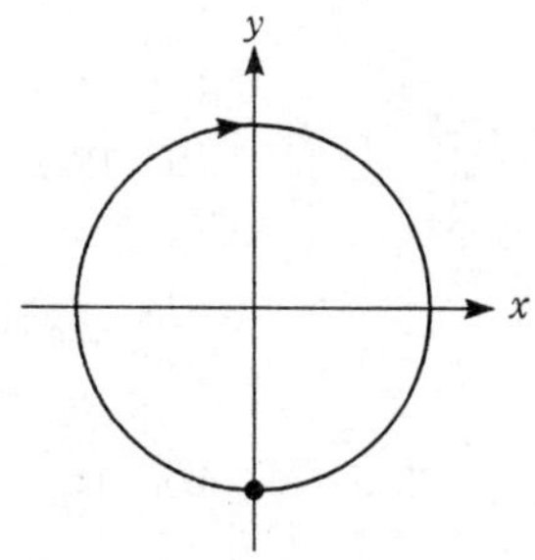

17. $x=2r_0(1-\cos t)\cos t$

$y=2r_0(1-\cos t)\sin t$

11-2 연습문제

2. $2y=3x-1$

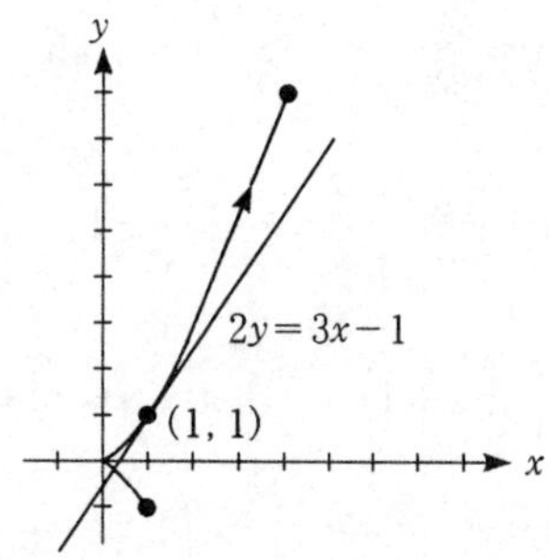

4. $6\sqrt{3}\,y=12x-6+\pi\sqrt{3}$

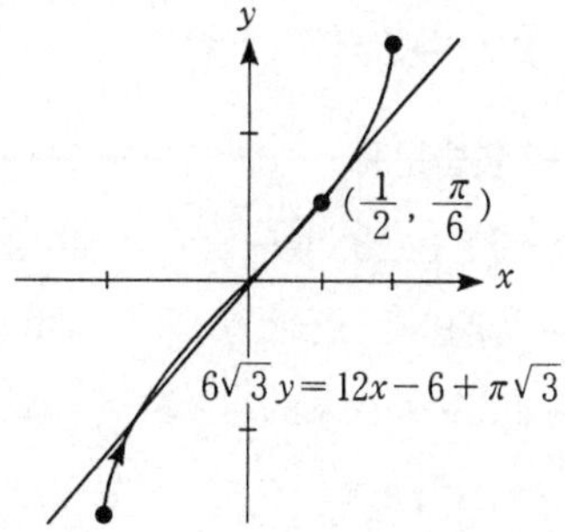

5. $\dfrac{40^{\frac{3}{2}}-8}{27}$

7. 5

8. 2π

10. $\dfrac{8(\pi^2+1)^{\frac{3}{2}}-8}{3}$

12. $\dfrac{15}{4}$

14. 4π

16. $\sqrt{5}(e^{\pi}-1)$

18. $\dfrac{8(\pi^2+1)^{\frac{3}{2}}-8}{3}$

19. $12\pi^2$

20. 16π

22. $\dfrac{\pi(17^{\frac{3}{2}}-1)}{6}$

24. 15π

25. 4π

27. 2π

30. $4\pi^2$

32. $\dfrac{\pi\sqrt{5}(e^{-\frac{\pi}{2}}+e^{\frac{\pi}{2}})}{2}$

33. $C: x=3\cos\left(\frac{s}{3}\right),\ y=3\sin\left(\frac{s}{3}\right), 0\le s\le 6\pi$

35. $C: x=\frac{4s}{5},\ y=\frac{3s}{5},\ 0\le s\le 5$

36. $C: x=\frac{2}{3}\left(\left(\frac{3}{2}s+1\right)^{\frac{2}{3}}-1\right)^{\frac{3}{2}},$

$y=\left(\frac{3}{2}s+1\right)^{\frac{2}{3}}-1,\ 0\le s\le \frac{2}{3}(10^{\frac{3}{2}}-1)$

39. $C: x=\left(\frac{s}{\sqrt{2}}+1\right)\cos\left(\ln\left(\frac{s}{\sqrt{2}}+1\right)\right),$

$y=\left(\frac{s}{\sqrt{2}}+1\right)\sin\left(\ln\left(\frac{s}{\sqrt{2}}+1\right)\right),$

$0\le s\le\sqrt{2}(e^{2\pi}-1)$

11-3 연습문제

1. $4\boldsymbol{i}-6\boldsymbol{j}$ 3. $6\boldsymbol{i}+2\boldsymbol{j}$ 4. $2t\boldsymbol{i}-3\boldsymbol{j}$

6. $\sec^2 t\boldsymbol{i}+\sec t\tan t\boldsymbol{j}$

7. $\boldsymbol{i}+e^{-t}(\cos t-\sin t)\boldsymbol{j}+e^{-t}(-\sin t-\cos t)\boldsymbol{k}$

8. $t^2\boldsymbol{i}+2t^3\boldsymbol{j}+\boldsymbol{C}$

11. $\frac{1}{2}\tan(2t)\boldsymbol{i}+\frac{1}{2}\sec(2t)\boldsymbol{j}+\boldsymbol{C}$

12. $-\cos t\boldsymbol{i}+\sin t\boldsymbol{j}+\boldsymbol{C}$

13. $\frac{1}{2}\ln(t^2+4)\boldsymbol{i}+\frac{1}{2}\tan^{-1}\frac{t}{2}\boldsymbol{j}+\boldsymbol{C}$

16. $\boldsymbol{i}+2t\boldsymbol{j}$; $2\boldsymbol{j}$; $\sqrt{1+4t^2}$

17. $-2\sin(2t)\boldsymbol{i}+2\cos(2t)\boldsymbol{j}$; $-4\cos(2t)\boldsymbol{i}-4\sin(2t)\boldsymbol{j}$; 2

18. $t\boldsymbol{i}+(2t-16t^2)\boldsymbol{j}$

20. $4t\boldsymbol{i}+(3+2t^3)\boldsymbol{j}$

11-4 연습문제

1. $-\frac{\sqrt{2}}{2}\boldsymbol{i}+\frac{\sqrt{2}}{2}\boldsymbol{j}$; 존재 안함 ; 0

3. $-\sin t\,\boldsymbol{i}+\cos t\,\boldsymbol{j}$; $-\cos t\,\boldsymbol{i}-\sin t\,\boldsymbol{j}$; $\frac{1}{2}$

5. $\left(\frac{-\sin t+\cos t}{\sqrt{2}}\right)\boldsymbol{i}+\left(\frac{\cos t+\sin t}{\sqrt{2}}\right)\boldsymbol{j}$;

$\left(\frac{-\cos t-\sin t}{\sqrt{2}}\right)\boldsymbol{i}+\left(\frac{-\sin t+\cos t}{\sqrt{2}}\right)\boldsymbol{j}$; $\frac{e^{-t}}{\sqrt{2}}$

7. $\boldsymbol{i}, -\boldsymbol{j}, 1, 1, (0, 0)$;

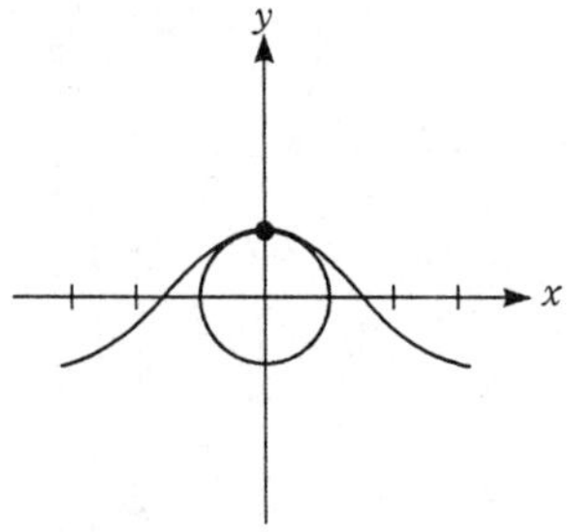

9. $\boldsymbol{j}, -\boldsymbol{i}, \frac{4}{9}, \frac{9}{4}, (\frac{7}{4}, 0)$;

$-\boldsymbol{i}, -\boldsymbol{j}, \frac{3}{16}, \frac{16}{3}, (0, -\frac{7}{3})$

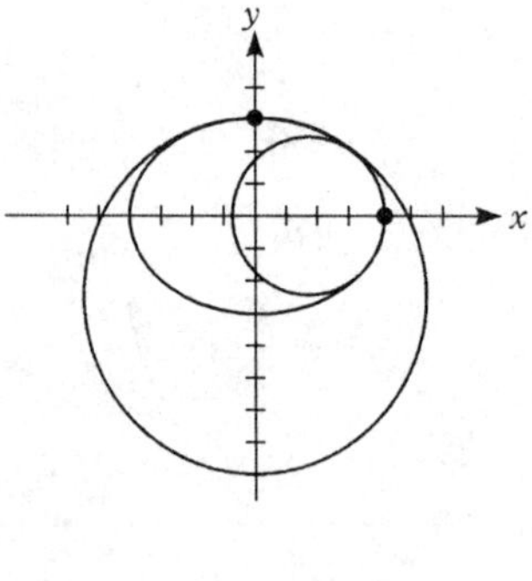

10. $\dfrac{2x^3}{(x^4+1)^{\frac{3}{2}}}$

12. $\dfrac{2}{(4\sin^2 + \cos^2 t)^{\frac{3}{2}}}$

13. $\dfrac{1}{(\tan^2 t + \sec^2 t)^{\frac{3}{2}}}$

15. $\cos x$ 17. $\dfrac{2}{3^{\frac{3}{2}}},\ \left(\dfrac{1}{\sqrt{2}},\ -\dfrac{1}{2}\ln 2\right)$

19. $\dfrac{1}{2},\ (0,\ 2)$ 21. $\dfrac{3}{2^{\frac{3}{2}}\sqrt{1-\sin\theta}}$

25. $\dfrac{1}{2}$

11-5 연습문제

1.

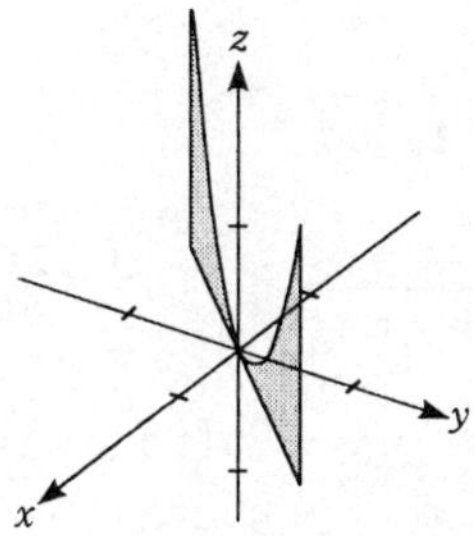

3.

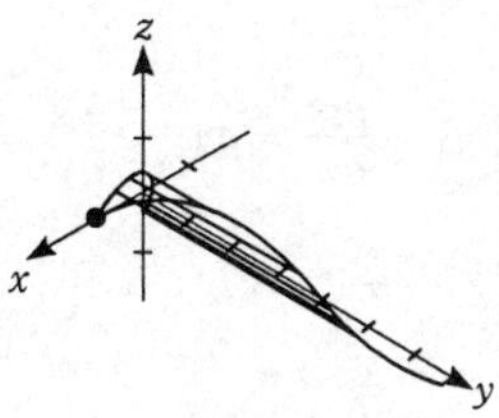

5.

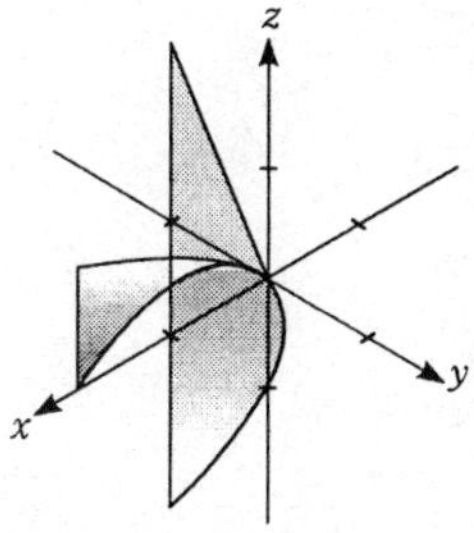

6.

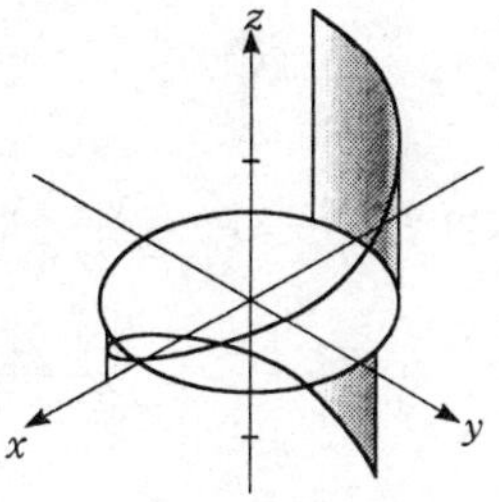

7. $\sqrt{6}$ 8. $\dfrac{\sqrt{5}}{2} + 2\ln\left(\dfrac{1+\sqrt{5}}{2}\right)$

12. $C: x = \dfrac{s}{\sqrt{5}},\ y = \cos\left(\dfrac{2s}{\sqrt{5}}\right),\ z = \sin\left(\dfrac{2s}{\sqrt{5}}\right),$

$0 \le s \le \dfrac{\sqrt{5}}{2}\pi$

13. $\dfrac{1}{\sqrt{2}}\boldsymbol{i} + \dfrac{1}{\sqrt{2}}\boldsymbol{k}$; $\boldsymbol{j}$; $-\dfrac{1}{\sqrt{2}}\boldsymbol{i} + \dfrac{1}{\sqrt{2}}\boldsymbol{k}$; $\dfrac{1}{2}$

14. $\dfrac{1}{\sqrt{2}}\boldsymbol{i} - \dfrac{1}{2}\boldsymbol{j} + \dfrac{1}{2}\boldsymbol{k}$; $\dfrac{1}{\sqrt{2}}\boldsymbol{j} + \dfrac{1}{\sqrt{2}}\boldsymbol{k}$;

$-\dfrac{1}{\sqrt{2}}\boldsymbol{i} - \dfrac{1}{2}\boldsymbol{j} + \dfrac{1}{2}\boldsymbol{k}$; $\dfrac{1}{2\sqrt{2}}$

16. $\dfrac{-\sin t + \cos t}{\sqrt{3}}\boldsymbol{i} + \dfrac{\cos t + \sin t}{\sqrt{3}}\boldsymbol{j} + \dfrac{1}{\sqrt{3}}\boldsymbol{k}$;

$\dfrac{-\cos t - \sin t}{\sqrt{2}}\boldsymbol{i} + \dfrac{-\sin t + \cos t}{\sqrt{2}}\boldsymbol{j}$;

$\dfrac{\sin t - \cos t}{\sqrt{6}}\boldsymbol{i} + \dfrac{-\cos t - \sin t}{\sqrt{6}}\boldsymbol{j} + \dfrac{2}{\sqrt{6}}\boldsymbol{k}$; $\dfrac{\sqrt{2}}{3e^t}$

19. $\dfrac{\sqrt{19}}{7\sqrt{14}}$

11-6 연습문제

1. 0 ; 1 3. 0 ; 12

5. $\dfrac{4t}{\sqrt{1+4t^2}}$; $\dfrac{2}{\sqrt{1+4t^2}}$

6. $-\dfrac{2}{\sqrt{3}}$; $\sqrt{\dfrac{8}{3}}$

8. $-3x + y + 3z = 1$

9. $\dfrac{2}{\sqrt{5}}\boldsymbol{i} + \dfrac{1}{\sqrt{5}}\boldsymbol{j}$; $\dfrac{1}{\sqrt{30}}\boldsymbol{i} - \dfrac{2}{\sqrt{30}}\boldsymbol{j} - \dfrac{5}{\sqrt{30}}\boldsymbol{k}$

〈제 12 장〉

12-1 연습문제

1. 28.875 ; 33

4. (a)

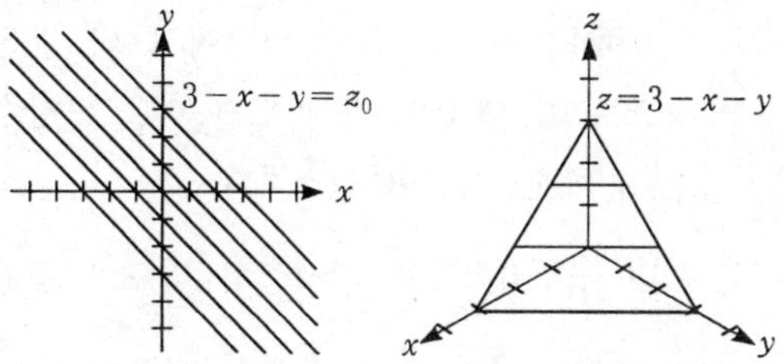

(b)

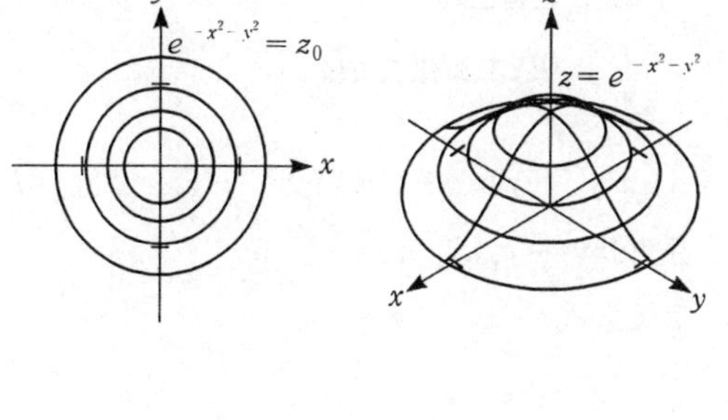

(c)

$\frac{\sqrt{x^2-y^2}}{2}=z_0$

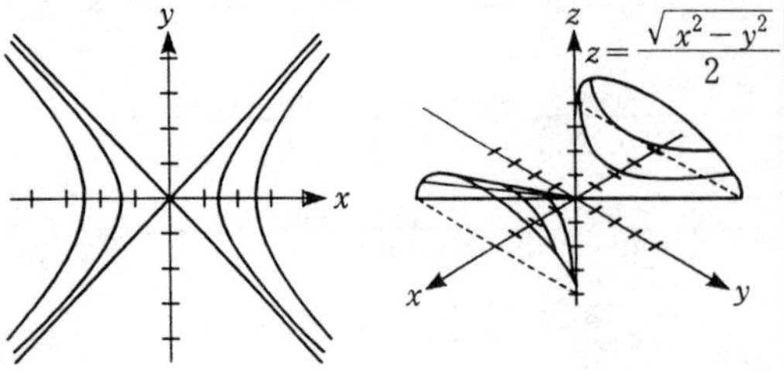

6. (a) 1

(b) $\frac{1}{2}$

(c) (a), (b)로부터 서로 다른 길을 따라 (x, y)가 $(1, -1)$로 접근할 때, 그 극한값이 다르므로 $\lim_{(x, y)\to(1, -1)} f(x, y)$가 존재하지 않기 때문.

12-2 연습문제

1. $z_x=3x^2+3y$, $z_y=3y^2+3x$

3. $z_x=2e^{2x}\sin 2y$, $z_y=2e^{2x}\cos 2y$

5. $z_x=\frac{\sqrt{y}}{x^2+y}$, $z_y=-\frac{x}{2\sqrt{y}(x^2+y)}$

7. -1 ; 0　　9. -1　　11. 50

15. -0.924 ; 깊이 17피트 지점에서 더 깊은 곳으로 갈 때 0.924분/피트의 비율로 잠수할 수 있는 시간이 감소한다.

17. (b) $\frac{\partial b}{\partial P}<0$이므로 기생충의 밀도가 증가하면 숙주를 찾는 효율성은 감소한다.

12-3 연습문제

1. $-\frac{xdx+ydy+zdz}{\sqrt{a^2-x^2-y^2-z^2}}$

3. $x^y y^{x-1}(y\ln x+1)dx + x^{y-1}y^x(1+x\ln y)\,dy$

5. $\Delta z=-7.15$, $dz=-7.5$

7. 0.25%

9. (a) $f_x(x, y)=y^2+2xy$ 와 $f_y(x, y)=2xy+x^2$가 모든 점 (a, b)에서 연속이므로, $(a, b)=(1, 1)$에서 $f(x, y)$는 미분가능하다 ; $z=3x+3y-4$

(c) $f_x(x, y)=2xe^{x^2+y^2}$과 $f_y(x, y)=2ye^{x^2+y^2}$이 모든 점 (a, b)에서 연속이므로, $(a, b)=(1, 0)$에서 $f(x, y)$는 미분가능하다 ; $z=e(2x-1)$

12-4 연습문제

1. $32t$

3. $\frac{2}{x}$

5. $\frac{\partial u}{\partial x}=4x$, $\frac{\partial u}{\partial y}=4y$

7. $\frac{\partial u}{\partial x}=e^{x-y-z}\left(\frac{1}{x+y+z}+\ln(x+y+z)\right)$

$\frac{\partial u}{\partial y}=e^{x-y-z}\left(\frac{1}{x+y+z}-\ln(x+y+z)\right)$

$\frac{\partial u}{\partial z}=e^{x-y-z}\left(\frac{1}{x+y+z}-\ln(x+y+z)\right)$

9. $\frac{4x-3y}{3x-2y}$

11. $\frac{\partial z}{\partial x}=-\frac{y+2yz}{-2z+2xy}$,

$\frac{\partial z}{\partial y}=-\frac{x+2xz}{-2z+2xy}$

16. $\frac{7+4\sqrt{3}}{2}$

12-5 연습문제

1. $(4, 6, 12)$; $2x+3y+6z=49$;

$x=2t+2$, $y=3t+3$, $z=6t+6$

3. $\left(-\frac{4}{3}, -\frac{3}{2}, -\frac{5}{6}\right)$; $8x+9y+2z=2$;

$x=8t+\frac{1}{2}$, $y=9t+\frac{1}{3}$, $z=5t-1$

5. (x_0, y_0, z_0)에서의 접선은 $\nabla F(x_0, y_0, z_0)$

와 $\nabla G(x_0, y_0, z_0)$에 모두 수직이다. 따라서 접선의 방향벡터는 $\nabla F(x_0, y_0, z_0) \times \nabla G(x_0, y_0, z_0)$.

12-6 연습문제

1. $f_{xx} = 2y - y \sin x$

   $f_{yy} = -\cos y,\ f_{xy} = f_{yx} = 2x + \cos x$

2. $f_{xx} = 0,\ f_{yy} = 0,\ f_{xy} = f_{yx} = 1$

3. $f_{xx} = -3xy^2(x^2+y^2)^{-\frac{5}{2}}$

   $f_{xy} = f_{yx} = (2x^2y - y^3)(x^2+y^2)^{-\frac{5}{2}}$,

   $f_{yy} = (-x^3 + 2xy^2)(x^2+y^2)^{-\frac{5}{2}}$

4. $f_{xx} = -y^4 \sin(xy^2),\ f_{xy} = f_{yx} = 2y\cos(xy^2) - 2xy^3 \sin(xy^2)$

   $f_{yy} = -4x^2y^2 \sin(xy^2) + 2x\cos(xy^2)$

12-7 연습문제

1. 극소값 1
2. 극소값 $-\frac{1}{8}$, 극대값 $\frac{1}{8}$
6. 밑변 8 cm, 높이 4 cm
8. $a = -\frac{1}{4},\ b = -\frac{1}{2},\ c = -\frac{3}{2}$

12-8 연습문제

1. 8장의 예제 8-8로부터, 모든 x에서

$$\cos x = 1 - \frac{x^2}{2!} + \frac{x^4}{4!} - \frac{x^6}{6!} + \cdots$$

라는 것을 알고, 정리 8-1로부터 다음과 같이 계산할 수 있는 것을 안다.

$$(\cos x)(\cos y) = \left(1 - \frac{x^2}{2!} + \frac{x^4}{4!} - \frac{x^6}{6!} + \cdots\right)\left(1 - \frac{y^2}{2!} + \frac{y^4}{4!} - \frac{y^6}{6!} + \cdots\right)$$

$$= 1 + \left\{\left(-\frac{x^2}{2!}\right) + \left(-\frac{y^2}{2!}\right)\right\} + \left\{\frac{x^4}{4!} + \left(-\frac{x^2}{2!}\right)\left(-\frac{y^2}{2!}\right) + \frac{y^4}{4!}\right\} + \left\{-\frac{x^6}{6!} + \frac{x^4}{4!}\left(-\frac{y^2}{2!}\right) + \left(-\frac{x^2}{2!}\right)\frac{y^4}{4!} - \frac{y^6}{6!}\right\} + \cdots$$

$$= 1 - \frac{x^2+y^2}{2!} + \frac{x^4 + 6x^2y^2 + y^4}{4!} - \frac{x^6 + 15x^4y^2 + 15x^2y^4 + y^6}{6!} + \cdots$$

〈제 13 장〉

13-1 연습문제

1. $\frac{3}{2}$
3. 8
5. $-1 + \frac{\pi}{2}$
7. 240
9. $-\frac{1}{2}\ln 2$
11. 18
14. $\frac{2}{3}$
15. $\frac{20}{3}$

13-2 연습문제

1. 4
3. $\frac{4}{3}$
5. $\sqrt{3} - \frac{1}{2}$
7. $\frac{16}{9}$
9. $1 + \pi$
11. 6
13. $\frac{1}{3}$
15. $\frac{1}{2}e^4 - e^2 + \frac{1}{2}$

13-3 연습문제

1. $-\frac{1}{3}(b^3 - a^3)(\cos\beta - \cos\alpha)$
3. $\frac{\pi}{12a}$
5. $2\sqrt{3} + \frac{4}{3}\pi$
7. $\frac{3}{2}\pi a^2$
9. $\frac{a}{2}\sqrt{\frac{\pi}{b}}$

13-4 연습문제

1. $\frac{1}{36}$
3. $\frac{5}{12}$

5. $24-\frac{27}{2}\pi$ 7. 62

9. $\frac{16}{3}$

13-5 연습문제

1. $\frac{4\pi}{3}(8-3\sqrt{3})$ 3. $\frac{1}{3}$

5. 3π

13-6 연습문제

1. $\frac{3}{2}$ 2. $2a^2$

3. $\frac{\sqrt{2}}{2}a^2$ 4. $\frac{1}{2}(\pi-2)a^2$

5. $\frac{1}{6}(2\sqrt{2}-1)\pi a^2$

〈제 14 장〉

14-2 연습문제

1. (a) $\frac{d^3y}{dx^3}-3\frac{d^2y}{dx^2}+2\frac{dy}{dx}=0$

 (c) $a\frac{d^2y}{dx^2}+a^3y=0$

 (e) $\left(\frac{dy}{dx}\right)^2+2x^3\frac{dy}{dx}-4x^2y=0$

14-3 연습문제

2. $y=2x+3e^x$

3. $y=-\frac{1}{8}x^2+\frac{1}{4}x-\frac{1}{8}$

14-4 연습문제

1. $3x^4+4(y+1)^3=C$ 3. $x^4y^3=Ce^y$

5. $r\theta^2=1$ 7. $\mathrm{Sin}^{-1}\left(\frac{y}{x}\right)=C+\ln|x|$

14-5 연습문제

1. (a) $x^4y^3-x^2y+C=0$

 (c) $ye^{x^2}-x^2=C$

 (e) $x^2e^y+\frac{x^2}{y}+\frac{x}{y^3}=C$

2. (b) $-\frac{y^4}{4x^4}+\ln x=C$

 (c) $y^2\left(\frac{x-y}{x+y}\right)=C$

3. (b) $x=Cy^2e^{-\frac{1}{x^3y^3}}$

 (c) $y=Ce^{-\frac{xy^3+1}{3x^3y^3}}$

4. (a) $x^4y^2+x^3y^5=C$

14-6 연습문제

1. (a) $2y=x^3+6x^2-4x\ln x+Cx$

 (c) $2y=x^3+Cx^3e^{\frac{1}{x^2}}$

2. $v=\int\frac{Q(x)}{f(x)}dx$

3. (a) $y^{1-n}=\ln x-\frac{1}{1-n}+Cx^{n-1}$

 (c) $\frac{1}{y}=-\sin x+Ce^x$

5. $y=xe^{-\frac{3}{2}x^2}\left[\int e^{-\frac{3}{2}x^2}dx+C\right]$

찾아보기

(가)

(나)

(다)

(라)

(마)

(바)

(사)

(아)

(카)

(타)

(파)

(하)

생명과학을 위한
미 분 적 분 학

2007년 2월 5일 초판 1쇄 발행 값 25,000원

저 자 김 경 화

발행자 양 희 돌

경기도 고양시 일산서구 덕이동 408-4
發行處 先 進 文 化 社
〈등록 제410-2005-000040호〉
ISBN 89-7392-247-5 92410

 ☎ (031)925-8237 · 8238, FAX 925-8239